TCP/IP 互連網路(第六版)

Internetworking With TCP/IP Vol I: Principles, Protocols, and Architecture, Sixth Edition

Douglas E. Comer 原著

佘步雲 編譯

全華圖書股份有限公司

台灣培生教育出版股份有限公司
Pearson Education Taiwan Ltd.

前言

被邀請撰寫Doug Comer所著《TCP/IP互連網路(第六版)》網路經典書籍的前言，是我少有的經驗。在2012年，有近30億的人上線，有65億支手機正在使用，當中有很多是"智慧型手機"，透過電話網路或是WiFi連上Internet。事實上，無線系統正在將流量轉移到Wi-Fi上，對於流量的散出這是可能的事情。來自互聯網資料中心(Telegeography)的資料顯示，每秒有77兆位元的資料進出Internet。一個重要流量是視頻。除此之外，還有不斷增長的資料量，例如：含有遺傳序列資訊的大檔案、天文望遠鏡的資料、傳感器系統偵測到的資料、大型強子對撞機和其他科學儀器產生的大量資料。

我們在許多書中學到關於TCP/IP的知識，而本書就收集了很多包含在TCP/IP中的智慧。我們已經知道，緩衝區內的記憶體可能不是我們的好朋友，如果網路裝置中的緩衝記憶體容量大的話，代表網路在某些地方出了問題。這就是本書第11章提到的所謂"緩衝膨脹"問題。其中高速鏈路爲滿足低速鏈路，其大緩衝區的資料，需要很長時間才能流往低速裝置，進入空閒狀態，這會導致增加延遲和影響TCP流量控制的效果，產生嚴重的擁塞，對網路產生負面影響。我們也知道在某些環境下TCP/IP工作效率不佳。這裡我在想一些關於高度破壞和可變延遲的環境。例子包括星際通信和戰術通信(包括移動和軍事)。對於這些環境，有個名爲"延遲和破壞容忍網路"(DTN:Disruption Tolerant Networking) 的新類型協定用來補充TCP。事實上，DTN可以在TCP、UDP或任何其他傳輸子系統上運行。這類型的網路，已經在國際空間站上使用，並出現在火星上！

新觀念，如第28章描述的軟體定義網路和斯丹福大學提出的OpenFlow協定，也爲互聯網的未來增添了色彩。雖然這些系統可以在傳統的互聯網架構下運作，但它們能夠超越定址的常規概念，並支持基於內容的路由。端到端流量的管理與此類系統相似。除此之外，重新造訪無線通訊並問及廣播模式如何影響互聯網的進一步演進，似乎又過早了些。想像衛星"雨"，IP或UDP封包雨滴落在上億的接收器內。在地面環境中，訊號輻射360度的能力，允許多個接收機接收一個傳輸。在進一步共享頻譜和使用波束形成天線，將使得對這個領域的探索更加豐富和有趣。

互聯網以意想不到的方式繼續擴張和變化。除了日常使用的裝置，新一波裝置如傳感器、攝像機和致動器(actuator)等正在加緊連網，使我們可對科學資料做遠端存取並控制任何想控制的事物，爲未來建築和製造業點亮一盞明燈。

正如我認爲，這本書充分表明，互聯網仍是令人振奮的。之後還將進行許多研究，以支持新的和具有挑戰性的應用。成長的機會，與日俱增。

歡迎來到21世紀互聯網，其中創新成了常規。這本書提供了Internet所需的知識，讓你理解並參與其中。

Vint Cerf
Internet Evangelist, Google
President, ACM

March, 2013

序

互連網路和TCP/IP現在主導所有的網路——甚至曾經是電路交換網路大戶的電話公司，也採用了IP技術。還有兩個革命性的變化依賴於互連網路：雲端計算和物聯網。在雲端模型，資料儲存和運算在雲端資訊中心執行。用戶依靠互聯網上傳、下載和存取需要的資訊並與他人共享。物聯網被用來刻劃智慧型互聯網，嵌入式裝置的智慧行爲，使裝置不再只是傳統我們認識的裝置。如智慧型手機和筆記型電腦，這些都是由人來操作的智慧裝置。互聯網技術允許嵌入式設備與遠端伺服器和其他聯網裝置，彼此通信；最終的網路基礎設施已經擴展到包括家庭、辦公室、商店中的設備、測量環境用的傳感器和土木結構，如橋樑和水壩等。

許多讀者要本書改版以反映最近的變化；許多人提出了具體的主題和重點。經過了20年後，IPv6終於獲得了接受。語音和視頻已取代檔案傳輸成爲Internet的主流。第六版根據讀者的建議，進行重組並更新現有章節和介紹新材料。特別是，上一版的Telnet和FTP章節已經刪除，將騰出來的空間，介紹新的技術。關於物聯網這個新篇章，思考將TCP/IP用於無線傳感器網路。至於軟體定義網路這個新章節，則檢視OpenFlow的應用，儘管它不是IETF的標準，但已經成爲互聯網管理的重要部分。

爲了滿足讀者不斷的請求，已經將協定部分移動到較前面的章節。要提醒老師，用來解釋所有協定的分層機制不是一個僵硬的架構。學生應該把它看作一個基本的但又有點簡化的指南，如此，可幫助我們了解協定。

每一章都已經更新，集中在討論當今用於互聯網的想法和技術。最重要的變化包括整合IPv6與IPv4。每章描述一個原理，解釋一般設計，然後繼續闡釋如何應用到IPv4和IPv6。讀者會看到，這兩個版本的IP是密切相關的，不知道IPv4卻要理解IPv6，這是不可能的。

像早期版本，受到廣大讀者群的歡迎和接受，本版仍聚焦在原理和觀念的闡述。早期章節描述了互連網路的動機，並提出TCP/IP互連網路技術的基礎。我們將看到互連網路是一個強大抽象的實體，透過隱藏網路硬體的細節，來實現基礎通訊技術。我們將理解互連網路提供網路級的服務，並了解應用程序使用服務。後面的章節會補充前面未討論完整的技術。本書總覽網路互連，和基本協定的原則，這種互連網路的作用，讓整個網路像一個大的單一統合通信系統。

閱讀本書後，您將了解如何將多個實體網路互連變成一個協調運作的系統、互聯網協定如何操作環境，以及應用程序如何使用生成的系統。作爲具體範例，您將了解TCP/IP互聯網全局的詳細技術，包括路由器的架構和它支持的應用協定。此外，你會了解互聯網使用的方法和TCP/IP協定的一些限制。

這本書可作爲大學教科書和專業參考書，適用於大學高年級生和研究生。對於專業人士，本書提供了一個全面介紹TCP/IP技術和互聯網的架構。雖然它不是要取代協定的標準文件，但這本書是學習互連網路一個很好的起點，因爲它強調原理，並提供了一致性的概述。此外，它給讀者的觀點很難從一個單一的協定獲得。

當在課堂中使用本書時，本書爲大學高年級生和研究生提供了足夠的材料，可作爲一學期的網路課程。若作爲研究生的課程，我建議教授課程中要包括重要的設計和實作計畫，並讀取相關論文，這些文章會提供對網路探索的基礎。章末有許多習題，就是順應這樣的思維而提出；要解答這些習題，學生往往需要閱讀協定標準的文件，並應用創新的思維來理解協定的作法。對於本科大學生，許多細節則不必深究。學生應掌握在本書中描述的基本概念，並學習描述和使用介紹過的基本協定。

在各個層次上，從實作得來的經驗，會使概念更加豐富，並幫助學生有敏銳的直覺。因此，我鼓勵教師，提出一些計畫，讓學生有使用互聯網服務和協定的機會。對於大學生，所出的習題大都是編寫使用網路的應用程式。在我所教的大學生中，有學生寫出一個簡化的網路分析器(即給定一個二進制的封包，列印出封包內每個欄位的值)。在Purdue大學提供給研究生的學期計畫，是要求學生寫IP協定的軟體，較爲傳統的題目則是要求實作IP路由器。我們提供硬體和作業系統的原始碼，包括網路介面裝置的驅動程式；學生構建一個能實際運作的路由器，用不同的MTU(Maximum Transmission Unit，最大傳輸單位) 將三個網路互連。課程非常嚴格，學生必須團隊合作，結果令人印象深刻(許多業者會從課堂內招聘學生)。雖然這樣的實驗是最安全的，因爲教學實驗室網路與生產設備是隔離的。我們發現學生表現出最大的熱情，也受益最多。當他們存取互聯網資料時，可以將設計的設備和商業版的設備交互操作。

這本書分爲五個主要部分。第1章和第2章是導論部分，總覽網路，並對現有的網路技術提出討論。尤其是第2章，回顧實體網路硬體。主要是讓學生對哪些硬體提供哪些功能能有基本直覺，不用花費過度的精神在細節部分。第3至11章從單個主機的觀點描述TCP/IP互聯網，呈現主機所使用的協定以及它們如何運作。這部分的內容涵蓋了互聯網的抽象、協定分層的概念、基礎互聯網尋址機制、封包轉送以及傳輸協定。第12至14章以全球性的觀點，探索互聯網的架構，包括路由器架構和交換路由資訊的路由協定。第15至19章考慮基本技術的變化和擴展，包括群播、封包分類、網路虛擬化和移動性。特別是，關於移動性的章節，解釋了爲什麼在IP網路中的移動性很困難。最後，第20至29章討論在互聯網中可用的應用層的服務(包括網路管理)、網路安全和物聯網。這些章節介紹了主從機制的交互模型，並對主從機制的應用，提供幾個範例，並顯示主從式架構如何應用於電腦引導(bootstrap)和網路管理。第28章解釋了一種新的網路管理方法稱爲軟體定義網路(SDN)和主要的協定OpenFlow。雖然不是TCP/IP標準的官方部分，但已經包括了SDN技術，因爲它已經在互聯網中，產生了令人相當的振奮的功效。

這些章節是從下到上設計的，所以並不是一開始就學會使用互聯網，而是把互聯網當作一個黑盒子看待，本書剛開始先對網路硬體做個概述，然後對建立互聯網所需的概念和協定逐步探討。這種自下而上的觀點，將吸引任何對工程感興趣的人，因爲它遵循構建系統時使用的模式。有些授課老師喜歡從第20和21章的主從式架構程式設計開始教起，讓學生儘早開始編寫網路應用程式。雖然編寫應用程式使用互聯網是很重要的，但我建議老師出些作業，幫助學生了解底層技術(即協定和封包)。記得在一個實驗作業中，我有位學生設計一個非常基本的協定來聯繫另一個端點，和傳輸兩個封包：一個包含文件名，另一個包含數據爲文件。在發送方和接收方之間，應用程式隨機丟棄、複製、延遲和更改封包的內容。實驗以UDP協定施行，這個實驗看起來無足輕重。然而，學生變得敏銳，意識到設計協定有多麼困難。

讀者需要有相當程度才能看懂本書，但不需要懂太複雜的數學，也不需要知道太多的資訊理論和通訊原理。本書將實體網路描述爲一個黑盒子，以此爲核心建立互聯網。讀者應該先對計算機系統，有一個基本的了解，並熟悉資料結構，如堆疊、佇列和樹。此外，讀者應該對作業系統提供的服務，以及程式的並行處理有基本的直覺。不假設先前已經了解互聯網的技術：文本簡潔陳述所有設計原理，並討論動機和結果。

多年來，有許多人對本版教科書提出的建議和想法是值得被讚譽。對於這個版本，有組評論者對本書的組織和需要更新的項目，提出建議，並幫助檢查技術細節。感謝Anthony Barnard、Tom Calabrese、Ralph Droms、Tom Edmunds、Raymond Kelso、Lee Kirk、John Lin、Dave Roberts、Gustavo Rodriguez-Rivera和Bhaskar Sharma，他們都審查了本書的初稿。John和Ralph兩位幫助甚深。Barry Shein在第21章提供了主從式架構的程式碼。

一如既往，我的妻子Christine提供了最大的幫助。她花了許多時間在初稿上，識別語意模糊，找到不一致的用語和潤飾措辭。

Douglas E. Comer

March, 2013

其他人士對於《TCP/IP互連網路(第六版)》的看法

「每當需要TCP/IP技術的基本定理與最新發展之明確解釋時，我都會參閱本書。此書爲網路專家所必備之參考書籍。」

Dr. Ralph Droms
Cisco Systems
Chair of the DHCP working group

"很棒的一本書！謝謝！"

Henrik Sundin
NTI Gymnasiet
Stockholm, Sweden

"Comer第6版的經典Internet書籍，描述了互連網路的加速發展與演進，同時以無與倫比的理解和清晰預測未來。"

Dr. Paul V. Mockapetris
Inventor of the Domain Name System

"…眞是一本傑作。"

Mr. Javier Sandino
Systems Engineer

"這是我讀過最好的TCP/IP書籍。Comer博士以清晰的筆觸解釋複雜的原理，書中有精緻的圖表。Comer博士的這個版本是當代網路原理探索的寶庫。"

Dr. John Lin
Bell Laboratories

"新版的書，對互聯網關鍵技術做精闢剖析，更證實了Doug Comer博士具有的聲譽，本書應該是任何互聯網專業圖書館的經典教科書。"

Dr. Lyman Chapin
Interisle Consulting Group
Former IAB Chair

"這是我讀過最棒的書之一。真正聰明的人，不只是在專業領域流暢使用專業術語，更重要的是用淺顯文字闡釋原理，字字珠璣。謝謝Comer博士的這本網路經典書籍！"

Marvin E. Miller
CIO, The ACS Corporation

"在一個複雜的世界中，精準地傳達知識比起從搜索引擎探索知識，要複雜得許多。很少人能做到，Doug Comer博士就行。他的書Internetworking 第1卷，在不斷變化的互聯網協定領域教學，發揮了關鍵性的作用。"

Dr. Balachander Krishnamurthy
AT&T Labs

"互聯網的快速演變正在進行，全世界每天、每小時甚至連續一整段時間都在上網(例如，我孫子)的情況。Comer準確聚焦在Internet相關技術，對於那些在今日建設互聯網的人立下堅固磐石。"

Dan Lynch
Founder, INTEROP

關於作者

Douglas Comer是Purdue大學計算機科學系的知名教授以及Cisco公司的前任副總裁，他是國際公認的計算機網路、TCP/IP協定與Internet的專家。他也是許多參考文件與技術書籍的作者，且是學校課程發展和研究與教育實驗的先鋒。

身爲一個多產的作者，Comer這些著名的書籍已經翻譯成15種語言，且已應用在世界上許多工業以及計算機科學、工程以及商業發展。他的Internetworking With TCP/IP三卷系列書籍，引來一場網路技術與網路教育的革命。他的教科書和創新的實驗手冊，仍繼續爲研究生和大學生網路課程所使用。

他的教科書與實驗手冊也持續成爲大學和研究所的課程。Comer博士書籍的正確性和洞察力反應出他在計算機網路領域中深厚的背景。他的研究橫跨軟體與硬體。他曾建立完整的作業系統、撰寫設備的驅動程式，且實作出傳統電腦的網路協定軟體，以及網路處理器。其創造的軟體已經被業界中許多產品採用。

Comer爲許多讀者建立與教導有關網路協定與電腦技術的課程，包括爲工程師和校園讀者的課程。他創新的教育實驗讓他和學生設計與實現出大型複雜系統的原型，並測量原型的效能。他持續地在大學和業界進行教學，並進行會議。此外，Comer是一些設計電腦網路與系統公司的顧問。

在超過18年的時間，Comer教授是研究期刊Software——Practice and Experience的主編(editor-in-chief)。他是ACM的院士、Purdue教育學院的院士，且獲得許多獎，包括Usenix Lifetime Achievement獎。額外的資訊可在以下網址找到：

www.cs.purdue.edu/people/comer

而有關Comer書籍的資訊可在以下網址找到：

www.comerbooks.com

譯序

現今人們的生活離不開網際網路，即使你對網際網路一無所知，也可用得淋漓盡致。那麼，網際網路是怎麼組成的？簡單的說網際網路是由一群有遠見的技術人士訂定的一組規範，稱爲「網際網路協定套組」，它是由許許多多通訊協定堆疊組成，當中有兩個最重要的核心協定，也就是本書的主題：TCP（傳輸控制協定）和IP（網際協定）。

本書作者要傳達的是TCP/IP的運作原理，但不是直接把各通訊協定直接攤在讀者面前，而是像課堂講述般娓娓道出協定運轉的前因後果，闡述其背後思維和原理。這讓我想起讀過的一本書「未央歌」。這是由華裔作家鹿橋寫的著名小說，描述抗戰時期雲南昆明西南聯大一群年輕學生的生活和理想的故事，在台灣出版後，立刻引起轟動，一時洛陽紙貴，爭相購閱。當然，任何故事脫離不了現實生活，作者的一位朋友，看完書後問作者：「當初有的是一句什麼含了深意的話，沒有說出來，而寫了這麼一本書？」作者回答：「你怎麼把人家一碗甜水喝完了，又來討當初那塊糖」。本書的作者 COMER 把TCP/IP 這顆濃郁的糖，化作這本清晰易讀像甜水般的技術書籍，輕鬆讀完本書，也就吃下原本濃得化不開的網路技術糖果。

另外談到，既然TCP/IP技術源於美國，爲什麼還要有翻譯本。技術源於美國，讀原文當然是最直接的，但不管你英文下多大功夫，分數多高，未身處當地環境，閱讀母語的速度和理解度絕對還是比英文要好。記得看過一篇報導，我們的中央研究院第六任院長(1983~ 1994)吳大猷先生，是國際知名之物理學者，美國密西根大學博士，雖位在學術殿堂頂端，仍孜孜不倦，勤於讀書，每天一定花固定時間閱讀。他讀原文(英文)書時，有個習慣，邊讀邊用筆翻譯。有人問他，以他的萬方高度還需要費時翻譯嗎？他很務實地回答，畢竟不是母語，直接閱讀原文可能有所忽略或誤解書中意思，因此才字字句句逐實翻譯。這種實事求是，終身學習態度，實是我輩效仿對象。以中央研究院院長之尊，尚且以如此嚴謹地態度看待外語書籍，我們呢？回歸現實，在學的莘莘學子，每學期要修的學分很多，閱讀中文，對同一個技術在同一段時間可讀較多的書，增加知識的深度與廣度。

網際網路協定是種規範，當中有許多的名詞。由於語言的特性，英文的優點在於其token性(標的性)很強，看到一個名詞，很清楚表達其意涵，不會混淆。即使是在其他文件或書籍，也是用相同名詞。但翻譯成中文就不是這麼回事。首先，語言特性，專有名詞夾雜在上下文中，沒有明確邊界，容易混淆；其次，英文名詞翻譯成中文沒有一定標準，用語不一致。以下舉個例子說明。

專有名詞的確定性是很重要的，某個專有名詞出現可讓人正確聯想所使用的技術。譬如，講到網路資料的封裝(encapsulation)，由於網路協定由許多層所組成，各層封裝的資料有各自的標頭(header)，IP層封裝出的資料稱作datagram。那麼，是不是以後只要看到datagram就認定是由IP通訊協定封裝的呢？這在閱讀通訊協定時是很重要的。作者在第7.7節「The IP Datagram」第一段末尾有這麼一句話：「In fact, TCP/IP technology has become so successful that when someone uses the term datagram without any qualification, it is generally accepted to mean IP datagram」，中文意思是：「事實上，TCP/IP技術已經變得如此成功，以至於大家只要看到datagram這個術語，不用多作說明，就會認定datagram是IP datagram」。所以，在網際網路這個領域一看到datagram，就知道這是IP送出來的資料。不幸的是，datagram的中文翻譯沒有標準，可能看到的翻譯有資料包、資料報、資料段、數據包、數據段。即使在「國家教育研究院雙語詞彙」的「資訊與通信術語辭典」對datagram的翻譯也有三個用語：資料報、數據報、資料包。不管怎麼翻，就是沒有直接用datagram這般清晰銳利。

另外說個題外話，學生時代上英文課時，有位老師特別提到了法語。法語屬於拉丁語系，文法非常嚴謹，很多國際文件都會有一份法語備份。最近利用翻譯空閒，看人稱「鐵血宰相」俾斯麥的自傳，書中提到，當時在德意志公部門，會用法文寫文件的人，地位高人一等，多年的印象，最近才得到驗證。這也說明了各國語言多有其特性，能善加利用其特性，即使是增加閱讀流暢性也是很重要的。

本書的翻譯原則是，敘述部分用中文，容易混淆的專有名詞則借重英文token性強的優勢，使用英文。個人以爲好的翻譯書籍就應該是敘述部分用中文，專有名詞部分用英文，好處是充分運用了語言優勢，增加閱讀的流暢性。書中許多名詞用原文就是秉此原則，譬如，Internet、segment、checksum、octet、datagram等。

另外也有人認爲，既然是翻譯書籍，就應該全文翻譯，怕有些初階的學生看不懂。我則有不同的看法。書籍的種類千百種，譬如說不是英文本科系的學生，在讀英文小說的翻譯本時，當然是希望全文翻譯。譬如，讀狄更斯所著的《雙城記》，要的是故事，不用對故事發生的地點和人名有原文翻譯的需求。但是，技術書籍不一樣，讀完一本書，學習不會就此戛然而止，爲了學以致用，可能更深入研讀規範，如原文的RFC文件，熟悉了英文專有名詞，在看英文規範書，就會順暢許多。以上述的datagram爲例，若全本書都用譯詞「資料包」，以後在協定標準文件看到datagram或聽到 datagram，就會有股陌生感，和IP的關聯就隔了一層薄紗。

爲便讀者閱讀，以下針對對一些英文專有名詞和本書用詞做個對照表。

編號	英文	IT領域用詞	國家教育研究院	本書用詞
1	frame	框架 訊框	無	訊框
2	packet	封包	封包	封包
3	datagram	資料包 資料報 資料段 數據包 數據段	資料報 數據報 資料包	資料包
4	segment	資料段 網路區段 網段 區段 資料包	無	資料段
5	checksum	校驗總和碼 總和校驗碼 總和檢驗碼 校驗碼 核對和 校驗和	核對和 檢查總和	校驗和
6	octet	八位元組 八位組 八隅 字節	八位元組 八比拜	字節
7	prefix	前綴 前置詞 首碼	前置 前綴	首碼 前置碼
8	suffix	後綴 後置詞 尾碼	尾置 尾綴	尾碼 後置碼
9	Internet	網際網路 互聯網	網際網路	網際網路 互聯網

編號	英文	IT 領域用詞	國家教育研究院	本書用詞
10	Intranet	內部網路 內聯網	企業網路 內部網路	內部網路
11	fragment	片段 分割段	片段 分割塊	片段
12	fragmentation	切割 分割 分段	無	分段
13	forward	轉送 轉發	轉送 正向	轉送

國家教育研究院雙語詞彙網站為：http://terms.naer.edu.tw/。

目錄

本書第30章請於此處下載
https://goo.gl/vGoXwE

Chapter 3 網路互連觀念和架構模型

Chapter 4 協定分層

Chapter 5 網際網路定址

Chapter 6 Internet位址對應到實體位址(ARP)

Chapter 7 網際網路協定：無連接式Datagram傳送(IPv4,IPv6)

Chapter 8 Internet 協定：轉送IP datagram

Chapter 11 可靠資料流傳輸服務(TCP)

Chapter 12 路由架構：核心、對等體和演算法

Chapter 13 自治系統間的路由(BGP)

Chapter 14 在自治系統裡進行路由(RIP、RIPng、OSPF、IS-IS)

Chapter 15 網際網路群播

Chapter 16 標籤交換、資料流與MPLS

Chapter 17 封包分類

Chapter 18 行動性與行動IP

Chapter 19 網路虛擬化：虛擬私有網路(VPN)、網路位址轉換(NAT)與重疊網路

Chapter 20 Client-Server互動模型

Chapter 21 Socket API

Chapter 23 網域名稱系統(DNS)

Chapter 24 電子郵件(SMTP、POP、IMAP、MIME)

Chapter 25 全球資訊網(HTTP)

Chapter 26 在IP網路上傳送語音和影像(RTP、RSVP、QoS)

Chapter 27 網路管理(SNMP)

Chapter 28 軟體定義網路(SDN, OpenFlow)

Chapter 29 Internet安全與防火牆設計(IPsec, SSL)

本書第30章請於此處下載

http://www.opentech.com.tw/try/4ucs2201774033306/he7ke8hocc201774033306.pdf(原網址)

https://goo.gl/vGoXwE(短網址)

亦可掃描QR code下載

章節目錄

1

引言

1.1 網路互連的動機

網際網路通信已成爲生活中不可或缺的一個基本工具。社交網路，例如Facebook，提供一群朋友之間的聯繫，並使他們相互影響。全球資訊網(World Wide Web)收容了各種不同的資料，如大氣狀況、作物產量、股市價格及航空交通。家人和朋友使用網際網路分享照片並用VoIP網路電話保持聯繫，也藉著網際網路欣賞直播影視並聊天互動。消費者使用個人銀行透過網際網路購買商品和服務。公司接受訂單和電子付款。雲端計算將可在線上提供更多的信息和服務。

雖然Internet看似一個統一的網路，不過它並非由單一網路技術所建立，因爲沒有一種技術可以滿足所有使用需求。相反的，網路硬體是爲了特殊情況與預算所設計的。有些群體需要在一棟建築裡用高速網路來連接機器。因爲在一棟建築裡堪用的低成本硬體並不能延伸很遠的距離，所以在連接分隔數千英哩遠的機器時需要使用其他替代方案。

在1970年代，發展出一個新的技術，讓許多不同實體的網路連接起來，並使它們像一個運作得很協調的網路。這種技術就叫做「網路互連」(*internetworking*)，該技術形成了Internet的基礎，提供一個用來連接各種不同網路的方法，定義一組互連的通訊公約，並容納各種技術方法，這些方法已存在於不同的底層硬體。網路技術將網路硬體細節的部份隱藏起來，並讓由不同網路實體所相連的電腦能互相通訊。

Internet技術是「開放式通訊系統互連」(*open system interconnection*)的一個例子。開放式通訊系統不像私有通訊系統只能由一些特定的公司主導，開放式系統的規格是公開的。因此任何人都能設計網路通訊所需的軟體。更重要的是，整個技術設計的目的是：促進不同硬體結構機器間的通訊能力，並可使用任何「分封交換」(packet switch)的網路硬體，同時也可容納各種不同的應用程式，並配合各種不同的電腦作業系統。

1.2 TCP/IP Internet

在1970至1980年代間，美國政府機構早就瞭解到網際網路技術的潛力及重要性，所以贊助了許多的研究計畫，使得全球Internet[1]變得可行。本書將討論由「國防高級研究計畫局」(*Defense Advanced Research Project Agency*，*DARPA*[2])所贊助的現行網路技術的原理和想法。DARPA技術包括了一組網路標準，用來指定電腦通訊細節，另外，還包含一組用來連接網路及選擇路由的協定。正式名稱叫做*TCP/IP Internet*協定組，通常簡稱「*TCP/IP*」(取其兩個主要標準的名字)。它可用在任何網際網路上的通訊。例如，TCP/IP能用來連結一棟建築物中，或者是校園中的數個網路，也可以是校園之間的網路。

雖然TCP/IP技術的本身已受到大家的注意，但其中特別吸引人的是因為它的可行性在大規模網路中都已被證實。它已成為全球Internet的技術基礎，連結了超過二十億的用戶。這些用戶包括了幾乎所有人口稠密地區的家庭、校園、公司，以及政府研究機構。Internet證明了TCP/IP技術的可行性，並顯示出它如何能容納各種不同的底層硬體技術，在這方面可說是一個卓越的成就。

1.3 Internet服務

沒有任何一個人有辦法在不瞭解TCP/IP所提供的服務的情況下，去瞭解TCP/IP的技術細節。這節將對Internet服務做個簡短的說明，對於大部份使用者會用到的服務將會特別說明。至於電腦如何連上TCP/IP網路和它是如何地被執行等，這些問題我們將留到後面的章節討論。

我們對於服務大部份的討論都將集中在名為「協定」(*protocols*)的標準上。就像TCP及IP這兩種協定能為通訊提供語法和語義的規則。它們包含了資料格式的細節，並描述當一個訊息到達電腦時，電腦是如何做出回應、如何處理錯誤或解決其他不正常情況。最重要的是：它們能讓我們在不考慮廠商提供任何硬體結構的情況下，依然能討論電腦通訊。就意義上來說，協定之於通訊就像演算法之於計算。一個演算法能讓我們不需瞭解特定CPU的指令集，就能說明或瞭解計算。同樣的，一個通訊協定也能讓我們明瞭資料通訊，而不需倚賴特定廠商的網路硬體知識。

將通訊中低層的細節隱藏起來，在許多方面有助於提升生產力。首先，因為程式設計者是處理更高層（higher-level)協定，他們不需要去瞭解硬體設定的細節，所以可以很快地寫出新程式。第二，因為利用高階協定所寫出的程式並不是給一個特定的機器或網路硬體所用，所以它們不需因為機器或網路被置換或重新設定而跟著做修改。第三，因為應用程式是建立在高層協定，所以與底下的硬體無關，它們可以提供任何一對機器間的直接通訊。程式設計者不須為了不同的機器或是不同的網路，而特別再設計一套新的程式。相反的，使用共同協定的軟體更具備通用性，也就是說，相同的程式可以在任意一台機器上編譯或執行。

---

1 在表示全球化互聯網時我們使用首字母大寫的Internet。首字母小寫的internet代表使用TCP / IP技術的私有網際網路。

2 在有些時候，DARPA被稱為高級研究計劃署（ARPA: Advanced Research Projects Agency)。

我們將會看到Internet提供的服務之細節乃是由不同的協定提供。在接下來的幾個小節，我們會談到用來指明應用層服務及網路層服務的協定。而後續各個章節裡將會更仔細地解釋各種協定。

1.3.1 應用層的Internet服務

從使用者的角度來看，Internet似乎是一組利用網路來完成通訊任務的應用程式。我們用「互操作性」(*interoperability*)來表示各種不同電腦合作解決計算問題的能力。因為Internet被設計為容納結構相異的網路和電腦，互操作性就成了一個關鍵性的要求。大多數Internet的使用者只要會使用應用程式就好了，而不需要瞭解使用電腦的種類、TCP/IP技術和低層的網路架構，甚至不須知道資料傳送至目的地所經過的路徑，應用程式和現行的網路軟體能自動地處理這一切細節。因此，用戶可以從桌面系統透過數據機造訪網頁，或透過iPad連接到4G無線網路。

當今最熱門、分佈最廣的Internet應用服務包括：

- **全球資訊網 (World Wide Web)**：Web在1994與1995年間已成為全球Internet上通訊量最高的來源。許多熱門服務，包括Internet搜索(例如，Google)和社交網路(例如，Facebook)，都使用web技術。有人估計Facebook約佔Internet流量的四分之一。雖然用戶會識別各種基於web的服務，但我們都看到它們使用相同的應用層協定。
- **雲端存取和遠端桌面(Cloud Access And Remote Desktop)**：雲端運算將運算和儲存設施放置在雲端資料中心進行，並安排用戶透過Internet存取服務。另一個存取技術稱做「遠端登入與遠端桌面」(*Remote Login And Remote Desktop*)，使用者可以從一台本地機器連結到遠端資料中心，用戶只需要有螢幕、鍵盤、滑鼠或觸控板以及網路連接。當資料中心電腦更新視訊顯示，遠端桌面服務捕獲信息，透過Internet發送，並將其顯示在用戶的螢幕上。當用戶移動滑鼠或按下鍵盤，遠端桌面服務會將信息發送到資料中心。因此，用戶可以完全存取強大的PC，只需要攜帶基本介面設備如平板電腦即可。
- **檔案傳輸(File Transfer)**：檔案傳輸協定允許用戶發送或接收檔案。網路上有許多檔案(包括電影下載)會用到檔案傳輸機制。檔案傳輸經常在網頁上使用，用戶可能在不知不覺中進行了檔案傳輸程序而不自知。
- **電子郵件 (Electronic Mail，e-mail)**：電子郵件，曾經佔據大量的Internet流量，現在被其他web應用程式取代。很多用戶現在透過Web讀取郵件、處理郵件、寄送郵件、轉發郵件或回覆郵件。一旦用戶指定發送郵件，底層系統使用電子郵件傳輸協定，將郵件發送到收件人的信箱。
- **語音和視訊服務(Voice And Video Services)**：視訊和音訊串流(streaming)已經在全球Internet上佔有非比尋常的重要性，這個趨勢還會持續下去。更重要的是，一個重大的變化即將到來：視訊的上傳會越來越多，因為用戶正在使用移動裝置來發送所錄製的事件。

後續的章節，我們將詳述這些應用。我們將瞭解它們如何使用現行TCP/IP協定以及為什麼應用協定的標準能有助於其推廣。

1.3.2 網路層的Internet服務

用TCP/IP協定來寫應用程式的程式設計師和一般使用者，對網路的觀點是截然不同的。在網路層中，網路提供兩種應用程式所使用的服務。雖然目前並不需透徹瞭解這些服務，但在綜覽TCP/IP的時候，這兩種服務卻不可不提出：

- **非連接導向封包遞送服務(Connectionless Packet Delivery Service)**：封包遞送，這個貫穿本書討論的重點，是其他網路服務的基礎。非連接導向遞送是大部份的分封交換網路都會提供的一種抽象服務。簡單的說，TCP/IP依據訊息中所含的位址資料，在電腦間轉送小量資料。因為在轉送每個封包時是獨立的，所以它不能確保可靠且依序地送達。它是直接對應到硬體上的，也因如此，非連接導向服務才會特別地有效率。更重要的是，用非連接導向式的封包傳送來作為網路服務的基礎，能讓TCP/IP協定更能適應各種不同的網路硬體。

- **可靠資料流傳送服務(Reliable Stream Transport Service)**：大部份的應用除了需要傳送封包外，還需要通訊軟體來自動修復傳送時所造成的錯誤，如封包遺失，或是在傳送端與接收端路徑途中所造成的錯誤。因此，大多數應用程序需要可靠的傳輸服務來處理問題。它能讓一部電腦上的應用程式和其他電腦上的應用程式建立「連接」，然後在這連接上傳送大量的資料，彷彿是以硬體所形成的一條永久連線一樣。而在內部，通訊協定先將資料流切割成數個較短的訊息，然後再一次傳送一個，而且在發送每個訊息的同時都要等待接收端的確認訊息。

許多網路都有提供類似上述的基礎服務，或許有人會懷疑，TCP/IP服務到底有什麼不同呢？其主要的特點詳列如下：

- **網路技術的獨立性(Network Technology Independence)**：雖然TCP/IP以傳統分封交換技術為基礎，但它和任何一家廠商的硬體都無關。全球Internet包容了各種網路技術。在TCP/IP協定中所定義資料傳送的單位叫做資料包(*datagram*)，並規定在特定網路上如何傳送datagram，但datagram沒有和任何硬體綁在一起。

- **世界性的互連(Universal Interconnection)**：Internet允許任何一對電腦在其上通訊，每一部電腦都被指定一個能在整個網路上識別的位址。每個datagram都含有來源地和目的地的位址資料，而中間用於交換封包的機器，即依據datagram內的目的地位址來做路徑選擇。

- **端對端的確認(End-to-End Acknowledgements)**：TCP/IP網路協定提供發送端和目的地間的相互確認(Acknowledgements)，而不是路徑上兩直接連線機器的確認，即使兩端並非連線於同一實體之上 。

- **應用協定標準(Application Protocol Standards)**：除了提供基礎的傳輸層 (transport-level)服務 (如可靠資料流傳送)，TCP/IP還包含了許多一般應用的標準，如電子郵件、檔案傳輸和遠端登入。因此，用TCP/IP來設計應用程式時，程式設計者常會發現現有的軟體已提供了所需的通訊服務。

接下來各章，有些是爲程式設計師提供的網路服務細節，也有標準協定的應用範例。

1.4 Internet的歷史及範圍

TCP/IP技術最令人注意的除了被全球所採用外，另外就是Internet全球性的規模和快速的成長。DARPA在1970年代中開始發展網路技術，而在1977-1979年間開發出目前網路的架構和協定形式。當時ARPA是分封交換網路研究的主要贊助者，而它著名的*ARPANET*更包含了許多封包交換的先進想法。ARPANET採用傳統上點對點的專線互連，不過DARPA也提供無線網路與衛星通道的分封交換技術的研究基金。事實上，網路硬體技術上的多樣化促使DARPA致力於網路互連研究，同時也促進了網際網路的發展。

DARPA所提供的資金吸引了許多研究團體的注意，特別是那些有ARPANET分封交換技術經驗的研究人員。於是DARPA召開了一個非正式的會議來讓研究員彼此交換經驗和討論實驗結果，這些人員就組成了一個非正式的團體－「Internet研究團體」(*Internet Research Group*)。後來到了1979年，已有許多研究人員投身於TCP/IP的研究，同時DARPA也組織了一個非正式的委員會來協調和指導Internet協定和架構的設計。這委員會叫做「Internet控制及組態委員會」(*Internet Control and Configuration Board*，*ICCB*)，在1983年重組前，一直都會定期舉辦研討會。

全球Internet大約從1980年開始興起，DARPA也在同時開始將他們研究網路上的機器轉爲新的TCP/IP協定，於是早已存在的ARPANET很快地就變成Internet的網路骨幹，並且經常用來作TCP/IP的實驗。到了1983年1月，美國國防部長辦公室下令所有連接遠程 (long-haul)網路的電腦都必須使用TCP/IP，Internet技術的轉化至此宣告完成。同時，國防通訊局(*Defense Communication Agency*，*DCA*)將ARPANET分成了兩個獨立的網路，一個用來做研究用途，一個用來做軍事通訊。用來研究的網路部份依然叫做ARPANET，而用於軍事方面的部份規模較大，名爲軍事網路(*Military Network*，*MILNET*)。

爲了鼓勵大學研究人員採用新的協定，DARPA於是製造了一個便宜的版本。因爲在當時大部份大學的電腦科學系所都使用由加州大學柏克萊分校所開發的UNIX作業系統，通常叫做柏克萊UNIX或是BSD (*Berkeley Software Distribution, commonly*) UNIX。透過資助*BBN*(Bolt Beranek and Newman)公司將TCP/IP協定應用到UNIX，和資助柏克萊將協定整合進他們的軟體系統，DARPA已可以影響到超過90%大學的電腦科學系所。新的協定軟體來的非常剛好，因爲大多數的系所都在此時購入第二批及第三批電腦，並準備透過區域網路將電腦連結起來。這些系所急需通訊協定來提供應用服務，如檔案傳輸服務。

除了網路服務工具程式(utility programs)之外，BSD UNIX系統還提供了一個新的作業系統的抽象概念socket，它能讓應用程式直接使用通訊協定。由於UNIX機制對於I/O的普遍化，使得socket的介面除了TCP/IP以外還有多種網路協定可選擇。將socket抽象概念的引入是非常重要的，因爲它能讓程式設計師很容易地使用TCP/IP協定。事實上，socket介面已經形成一種標準，且正應用於大部分的作業系統中。

在瞭解網路通訊即將成爲科學研究中重要的一環後，美國國家科學基金會(National Science Foundation，NSF)積極推廣TCP/IP Internet。在1970年代後期，NSF贊助了一個名爲「電腦科學網路」(*Computer Science NETwork*，*CSNET*)的計劃，這個計劃的目的爲連繫所有電腦科學家。從1985年開始，NSF在他六個超級電腦中心間建立一個存取網路。到了1986年，NSF藉著對新的廣域骨幹網路之贊助，將整個網路大大地擴展成NSFNET骨幹。NSF也資助了許多區域網路並將之連結上主要的科學研究機構。

到1984年，Internet已經有超過1000台電腦。在1987年，規模增長到超過1萬台。到1990年，規模達到了10萬，到1993年，超過了100萬台。在1997年，超過1千萬台電腦被永久連線到Internet上，在2001年，規模超過1億台。2011年，永久連線在Internet的電腦達到8億多台。

Internet的成長及TCP/IP的採用已不再受限於政府資助的計畫。除了電腦公司之外，許多的大公司包括石油公司、汽車工業、電子公司、製藥公司以及電話公司也都已連上Internet。而一些中小型企業從1990年代開始也陸續連上。除此之外，許多公司在正式加入全球Internet行列前，也選擇在公司內部的子網路上使用TCP/IP協定。

1.5 Internet架構委員會

TCP/IP網路協定並非來自某一特定廠商或是公認的專業協會，讀者可能會問：是誰決定技術走向及協定何時能成爲標準，答案是「Internet架構委員會」(*Internet Architecture Board*，*IAB*)[3]。在1983年，當DARPA重組ICCB時，創立了IAB。IAB組織爲大多數使用TCP/IP協定的研究人員或發展機構提供研究重點，並協調彼此的研究成果，引導Internet的演進。他們決定哪種協定是TCP/IP需要的，並制定正式的政策。

1.6 IAB的改組

1989年夏天，TCP/IP技術及Internet已從原本的一個研究計畫發展爲成千上萬人賴以處理日常事務的產品。所以不可能在一夜之間稍微改變幾部設備就能加入一些新想法。總括來說，什麼時候改變現有的軟體而做到不同產品間的相互溝通，是由上百個提供TCP/IP產品的公司共同決定的。在實驗室中開發和測試新技術的研究人員，再也不可能指望他們的構想能立刻被接受並採用。很諷刺的，當初設計TCP/IP的研究人員現在反而受制於他們的發明。簡而言之，TCP/IP已成爲一個成功且可量產的技術，同時市場也開始主導了它的演進。

3 IAB最初代表互聯網活動委員會(Internet Activities Board)。

爲反映Internet及TCP/IP的政治經濟現況，IAB在1989年夏天重新組織，而研究人員由IAB轉到新的IAB下的一個分支機構，名爲「Internet研究工作小組」(*Internet Research Task Force*，*IRTF*)。另一方面也成立一個新的IAB可以包含更多團體代表的新委員會。而負責協定標準與其他技術領域的責任就落在名爲「Internet工程工作小組」(*Internet Engineering Task Force*，*IETF*)之上。

IETF存在於原本的IAB架構，而它的成功也多少促進了IAB的重組。IETF不像大多數的IAB工作小組只能處理單一的特別事件，在重組前它已大到能讓幾十個致力於不同問題的積極成員(active member)同時運作。重組之後，IETF被分爲20多個工作小組，每個工作小組都從事一個特定的研究項目。

IETF因規模龐大，無法單靠一位主席來管理，因而把它分爲十個不同領域，每個領域都有不同的管理者。IETF的主席和各領域的主管組成了「Internet工程指導組」(*Internet Engineering Steering Group*，*IESG*)，負責協調IETF各組間的工作。因此「*IETF*」這個名字指的是包括主席、各領域主管、及各工作組所有成員的一個大集合。

1.7 Internet評論請求(RFC)

我們已提過沒有任何一家廠商或是專業協會獨自擁有TCP/IP技術。因此有關協定、標準和政策的文件不可能由單一廠商取得。相反的，文件都在線上(on-line)且開放給大家免費使用。

關於Internet的工作文件，新的或修改過的協定提議和TCP/IP協定標準都發表在一連串叫做「Internet評論請求」(*Internet Requests For Comment*，*RFC*)的技術報告上。RFC可長可短，它可以涵蓋非常廣泛的概念或細節，也可以是標準或只是新協定的提案。這本書的內容有很多地方以RFC爲參考。RFC並不像學術論文有經過嚴謹審閱，它們只經過一般編輯就出刊。許多年來，RFC的主筆一直是由Jon Postel一人擔任。不過目前這項工作已轉由IETF各領域的主管擔任；最後再由IESG來認可新的RFC。

RFC是依據其所寫的時間順序而給予編號。每個新的或修改過的RFC都被給予一個新的編號，所以讀者要注意編號以獲取最新的版本。讀者可以依據RFC索引來區分正確的版本。此外，RFC文件也有草稿，名爲Internet草案(*Internet drafts*)，可供取閱。

RFC與Internet草案可以從以下網址取得：

www.ietf.org

1.8 Internet的成長

Internet發展迅速，並且不斷發展。新的協定不斷提出，舊的協定不斷地修改。對基本技術最明顯的需求並非來自新增的網路連結，而是越來越多的網路流量。一旦有新的使用者或新的應用程式連上Internet，網路交通型態(traffic patterns)立即改變。例如，使用者開始透過全球資訊網(*World Wide Web*)來瀏覽資訊時，流量隨即迅速升高。再者，當檔案分享開始流行後，交通型態再度改變，而當Internet用於電話或者影像服務時，則會產生更多變化。

圖1.1總結了Internet的擴展並顯示重要的成長內容：因爲全球網路是分由許多的團體來管理，所以也造成複雜度的增加。

	網路數量	電腦數量	用戶數量	管理員數量
1980	10	10^2	10^2	10^0
1990	10^3	10^5	10^6	10^1
2000	10^5	10^7	10^8	10^2
2010	10^6	10^8	10^9	10^3

圖1.1　Internet的成長。除了流量增加，分散式管理也造成了複雜度的增加。

了解連接到internet的電腦數量，有助於說明成長趨勢。圖1.2顯示成長趨勢。

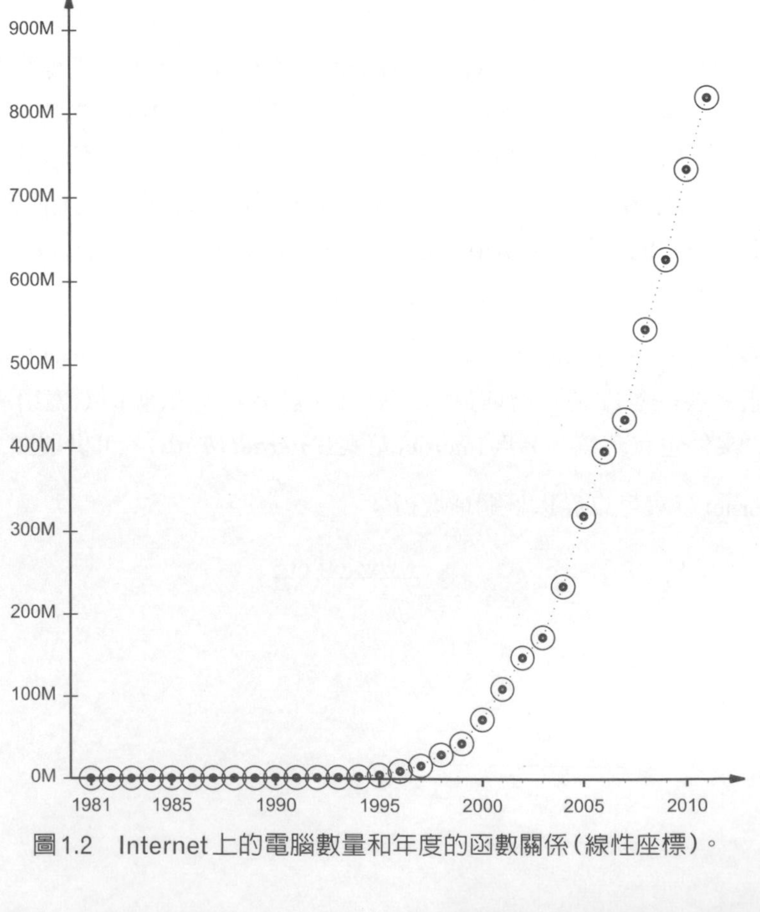

圖1.2　Internet上的電腦數量和年度的函數關係(線性座標)。

從圖1.2可以看到Internet在1990年代以前似乎沒有增長。但這只是線性座標隱藏了數據。其實，即使在早期的Internet，成長速度仍是高的。圖1.3顯示相同數據但以對數座標繪製而成。圖1.3中電腦的數量看來較小，一些最快速的增長發生在1980年代後期，當時的Internet從1000台電腦增長到超過10,000台電腦。

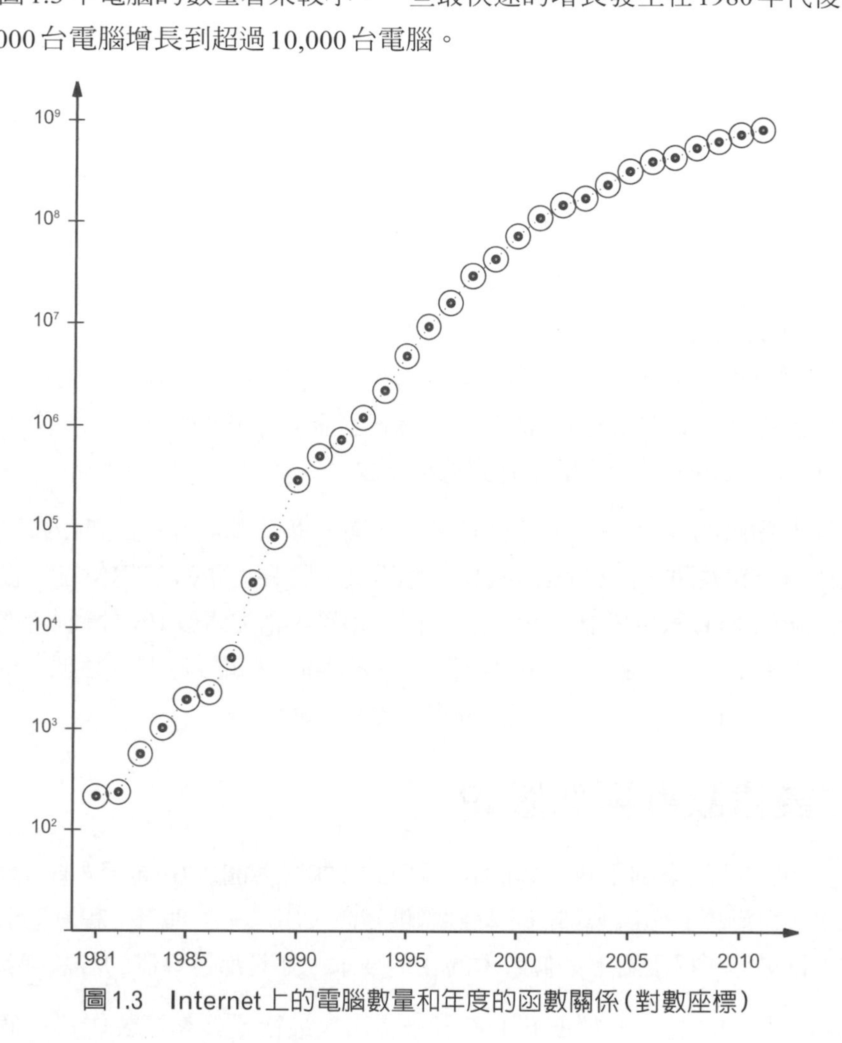

圖1.3　Internet上的電腦數量和年度的函數關係（對數座標）

電腦的數量並不是Internet成長過程中，唯一具有重大變化的數據。因爲當時的技術是在DARPA由一個人控制Internet的所有環節時開發的，許多子系統的設計依賴於集中管理和控制。

隨著Internet的發展，Internet推廣的責任和控制，分散在多個組織。特別是，隨著Internet成爲全球化應用，營運和管理需要跨越多個國家。1990年代初期，許多努力都是針對尋求擴展而設計，以適應分散式的管理。

1.9 移轉到IPv6

TCP/IP技術的演進總是與全球Internet的演進交織在一起。世界各地的網站已擁有數十億的用戶，Internet已成為他們日常生活的一部分，Internet似乎已經過了早期發展階段，現已達到穩定的成長階段。儘管有此欣欣向榮景象，但是，Internet和TCP/IP協定不會因此停滯不前進。持續創新，用新的技術和新的應用來改進底層機制。

其中最重要的工作之一是修訂「Internet協定」，這是所有Internet通信的基礎。改變可能看起來令人驚訝，譬如，現在版本的IP就可做一番演化。

為什麼要做改變？當前版本的Internet協定，IPv4是需要關切的。這是第一個工作版本，在1970年代末期設立以來，幾乎一直保持不變。它的長壽顯示出IPv4是靈活和強大的。自設計IPv4以來，處理器性能已經增加了超過四個數量級的幅度，典型的儲存裝置大小已經增加了2000倍，高速Internet的頻帶寬度已經上升了100萬倍之多。無線技術已經出現，Internet上的主機數量已從少數上升到億萬之多。

儘管IPv4有耀眼的成功，但到了1990年代初期，專家們開始意識到IPv4不足以應付新的應用，例如語音和視訊，因為Internet快速地增長，將耗盡IPv4可用位址。從那時起，有兩件事可看出端倪：(1)數位電話在IPv4上用得很順暢，稍加修改IPv4機制可產生的足夠位址，約可應付未來十年的需求。(2)如果我們為每個設備(例如，每個智慧型設備、每輛車和每個手機)指定一個IP位址，IPv4位址空間很快就會用完。

1.10 委員會設計與新版IP

IETF花了幾年時間來制定新版本的IP。因為IETF生產開放(*open*)標準，來自許多社群的代表被邀請參與過程。電腦製造商、軟硬體供應商、用戶、管理者、程式設計師、電話公司和有線電視行業等，提出對下一個版本的IP的要求，並且都對具體的評論提案。

許多為特定目的或特定社群服務的設計被提出。最後，該團隊製作了一個擴展設計提案，該提案囊括數個早先的建議。IETF指定數字6作為版本編號，提案名稱就稱作*IPv6*[4]。

1.11 IPv4和IPv6的關係

雖然支持者希望建立一個完整的新Internet，IPv6仍繼承了許多IPv4的設計原則和特點。因此，不能把IPv6看成是孤立的技術 - 我們需要審視其一般原則，了解IPv6是如何在IPv4中實現，IPv4如何在IPv6中被修改和擴展。例如，IPv6所使用的位址分層機制就是直接從IPv4的classless 位址機制中繼承而來。使用的位址遮罩(mask)甚至一些術語，都來自IPv4。實際上，IPv6囊括IPv4所有現有的位址，並將其作為一個新位址的子集合。因此，在本書中，我們將討論IPv6的原則和概念，研究它們在IPv4中是如何實現，然後檢視IPv6所做的擴展和修改。

4 為了避免混淆和模糊，跳過了版本編號5，問題出自一系列錯誤和誤解。

那麼，到底IPv6有哪些地方和IPv4的設計不同？標準中說明，IPv6保留了許多讓IPv4成功的功能。事實上，設計師將IPv6視爲基本上與IPv4相同，只有少量修改。例如，IPv4和IPv6使用connectionless傳遞機制，允許發送方選擇發送資料的大小，並且要求發送方指定在傳送datagram時所允許的最大hops(經過路由器的數量，中文稱跳躍數)。IPv6還保留了許多其他IPv4的機制，如分段(fragmentation)機制。重要的是：

> 因爲IPv6繼承了許多IPv4的觀念、原理和機制，不了解IPv4就不容易了解IPv6；兩者內容都會在本書中出現。

儘管概念相似，IPv6改變了協定大多數的細節。IPv6使用更大的位址並完全修改封包的格式。引入的變化通過IPv6可以分爲七類：

- **較大的位址(Larger Addresses)**：新位址大小是最顯著的更改。IPv6將IPv4位址的大小從32位元擴展到128位元。
- **擴展位址層次(Extended Address Hierarchy)**：IPv6使用更大的位址空間來建立位址階層的附加層級(例如，允許ISP將一塊位址分配給客戶)。
- **新標頭格式(New Header Format)**：IPv6使用一個全新的和不相容的封包格式，其中包含一組可選的標頭欄位(optional headers)。
- **改進的選項(Improved Options)**：IPv6允許封包內有可選的控制資訊，這機制在IPv4中不可用。
- **協定擴展的設置(Provision For Protocol Extension)**：IPv6的擴展能力允許IETF使協定適應新的網路硬體和新應用，而不是指定所有的實作細節。
- **支持自動配置和重新編號(Support For Autoconfiguration And Renumbering)**：IPv6允許站台透過自動化必要位址改變機制，從一個ISP更改到另一個。
- **支持資源分配(Support For Resource Allocation)**：IPv6包括流抽象化(flow abstraction)並允許差異化服務。

1.12　遷移到IPv6

Internet如何從IPv4變到IPv6？設計師仔細思考了這個問題。1990年代，Internet已經變得太大了，不能簡單地使其離線，也不能更改每個主機和路由器，然後重新啓動。所以，設計師計劃以隨著時間逐漸改變的方式演化。我們使用術語IPv6遷移(IPv6 migration)來說明這個概念。

許多團體已經提出了IPv6遷移的計劃。計劃可以分爲三個主要方法：

- 先建立單獨IPv6 Internet，和原Internet並行運作。
- 通過IPv4連接的IPv6 island，直到ISP安裝IPv6。
- 在IPv4和IPv6之間用gateway進行轉換。

首先討論Internet 並行(*Parallel Internets*)。在概念上，本計劃要求ISP建立一個與Internet 並行運轉的 IPv6 internet。在實踐中，IPv6和IPv4可以共享許多基礎線路和網路設備(前提是設備已升級，可以處理IPv6)。但是，在定址與路由部分，兩者是完全獨立的。支持者認爲，因爲IPv6提供了這麼多的優勢，每個人都會切換到IPv6，這意味著IPv4 Internet將迅速停用。

其次是*IPv6 Island*。該計劃允許個別組織在所有ISP運行IPv6以前，開始使用IPv6。每個組織都是位於IPv4海洋中的IPv6 island。爲了在island之間遞送datagram，IPv6 datagram包裹在IPv4 datagram內，然後在internet上遞送，到達目的island後解開。由於ISP採用IPv6，站台可以開始向越來越多的目的地發送IPv6，直到整個internet都使用IPv6。一些IPv6愛好者不喜歡這種方法，因爲它不能爲ISP提供足夠的經濟誘因，無法激勵ISP採用IPv6。

Gateway和轉譯(*Gateways And Translation*)。第三種方法在IPv4和IPv6之間，使用轉譯的網路設備。譬如，如果某站台選擇使用IPv6，但其ISP仍然使用IPv4，gateway設備可以放置在站台和ISP之間執行轉譯。gateway接受即將傳出的IPv6 封包，建立等效的IPv4，並將IPv4封包發送給ISP進行轉送。同樣，當一個IPv4封包到達ISP，gateway將建立一個等效的IPv6封包給接收者。因此，站台中的電腦可以執行IPv6，但是ISP仍使用IPv4。或者Internet已經採用IPv6，站台仍可以執行IPv4。

每個遷移策略都有優點和缺點。到最後，一定會有個重點問題出現：有甚麼樣的經濟誘因，讓消費者、企業或ISP都不得不改變現狀？令人驚訝的是，很少有證據表明IPv6提供了誘因激勵一般消費者、組織或供應商做改變。當然也有例外。例如，一家公司的業務模式，涉及向顧客提供廣告資訊，如果每個用戶都有個別獨立的網路位址，則公司會大大受益。因爲公司將能夠準確地追蹤顧客的購買傾向，發出針對口味的廣告，這絕對比大家共用一個IP位址來得優秀。最後，每個遷移策略都有其擁護者，且已被使用在一些場所。可惜的是，沒有一個遷移策略能形成共識，爲大家所接受。

1.13 雙堆疊系統

本文中的許多章節都在討論協定軟體，通常稱爲協定堆疊(protocol stack)。IPv6即將發生的變化，影響了協定軟體的設計方式，特別是用在個人電腦。大多數作業系統(例如，Linux、Windows和OS-X)已經被歸類爲雙堆疊系統。也就是說，除了提供IPv4所需的軟體，系統也包含執行IPv6的所有軟體。多數情況系統，這兩個版本不交互作用。IPv4和IPv6兩方，每一方都各有一個IP位址，每一方都可以發送和接收封包。但是，由於位址版本不同，各自對另一方不會產生任何作用(或者甚至不知道另一方存在)。雙堆疊的想法，和上面討論的並行Internet是密切相關的。

雙堆疊系統允許應用程式選擇使用IPv4還是IPv6，或兩者都用。較舊的應用程序繼續使用IPv4。但是，雙堆疊機制允許應用程序動態選擇，使移轉自動化。例如，考慮一個瀏覽器。如果給定的URL映射到IPv4位址和IPv6位址，瀏覽器可能會嘗試首先使用IPv6進行通信。如果嘗試失敗，瀏覽器才使用IPv4。如果電腦使用IPv6網路連接，並到達目的地，IPv6通信將會成功。如果不成功，瀏覽器會自動恢復使用IPv4。

1.14 本書內容組織

本書旨在講解TCP/IP，共分爲三卷。這一卷引介TCP/IP技術。討論TCP和IP協定的基本架構、封包格式並說明它們是如何在網路上搭配運作。除了檢視個別的協定，同時還強調運行原理，說明TCP/IP協定爲何能輕易地架在眾多不同的實體層網路技術之上。本書涵蓋全球Internet的體系結構，並探討傳播路由資訊的協定。最後，本書用網路應用範例，來解釋應用程式如何使用TCP/IP協定。

第二卷和第三卷著重在實作。第二卷審視TCP/IP是如何實作協定本身。本卷說明了協定軟體的組織。 討論到資料結構以及諸如定時器的裝置管理。同時也利用運轉中系統的程式碼，來說明個別的協定是如何相互運作。另外，還介紹了演算法，並使用已經在線上運行的程式來說明思維模式。第三卷說明網路應用以及如何使用TCP/IP來通訊。本卷著重在主從式(client-server)架構，這是所有分散式程式的基礎。討論程式與協定間的介面[5]，並說明如何組織用戶與伺服器程式。

到目前爲止，我們已經概略性地談過TCP/IP技術和Internet，總結了它們所提供的服務和它們的發展史。下一章我們將對Internet上所用的各式硬體做個簡潔的介紹。其目的並不是針對特別廠商硬體間的小差別，而是強調對網路結構重要的技術。其後各章則探究協定和Internet，目的有三：探究一般觀念及檢視Internet架構、檢視TCP/IP協定的細節和檢視應用程式的標準。後面的章節描述跨越多個機器的服務，包括路由資訊的傳播、名稱解析和諸如Web的應用。

1.15 總結

Internet是由一組網路所組成的。Internet最大的優點在於它能將使用不同網路硬體的各個群體全都連結起來。我們將檢視Internet通訊的一般原理並特別仔細介紹其中一種協定。我們也將討論網路協定是如何用在Internet上。本書談到的TCP/IP技術是由國防高等研究計劃署(Defense Advanced Research Projects Agency)開發的，它是連接全球Internet的基礎，目前的連線人數超過二十億。下一版本的Internet協定(IPv6)，仍然高度依賴於當前版本(IPv4)中的概念、術語和詳細資訊。因此，本書將檢視這兩個版本的協定。

5　第三卷有兩個版本：一個使用Linux socket介面，另一個使用由Microsoft的Windows socket介面。

習題

1.1 列出所有你使用的Internet相關應用程式，有多少是web-based？

1.2 試著繪出你們組織裡TCP/IP技術與Internet存取之成長圖。每年有多少電腦、使用者以及網路互相連接在一起？

1.3 從2000年開始，主要電話公司開始將其網路從傳統電話交換轉移到IP-based的網路。主要的電話網路將只執行IP協定。為什麼？

1.4 了解你的系統何時切換到IPv6或何時計劃切換。

Memo

章節目錄

2

底層網路技術回顧

2.1 引言

Internet爲電腦網路引入了一種新的思維模式。早期的網路著重在產生一種新型的網路。Internet則介紹一種互連單個網路的新方法和一組協定，允許電腦在許多網路之間交互運作。硬體技術在設計中只扮演一個小角色，若要瞭解網路技術就要懂得區分硬體底層技術和TCP/IP協定軟體所提供的高層機制。瞭解分封交換(packet-switched)技術提供的介面是如何影響高層抽象協定的選擇也是非常重要的。

本章將簡介基本封包交換概念和專有名詞，並回顧一些使用TCP/IP的底層網路硬體技術。稍後各章將說明網路是如何互連和TCP/IP是如何調和這些差異甚巨的硬體。雖然本章並非全面性的，但說明了使用TCP/IP的網路實體的多樣性。讀者可放心的跳過技術細節，但應掌握封包交換觀念，並想像一下，如何用不同的硬體來建立一個相同的通訊系統。最重要的是，讀者應當仔細閱讀有關不同技術所使用的實體位址(physical address)細節。稍後的章節我們將更深入討論高層協定是如何使用實體位址。

2.2 網路通訊的兩種方式

從硬體的角度來看，網路通常按能量的形式和傳播的介質分類，(例如，在銅線上傳送的電子信號、在光纖上傳送的光脈沖和在空間傳送的無線電波)。從通訊的觀點來看，整個通訊網路都可被分爲兩類：「連接導向」(*connection-oriented*，有時稱爲線路交換式－ *circuit-switched*)以及「非連接導向」(*connectionless*，有時稱爲分封交換式－ *packet-switched*)[1]。連接導向網路就是在兩點之間先建立起一個專用連接或線路，傳統電話系統屬於連接導向通訊：一通電話從撥號開始，就建立了經由當地的交換局、傳輸線、遠地交換局，到最後的目

1 事實上，混合式技術也是可行的，本書不討論相關細節。

的地電話間的一條線路。因為通訊兩端使用專有電路，這種方式的優點保證一旦建立起連線，沒有其他網路流量會造成容量降低。缺點是它的花費，線路的花費是固定的，與資料量無關。例如打了一通電話，即使雙方沒有通話，還是必須要付費。

非連接導向網路通常用於電腦間的連接，經由網路傳送的資料被分割成小封包(*packets*)，然後匯集到高容量的互連網路上。每個封包通常只有數百位元組的資料，用識別碼讓網路硬體知道如何把它送至目的地。比如有大檔案在兩機器間傳送，檔案就必須被切割成很多的封包，然後一個一個傳送。網路硬體將這些封包送至目的地，再由目的地的軟體將它們重新組合成一個檔案。分封交換的優點在於電腦間可以同時進行多個通訊，通道由互相通訊的電腦分享。缺點是通訊量增加時，通訊的電腦可用的資源就少了。因此分封交換網路超過負載時，使用網路的電腦就必須等待，才能再送下個封包。

雖然有無法保證網路容量的潛在缺點，但鑒於成本及性能的考量，非連接導向網路還是非常受歡迎。而且因為可以同時有許多機器共同分享整個網路頻寬(bandwidth)，所以所需連結較少，成本也就相對變低。而工程師也有能力建造高速網路硬體，所以網路容量不成問題。由於大多數的電腦互連都使用非連接導向網路，所以在本書以後所提的網路都是指非連接導向網路，除非另有說明。

2.3 廣域和區域網路

涵蓋廣大地理區域(如美國本土)的網路與短距離的網路(如一間房間)有很大的差別。為了區分其容量和用途，分封交換技術通常都被分為兩大類：「廣域網路」(*Wide Area Networks*，*WANs*)和「區域網路」(*Local Area Networks*，*LANs*)。這兩種分類並沒有嚴謹的定義，因此廠商不會嚴格地幫助消費者來區分這兩種技術。

WAN有時叫做「長距離網路」(*long haul networks*)，提供長距離的通訊。因此WAN技術並不限定通訊距離，它允許兩端點距離無限遠。例如，WAN可以橫跨整個大陸或是連接海洋兩岸的電腦。一般來說，WAN通常比LAN的速度慢、延遲大。WAN的速度一般是從100 Mbps(million bits per second)到10 Gbps(billion bits per second)，而延遲則可以從千分之一秒到數十秒[2]。

LAN技術提供電腦高速率的連接，但距離卻不能過長。例如，LAN一般只涵蓋小的區域如大樓、小型校園，傳輸速度在1Gbps到10Gbps。由於LAN只涵蓋較小的距離，它的延遲也比WAN小很多。LAN的延遲最小可幾毫秒，而最大也不過十毫秒。

2.4 硬體定址機制

我們將看到Internet協定必須處理網路硬體的特定機制：異質定址機制。每個網路硬體都有一個「定址機制」(*addressing mechanism*)，而電腦就是用這個機制來指定每個封包的目

2 這樣長的延遲可能發生在當WAN透過衛星傳送訊號來溝通時。

的地。每部連上網路的電腦都被指定一個獨一無二的位址(通常是一個整數)。每個在網上傳送的封包都含有兩個位址：一個是「目的位址欄位」(*destination address field*)用來儲存接收端的位址；另一個是「來源位址欄位」(*source address field*)用來表明發送端的位址。目的地位址都存在每個封包的同一區段，因此網路硬體可以很容易地找到它們。每個發送端在傳送之前都必須知道接收端的位址，並把它放進封包內的目的地位址欄位中。

後續幾個章節將檢視Internet上四個常見的網路技術，分別是：

- Ethernet(IEEE 802.3)
- Wi-Fi(IEEE 802.11)
- ZigBee(IEEE 802.15.4)
- Wide Area Point-to-Point Networks(SONET: 廣域點對點網路)

2.5　乙太網路(IEEE 802.3)

乙太網路(*Ethernet*)是一個知的名分封交換網路的名稱，由Xerox PARC在1970年代初期所發展出來。Xerox Corporation、Intel Corporation和Digital Equipment Corporation在1978年一起定出Ethernet的標準。IEEE(電機電子工程師學會：*Institute for Electrical and Electronic Engineers*)也釋出編號*802.3*的相容版本。Ethernet如今已成為熱門的LAN技術，幾乎所有的小型網路和企業網路都使用它。Ethernet封包格式有時用於廣域網路。當前乙太網路的版本稱為*Gigabit Ethernet*(*GigE*)和*10Ggabit Ethernet*(*10GigE*)，因為它們分別以1Gbps和10Gbps傳輸資料。下一代技術運行每秒以40和100gigabits的量級傳送。乙太網路由乙太網路交換機所組成，電腦則連接到交換機上[3]。小型交換機可連接四台電腦；一個大型交換機，如資訊中心中所使用的交換機，可以連接數百台電腦。電腦和交換機之間的連接由低速銅線或高速光纖所組成。圖2.1闡釋Ethernet拓樸結構。

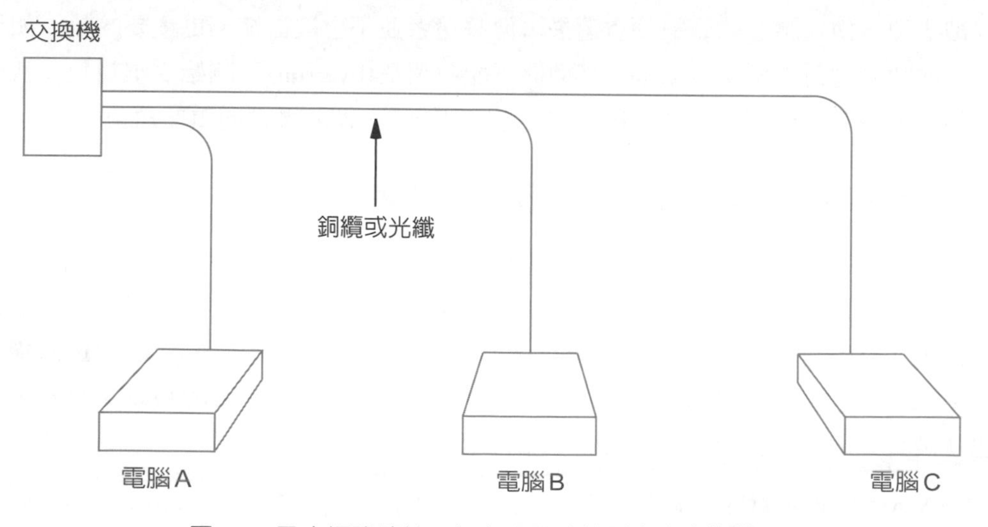

圖2.1　乙太網路連線，每台電腦連接到中央交換機。

3　通常我們將網路描述為連接計算機，但它們也可以連接有網路的設備，如印表機等。

2.5.1 Ethernet 容量

*Gigabit Ethernet*傳輸速度達到每秒千兆位元(gigabit：giga為10的9次方，mega為10的6次方，所以gigabits又稱為1000 megabits)。通常1000 Base-T指的是使用雙絞線的版本。由IEEE提出的標準1000Base-X，所使用的傳輸媒體為光纖。這種技術將Ethernet封包轉換為光波，再藉由光纖傳輸。主要優點在於擁有較大的容量以及抗電子干擾性佳。光纖所能提供的容量遠遠超越10Gbps，因此工程師已經在發展40與100Gbps的Ethernet技術。

2.5.2 自動協商(Automatic Negotiation)

現代版本的Ethernet解除了速度上的限制，交換機可以有多種速度：10、100、1000甚至10000 Mbps。並且同時適用於電腦網路卡介面(NIC：Network Interface Card)與switch。更重要的是，這種10/100/1000的裝置在第一次接上網路時，會自動偵測纜線的種類(straight through 或cross-over)與另一端設備所能提供的最大速率。

這種自動協商的技術與之前版本的技術相容，也就是說一台擁有舊式慢速網路卡的電腦，不用做任何變動，仍可連上Gigabit 交換機。Ethernet封包格式和網路速度無關。也就是說：TCP/IP 協定可能仍然不知道協商的鏈接速度。

2.5.3 Ethernet 的重要特性

廣播能力(*Broadcast Capability*)：Ethernet支援廣播，廣播的意思是一個封包可以傳送給連線的多台主機。實際上，交換機通常是透過為每台電腦製作副本來實現廣播。我們將看到，整個TCP/IP網路是依靠Ethernet的廣播機制來運作。

盡力遞送語意(*Best-Effort Delivery Semantics*)：Ethernet使用盡力遞送機制，意思是網路嘗試遞送封包，硬體不保證遞送成功，也不會通知發送者遞送失敗。當目的地機器關機時或網路線被拔掉，傳送給它的資料便會遺失，但發送者並不會被告知。更重要的是，如果多台電腦嘗試同時發送封包給某台電腦，交換機可能會超載(overrun)並開始丟棄封包。我們將在後面看到，盡力遞送機制在TCP / IP 協定的設計中扮演一個關鍵性的重要角色

2.5.4 48 位元的Ethernet MAC(硬體)位址

電子電機工程協會(IEEE)為Ethernet和其他網路定義了48位元的MAC定址模式。MAC是*Media Access Control*的縮寫，其目的在辨識目的地位址。MAC位址實際上是指派給每張網路介面卡。為保證MAC位址的寰宇唯一性，Ethernet 的硬體製造商必須向IEEE購買一個範圍的MAC位址，並為生產的每一張網路介面卡指派一個買來的MAC位址，且不可重複指派，也就是說，不可以有兩張網路介面卡擁有相同MAC位址。

因為MAC位址附屬於硬體裝置上，所以有時也稱作是硬體位址(*hardware addresses*)、實體位址(*physical addresses*)、媒體存取(media access，MAC)位址或第二層位址(layer 2 address)。

注意以下MAC位址的重要性質：

> 由於Ethernet位址是指派給硬體介面，而非電腦，因此將介面卡換裝到新電腦上或者更換介面卡，都會改變電腦的Ethernet位址。

明白Ethernet實體位址可以改變，將有助於釐清爲何高層的網路軟體需要配合這樣的改變。

IEEE的48位元Ethernet位址可分爲三類：

- 單播位址(unicast address)
- 廣播位址(broadcast address)
- 群播位址(multicast address)

單播位址正如前面所描述，是分配給網路介面卡的唯一值，不會和其他介面卡重複。如果傳送封包的目的位址是單播位址，則封包只會傳送給擁有該位址的電腦(如果網路上沒有一台電腦擁有該目的地位址，則封包不會被任何電腦接收)。

廣播位址的48個位元全都爲1，此位址有特定用途，不會分配給任何電腦，代表同時向所有電腦發送資料。當交換機收到封包的目的位址全爲1，會將封包複製，並傳送給連線到交換機上的每台電腦。

群播位址是將廣播限制在子網路上的一群電腦，這些電腦同意接收發送給群播位址的資料，這群電腦又稱作群播組(*multicast group*)。加入群播組的電腦必須設定它的網路介面接受群播位址，若沒做這個設定的動作，收到的封包會被忽略。TCP/IP協定支援群播，IPv6則依賴群播機制。

2.5.5 Ethernet 訊框(frame) 格式與封包大小

由於封包這個術語的通用性，並且可以指任何類型的封包，於是特別使用訊框(frame)這個術語，代表由硬體技術所定義的封包[4]。Ethernet訊框長度是可變的，但不會小於64個字節(octets)[5]，或大於1514個octets(包含標頭與資料)。就像所有的分封交換網路，每個Ethernet 訊框都含有一個48位元的目的地位址欄位，也有一個48位元的發送端地位址欄位。每個在Ethernet 上傳送的訊框還包含了一個4-octet的*CRC* (*Cyclic Redundancy Check*：循環冗餘校驗)欄位，用於偵測傳輸錯誤。因爲CRC資料是由發送端硬體所產生，並由接收端硬體來檢查，高層協定的軟體是看不到CRC欄位的資料。圖2.2說明了乙太網路的相關部分。

目的位址	來源位址	訊框型態	訊框資料	
6 octets	6 octets	2 octets	46–1500 octets	. . .

圖2.2　Ethernet 的訊框格式。注意各欄位的大小並未照比例顯示。

4 訊框這個來源於串列通信，發送端在欲傳輸資料的前後加入一些特殊的控制字，型成訊框後傳送。

5 技術上，術語byte 指的是與硬體相關的字元大小；網路專業人士使用術語octet，因為它指的是所有計算機上8位元的資料量。

在訊框中，前三個欄位構成訊框的*header*(標頭)，剩下的欄位是訊框承載的資訊又稱做payload(中文意為「有效載荷」或「酬載」)。大多數網路技術中使用的封包，都和上述的訊框模式相同：前面是一小段的header，大小固定，接續的是大小可變的payload。Ethernet中的payload最大為1500個octets。因為Ethernet已被普遍採用，大多數ISP已經調整了他們的網路，以適應乙太網路對payload的規範。 我們可以總結如下：

> Ethernet 中，1500個octets的payload已經成眾所接納的標準；即便是使用其他網路技術，也遵從從此規範。ISP在設計網路的時候，讓封包的payload也能承載1500個octets的資訊。

Ethernet的frame除了有來源位址和目的地位址，另有一個16位元帶有整數的欄位，稱作「訊框型態」(frame type)，用來識別訊框內所帶的資料型態。大多數的封包技術都帶有訊框型態欄位。從Internet的觀點來看，「訊框型態」欄位很重要，因為它表示Ethernet訊框是「自我識別」(*self-identifying*)的。當訊框到達某部機器後，作業系統就利用訊框型態來判斷該用哪種協定軟體來處理。自我識別最大的優點在於能讓一台機器使用多種協定，並能在同一實體網路上混用多種協定而不互相干擾。例如：當某個應用程式在一台電腦上使用Internet協定時，另一個程式可在同一台電腦上使用本地實驗性的協定。作業系統根據「訊框型態」欄位決定如何處理訊框攜帶的內容。我們稍後會看到TCP/IP協定如何使用自我識別之Ethernet 訊框來區別各種不同的協定。

2.6 Wi-Fi (IEEE 802.11)

IEEE已發展了一系列與Ethernet有關的無線網路標準，其中最著名的是*802.11*後跟隨一個字尾(如*802.11g*或*802.11n*)的標準。這套標準可以互相操作，這意味著無線設備可以使用多種標準的硬體，並且可以選擇具最大傳輸速度者為標準規範。網路設備供應商聯盟已採用營銷術語*Wi-Fi*涵蓋使用IEEE無線網路標準的設備，網路環境中已經有許多Wi-Fi設備存在。

每一種Wi-Fi標準皆能以兩種方式來使用：一種方式為單一基地台(稱為存取點，*access point*) 連接數個用戶(例如筆記型電腦)，另一種為點對點(point-to-point)的傳送方式，用於兩個存取點之間的連線。IEEE也定義了另一種主要用於點對點之間的高速傳輸技術，就是標準編號為*802.16*的*Wi-Max*。

2.7 ZigBee (IEEE 802.15.4)

除了連接常見的電腦之外，嵌入式裝置也可連上Internet。這種連接各種裝置的概念有時被稱為物聯網(*Internetof Things*)。當然，要連接到Internet的每個設備都必須有嵌入式處理器和網路連接介面。IEEE為低功率無線網路建立了802.15.4標準，讓小型嵌入式設備也具有連網的能力。802.15.4所具有低功率的特性，吸引了許多使用電池供電的裝置。

一個供應商聯盟選擇了*ZigBee*這個術語來代表使用IEEE 802.15.4標準的無線產品，這些產品執行些包括IPv6的特定協定堆疊，讓一群無線節點可自行組成一個mesh(網格)，向Internet 傳送和接收資料。

IEEE 802.15.4將TCP/IP技術應用得淋漓盡致。封包的大小是127個位元組，其中只有102個octets，內容爲傳輸的資料。此外，該標準定義了兩種位址格式，一種使用64位MAC位址，另一個則使用16位元的MAC位址。在啓動時就應決定使用哪一種定址模式。

2.8 SONET上的光載波和封包

電話公司原先設計的數位線路是爲了載送數位語音，當時並不突出，直到轉向爲資訊網路應用後才變得日益重要。因此，現有的數位的傳輸速率並非以十的冪次爲單位，而是以64 Kbps爲一個單位。因爲數位語音*PCM*(*Pulse Code Modulation*)編碼方式爲每秒取樣8000次，每次取樣使用8個位元。所以，一個數位語音頻道佔用64K bps。

圖2.3中的表列出了北美和歐洲所使用的幾種常見的資料傳送速率。

名稱	傳輸率	語音電路數	區域
–	0.064 Mbps	1	
T1	1.544 Mbps	24	North America
T2	6.312 Mbps	96	North America
T3	44.736 Mbps	672	North America
T4	274.760 Mbps	4032	North America
E1	2.048 Mbps	30	Europe
E2	8.448 Mbps	120	Europe
E3	34.368 Mbps	480	Europe
E4	139.264 Mbps	1920	Europe

圖2.3　從電話公司租用數位線路可用之傳輸率

更高速率的數位線路則需使用光纖。除了指定銅線上的高速傳輸標準之外，電話公司也建立了在光纖上相同傳輸速率的標準。圖2.4列出了光載波(*OC*：*Optical Carrier*)標準和此標準規範的資料傳送速率。標準名稱OC後的數字表示容量。

標準名稱	傳輸率	語音線路數量
OC-1	51.840 Mbps	810
OC-3	155.520 Mbps	2430
OC-12	622.080 Mbps	9720
OC-24	1,244.160 Mbps	19440
OC-48	2.488 Gbps	38880
OC-96	4.976 Gbps	64512
OC-192	9.952 Gbps	129024
OC-256	13.271 Gbps	172032

圖2.4　使用高容量數位電路的光纖系統所支援的傳送速率

術語*SONET*指的是一種訊框通訊協定(framing protocol)，可讓多個數位語音電話訊號，在單一連線上做多工傳輸。SONET通常跨越OC連接使用。因此，如果ISP租用OC-3連接，則ISP可能需要使用SONET訊框技術。術語*Packet Over SONET*(*POS*)指的是使用SONET訊框傳送封包的一種技術。

2.9 點對點(Point-To-Point) 網路

從TCP/IP的觀點來看，任何通訊系統只要是用來傳送封包的，都可稱作是網路。如果只連接兩台電腦的通訊系統，則稱爲「點對點網路」(*point-to-point network*)。因此，租用的專用數據線路便可看成一個點對點網路。

有些專家反對把兩台電腦間的連線稱做是一個網路，應保有網路這個專有名詞來代表多台電腦的連線。不過，把一條只有兩台電腦的簡單連線描述成網路，也算維持了「網路」這個專有名詞用語的一致性。到目前爲止，我們需要注意點對點網路與傳統網路最大的不同在於：因爲只連接了兩台電腦，所以不需使用硬體位址。當我們討論到網路位址繫結(binding)時，因爲沒有硬體位址，因此點對點網路會成爲一個網路特例。

撥接(dialup)網路就是一個點對點網路的例子。早期的Internet，藉由撥接連線，使用數據機和另一台數據機連線。一般而言，呼叫是由用戶端發出至ISP。一旦撥號連線建立完成，兩部數據機就可以使用音頻(audio tone)傳輸資料。從TCP/IP的觀點來看，撥一通語音電話與建立一條連線是相同的。一通呼叫一旦由另一端的數據機回應後，兩端的連線就建立起來了，而且會在所需時間保持連線。後面的章節會討論通道和覆蓋網路的概念，這些是另一種形式的點對點連接。

2.10 VLAN 技術與廣播領域

我們常說一個Ethernet交換機形成一個區域網路，讓多台電腦連線。更高階的交換機，即眾所周知的*VLAN*（虛擬區域網路）交換機，允許一台交換機組態成多台較小的交換機。網路管理者可建立一個或多個VLAN，並指定哪些電腦連線到哪個VLAN。

網路管理者可根據所擬定的策略，使用VLAN來區隔電腦。例如，公司可以爲員工配置一個VLAN，另外爲訪客配置單獨的VLAN。員工VLAN上的電腦比訪客VLAN的電腦，可以取得更多的權限。

要了解VLAN及其與Internet協定交互運作的關鍵，在於明白VLAN交換機是如何處理廣播和多播。一個VLAN定義了一個廣播領域，這意味著當電腦發送廣播封包時，該封包只會傳送給屬於同一VLAN中的其他電腦。相同的定義適用於多播。也就是說，VLAN技術模擬了一組獨立的網路。VLAN中的電腦共享廣播和多播資訊，就如同在實際單獨的網路中一樣，VLAN中的廣播或多播封包，不會擴散到其他VLAN。

那麼Internet協定到底是如何處理VLAN的呢？答案是Internet協定根本不區分VLAN和獨立的真實網路。我們可以總結如下：

從Internet協定的角度來看，VLAN其實就被當成真實的獨立網路。

2.11 橋接

我們使用術語「橋接」(*bridging*)來代表將訊框從一個網路傳遞到另一個網路的技術，而橋接器(*bridge*)則用來執行橋接任務。橋接的目的是透過使用數個橋接器將數個小的網路橋接成一個大的網路。

橋接的一個重要觀念是：橋接器在複製訊框的時候，不會做任何修改。橋接只是單純地複製訊框並傳送到另一個網路。自然，橋接器也絕對不會修改訊框中的來源位址和目的地位址。因此，兩個網路上的電腦可以直接通信。此外，電腦使用完全相同的硬體介面、訊框格式和MAC位址，透過橋接進行通信，就像在本地通信一樣。電腦完全不知到有橋接發生。為了強調這個概念，我們說橋接對於使用網路的電腦來說是透明的(*transparent*)(即隱藏的)。

最初，網路設備供應商將橋接器作為單獨的實體設備出售。隨著現代交換網路的出現，橋接器不再適用。儘管技術上的變化，橋接仍然在許多網路系統中使用。區別是橋接器現在以嵌入在其他設備的方式存在。例如，網路服務業者(ISP)，為一般用戶和企業用戶提供服務，提供的連線設備如纜線數據機和數位用戶迴路(*DSL*：*Digital subscriber Line*)，當中就有橋接的功能。用戶的Ethernet 訊框透過橋接，傳輸給ISP，反之亦然。在用戶屋內的電腦使用本地乙太網路，如同直接連接到ISP的路由器一般。同樣地，ISP的路由器通過公司的Ethernet和用戶進行通信，好像用戶的電腦是在公司內直接連線。

從我們的觀點來看，了解橋接最重要的一點在於明白橋接產生了甚麼樣的通信系統：

橋接器隱藏互連的細節，一組經過橋接的多個Ethernet，組成一個大型獨立的Ethernet。

橋接器不僅僅是將訊框複製到另一個網路：橋接器能有智慧地選出哪些訊框該轉送。例如，如果用戶在他們的住所有一台電腦和印表機，纜線數據機內的橋接器不會將印表機和電腦之間傳輸資料的訊框轉送給ISP。

橋接器如何知道是否轉發訊框？能有智慧地選出哪些訊框該轉送，這種橋接器稱為適應性(*adaptive*)或學習性(*learning*)橋接器。前面講到，訊框含發送方的位址以及接收端的位址。當橋接器接收到一個訊框時，會記錄訊框中48位元的來源位址。在典型的網路上，每個電腦(或設備)會發送至少一個廣播或多播訊框，這意味著橋接器看得到電腦的MAC位址並存到記憶體中。一旦學習到電腦的位址，在轉發副本前，橋接器會檢查每個訊框，如果發送方和接收方都在同一個網路上，就不會做轉發的動作。

適應性橋接器的優點是很明顯的：因為橋接器是紀錄通訊過程看到的位址，它是完全自動而不必用人工事先指定各主機位址。由於不會轉發不必要的訊框，它可以改善網路負載過重的現象。總結：

> 適應性Ethernet 橋接器連接兩個Ethernet，將訊框由一個Ethernet轉送至另一個，再依據來源位址學習哪些機器位於哪個Ethernet，並結合從目的位址所學到的資訊來減少不必要的轉送。

2.12 擁塞與封包遺失

在實際應用中，大多數網路技術運行正常，所以很容易假設網路是完全可靠的。然而，除非封包傳輸系統在每個封包傳輸前預留容量，否則系統容易受到封包擁塞(*congestion*)和封包遺失(*packet loss*)的影響。 要理解為什麼，考慮一個簡單的例子：一個只有三台電腦的乙太網路交換機，假設兩台電腦向第三台發送數據，如圖2.5所示。

假設交換機的每個連線以1 Gbps的速率工作，那麼，如果電腦A和B持續向電腦C發送數據，會發生什麼事？ A和B將以2 Gbps的總速率轉發資料。因為連接到C的線路只能處理一半的速率，連接到C的鏈路將變得擁塞(*congested*)。

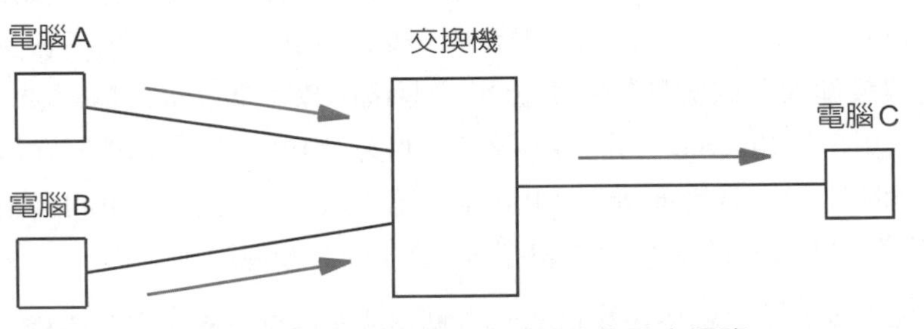

圖2.5 以箭頭標示資訊傳輸流向的乙太網路

要了解流量會發生什麼，請記住乙太網路使用的是盡力遞送機制。交換機沒有辦法通知A和B輸出鏈路擁塞，也沒有辦法阻止傳入電腦C的流量。交換機內部的緩衝器空間容量是有限量的。一旦使用了所有緩衝區，交換機必須丟棄其他到達的訊框。因此，即使僅有三台電腦連接到乙太網路，封包也有被丟棄的可能。

討論到這裡，要明的一個重點是：封包擁塞和遺失，確實會在封包網路中發生。後面的章節會檢視TCP和TCP的使用哪些機制來避免擁塞。

2.13 總結

Internet協定設計的原理在適應各式各樣的底層硬體技術。要理解一些設計決策，有必要熟悉網路硬體的基礎知識。

分封交換技術大致分爲連接導向和非連接導向兩種類型。分封交換網路進一步分類爲廣域網路或區域網，具體取決於硬體是否支持長距離通信或侷限於短距離。

我們回顧了Internet中使用的幾種技術，包括Ethernet、Wi-Fi、ZigBee和可用於長距離的租用數位電路。我們也考慮過VLAN和橋接網路。網路技術的枝微末節，目前來說並不重要，有一個較一般性的說法：

> Internet協定是非常靈活且具有彈性的；各式各樣的底層硬體技術，已被用於傳輸Internet的流量。

每種硬體技術都定義有一個位址方案，如眾所周知的MAC位址。當中區別很大，Ethernet使用48位元的MAC位址，而802.15.4網路則使用16位元或64位元的MAC位址。因爲目標是互連任意網路硬體，Internet必須相容於所有類型的MAC位址。

習題

2.1 找出你工作環境所使用的網路技術。

2.2 假使Ethernet 訊框使用OC-192專線來傳輸，那麼最大的訊框和最小的訊框各需要花多少時間傳送？（注意：您可以從計算中排除CRC。）

2.3 試著瞭解Ethernet 交換機技術，甚麼是 *spanning tree* 演算法，為何交換機需要此技術？

2.4 閱讀有關IEEE 802.1Q標準。 VLAN標記完成了些什麼？

2.5 使用4G無線網路的手機，發送的最大封包大小為何？

2.6 如果你的網站是使用Ethernet 交換機技術，找出最大和最小的交換機(連接埠的數量)，有多少交換機互連？

2.7 Wi-Fi封包最大的傳輸量為何？

2.8 ZigBee封包最大的傳輸量為何？

2.9 關於衛星通訊通道最理想的特點是什麼？最不理想的是什麼？

2.10 在100 Mbps、1000 Mbps 和10 Gbps網路環境傳送1 gigabyte的資料，至少需多少時間。

2.11 你電腦上的處理器、磁碟和內部匯流排是否能以10Gbps的速度來傳送檔案？

2.12 有一個無線路由器，使用Wi-Fi技術將筆記型電腦連接到Internet，該路由器連接有一個Ethernet和無線網路，可供多個筆記型電腦連線。考慮資料從筆記型電腦流向乙太網路。如果乙太網路連接在1 Gbps的環境，必須連接多少台筆記型電腦才可能在乙太網路上造成擁塞？（提示：單個Wi-Fi連線最大資料傳送速率為何？）

Memo

章節目錄

3

網路互連觀念和架構模型

3.1 引言

目前我們已討論過經由個別資料網路傳輸的底層細節。本章將描述一種能將各種不同網路技術融為一體的方案，此方案的主要目的在於提供全球性通訊服務，而隱藏底層網路硬體細節，其目的在希望能建立一種適用於各種設計模式的高層抽象概念。接下來幾章將說明我們如何使用這概念來建立必備的網路通訊軟體層，以及軟體如何隱藏底層實體傳輸機制。後面幾章也將顯示應用程式如何使用這種通訊系統。

3.2 應用層互連

當面臨異質系統的時候，早期的設計師使用名為「應用閘道器」(*application gateway*)的應用程式，隱藏潛在的差異並提供一致性在這種系統中。例如，電子郵件就是一個異質系統，每個供應商設計自己的郵件系統，供應商自訂格式來儲存電子郵件、自訂識別接收者的方法、自訂郵件傳輸流程和將電子郵件訊息從發送者傳送到接收者的方法。作法各異，所以異質系統是完全不相容的。

當兩個不同的電子郵件系統需要連線時，就需要有閘道做為中介。圖3.1顯示閘道軟體是在一台電腦上執行，這台電腦同時連接兩個電子郵件系統。

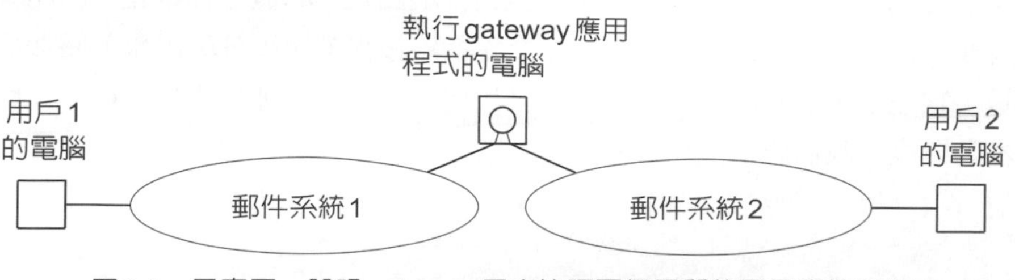

圖3.1　示意圖，說明gateway用來協調兩個異質的電子郵件系統

使用應用程式隱藏網路細節，乍看之下是很合理的事情。因爲一切都可以由應用程式來解決，當中，不需要特殊硬體的介入。此外，用戶電腦上原來的電子郵件系統，可以保持不變，這是很吸引人的。事實上，兩個不同電子郵件系統軟體與用戶，都無法告訴對方，彼此的電子郵件系統是相異的。

有gateway的中介，看似穩當，但後來發現這種方法很麻煩且容易受到限制。主要的缺點就發生在gateway身上，gateway只能處理一個內定的應用程式。譬如，即使有電子郵件gateway的存在，但這個gateway不能用來傳輸檔案、連接聊天會話或轉發短信。第二個缺點是：若其中一個系統有個功能是對方沒有的，也會造成傳輸失敗。例如，如果電子郵件系統1允許發送者將附件加到郵件中，但是電子郵件系統2卻不允許，此時gateway就無法遞送帶有附件的郵件。第三個缺點是gateway要不斷的爲中介的對象做更新。兩方郵件系統有任何變動，gateway就要變動。造成gateway必須頻繁更新。

我們的範例僅考慮gateway連接兩個異質系統。有網路經驗的用戶應該能理解，網路應用飛快成長，異質系統不會只有兩個，一旦網路應用規模增長，多個供應商各自創造他們自己的應用軟體，將不可能維護一組gateway去應付變化多端的異質系統。此外，避免讓 gateway去適應異質系統所有可能變化組合，系統快速採用一次一步策略來因應，譬如，當郵件送達第一個gateway，第一個gateway就將它轉譯成第二規格，然後送到第二個gateway，依此類推，維持gateway功能的單一性。 成功的通訊，需要路徑中所有gateway都能正確運作。如果其中任何一個沒有正確執行轉譯，郵件將不會傳遞。此外，來源和目的地，不知問題出在哪裡也無法或控制該問題的發生。因此，使用gateway的系統，不能保證通訊的可靠度。

3.3 網路層互連

既然應用層透過gateway互連的方式不甚完美，取代方案就輪到網路層互連。網路層互連提供一種機制，不需透過中介應用程式，就可以把小型封包從發送端送到接收端。不使用檔案或大訊息，僅用小單位來傳送有許多優點，第一：這種方式可直接對應到底層網路硬體，效率極高。第二：網路層互連將數據通訊活動由應用程式中分離，准許中介的電腦只處理網路流量，而不需瞭解它所用的應用程式。第三：使用網路連接能保持整個系統的靈活度，因此有可能建立通用的網路通訊系統。第四：這種方案能讓網路管理者在增加新的網路技術時，只需修改或增加一些新的網路層軟體，而不需更動應用程式。

設計全球性網路層互連的關鍵在於將通訊系統網路互連的概念抽象化。網路或網路互連的概念都是非常強而有力的，它將通訊的概念從網路技術細節中分離出來並隱藏底層細節。更重要的是，它控制了所有的軟體設計及解釋如何處理實體位址和選擇路徑。在回顧了網路互連的基本動機後，我們將更仔細介紹網路的細節。

關於通訊系統的設計有兩個基本論點：

- 沒有任何一個單一網路硬體技術能夠符合所有需求。
- 使用者需要世界性的廣域互連。

第一個論點屬於經濟性與技術性的。提供高速通訊的區域網路只能涵蓋小範圍，而廣域網路能提供遠距離通訊，但卻很昂貴。沒有一個網路技術能符合所有需求，所以我們考慮多重底層硬體技術。

第二個論點很明顯。我們想要能夠在任意兩點間通訊，特別希望能不受實體網路界限的限制。任意用戶想要能夠與任意端點(另一用戶或計算機系統)通訊。考慮到移動存取的需求，我們可以說用戶們都想從任何地點進行通信。因此，我們期望有一種通訊系統，不受約束，處處都可連線傳輸。

我們的目標在建立一個統一的、合作的互連網路，來提供全球性通訊服務。在這樣的網路中，電腦可以使用第二章所描述底層技術相關的通訊設施。當有新軟體加入與技術相關的通訊機制和應用程式之間時，隱藏底層細節並將所有網路集合成一個單一的大網路，這樣的互連就叫做網路互連(*internetwork*)或網際網路(*internet*)。

建立網路的概念遵循系統設計的標準模式：研究者先想像一個高層計算設備，然後從目前可用的運算技術開始，將軟體一層層加上去，直到滿足預定的目標爲止。在大多數情況下，研究人員開發軟體，提供一種機制來滿足各個需求。研究人員持續努力，直到產生能運轉的系統，有效地實現前述設想的系統。下一節透過更準確地定義目標，展示設計過程的第一步。後序小節，解釋所使用的方法。本書的後面章節則解釋原理和細節。

3.4 Internet 性質

全球性服務這個概念是重要的，但還不能涵蓋所有我們心中所想的統合網路的含意。要面對的現實是：全球性服務的做法太多了。在我們的設計中的第一個原則是聚焦在封裝(encapsulation)，我們想要對使用者隱藏底層網路結構，而不要求使用者或應用程式瞭解硬體互連細節。我們也不想指定網路互連拓樸，特別是增加新網路時，此網路並不一定要接到中央交換點上，也不代表要和所有現存的網路做實體連接。我們想要透過數個中介網路傳送資料，即使發送端和目的地並未直接相連。我們想要讓網路上所有的電腦共用一組機器識別碼(可以是名稱或位址)。

我們的統一Internet的概念還包括網路和電腦獨立的想法。也就是說，我們希望建立通訊或資料傳輸的運作方式與底層網路技術及目地機器無關。用戶呼叫應用程式的時候，不需要知道網路和遠端電腦在做些甚麼。程式設計師設計在Internet上通訊的應用程式的時候，也可不需瞭解網路連接拓樸和遠端電腦型態。

3.5 Internet 架構

我們已看到電腦如何與個別網路連接，問題是「網路之間如何互連成一個Internet ？」答案分爲兩部份。首先從實體來看，兩個網路可由一台接於兩者間的電腦來連接，但實體上的連接並不表示就能互連，因爲這樣的連接並不保證能和其他希望通訊的電腦共同運作。爲了要有可行的網路方案，我們需要特殊的電腦將封包從一個網路轉送到另一個網路。連接兩個網路並在兩者之間互相傳送封包的電腦叫做網路「閘道器」(gateway)或網路「路由器」(*router*)[1]。

要了解網路戶連，思考一下圖3.2中兩個實體網路和一個router的例子。

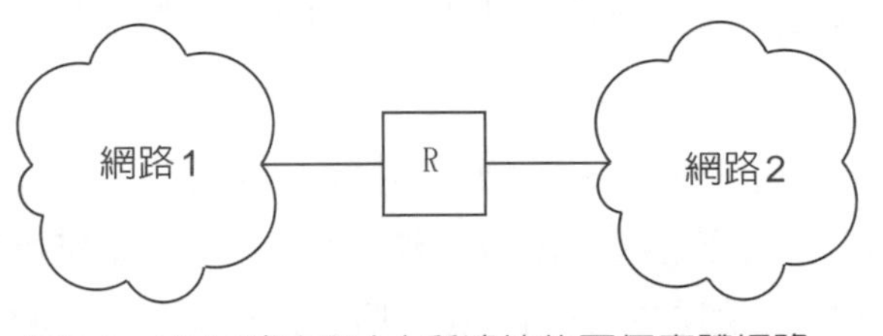

圖3.2　由IP路由器(R)所連接的兩個實體網路。

圖中路由器R連接網路1和網路2。做爲路由器，R在網路1擷取欲傳往網路2的封包，並轉送至網路2，反之亦然。

因爲實際硬體不是很重要，所以我們在圖中使用雲狀圖來代表實體網路。每個網路可以爲LAN或WAN，而且皆可連接很多或少數電腦。使用雲代表網路，最主要的目的是便於區隔路由器和橋接器。橋接器只能連接兩網路，路由器則可連接多個網路，雲就代表任意多個網路。

3.6 透過IP路由器實行多網路互連

圖3.2雖說明了基本的連接策略，但畢竟還是過於簡化。現實的互聯網將包括多個網路和路由器。在這種情況下，每個路由器還需要知道它直接連接網路之外的其他網路。例如，圖3.3顯示了由兩個路由器將三個網路互連。

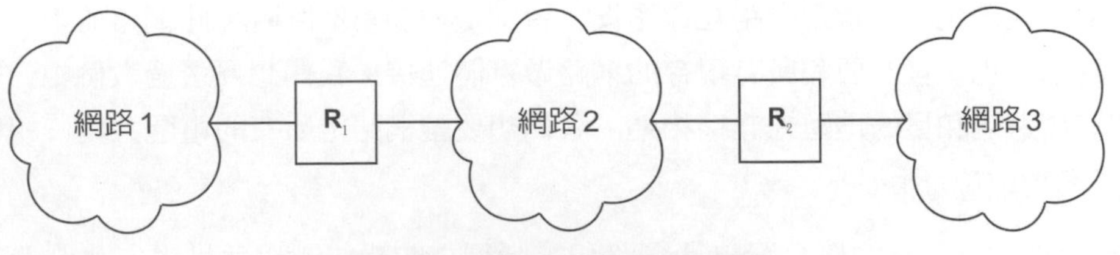

圖3.3 兩個路由器連接三個網路

在這個例子中，路由器R_1需傳送從網路1發出到網路2或網路3的所有封包。同樣地，路由器R_2需傳送從網路3發出到網路2或網路1的所有封包。重點在路由器必須處理未直接連線的封包。在由數個網路組成的大網路中，路由器選擇要將封包送往那裡就變得很複雜。

1　原本稱為IP 閘道器，不過供應商採用IP 路由器這個名稱。

路由器的概念雖然簡單，卻非常重要，因爲它不僅提供電腦互連，還有網路互連。事實上我們已經發現網路互連的定理：

> 在TCP/IP網路中，稱爲IP路由器或是IP閘道器的電腦，能提供實體網路的互連。

也許你會感到懷疑，如果路由器必須知道如何將封包傳送至目的地，那麼就要保有網路上每台電腦的資訊，所以我們通常會假設路由器是配備有足夠記憶體的大型電腦。然而，TCP/IP網路使用的路由器通常是小型電腦，它們沒有很大的磁碟儲存空間，主記憶體也有限，因此建立小型網路路由器的策略在於：

> 在轉送一個封包時，路由器所使用的是目的地網路，而不是目的地電腦。

因爲封包轉送所需的資訊是網路而不是電腦，這就大大減少路由器需儲存的資訊量。路由器中路徑資訊的多寡就只跟網路數目成正比，而非電腦數量。正如我們在第1章中學到的，Internet中網路的數量至少比電腦少了兩個數量級。

因爲路由器在網路通訊中扮演一個關鍵角色，往後的章節裡我們將更詳細地討論它們如何運作以及如何學習路徑選擇的細節。就目前而言，我們假設網路中的所有路由器都可以正確選擇路徑，也假設在Internet中只有路由器可提供實體網路間的互連。

3.7 使用者觀點

TCP/IP是設計來提供全球性互連環境，讓電腦連線，電腦與所連結網路是獨立無關的。因此，我們希望使用者能將互連網路看成是一個提供所有機器連接的單一虛擬網路，不用管實體網路上是如何連結的。圖3.4顯示了這種觀點。

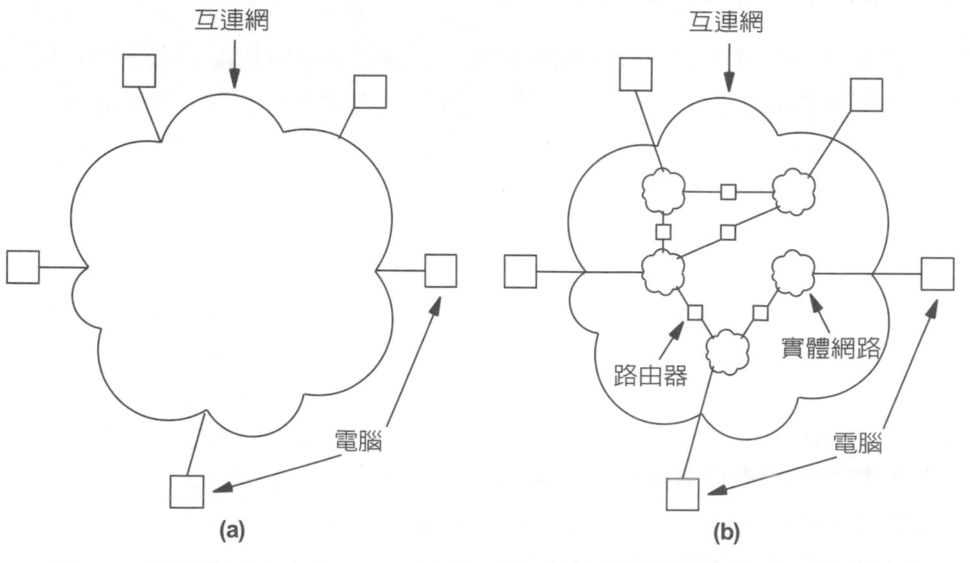

圖 3.4　(a) 使用者眼中的TCP/IP網路，每台電腦看似直接連上一個大網路。
(b) 實體網路架構與提供互連的路由器。

在圖(a)的部分示出了用戶所看到的網路。他們認爲，Internet是一個統合的簡單通信系統。用戶的觀點簡化了細節，簡化了通訊的概念。圖(b)則顯示Internet是由Router連接多個網路所構成。當然，每台電腦也需要軟體來讓應用程式使用他們所認知的單一實體網路。軟體隱藏了網路細節，並讓封包自由無阻地通行網路各地，就好像所有裝置都是直接連線一樣簡單。

網路層提供互連的優點現已非常清楚，因爲在網路上通訊的應用程式並不知道底層連接細節，因此機器不需做任何改變就可執行這些應用程式。因爲每台機器的實體網路連結細節已被隱藏在網路軟體之下，當增加新的實體連線或移除現有的連線時，只有軟體需做調整。例如，可攜式設備可以連接到機場的Wi-Fi網路，取消航班，然後連接到另一個機場的Wi-Fi網路，當中完全不會影響到應用程式的執行。更重要的是，應用程序正在執行時，可以改變Internet的內部結構(例如，添加網路或路由器)。

由網路層來提供通訊的第二個優點是較爲精巧：使用者不須瞭解與記憶網路是如何連結，也不需要知道網路夾帶的是甚麼資訊，就可以寫出一個與底層實體連結無關的應用程式。事實上，網路管理者能隨意更改底層網路的內部結構，而不需改變電腦上的應用軟體。當然，電腦被移到一個新的網路時，電腦上的網路軟體必須重新設定，但這只算是電腦的更新，而不是因互聯網而改變。

如圖3.4(b)所示，路由器並不直接提供任何一對電腦直接連線，從一台電腦傳送到另一台電腦的資訊也許需要經過好幾個路由器，因此，互連網路中的網路就好比美國州際公路系統：本地網路將流量饋送到更大的網路，就像當地道路連接到公路。主要ISP提供傳輸的網路交通，就像美國的州際系統形成了高速公路的骨幹，掌控遠距離的傳輸。

3.8 所有網路是對等的

第二章回顧了用來建立TCP/IP網路的硬體，並說明了不同技術間顯著的差異。我們也說過一個互連網路是由許多共同運作的網路互連而成的集合體。現在我們要瞭解一個基本概念：從互連網路的觀點來看，任何能傳輸封包的通訊系統就可算是一個單一網路，與它的延遲、傳輸量、最大封包大小或地理範圍都無關。圖3.4b用同樣的小雲團來代表實體網路，因爲不論它們之間的差異，TCP/IP一律同等對待，重點爲：

> TCP/IP網路協定平等地對待所有的網路。LAN如Ethernet；WAN用於當作網路的骨幹；Wi-Fi熱點無線網路或是兩台電腦點對點的連接，都算是一個網路。

不習慣互連網路架構的讀者對如此簡單的網路觀念可能難以接受。本質上而言，TCP/IP定義了將實體網路細節隱藏起來的「網路」抽象概念；這個抽象概念將能讓TCP/IP更強而有力。實際上，網路架構師必須選擇適合各種應用的技術。然而，我們將學習讓抽象遠離細節，以使TCP/IP協定能非常靈活和功能更強大。

3.9 仍存在之問題

我們所描述的互連網路仍存在許多未解的問題。例如，你可能懷疑指定給電腦的Internet位址的實際型態爲何？或該位址和第二章介紹的實體硬體位址(48位元的Ethernet位址)有何關聯。第五章和第六章將會討論這些的問題，當中描述了IP位址的格式並說明電腦上的軟體是如何對應網路位址和實體位址。你可能也想要知道在穿越網路時封包到底長什麼樣子，或當封包來得太快以至於有些電腦或路由器來不及處理時，會發生什麼事？我們將在第七章說明這些問題。最後，你可能會想要知道，在一台電腦上同時執行數個應用程式時，它們如何能夠各自與不同的目的地收送封包而不互相影響，以及路由器如何學習路徑選擇，這些問題都將會得到答案。

3.10 總結

互連網路並不只是由電腦連接網路所組成，網路互連暗示著互連系統同意每一台電腦可互相通訊。特別是互連網路能允許任兩台機器互相通訊，即使兩者間在網路上並沒有直接連線。這樣的合作只有在所有機器都遵循相同的全球性識別碼和相同的資料處理程序，才可能達成。

網路間的互連是透過可以連結兩個或多個網路的IP路由器或IP閘道將網路相連來達成。路由器能從一個網路接收封包再將封包轉送到另一個網路，網路上的資料便是透過此種模式傳輸。

習題

3.1 商業供應商銷售用於家庭的無線路由器。閱讀有關這樣的路由器的說明書。路由器使用什麼處理器？路由器每秒可處理多少位元的資料？

3.2 請約略估計你所在的互連網路包含多少網路？並略估有多少路由器？

3.3 了解您公司或組織中所使用的最大路由器。這個路由器連接多少個網路？

3.4 參考圖3.4b的網路內部結構，要在Internet上正確的操作，哪個路由器較重要？爲什麼？

3.5 要改變路由器的內容並不容易，因爲不可能同時更改所有的路由器，試著探討一種能保證若要全部修改就一起改，不然就一個也不改的演算法。

3.6 在Internet中，路由器週期性地交換路徑選擇表資訊，這樣能讓新的路由器加入後就可開始傳送封包，探討用來交換路徑選擇資訊的演算法。

3.7 比較TCP/IPInternet和由Xerox公司所設計的XNS型態的Internet。

Memo

章節目錄

4

協定分層

4.1 引言

上一章回顧了互連網路的基礎架構，並描述了網路與路由器的互連。本章討論在主機和路由器中執行網路通訊軟體的結構。提出分層的一般原則，並顯示分層如何使協定軟體更容易理解和構建，並追蹤封包在TCP/IP網際網路中穿越協定軟體的路徑。後續章節，詳細探討每層協定的細節。

4.2 多重協定的需求

協定讓大家理解通訊原理，而不用知道廠商所提供網路硬體的細節。就好比通訊領域中，用甚麼程式語言做運算。這兩者的對比還蠻恰當的。如組合語言，有些協定描述實體網路通訊。例如：Ethernet訊框格式細節、header中各欄位的意義、在線路上傳輸位元的順序、CRC處理錯誤的方式等，這些要素構成了在Ethernet通訊所需的協定。我們將看到，Internet協定就像一個高階的程式語言，處理抽象事物如Internet位址、Internet封包格式和路由器轉發封包的方式。 低階和高階協定都無法各自擔綱，兩者必須協同存在。

網路通訊在許多方面都有複雜的問題存在。為了了解其複雜性，需考量到電腦在網路通訊時可能出現的問題：

- **硬體故障(Hardware Failure)**：電腦或路由器可能會故障，故障原因可能是硬體造成，另外操作系統也可能造成當機。網路傳輸鏈路，可能失效或意外斷開。如果可能的話，協定軟體需要檢測這樣的故障並復原。

- **網路擁塞(Network Congestion)**：即使所有的硬體和軟體操作正確，但網路允許的流量有限。協定軟體需要安排一種方式，來檢測擁塞並抑制持續傳輸，避免擁塞狀況雪上加霜。
- **封包延遲或封包丟失(Packet Delay Or Packet Loss)**：有時，封包經歷長時間延遲或丟失。協定軟體需要探知有故障發生和對長時間延遲提出對策。
- **資料毀損(Data Corruption)**：電磁干擾或硬體故障可能導致傳輸錯誤，讓毀損的內容在網路上發送。另外，無線網路所受的干擾可能特別嚴重。協定軟體都需要對錯誤做檢測和復原。
- **資料複製或反序到達(Data Duplication Or Inverted Arrivals)**：提供多個網路互連的路由，可以不按順序轉送封包，也有可能重複遞送同一封包。協定軟體需要重新對封包排序，並刪除所有的重複資料。

總而言之，這些問題似乎很難解決。寫一個協定，處理所有錯誤，似乎是不太可能的事。拿程式語言做比對，我們約略可以看到解決之道。程式編譯過程被劃分爲四個階段也可說是劃分成四個子問題，由個別處理的軟體如編譯器(compiler)、組譯器(assembler)、連結器(linker)和載入器(loader)聯合處理。將問題劃分成個別子問題，讓各個部門的設計師可集中精力，專注解決一個子問題，並可獨立的建構和測試每個軟體。我們馬上會看到，協定軟體也以類似方法劃分子協定。

從與程式語言的對比當中，有兩個重點可幫助釐清協定架構。首先，各個階段的轉譯軟體，必須先協調傳遞資料須有一致確切的格式。例如，程式從編譯器傳遞到組譯器，必須使用組譯器看得懂的機器語言格式。轉譯過程涉及多種表示法。此原則適用於通訊軟體，因爲多個協定在通訊軟體模組間傳輸資料，須先定義公認的格式。其次，轉譯器(translator)的四個部分形成一個線性序列，編譯器的輸出變成了組譯器的輸入。協定軟體也使用類似的線性序列。

4.3 協定軟體的概念層

每台電腦上的協定軟體模組，是以垂直分層(*layers*)的方式堆疊，如圖4.1所示。每層負責處理一部分的問題。

從概念上，將資訊從一台電腦上的應用程式，發送給其他應用程式，意味著資訊在發送端，層層向下傳遞。傳到最下層後，透過網路傳遞到達接收端。接收端收到資訊後，層層向上傳遞，直到對應的應用程式接收爲止。

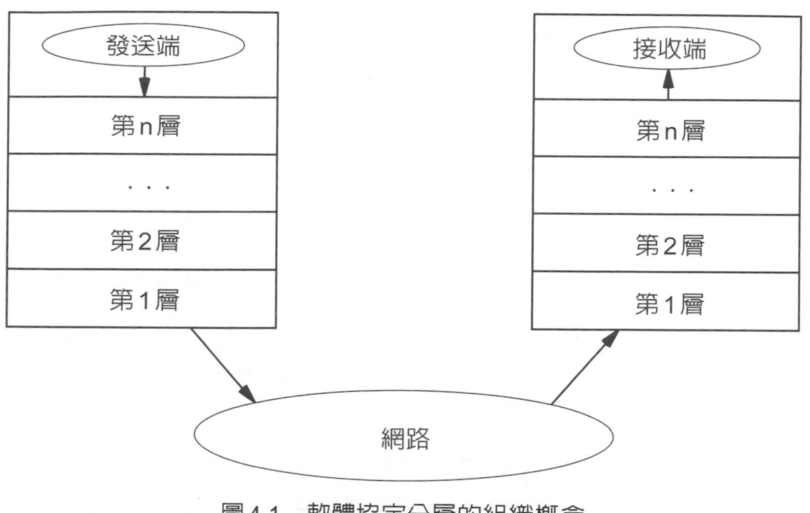

圖4.1　軟體協定分層的組織概念

4.4　各層之功能

一旦決定做劃分的動作，通訊的問題和組織軟體協定分層，兩者各自產生子問題，有兩個相互關聯問題浮現：應該建立多少層？每一層應該有哪些功能？這些問題不容易回答，有幾個原因：首先，爲掌控特定的通訊問題，通常是給定一組目標和限制條件，選擇一個能在限定條件下達成目標且針對問題將軟體協定最佳化的組織，這不是件容易的事。其次，即使考慮一般的網路層級的服務，如可靠的傳輸等，從多種方案擇優而行，也是個難處。最後，網路(或網際網路)架構設計和軟體協定組織，兩者是相互關聯的；不考慮另一方，無法完成設計。協定分層的兩種方法主導了這個領域，接下來的兩個章節，分別討論這兩個方法。

4.5　ISO的7層參考模型

第一個分層模式是基於國際標準組織(ISO:International Organization for Standardization)早期努力制定的，並且被稱爲「開放式系統互聯通訊參考模型」(*Reference Model of Open System Interconnection*)。通常簡稱爲ISO模型。不幸的是，ISO模型早期在網際網路上的工作，並沒有很好地描述網際網路協定。它包含幾個TCP/IP協定不使用的層。此外，沒有針對網際網路(internetwork)引入層級，倒是對單一網路設計了一個網路層(network layer)。儘管有些缺點，網路市場的銷售部門仍然大力推廣 ISO模型，並聲稱他們的網際網路產品的設計，遵循ISO分層模型的規範，使客戶認爲ISO 模型是非常優異的。ISO模型包含7個概念層，其組織如圖4.2所示。

層級	功能
7	應用層
6	表達層
5	會議層
4	傳輸層
3	網路層
2	資料連結層
1	實體層

圖4.2 ISO 7層參考模型。設計目的在描述單個網路的協定，所以，模型沒有說明TCP/IP協定是如何組織而成。

4.6 X.25 與ISO 模型之關係

雖然ISO分層模型只是提供概念模型而非應用指南，但它仍是許多協定制定的基礎。在與ISO模型相關的協定中，X.25協定組可能是最有名且使用最廣泛的。X.25是國際電信組織(*International Telecommunications Union*，*ITU*)[1]，早期爲CCITT(際電報電話諮詢委員會的簡稱)所推薦，用於國際電話服務之標準。X.25已被用於公眾資料網路，特別是歐洲。瞭解X.25將有助於解釋ISO分層的概念。

從X.25的觀點來看，網路的運作如同電話系統一般。在X.25觀念中。網路由分封交換機所組成，這些交換機都含有爲封包安排路徑所需的智慧。電腦不需要直接連接到網路的通訊線路。相反地，每個電腦使用串列通訊線路，附接到分封交換機中的一個。直覺上，主機和X.25分封交換機之間的連接，像是由串列鏈路所組成的微型網路。主機必須遵循複雜的程序，透過網路傳遞封包。X.25協定標準中各個層級的功能如下：

- **實體層(Physical Layer.)**：X.25 爲主機和網路分封交換機之間的實體互連訂出標準，在參考模型中，第一層指出實體互連，包括電流及電壓之電氣特性。
- **資料連結層(Data Link Layer)**：X.25 的第二層指出資料如何在主機和分封交換機之間傳輸。X.25用「訊框」這個詞來代表一個傳輸的資料單位。因爲原始硬體只傳送位元所組成的資料流(stream)，所以第二層協定必須定義訊框格式並指出機器如何辨別

1 ITU (國際電信聯盟)以前稱為CCITT(CONSULTANT COMMITTEE FOR INTERNATIONAL TELEGRAPH，國際電報電話咨詢委員會)

訊框邊界。此外，傳輸錯誤會導致資料損毀，所以第二層還需包括偵錯機制(如訊框檢查)和使電腦重新發送的超時機制，直到能成功傳輸。重要的是要理解在第2層的成功傳輸，意味著訊框已經被傳遞到網路的分封交換機；但這並不表示分封交換機能夠轉發或傳遞封包。

- **網路層(Network Layer)**：ISO參考模型指出第三層的功能在於定義主機與網路間之相互作用。第三層稱為「網路層」或「通訊子網路層」，此層定義了網路傳輸的基本單位，並包括定址模式和封包轉送概念。因為第2層和第3層在概念上是獨立的，第3層封包的大小可以大於第2層(即，電腦可以先建立第3層封包，然後第2層可將第3層傳下來的封包，切割成更小的片段，用來在分封交換機傳送)。
- **傳輸層(Transport Layer)**：第四層是有關目的地與發送端主機間的通訊，並提供端對端(end-to-end)傳輸的可靠性。也就是說即使低層協定對每個傳輸都有提供可靠性檢查，第四層會再檢查一次，以確保傳送途中沒有機器故障衍生的問題。
- **會議層(Session Layer)**：第五層是ISO模型中較高的層級，描述協定軟體如何處理應用程式所需之功能。當ISO模型形成時，網路被用來將終端機(即螢幕和鍵盤)連線到遠端電腦。事實上，早期公共資料網路提供的服務，側重於提供終端機的接入。第5層用來處理相關詳細訊息。
- **表達層(Presentation Layer)**：ISO第6層的目的是將應用程式透過網路發送資料的格式標準化。當中的一個缺點是將資料格式標準化，扼殺了創新，新的應用程式在將資料格式標準化之前，不能部署。另一個缺點是因為特定的群體擁有要求標準化的權利，以適用於其應用領域(例如，數位視訊的資料格式，是由處理標準的群組指定，而不是由網路標準化群組來主導)。所以，表達層的標準常被忽略。
- **應用層(Application Layer)**：ISO的第7層包括使用網路的應用程式。譬如，電子郵件和檔案傳輸程式。

4.7 TCP/IP的5層參考模型

第二個主要的分層模型，不是由前述ISO模型衍生而來。而是由設計Internet和TCP/IP協定套件的研究人員所建立的。當TCP/IP協定變得風行時，舊的ISO模型試圖延伸ISO模型以適應TCP/IP。但是，事實仍然是原始的ISO模型沒有提供網際網路層，而是定義會議層和與TCP/IP協定無關的表達層。

ISO和網際網路分層之間的主要概念差異之一是：模型定義的方式。ISO模型是由規範性的(*prescriptive*)標準機構所召集的一個委員會所制定，標準制訂完後開始實作協定，重點擺在模型可以早點實作完成。相比之下，網際網路模式是描述性的(*descriptive*)，研究人員花了幾年時間理解如何構建協定、構建雛型以及記錄結果。在研究人員終於相信他們了解設計後，才構建了一個模型。以下做個摘要：

與ISO模型不同，ISO模型在協定實作前，就由委員會定義完成。而網際網路的5-層參考模型，是在協定已經設計和測試完成後才成型。

TCP/IP協定被組織成五個概念層－其中四層定義分組處理，另一層則定義傳統的網路硬體。圖4.3顯示概念層和列出在各層之間傳遞資料的形式。

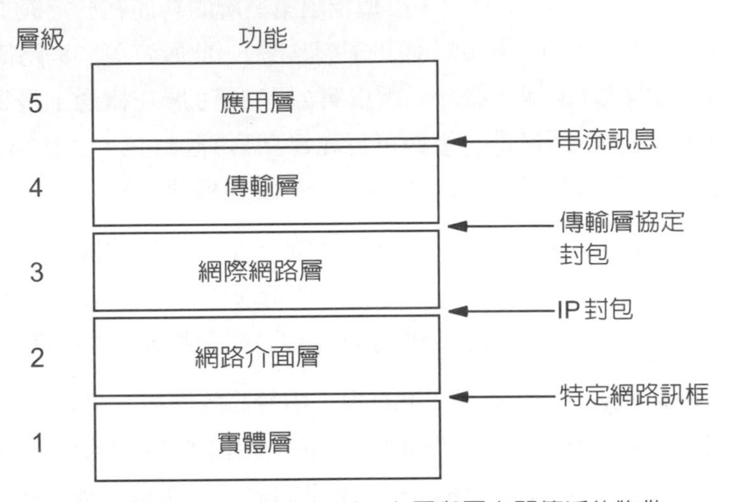

圖4.3　五層TCP/IP參考模型，在層與層之間傳遞的物件。

以下段落描述了每層的目的。後續章節，會補足現在未詳述的內容，討論每一特定協定層的細節。

- **應用層(Application Layer)**：位在最高層，用戶呼叫應用程式，透過TCP/IP網際網路做資料存取。應用程式與某個傳輸層協定互動，發送或接收資料。每個應用程式選擇所需的傳輸方式，這可以是單個訊息的序列或連續的串流(continuous stream)。應用程式以所需的形式將資料送到傳輸層遞送。

- **傳輸層(Transport Layer)**：傳輸層的主要職責是提供兩個應用程式間的通訊。這樣的溝通被稱為端到端(end-to-end)通訊，因為它涉及兩個端點直接連線，不必路由中介。傳輸層可以調節訊息的流動。它還可以提供可靠的傳輸，確保資料無差錯地按順序到達。為此，傳輸協定軟體安排讓接收方在收到封包無誤後，發回確認。若傳送的封包遺失，則重傳。傳輸層軟體將資料流劃分成小片段塊後傳輸(封包)並將每個封包與目的地位址一起傳遞給下一層，以便傳輸。

  通用電腦可以有多個應用同時存取網際網路。傳輸層必須從上層接受從好幾個應用程式傳來的資料，並將其發送到下一個較低的層。要這樣做，必須在每個封包內添加一些訊息，辨識封包是由哪個應用程式發送的，以及哪個應用程式應該接收由下層傳上來的資料。傳輸協定也使用檢驗碼(checksum)以防止接收到錯誤的資料。接收機器使用檢驗碼來驗證封包是否完好無損，並使用目的地訊息來辨識封包所屬的應用層，然後交付給該應用程式。

- **網際網路層(Internet Layer)**：網際網路層處理兩台電腦間的通訊。它接受從傳輸層傳來的發送封包請求，並由請求封包中的目的位址，辨識出哪個應用程式該接受請求，然後將請求封包遞送給該應用程式。Internet軟體將傳輸層封包封裝在IP封包內，填充header，然後將IP封包直接發送到目的地(如果目標位於本地網路上)或將其轉發給路由器，通過網際網路轉發(如果目的地在遠端)。網際網路層軟體還處理傳入的IP封包，檢查其有效性，然後透過轉發演算法來決定是否應該處理封包或將封包轉發。對於發給本地機器的封包，網際網路層的軟體會選擇可處理此封包的傳輸層協定。

- **網路介面層(Network Interface Layer)**：這是TCP/IP軟體中最低的一層，負責接收與傳送IP封包。網路介面可能包含一個設備驅動程式(例如機器直接連上LAN時)或一個複雜的子系統，使用其特有的資料鏈結協定。一些網路專業人士不區分兩者類型；他們簡單地使用術語：MAC層或資料鏈結層(*data link layer*)。

在實際施行中，TCP/IP網際網路協定軟體比圖4.3表示的簡單模型要複雜得多。每層需判別傳來訊息的正確性，然後根據訊息型態和目的位址，選擇適當的動作。例如，接收端電腦的網際網路層，必須判定接收的封包是否向上層傳送到正確的目的地。傳輸層必須決定哪個應用程式應該接收此訊息。

圖4.3的簡化模型和協定軟體的差異，是因為電腦或路由器可以具有多個網路介面，並且在每個層可以執行多個協定，因此，在實際執行的環境，才會有所謂的協定軟體出現。要理解其中的複雜性，請看圖4.4，當中顯示了概念層和與軟體模組之間的比較。

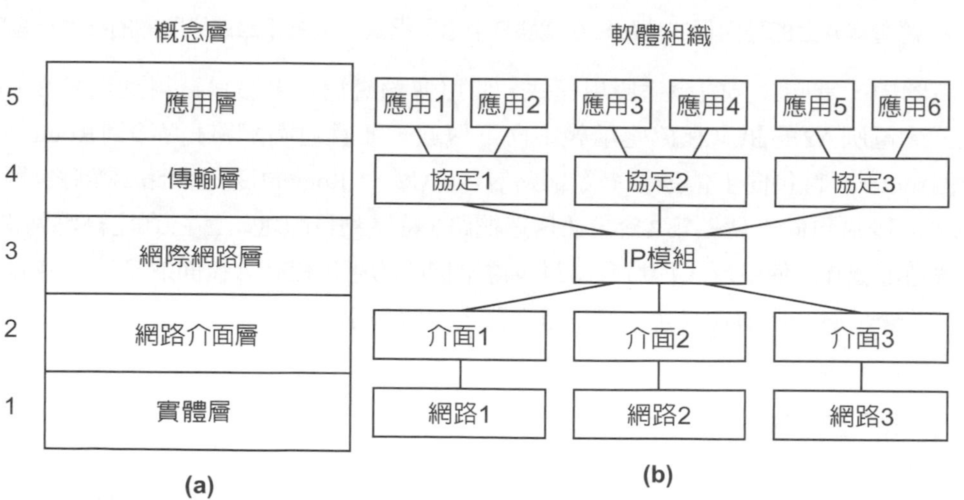

圖4.4　(a)概念協定分層 (b)用更實際的角度看協定軟體，當中有多個網路和多種協定。

圖4.4(a)中的概念圖顯示了五個層級，每個層級以方形顯示。更實際的描述在圖4.4(b)，當中還真有一層一個協定的層級(第3層)。在圖中也可看到，第5層Application Layer就有多個應用程式在執行，同時也看到，多個應用程式可使用給定的傳輸層協定。在後面的學習中，我們會了解到網際網路協定在第4層Transport Layer可有多種傳輸協定、在第1層可有多個實體，以及在第2層可有多個網路介面模組。

網路專家使用術語*hour glass*(沙鐘)和*narrow waist*(束腰)來描述TCP/IP套件中Internet協定扮演的角色。圖4.4(b)正說明使用這兩個術語的適當性。雖然多個獨立協定可以存在於IP的上層，也可以有多個網路在IP的下層，所有流出或流入的流量都必須通過IP。

如果一個概念分層圖不能準確反映軟體模組的組織，那就沒有用它的必要？雖然分層模型不能捕獲所有細節，它確實有助於解釋一些一般的概念。例如，即使它不具體提出各協定的細節，在圖4.4(a)中也可看出，一個外送的訊息在到達目的地之前，會經過三個中間協定層。此外，我們可以使用分層模型，來解釋端對端系統(用戶的電腦)和中間系統(路由器)。圖4.5顯示在網際網路層中，有由兩個路由器連結三個網路。

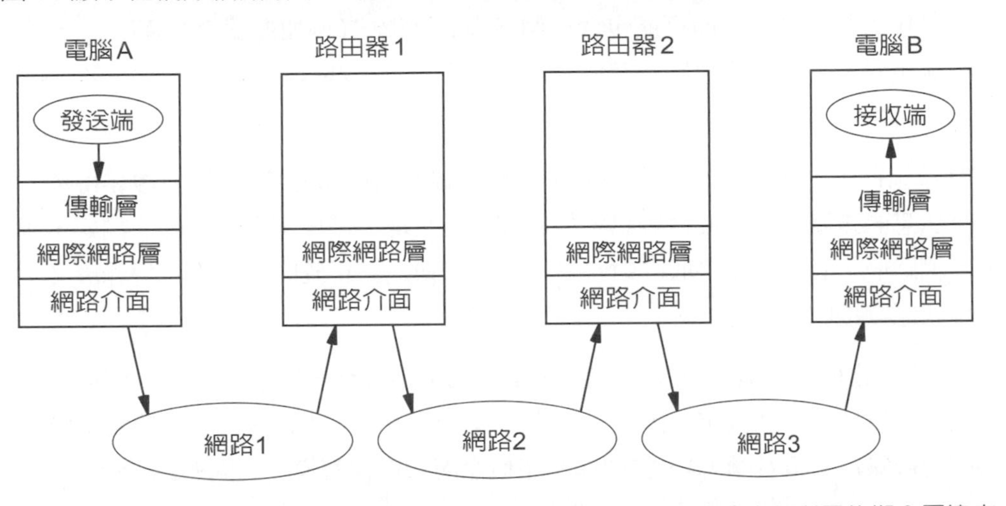

圖4.5　將電腦A上的應用程式傳輸給在電腦B中應用程式，電腦和路由器所需的概念層協定。

在該圖中，電腦A上的發送應用程式，使用傳輸層協定來發送資料到電腦B上的接收應用程式。電腦A2的訊息在協定堆疊中向下傳遞，並且通過網路1傳輸到Router1。當到達第一個router，封包向上傳遞給網際網路層(第3層)，Router1透過網路2將封包轉發到達Router2，然後封包向上傳給第3層，並透過網路3轉發到目的地。當它到達終點站電腦B，訊息傳遞到電腦B的傳輸層，傳輸層將封包傳給接收的應用程式。後面的章節解釋IP如何處理轉發，並顯示爲什麼傳輸封包不使用路由器上的傳輸協定。

4.8 智慧軌跡

網路外的終端系統快速成熟創新，都具有相當智慧(使用者的電腦)，凸顯早期網路設計與現在Internet有顯著偏離。原始語音電話網路就像是早期的網路。在類比電話網路，所有的智慧都位於電話交換機內；電話僅包含被動電子元件(如麥克風、耳機和撥號機制)

相比之下，TCP/IP協定需要連線的電腦，在第3層和第2層分別執行傳輸層協定和應用層協定。我們已經討論過，傳輸層協定通透過重新傳送丟失的封包，實現端點間的可靠性。我們將學習到傳輸協定是複雜的，連線到Internet的電腦也必須參與轉送，例如，電腦在發送封包時，就必須選擇一個路由器來使用，這就是具有網路智慧的一個動作。因此，和類比電話系統不同，TCP/IP網際網路可以被看成是相對簡單的封包傳送系統，因為連線的裝置都具有智慧，分擔了一些工作。基本觀念：

> TCP/IP 協定將許多網路智慧交給主機電腦承擔－ Internet 中的路由器會轉送封包，但並不會參與高層服務。

4.9 協定分層原則

分層協定的運作與任何獨特的分層方式或各層的功能都無關，它是基於一個基本的思想，即「分層原則」(layering principle)：

> 設計分層協定時，目的地第n層協定所收到的物件應與發送端第n層所發送的一樣。

乍看之下似乎簡單，甚至微不足道，但分層原則不論對設計、實作和對協定的了解，都提供了一個極為有用的架構。特別是分層提供了兩個原則：

- 協定設計獨立性
- 端到端屬性的定義

協定設計獨立性(*Protocol Design Independence*)。保證了在每兩層間流動訊息的正確性，分層原則讓協定設計者能一次只專注考慮一層的設計。協定設計者可以專注訊息在某一層的交換，保證較低層不會改變上層訊息內容。例如，建立檔案傳輸應用程式時，設計人員只需要想像副本在兩台電腦傳輸即可。複製程序不必考慮其他協定，因為設計師可以假設每層可正確無誤完整傳送。各層不改變訊息看似理所當然，但若沒有這個機制，很難想像，要怎麼去寫網路應用程式。

幸運的是，分層原理在低層協定的設計適用良好。在每一層，設計者可由分層原則，依賴下層完成本層未完的工作，所有的設計師都要保證，完全執行上層交付下來的工作。例如，當協定設計者在新的傳輸層協定上工作時，設計者可以假設，目的地機器上的傳輸層協定模組接收的資料就是自己送出去的資料，不用思考其他低層枝微末節的工作。重要的關鍵就是傳輸協定可以獨立於其他協定單獨設計。

端對端(*Eed-to-End*)屬性的定義。有個通俗的用語，如果網路技術可讓原始的通訊來源到最達最終目的地，而且收到的訊息和發送時的訊息完全相同，我們就可將此網路技術歸為*end-to-end*類。此通俗用語也可用在協定上。分層原則允許我們更精確：我們也可說一個協定是*end-to-end*，只要分層原則能適用於來源和目的地之間。其他協定則歸類為*machine-to-machine*(機器對機器)，*machine-to-machine*分層原則只適用跨越一個網路。下一節將介紹分層原則如何適用於Internet協定。

4.10 應用於網路的分層原則

要理解分層原則在實作中如何應用，可考慮兩台電腦連接到網路。圖4.6說明了在每台電腦上執行的協定軟體以及在層和在層之間傳遞的訊息。

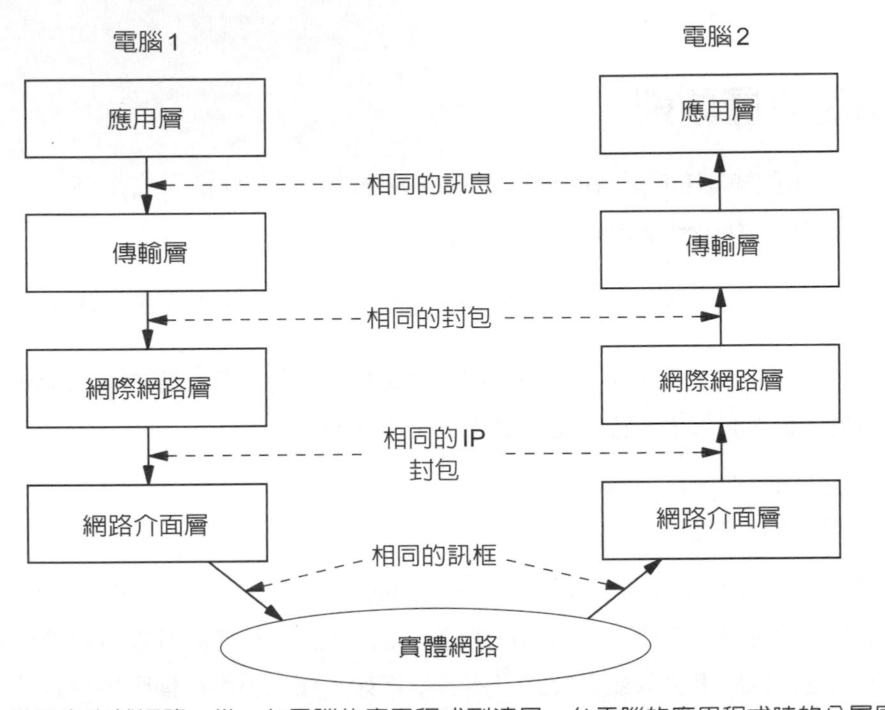

圖4.6　當訊息穿越網路，從一台電腦的應用程式到達另一台電腦的應用程式時的分層原則。

4.10.1 TCP/IP網際網路環境的分層機制

我們對分層原理的說明不是非常完整的，因為圖4.6中的分層，僅顯示連接到單個網路的兩台電腦。那麼，分層原則是如何適用在可以跨越多個網路的Internet上呢？圖4.7回答了這個問題。圖中呈現一個範例：一個應用程式的訊息透過路由器送到另一台電腦。

如圖所示，訊息傳遞使用兩個不同的網路訊框，一個用於從電腦1到路由器R的傳輸，另一個是從路由器R到電腦2的傳輸。網路分層原理表明，傳送到R的訊框和電腦1送出的訊框是相同的。傳送到電腦2的訊框與路由器R發送的訊框相同。但是，兩個訊框肯定會不同。和路由器R相關傳輸不同的是：對於應用層和傳輸層協定，分層原則可用end-to-end模型。也就是，在電腦2上應用層和傳輸層接收的的訊息，與電腦1對等層協定送出的訊息完全相同。

對於較高層很容易理解，分層原則應用end-to-end即可，而在最低層，它適用於單個機器傳送。但不容易看出，分層原則如何適用於網際網路層。當然，Internet設計的目標是提供一個大的虛擬的網路，網際網路層跨越虛擬網路遞送封包，就和網路硬體透過單一網路遞送訊框是一樣的。因此，似乎可很合乎邏輯的想像一個IP從來源一直發送到最終目的地，並想像分層原則保證最終目的地接收到IP封包。但是，我們會學習到一個IP封包含有一個稱為time to live(中文意思為存活時間或生命週期)的計數器欄位，每經過一個路由器，這個欄位的值就要做變更。因此，最終目的地收到的IP封包，一定不會和發送端送出的IP封包相同(至少*time to live*欄位就不同)。因此，我們可下個結論，雖然大多數IP封包在通過TCP/IP網際網路時保持完整，但分層原則僅適用於封包跨越單機傳輸。因此，圖4.7顯示了網際網路層提供的是machine-to-machine服務而不是end-to-end服務。

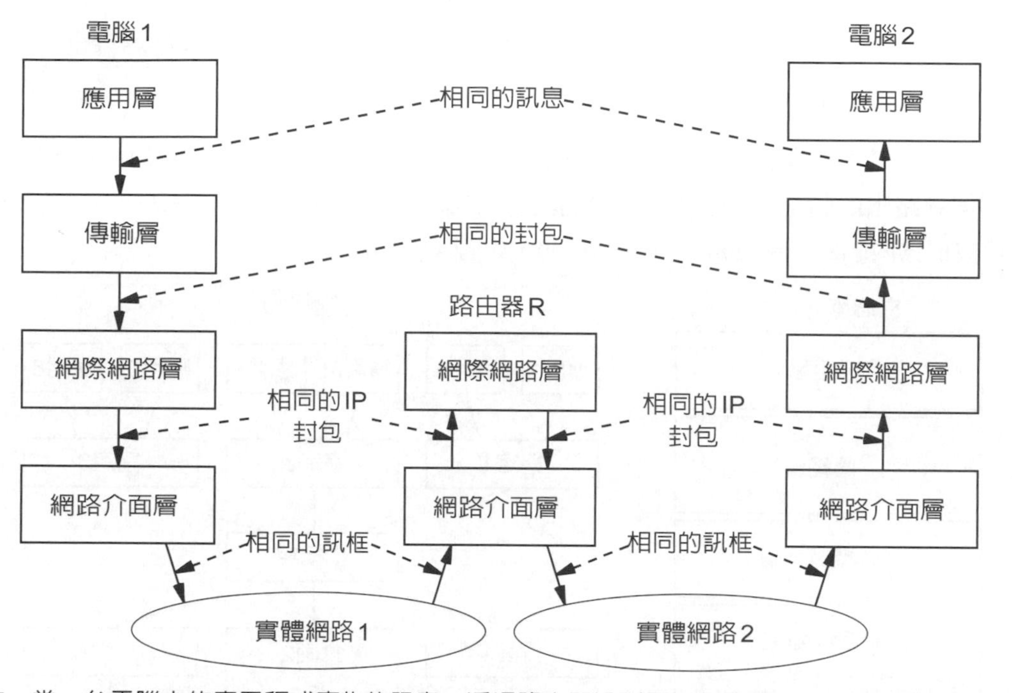

圖4.7　當一台電腦中的應用程式產生的訊息，透過路由器送到另一台電腦時，所呈現的分層原則。

4.11　Mesh(網狀)網路的分層機制

大多數網路中使用的硬體技術保證，每個連線的電腦可和其他連線的電腦相通。然而，一些技術不保證直接連通。例如在第2章提到的ZigBee無線技術，使用的是低功率傳輸，在傳輸距離上是有限制的，遠距離無法直接連通。因此，如果ZigBee系統部署在住宅的各種房間，金屬結構就會干擾訊號傳輸，這表示無線訊號無法到達房子內的某個角落。類似的狀況，大的ISP可以選擇租用一組點對點的數位電路，以互連許多站台。雖然每個ZigBee無線訊號只能對一部份的節點做連結，每個數位電路只連接兩個節點，但我們會說一個ZigBee「網路」並且說ISP具有「網路」。要將這樣的技術與常規網路技術區隔，我們使用網狀網路(*mesh network*)來這名詞來代表這個由許多單獨的鏈路構成的通訊系統。

Mesh網路如何適應我們的分層模型？答案取決於封包如何通過鏈路轉發。一方面，如果轉發發生在第2層，整個mesh網路可以被建模為單一實體網路。我們使用*mesh-under*這個術語來描述這種情況。另一方面，如果由IP處理轉發，mesh網路必須建模為由許多個別網路所組成。我們使用術語*IP route-over*(路由轉接)來描述這種情況，*IP route-over*通常簡寫為*route-over*。

Route-over：大多數ISP網路使用route-over。ISP使用租用的數位電路以互連路由器，每個路由器將每個電路視為單一網路。IP處理所有轉發，並且路由器使用標準的網際網路的路由協定（在後面的章節中描述）來建構轉發表[2]。

Mesh-under：ZigBee網路中使用的IEEE 802.15.4技術，可以配置單獨鏈路或形成完整的網路。也就是說，它們可以自我組織成一個網狀網路，使用的方法有兩個：

1. 同意發現鄰居，並且形成mesh-under網路，在不使用IP的情況下轉發封包
2. 形成單個鏈路並允許IP處理轉發。

如果用分層模型來看待，mesh-under引入的唯一改變就是在網路介面上附加軟體模組來控制單個鏈路上的轉發。我們說新的軟體控制網路內轉發(*intra-network forwarding*)。新軟體有時被稱為內聯網子層(*intranet sublayer*)，如圖4.8所示。

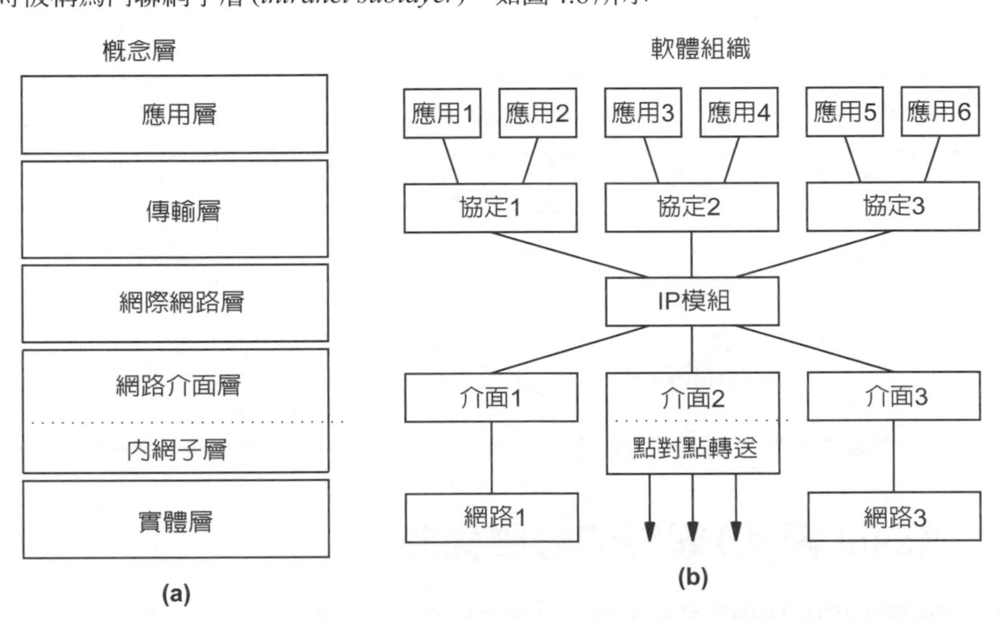

圖4.8 (a)使用mesh-under處理轉發時Intranet子層所在的位置(b)對應的軟體組織。

除了intranet sublayer跨一組個別鏈路來處理轉發，不需要對整個分層方案進行其他改變以適應mesh-under。有趣的是，ZigBee使用了如上所述的一個小小的修改。雖然ZigBee建議使用route-over方法，但ZigBee聯盟不建議使用標準IP路由協定。相反，Zig-Bee堆疊使用特定的路由協定來得知ZigBee mesh中的目的地，然後跨各別鏈路配置IP轉發。

Route-over方法的主要缺點是它擴增了許多IP層的路由（由兩個裝置之間構成的直接連結形成一個路由），導致IP轉發表大於所需。mesh-under的主要缺點則是使用單獨的轉發表和單獨的路由協定來更新轉發表。額外的路由協定意味著額外的流量，但是因為mesh網路比Internet小得多，並且可以更加靜態，專用網狀路由協定可以比通用IP路由協定更有效。mesh-under方法的最後一個缺點是intranet路由搶占IP路由，這可能使路由問題更難以診斷和修復。

2 第9章會討論到，可以使用*anonymous link*（匿名鏈接）機制替代為每個鏈路指定IP prefix；使用無編號鏈接不會更改分層機制。

4.12 TCP/IP 模型中的兩大邊界

分層模型包括兩個可能不明顯的概念邊界(conceptual boundaries)，分別是：

1. 協定位址邊界(protocol address boundary)：用來分離高層和低層定址。
2. 操作系統邊界(operating system boundary)：將協定軟體與應用程式分離。

圖4.9說明了這兩個邊界，後續內容會加以解釋。

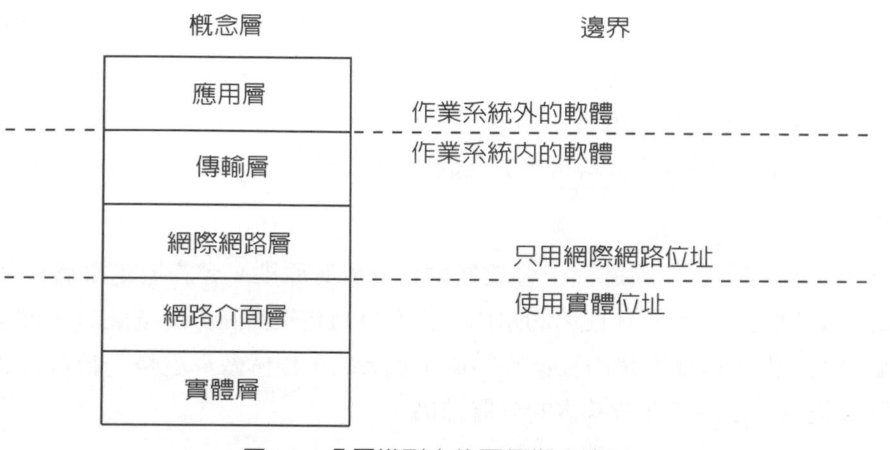

圖4.9　分層模型中的兩個概念邊界

4.12.1 高層協定位址邊界

第2章描述了各種類型網路硬體所使用的位址。後面的章節會描述Internet協定和Internet定址機制。區分這兩種位址形式是很重要，分層模型使位址區分觀念更加清楚：在第2層和第3層之間有概念邊界(conceptual boundary)存在。硬體(MAC)位址在第1層和第2層使用，上層則不使用。Internet位址在第3層到第5層使用，底層硬體則不使用。我們可以總結：

> Internet層以上的各層應用程式和所有協定軟體，僅使用Internet位址；網路硬體使用的位址則隔離在較低層。

4.12.2 操作系統邊界

圖4.9說明了另一個重要的邊界：操作系統中實現的協定軟體和不是在操作系統中實現的協定軟體。雖然研究人員大都有為一個應用程式的TCP/IP部分實作的經驗，大部分都是把協定軟體放置在可能的操作系統中，這樣可由所有應用程式共享。邊界很重要，因為在操作系統內傳遞資料要比在操作系統間傳遞資料容易得多。此外，操作系統的應用程式需要一個特殊的API來允許與協定軟體互動。第21章會更詳細討論邊界，並舉一個操作系統提供介面給應用程式的範例。

4.13 跨層級最佳化

分層是協定設計的基礎。它使一個複雜的問題轉化成數個較小的子問題，然後針對子問題各個擊破就可以。但是，嚴格的分層可能引發問題，劃分得太細太多反而降低整體效率。現在以傳輸層的一個工作爲例。傳輸層必須接受來自應用程式的串流(stream)，將串流分割爲數個封包，然後透過底層網際網路發送每個封包。爲了優化傳輸，傳輸層在一個網路訊框應該選擇協定所允許的最大封包來穿越Internet。特別是目的地機器和傳送機器在同一個網路的時候。發送端可據此優勢將封包大小最佳化。但是，如果協定軟體遵循嚴格的分層原則，傳輸層無法得知下一層internet的模組是如何轉發資料，也不知道有哪些網路直接連結。尤其是傳輸層不會知道低層使用的封包格式，當然也不會知道附加到傳輸的資料中header的大小(header小則傳輸資料可多)。因此，嚴格的分層，將使得傳輸層無法自主優化傳輸。

通常，在協定軟體實作的過程中會放鬆嚴格的分層原則。允許協定堆疊中的上層，得知所允許的最大封包大小或正在使用的路由。當在爲封包緩衝區分配空間時，傳輸層可以爲header保留較大空間，這部份是由較低層的協定加入的，這個做爲就是一種最佳化處理。最佳化可以顯著提高效率同時保持基本的分層結構。

4.14 多工與解多工背後的基本概念

分層通訊協定在整個分層結構使用一組技術：多工(*multiplexing*)和解多工(*demultiplexing*)。發送訊息時，來源端電腦加入一些自身的特性資料(meta-data)，如訊息類型、發送資料的應用程式的識別碼(identity)和已被使用的協定等。在接收端，目的地電腦則使用這些特性資料來引導處理。

Ethernet提供了一個基本的例子。每個Ethernet訊框都包括一個稱爲type的欄位，指定訊框攜帶的內容。在後面的章節中，我們將看到一個Ethernet訊框可以包含 IP封包、ARP封包或RARP封包。發件人設置type欄位的內容，指示正在發送的內容型態爲何。當訊框到達時，接收電腦上的協定軟體使用訊框的type欄位，來選擇處理訊框的協定模組。我們說這個動作是軟體對進入的訊框解多工。圖4.10說明了這個概念。

多工和解多工發生在每一層。圖4.10解多工發生在網路介面層，即第2層。爲了瞭解第3層的解多工，思考一下包含IP封包的訊框。 我們已經看到了訊框解多工將把封包傳遞到IP模組進行處理。一旦它驗證該封包是有效的(亦即確實已經被遞送到正確的目的地)，IP將被傳遞到適當的transport協定模組，做進一步的解多工。

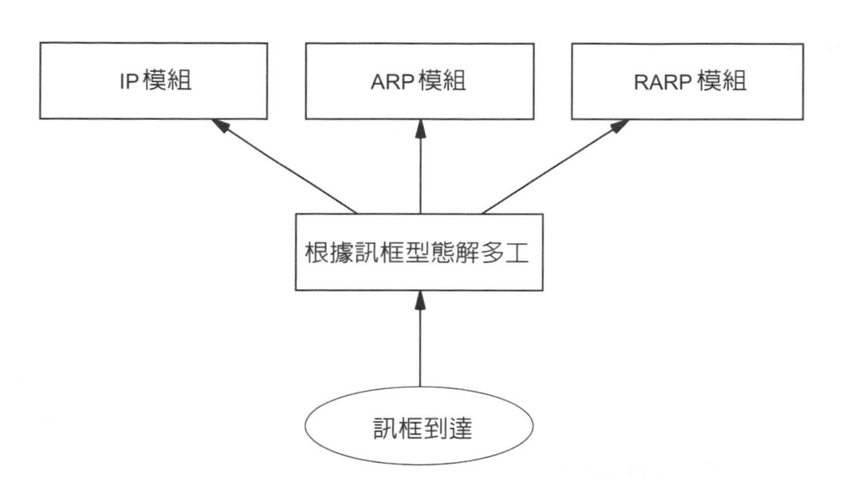

圖4.10　使用訊框標頭中的type欄位說明解多工。大多數網路都會使用解多工，包括Ethernet和Wi-Fi。

IP軟體如何知道發送者使用哪種transport協定？類比Ethernet訊框，每個封包在header都有type欄位。發送端設置IP type 欄位，指示使用哪種transport協定。在後面的章節中，我們會學到TCP、UDP和ICMP，每個都可以傳送IP封包。圖4.11說明了這三個協定的解多工。

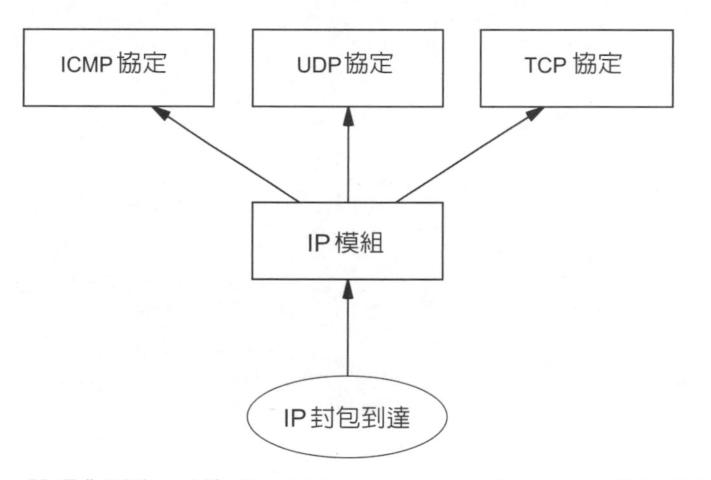

圖4.11　說明收到的IP封包後，根據IP header中的type欄位資訊解多工。

我們對解多工的討論，留下許多尚未回答案的問題。我們怎麼能確保發送方和接收方都同意在type欄位所指定的型態？如果傳入封包的型態，接收端無法處理，會發生甚麼事？後面的章節會提供更多關於解多工的細節，現在們可以先給個簡短的回答。如果接收端不能理解到達的封包型態，接收端就丟棄封包。為保證對能處理的型態有一致的表示法，標準中會指定可使用的值(例如，IEEE指定Ethetnet使用的一組值，IETF指定Internet協定的一組值)。發送方和接收方均同意遵循標準，不會出現類似問題。當然，研究人員有時會用未指定的型態來做實驗。丟棄未知封包是有幫助的，即使研究人員廣播封包一個實驗類型的封包，也不會對網路產生危害生，因為電腦對不瞭解的封包收到就丟。

4.15 總結

協定是一種標準，穿越電腦網路通訊過程的點點滴滴，都是由協定來規範。協定也指定語法(syntax，例如，訊息的格式)和語義(semantics。例如：兩個電腦如何交換訊息)。協定包括一些詳細資訊，例如，電壓、如何發送位元、如何檢測錯誤、以及發送方如何和接收方同意資訊已成功傳輸。爲簡化協定設計和應用，通訊問題被分成若干可單獨處理的子問題，每個子問題對應一個單獨的協定。

分層的想法是概念協定設計的基礎。在分層模型中，每一層處理通訊問題的一部份，且通常會對應至一種協定。各層協定皆遵循分層原則，也就是目的地上第n層軟體所收到的物件會與發送端第n層軟體所送出的物件完全相同。

我們已說明了5層的Internet參考模型和較早的ISO 7層模型。兩種分層模型都只提供協定軟體的概念架構。實際上，多個協定可以在每個層出現，協定軟體使用多工和解多工來區分同一層中的數種不同協定。每層存在多個協定，使得協定軟體要比書中提議的分層模型來得複雜。

習題

4.1　反對分層協定最主要的理由是增加了負擔，複製發生在每一層。如何消除複製？

4.2　分層協定，隱藏了來自應用程式的所有底層詳細訊息。如果應用程式知道底層網使用些甚麼，是否可對應用程式做最佳化？請說明。

4.3　網際網路協定是否包括一個表示層，它制定了每種型態資料的標準(例如，圖形、影像、數位音樂等)？爲什麼或者爲什麼不？

4.4　建立一個實例，說明TCP/IP 正朝向包含presentation層的六層結構演進。(提示：許多不同的程式會使用XDR 協定、XML 和ASN.1)

4.5　請問UNIX 系統如何使用*mbuf*結構來提高分層協定軟體的效率？

章節內容

5

網際網路定址

5.1 引言

第3章將TCP/IP網際網路定義成透過路由器連結實體網路所構成的一個虛擬網路，本章則討論定址，這是設計流程中重要的一環，幫助TCP/IP軟體隱藏網路實作細節，並讓互連網路成為一個獨立統一的實體。

除了討論傳統的Internet定址之外，本章還介紹了IPv6位址。傳統的定址方案是由Internet Protocol第4版所引入，已被廣泛使用。下一個版本的Internet協定是第6版，已經出現，最終將取代IPv4。

5.2 通用主機識別碼

TCP/IP使用術語host(主機)來代表連線到Internet的終端系統。一個主機可以是大型、運算力強、通用型或小型電腦。主機具有人機界面(例如，螢幕和鍵盤)也可以是嵌入式設備，如網路印表機。主機可以使用有線或無線網路技術。 簡而言之，網際網路將所有機器分為兩類:路由器和主機。任何不是路由器的設備都被歸類為主機。本書的其餘部分會使用此術語。

一個通訊系統，若允許連接的主機與任何其他連接的主機通訊，就可說這個通訊系統是通用型通訊系統(*universal communication service*)。要製造一個通用型通訊信系，需要一種全球性識別方法，來識別每個連線的主機。

識別碼可以是名稱(*names*)、位址(*addresses*)或路由(*routes*)。Shoch認為名稱標識了物件是什麼，位址標識了物件在哪裡(*where*)，路由告訴物件到那裡要怎麼走[1]。雖然此定義很直覺，卻很容易誤解。名稱、位址和路由，實際上是指一連串低層主機識別碼的表示法。一

1 J. F. Shoch, "網路命名，定址和路由," COMPCON 會議論文集" 1978.

般來說，人們都偏好用可讀出的名字來識別機器，而軟體使用更有效率的二進位識別碼，也就是所謂的位址。兩者都可被選爲TCP/IP主機的識別碼。

由於精簡的二進位定址在路由選擇的計算上較有效率，故被選爲標準。例如讓下一站位址(next hop)的選擇更有效率。目前先討論二進位定址，至於二進位定址是如何與名稱做對應，以及如何使用位址轉送封包等問題，則留待後續章節討論。

我們可能以爲網際網路就像任何其他運轉的網路一樣，是個大型網路。但兩者是不同的，不同點在於網際網路是一個虛擬的結構，是由設計師想像出來的，透過在主機和路由器上執行的協定軟體來實現。因爲網際網路是虛擬的，其設計者可以自由選擇封包格式、大小、定址方式、傳送技術等等；沒有一項需受硬體支配。

TCP/IP的設計者選擇了類似於實作網路定址的方案，其中網際網路上的每個主機被分配一個整數位址，稱爲網際網路協定位址(*Internet Protocol address*)或*IP*位址(*IP address*)。網際網路定址聰明的地方在於：若能仔細選擇整數，則轉送封包會有高的效率。具體來說，IP位址是分爲兩部分：前半部分稱爲prefix(首碼)，prefix部分標識主機所在的網路。後半部分稱爲*suffix* (尾碼)，suffix部分標識網路上特定的主機。若所有主機都連線到同一個網路，那麼這些主機的prefix都相同。我們將在後面看到，爲什麼位址劃分這麼重要。重點：

> IPv4網際網路上的每個主機都分配有唯一的Internet位址，用來和所有主機通訊。爲了使轉送效率提高，位址的prefix用來代表網路編號，位址的suffix用來代表這個網路內主機的編號。

設計師還決定使IP位址的大小固定(IPv4用32位元位址，IPv6用128位元位址)。從概念上講，每個位址都成對出現：(*netid*，*hostid*)。其中netid標識網路，*hostid*標識該網路上的主機。一旦決定使用固定大小的IP位址，並將每個位址劃分爲網路ID和主機ID，馬上就有一個問題出現：每個部分應該有多大？答案取決於網路的大小。若prefix分配較多的位元，代表包含許多網路，但相對的主機數目受限，網路雖多但規模不大。若suffix分配較多的位元，意味著網路規模可以很大，但網路的數量不多。

5.3 原始IPv4無級別定址策略

本節介紹原始IPv4定址機制。 雖然大部分應用已經不再使用IPv4，我們還是在這裡介紹它，因爲它解釋IPv4多播位址空間是怎麼選擇的。它還有助於我們了解子網路定址。子網路定址演進成當前的無級別定址方案(classless addressing scheme)。下一節會討論到。

要理解定址，請注意網際網路允許使用任意網路技術，這意味著它將包含大網路和小網路的混合。爲適應這種混合，設計師沒有選擇單一的位址劃分法。相反地，他們發明了分級式定址機制(classful addressing scheme)，大型網路、中型網路或小型網路都適用。圖5.1說明了原始的分級式定址機制，將每個IPv4位址劃分爲兩個部分。

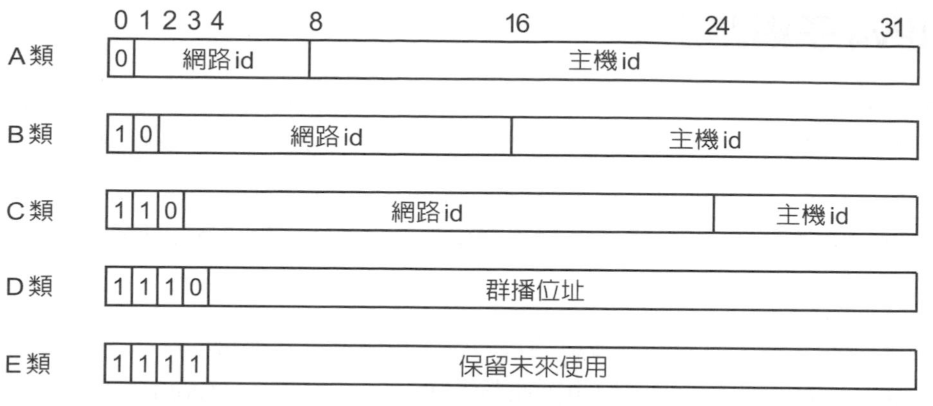

圖5.1　用在原先IPv4分級式定址的五種位址格式。

在分級式定址機制中，每個位址是自我識別(*self-identifying*)的，因爲prefix與suffix的邊界可以由位址本身計算得知，不需參考其他外部資訊。一個IP位址可由三個高位元來區分其級別，而用其中兩個位元就足以區分三個主要級別。A級位址用於擁有超過2^{16}(即65,536)台主機的網路，其中7個位元用於netid而24個位元用於hostid。B級位址用於擁有2^8(即256)到2^{16}台主機的中型網路，其中14個位元用於netid，16個位元用於hostid。C級用於主機少於2^8台的網路上，其中21個位元用於netid，只有8個位元用於hostid。

5.4　加點十進位表示法

在通訊的技術文件或應用程式中，IPv4位址都寫成中間用小數點隔開的四個十進位整數，每個整數代表IP位址中一個octet的值†。因此32位元的互連網路位址

10000000 00001010 00000010 00011110

可以寫做

128.10.2.30

往後我們解釋IPv4位址時都將採用這種加點十進位表示法(Dotted Decimal Notation)。實際上，大部份需要人來手動輸入IPv4位址的TCP/IP軟體都使用這種位址表示法。比如web瀏覽器可讓使用者輸入加點十進位數值，而不是電腦名稱。圖5.2的表格列出各級的位址範圍，並且用加點十進位來表示。

類別	最低位址	最高位址
A	1 . 0 . 0 . 0	127 . 0 . 0 . 0
B	128 . 0 . 0 . 0	191 . 255 . 0 . 0
C	192 . 0 . 0 . 0	223 . 255 . 255 . 0
D	224 . 0 . 0 . 0	239 . 255 . 255 . 255
E	240 . 0 . 0 . 0	255 . 255 . 255 . 254

圖5.2　分級IPv4位址的範圍以加點十進位符號法表示。有些值被保留做特殊用途。

† 後面的部分討論用於IPv6位址的16進位冒號表式法。

5.5 IPv4子網路定址

在20世紀80年代初，隨著區域網路的廣泛應用，分級式定址的位址將不敷使用，這趨勢變得越來越明顯，特別是B級位址。有個問題浮現：網路技術如何適應增長而不放棄原有的分級定址方案？第一個解決方案是*subnet addressing*（子網定址）或*subnetting*（子網）的技術。Subnetting允許單個prefix用於多個實體網路。雖然它似乎違反了定址機制，subnetting成爲標準的一部分，並得到廣泛部署。

要理解subnetting，重要的是考慮連接的各個組織到網際網路。例如，想像一下，一所大學從一個單一的地區開始網路應用，並獲得IPv4的一個網路ID(prefix)。如果大學增加了另一個區域網路，原來的定址方案會要求大學爲第二個LAN取得第二個網路ID。但是，假設大學只有幾台電腦。只要大學隱藏了網際網路的細節，大學就可以分配主機位址和安排內部轉發，這部份任憑大學選擇。也就是說，一個組織可以選擇以內部不循常規的方式分配和使用IPv4位址，只要：

- 組織內的所有主機和路由器都同意遵守位址方案。
- 網際網路成員可以將該組織位址視爲標準位址，當中的prefix爲該組織所有。

子網定址通過允許組織分割位址中的suffix，也就是主機部分的位址，在內部營造多個網路。要用最簡單的方法看子網定址如何工作，可考慮一個例子。假設某個組織已分配了一個單獨的B級prefix，128.10.0.0。網際網路成員根據分級規定，認定該組織只有一個實體網路，網路有16位元網路ID 128.10。如果想要有第二個實體網路，可以通過使用子網定址完成，將一部分主機ID位元，用來標識要增加的實體網路。只有在組織內部的主機和路由器知道其實內部有多個實體網路，並且知道和如何轉發流量；網際網路成員則認定該組織只有一個實體網路，所有主機都在這一個網路連線。圖5.3顯示了上述例子，每個位址的第三個位元組用來標識一個子網路。

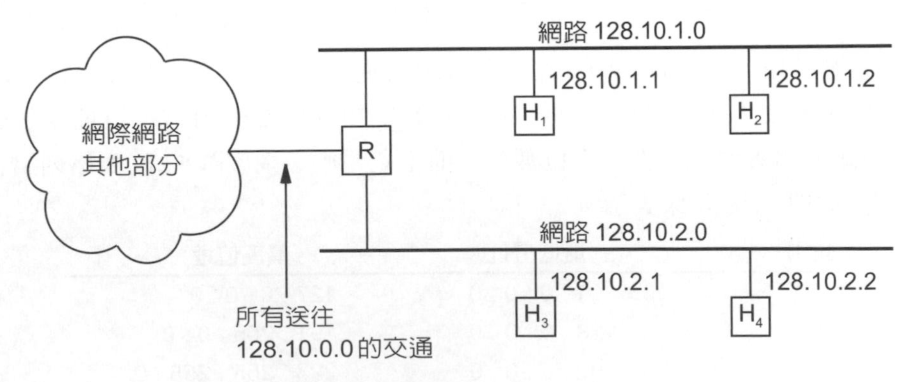

圖5.3 使用位址中的第三個octet用來標識子網路

在該圖中，站台已經決定設置兩個子網路，分別是子網1號和子網2號。第一個網路上的所有主機具有以下形式的位址：

128.10.1.*

其中星號表示主機ID。例如，該圖顯示了網路1上的兩台主機，位址爲128.10.1.1和128.10.1.2。同樣地，網路2上的主機也有位址形式：

128.10.2.*

當路由器R接收到封包時，它檢查目的位址。如果位址前面部分是128.10.1，路由器將封包轉送到網路1上的主機。如果位址前面部分是128.10.2，路由器將封包轉送到網路2上的主機。後續將學習更多關於路由器如何轉發封包。目前已足以理解路由器在該組織可以使用位址的第三個octet，在兩個網路之間進行轉送。

從概念上講，添加子網路不過是略爲更改對IPv4位址的解釋而已。而不是更改32位元IPv4位址的prefix和suffix，子網劃分將位址分爲兩半，前半部分是*Internet*部分，後半部分是*Local*部分。對於網際網路部分的解釋保持不變，就如同未使用子網劃分一般(即，它含網路ID)。至於位址的Local部分，就任由組織解釋(遵循子網劃分定址標準的約束)。總結：

當使用子網定址時，32位元IPv4位址具有Internet部分和Local部分。其中Internet部分標識組織，組織內可能具有多個實體網路。Local部分標識該內部的網路和網路內連線的主機。

以圖5.3爲例，顯示了B級位址的子網路定址，前2個octet是Internet部分，後2個octet是local部分。爲了讓實體網路間的轉發具有高效率，站台管理員選擇使用local部分的前一個octetx來識別區域實體網路，而另一個octet則用於識別該區網上的主機。圖5.4說明了如何劃分IPv4位址。

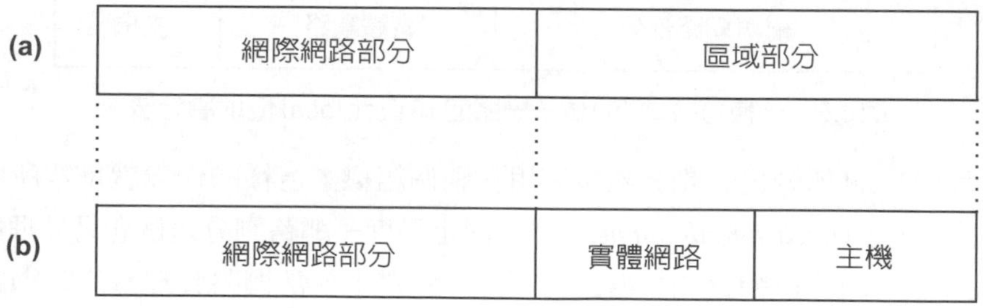

(a)	網際網路部分	區域部分	
(b)	網際網路部分	實體網路	主機

圖5.4(a)　當使用子網劃分時，解釋來自圖5.3中的32位元IPv4位址(b)local部分劃分為兩個欄位，一個用於標識實體網路(physical network)，另一個用於標識在該網路上的主機(host)。

子網劃分採用分層化的分層定址(*hierarchical addressing*)，形成分層式路由(*hierarchical routing*)。網際網路上的路由器使用分層結構的頂層來轉發封包到正確的站台(組織)。一旦封包進入站台，本地路由器使用代表實體網路的octet來選擇正確的網路。當封包到達正確的網路時，路由器使用主機部分來識別特定主機。

分層定址不是甚麼新技術，許多系統之前已經使用它。例如，美國電話系統將10位數的電話號碼分成3位數區域代碼，3位數交換碼和4位數連接碼。使用分層定址的優點是它可適應增長，不需要路由器來了解遠端的目的地細節。但缺點是選擇分層結構是複雜的，並且一旦層級建立，通常變得難以改變。

5.6 固定長度的IPv4子網路

在上面的範例中，一個分配了16位元網路prefix的組織，使用位址的第三個octet來標識組織內的實體網路。TCP/IP標準中的子網路定址認知到，並不是每個組織都會有16位元的prefix，也不是每個組織都會有相同的位址層次的需求。因此，標準允許組織靈活地選擇如何分配子網路。了解爲什麼這種靈活性是可取的，考慮兩個例子。圖5.3顯示一個範例，一個只有兩個實體網路的組織。另外一個例子，想像一個擁有20個大型建築物的公司，並在每個建築物中部署了20個LAN。假設第二個組織有一個單一的16位元網路prefix，並且想對內部所有的網路使用子網劃分。如何將位址16位元的local劃分成兩個欄位，一個代表實體網路另一個代表網路連線主機？

如圖5.4的劃分，結果產生8位元實體網路識別碼和8位元主機識別碼。使用8位元來標識實體網路意味著管理者可以建立多達256個獨立的實體網路。同樣，8位元用於標識主機ID，管理者可以爲每個網路建立多達256個主機ID[2]。不幸的是，在我們的第二個例子中，該部門不足以滿足公司的需要，因爲該公司有400個網路，超過了254個可能的數字。

爲了允許靈活性，子網路標準沒有指定站台必須始終使用第三個octet識別實體網路。相反地，站台可在位址的local部分，自由選定多少位元用來識別實體網路，多少位用來識別主機。本範例需要400個網路，可選擇圖5.5的劃分法，當中有10個位元用來識別實體網路，因此允許有多達1022個網路。

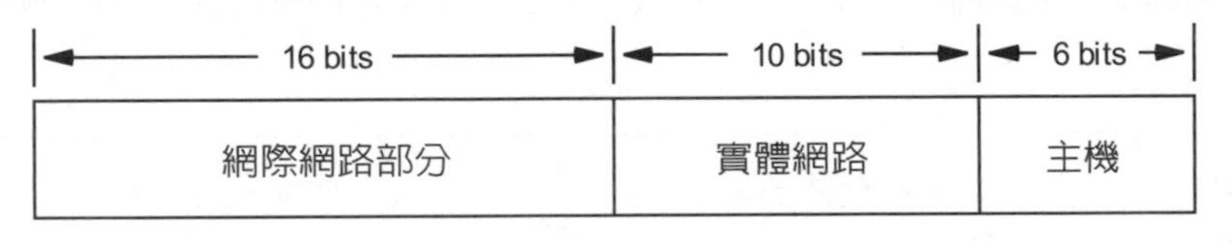

圖5.5　一種可容納400個子網路的16位元local位址劃分法。

允許位址的local部分再做劃分然後使用在整個組織，這樣的作爲就是眾所熟知的「固定長度子網路劃分」(*fixed-length subnetting*)。固定長度子網路劃分這概念易於理解，因爲它將位址的local部分劃分爲網路和主機兩個欄位。實質上，當網路管理員決定網路數量的時候，附帶的也決定了每個網路允許連線主機的數量。若站台位址的local部分是16位元，而且使用固定長度子網路劃分(*fixed-length subnetting*)，圖5.6說明所有可能的選擇。

如圖所示，採用固定長度子網路劃分的組織，妥協是必然的。如果組織選擇大量實體網路，那麼網路上連線的主機必然減少；如果組織希望每個實體網路連接較多的主機，那麼實體網路的數量必定很少。例如，若分配以3個位元來識別實體網路，將導致只有6個子網路，但每網路支持多達8190台主機連線。若分配12個位元識別實體網路，將導致有高達4094個網路，但是限制每個網路只能有14台主機連線。

2　在實作中，每個子網的限制是254個子網，每個子網位址可有有254個主機，因為標準保留所有的1和所有0作為特別用途的子網和主機位址。

網路位元	網路數目	每個網路的主機數
0	1	65534
2	2	16382
3	6	8190
4	14	4094
5	30	2046
6	62	1022
7	126	510
8	254	254
9	510	126
10	1022	62
11	2046	30
12	4094	14
13	8190	6
14	16382	2

圖5.6　若站台位址的local部分是16位元，而且使用固定長度子網路劃分，站台必須選擇表中的某一行來使用。

我們應該清楚，爲什麼設計師沒有爲子網劃分選擇一個特定的劃分法：因爲，對位址local部分的單一劃分法，無法滿足所有組織的需求。有些單位需要許多網路，每個網路只有很少的主機，另有些組織需址需要幾個網路，每個網路允許較多主機連線。更重要的是，站台不一定都分配得到16位元的prefix，因此子網劃分標準能處理劃分的位元數目就不多（例如，站台在其位址的local部分僅有8個位元）。

5.7 可變長度之IPv4子網路

大多數站台都使用固定長度的子網路劃分法，因爲它容易理解和管理。然而，如果一個組織期望大型和小型網路能混合使用，前述的折衷方案，必然，會使得固定長度的子網路劃分法缺乏吸引力。在推出子網路的時候，設計人員意識到固定長度的子網路劃分法，無法爲所有組織建立一個更靈活性的標準。於是提出另一種位址分割法。組織可以網路爲基礎的思維選擇子網路分割。雖然這個技術被稱爲可變長度子網路分割法（*variable-length subnetting*），但這個名稱容易被誤解，因爲分割不會隨時間而變化，一旦已經選擇特定的網路分割，分割就不能改變。所有連線到網路的主機和路由器必須遵循決定；若有任何不遵循的情事發生，datagram就可能丟失或產生錯誤路由。我們可以總結：

> 爲了要使子網路位址的分割具有最佳彈性，TCP/IP子網路標準允許可變長度的子網路分割法，而位址的分割方式由各個實體網路獨立決定。一旦選定子網路位址的分割方式後，在子網路上的所有機器便必須遵守此一規定。

可變長度之子網路定址最大的優點在於彈性：一個組織可以擁有大大小小的網路，而且可以使位址空間達到最高的使用效率。然而，可變長度子網路具有嚴重的缺點。最嚴重的缺點是該方案難以管理。每個子網的分割和選擇網路編號，必須非常仔細，以避免混淆。當中同一個位址在兩個實體網路會有不同的解釋。特別是，一個實體網路的網路欄位大於另一個實體網路欄位的時候。一些位址的主機位元在另一個網路被解讀爲網路位元。結果，無效的可變長度子網路可能使得站台內所有主機變成都能通訊，無所區隔。更有甚者，即使重新指派位址也無法解決這種類型的混淆。因此，並不鼓勵網路管理者使用可變長度子網路分割法。

5.8 以網路遮罩實現IPv4子網路

子網路的技術使得配置固定長度或可變長度的子網路變得簡單。該標準規定使用32位元遮罩(*mask*)來指定分割。因此，使用子網定址的站台必須爲每個網路選擇32位元的子網路遮罩(*subnet mask*)。遮罩涵蓋位址當中的internet部分以及local部分中的實體網路。也就是說，如果網路上的機器將IP位址中的位元視爲子網路prefix的一部分，則相對應子網路遮罩的位元必須設置爲1。同樣，如果網路上的機器將IP位址中的位元視爲主機ID，對應子網路遮罩的位元必須設置爲0。

例如，以下32位子網遮罩：

11111111 11111111 11111111 00000000

指定前三個octets標識網路，第四個octet標識主機。 類似地，遮罩：

11111111 11111111 11111111 11000000

對應於圖5.5所示，實體網路部分佔用10位元。

子網定址出現了一個有趣的轉折，因爲原來的標準不限制子網路遮罩中的位元值必須是連續的。 例如，網路遮罩有可能是：

11111111 11111111 00011000 01000000

選擇前兩個octets，加上第3個octet中的兩個位元，再加上第4個octet中的1個位元作爲遮罩。雖然標準允許這樣的安排，但增加網路管理的難度，不好計算主機位址的範圍。因此，目前仍是建議網站只使用連續爲1的子網路遮罩。

5.9 IPv4子網路遮罩表示法和斜線符號

用二進位指定子網路遮罩既不符合人的習慣又很容易出錯。因此，大多數軟體允許另一種表示法。例如，大多數軟體允許管理者在指定IPv4子網遮罩時使用加點十進位表示法。加點十進位表示法的優點是適用於人的習慣，但缺點是腦中無法馬上和遮罩位元對應。加點十進位表示法適用於網站可以用一個octet作爲子網邊界。圖5.4b中的顯示了一個容易看出子網路分割的範例，其中，位址的第三個octet用來標識實體網路，第四個octet用來標識主機。在這種情況下，用加點十進位表示法來表示子網遮罩 255.255.255.0，就易於書寫和理解。

在相關文獻還包含子網位址和子網遮罩的範例，在大括號中表示式爲3元組：

{<network number> ,<subnet number>, <host number>}

在這個表示中，每個部分可以用加點十進位表示法表示，-1表示"全部"。例如，如果B類網路的子網遮罩爲255.255.255.0，則可以寫爲{-1，-1,0}。

主要優點是抽出了人不太習慣的連續二進位中的0與1，可強調位址的三個部分的值，讓人一看就懂。主要的缺點是它不容易準確看出位址的每個部分使用多少位元。例如3元組：

{128.10，-1,0}

表示網路編號爲128.10的位址，子網路欄位全部爲1，主機欄位全部爲零。這個遮罩表示法代表位址中網路和主機的邊界位在第三個octet之後，可以對應於其中邊界的子網發生在第三個octet之後。雖然{128.10，-1,0}表示子網路欄位全部爲1，主機欄位全部爲零，但無法精確表示子網路欄位的位元數和主機欄位的位元數，所以圖5.5也可用{128.10，-1,0}來表示。

上述表示法的不精確很難實用。爲了使人們容易表達和理解位址遮罩，IETF發明了一種既方便又清晰的句法形式：即眾所周知的斜線表示法(slash notation)。這種表示法在10進位數字後加上斜線，斜線後是一個整數，代表遮罩中值爲1的位元數量。例如，可將255.255.255.0寫成/24，代表遮罩前面24個位元的值爲1。圖5.7列出了每個可能的斜線值和等值加點十進位值。下一節將解釋，可變長度子網路劃分法已被一般化，另外會說明所有路由器是如何使用斜線符號的。

5.10　當前無級別定址方案

我們說，子網路定址出現的動機是在嘗試保存IPv4位址空間。到1993年，顯然子網劃分並無法解決網際網路成長快速，即將耗盡位址空間的問題，並開始初步定義一個具有更大位址空間的全新IP版本。要適應到新版本的IP可以標準化並被大家採用，有些暫時的解決方案浮現。

無級別定址(*classless addressing*)，這個臨時的定址方案取消了A、B、C三個級別[3]。用來替代三個級別的新方案，使用的方法是擴展在子網定址中使用的概念，允許代表網路ID的首碼是任意長度。後面的章節會解釋，除了一個新的定址模型外，設計師修改轉送和路由傳播技術來處理classless addressing。最後，這整個技術被稱爲「無級別域間路由」(*CIDR: Classless Inter-Domain Routing*)。

3　無級別定址保留了D級位址，用於IPv4多播。

爲了理解CIDR的影響，需要先知道三件事。首先，分級式的方案沒有將網路位址劃分爲相等大小的級別。B級網路的數量少於17萬，C級網路的數量則超過200萬。第二，因爲C級網路只適用於小規模的網路，不適合再做子網路劃分，所以對C級網路的需求遠少於對B級網路的需求。第三，研究表明，以B級網路的分配率來看，B級prefix將很快用盡。

斜線表示法	等效的加點十進位
/0	0 . 0 . 0 . 0
/1	128 . 0 . 0 . 0
/2	192 . 0 . 0 . 0
/3	224 . 0 . 0 . 0
/4	240 . 0 . 0 . 0
/5	248 . 0 . 0 . 0
/6	252 . 0 . 0 . 0
/7	254 . 0 . 0 . 0
/8	255 . 0 . 0 . 0
/9	255 . 128 . 0 . 0
/10	255 . 192 . 0 . 0
/11	255 . 224 . 0 . 0
/12	255 . 240 . 0 . 0
/13	255 . 248 . 0 . 0
/14	255 . 252 . 0 . 0
/15	255 . 254 . 0 . 0
/16	255 . 255 . 0 . 0
/17	255 . 255 . 128 . 0
/18	255 . 255 . 192 . 0
/19	255 . 255 . 224 . 0
/20	255 . 255 . 240 . 0
/21	255 . 255 . 248 . 0
/22	255 . 255 . 252 . 0
/23	255 . 255 . 254 . 0
/24	255 . 255 . 255 . 0
/25	255 . 255 . 255 . 128
/26	255 . 255 . 255 . 192
/27	255 . 255 . 255 . 224
/28	255 . 255 . 255 . 240
/29	255 . 255 . 255 . 248
/30	255 . 255 . 255 . 252
/31	255 . 255 . 255 . 254
/32	255 . 255 . 255 . 255

圖5.7 以斜線符號表示的位址遮罩以及對等的加點十進位表示法。

無級別定址首先被用在*supernetting*(超網)。目的是將一組連續的C級網路結合在一起，取代B級網路。爲了理解supernetting的工作原理，考慮一個加入網際網路的中型組織。根據網路級別的機制，這樣一個組織會要求一個B級的prefix。supernetting方案允許ISP用一組連續的C級位址區塊來取代B級prefix。連續的C級區塊必須足夠大，大到裝得下組織中的所有網路，並且(如我們將看到的)必須位於一個2的冪次方的邊界上。例如，假設組織期望有200個網路。supernetting可以爲組織分配256個連續的C級網路ID。

雖然CIDR的第一個預期用途涉及C級位址區塊，但設計師意識到CIDR可以在更廣泛的環境中加以應用。他們設想分層定址模型，可將大塊網際網路位址，先分配給ISP(網際網路服務提供商)，ISP再分配給需要的用戶。因爲它允許網路的prefix位在任意位元的邊界上，CIDR允許ISP分配一個區塊位址給用戶，以滿足其需求。

與*subnet addressing*(子網定址)一樣，CIDR使用32位元的位址遮罩(*address mask*)來指定prefix和suffix的邊界。遮罩中連續的1用來指定prefix的大小，遮罩中的0對應到suffix。

乍看之下，會出現一個CIDR遮罩與subnet遮罩相同。主要區別是CIDR遮罩不僅在站台內有效。相反，CIDR遮罩指定網路首碼的大小，並且該首碼是全球已知的。例如，假設組織已分配從位址128.211.168.0開始的2048個連續位址的區塊。表中的表圖5.8列出了範圍內位址的二進位值。

	加點十進位表示法	對等32位元表示法
最低位址	128.211.168.0	10000000 11010011 10101000 00000000
最高位址	128.211.175.255	10000000 11010011 10101111 11111111

圖5.8　包含2048個主機位址的IPv4 CIDR區塊範例。該表顯示範圍內最低和最高位址的加點十進位表示法和二進位表示法。

因爲2048是2^{11}，所以位址的主機部分需要11位元。這意味著CIDR位址遮罩將具有21個位元設置爲1(亦即網路prefix和主機suffix之間的劃分邊界恰好在第21個位元後面)。位址遮罩以二進位表示法是：

11111111 11111111 11111000 00000000

5.11　IPv4位址區塊和CIDR斜線符號

與原始的無級別方案不同，CIDR位址無法自我辯識。譬如，如果路由器遇到位址128.211.168.1，這是前一節範例區塊位址中的一個，路由器無法僅憑位址判定網路與主機邊界，所以一定要有外部資訊才能完成路由。因此，當配置CIDR區塊時，網路管理者必須提供兩個信息：起始位址和位址遮罩，以判別prefix佔多少位元。

如上前面章節所述，用二進位或加點十進位表示法，除了不方便外還容易出錯。 因此，CIDR要求管理者使用斜線符號指定遮罩位元。這種表示法有時稱爲CIDR表示法(*CIDR notation*)，當中包含加點十進位表示的開始位址，接著是斜線後面的整數，用來表示遮罩大小。因此，在CIDR符號中，圖5.8中的位址區塊被表示爲：

128.211.168.0 / 21

其中/21表示位址遮罩中有21個位元設爲1[4]。

4　第80頁的圖5.7中總結了斜線符號後所有可能的值。

5.12 無級別IPv4定址範例

圖5.8中的表說明了無級別定址的一個主要優點:完全靈活地分配各種大小的區塊位址。使用CIDR時，ISP可以選擇向每個客戶分配適當大小的位址區塊(亦即客戶需的量要四捨五入到最接近的2的冪次)。觀察一個數值爲N的CIDR遮罩，N代表prefix也就是網路ID的位元數，32-N代表主機ID的位元數，也就是位址區塊的大小。因此，較小的位址區塊具有較長的遮罩。如果ISP擁有N位元的CIDR區塊，則ISP可以選擇使用長度長於原指定的遮罩給客戶。例如，如果ISP被分配到128.211.0.0 / 16這個區塊，ISP可以選擇給予它的一個客戶在圖5.8指定的/ 21範圍內的2048個位址。 如果同樣的ISP有一個小客戶只有兩台電腦，ISP可選擇分配另一個區塊128.211.176.212 / 30，其覆蓋的位址範圍顯示在圖5.9。

	加點十進位表示法	對等32位元表示法
最低位址	128.211.176.212	10000000 11010011 10110000 11010100
最高位址	128.211.176.215	10000000 11010011 10110000 11010111

圖5.9 一個IPv4 CIDR區塊範例，128.211.176.212 / 30。

一種思考無級別位址的方式就像ISP的每個客戶獲得一個(可變長度)子網，這個子網是ISP的一個CIDR區塊。因此，給定的位址區塊，可再自訂邊界進行細分，並且設定ISP處的路由器，以便正確地轉發封包給每個客戶。以這種方式分配位址的結果是：網路上的一組電腦其分配到的位址範圍是連續的，但此範圍不需要對映到舊的A，B和C級別邊界。相反地，CIDR細分是靈活的，允許自行指定prefix佔有多少位元數。總結：

> 無級別IPv4定址目前已經在整個網際網路中使用，爲每個ISP分配一個CIDR區塊，並允許ISP對連續位址的子區塊進行細分，其中子區塊中的最低位址以2的冪次開始，並且子區塊包含位址數也是2的冪次。。

5.13 用於私有網路的IPv4 CIDR保留區塊

要如何在私有內部網路(private intranet)上分配位址(不連接到全球網際網路)？理論上，可以使用任意位址。例如，在全球Internet上，已分配IPv4位址區塊9.0.0.0 / 8給IBM公司。雖然私有內部網可以使用IBM的位址區塊，經驗已經表明這樣做是危險的，因爲封包有洩漏到全球網際網路的危險，並且似乎來自有效來源。爲了避免私有內部網上使用的位址和全球Internet上使用的位址相衝突，IETF保留幾個位址的首碼，並建議在私有的Intranet上使用這些保留的位址。總的來說，由這些保留首碼所營造出的位址稱爲「私有位址」(*private addresses*)或「不可路由位址」(*nonroutable addresses*)。之所以會使用「不可路由位址」是因爲IETF禁止私有位址出現在全球Internet上。如果一個含有私有位址的封包被意外地轉發到全球Internet上，若路由器檢測到，會丟棄該封包。

建立無級別定址時，所保留的IPv4 prefix集合是重新定義和擴展的。圖5.10第一個欄位是保留位址的CIDR表示法，第二個欄位是CIDR表示法所代表位址區塊中的最低位址，第三個欄位則是區塊中的最高位址。列表中的最後一個位址區塊，*169.254.0.0 / 16*，是不常見的，因爲它被使用在由自動配置(autoconfigure)IP位址的系統。雖然IPv4很少使用自動配置，後面的章節會解釋autoconfigure已經成爲IPv6組成的一個部分。

首碼	最低位址	最高位址
10.0.0.0 / 8	10.0.0.0	10.255.255.255
172.16.0.0 / 12	172.16.0.0	172.31.255.255
192.168.0.0 / 16	192.168.0.0	192.168.255.255
169.254.0.0 / 16	169.254.0.0	169.254.255.255

圖5.10　保留給私有內部網路的prefix，這些私有網路均未連接到全球Internet上。如果擁有任一個這些位址的datagram被意外送到Internet，將導致錯誤。

5.14 IPv6定址方案

每個IPv6位址佔用128個位元(16個octets)。大的位址空間保證IPv6可以容忍任何合理的位址分配方案。如果後來決定更改原定的定址方案，因爲位址空間足夠大，可以適應重新分配。

很難想像或理解IPv6位址空間的大小，實在是太大了。拿現實生活中熟悉的事務做個比對，或可理解位址空間眞的很大：首先，地球上的每一個人都可以分配到當前Internet所有位址三倍之多的位址。其次，IPv6定址的方式可拿地球可用空間作關聯：地球表面約有5.1×10^8平方公里，意味著每平方米可分配到10^{24}個位址。另一種理解方式是要如何分配才能耗盡IPv6所有的位址。例如，分配所有可能的位址需要多長時間。一個容量爲16個octets的整數可以容納2^{128}個值。因此，位址空間大於3.4×10^{38}，若以每微秒一百萬個位址的速率來分配，需要10^{20}年才能將IPv6位址分配完畢。IPv6位址之多令人咋舌。

5.15 IPv6冒號十六進位符號

雖然IPv6解決了容量不足的問題，大位址的尺寸帶來了一個有趣的新問題：管理Internet的人必須閱讀、輸入和處理這樣的位址。顯然，二進位符號表示法是不可能的。用於IPv4的加點十進位表示法同樣不會使IPv6位址更簡潔。爲了理解爲什麼，請看以下範例加點十進位表示的128位元數字：

```
104.230.140.100.255.255.255.255.0.0.17.128.150.10.255.255
```

爲了幫助位址更簡潔緊湊，更容易輸入，IPv6設計者創建了冒號十六進位表示法(縮寫爲冒號十六進位)，其中每16位元的值以冒號分隔的十六進位數表示。例如，上面以加點十進位表示法顯示的值被轉換爲冒號十六進位表示法並使用相同的間距列印，相同數值變成：

```
68E6 : 8C64 : FFFF : FFFF : 0 : 1180 : 96A : FFFF
```

冒號十六進位表示法所需要的數字和冒號明顯比加點十進位表示法少很多。此外，冒號十六進位符號包括兩個非常有用的技術。首先，冒號十六進位符號允許零壓縮(*zero compression*)，重複爲零的字串其可用一對冒號替換。例如，位址：

```
FF05:0:0:0:0:0:0:B3
```

可寫成

```
FF05 :: B3
```

爲了確保零壓縮產生一個明確的數值解釋，標準指定它在任何位址中只能應用一次。因爲IPv6位址的分配，會有許多包含連續零的位址，零壓縮就顯得特別有用。第二，冒號十六進位表示法可包含加點十進位表示法做爲suffixes (尾碼)；這樣的組合是在從IPv4轉移到IPv6的過度期間使用。例如，以下字符串是有效的冒號十六進位符號：

```
0:0:0:0:0:0:128.10.2.1
```

注意，儘管冒號分隔的數字代表16位元數的數值，加點十進位表示法部分中的數值只代表一個octet的值，也就是8位元數的數值。當然，零壓縮可以與上面的數字一起使用，以產生等效的冒號十六進位符號，看起來非常類似於IPv4位址：

```
:: 128.10.2.1
```

最後，IPv6允許類似CIDR的表示法，在斜線後跟隨一個整數，用來指定位元數。例如，

```
12AB :: CD30:0:0:0:0/60
```

指定位址的前60位元即十六進位的12AB00000000CD3。

5.16 IPv6位址空間分配

如何分割IPv6位址空間的問題已經產生了很多討論。有兩個中心議題：管理者如何管理位址分配和路由器如何處理必要的轉送表。第一個問題著重於實踐設計層次授權。當前的Internet使用的是兩級層次結構，即網路prefix(由ISP分配)和主機suffix(由組織分配)，IPv6中的大位址空間允許多級層次(multi-level hierarchy)結構或多個階層(multiple hierarchies)。大型ISP可以從大區塊位址開始，並分配子區塊給第二級ISP，第二級ISP可以從它們的分配中再分配子區塊給第三級ISP，等等。第二個問題集中在路由器效率，將在後面說明。根據前述的位址分配，足以理解路由器必須檢查每個datagram，所以位址分配的選擇會影響路由器處理轉送的方式。

IPv6位址空間已被化分爲許多位址區塊，類似IPv4的分級式定址機制(Classful Addressing)。位址的前8位元就足夠用來識別基本類型。像IPv4分類定址一樣，IPv6不將位址空間分割爲相等大小。圖5.11列出了IPv6首碼及其含義。

二進位首碼	位址型態	位址空間分數
0000 0000	Reserved (IPv4 compatibility)	1/256
0000 0001	Unassigned	1/256
0000 001	NSAP Addresses	1/128
0000 01	Unassigned	1/64
0000 1	Unassigned	1/32
0001	Unassigned	1/16
001	Global Unicast	1/8
010	Unassigned	1/8
011	Unassigned	1/8
100	Unassigned	1/8
101	Unassigned	1/8
110	Unassigned	1/8
1110	Unassigned	1/16
1111 0	Unassigned	1/32
1111 10	Unassigned	1/64
1111 110	Unassigned	1/128
1111 1110 0	Unassigned	1/512
1111 1110 10	Link-Local Unicast Addresses	1/1024
1111 1110 11	IANA - Reserved	1/1024
1111 1111	Multicast Addresses	1/256

圖5.11　用於將IPv6位址空間劃分為區塊所用的首碼(prefix)和每個區塊的用途

如圖所示，只分配了15%的位址空間。IETF將剩餘部分作爲日後擴展需求使用。儘管分配稀疏，位址選擇方式使處理更有效率。例如，位址的高位(high-order)octet可用來區分位址是多播還是單播，多播則位址高位部分全爲1，單播則位址高位爲0和1的混合。

5.17　過渡期在IPv6中嵌入IPv4位址

爲了實現從IPv4移轉到IPv6，設計人員用一小部分IPv6位址來編碼IPv4位址。例如，任何位址若以80個位元的零起始，後面接著是16個位元的1，就代表此IPv6位址的最低32個位元是一個IPv4位址。此外，有一組保留位址用於無狀態IP/ICMP移轉協定(*SIIT: Stateless IP/ICMP Translation*)。圖5.12說明了兩種形式。

在轉換期間將IPv4位址嵌入到IPv6有兩個原因。首先，電腦在被分配到有效的IPv6位址之前可以選擇從IPv4升級到IPv6。其次，電腦執行IPv6軟體可能需要與僅執行IPv4軟體的電腦進行通訊。

← 64個0位元 →	16位元	16位元	← 32位元 →
0000 0000	0000	FFFF	IPv4位址
0000 0000	FFFF	0000	IPv4位址

圖5.12　在IPv6地址中嵌入IPv4地址的兩種方法。第二種形式用於無狀態IP/ICMP移轉(Stateless IP/ICMP Translation)。

即使有一種方法能在IPv6位址中嵌入IPv4位址，但不能解決使兩個版本互相操作的問題。除了位址嵌入，還需要將封包在IPv4和IPv6之間進行轉換。我們會在後續章節解釋兩種封包格式。

移轉協定位址看起來似乎無法成功，因爲更高層協定會驗證位址的完整性。特別是，我們將看到TCP和UDP校驗碼(checksum)的計算使用的是*pseudo-header*(虛擬標頭)當中包括IP來源和目的地位址。因此，移轉位址似乎會使校驗碼失效。然而，設計師們仔細地規劃，允許在IPv4機器上的TCP或UDP能在IPv6機器上與相應的transport協定通訊。爲了避免checksum不匹配，IPv6將IPv4位址編碼成在嵌入前和嵌入後兩者所產生checksum是相同的，也就是說各自產生的16位元1補數(16-bit one' s complement)是相同的。重點是：

> 除了對新的Internet Protocol選擇新的技術細節，IETF對於IPv6的工作還側重於尋找一種過渡的方式，從當前協定移轉到新協定。特別是IPv6提供了一種將IPv4位址嵌入到IPv6位址的方法，在兩種形式之間移轉不影響transport協定使用pseudo-header來計算chacksum，所以不會使驗證失效。

5.18 IPv6單播位址和/64

爲每台電腦分配IPv6位址的方案擴展了IPv4的應用。IPv4將位址分成兩個部分(網路ID和主機ID)，IPv6則將位址分爲三個部分，分別是：

(1) 全球唯一首碼(globally-unique prefix)，用於標識組織。

(2) 子網ID(subnet ID)，用於標識目的地組織內的多個網路。

(3) 介面ID(interface ID)，用於標識連接到的特定子網路的電腦。

圖5.13說明這三個部分。

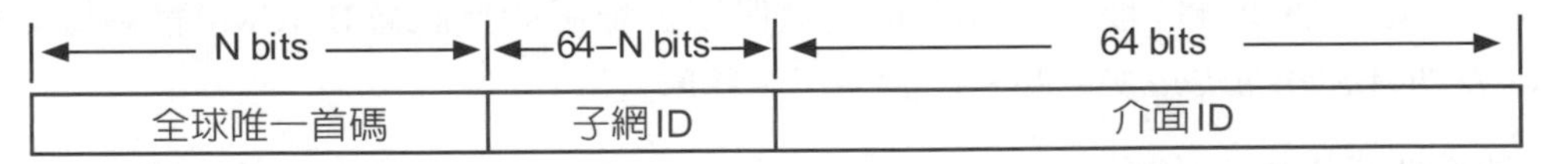

圖5.13　將IPv6單播位址劃分為三個部分。interface ID始終佔用64位元。

注意，三級層次將IPv4子網定址的想法給形式化了。但與子網劃分不同，IPv6位址結構不侷限於單個站台。 相反，位址結構能被全球識別。

5.19 IPv6介面識別碼和MAC位址

IPv6使用術語*interface identifier*(介面識別碼)而不是*host identifier*(主機識別碼)，是爲了強調主機可以有多個介面和多個ID。下一節會討論到，IPv4和IPv6共享這個概念，只是術語不同而已。

在圖5.13中，IPv6單播位址的低64位元標識了一個特定的網路interface。選擇IPv6的suffix (尾碼)必須足夠大以允許硬體(MAC)位址可作爲唯一ID。正如我們將在後面看到的，在IPv6位址嵌入一個的硬體位址使得查找電腦的硬體位址變得不重要。當然，爲了保證互操作性，網路上的所有電腦必須同意硬體位址使用相同的表示法。因此，IPv6標準中指定如何表示各種形式的硬體位址。最簡單情況下，硬體位址直接放置在IPv6位址的低位元中，一些格式使用更複雜的轉換。

兩個例子將有助於澄清這個概念。IEEE定義了一個標準的64位元全球唯一的MAC位址格式，稱爲EUI-64。在IPv6中使用*EUI-64*位址，唯一需要做的更改是將位址中高位octet的第6個位元反相。位元6指明了位址是具有全局唯一性。對於傳統的48位元Ethernet位址，需要更複雜的更改，如圖5.14所示。

如圖所示，來自原始MAC位址的位在IPv6中是不連續的。在MAC位址中間插入十六位元的值，以16進位表示，其值爲$FFFE_{16}$。此外，用來標識是否具有全局唯一性的第6位元由*0*改變成*1*。位址的其餘位元包括群組位元(group bit，標記爲*g*)，製造介面的公司ID(標記爲*c*)，以及複製擴展(extension)位元，如圖所示。

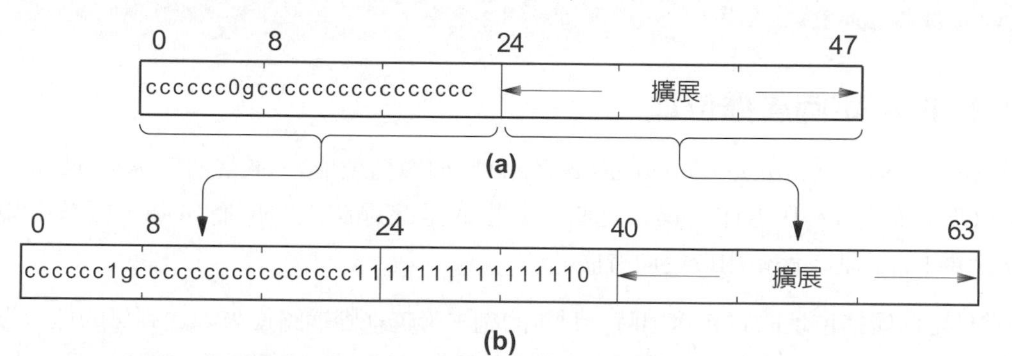

圖5.14　(a) 48位元Ethernet位址的格式，帶有製造商ID和擴展位元
(b) 放置在IPv6單播位址中低位64位元的位址。

5.20 IP位址、主機和網路連接

爲了簡化本章前面的討論，我們說IPv4位址用來標識主機。但這麼說也不完全正確。考慮一個連線到兩個實體網路的路由器。如果每個位址包括網路識別碼和主機識別碼，那麼要如何指派一個單一IP位址給路由器？事實上，做不到。一個類似情況存在於連線到兩個或更多個實體網路的傳統電腦(此電腦被稱爲多宿主電腦：*multi-homed hosts*)。每個電腦的網路連線必須分配一個用於標識網路的位址。這個想法是IPv4和IPv6定址的基礎：

> 因爲IP位址用來標識網路以及此網路上的電腦，單獨一個位址不能用來識別一台電腦。但能用來識別一個網路連線。

連接到n個網路的路由器具有n個不同的IP位址，每個網路連接各有一個IP位址。IPv6使用術語*interface address*(介面位址)，使當中的區別更清楚(即一個位址被分配給從電腦連線到網路的介面，一台電腦可和多個網路連線)。IPv6的情況比多個網路連線更複雜：處理從一個ISP遷移到另一個ISP，IPv6的一個機制是對某一介面可同時賦予多個位址。現在，我們只需要記住每個位址指定一個網路連接。第18章將進一步討論這個問題。

5.21 特別位址

IPv4和IPv6都對某些位址有特殊的解釋。例如，Internet位址可以和網路以及主機關連。接下來的部分描述IPv4和IPv6如何處理特殊位址。

5.21.1 IPv4網路位址

按照慣例，在IPv4中，值爲*0*的主機ID從不分配給單個主機。主機爲0的IPv4位址用於指定網路本身。

> IPv4位址的host ID若全爲0，則用來指定網路本身。

5.21.2 IPv4定向廣播位址

IPv4還包括一個*directed broadcast address*(定向廣播位址)，通常稱爲*network broadcast address*(廣播位址)。當用作目標位址時，它指的是該網路上的所有電腦。標準中規定，hostid全爲1的位址，保留用於定向廣播[5]。

當具定向廣播位址的封包送出時，封包的副本跨越網際網路從來源送到目的地。沿途經過的路由器只檢查位址的網路部分，主機部分則看都不看。一旦封包到達終點網路，路由器才會檢查主機部分位址，如果主機位址全爲1，路由器廣播封包給所有網路上機器。

在一些網路技術(例如，Ethernet)，底層硬體支持廣播。其他技術，由軟體支持廣播，複製廣播封包給網路上的每個主機。關鍵是一個IP定向廣播位址不保證遞送是有效的。重點：

> IPv4支持定向廣播，定向廣播封包發送給特定網路上的所有電腦；如果硬體可用，則使用硬體廣播。定向廣播位址具有有效的網路部分和hostid全爲1。

定向廣播位址提供了一個強大和危險的機制，因爲任意發送者可以將單一封包廣播給指定的網路。爲了避免潛在的問題，許多站台所配置路由器都拒絕所有定向廣播封包，以免引發廣播風暴。

5 伴隨Berkeley UNIX的TCP/IP早期代碼，誤將全為0的hostid用於廣播。因為錯誤仍然存在，所以，TCP/IP軟體通常包括一個選項，允全為0的hostid用於定向廣播。

5.21.3　IPv4有限(區域網路)廣播位址

除了上述的網路特定廣播位址之外，IPv4還支持有限廣播(*limited broadcasting*)，有時稱爲區域網路廣播(local network broadcast)。有限廣播表示只通過LAN廣播封包。區域廣播位址含有32個1(因此，有時稱爲"全1"廣播位址)。如我們將看到，主機在獲取IP前的啓動程序，使用有限廣播位址。一旦主機以有限廣播獲取LAN中正確的IP位址，後續應用首選的就是定向廣播。總結：

IPv4中的有限廣播位址由32個位元的1所組成。一個發送到有限廣播位址的封包將被廣播到本地網路(LAN)，並且可以在獲得IP位址前的啓動程序使用有限廣播。

5.21.4　IPv4子網廣播位址

如果站台使用子網劃分，IPv4定義了相應的子網廣播位址。子網廣播位址由網路首碼、子網號碼和全爲1的主機欄位所組成。

子網廣播位址用於單個網路站台中的子網內。位址包含一個網路首碼、子網首碼和二進位數值全爲1的主機欄位。

5.21.5　IPv4全為0的來源位址

32個位元全爲零的位址保留給需要通訊但還不知道自己IP位址的主機使用(即，在啓動時)。我們將看到，爲了獲得IP位址，主機還發送有限廣播位址的datagram，並使用全爲*0*的來源位址來標識自己。接收者知道主機還沒有IP位址，並且接收者使用特殊的方法發送回答。

在IPv4中具有32個位元全爲0位址，被用作臨時來源位址，在主機分配到IP位址之前使用。

5.21.6　IPv4群播位址

單播遞送(*unicast delivery*)是將封包遞送到單台電腦，廣播遞送(*broadcast delivery*)，將封包遞送給某網路中的所有電腦。除了unicast和broadcast外，IPv4定址方案還支持一個特殊形式傳送，稱爲*multicasting*(中文名稱可以是：多播、群播或組播)，其中封包被送到網路的一些電腦而非全部，也就是封包被送到網路連線電腦的子集合。第15章詳細討論multicast定址和傳遞。現在，只要了解任何以三個連續的1開始的IPv4位址用於多播就可以。

5.21.7 IPv4回傳位址

網路首碼127.0.0.0 / 8(原訂A級位址範圍)保留用於回傳位址(*loopback*)，主要用來測試TCP/IP和測試本地電腦程式間的通訊。按照慣例，程式設計師使用127.0.0.1做測試，但任何主機值都可以使用，因爲當位址由127起始，TCP/IP軟體不檢查位址的主機部分。

當電腦中的應用程式向127位址發送封包時，這台發送電腦的協定軟體馬上接收剛輸出的封包，並立即將封包回傳給接收模組，處理傳入的封包，就像封包剛剛由外到達一樣。回傳的作用只限於本機操作，不會有127位址的封包出現在網際網路上。

> IPv4保留127.0.0.0 / 8位址做回傳測試；任何具有目第位址首碼爲127的封包，注定要保留在電腦內，不會離家出走跨越網路。

5.21.8 IPv4特殊位址約定的摘要

圖5.15總結了IPv4中使用的特殊位址。圖中提及，全0位址從不用作目的地，並且只能在啓動期間作爲來源位址。一旦電腦獲取IP位址，就不會再使用0作爲來源位址。

5.21.9 IPv6群播和任播位址

理論上，多播和廣播之間的選擇是無關緊要的，因爲彼此可互相模擬。也就是說，廣播和多播是對兄弟檔，兩者提供相同的功能。要理解爲什麼，考慮如何模擬對方。如果broadcast可用，則封包會被網路上所有電腦接收，但可安排電腦上的軟體是否接收這個由broadcast而來的封包，形成多播。如果multicast可用，則封包會送給網路上一群加入multicast群組的電腦，若安排所有電腦加入某multicast群組，形成廣播。

位址格式	說明
全為0	啓動來源位址
全為1	限制廣播(區域網路)
網路 | 全為1	網路直接廣播
網路 | 全為0	網路位址 非標準直接廣播
網路 | 子網 | 全為1	子網路廣播
127 | 任何值(通常為1)	返回來源
14 | 群播組ID	群播位址

圖5.15 IPv4特殊位址一覽表。

若認爲廣播和多播在理論上彼此是成對的，就不容易擇其一來應用。但IPv6設計者決定避免廣播而只使用多播。因此，IPv6定義了多個保留的多播組集合。例如，如果IPv6中的主機想要廣播一個封包給連線到區域網路的路由器，主機將封包發送到*all routers*多播群組。IPv6也定義了*all hosts*多播群組(封包傳遞到本地網路上的所有主機)和*all nodes*多播群組(封包會被遞送到所有主機和所有路由器)。

了解爲什麼IPv6的設計者選擇多播作爲核心抽象概念而不是廣播，要考慮的是應用程式，而不是底層硬體。應用程式需要與單個應用程式通訊，也需要與一組應用程式通訊。直接通訊最好透過unicast來處理；群組通訊可以通過multicast或broadcast來處理。在Internet上，群組成員不限於單個網路，群組成員可以駐留在任意位置。使用廣播對所有群組進行通訊，不能跨越全球Internet，因此多播是唯一的選擇。諷刺的是，即使努力在全球Internet推廣multicast，實際並不成功。因此，透過IPv6實現multicast的應用不多。

除了多播，IPv6引入了一種稱爲anycast(任播)的新類型位址[6]。anycast定址被設計爲處理伺服器複製。廠商可以在網際網路的任意位置部署一組相同的伺服器。這一組的伺服器必須提供完全相同的服務，並且都分配相同的anycast位址。轉送被設置成送到anycast位址的封包，會轉送給最近的伺服器。

5.21.10 IPv6 鏈路-區域位址

IPv6定義了一組首碼做爲單播位址，但不是全局有效的。這類首碼被稱爲*locally scoped*(局部範圍)或具有*link-local*(鏈路-區域)範圍。發送到這類位址的封包只侷限在單個網路(*isolated network*)上傳輸。標準中定義，任何IPv6位址若前10個位元爲：

1111 1110 10

則作爲link-local位址。例如，當電腦開機時，電腦使用link-local首碼結合自身MAC位址，形成一個IPv6位址。

路由器用來兌現link-local範圍規則。路由器可對區域網路發送的link-local封包做出響應，但路由器從不會對外轉發包含link-local位址的封包(不會離開區域網路)。

Link-local位址提供了一種與其鄰居通訊的方式(例如，在啓動時)，不會有將這類區域封包轉送到Internet的風險。例如，IPv6節點在啓動時使用Link-local位址來發現鄰居，包括路由器的位址。連接到隔離網路(即，網路沒有連接路由器)的電腦，可以使用Link-local位址進行通訊。

5.22 網際網路定址的弱點

將網路資訊嵌入在Internet位址中確實有一些缺點。最明顯的缺點是位址所代表的意義是所連接的網路，而不是主機：

> 如果主機從一個網路移動到另一個網路，其Internet位址必須改變。

6　任播位址(Anycast addresses)最初稱為群集位址(cluster addresses)。

IPv6嘗試透過更容易地改變位址來緩解這個問題。然而，基本問題仍然存在。第18章會討論：定址方案是如何使得移動(*mobility*)變得困難。

IPv4的弱點來自早期綁定(early binding)，一旦首碼大小選擇，網路上的最大主機數量就已經決定。如果網路增長超出原始綁定，必須選擇新的首碼，而這個網路上的所有主機必須重新編號。雖然重新編號可能看起來像一個小問題，但改變網路位址(*renumbering*)可能非常耗時並且難以調試。IPv6解決網路增長問題的方式爲：用64(一個荒誕的數字)位元的suffix(尾碼)來標識主機(或準確地說是網路介面)。

當我們檢視轉送機制時，Internet定址方案中最重要的缺陷就變得顯而易見。其重要性，值得在這裡好好討論一番。我們已經提出建議，轉送將基於目的地的Internet位址。具體來說，路由器將使用目的地的位址的首碼來辨識網路。現在考慮具有兩個網路連接的主機。我們知道這樣的主機必須有兩個IP位址，每個介面一個。以下是眞實的：

> 因爲轉送使用IP位址的網路部分，傳送到具有多個IP位址的主機的封包所經過的路徑，取決於使用的位址。

影響是令人驚訝的。人們通常認爲每個主機是一個單一的實體，且想用單個名稱來做識別。但經常驚訝地發現，他們必須知道主機的多個名稱，甚至更驚訝地發現，使用不同名稱來發送的封包，其行爲各不相同。

網際網路定址方案的另一個令人驚訝的結果是：僅僅知道目的地的一個IP地址可能不夠。如果網路關閉，它可能無法使用特定地址到達目的地。

要理解，請考慮圖5.16中的範例。

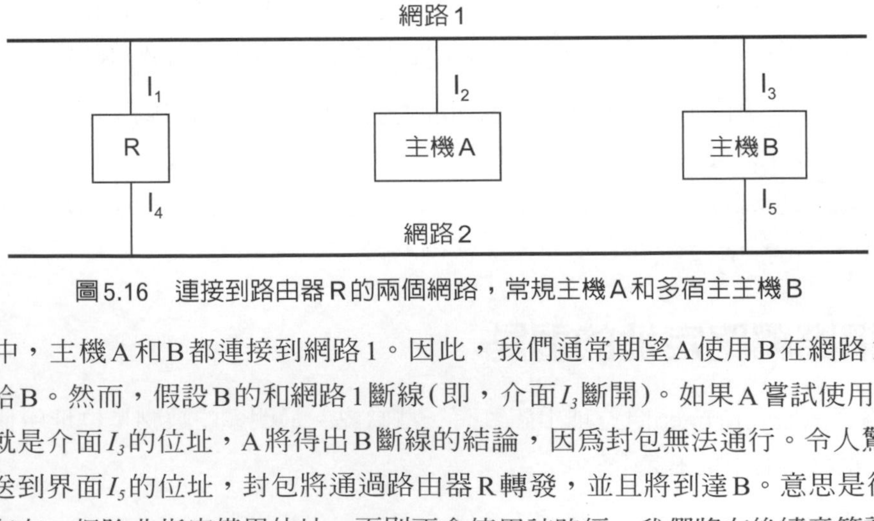

網路1
I_1 I_2 I_3
R 主機A 主機B
I_4 I_5
網路2

圖5.16 連接到路由器R的兩個網路，常規主機A和多宿主主機B

在圖中，主機A和B都連接到網路1。因此，我們通常期望A使用B在網路1的位址來發送資料給B。然而，假設B的和網路1斷線(即，介面I_3斷開)。如果A嘗試使用B的網路1位址，也就是介面I_3的位址，A將得出B斷線的結論，因爲封包無法通行。令人驚訝的是，如果A發送到界面I_5的位址，封包將通過路由器R轉發，並且將到達B。意思是從A到B的替代路徑存在，但除非指定備用位址，否則不會使用該路徑。我們將在後續章節討論此備用路徑轉送和名稱綁定的問題。

5.23　網際網路位址分配和授權

在全球網際網路中使用的每個網路首碼必須是唯一的。為了確保唯一性，所有首碼由中央授權機構分配。最初，網際網路編號分配機構(*IANA: Internet Assigned Numbers Authority*)控制了分配的號碼，並製定了策略。從網際網路開始直到1998年秋天，由一個人JonPostel執行IANA業務和分配位址。1998年下半年，JonPostel不幸逝世後，創建了新組織來處理位址分配。此新組織名為國際網際網路名稱和號碼分配(*ICANN: Internet Corporation for Assigned Names and Numbers*)，其任務為製定政策，分配號碼給名稱，也將號碼分配給常使用的協定以作為位址來使用。

大多數需要網際網路首碼的組織從不與中央授權機構打交道。有需要的組織通常與本地Internet服務提供商(ISP)簽訂合同。除了提供實體網路連接，ISP為每個客戶的網路取得有效的位址首碼。事實上，許多本地ISP是較大ISP的客戶，當客戶請求位址首碼時，本地ISP只從較大的ISP獲取首碼。因此，只有最大的ISP需要和ICANN授權的註冊管理機構聯繫，這些機構(ARIN：美洲網際網路號碼註冊管理機構，RIPE：歐洲IP網路資源協調中心，APNIC：亞太網路信息中心，LACNIC：拉丁美洲及加勒比地區網際網路地址註冊管理機構或AFRINIC: 非洲網路信息中心)被授權管理一些位址區塊。

請注意，在位址分配時委派授權是如何傳承ISP的層次結構。通過向地區註冊局提供一組位址，ICANN授權給他們做分配。當要給主要ISP一個子區塊時，須要註冊委託授權。在最低級別，當ISP提供其部分分配的區塊給需要的組織時，ISP授予組織在內部細分該分配的權限。重點是當位址區塊向下分配時，接收者會收到進一步細分區塊的權限。

5.24 IPv4位址分配範例

為了闡明IPv4定址方案，考慮有兩個網路的組織。圖5.17顯示了組織架構：兩個網路連接到一個ISP。

該組織有三個網路並且已分配到無級別網路編號。網際網路服務提供商的網路編號是9.0.0.0 / 8。Ethernet的網路編號是128.10.0.0 / 16，Wi-Fi網路的網路編號是128.210.0.0 / 16。

圖5.18顯示了相同網路且已經有主機連接到網路，每個連線的主機都指定一個Internet位址。 該圖顯示了三個標記為*Merlin*，*Lancelot*和*Guenevere*的主機。該圖還顯示了兩個路由器：R_1連接Ethernet和Wi-Fi網路，R_2將組織連接到ISP。

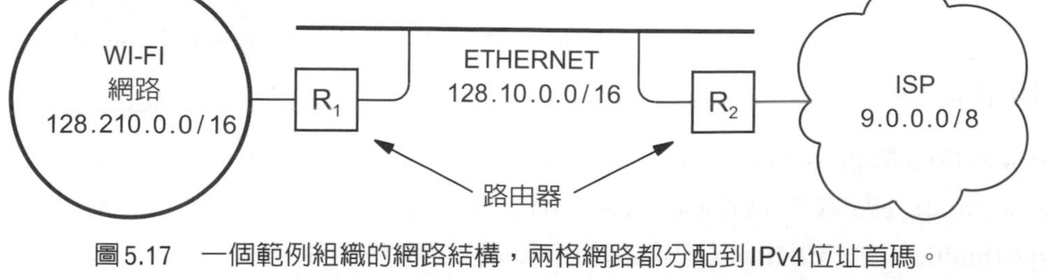

圖5.17　一個範例組織的網路結構，兩格網路都分配到IPv4位址首碼。

主機*Merlin*連線到Ethernet和Wi-Fi網路，因此它可以直接和任一網路的目的地連線。路由器R_1和多宿主主機*Merlin*的主要差異在組態配置：路由器用來在兩個網路之間轉發封包；主機可以使用任一網路，但是不轉發封包。

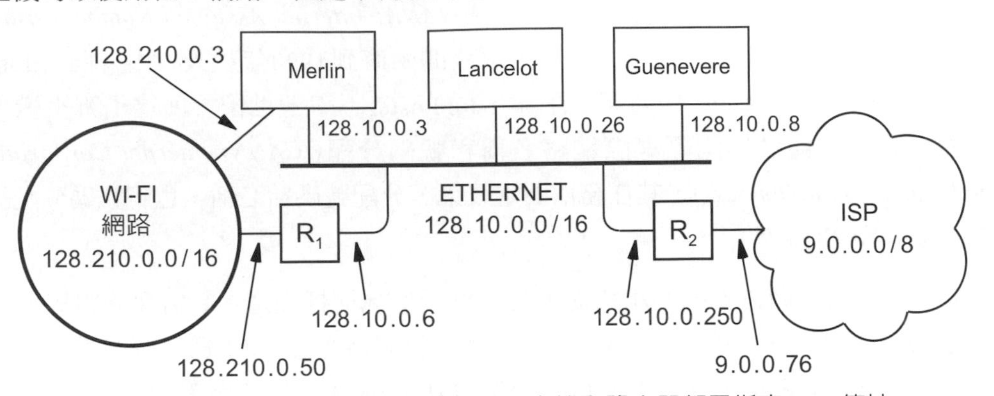

圖5.18　由圖5.17衍生而來的網路環境，主機和路由器都已指定IPv4位址。

如圖所示，爲每個網路介面分配了一個IP位址。*Lancelot*，只連接到Ethernet，其唯一的IP位址爲128.10.0.26。*Merlin*是雙宿主主機，所以有兩個IP位址：28.10.0.3連接到Ethernet，128.210.0.3連接到Wi-Fi網路。任何進行位址分配的用戶，大都會爲多個網路介面的電腦選擇相同的主機號碼，Merlin的兩個位址就有相同的主機號碼。路由器R_1也有兩個位址：128.10.0.6和128.210.0.50。但是兩個位址的主機部分是不相關的。IP協定不關心電腦位址中任何數字是否相同。但是，網路技術人員和管理人員等管理層級的人，需要輸入位址做維護、測試和除錯。電腦有多個網路介面，讓這些介面的IP位址有相同的主機編號，會使得大家更容易記住，也便於管理。另外，看到一個介面位址大概也能正確猜到另一個網路介面的位址。

5.25 總結

在TCP/IP網際網路中的每台電腦，被分配到一個唯一二進位值的位址，稱爲Internet協定位址或IP位址。IPv4 32位元的位址被分爲兩個主要部分來解讀：prefix（首碼）用來標識電腦所連線的網路，suffix（尾碼）用來標識網路上的電腦。原始IPv4定址方案稱爲分級式定址(classful addressing)，位址的首碼被分爲三級。後來的變化擴展了IPv4的定址機制，引入了子網定址(subnet addressing)和無級別定址(classless addressing)。無級別 IPv4 定址使用位元遮罩來指定首碼有多少個位元。

爲了使位址更容易讓人理解，位址的寫法以加點十進位來表示，其中每個octet以十進位形式書寫，各個數值以點分隔。IPv6位址則以冒號分隔的十六進位數值符號來表示。

IP位址主要用來識別網路，而不是單個主機。因此，路由器或多宿主(multihomed)電腦有多個IP位址。

IPv4和IPv6都包含有特殊位址。 IPv4允許特定網路(network-specific)、特定子網(subnet-specific)、區域廣播(local broadcast)以及多播(multicast)。IPv6有link-local位址、anycast和multicast。一組IPv4首碼已保留供私人內部網路使用。

習題

5.1 A、B和C級網路，各級可有多少個網路存在？每個網路中可以有多少個主機？不要隨意允許廣播並注意D和E級位址。

5.2 如果您的站台使用IPv4，請確定使用了什麼大小的位址遮罩，您的網站可有多少台主機？

5.3 您的站台是否允許IPv4定向廣播封包？（想想一種通過使用ping來測試的方法。）

5.4 如果您的站台使用IPv6，請嘗試向全節點多播位址發送ping。會收到多少響應？

5.5 如果您的站台使用IPv6，請確定首次部署IPv6的時間。

5.6 IP定址方案和美國電話編號方案之間的主要區別是什麼？

5.7 世界各地的位址註冊都是以IP位址區塊為範疇。找出如何確保不會有重覆分配發生。

5.8 需要多少個IPv6位址來為你的國家每個房子分配一個唯一的位址？或為全世界的房子分配位子？ IPv6位址夠分配嗎？

5.9 假設地球上的每個人都有一個智慧型手機、筆記型電腦和十個其他設備，每個都有一個IPv6位址。 需要多少百分比的IPv6位址空間？

章節內容

6

Internet位址對應到實體位址(ARP)

6.1 引言

上一章描述了IPv4和IPv6的定址方案，並說明網際網路的行爲就像一個虛擬網路，只使用分配的位址發送和接收封包。第2章回顧了幾種網路硬體技術，說明連接到實體網路上的兩台電腦，必須知道對方的實際網路位址才能通訊。我們沒有提到的是：當要跨越實體網路上發送封包時，主機或路由器如何將IP位址對應(映射)到正確的實際位址。本章考慮位址映射相關主題，並說明如何在IPv4和IPv6中實現。

6.2 位址解析問題

考慮連接到同一實體網路的兩台機器A和B。每台機器都有分配到IP位址，分別是I_A和I_B，硬體(MAC)位址是H_A和H_B。最終，通訊必須在第二層訊框內置入網路設備看得懂的硬體位址，然後透過網路來發送。然而，我們的目標是讓應用程式和更高層協定的工作環境中只有Internet位址出現。也就是說，要讓裝置軟體在協定堆疊的底層隱藏硬體位址。例如，假設機器A需要通過網路向機器B發送IP封包，兩台機器都連上同一個網路。但是A只知道B的網際網路位址，I_B。問題出現了：A如何將B的網際網路位址I_B映射到B的硬體位址H_B？有兩個解決方案，一個是IPv4使用，另一個則是IPv6所使用。兩者我們都會做說明。

重要的是需要注意，從原始來源到最終目的地的路徑，位址映射必須在每個步驟執行。特別是，有兩種情況出現。首先，在遞送IP封包的最後一步，封包必須跨越實體網路到最終目的地。在最終端點，發送datagram的機器(此機器通常是路由器)必須將最終目的地的Internet位址映射到目的地硬體位址才可以傳輸。第二，沿著來源到目的地路徑中除了最終端點外的其他任何端點，封包必須先送到中間路由器來轉送。我們將看到協定軟體總是使用IP位址來標識路徑中的下一個路由器。因此，發送者必須將路由器的Internet位址對映到路由器的硬體位址。

將高層位址映射到實體位址的問題被稱爲位址解析問題(*address resolution problem*)，並且已有幾種解決方法。有些協定在每台機器都設置一個表，其中包含了很多高層位址和實體位址的對應。另有其他協定則將硬體位址嵌入到高層協定來解決問題。單獨使用任一種方法都會使高層定址的優越性處境尷尬。本章將討論TCP/IP協定所使用的兩種位址解析技術，並說明兩者分別適用的時機。

6.3 硬體位址的兩種形式

硬體位址的基本形態有兩種：(1)硬體位址大於IP位址的主機部分 (2)硬體位址則小於IP位址的主機部分。IPv6可容納所有類型的硬體位址，因爲IPv6位址於主機專用的部分就佔了64位元。因此，這種區別只對IPv4很重要。剛開始，我們先考慮位址位元長度不大的環境，如此，相關技術可用在IPv6和IPv4。然後我們才考慮硬體位址位元長度很大時IPv4所使用的技術。

6.4 直接映射位址解析

IPv6使用一種稱爲直接映射(*direct mapping*)的技術。基本觀念很簡單：使用電腦的硬體位址作爲電腦的Internet位址的主機部分。當位址足夠小時，IPv4可以使用直接映射。圖6.1說明了這個概念。

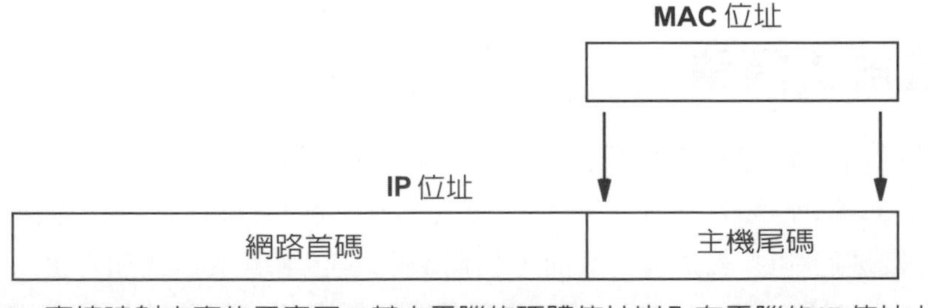

圖6.1 直接映射方案的示意圖，其中電腦的硬體位址嵌入在電腦的IP位址中。

要了解直接映射如何與IPv4協同工作，重要的是要知道一些硬體使用小的可配置的整數作爲硬體位址。每當一個新的電腦添加到這樣的網路中，系統管理員選擇硬體位址並配置到電腦的網路介面卡。唯一重要的規則是：不可以讓兩台電腦有相同的硬體位址。爲了使分配容易和安全，管理員通常按順序分配位址：第一台連接到網路的電腦分配位址1，第二台電腦分配位址2……等等。

只要管理者有選擇IP位址和硬體位址的自由，則可以讓硬體位址和IP位址的主機部分是相同的。IPv6使得這樣的分配很簡單，硬體位址始終適合用於位址中介面ID的區域。對於IPv4，請考慮一個範例，其中網路已分配IPv4首碼：

192.5.48.0 / 24

網路首碼佔用前三個octet，為主機ID留下一個octet。網路上的第一台電腦分配有硬體位址1和IP位址192.5.48.1，第二台電腦分配有硬體位址2和IP位址192.5.48.2，依此類推。也就是說，網路位址的配置使得每個IP位址的低位數octet與電腦的硬體位址相同。當然，這個例子僅在硬體位址在1和254之間時有效。

6.5　直接映射網路中的解析

如果電腦的IP位址包括電腦的硬體位址，位址解析就不重要了。給定IP位址，就可以從位址的主機部分提出硬體位址。在上面的範例中，如果協定軟體將IP位址指派給網路上的電腦(例如，192.5.48.3)，相應的硬體位址"3"可以僅通過提取最低位的octet來完成。名稱直接映射(*direct mapping*)意味著，可以在不參考外部資料的情況下執行映射。映射是非常高效的，因為它只需要幾個機器指令。直接映射具有可以將新電腦添加到網路而不改變現有分配的優點，並且不用將新訊息傳播給現有電腦。

在數學上，直接映射意味著選擇映射函數f，將IP位址映射到到硬體實際位址。解析IP位址I_A表示計算

$$H_A = f(I_A)$$

雖然映射可以不用上述的方法，但是對函數f的計算會較有效率，也較容易為人所了解。好的映射方法的特點是IP位址和硬體位址的關係是顯而易見的。

6.6　通過動態綁定的IPv4位址解析

雖然直接映射的效率高，但如果硬體位址大於IPv4位址，就不能與IPv4一起使用。Ethernet MAC位址不能直接映射到IPv4位址，因為MAC位址是48位元長，而IPv4位址只有32位元長。而且MAC位址在製造就已給定，Ethernet MAC位址不能更改。

TCP/IP協定的設計者發現了一種創造性的解決方案來解決位址問題，條件是網路須具有廣播能力，Ethetnet就具備此能力。解決方案允許新主機或路由器添加到網路而無需重新編譯程式碼，也不需要維護集中式資料庫。為了避免維護集中式資料庫，設計者選擇使用低層協定動態地解析位址。命名為位址解析協定(*ARP*：*Address Resolution Protocol*)，ARP協定提供了一種機制，這是相當高效的，並且不需要管理員手動配置。

使用ARP的動態解析背後的想法很簡單：當它想要解析IP位址I_B，主機廣播一個ARP請求封包，要求位址是I_B的電腦回應。所有主機，包括B，都接收到請求，但只有主機B識別到IP是自己的，於是發送回應封包，回應封包有B自己的硬體位址。ARP僅在主機需要發送IP封包時使用。因此，當接收到請求的回應後，發出請求的主機將使用回應資訊直接發送IP封包給B。重點：

位址解析協定ARP允許主機查找在同一實體網路上目標主機的硬體位址，只要知道目標主機的IP位址即可。

圖6.2通過顯示主機A發送廣播請給B，B做出回應。注意，ARP請求是用廣播發送，ARP回應用的是則是單播而不是廣播。

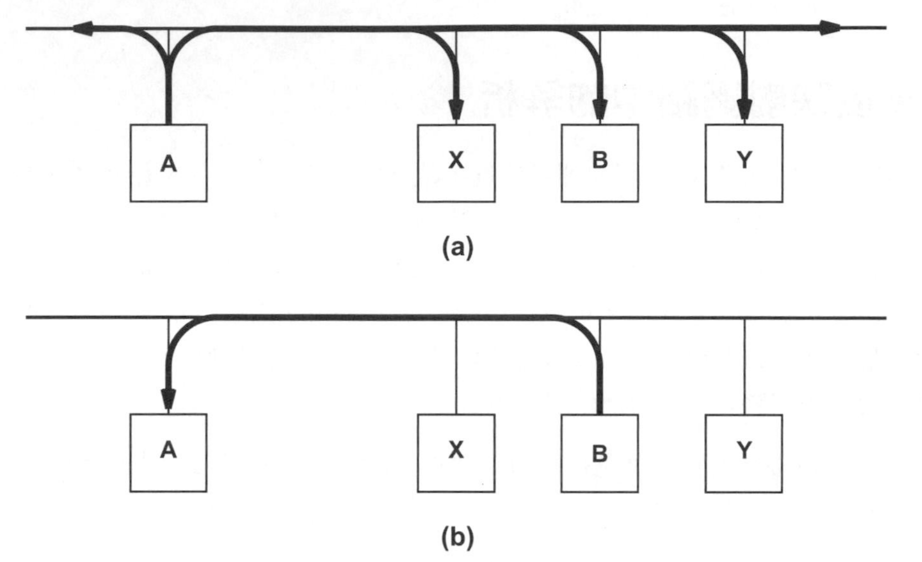

圖6.2 ARP範例，其中(a)主機A廣播包含I_B的ARP請求封包(b)主機B以ARP回應告知請求者自己硬體位址H_B。

6.7 ARP快取

在A可以發送Internet封包到B之前必須先送廣播，看起來有些愚蠢，浪費了網路上每個主機的時間。或者可能看起來甚至更愚蠢：A發廣播詢問"我要怎麼和你聯繫？"既然對方收得到問題，那就乾脆廣播要傳送的資料對方不就好了。不使用廣播傳遞資訊有一個重要原因：廣播太貴，以至於每次一個機器需要將封包發送到另一個時，用廣播太耗費資源，因爲網路上的每台機器都必須接收和處理廣播封包。因此，A中的ARP軟體使用一個最佳化的機制：它記錄回應的硬體位址，後續傳輸就直接使用這個硬體位址，不再發廣播詢問。

標準規定ARP軟體必須將最近獲得的IP與硬體位址映射儲存到快取中。也就是說，每當電腦發送ARP請求並接收到ARP回應，它會將IP位址和對映的硬體位址當成一筆資料儲存在快取中。這樣做會顯著降低整體通訊成本。當發送封包前，電腦總是會先查看快取。如果在ARP快取中找到所需的硬體位址，電腦不需要發出廣播請求。因此，當兩台電腦在一個網路上通訊時，先以ARP請求和ARP回應啓始，然後就可直接傳輸封包，而不用對每個封包發出ARP請求。經驗表明，因爲大多數網路通信涉及多個封包傳輸，即使只有一個小小的快取也是有幫助的。

6.8　ARP快取超時

ARP快取提供了一個軟狀態(*soft state*)的範例，軟狀態是網路協定中常用的一個技術。軟狀態這個技術名稱意指：資訊變得老舊但不會發出警告。在ARP的情況下，考慮兩台電腦，A和B 都連接到Ethernet。假設A已發送ARP請求且B已回覆。進一步假設B回覆後當機。電腦A將不會收到任何B當機的訊息。此外，因爲它已經有B的的IP位址和硬體位址的映射在ARP快取中，電腦A將繼續向B發送封包。Ethernet硬體不會指明電腦B不在線上，因爲Ethernet不保證成功遞送。因此，A無法知道其ARP快取中的資訊何時變得不正確。

在使用soft state的系統中，資訊正確性的責任落在快取擁有者身上。通常，實現軟狀態的協定需要使用定時器。當資訊被添加到高速快取時啓動定時器；當定時器到期時，刪除資訊。例如，每當位址綁定資訊被放置在ARP快取中時，協定需要設置定時器，典型的計時是20分鐘。當定時器到期時，必須刪除該資訊。刪除後有兩個可能性。如果沒有進一步的封包發送到目的地，什麼都不發生。如果是封包必須送到目的地，並且沒有位址映射資訊存在於快取中，電腦遵循ARP協定，廣播ARP請求並獲取需要的位址映射資訊。如果目的地仍然可達，則新的位址資訊會將被儲存在ARP快取中。如果未收到回應，發送方將發現目的地不可達。

在ARP中使用soft state有優點也有缺點。主要優勢產生於自主。

(1) 首先，電腦可以自行決定是否需重新驗證ARP快取的正確性，這部分和其他電腦無關。

(2) 發送端不需要與接收端或第三方的成功通訊來驗證位址映射是否效；如果目標不響應ARP請求，則發送端將聲明目標已關閉。

(3) 該方案不依賴網路硬體來提供可靠的傳輸或通知電腦另一台電腦是否在線上。

軟狀態的主要缺點來自延遲，如果定時器間隔N分鐘，在這N分鐘內發送方可能無法檢測到接收端已經有變化，可能是換了網卡，也可能是當機。

6.9　ARP優化

在協定中包括了幾個改進的ARP，減少了網路流量，硬體位址更改後可自動恢復：

- 首先，觀察到主機A只在網際網路封包準備發送到B時，向B廣播ARP請求。因爲大多數網際網路協定涉及到雙向交換(two-way exchange)，主機B有很高的機率會在很短的時間內發送封包給A。爲了因應B可能的需求和避免額外的網路流量，ARP需要A將其IP和硬體位址的映射資訊嵌入在給B的請求封包當中。B從請求封包中提取A的位址資訊，並保存在B的ARP快取中。因此，當B要發送網際網路時封包給A時，B會在其快取中找到A的位址映射資訊，不用再對A用廣播發出ARP請求。

- 其次，請注意，因爲request封包是用廣播的，網路上的所有機器會收到request封包的副本。協定要求，每台機器從request封包中提取發件人的IP到硬體位址的映射，並使用該訊息更新在快取中的位址訊息。例如，如果A廣播request封包，網路上收到廣播的機器將更新它們ARP快取中有關A的訊息。若在ARP快取中沒有和A相關的位址映射，那就忽略，不添加A的訊息。之所以這麼做，想法是：如果一台機器已經與A通訊，其快取應該有A的最新訊息；但如果某機器一直沒有與A通訊，其快取不應該塞入一個無用的訊息。
- 第三，當電腦的主機介面被替換時(例如，硬體出現故障)，其實際位址會改變。網路上其他電腦的ARP快取中有該故障電腦的位址映射資訊，需要被通知，以便更新快取中的資料。電腦可以向其他電腦發出*gratuitous ARP request*(無償ARP請求封包：ARP請求封包中請求的是自己的IP)封包，告訴他們自己新的硬體位址。更改MAC位址需要替換網路介面卡(NIC)，電腦當機時就會發生這種情況。因爲電腦不知道其MAC位址是否改變，大多數電腦在系統初始化期間會廣播無償ARP封包。無償ARP有第二個目的：看是否有任何其他機器正在使用相同IP位址。開機的機器發送針對自己IP位址的ARP請求封包，如果它收到一個回應，代表網路配置錯誤，有重複的IP。也有可能是安全漏洞，有電腦故意欺騙。

下面總結了自動快取更新的關鍵思維。

> 發件端IP到硬體位址的映射資訊，嵌入在每個ARP的廣播封包內；所有的接收端使用該訊息來更新快取中的址映射資訊。ARP指定的接收端若無該項目就會在快取中建立，供回應時使用。非指定的廣播接收端只會更正舊資料不會建立新資料。

6.10 ARP與其他協定的關係

正如我們所看到的，因爲IPv6使用直接映射，所以不需要ARP。因此，ARP僅提供一種可能的機制來將IP位址映射到硬體位址。有趣的是，如果我們可以重新設計所有的網路硬體讓他們能識別IP位址的話，就不需要ARP和其他位址綁定機制。因此，從我們的角度來看，位址綁定只是在隱藏底層硬體位址。從概念上講，我們強加新的IP定址方案給低層位址機制上的硬體使用。因此，我們將ARP視爲低層協定，它不是硬體上層TCP/IP協定的關鍵部分。這個想法可以總結如下：

> ARP是一個隱藏底層網路實體位址的低層協定，它能讓我們指派任何IP位址給所有機器，我們將其看成是實體網路系統的一部份，而不是網路協定的一部份。

6.11 ARP實現

功能上，ARP軟體分爲兩部分。第一部分爲將要輸出的封包提供位址解析：給定網路上的電腦IP，ARP會找到電腦的硬體位址。如果位址不在快取中，它會發送請求。第二部分處理入站的ARP回應封包。ARP更新快取，回答來自網路上其他電腦的請求，並檢查回覆是否與請求匹配。

爲輸出封包解析位址看起來很簡單，但一些小細節使實現複雜化。封包傳送時，先給定接收電腦的IP，軟體查詢其ARP快取，看快取中是否已經有該IP對映的硬體位址。找到的話，軟體會提取硬體位址，填充到目的位址欄位，並發送訊框。如果映射不在快取中，必然發生兩件事。首先，主機必須先儲存欲傳出的封包，一旦硬體位址成功解析，才能送出封包。其次，ARP軟體必須廣播ARP請求。

發送請求的ARP部分和接收到回覆部分，兩者間的協調可能變得複雜。如果目標機器發生故障或太忙，發送端將收不到回覆(或者回覆可能被延遲)。此外，因爲Ethernet是一個盡力而爲的傳遞系統，最初ARP廣播請求或回覆可能丟失。因此，發送方應該重傳請求至少一次，這意味著必須使用一個定時器，如果收到回覆，輸入端必須重設定時器。更重要的是，問題出現了：當ARP正在爲某個IP解析硬體位址時，同電腦的另外一個應用程式也要送資料給該相同的IP，這時該怎麼辦？ ARP可以選擇建立一個輸出封包的佇列(queue)，或者可以選擇丟棄接續送到該位址的封包。在任何情況下，關鍵設計決策涉及並行存取(concurrent access)：當ARP解析某位址時，其他應用程式可使用該位址嗎？如果另一個應用程式嘗試發送封包到相同的位址，此應用程式應該被阻檔或ARP只要建立一個輸出封包的佇列？如何設計ARP軟體，以防止它向接收端電腦發出不必要的第二個ARP請求？

最後一個施行細節在將ARP快取的管理與典型快取管理做個區隔。在典型的快取中，timeout用於消除無用的快取項目。因此，每個項目的時戳必須在該項目被使用時重置。當必須回收快取空間時，根據時戳，會移除在快取待最久的項目。但是對於ARP快取，並沒有使用某項目然後重置計時器的機制，ARP可以繼續使用此項目，即使該目標電腦已當機。因此，給定項目一個剔除時間是很重要的，即使該項目仍在使用中。

ARP軟體的第二部分是負責處理從網路到達的ARP封包。當ARP封包到達時，軟體首先提取發件人的IP位址和硬體位址，並檢查本地快取來查看它是否已經有該項目。如果該IP位址和硬體位址已在快取中，處理程序將項目資料覆蓋在原資料項目上。更新快取後，接收端處理ARP請求剩餘該做的動作。

爲了處理ARP封包的其餘部分，接收端檢查操作。如果傳入的封包是一個ARP請求，接收端檢查自己是否是請求的目標(亦即，其他機器已發出ARP廣播請求，而我就是請求的目標)。如果是這樣，ARP軟體會將發送方的位址映射存到快取中(如果該映射不存在)，並直接發送回應給請求者。如果自己不是請求對象(即，請求的是其他電腦)，則丟棄入站的ARP請求封包。

如果到站的封包是ARP回應，接收端會嘗試找出與之前送出的request 匹配。如無任何匹配，則丟棄該回應封包。除此以外，位址綁定是已知的(快取已經在上述的第一步中更新)。因此，ARP軟體檢查在佇列中排隊等待送出的封包(也就是等待回應的封包)。ARP軟體將IP封包放封裝在訊框中，將快取映射中的硬體位址填入訊框的目的地欄位，然後發送封包。

6.12 ARP封裝和識別

當ARP訊息從一台電腦傳播到另一台電腦時，它們必須是承載在網路第二層訊框中。如圖6.3所示，攜帶ARP封包是在訊框的資料載荷區域中(即，被視為資料)。

圖6.3　ARP封包封裝在實體網路訊框中。

為了識別攜有ARP訊息的訊框，發送者分配一個特殊的值，添加到訊框標頭中的類型(type) 欄位。當訊框到達電腦時，網路軟體使用訊框類型來確定其內容。在大多數技術中，都有一個定值用來表示帶有ARP訊息的訊框，接收端的網路軟體必須進一步檢查ARP訊息，以區分到底收到的是ARP請求還是ARP回應。例如，在Ethernet上，承載ARP訊息的訊框其類型欄位的值是0x0806，前面的*0x*表示十六進位值。ARP的訊框類型的值已經由IEEE(擁有Ethernet標準)標準化。因此，當ARP在任何Ethernet上傳輸時，類型編號始終為0x0806。其他硬體技術可以使用其他值。

6.13 ARP訊息格式

與大多數TCP/IP協定不同，ARP訊息沒有固定格式的標頭。相反的，為了能讓ARP能在各種不同的網路技術上使用，位址的欄位長度因網路而異。 事實上，設計師沒有限制使用ARP IPv4位址。協定位址的大小取決於該網路高層協定的規範。 諷刺的是，只有少數例外如研究實驗，ARP總是使用32位元IPv4協定位址和48位元的Ethernet硬體位址。重點是：

> ARP設計原則允許任意高級協定位址映射到任意網路硬體位址。 在實踐中，ARP使用的是32位元的IPv4協定位址和48位元的Ethernet 硬體位址。

圖6.4中的示例顯示了若使用協定位址和Ethernet硬體位址時，28-octet的ARP訊息格式。協定位址是32位元長(4個octets)，硬體位址是48位元長(6個octets)。

0	8	16	24 31
硬體型態		協定型態	
硬體長度	協定長度	操作	
發送端硬體位址(0-3位元組)			
發送端硬體位址(4-5位元組)		發送端IPv4位址(0-1位元組)	
發送端IPv4位址(2-3位元組)		目的地硬體位址(0-1位元組)	
目的地硬體位址(2-5位元組)			
目的地IPv4位址(0-3位元組)			

圖6.4　用於映射IPv4位址和Ethernet位址的ARP訊息格式。

該圖顯示了每列4個octets的ARP訊息，這是一種貫穿本書和TCP/IP標準格式。不幸的是，48位元的Ethernet位址意味著ARP訊息中的欄位並不全部在32位元邊界上對齊。因此，圖可能難以閱讀。例如，發件人的硬體位址，標記為*SENDER HARD*，佔用6個連續的octets，因此它跨越圖中的兩行，第三行和第四行的一半。

HARDWARE TYPE欄位：標示硬體介面類型，發送端用這個欄位解析位址。此欄位的值為1，指定硬體位址是Ethernet MAC位址。

PROTOCOL TYPE欄位：指定發送端所提供的高層協定位址類型。此欄位的值若為0x0800(十六進位)代表協定位址為IPv4。

HLEN和PLEN欄位：這兩個欄位大小固定，位在在ARP訊息開始附近，用來標示硬體位址長度和協定位址長度。這樣安排使得電腦可用來解釋任何ARP訊息，即使電腦不能識別協定位址類型或硬體位址類型。

OPERATION欄位：標示ARP訊息的型態。1代表ARP request，2代表ARP response，3代表RARP request，4代表RARP response。

SENDER HARD欄位：當發送ARP封包時，發送者將自己的硬體位址放入這個欄位。

SENDER IPv4欄位：當發送ARP封包時，發送者將自己的IPv4位址放入這個欄位。

TARGET HARD和TARGET IPv4欄位：這兩個欄位分別標示接收端的硬體位址和協定位址。如果有電腦回應，*TARGET HARD*就是回應者的硬體位址。對於回應訊息(reply)，目標可以從請求訊息中提取訊息。發送ARP請求時，發送方知道目標的IPv4位址，但不知道目標的硬體位址。因此，在ARP請求中，目標硬體位址欄位值為零。總結：

> ARP回應封包攜帶有要求者的IPv4位址和硬體位址。在ARP請求中，目標硬體位址設置為零，因為在當時它是未知的。

6.14 自動ARP快取重新驗證

有一種方法可以用來避免使用ARP導致的「抖動」(*jitter*)(封包傳送時間長短不一)。要瞭解爲何會發生jitter，想像一台電腦發送一段穩定的串流到另一台電腦，當ARP計時器逾時，ARP會移除快取中的位址映射。下一個輸出的封包將觸發ARP。該封包將被延遲，直到ARP可以發送請求並接收響應。延遲持續大約是發送分封包所需時間的兩倍。雖然這樣延遲似乎可以忽略不計，但是會引入抖動，特別是對於即時資料如語音電話呼叫。

避免抖動的關鍵在於早期重複確認(*early revalidation*)，也就是說在實作上針對快取中的每一項位址映射使用兩個計時器：一個是傳統計時器，另一個是重複確認計時器。重複確認計時器設定的時間略小於傳統計時器。當重複確認計時器逾時，軟體便會檢查造成逾時的項目，如果最近有使用此快取項目位址來傳送資料，軟體就會發送ARP請求並持續使用此項目。在收到目的地的回應後，兩個計時器便一起重新啓動計時。若沒有收到回應，傳統計時器會逾時，發送端再送出ARP請求。在正常情況下，重新設定重複確認計時器並不會打斷封包的持續傳送。

6.15 反向位址解析(RARP)

我們已經在6.13節看到，ARP封包中的operation欄位可指定「反向位址解析」(*RARP: Reverse Address Resolution*)訊息。ARP是已知對方IP位址，尋找對方硬體位址。RARP是已知己方硬體位址，尋求己方IP位址。RARP曾經是一個必不可少的協定，在無穩定儲存設備(譬如，無磁碟機)啓動時引用。一個直接的範例：在啓動時，系統廣播RARP請求以獲得IP位址。請求包含發送端的Ethernet位址。網路上的伺服器接收請求，在資料庫中查找Ethernet位址，提取相應的IPv4位址，並發送帶有該訊息的RARP回覆。一旦回覆到達，無磁碟系統繼續啓動，並使用IPv4位址於所有通訊。有趣的是，RARP使用與ARP[1]相同的封包格式。唯一的區別是RARP使用Ethernet類型是0x8035。

RARP對於無磁碟設備已不再重要，但在雲端資料中心有一個有趣的用途。在資料中心，當虛擬機器(VM：Virtual Machine)從一台PC遷移到另一台PC時，VM保留之前使用的相同的Ethernet位址。 讓底層Ethernet交換機知道移動已經發生，VM必須送出訊框(訊框中的來源位址將使交換機更新其資料表)。VM應該發送哪種類型的訊框來達到通知的目的？顯然，應該選擇RARP，它的優點是可更新交換機中的MAC位址表，而且不會引起不必要的處理。實際上，在更新位址表之後，交換機將簡單地丟棄RARP包。

1 ARP封包格式在圖6.4中。

6.16 第三層交換機中的ARP快取

如果交換機理解IP，則Ethernet交換機被歸類爲第3層交換機，並且可以在決定如何處理封包時先檢視IP標頭。一些第3層交換機有一個不尋常的ARP在執行，可能造成試圖理解協定者的混淆。

交換機中實現ARP快取的動機在希望能減少ARP的交通量。看看爲什麼最佳化是有幫助的，想想ARP產生的流量。假設交換機具有192個連接到電腦的埠口。如果每個電腦實現ARP快取超時(timeout)，電腦將定期讓快取中的位址映射項目超時然後廣播ARP請求。即使電腦使用自動重新驗證，交換機將收到週期性的廣播而必須送將資料遞送給所有電腦。

那麼交換機要如何減少送到電腦的廣播流量？我們觀察三件事：(1)交換機可以檢視ARP封包，並保存該ARP包上IP位址和Ethernet位址的映射。(2)如果有ARP請求方所需要的資料，交換機就直接回應，不用再廣播ARP請求。(3)Ethernet位址只會在電腦當機時才會改變，並且交換機可以判斷是否電腦已關機。因此，交換機可以建立自己的ARP快取，並可以回應ARP請求。例如，如果電腦*A*對電腦*B*發送ARP請求，交換機可以攔截請求，查看其快取，並建立一個ARP回映，就好像回應是來自*B*。

對於生產環境，上述最佳化工作執行順暢。電腦*A*對電腦*B*發出ARP請求廣播，並且收到有回應。它減少額外的流量，並且不需要對運行的軟體進行任何修改電腦。然而，對於任何測試網路協定的人來說，它可能是混亂的。一台電腦廣播一個請求，網路上任何其他電腦竟然收不到請求！此外，發送請求的電腦接收幻影回映，眞正該回應的電腦卻沒回應！

6.17 代理ARP

內部網路(Intranets)有時使用一種稱爲*proxy ARP*(代理ARP)的技術來實現安全機制。我們將首先檢查代理ARP，然後看看如何使用。

在網際網路的歷史的早期，開發了一種技術，允許單一IPv4首碼用於跨越兩個網路。最初叫做*ARP Hack*，此技術後來爲大家所知，使用的是更加正規的術語*proxy ARP*。Proxy ARP依賴於具有兩個網路連接的電腦，電腦中執行專用的ARP軟體。圖6.5示出了可以使用proxy ARP的配置範例。

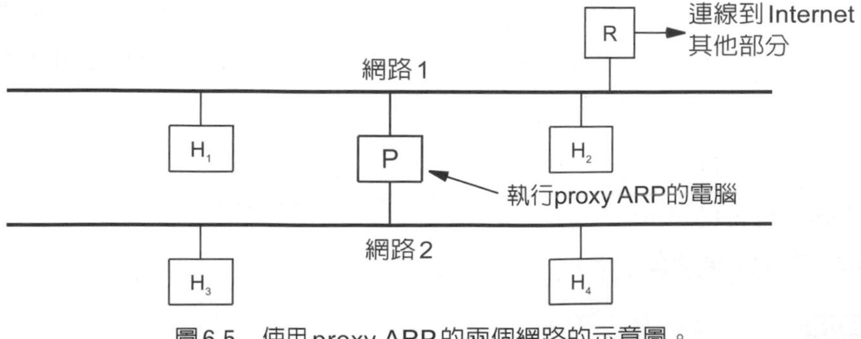

圖6.5　使用proxy ARP的兩個網路的示意圖。

在圖中，標記為P的電腦執行proxy ARP軟體。電腦*P*有一個資料庫，資料庫存有網路1和網路2上每台連線機器的IPv4位址和Ethernet MAC位址的映射。路由器和所有其他主機執行標準的ARP，他們不知道有代理ARP的存在。更重要的是，所有其他主機和路由器被配置為好像它們在單個網路上。

要理解代理ARP的交互作用，請考慮當路由器*R*接收到來自Internet目的地是IPv4位址的封包時，會發生什麼事。在路由器可以轉送收到的封包前，*R*必須使用ARP尋找目的端電腦的硬體位址。*R*廣播ARP請求。有兩種情況要考慮：目的地主機是在網路1上還是在網路2上。考慮第一種情況(例如，假設目的地是主機H_1)。網路1上的所有機器都會收到R的ARP請求副本。電腦P在其資料庫中查找，發現H_1在網路1上，於是忽略請求。主機H_1也會接收到請求的副本並且正常回應(即，發送ARP reply)。

現在考慮第二種情況，其中*R*發出廣播ARP請求，尋求位在網路2上電腦的MAC位址(譬如，請求主機H_4回應)。ARP只打算在單個網路上使用，所以為了在另一個網路的電腦發出廣播似乎違反了協定。然而，*R*行為正確，因為它被設定為不知道有兩個網路存在。所有網路1上的電腦將接收廣播的副本，包括電腦*P*。電腦*P*查詢其資料庫，發現H_4在網路2上，於是發送ARP回應，回應封包用*P*的Ethernet位址作為硬體位址。*R*會收到回覆，將*P*的位址資訊存入ARP快取中，並且向*P*發送欲給H_4的IP封包(因為*P*已經模擬H4)。當P收到Internet封包，*P*檢查封包中的目的地IP位址，並將封包轉發給H_4。

當網路2發送資料到網路1上的電腦時，代理ARP仍扮演類似角色，並轉發封包。例如，當H_4有一個Internet封包需要發送到路由器*R*，H_4會廣播一個ARP請求，請求*R*回應。*P*將收到請求的副本，查詢其資料庫，模仿*R*發送ARP回應。

要如何使用代理ARP來實現安全性？代理ARP可用於防火牆或VPN。這個想法是因為代理ARP機器模擬在第二個網路上機器，所有封包必須通過代理ARP，於是代理ARP可藉此檢查封包。在圖6.4中，例如，一個站台可以將所有主機放置在網路2，並在機器*P*安裝火牆軟體。每當一個封包從Internet到達，封包將通過*P*(可以檢查封包，防火牆可以套用安全規則)到達目的地主機。

6.18 IPv6的鄰居發現協定

IPv6的術語鄰居(*neighbor*)用來描述位在同一個網路的其他電腦。IPv6的*Neighbor Discovery Protocol*(*NDP*：鄰居發現協定)用來替換ARP的功能，讓主機在IPv6位址和硬體位址之間綁定[2]。然而，NDP包括許多其他功能：

(1) 它允許主機查找網路上的一組路由器。

(2) 確定鄰居是否仍然可直接通訊。

(3) 了解正在使用的網路的首碼。

2 第22章討論NDP。

(4) 確定網路硬體特性(例如，最大封包大小)。

(5) 配置位址給每個介面，並驗證網路上沒有其他主機正在使用該位址。

(6) 找出到達目的地的最佳路由器。

取消建立類似於ARP的鄰居發現協定，IPv6的設計者選擇使用ICMPv6[3]。因此，ICMPv6內含一些訊息，電腦可在啓動時用該訊息發現鄰居，並定期檢查鄰居動態。

ARP和NDP之間的關鍵區別在於處理鄰居狀態的方式。ARP使用軟狀態做最新的位址綁定。在採取任何動作前，是ARP會一直等待，不會採取任何動作來發現鄰居，直到有資料要傳送給鄰居。執行交換後，ARP將軟硬體位址的綁定儲存在快取中，然後發送IP包給鄰居，過程中不檢查鄰居的狀態，直到ARP快取定時器到期。延遲可能持續許多分鐘。NDP使用早期綁定並採取主動方法來維護狀態。IPv6不是等到必傳送資料才有動作，IPv6節點早在啓動時就使用NDP來發現鄰居。此外，IPv6節點不斷檢查鄰居的狀態。因此，IPv6在向鄰居傳輸資料時，可以毫不拖延就進行而且不涉及廣播。

6.19 總結

網際網路協定軟體使用IP位址。但是，要通過網路發送封包，必須使用硬體位址。因此，協定軟體必須將Internet位址映射到電腦的硬體位址。如果硬體位址比IP位址小，可以建立直接映射，將機器的硬體位址嵌入到IP位址當中。因爲IPv6有大的位址，它可以使用直接映射。當硬體位址大於IPv4位址的主機部分時，IPv4使用動態映射。位址解析協定(ARP)就是用來執行動態位址解析，ARP僅使用到低層網路通訊協定。ARP允許電腦在不使用資料庫的情況下解析位址的綁定，而不需要管理者來配置軟體。

要查找同一網路上另一台電腦的硬體位址，電腦會廣播ARP請求。請求封包內含有目標的IPv4位址。網路上的所有電腦都會收到ARP請求，而且只有目標電腦會發出回應。ARP回應封包含有發送者的IPv4位址和硬體位址。回應是採用單播的方式發送而不是廣播。

爲了使ARP更有效率，每台電腦將IP位址-硬體位址的綁定資訊存到快取當中。早期重新驗證可以用於消除抖動。

一個較老且與ARP相關的協定RARP，常在雲端的資料中心使用。代理ARP技術可以用在安全系統中，例如VPN或防火牆，對路由器和主機來說，代理ARP是透明的。IPv6使用鄰居發現協定(NDP)取代ARP。與ARP不同，NDP不斷檢查鄰居狀態，以確定鄰居是否仍然可通達。

3 第9章討論ICMPv6。

習題

6.1 給定一組硬體位址(正整數)，你是否可以找到函數 f，能將IP位址1對1映射到實際位址，而切計算程序是有小率的？提示：查看完美雜湊(perfect hashing)的文獻。

6.2 在什麼特殊情況下，連線到Ethernet的主機在傳輸資料(譬如，IP datagram)之前不需要使用ARP或ARP快取？(提示：多播？)

6.3 一種用於管理ARP快取的常見演算法是當添加一筆新資料到快取中時，將最少用到的那筆資料刪除。在什麼情況下這種演算法會產生不必要的網路流量？

6.4 當收到一筆不是由自己發起要求的資料時，ARP軟體是否該據以更新快取？爲什麼或者爲什麼不？

6.5 使用固定大小快取的ARP有可會失敗，如果網路環境有很多主機和沈重的ARP流量。解釋爲什麼會失敗。

6.6 ARP經常被認爲是一個安全弱點。解釋爲什麼。

6.7 假設機器 C 接收到從 A 尋找目標 B 的ARP請求，並假設C在其快取中具有從 I_B 到 H_B 的綁定。C 應該回答請求嗎？試說明之。

6.8 ARP其實可迭代的對Ethernet上的所有可能的主機發出ARP詢問，事先建立好快取，這樣做是個好主意嗎？爲什麼或者爲什麼不？

6.9 早期重新驗證應該對區域網路所有可能的IP位址發送請求嗎？所有項目都在ARP高速快取中，還是僅僅最近經歷過流量的目的地？試說明之。

6.10 電腦如何在啓動時使用ARP查找網路上是否有其他機器假扮自己？這個計劃有什麼缺點？

6.11 解釋若將封包寄給遠端Ethernet不存在的位址，會如何在那個網路產生廣播流量。

6.12 假設給定的Ethernet交換機連接4095台主機和一台路由器。如果所有流量的99%在單個主機和路由器之間發送，ARP或NDP是否會產生更多的負擔？

6.13 延續上面的問題，若流量隨機在兩個主機中均勻分佈的，ARP或NDP是否會產生更多的負擔。

Memo

章節目錄

7

網際網路協定：無連接式Datagram傳送(IPv4,IPv6)

7.1 引言

前面章節討論了一些使網際網路通訊得以實現的硬體和軟體，並解釋基本網路技術和位址解析。本章則介紹無連接式傳送(connectionless delivery)的基本原理，並討論它是如何由網際網路協定(*IP: Internet Protocol*)提供此服務，這是網路中使用的兩個主要協定之一(TCP是另一個)。我們將研究IPv4和IPv6的封包格式，及封包如何形成網路通訊的基礎。接下來的兩章，我們藉由討論封包轉送和錯誤處理，繼續深入探討Internet協定。

7.2 虛擬網路

第3章討論一種利用路由器連結許多實體網路的互連網路架構。光看架構可能產生誤導，因為我們應專注於網路提供給應用程式和使用者的介面，而非互連技術。

網際網路技術所呈現的是虛擬網路的抽象概念，所有主機透過此抽象網路通訊是可能的。底層架構被隱藏且無關緊要。

在某種意義上看，互連網路是實體網路的一個抽象概念。在最底層，網際網路技術提供的功能與實體網路提供的功能基本上是相同的：接受封包並傳送。更高層的網際網路軟體和網路應用程式，則加入了很多使用者能理解的功能。

7.3 網際網路架構與原理

從概念上講，TCP/IP 網際網路提供了三套服務。圖 7.1 列出了這三類服務並說明它們之間的依存關係。

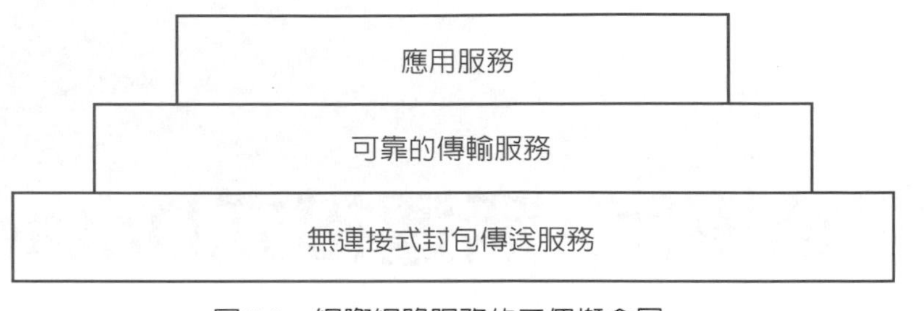

圖 7.1　網際網路服務的三個概念層。

在最底層，無連接式傳送提供了基礎服務，網路中的一切都依靠此服務才能運行。往上一層，可靠的傳輸服務(transport service)提供一個應用程式高層所依靠的平台。我們將分別探討這些服務，了解它們提供的功能、使用的機制以及相關的協定。

7.4 結構背後的原則

雖然我們可以將協定軟體與圖 7.1 中的每個層級相關聯，將它們識別爲 TCP/IP 網際網路技術的概念部分，原因是它們清楚地指出了設計的兩個原理基礎。首先，圖 7.1 表明了可靠的傳輸服務必須站在不可靠無連接的基礎上來完成。第二，它顯示了爲什麼設計被如此廣泛接受：最底層服務與底層硬體網路提供的設施完全匹配，且第二層提供的服務是應用程式所期望的。

Internet的技術是依循這三個階層式的概念性網路服務所設計，其成功來自它結構上令人驚奇的強韌與適應能力。無連接服務透過任意網路硬體運行，並且可靠的傳輸服務已經足夠用於各種領域。我們可以總結：

> 網際網路協定是圍繞在三個概念層級的服務所設計的。最底層的無連接服務與基層硬體搭配得很好，可靠的傳輸服務爲應用程式提供服務，各種應用提供了用户期望的服務。

圖 7.1 中的設計是重要的，因爲它代表了一個戲劇性的改變，從以前資料通訊的舊思維掙脫出來。早期網路採用的方法是在每層都建築可靠性的服務。網際網路則事先在底層建立基本的封包傳遞服務，然後才在高層增加可靠性。當設計首先提出時，許多專業人士懷疑它可以正常工作。

概念分離的優點是：在不干擾系統運作的環境中，可替換一個服務或使服務的功能增強。在早期的網際網路，研究和發展在所有三個層次上同時進行。分離這個概念在從 IPv4 到 IPv6 的過渡期間會顯得特別重要，因爲它允許更高層協定和應用程式保持不變。

7.5　無連接傳輸系統特性

最基本的Internet服務包括封包傳輸系統。在技術上，這個服務被定義為不可靠、盡力傳輸和無連接式的封包傳輸系統。該服務類似於大多數網路提供的硬體服務，因為諸如乙太網路的封包交換技術使用的就是盡力傳輸機制(best effort delivery paradigm)。我們使用術語*unreliable*(不可靠)來表示：不保證傳輸一定能成功。封包可能丟失、被複製、延遲或不依順序傳送。無連接服務將不會檢測到這些情況，也不會通知發送方。基本服務被歸類為無連接的，因為每個封包是做獨立處理。從一台電腦發送封包序列到另一台電腦，可以在不同的路徑上行進，或是傳送時有些封包會遺失。最後，該服務被說成是*best-effort delivery*(盡力傳輸)，因為網際網路軟體使盡所有力氣嘗試傳遞封包。也就是說，網際網路不會隨意丟棄封包。不可靠指的是：只有在資源耗盡或網路故障的時候才會出現封包傳輸失敗。

7.6　網際網路協定的目的和重要性

定義不可靠、無連接傳輸機制的協定稱為網際網路協定(*IP*：*Internet Protocol*)。我們將遵循標準文件中使用的慣例，當敘述範圍廣泛不限定版本時，使用術語*Internet Protocol*(網際網路協定)和*IP*。若特定原則只能套用在某一版本時才使用*IPv4*或*IPv6*。

網際網路協定提供了三個重要的規範。

(1) IP定義了TCP/IP網際網路中資料傳輸的基本單位。當資料通過網際網路時，它指定了用於網路上傳輸的標準資料格式。

(2) IP軟體執行轉送功能，決定封包傳送路徑，標準會規定轉送的執行方式。。

(3) 除了精確性、正式規範資料格式和轉送，IP還包括了一組不可靠封包傳送規則。規則描述了主機和路由器應該如何處理封包、如何及何時應該產生錯誤訊息以及在甚麼條件下可以將封包丟棄。

網際網路協定(IP)設計的根基是如此深厚，所以網際網路有時被稱為是以IP為基礎的技術(*IP-based technology*)。

我們可透過查看封包格式開始學習IP。本章首先檢視IPv4封包格式，然後討論IPv6使用的格式。轉送和錯誤處理主題，留待後續章節討論。

7.7　IP Datagram

在實體網路上，傳輸單元包含標頭和訊框資料，其中標頭含有諸如(實際)來源和目的地的位址資訊。Internet將其基本傳送單元稱為*Internet datagram*(網際網路資料包)，通常縮寫為*IP datagram*。事實上，TCP/IP技術已經變得如此成功，以至於在何時以及在何處使用術語*datagram*沒有任何限定，但大家一看到*datagram*會認定是*IP datagram*[1]，也就是IP層送出來的資料。

1　網路專業人員有時將"Internet packets"用來表示在網路上旅行的datagram；後面在我們談論到encapsulation時當中的區別會更清楚。

datagram和網路packet之間的類比性很強。如圖7.2所示，datagram被分為標頭和資料載荷，就像一個典型的網路訊框。和訊框類似，資料標頭包含一些詮釋資料(metadata)，如來源位址、目的地位址和標示datagram內容的type欄位。datagram和封包的區別是：datagram的標頭包含IP的位址，而訊框標頭包含的是硬體位址

datagram標頭	datagram載荷

圖7.2 IP datagram的一般形式，Internet datagram類比網路訊框。

7.7.1 IPv4 datagram格式

現在我們已經描述了IP datagram的一般格式，我們可以看到詳細內容。圖7.3顯示了IPv4 datagram中欄位的排列。接下來的段落討論一些標頭欄位；後續章節討論分割、選項和其他欄位。

<table>
<tr><td>0</td><td>4</td><td>8</td><td>16</td><td>19</td><td>24</td><td>31</td></tr>
<tr><td>VERS</td><td>HLEN</td><td>SERVICE TYPE</td><td colspan="4">TOTAL LENGTH</td></tr>
<tr><td colspan="3">IDENTIFICATION</td><td>FLAGS</td><td colspan="3">FRAGMENT OFFSET</td></tr>
<tr><td colspan="2">TIME TO LIVE</td><td>PROTOCOL</td><td colspan="4">HEADER CHECKSUM</td></tr>
<tr><td colspan="7">SOURCE IP ADDRESS</td></tr>
<tr><td colspan="7">DESTINATION IP ADDRESS</td></tr>
<tr><td colspan="6">IP OPTIONS (IF ANY)</td><td>PADDING</td></tr>
<tr><td colspan="7">PAYLOAD
. . .</td></tr>
</table>

圖7.3 IPv4 datagram的格式，datagram是TCP/IP網際網路傳輸的基本單位。

因為網際網路是虛擬的，所以內容和格式不受網路硬體約束。例如，datagram中的前4位元欄位(*VERS*)標示用於建立datagram的IP協定版本。此欄位用來確認發送方、接收方和路由器都同意的datagram格式。所有IP軟體都必需在處理datagram之前檢查版本欄位，以確保其格式能相通。我們將看到雖然IPv6 datagram標頭和IPv4的不同，IPv6仍使用前四位元作為版本編號，使得路由器或主機電腦能夠區分這兩個版本。通常，如果電腦沒有軟體可以處理datagram中指定的版本，電腦將拒絕該何datagram。這樣可防止電腦誤解datagram內容或應用到過時的格式。

標頭長度欄位(HLEN)：也用4位元表示以32位元字組(word)作為量測單位的datagram標頭長度。正如我們將看到的，標頭中的所有欄位都具有固定長度，但有兩個例外，分別是IP選項欄(*IP OPTIONS*)和填充欄(*PADDING*)。最常見的datagram標頭，不包含選項欄和填充欄(padding)，若標頭的長度是20個octets，則HLEN欄位的值等於5。

TOTAL LENGTH欄位：在標示IP datagram的長度，以octet為量測單位。資料載荷區域的大小則可從*HLEN*和*TOTAL LENGTH*兩個欄位計算出來。*TOTAL LENGTH*減去*HELN*乘以4，結果就是資料載荷的長度。*TOTAL LENGTH*欄位佔16個位元，所以IP datagram的最大可

能大小是2^{16}也就是65,535個octets。大多數的底層網路技術使用小得多的訊框尺寸；後面會討論datagram大小和訊框大小之間的關係。

PROTOCOL欄位：類似於網路訊框中的TYPE欄位；此欄位的值用來表明使用的是哪一種高層協定來建立datagram中*PAYLOAD* 欄位攜帶的訊息。*PROTOCOL*整數值與高級協定的對應關係必須由中央管理機構設置，以保證適用於整個網際網路。

HEADER CHECKSUM欄位：確保標頭值的完整性。IP校驗和(checksum)是通過將標頭當作16位元整數序列(按網路byte順序)處理而形成的，先把各個16位元整數作加總，再使用一補數做算術運算，結果就是*HEADER CHECKSUM*的值。做運算的時候先假設本欄爲的值均爲零。

要注意的是，校驗和僅適用於IP標頭而不是資料載荷。分離標頭和資料載荷的校驗具有優點和缺點。因爲標頭通常占用的資料量比資料載荷小很多，單獨的計算checksum路由器可減少處理的時間，這部份只在路由器中處理。分開計算checksum還允許更高級協定爲它們發送的訊息選擇自己的校驗方式。主要缺點是更高層級的協定被迫增加自己的checksum運算方式，同時還要獨力承擔損壞的資料載荷未被檢測出的風險。

SOURCE IP ADDRESS（來源IP位址）欄位和DESTINATION IP ADDRESS（目的IP位址）欄位：標示的是datagram的發送者和預期接收者的32位元IP位址。雖然datagram可以通過許多中間路由器轉送，來源IP位址和目的IP位址欄位從不被會改變；它們指定來源和最終目的地的IP位址[2]。注意，中間路由器位址不會出現在datagram中。這個想法是整體設計的基礎：

> datagram中的來源位址欄位總是指向原始來源位址，目的地位址欄位則指向最終目的地。

圖7.3中標記爲：

PAYLOAD的欄位：僅顯示datagram中開始攜帶資料的區域。資料載荷的長度視發送的資料而定。

IP OPTIONS欄位：其長度是可變的。

PADDING欄位：長度則取決於所選的選項。PADDING位元的值爲零，位元數的多寡在確保標頭欄位長度是32的倍數，不夠的就用PADDING補充(記住，標頭長度欄位是以32位元爲單位設定的)。

7.7.2 IPv6 datagram格式

IPv6採用幾乎全新的標頭格式。IPv6已取消在單個標頭中指定所有詳細信息，IPv6使用的是可擴展式標頭，讓IETF(網際網路工程任務組)採用協定。圖7.4說明了這個概念：IPv6 datagram以固定大小的基本標頭(*Base Header*)開始，後跟零或更多擴展標頭(*extension headers*)，最後是PAYLOAD欄位。

2　當datagram包含後面列出的來源路由選項時，會發生異常。

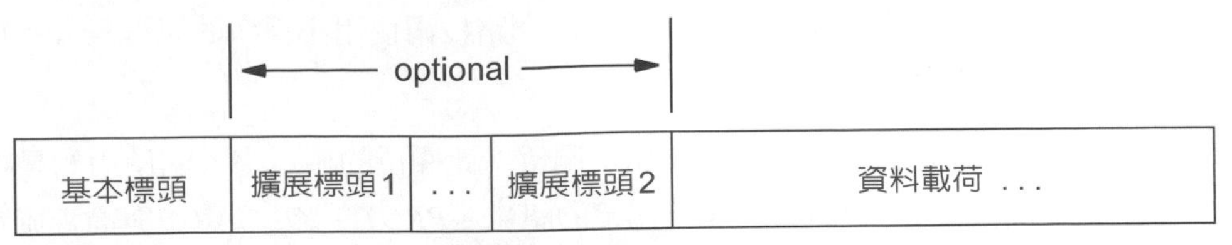

圖7.4　IPv6 datagram的一般形式，有基本標標頭分和可選的標頭擴展欄位。

接收端如何知道在給定的datagram中包括哪些標頭擴展欄位？每個IPv6標頭包含一個*NEXT HEADER*欄位，用於指定接下來的標頭類型。最後一個標頭使用*NEXT HEADER*欄位來標示PAYLOAD的類型。圖7.5說明了*NEXT HEADER*欄位的使用。

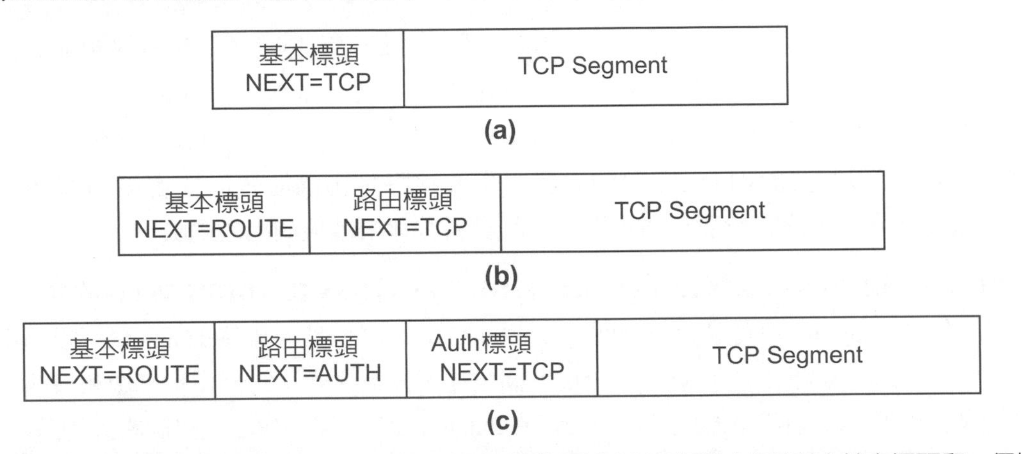

圖7.5　IPv6 datagram中NEXT HEADER欄位的圖示(a)只有基本標頭(b)基本標頭和一個擴展標頭(c)基本標頭和兩個擴展標頭。

固定尺寸的基本標頭後面跟隨一組可選擴展標頭，選擇這樣的機制是在通用性和效率之間的折衷。爲了完全的通用性，IPv6需要包括一些功能來支持如封包分割、來源路由和認證等機制。但是，爲所有機制選擇在datagram中分配固定的欄位是低效率的，因爲大多數datagram用不到全部的機制；大的IPv6位址欄位的大小加劇了低效率。例如，當在單一區域域網上發送datagram時，標頭中未使用的位址欄位就佔據了每個訊框的大部分。更重要，設計者意識到沒有人能夠預測需要什麼欄位。因此，設計師選擇擴展標頭作爲一種提供通用性的方式，以避免迫使所有datagram具有大的標頭。

一些擴展標頭由最終目的地處理，另一些擴展標頭由沿路的中間路由器處理。觀察到使用*NEXT HEADER*欄位意味著擴展依順序處理。爲了加速處理，IPv6需要中間路由器在最終目的地之前先使用擴展標頭。我們使用逐跳標頭(*hop-by-hop*)這個術語來表示中間路由器必須處理的擴展標頭。因此，逐跳標頭出現在端到端(*end-to-end*)標頭之前。

7.7.3 IPv6基本標頭格式

每個IPv6 datagram以長度爲40-octet的基礎標頭開始，如圖7.6所示。雖然它是典型IPv4資料標頭兩倍，但因爲封包分割相關資訊已移至擴展標頭，IPv6基本標頭所含的資訊較少。此外，IPv6將對齊格式從32位元的倍數更改爲64位元的倍數。

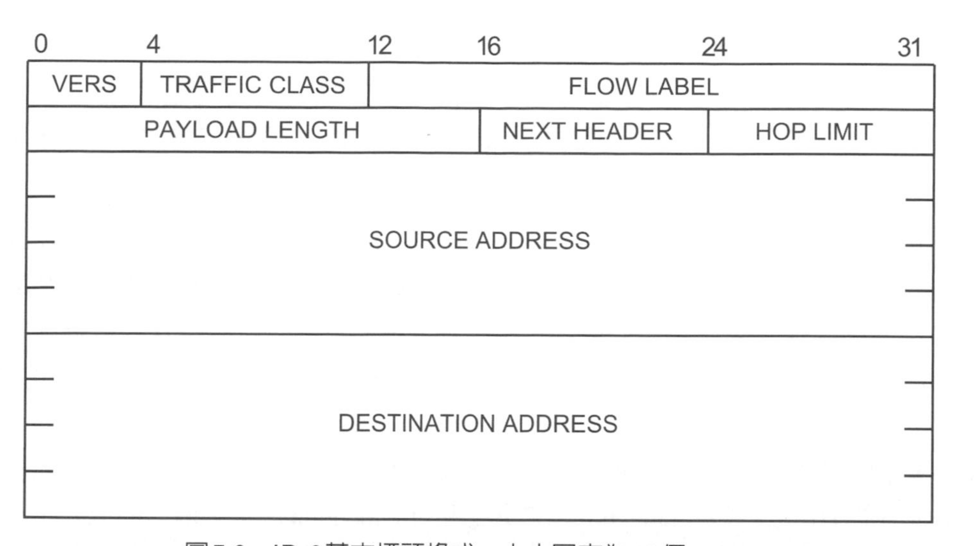

圖7.6 IPv6基本標頭格式；大小固定為40個octet。

如在IPv4中，初始的4位元*VERS*欄位用來標示協定的版本；6代表IPv6 datagram。

TRAFFIC CLASS欄位：此欄位作用與IPv4的TYPE 欄位完全相同。

FLOW LABEL欄位：允許IPv6與支持資源預留(resource reservation)的技術一起使用。flow是底層的一個抽象概念，包括通過網際網路的路徑。沿著路徑的中間路由器，保證flow上的封包能得到特定的服務質量。*FLOW LABEL*欄位標示*flow*的ID，讓路由器識別，當轉送datagram時用來取代目標位址。第16章會更詳細地解釋*FLOW LABEL*欄位的潛在用途。

PAYLOAD LENGTH欄位：IPv6使用*PAYLOAD LENGTH*欄位而不是datagram length欄位；區別在於*PAYLOAD LENGTH*指的是正在傳送的資料，不包括基本標頭或擴展標頭的大小。爲了允許資料載荷超過2^{16}個octets，IPv6定義了一個擴展標頭，標示一個datagram爲*jumbogram*(巨型datagram)。

NEXT HEADER欄位：所有的標頭(基本標頭和每個擴展標頭)都有此欄位；此欄位標示下一個擴展標頭的類型。在最終標頭中，此欄位用來標示 payload的類型。

HOP LIMIT欄位：標示datagram在被丟棄之前可以跨越的最大網路數。

SOURCE ADDRESS和DESTINATION ADDRESS欄位：指定原始發送端和最終接收端的IPv6位址。

7.8 Datagram服務類型和差異服務

IPv4中的8位元服務類型欄位和IPv6標頭中的*TRAFFIC CLASS*欄位，兩者非正式的名稱爲服務類型(*TOS*：*Type Of Service*)，目的在標示應該如何處理datagram。在IPv4中，此欄位最初劃分爲數個子欄位(subfields)，用來標示datagram的優先等級和期望的路徑特性(低延遲或高輸通量)。在20世紀90年代後期，IETF重新定義了此欄位，以適應一組差異服務(*DiffServ: differentiated services*)。圖7.7說明差異服務位在IPv6以及IPv4中的定義。

0	1	2	3	4	5	6	7
代碼(CODEPOINT)						未使用	

圖7.7 用差異服務(DiffServ)來解釋IPv4標頭中SERVICE TYPE欄位和IPv6標頭中 TRAFFIC CLASS欄位各位元代表的意義。

在DiffServ內，欄位的前六個位元構成一個*codepoint*(代碼)，有時候縮寫爲*DSCP*，最後兩個位元未使用。一個codepoint值映射到一個底層服務，通常透過指標的陣列來實作。雖然它可以定義出64個不同的服務，但設計者可能只讓路由器包含少數幾種，因此會有數個代碼對應到同一種服務。例如，路由器可能配置有語音服務(*voice* service)、視訊服務(*video* service)、網路管理服務(*network management* service)和正常資料服務(*normal data* service)。爲保持原來定義的向後兼容性，標準將codepoint此區分爲前三位元codepoint(先前用於優先等級)和後三位元codepoint。若後三位元codepoint爲零，前面的位元定義八大類服務，遵循與原定義相同的準則：優先級欄位值越大的datagram將給予優先處理。也就是說，八個有序類別是由codepoint所定義，格式爲：

xxx000

其中**x**表示零或一。

差異化服務設計還適應另一種現有做法，廣泛的將最高優先等級6或7賦予路由器通訊流量。標準用特殊個案來處理這些優先順序值。一台路由器至少需要具備兩個優先順序方案：一個用於正常交通流量，一個用於高優先級流量。當*CODEPOINT*欄位的最後三位爲零時，路由器必須將具有優先級6或7的codepoint映射到較高優先級別，其他codepoint值轉換爲較低優先級別。因此，如果到達的datagram是使用原來的TOS方案發送的，路由器使用差異服務方案將遵守發送方的期望，將此datagram的優先等級以6和7來看待。

圖7.8說明了64個codepoint值如何劃分爲三個管理池。

池	代碼	分配者
1	xxxxx0	Standards organization
2	xxxx11	Local or experimental
3	xxxx01	Local or experimental

圖7.8 DiffServ codepoint值的三個管理池。

如圖所示，DiffServ codepoint中有一半的值(即管理池*1*中的32個值)要由IETF分配。目前，管理池*2*和*3*中的所有值都可用於實驗或本地使用。然而，管理池*3*是暫定的——如果標準組織耗盡管理池*1*中的所有值，它們會留下管理池*2*，跨到管理池*3*來使用。使用最低位元來把代碼分成三個管理池看似有些不尋常。因此，管理池*1*包含的值不是連續的，值集合中只有偶數(因爲Codepoint中最後一個位元爲0)。以這樣的方式來分隔池區，目的在保持八個代碼對應於到同一個管理池的值xxx000。

無論是原來的TOS解釋還是修改後的差異服務解釋使用，重要的是要意識到轉送軟體必須選擇在現有基礎之中的實體網路技術，並且必須遵守當地政策。因此，指定datagram中的服務層級並不保證路由器會同意遵守這項請求。總結：

> 我們認為服務類型規範只是給轉送演算法的一個提示，幫助它在各種路徑中選擇適合路徑到達目的地，選擇路徑的過程中必須遵從當地網路原則，同時也必須了解路徑上可用的硬體技術。網際網路不保證提供任何特定類型的服務。

7.9 Datagram封裝

在我們可以瞭解IPv4 datagram中的其他欄位之前，必須考慮datagram與實體網路訊框間的關係。我們從一個問題開始：一個datagram可以有多大？不同於實體網路訊框，實體網路訊框必須通過硬體識別，而datagram是由軟體處理。datagram可以是任意長度，由協定設計人員選擇。我們已經知道IPv4 datagram 格式利用16 位元的total length(總長度欄)來指明長度，意味著datagram最大為65,535 個octets。

在實作時，對datagram的大小會有更多的限制。我們知道當datagram從一台機器移動到另一台機器，它們必須由底層網路硬體來傳輸。為了使網際網路傳輸有更高的效率，我們要保證每個datagram能以不同格式的訊框穿越網路。也就是說，我們想要把網路封包抽象化，以便在可能的情況下直接映射到實際的封包。

在一個網路訊框中攜帶一個datagram的作法被稱為封裝(encapsulation)，並與IPv4和IPv6一起使用。對於底層網路，datagram和任何其他訊息一樣，不過是從一台機器發送到另一台機器，網路硬體不認識datagram，也不了解IP目的位址。網路只是將datagram視為需要傳輸的一串位元組(bytes)。圖7.9說明這個想法：當它通過網路從一台機器到另一台機器，整個datagram在網路訊框的資料載荷區域中移動。

圖7.9　IP datagram封裝在訊框中。底層網路將整個datagram(包括標頭)視為資料。

接收端如何知道訊框中的資料載荷區域包含IP datagram？訊框標頭中的類型欄位標示正在傳送的資料。例如，乙太網路使用類型值0x0800來標示資料載荷內容是經過封裝的IPv4 datagram。0x86DD標示資料載荷內是含經過封裝的IPv6 datagram。

7.10 Datagram大小、網路MTU和分割

在理想情況下，整個IP datagram可封裝在一個實際訊框中，這樣底層網路的傳輸會更有效率。爲了保證這樣的效率，IP的設計者可能已經選擇了最大datagram格式，使得datagram剛好填入一個訊框中。但是訊框大小應該多大呢？畢竟，一個datagram通過網際網路從來源到達其最終目的地，當中可能會跨越許多類型的網路。

要理解這個問題，我們必須先認識網路硬體：每個封包交換技術都會對一個訊框可傳輸的最大資料量設置一個固定的上限。例如，以Ethernet限制資料傳輸最大到1500個octets[3]。我們將大小限制稱爲網路的*maximum transfer unit*（最大傳輸單元）或*MTU*。MTU大小可以大於1500或更小：IEEE 802.15.4就將傳輸限制爲128個octets。若我們將datagram的大小設定爲最小的MTU，當這些datagram通過可攜帶較大框訊的網路時，將減低在網際網路上的傳輸效率。然而，選擇大尺寸導致另一個問題。因爲硬體不允許封包大於MTU，我們將無法在單個訊框中發送大的datagram。

兩個首要的網際網路設計原則幫助我們理解這個困境：

> 網際網路技術應該盡可能容納各式各樣的網路硬體。
> 網際網路技術應該盡可能容納各式各樣的網路應用。

第一個原則意味著我們不應該只因爲小的MTU就排除這項網路技術。第二個原則建議：應該允許應用程式設計人員自由選擇他們認爲合適的datagram大小。

爲了滿足這兩個原則，TCP/IP協定使用折衷方案。不是事先就限制datagram的大小，標準允許每個應用程式選擇一個最適合的datagram尺寸。然後當傳輸datagram時，檢查size查看datagram是否小於MTU。如果datagram不適合訊框，則將datagram切割成小片段(*fragments*)。選擇fragment的大小，使得每個fragment可以在網路訊框中發送。分離的過程稱爲*fragmentation*（分割）。

爲了理解fragmentation，考慮由兩個路由器連接的三個網路，如圖7.10所示。

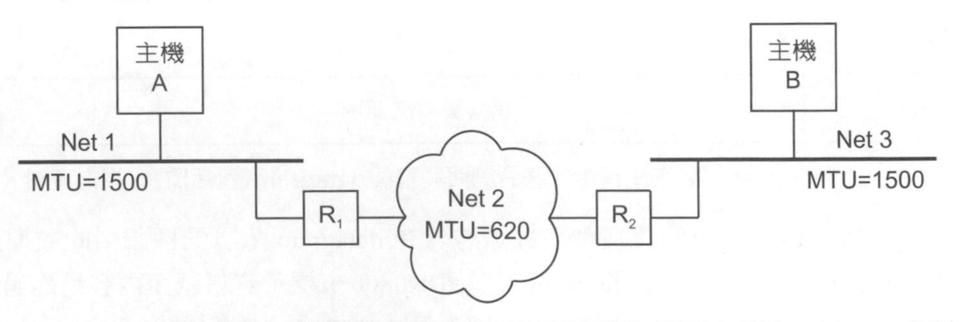

圖7.10 IPv4分割的圖示。每個路由器可能需要在通過網路2發送之前將datagram分割。

3 1500個octet的限制已經變得很重要，因為全球互聯網中的許多網絡使用Ethernet技術。

圖7.10中，每個主機直接連接到MTU爲1500 octets的Ethernet。Ethernet標準要求路由器能接受MTU大小的datagram。因此，主機可以建立和發送最多1500個octets的datagram，這是指直接連接網路能接受的MTU值。如果應用程式在主機A上執行，發送一個1500-octet的datagram到主機B，datagram可用一個訊框來封裝並在網路上傳輸。但是，因爲網路2的MTU爲620，若datagram要在網路2上傳輸，那就必須要做分割。

除了定義個別網路的MTU，沿著路徑穿越網際網路途中各網路的MTU值也是非常重要的。*path MPU*(路徑MPU)的定義是：路徑上所經過網路最小的MPU值。在圖7.10中，從A到B的路徑，*path MTU*值爲620。

雖然IPv4和IPv6個都提供datagram的分割，但用的是完全不同的方法。IPv4允許沿著路徑的任何路由器對datagram執行fragmentation。實際上，如果路徑中後來的路由器發現片段仍然太大，路由器可以將片段劃分爲更小的片段。IPv6需要原始來源端探知路徑MTU並執行分割；路由器被禁止執行分割。接下來的部分考慮兩種方法並討論IPv4和IPv6施行分割的細則

7.10.1　IPv4 datagram 分割

在IPv4中，Fragmentation被延遲並且僅在必要時執行。datagram是否將被分割取決於datagram穿越網際網路所經過的路徑。也就是說，來源端僅僅保證datagram可以適合路徑中第一個網路的訊框。沿著路徑的每個路由器查看datagram必須經過的下一個網路的MTU，如果必要，則對該datagram進行分割。如圖7.10所示，路由器R1將在發送之前會對1500-octets 的datagram對行分割。

我們說主機必須確保datagram可以適應第一個網路上的訊框。應用程式經常嘗試選擇底層網路可接受的大小。但是，如果應用程式選擇發送大的datagram，主機上的IP的軟體可以在發送之前執行分割。在圖中7.10，例如，如果主機A上的應用程式建立大於1500個octets的datagram，主機上的IP軟體將在發送datagram之前對其進行分割。重點是：

> 當datagram對於其必須通過的網路來說太大時，IPv4分割會在路徑上的任何點自動發生，來源只需要確保datagram可以通過下一站即可。

每個片段應該有多大？我們說每個片段必須夠小以適應訊框。在範例中，片段必須是620個octets或更小。路由器可以將datagram分成大小大致相等的片段。

大多數IPv4軟體分割的每個片段都足以塞滿訊框允許的最大容量，最後剩餘資料就打包成一個片段，剩多少就塡充多少到訊框中，然後發送。

你可能會驚訝地發現，IPv4片段使用的格式與完整的IPv4 datagram格式完全相同。datagram標頭中*FLAGS*欄位有一個位元用來標示此datagram是完整的還是經過切割的片段。*FLAGS*欄位中另有一個位元用來標示是否還有更多的片段(亦即，是否特定片段佔據原始datagram的尾端)。最後，在datagram標頭中的*OFFSET*欄位，標示本datagram中的資

料在原始datagram中的位置。出現一個有趣的分割細節，因爲*OFFSET*欄位使用的單位是8-octets。也就是說，眞正的位置必須將本欄位的值乘以8來計算。因此，每個片段的大小必須是選擇爲8的倍數。因此，當執行分割時，IP選擇片段大小是8的最大倍數，但必須小於或等於MTU。圖7.11說明了IPv4分割。

分割是從複製原始datagram標頭開始，然後修改*FLAGS*和*OFFSET*欄位。片段1和2標頭中的*FLAGS*欄位，有更多分割相關位元被設置；片段3標頭中*more fragment*位元的值爲零。注意：在圖中，資料偏移以十進位數來表示以octet爲單位偏移值；這個值必須除以8後才能存到標頭中的*OFFSET*欄位。

每個片段標頭中大部分的欄位都是複製datagram標頭而來(*FLAGS*欄位則不用複製，本欄位標示分割資訊)接下來的payload部分則盡量裝滿資料，條件是不能超過該網路允許訊框的最大傳輸量，資料量的大小是8的倍數。

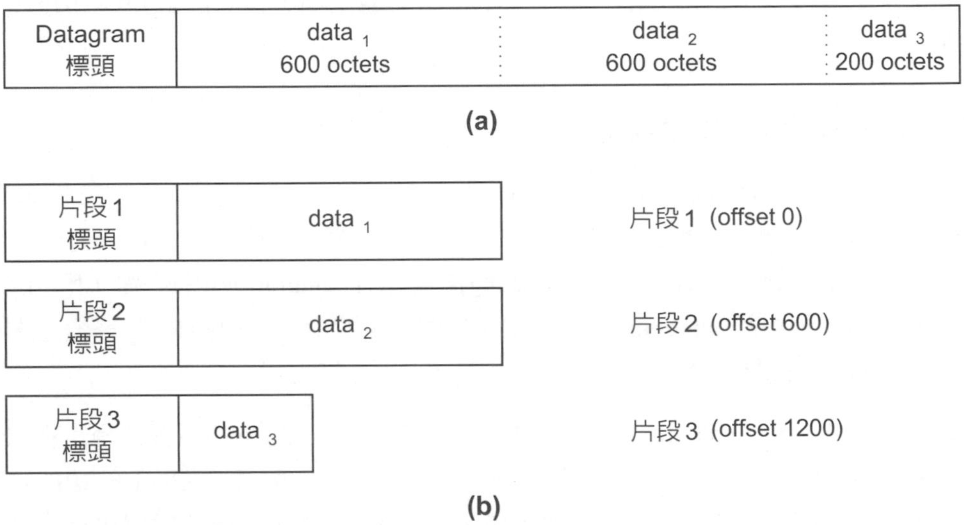

Datagram 標頭	data 1 600 octets	data 2 600 octets	data 3 200 octets

(a)

片段1 標頭	data 1	片段1 (offset 0)
片段2 標頭	data 2	片段2 (offset 600)
片段3 標頭	data 3	片段3 (offset 1200)

(b)

圖7.11 (a)攜帶1400個octet資料的原始IPv4 datagram (b)MTU為620環境下的三個片段

7.10.2 IPv6分割和路徑MTU探詢(PMTUD)

IPv6使用的不是延遲分割，而是在傳送前先探索到達目的地路徑中所允許的最小MTU，然後就依此MTU進行分割後才送出datagram。沿路徑的IP路由器不允許再對IPv6 datagram做切割，如果datagram不符合網路MTU的規定，路由器向來源端源發送錯誤訊息並丟棄此datagram。

在許多方面，IPv6分割法與IPv4所使用的方法相反，這是令人費解的。爲什麼要改變？當定義IPv6時，電話公司推動異步傳輸模式(*ATM*)技術，IPv6設計者查覺ATM可能將被廣泛使用。ATM是連接導向的通訊技術，這意味著發送方必須預先建立到達目的地的路徑，然後沿路徑發送。因此，設計者假設來源端電腦會學習到路徑特性(包括路徑MTU)，路徑一旦建立就不會改變。

因為在Internet中使用的網路技術不會通知主機有關路徑MTU的資訊，主機必須參與嘗試錯誤機制以確定路徑MTU。*Path MTU Discovery* (*PMTUD*)就是獲取路徑MTU的方法。該機制包含發送符合直接連線網路MTU的IPv6 datagram到直接連接線網路。如果網路沿線路徑有一個較小的MTU，路由器會發送一個ICMP錯誤訊息給來源端，主機就用這個較小的MTU重新分割。如果沿路徑的後續網路又再發現有更小的MTU，則另一個路由器將發送錯誤訊息。通過反覆的探測，主機將最終會找到沿著路徑最小的MTU。

如果路徑變更並且新路徑MTU較大，會發生什麼事？來源端將不會知道MPU增加，因為路由器不儲存狀態。因此，PMTUD指定主機應定期通過發送更大的datagram來探測。我們不希望路徑頻繁改變，並且因為路徑MTU的改變通常少於路由器，大多數IPv6的實作都選擇了一個很長的時段做再次探測(例如，十分鐘)。

回想一下，IPv6基本標頭不包括指定分割的欄位。因此，當它分割IPv6 datagram時，來源端會插入Fragment Extension Header到每個片段中。圖7.12說明了格式。

0	8	16	29	31
NEXT HEADER	RESERVED	FRAGMENT OFFSET	RES	M
IDENTIFICATION				

圖7.12　IPv6分割中擴展標頭的格式。

如圖所示，擴展標頭包括所需的NEXT HEADER欄位。當中包括保留供將來使用的兩個欄位。其餘三個欄位與IPv4分割控製欄位有相同的含義。一個13位元的*FRAGMENT OFFSET*欄位指定該片段在原始datagram中的位置，M位元是*more fragments*位源，標示本片段是否為最後(最右邊的)片段。*IDENTIFICATION*欄位標示datagram ID，由相同datagram切割而來的的所有片段有相同的datagram ID，代表這些片段由同一個datagram所切割。

7.11　片段重組

最終，片段必須重新組裝(reassembled)以產生原始datagram的完整副本。問題出現了：片段應該在哪裡重新組裝？應該在datagram到達具有較大MTU的網路時重新組裝？還是保持分割直到送達最終目的地？我們將看到，答案揭示了另一個設計決定。

在TCP/IP網際網路中，一旦datagram被分割，片段就像單獨的datagram在網際網路中旅行，一直到它們到達最終目的地，被重新組裝為止。保持片段一直到最終目的地可能看起來很奇怪，因為這個做法有兩個缺點：首先，如果沿著路徑只有一個網路有的MTU很小，在其他MTU大的網路上發送小片段是低效的，因為傳輸小封包意味著比傳輸大封包花費更多的開銷。因此，即使在分割後遇到大MTU的網路，IP仍然發送小片段。第二，如果任何片段丟失，則不能重新組裝datagram。用於處理片段丟失的機制包括重組計時器。當某個datagram的片段到達時，最終目的地會時啓動計時器。如果定時器在所有片段到達之前逾時，接收端將丟棄已經到達的片段。來源端必須重傳整個datagram；接收端不能要求重傳哪一個片段。因此，執行分割會使datagram發生遺失的機率大增，因爲只要有一個片段遺失就形同整個datagram遺失。

儘管有小的缺點，在最終目的地執行重新組裝效果良好。它允許每個片段獨立轉送。更重要的是，不需要中間路由器來儲存或重組片段。決定在最終目的地重新組合是從網際網路得來的一個重要原則設計：路由器的狀態應該最小化。

> 在網際網路上，最終目的地重新組裝片段。這樣的設計意味著路由器不需要儲存片段或保留其他關於封包的資訊。

7.12 用於datagram重組的標頭欄位

IPv4 datagram標頭或IPv6片段擴展標頭中，有三個欄位控制datagram的重組：*IDENTIFICATION*、*FLAGS* (IPv6中的*M*)和*FRAGMENT OFFSET*。

IDENTIFICATION欄位：用一個唯一的整數值標示一個datagram。一個典型實作使用序列號——電腦發送datagram，*IDENTIFICATION*欄位的值爲*S*，下一個datagram的*IDENTIFICATION*會是*S + 1*。分配唯一ID給每個datagram是重要的，因爲分割過程將datagram ID複製到每個片段中。因此，每個片段具有完全相同的*IDENTIFICATION*數字，並將此欄位值視作來源datagram的ID。終端目的地使用片段中的*IDENTIFICATION*欄位與datagram的來源位址一起對給定datagram的所有片段進行組合。*FRAGMENT OFFSET*欄位中的值標示片段中的資料載荷資料是位在的原始datagram中哪個位置，度量位置以8個octet爲單位[4]，從零偏移開始。要重新組合datagram，目的地必須獲得*OFFSET*爲*0*的片段和具有最高*OFFSET*值的片段之間的所有片段。片段不一定按順序到達，並且在分割者(IPv4中的路由器或IPv6中的發送方)和組合者間不會有通訊。

在IPv4中，3位元*FLAGS*欄位中的低兩位元控制著分割。通常，使用TCP/IP的應用程式不關心分割，因爲分割和重組是在通訊協定堆疊中較低層級發生的自動過程，對應用程式而言是隱藏的。但是，要測試網路軟體或調試操作問題，重要的是要確定經過分割重組後datagram的大小。第一個控制位元標示datagram否被分割。它被稱爲不分割位元，因爲將位元設置爲*1*則指定此datagram不應該分割。每當一個路由器需要將datagram分割又發現不分割位元設爲1時，路由器丟棄datagram並將錯誤訊息發送給來源端。

FLAGS欄位：IPv4中的*FLAGS*欄位中的低位位元或IPv6中的*M*位元標示片段payload中的資料位置是在原datagram的中間某處或在尾端。它被稱*more fragments* (更多片段)位元，此位元設爲1代表在片段中的payload不是datagram的尾部。因爲片段可能無序地到達，目的地需要知道何時屬於一個datagram的所有片段都已經到達。收到的片段不會標示原始datagram的大小。因此接收端必須計算datagram大小。*more fragments*有助於解決問題：

4 偏移量以8個octet的倍數來指定，以節省表頭中的空間。

一旦片段到達，且*more fragments*位元關閉，目的端就知該片段攜帶的是datagram尾部的資料。從*FRAGMENT OFFSET*欄位和片段的大小，目地端可以計算原始datagram的長度。原始datagram的尾部到達後，目的端就可推斷其他所有片段是否都已經到達。

7.13 生存時間(IPv4)和跳數限制(IPv6)

最初，IPv4標頭中的*TIME TO LIVE* (*TTL*)欄位指定了datagram可在網際網路中存活多少秒的的時間，發送方設置每個datagram應該存活時間的最大值，處理datagram的路由器隨時間的推移遞減TTL。當TTL達到零時，datagram被丟棄。

不幸的是，計算確切的時間是不可能的，因爲路由器不知道基礎網路的傳輸時間。此外，以秒計時的機制變得過時(當前的路由器和網路設計是在幾毫秒內轉送每個datagram)。然而，仍然要有一個機制存在，防止路由器以迴圈的方式轉送datagram造成無窮迴圈。爲了防止datagram傳送形成迴圈，添加了一個規則作爲防止故障的安全機制。該規則要求路徑中每個路由器將TTL值遞減*1*。實質上，datagram每經過一個網路，計數爲一個站。因此，在實作中，TTL欄位現在用於指定datagram在被丟棄之前可以經過多少站。IPv6涵蓋完全相同的概念。爲了澄清含義，IPv6使用名稱*HOP LIMIT*[5]代替*TIME-TO-LIVE*。

> IP軟體在每個機器沿著從來源到達目的地的路徑中，會遞減TIME-TO-LIVE (IPv4) 或 HOP LIMIT(IPv6)的欄位值。當欄位值遞減到零時，datagram被丟棄。

路由器在TTL達到零時不僅只是丟棄datagram，路由器還會向來源端發送一條錯誤訊息。第9章描述錯誤處理。

7.14 可選IP項目

IPv4和IPv6定義了可以包含在datagram中的可選項目。在IPv4，目的地址後面的*IP OPTIONS*欄位用於乘載可選項目。在IPv6中，每個擴展標頭是可選的，datagram內可以有多個擴展標頭。

實際上，全球網際網路中的datagram很少包括可選項目。很多標準中的選項旨在用於特殊控制或網路測試除錯。選項處理是IP協定的組成部分；所有標準實現必須包括可選項目。

下一節討論IPv4和IPv6中的選項。因爲我們的目的是提供一個概念概述而不是所有細節，本書強調部分範例並討論如何使用這些範例。

7.14.1 IPv4選項

如果IPv4 datagram包含選項，選項跟在*DESTINATION IP ADDRESS*欄位之後。選項欄位的長度取決於其中包括了哪些選項。一些選項長度是一個octet，其他選項長度是可變的。

---
5 大多數網路專業人員使用術語hop count（跳計數）而不是hop limit（跳數限制）。

每個選項以單個octet標示選項代碼。選項代碼之後可以是單個octet表示選項長度，另有一組octet作爲該選項資料。當存在多個選項時，它們會連續出現，而且之間沒有特殊的分離符號。也就是說，標頭的選項區域被視爲一個octet陣列，選項一個接一個依序放在陣列中。選項代碼的高位元標示該選項是否該複製給所有片段，或僅在第一個片段中出現；後面的部分討論選項處理和選項複製。

圖7.13列出了可以在IPv4 datagram中使用的一些範例選項。如列表顯示，大多數選項的目的是用於控制。路由和時戳選項是最有趣的，因爲它們提供了一種方式來監視或控制路由器如何轉送datagram。

記錄路由選項(Record Route Option)：記錄路由選項允許源建立一個的空IPv4位址列表，並請求路徑中的每個路由器添加其IPv4位址到列表中。列表以一個標頭起始，指定選項類型、選項長度和一個指標。length欄位以octet爲單位標示list的長度，指標則標示下一個選項在陣列中的偏移位置。每個轉送datagram的路由器會將指標與長度進行比較。如果指標等於或超過長度代表list 已滿。如果list尚有空位，路由器會把自己的IP位址放置在陣列接續的4個octet空位中，然後將指標值增加4並轉送datagram。

編號	長度	描述
0	1	選項列表結束，如果選項未在標頭末端結束時使用。(見標頭填充欄位)。
1	1	無操作。用於在列表中對齊octets。
2	11	安全性和處理軍事應用程序的各項限制。
3	var	鬆散來源路由，用來一組指定的路由器請求路由。
4	var	Internet時戳，在互聯網的路徑中用於記錄每一跳的時戳
7	var	記錄路由，路徑中每個路由器將其IP地址記錄在datagram的選項
9	var	嚴格的來源路由。通過一組路由器來指定確切路徑。
11	4	MTU偵測，在IPv4路徑中探詢MTU給主機使用。
12	4	MTU回覆，在IPv4路徑探詢MTU期間由路由器回覆。
18	var	Traceroute，用於traceroute程式，查找路徑中經過的路由器。
20	4	路由器警報，導致路徑中每個路由器檢查datagram，即使路由器不是最終目的地。

圖7.13 IPv4選項範例及其長度和簡短描述。

來源路由選項(Source Route Options)：有兩個選項，*Strict Source Route*和*Loose Source Route*，爲發送者提供了一種控制通過網際網路沿途轉送的方式。例如，爲了測試特定網路，系統管理員可以使用來源路由選項迫使IP datagram穿越網路，即使正常轉送使用的是另一條路徑。

來源路由封包的能力在生產環境作爲測試工具至爲重要。它給網路管理員自由測試一個新的實驗網路，同時允許用戶的流量只沿業務範圍路徑前行。當然，來源路由僅對了解網路拓樸的人有用；一般用戶沒有動機也沒有足夠所需的知識來使用來源路。

嚴格來源路由(Strict Source Route)：嚴格來源路指定一個完整的路徑來穿越網際網路(亦即，datagram必須完全跟隨設定的路由來到達目的地)。路徑由每個路由器(或到最終目的地)的IPv4位址所組成。strict表示沿路徑的每對路由器必須是直接連通；如果路由器無法到達路徑列表中指定的下一個路由器則會導致錯誤。

鬆散來源路由(Loose Source Route)：鬆散來源路由指定通過網際網路的路徑，並且該選項包括IP位址序列。不像嚴格的來源路由，鬆散來源路由指定datagram必須經過的IP位址序列，但允許在列表上的連續位址之間有多個網路。

兩個來源路由選項都要求路徑中的路由器以自己的區域網路位址覆蓋位址列表項目。因此，當datagram到達其時目的地，它包含所經過路由器的位址列表，完全像是由record route選項所產生列表。

時間戳記選項Internet Timestamp Option)：時間戳記選項的工作方式類似於記錄路由選項：選項欄位從最初爲空的列表開始，由來源到目的地沿途每個路由器填充一個項目。與記錄路由選項不同，在時戳列表中的每個項目有兩個32位元的值，一個是路由器自己的32位元位址和一個32位元的整數時戳。時戳含有路由器處理datagram的日期與時間，表示方式爲爲世界時間從午夜起的經過的毫秒數[6]。

7.14.2　IPv6選項擴展

IPv6使用擴展標頭的機制代替IPv4選項。圖7.14列出IPv6選項標頭的範例，並說明它們的用途。

下一個標頭	長度	描述
0	var	逐跳選項。每一跳所必須執行的一組選項檢查。
60	var	目標選項。傳遞給第一跳路由器和每個中間路由器的一組選項。
43	var	路由標頭。一個標頭，當中允許包含各種類型的路由訊息。
44	8	片段標頭。存在於片段中，本欄位在重組片段時使用。
51	var	認證標頭。指定所使用的認證類型和資料給接收端。
50	var	封裝安全有效負載標頭。指定使用的加密方式。
60	var	目標選項。傳遞給最終目的地的一組選。
135	var	Mobility Header。用於指定轉送移動主機的訊息。

圖7.14　用於IPv6的選項標頭範例和指定的NEXT HEADER值。

一些IPv6選項使用固定大小的擴展標頭。例如，片段標頭包含正好八個octet[7]。然而，許多IPv6擴展標頭，例如圖7.14中列出的範例，大小是可變；大小取決於內容。例如，*Authentication Header*指定所使用的認證的形並包含指定格式的認證訊息。

6　世界時間之前稱為格林威治標準時間；它是初始子午線的一天中的時間。
7　世界時間以前稱為格林威治平均時間；它是初始子午線的一天中的時間。

可變長度擴展標頭的格式不是固定的。標頭可以包含單個項目(例如，認證標頭包含認證訊息)或一組項目。例如，考慮*Hop-By-Hop*擴展標頭。標準中指定允許包含多個選項的一般格式。圖7.15說明*Hop-By-Hop*擴展標頭格式。

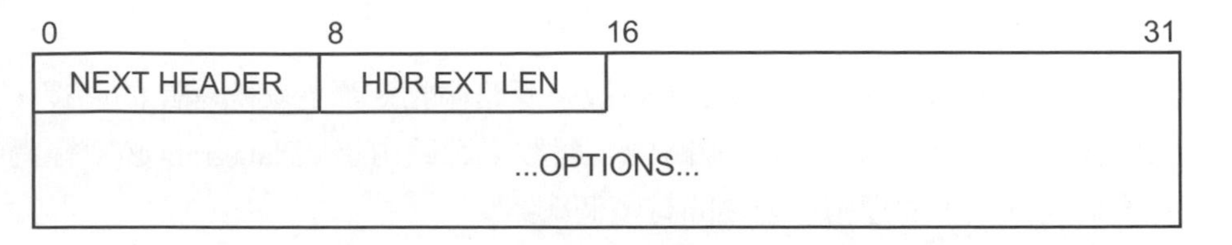

圖7.15 IPv6的Hop-By-Hop擴展標頭，包含多個選項。

如圖所示，只指定前兩個octets：一個是*NEXT HEADER*欄位，另一個是*Header Extension Length*欄位(*HDR EXT LEN*)。長度欄位指定擴展標頭的長度，以octet為單位。擴展標頭的主體後面是*Type-Length-Value* (*TLV*：類型長度值)。主體包括選項，每選項以2-octet的標頭起始。第一個octet指定選項的類型，第二個octet標示長度，下一個octet則是選項值。在IPv4中，擴展中的選項標頭是連續的。

IPv6要求資料標頭和八個octet的倍數對齊。可變大小選項意味著*Hop-By-Hop*標頭可能無法正確對齊。在這種情況下，IPv6定義了兩個填充選項，發送方可以使用這兩個選項來對齊標頭。一個包括單個octet的填充；另一個使用兩個octet來指定填充長度。

最初，IPv6包括許多與IPv4相同的選項。例如，其中一個IPv6擴展標頭被指定為路由標頭(*Route Header*)，初始定義提供嚴格的來源路由和鬆散來源路由的變體。一般格式的路由標頭也取自IPv4位址列表，一個指定的欄位以octet來表示列表長度，以及指向下一個位址的欄位。但是，一個安全評論指出：給予用戶通過任意位址列表指定來源路由的能力，將允許攻擊者將datagram多次發送給一組路由器，浪費了頻寬。因此，來源路由選項現在已被廢棄(即IETF阻止其使用)。他們被替換成了包括一個中間站的來源路由，因為移動IPv6[8]需要單個中間站。

7.15 分割期間的選項處理

IPv4和IPv6在執行分割時使用相同的方法來處理選項。當建立片段時，IP程式檢查原始datagram中的每個選項。如果有一個選項必須由中間路由器處理，該選項被複製到每個片段中。但是，如果選項只在最終目標使用，則該選項只會復製到第一個片段的標頭中，其餘片段的標頭不會有該選項。省略後面片段中不必要的選項會減少發送的總位元數。有趣的是，省略選項也可以減少片段的數量(即，較小的標頭意味著片段可以容納原始datagram資料載荷的更多資料)。

儘管它們使用相同的概念，但是IPv4和IPv6在大多數細節上不同。接下來的部分描述如何處理每個選項。

8 第18章介紹移動IP。

7.15.1　分割期間的IPv4處理選項

回想一下，在IPv4中，每個選項以代碼開始。每個代碼包含一個*copy bit*（複製位元），指定該選項是否應在所有片段中複製，還是只在第一個片段中複製。例如，考慮記錄路由選項。因為每個片段被視為獨立的datagram，不能保證所有的片段遵循相同的路徑到達目的地。學習一組路徑可能很有趣，每個片段採取不同路徑，但設計師決定一個目的地無法在多條路徑之間進行仲裁。因此，IP標準規定記錄路由選項應該只複製到其中一個片段。

來源路由選項提供了一個必須複製到每個片段的選項範例。當發送方指定來源路由時，發送方打算讓datagram按照指定的路徑通過網際網路。如果datagram在某些路徑點做分割，所有片段應該遵循發送方指定路徑中的剩餘部分，這意味著來源路由信息必須全部複製到片段標頭。因此，標準指定來源路由選項必須複製到所有片段。

7.15.2　分割期間的IPv6處理選項

IPv6將datagram分成兩個概念性部分：初始部分被歸類為不可分割(*unfragmentable*)，剩餘部分則被歸類為可分割(*fragmentable*)。基本標頭位於不可分割的片段中，資料載荷位於可分割片段。因此，唯一的問題是關於擴展標頭：應該如何分類？與IPv4一樣，擴展標頭若僅由最終目的地處理的話，就不需要存在於每個片段中。IPv6標準規定不管是不是標頭都可分割。但特別的是，*Hop-By-Hop*標頭和路由標頭不可分割；其他擴展標頭可分割。因此，datagram的分割部分是跟隨在不可分割標頭的後面。為釐清這個概念，考慮圖7.16中的範例，其中說明了對IPv6 datagram的分割，datagram有基本標頭、四個擴展標頭和1400個octet的payload。

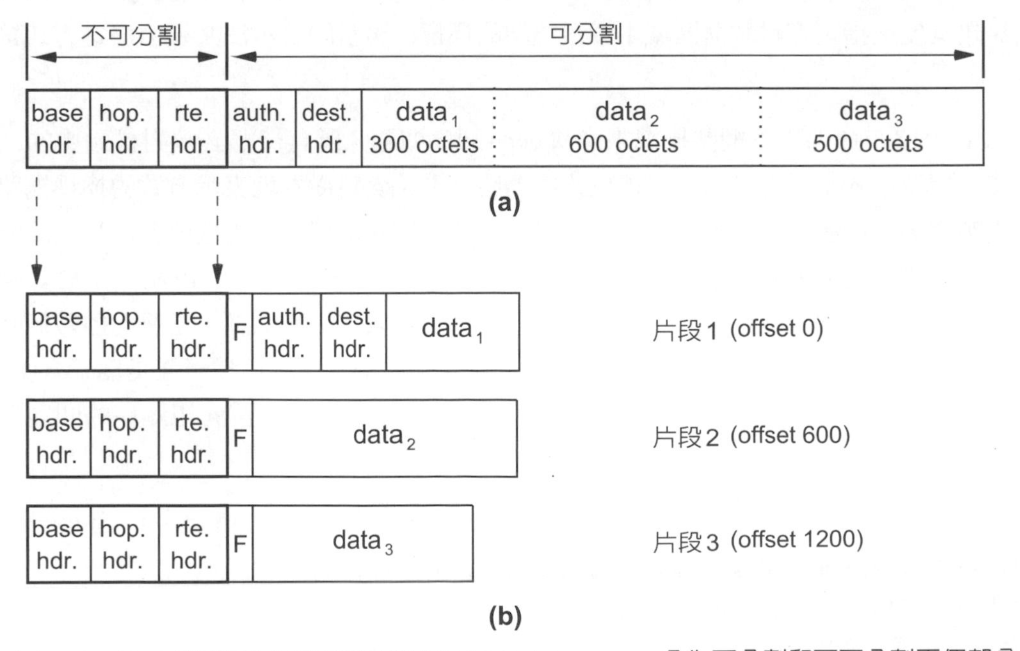

圖7.16　IPv6分割與(a)具有擴展標頭的IPv6 datagram，分為可分割和不可分割兩個部分(b)一組片段。

如圖所示，每個片段以原始datagram的一部分不可分割副本開始。在圖中，不可分割的片段包括基本標頭(*Base Header*)、*Hop-By-Hop*標頭和路由標頭(*Route Header*)。不可分割片段之後，有一個在圖中標記爲*F*的片段標頭跟隨。

IPv6將datagram中可分割的部分當成是由octet組成的陣列，準備切割爲片段。在範例中，第一片段攜帶認證標頭、目標標頭，以及來自原始資料載荷的300個octet的資料。第二片段攜帶來自原始datagram接下來的600個octet作爲PAYLOAD，第三個片段攜帶資料載荷的剩餘部分。我們可以從圖中得出結論：在這個特定的實例中認證標頭和目的標頭正好佔據300個octets。

7.16 網路Byte的順序

我們對標頭欄位的討論忽略了一個基本思維：協定必須訂定得夠詳細，以確保雙方以相同的方式解釋資料。特別是保持網際網路獨立於任何特定供應商的機器架構或網路硬體，我們必須指定資料的標準表示方式。考慮會發生什麼，例如，當一台電腦上的軟體發送32位元二進位整數給另一台電腦時。我們可以假設底層網路硬體會依序將第一台機器傳來的值送到第二台機器，而不改變順序。然而，不是所有的電腦以相同的方式儲存32位元整數。在一些(*little endian*：小位元組順序)，最低的位址的記憶體持有整數低位數，另有一些(*big endian*：大位元組順序)，最低的位址的記憶體持有整數高位數。還有一些以16位元數字以兩個位元組儲存整數，雖然最低位址保持低位數，但是整數內兩個位元組的順序交換。因此，直接複製octet到另一台，解讀的數值不同。

標準化整數的octet順序對於協定標頭是特別重要的，因爲標頭通常包含二進位數值，例如封包長度或指定資料載荷區域中資料類型的欄位。數量的表示法必須由發送方和接收方理解。

TCP/IP協定通過定義網路標準來解決octet順序問題，所有機器必須對標頭中的二進位數值使用標準格式來解釋。每台主機或路由器將二進位資料從本地表示方式轉換爲網路標準位元組順序，然後發送。當封包到達時則從網路位元組順序轉換到主機所使用特定的順序。自然地，封包中的資料載荷欄位可不用遵循位元順序標準，因爲TCP/IP協定不會更動到傳送的資料——應用程式員可以自由地格式化自己的資料表示法和翻譯。當發送整數值時，許多應用程式設計師選擇遵循TCP/IP octet順序標準，但是經常做出選擇僅僅是爲了方便(即，使用現有標準，而不是僅爲應用程式選擇一個)。在任何情況下，位元組順序的問題只與程式設計師有關；用戶很少會直接處理位元組順序問題。

網際網路標準指定整數以最高有效位數octet優先(即，大位元組順序)。當從一個機器傳輸到另一個機器時，如果考慮封包內連續的位元組，該封包中的二進位整數越靠近封包開始位址的具有最高位，最接近封包結束位置的具有最低位。

網際網路協定定義網路順序爲大位元組順序。發送方必須將封包標頭中的所有整數欄位轉換爲網路位元組順序後送封，並且接收方必須在處理之前將所有整數欄位轉爲本地所使用位元組順序。

關於應該使用哪種資料表法，已有許多論證提出。並且網際網路標準仍然受不時受到批評。尤其是，改革的支持者認爲，雖然在定義標準的時候大多數電腦使用的是大位元組順序，但現在大多數都改成小位元組順序。然而，要每個人都同意標準是很難的，標準的確切形式永遠不是那麼重要，重要的是遵循標準。

7.17 總結

TCP/IP網際網路軟體提供的基本服務包括無連接式、不可靠、盡力而爲的封包傳遞系統。網際網路協定(IP)正式指定網際網路封包的格式，稱爲*datagram*，並具體實現無連接傳輸。本章集中於datagram格式；後面的章節將討論IP轉送和錯誤處理。

類似於實際訊框，IP datagram被劃分爲標頭和資料兩個區域。除了其他訊息，資料標頭包含來源和目的地Internet位址和標頭後面的項目類型。版本6的Internet協定將格式從具有多個欄位的單個標頭改變爲一個基本標頭再加上一系列的擴展標頭。

大datagram可以被劃分成較小的片段，以便在具有小MTU的網路上傳輸。每個片段可作爲獨立的datagram傳播；最終目的地重組片段。在IPv4中datagram通過網路發送，並且當datagram不適合網路訊框時，路由器必須執行分割。在IPv6中，原始發送端執行所有分的分割，主機必須先探測到路徑MTU。必須由中間路由器處理的選項被複製進入每個片段；必須由最終目的地處理的選項則放在第一個片段中。

習題

7.1 校驗和(checksum)只覆蓋datagram標頭而不是資料載荷，最大的優點是什麼？有什麼缺點？

7.2 在Ethernet上發送封包時是否需要使用IP校驗？爲什麼或爲什麼不？

7.3 802.11網路的MTU值？光纖通道？ 802.15.4 ？

7.4 你期望高速區域網路具有比廣域網路更大或更小的MTU ？爲什麼？

7.5 認爲片段不應類似於datagram，寫下你的觀點。

7.6 乙太網爲IPv6分配一個新的類型值，這意味著訊框類型可以用於區分到站的是IPv6 datagram還IPv4 datagram。爲什麼每個datagram有必要在標頭的前四個位原標示版本編號？

7.7 延續上一個練習題，若只攜帶4位元版本編號，估計世界各地每年傳輸多少位元。

7.8 使用一補數校驗而不使用Cyclic Redundancy Check(循環冗餘檢查)，優點是什麼？

7.9 假設Internet設計更改爲允許沿路徑的路由器重新組合datagram。這種變化將如何影響安全性？

7.10 發送至少一個octet資料的IPv4 datagram所需的最小網路MTU是多少？ IPv6 datagram ？

7.11 假設你被雇用在硬體中實現IP datagram，標頭中的欄位是否有必要重新安排，這將使你的硬體更有效率？更容易建立？

7.12 當最小尺寸的IP datagram穿越Ethernet，訊框有多大？試說明之。

7.13 SERVICE TYPE欄位的差異化服務解釋，允許多達64個單獨的服務層級。提出理由，認爲只需要較少的層級即可(亦即，列出用戶可能存取的所有可能服務列表)。

Memo

章節目錄

8

Internet 協定：轉送IP datagram

8.1 引言

我們已經看到，所有Internet服務使用底層的無連接式的封包傳送系統，而TCP/IP在網際網路中傳送的基本單位是IP datagram。本章增加了一些無連接式服務的內容，當中會討論路由器是如何轉送IP datagram並將其傳送到其最終目的。我們在第七章對datagram格式的闡述，刻劃了Internet協定的靜態面。本章中對轉送的討論則著重在Internet的操作面。等討論完下一章有關錯誤處理後，基本上就完成對IP基礎原理的完整介紹。後面的章節討論其他協定是如何使用IP來提供更高層級的服務。

8.2 在Internet中轉送

傳統上，路由(*routing*)指的是在分封交換系統中選擇封包傳送路徑的過程；而路由器則是執行封包交換的設備，其主要工作爲選擇路徑。大約二十年後，Internet網路專業人士開始使用術語「轉送」(*forwarding*)來代表爲一個封包選擇路徑的過程。有趣的是，他們保留了術語「路由器」(*router*)來代表執行轉送的系統。我們將遵循普及的用語，使用「轉送」這個術語。

轉送發生在幾個層級。例如，在交換式Ethernet機房內有一連串的機架，機架內的交換機負責轉送電腦之間的Ethernet訊框。訊框透過連接到埠口的發送端進入到交換機內，然後交換機傳輸訊框，訊框從通向目的地的埠口離開。這種內部轉送發生在內部完全獨立的Ethernet當中。外部機器不參與Ethernet轉送；他們只將網路視爲接受和傳送封包的實體。

IP的目標是提供一個包含多個實體網路的虛擬網路，並提供無連接的datagram傳送服務，此服務是由Ethernet交換機所提供的一個抽象版本。也就是說，我們想要Internet接受Internet封包並將封包遞送給預期的接收者(Internet像巨型Ethernet交換機一樣地工作)。主要區別是傳輸單元不是訊框，而是IP datagram，datagram內使用的是IP位址而不是Ethernet位址。因此，整個章節，我們的討論將只圍繞在IP轉送(*IP forwarding*)這個主題。

IP軟體用於做出轉送決定的資訊被稱爲轉送資訊庫(*FIB: Forwarding Information Base*)。每個IP模塊都有自己的FIB，都必須做出轉送決定。基本思維很簡單：給定一個 datagram，IP會做出選擇如何將datagram發送到其目的地。與單個網路內的轉送不同，IP轉送演算法不能只是簡單地在一組本地電腦中做選擇。IP必須配置爲跨越多個實體網路來發送datagram。

在Internet中轉送可能很困難，尤其是在有多個實體網路連線環境中的電腦。你可稍作想像，轉送軟體要做的工作有：根據當前負載，在所有網路上選擇一個路徑、推算datagram大小、所攜帶的資料的類型、在datagram標頭中的服務類型和計算各種路徑的經濟成本。我們會看到大多數Internet轉送軟體不會太複雜，前提是：必須假設基於固定路由所選擇的路徑是最短的。不這麼假設的話，光是最短路徑演算法，可能就要塞滿本章篇幅。

爲了完全理解IP轉送，我們必須考慮一下TCP/IP Internet的架構。首先，回想一下Internet是通過路由器互連多個實體網路組成的。每個路由器都有兩個或多個網路可直接連接。相比之下，主機通常只直接連接到一個實體網路。網路中有多宿主主機直接連接到多個網路，但我們現在暫時不考慮多宿主主機。

主機和路由器都參與將IP datagram轉送到目的地。當主機上的應用程式與遠端應用協定通訊時，主機上的軟體開始產生IP datagram。當它接收到一個要傳出的datagram，主機上的IP軟體做出轉送決定：它或選擇要在哪裡發送datagram。即使主機只連接到單個網路，主機也需要做出路由決策。圖8.1顯示了一個連接到單一網路環境的主機必須作出轉送決定。

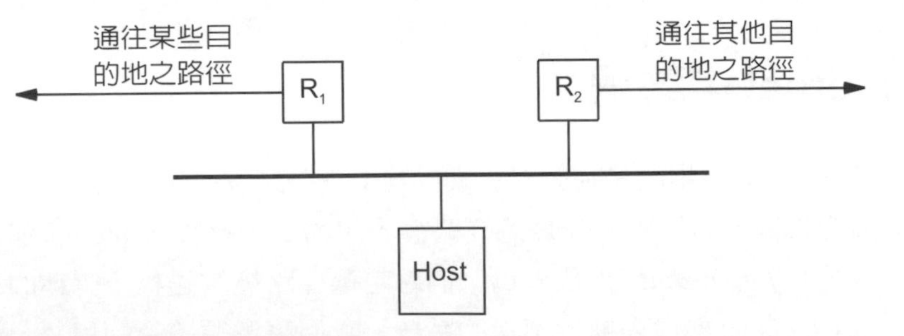

圖8.1　連接在單一網路中的主機範例，主機必須決定：選擇路由器R_1還是路由器R_2來傳送datagram。

在圖中，兩個路由器連接到與主機相同的網路。一些Internet目的地位於路由器R_1之外，其他目的地位於R_2之外。主機必須決定選擇哪個路由器來傳輸datagram。

路由器執行過境轉送(*transit forwarding*)，這意味著路由器將接受和路由器相連的任何網路傳來的 datagram，並且朝向其目的地轉送每個datagram。多宿主主機可能會出現些問題。假設個範例，電腦具有Wi-Fi和4G蜂巢式兩個網路的連接。電腦是否應該像路由器一樣提供網路之間的過境轉送？我們將看到任何運行TCP/IP的電腦都具有轉送 datagram所需的軟體。因此，在理論上，任何具有多個網路連接的電腦都可以充當路由器來使用。然而，TCP/IP標準對主機和路由器的功能有明顯的區別。任何人試圖混合主機和路由器的功能，配置主機執行過境轉送，可能無法按預期功能運行。現在，我們將主機和路由器做個區分，並假設主機不執行路由器的功能，將封包從一個網路傳送到另一個網路。

> Internet設計區分主機和路由器。雖然可以配置具有多個網路連接的主機作爲路由器，但產生的系統可能無法按預期執行。

8.3 直接與間接傳送

大致來說，我們可以將轉送分爲兩種形式：直接傳送(direct delivery)和間接傳送(indirect delivery)。直接傳送，從一台機器將 datagram跨越單一實體網路直接傳送給另一台電腦，這是互連網路的通訊基礎。兩台機器只有在兩者都連接到相同的底層實體傳輸系統時，才能進行直接傳送(例如，單個Ethernet)。當datagram的目的地不在直接連接的網路上時，會發生間接網路傳送。因爲最終目的地不能直接到達，發送者必須選擇一個路由器，將datagram通過直接連接的網路傳送給該路由器，並允許路由器將datagram轉送到最終目的地。

8.4 跨越單個網路的傳送

我們知道實體網路上的一台機器可以直接發送訊框給同一網路上的另一台機器。我們也看到了IP軟體如何使用硬體。爲了傳送IP datagram，發送方將datagram封裝在實體訊框中，如第7章所述，將下一站IP位址映射到硬體位址，將硬體位址放在訊框中，並使用網路硬體傳輸訊框。如第6章所述，IPv4通常使用ARP映射，將IP位址轉換成硬體位址。IPv6則使用Neighbor Discovery來學習硬體位址。前面的章節檢視了直接傳送的所有知識。總結：

> 在單一實體網路兩台機器之間傳輸IP datagram不涉及路由器。發送端將datagram封裝在實體訊框中，將下一站IP映射到實體位址放到訊框中的硬體位址欄位，然後將產生的訊框直接發送到目的地。

直接跨越單個網路發送datagram的想法可能顯而易見，但最初它不是。在TCP/IP被發明之前，需要幾種網路技術等同於需要幾種路由器連接到每個網路。當兩台電腦在網路上需要通訊，他們通過本地路由器來完成。支持者認爲所有通訊透過路由器完成，意味著所有通訊使用相同的規範，並讓安全性輕鬆實現。TCP/IP設計表明，直接通訊減少了約兩倍的網路流量。

假設機器上的IP軟體被賦予一個要傳送的IP datagram。軟體如何知道目的地是否在直接連線的網路上？有個簡單的測試方法，該方法還有助於解釋IP定址方案。記住每個IP位址被分爲兩部分，分別是：標識網路的首碼和標識主機的尾碼。要確定目的地是否位於直接連接的網路上，IP軟體提取目的地IP位址的網路部分，並將此網路ID和自己IP位址的網路ID做比較。若兩者相等，意味著目的地位於直接連接的網路，datagram可以直接傳送到目的地。上述測試計算是高效的，這突顯了爲什麼Internet位址方案工作良好：

> 因爲在單一網路上的所有機器的Internet位址包括一個公共網路首碼，提取首碼只需要幾個機器指令就可做到，所以測試一個目的地是否可以直接到達，既簡單又有效率。

從Internet的角度來看，datagram傳輸過程中，最終步驟就是直接傳送。datagram從來源到目的地之間，可以經過許多網路和中間路由器。最後路由器將使用直接傳送來傳送datagram。本質上，穿越Internet的一條路徑可能涉及零個或多個中間路由器，最後再加上一個直接遞送的步驟。有個特殊狀況:當路徑中沒有路由器時，發送主機必須執行直接傳送。

8.5 間接傳送

間接傳送比直接傳送更困難，因爲發送端必須指定一個初始路由器來處理datagram。路由器必須轉送datagram到目的地網路。

爲了瞭解間接傳送如何工作，假設有一個由許多網路透過路由器所組成的大型互連網路，此網路有兩台主機分別位於最遠的兩端。當一個主機有要發送的datagram，主機將datagram封裝在一個訊框中，並發送訊框給最近的路由器。我們知道主機可以到達一個路由器，因爲所有實體網路是互連的，因此必須有一個路由器連接到每個網路。因此，原始主機可以使用單個實體網路到達路由器。一旦訊框到達路由器，路由器軟體提取封裝的datagram，路由器的IP層軟體選擇到達目的地路徑的下一個路由器。Datagram再次放置在訊框中並通過下一個實體網路發送到第二個路由器，等等，直到它可以直接傳送。概念可概括爲：

> 路由器在TCP/IP Internet形成一個合作、互連的結構體。Datagram從路由器傳送到路由器，直到到達可以直接傳送datagram的終端路由器。

Internet設計將轉送所需知識集中在路由器，以確保路由器可以轉送任意的datagram。主機依賴路由器進行所有的間接傳送。我們可以總結：

- 主機只知道直接連接的網路；主機依賴路由器，將datagram傳輸到遠端目的地。
- 每個路由器知道如何到達Internet中的所有可能的目的地；給定一個datagram，路由器可以正確轉送。

路由器如何知道要如何到達遠程目的地？ 主機怎麼知道哪個路由器可用於給定的目的地？ 這兩個問題是相關的，因爲它們都涉及IP轉送。我們將分兩個階段回答這些問題。兩個階段分別是：(1)基本轉送表驅動轉送演算法和(2)路由器如何學習遠端目的地。第二階段將在12-14章討論。

8.6 轉送表驅動式的IP轉送

IP執行datagram轉送。IP轉送演算法採用的資料結構，可以儲存目的地以及如何到達目的地的資訊。資料結構在形式上被稱爲*Internet Protocol forwarding table*（網際網路協定轉送表）或*IP forwarding table*（IP轉送表），或簡單的用詞*forwarding table*（轉送表）[1]。

因爲主機和路由器都必須轉送datagram，所以有各自的轉送表。我們將看到典型主機上的轉送表比在路由器上的轉送表來得小。使用轉送表的優點是只要一個轉送機制就可處理主機和路由器的轉送。每當有datagram需要傳輸時，IP轉送軟體會查詢轉送表，以確定要把datagram送往何處。

轉送表中應該儲存麼資訊？如果每個轉送表要囊括Internet中每個可能的目的地資訊，那麼要保持最新路徑資訊將是不可能的。此外，因爲可能的目的地的數量太多，小型專用系統不能執行IP轉送，因爲他們沒有具有足夠的空間來存儲轉送資訊。

在概念上，希望使用資訊隱藏這個概念，讓機器以最少的資訊做出轉送決定。例如，我們想將特定主機的信息與主機所在的環境隔離，並且安排遠端機器將封包轉送給這些主機而不需要知道這些細節。幸運的是，IP定址方案有助於實現這個目標。回想一下，IP位址分配機制，讓連接同網路的機器都有共同首碼(位址的網路部分)。我們已經有看到這樣的分配適用於直接傳送的網路環境。也意味著路由表只需要包含網路首碼而不是完整的IP位址。當中的區別至關重要：全球Internet有超過800,000,000個人電腦，但只有400,000個唯一的IPv4首碼。因此，以首碼生成的轉送資訊需要比個別電腦的轉送資訊小了約三個數量級。重點是：

> 因爲允許基於網路首碼的轉送，IP定址方案控制了轉送表的大小。

當我們討論路由傳播時，我們將看到IP轉送方案還有另一個優點：我們只需要傳播關於網路的資訊，而不是個別主機。主機可以附接到網路(例如，Wi-Fi熱點)，並開始使用網路，連線過程中，路由器中的轉送表不必做任何改變。

8.7 Next-Hop轉送

使用目的IP位址的網路部分取代完整的主機位址可讓轉送更有效率，轉送表也會較小。更重要的是，它有助於隱藏資訊，讓主機的詳細資訊侷限在當地的操作環境。從概念上講，轉送表的資訊成對出現，(N, R)，其中N是Internet中網路的首碼，R是路徑中的下一個路由器的IP位址，稱爲下一站(next hop)，轉送表儲存每個目的地*next hop*的作法稱作*next-hop forwarding*（下一站轉送）。因此，在路由器R中的轉送表，只指定從R到各個目標網路的下一個步驟，而不需要知道到達目的地的完整路徑。

1　最初，該表被稱為路由表；一些網路專業人員使用原始術語。

重要的是要理解轉送表中的每筆資料都有指定下一站路由器，該路由器只要橫越單一網路就可到達。也就是說，所有出現在機器M轉送表中的路由器，都必須位於M直接連接的網路上。當一個datagram準備離開M，IP軟體定位目標的IP位址，並提取該位址的網路部分。然後，M在其轉送表中查找網路部分，選擇其中一筆資料，選定資料所指定的是可以直接到達的下一站路由器。

實際上，我們也將資料隱藏的原則應用於主機。我們堅持雖然主機具有IP轉送表，但它們必須在表中保持最少量的資訊。這個想法是強制主機必須依賴路由器進行大多數的轉送。

圖8.2顯示了一個有助於解釋轉送表的具體範例。範例中包括由三個路由器連接四個網路所構成的一個互聯網路。圖中的表格是路由器R的轉送表。雖然範例使用的是IPv4位址，這一概念同樣適用於IPv6。

在圖中，每個網路已經被分配了斜線-8的首碼，每個網路介面已分配了32位元的IPv4位址。分配IP位址的網管人員為路由器的兩個介面選擇了相同的主機尾碼。例如，路由器Q上有位址10.0.0.5和20.0.0.5。雖然IP允許任意尾碼，為兩個介面選擇相同的值，使得位址更容易讓人記住。

因為路由器R直接連接到網路20.0.0.0和30.0.0.0，它可以使用直接傳送發送給這兩個網路上的主機。路由器使用ARP(IPv4)或直接映射(IPv6)來查找這些網路上電腦的實體位址。給定一個datagram，目的地為網路40.0.0.0上的主機的，然而，R不能直接傳送。R將datagram轉送到路由器S(位址30.0.0.7)。然後S將直接傳送datagram。R可以到達位址30.0.0.7，因為R和S都直接連線到網路30.0.0.0。

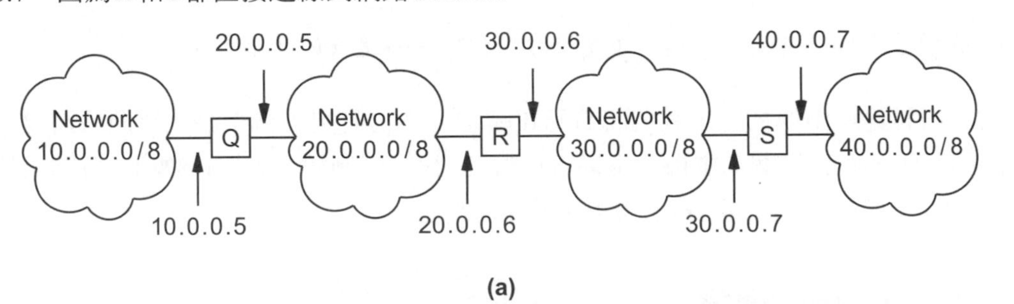

(a)

到達網路上的主機	轉送到這個位址
20.0.0.0/8	直接傳送
30.0.0.0/8	直接傳送
10.0.0.0/8	20.0.0.5
40.0.0.0/8	30.0.0.7

(b)

圖8.2　(a)具有4個網路和3個路由器的小型互聯網範例　(b)路由器R中的轉送表

如圖8.2所示，轉送表的大小取決於小型互聯網中網路的數量；轉送表僅在添加新網路時會增長。也就是說，轉送表的大小與內容和連接到網路的主機數量無關。我們可以總結一下基本原理：

> 要隱藏信息、維持小的轉送表並進行高效的轉送決策，IP轉送軟體只保留關於目標網路位址的資訊，單個主機位址則不予理會。

基於目的地網路首碼單獨選擇路由會產生幾種狀況。首先，在大多數實現中，它意味著所有到達相同目的地的交通會採用相同的路徑。因此，即使存在多個路徑，它們也可能不會同時使用。此外，在最簡單的情況下，所有流量遵循相同的路徑而不考慮實體網路的延遲或流量。第二，因爲只有沿路徑的最終路由器會與目標主機通訊，所以，只有最終路由器可以確定主機是否存在，是否可以操作。因此，我們需要安排最終路由器將傳送遇到的問題回報給原發送端的主機。第三，因爲每個路由器獨立轉送流量，datagram從主機*A*傳輸到主機*B*使用的路徑，和datagram從主機*B*傳輸到主機*A*使用的路徑可能完全不同。此外，在某方向上的路徑可能故障(例如，網路或路由器故障)，但其他方向的路徑仍然可用。我們需要保證路由器能協同合作，確保雙向正常通訊。

8.8 預設路由和一個主機範例

IP的設計包括一個有趣的最佳化，進一步隱藏資訊並減少轉送表的大小，做法是：將多筆資料合併成一個預設路由。從概念上講，預設路由引入了一個兩步驟演算法。在第一步驟，IP轉送軟體查找轉送表以找到next hop。如果表中沒有與目標位址匹配的資料，轉送軟體執行第二個步驟：由預設路由得出 next hop。我們可以說在預設路由(*default route*)中的next hop指的就是所謂的預設路由器(*default router*)。

我們將看到預設路由不需要兩個單獨的步驟。實際上，可以將預設路由併入轉送表中。也就是說，一筆額外的資料添加到轉送表，將預設路由器設定爲next hop。搜尋演算法可以安排爲先查找表中其他的資料，若沒有欲搜尋目的的項目，才檢視預設項目。稍後部分介紹轉送演算法和預設路由如何搭配使用。

當有許多目的地超出單一路由器時，預設路由就顯得特別有用。例如，考慮一家公司使用路由器連接內部兩個小部門網路到公司內部網路。路由器和每個部門網路都有連線，另有一個和公司內部網路的連線。轉送是簡單的，因爲路由器在其轉送表中只需要三筆資料：兩筆資料記錄兩個部門網路，另一筆資料爲預設路由。兩個部門以外的其他目的地會使用到預設路由。

預設路由對於由ISP獲得服務的典型主機電腦特別有效。例如，當用戶通過DSL線路或纜線數據機獲得服務時，硬體將電腦連接到ISP的網路。主機使用在ISP網路中的路由器通達在全球Internet上的任意目的地。在這種情況下，主機中的轉送表只需要兩筆資料：一筆用於在ISP的區網，另一筆則是預設路由指向ISP的路由器。圖8.3說明上述環境。

儘管圖中的範例使用IPv4位址，但是相同的原理適用於IPv6：主機只需要知道區域網路，並有一個預設路由用於到達Internet的其餘部分。當然，IPv6位址是IPv4位址的四倍，這意味著轉送表中的每筆資料都是IPv4的四倍。查找過程所花費的時間更為重要：在現代電腦上，IPv4位址可以用單個整數表示，這意味著電腦可以使用單個整數來比較兩個IPv4位址。但比較兩個IPv6位址時，需要花費更多的時間。

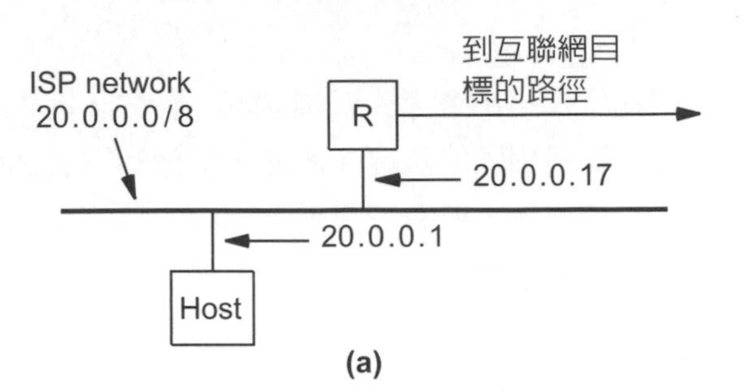

到達網路上的主機	轉送到這個位址
20.0.0.0/8	直接傳送
DEFAULT	20.0.0.17

(b)

圖8.3 (a)使用IPv4位址的Internet連接範例 (b)在主機中使用的轉送表。

8.9 主機特定路徑

雖然我們說，所有的轉送是基於網路，而不是個別主機，大多數IP轉送軟體允許將主機的位址放到轉送表，這筆資料就稱作主機特定路徑(*host-specific route*)。有了主機特定路徑，將給予網管人員更多的控制。為單個機器指定路徑有幾種可能的用途：

- 控制網路使用。管理員可以沿著一個特定路徑對某些主機發送流量，同時又沿著不同路徑對其他主機發出流量。例如，管理員可以對公司的Web伺服器的流量指定路徑。
- 測試新網路。可以安裝新的並行網路並通過在新網路上為特定主機發送流量進行測試，同時將所有其他流量留在舊網路上。
- 安全。管理員可以使用主機特定的路由來定向流量通過安全系統。例如，通往公司財務部門的流量，可導引穿過一個有特殊的過濾器安全的網路。

雖然預設路由和主機特定路由的概念，似乎是為特殊的需要而設立，當然也就需要特殊的處理。下一節解釋如何將所有路徑資訊放在一個轉送表中，並由單一搜尋演算法處理。

8.10 IP轉送演算法

考慮上述所有特殊情況，IP軟體應在決定如何轉送datagram時，應該採取以下步驟：

1. 從datagram中提取目標IP位址D。
2. 如果轉送表有包含用於目的地D的主機特定路徑，將datagram轉送到資料項目中所指定的下一個躍點。
3. 如果網路首碼D和任何直接連接的網路首碼相符，直接通過網路發送datagram到D。
4. 如果轉送表包含與網路首碼相符的資料，將datagram轉送到資料中指定的下一個躍點。
5. 如果轉送表包含預設路由，將datagram轉送到預設路由中指定的下一站。
6. 如果上述情況都沒有轉送datagram，宣告轉送錯誤。

個別思考六個步驟中的每一步，有助於我們了解所有需要考慮的情況。然而，在實際運作時，寫個含有六個單獨步驟的程式，看起來笨拙並且似乎被各種特殊狀況塞滿(例如，檢查是否已指定預設路由)。在Internet早期的歷史中，設計師找到了一種統一所有的方式的搜尋機制，現在這個機制已被大多數商業IP軟體所使用。我們將解釋此演算法，演算法只使用一個轉送就可直接實現，然後舉一個範例，當中的路由器在Internet的中心負責轉送，路由器會有大的轉送表。

統一查找方案需要爲轉送表中的每筆資料指定四個項目：

- IP位址，*A*，標示每筆資料的目的地。
- 位址遮罩，*M*，指定在*A*中要檢查的位元數。
- 下一站路由器的IP位址，*R*，或"直接傳送"
- 網路介面，*I*，在發送時使用的

這四個項目可明確地定義路徑。應該清楚的是，轉送表中的每筆資料都一定要有第三個項目，即下一站路由器的位址。第四項是因路由器連接到多個網路具有多個內部網路介面。當該路由器轉送datagram時，IP必須指定使用哪個內部介面。前兩個項目定義了網路首碼–遮罩則用來指出目的地位址的哪些位用來比較，而IP位址，*A*，就是要進行比較的值。也就是說，演算法將對遮罩和目標位址進行逐位元邏輯and計算，然後將計算結果和轉送表中每筆資料的第一個項目，*A*，進行比較。

我們將位址遮罩的長度定義爲遮罩中位元值爲1的位元數量。在斜線符號中，明確給出遮罩的長度(例如，/ 28表示具有的遮罩長度28)。位址遮罩的長度很重要，因爲統一轉送演算法包括的首碼多於傳統網路的首碼。遮罩，決定在比較期間檢查多少位元，也允許我們處理主機特定路由和預設路由。例如，考慮IPv6目標。一個/ 64遮罩意味著一個比較將考慮位址的前64位元(即網路首碼)。一個/ 128遮罩意味著目的位址A的所有128位將被和目的地做比較(即，用來比較的該筆資料是主機特定路由)。

另一個範例指出爲什麼一筆資料中有上述四個項目就足以進行任意轉送，考慮預設路徑機制如何融入到轉送表中。要建立一筆預設路徑資料，必須將遮罩*M*設置爲零(全部位元爲零)，位址*A*也要設置爲零。無論是什麼目的位址在datagram中，使用全零的遮罩導致和遮罩做and運算的結果爲零，正好就等於預設路的目的位址，*A*。換句話說，預設路由這筆資料總是和任何目的位址相匹配(亦即，它提供一個預設路徑)。演算法8.1總結了轉送datagram所應採取的步驟。

實質上，演算法對轉送表中的每筆資料進行比較，直到找到匹配的資料爲止。該演算法假設轉送表中的資料以最長首碼順序排列(即，具有最長遮罩的資料優先出現)。因此，一旦目的地匹配，演算法就將datagram發送到指定的下一站。有兩種可能情況：直接或間接傳送。對於直接傳送，datagram目的地被用作下一站。對於間接傳送，轉送表位址指向的路由器R用作下一站。一旦確定了下一站，演算法將下一站位址映射到硬體位址，建立一個訊框，填充硬體位址，並將攜帶的datagram的訊框發送給下一站。

該演算法假設轉送表包含預設路徑。即使沒有其任何資料和給定的目標相匹配，預設路由一定可匹配。當然，管理人員可能犯錯誤，並且無意中刪除預設路徑。在這種情況下，我們的演算法將搜尋整個表，若找不到匹配，將發出已發生轉送錯誤的聲明，

8.11 最長首碼匹配範例

爲了使演算法正常工作，轉送表的每筆資料必須被檢視，檢視順序以具有最長遮罩的資料優先。例如，假設轉送表包含主機X的主機特定路徑，也包含X的網路部分的網路特定路徑。這兩筆資料都和X相匹配，但轉送應選擇最具體，指定性最強的資料做匹配(即，主機特定路徑)。

我們使用術語*longest-prefix match*（最長首碼匹配)來表示指定性最強的路由優先。如果我們將轉送表想像成是一個陣列，最長首碼匹配意味著陣列中的資料必須依照遮罩的長度降冪排序。

8.12 轉送表和IP位址

有幾個重點必須要了解，除了遞減跳躍限制(IPv4中的TTL)和重新計算校驗和(checksum)，IP轉送不會更改原始datagram。尤其是datagram中的來源和目的地位址保持不變；它們指定原始來源的IP位址和最終目的地的IP位址。當執行轉送演算法時，IP計算新的位址，datagram接著必須傳送給該計算出來的位址。新位址很可能是路由器的位址。如果datagram可以直接傳送，新的位址就是最終目的地的位址。

```
Algorithm 8.1

ForwardIPDatagram ( Datagram ,  ForwardingTable )  {
  Insure forwarding table is ordered with longest-prefix first
  Extract the destination, D, from the datagram
  For each table entry {
    Compute the   logical and   of D with mask to obtain a prefix, P
    If prefix P matches A, the address in entry  {
       /* Found a matching entry -- forward as specified */
       if (next hop in entry is "deliver direct")  {
          Set NextHop to the destination address, D
       } otherwise {
          Set NextHop to the router address in the entry, R
       }
       Resolve address NextHop to a hardware address, H
       Encapsulate the datagram in a frame using address H
       Send the datagram over network using interface I
       Stop because the datagram has been sent successfully
    }
  }
  Stop and declare that a forwarding error has occurred
}
```

演算法8.1　統一IP轉送演算法，轉送表中每筆資料都包含位址A，遮罩M，下一站路由器R(或"直接傳送")，以及網路介面I。

在該演算法中，由IP轉送演算法選擇的IP位址稱爲下一站位址(*next-hop address*)，它指明接下來datagram必須轉送到哪裡。IP在哪裡存儲下一站位址呢？不在datagram中；因爲沒有預留以儲存下一站位址的空間。事實上，IP不儲存下一站位址。在執行轉送演算法之後，IP模組將datagram和下一站位址傳送到網路介面，該介面負責將下一站IP位址對映到硬體位址後傳送datagram。本質上，IP請求將datagram發送到指定的下一站位址。

當網路介面從IP層接收到datagram和下一站位址時，網路介面必須將下一站位址映射到硬體位址，建立一個訊框，將硬體位址放到訊框的目的位址欄位中，封裝該datagram在訊框的資料載荷區域中，並發送訊框。一旦網路介面取得硬體位址，網路介面軟體丟棄下一站位址。

轉送表存儲的是每個下一站的IP位址而不是下一站的硬體位址，看起來似乎很奇怪。IP位址必須轉換爲可以發送datagram之前的相對應硬體位址，因此需要額外的步驟以將下一站IP位址映射到等效的硬體位址。如果主機向單個目的地發送許多datagram序列，使用IP位址轉送可能看起來令人難以置信的低效率。每次應用程式產生datagram，IP提取目的位址並蒐索轉送表以產生下一站位址。然後IP將datagram和下一站位址傳送給網路介面，重新計算與硬體位址的映射。如果轉送表存儲硬體位址，下一站的IP位址和硬體位址的映射可以只執行一次，節省不必要的計算。

爲什麼IP軟體避免在轉送表中使用硬體位址？圖8.4有助於說明兩個重要的原因。首先，轉送表提供了簡潔的介面給IP軟體，IP軟體執行轉送datagram、管理工具和操縱路由的高層軟體。第二，網路互聯的目標是隱藏底層網路的細節。在轉送中僅使用IP位址表示允許網管人員可在更高的抽象層工作。只使用IP位址，網管人員可以輕鬆地檢查或更改轉送規則和調試轉送問題。因此，網管人員不需要擔心或理解底層硬體位址。

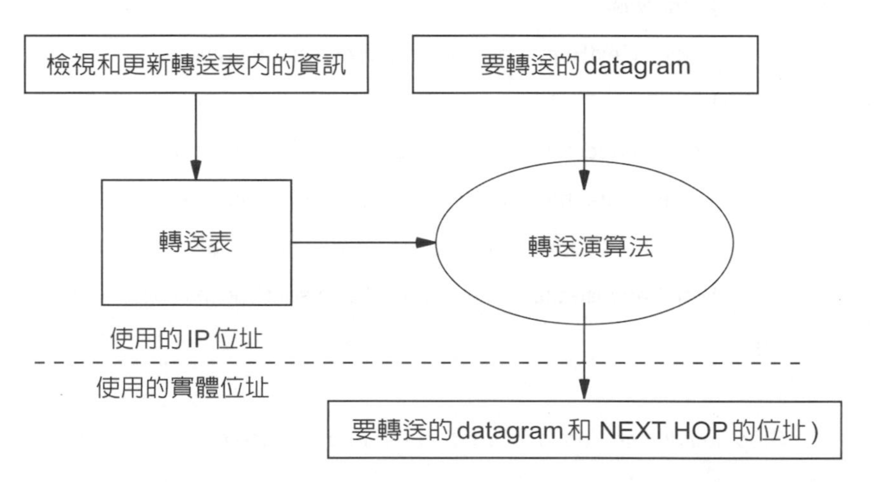

圖8.4　轉送演算法說明，當路由資料需要被檢視或修改時使用轉送表。

該圖說明了一個有趣的想法：同時存取轉送資訊。發生在毫秒一到一毫秒間的datagram轉送，網管人員在進行檢查資料或更新資料時，轉送程序仍可繼續使用轉送表。一個更改可立即生效，因爲轉送與其管理同時進行(除非網管人員手動禁用該網路介面)。

圖8.4還說明了位址邊界(*address boundary*)，一個重要的概念在區隔使用硬體位址的低層軟體和只使用高層位址的Internet軟體。在邊界以上，所有軟體都可以在程式中使用Internet位址、所需的硬體位址知識被降到最低，低層負責傳輸datagram。我們將看到保留位址邊界還有助於保持更高層級協定的實現，例如TCP容易理解、測試和修改。

8.13 處理傳入的Datagram

到目前爲止，我們已討論過傳送datagram時做轉送決定的過程，討論IP轉送相關議題。對於IP軟體如何處理傳入的datagram，也有必要了解。

首先考慮主機軟體。當IP datagram到達主機時，網路介面軟體將datagram傳送到IP模組進行處理。如果datagram的目的位址與主機的IP位址(或主機位址之一)匹配，主機上的IP軟體接受datagram並將其傳送給適當的高層協定軟體進行進一步處理。如果目的IP位址和主機位址不匹配，則主機需要丟棄datagram(即，主機被禁止嘗試轉送意外傳來的datagram)。

現在考慮路由器軟體。與主機不同，路由器必須執行轉送。但是，路由器也可以執行應用程式(例如，網路管理應用程式)。當一個IP datagram到達路由器，路由器將datagram傳送給IP軟體，此時有兩種情況出現：datagram已經到達其最終目的地(亦即，應用程式傳送資料給路由器)，或者它必須轉送得更遠。與主機一樣，如果datagram的目的IP位址與路由器的任何IP位址相匹配，IP軟體會將datagram傳送到高層軟體進行處理。如果datagram沒有達到其最終目的地，IP會使用標準演算法和轉送表中的資料，轉送datagram。

有四個原因說明主機不應該轉送datagram(即，主機必須丟棄不正常傳送的datagram)。首先，當主機接收應該傳送給其他機器的datagram時，表示Internet定址出了一些轉送(forwarding)或傳送(delivery)的問題。如果主機採取糾正措施，問題可能就被隱藏不會顯露。第二，轉送會造成不必要的網路流量(並且可能從主機的合法使用中竊取CPU時間)。第三，簡單的錯誤可能造成混亂。假設主機被允許轉送流量，如果電腦意外地廣播發往主機H的datagram，想像一下，會發生什麼事？因爲datagram已經被廣播，datagram的副本將被傳送到網路上的每台主機。每台主機檢查datagram並將副本轉送給H，H將被許多副本給轟炸。第四，如後面的章節所示，路由器的工作負擔會比原先只轉送流量來得重。下一章解釋路由器使用特殊的協定來報告錯誤，而主機不會報告錯誤(再次，以避免有多個錯誤報告轟炸來源端)。路由器還會傳播資訊以確保轉送表有一致和正確的內容。如果主機轉送datagram而不完全參與所有路由器協定，可能會出現意外的異常。

8.14 在廣播和組播存在下的轉送

確定IP datagram是否已到達其最終目的地，不完全如上所述的那麼瑣碎。我們說，當一個datagram到達時，接收機器必須將datagram中的目標位址與每個網路介面的IP位址進行比較。當然，如果目的地匹配，機器保有datagram並加以處理。但是，機器還必須處理跨越其中的一個網路連線機器發出的datagram廣播(IPv4)或多播(IPv4和IPv6)。如果機器正在參與多播[2]或IPv4 datagram已經通過區域網路廣播，datagram的副本必須是傳送到本地協定堆疊進行處理。路由器也可能需要轉送其他網路的上一個或多個副本。對於IPv4，定向廣播

2　第15章討論IP多播。

引入幾種可能性。如果定向廣播目的地爲網路N，並且datagram透過網路N到達，路由器只需爲本地協定堆疊保留一份副本。然而，如果定向廣播給網路N的datagram透過另一個網路到達，路由器必須保持副本，並且還要透過網路N廣播副本。

8.15 軟體路由器和循序搜尋

我們對轉送演算法的描述意味著IP循序搜索轉送表。對於低端路由器，確實有必要使用循序搜索。低端路由器通常稱爲軟體路由器(*software routers*)，這類路由器沒有專用硬體來協助轉送。軟體路由器由一般電腦所組成，電腦有處理器、記憶體和網路介面卡。所有IP轉送由軟體執行。

因爲轉送表很小，軟體路由器可以使用循序表格搜索。例如，考慮一個典型的主機。我們期望轉送表只包含兩筆資料，如圖8.3所示。在這種情況下，循序搜索工作正常。事實上，複雜的搜尋技術只用來對付較大的轉送表，對於小的轉送表，不必用到複雜的搜尋演算法，循序搜尋就足擔重任，且有良好效能。

儘管在軟體路由器中有用，但循序搜索不足以滿足所有應用。在IPv4 Internet中心附近的高端路由器有大約40萬筆資料在轉送表當中。在這種情況下，循序搜索需要的時間太長。高端路由器轉送表最常見的資料結構由trie[3]組成。了解trie資料結構和trie的搜尋演算法細節在此並不重要，但我們應該意識到高端路由器使用比本章所描述更複雜的機制。

8.16 建立轉送表

我們已經討論了IP轉送演算法並描述了轉送如何使用轉送表。但是，我們沒有指出主機或路由器如何初始化其轉送表，也沒有描述當網路發生變化時，如何更新轉送表的內容。後面的章節會討論相關問題的處理，並討論路由器保持轉送表一致的協定。現在，重要的是要了解每當IP軟體決定如何轉送datagram時會使用轉送表。更改轉送表中的值會更改datagram所該走的路徑。

8.17 總結

IP軟體轉送datagram；計算包括使用目的地IP位址和轉送資訊。如果目的地機器和發送方機器連到相同的網路，則可進行直接傳送。如果發送端不能直接到達目的地，發送方必須將datagram轉送給路由器。一般遇到的傳輸模式是主機發送不能直達目的地的datagram給最近的路由器；datagram通過Internet從路由器到路由器進行轉送，直到終端路由器可以將datagram直接傳送到最終目的地。

3 發音為“try”。

IP將轉送所需的資訊保存在所謂的轉送表當中。當IP轉送datagram時，轉送演算法產生下一站的IP位址，該機器必須轉送datagram。IP將datagram和下一站位址傳送到網路層的介面軟體。界面軟體將datagram封裝在網路訊框中，映射下一站Internet位址到硬體位址，使用硬體位址作爲訊框目的地，然後在底層硬體網路上發送訊框。

Internet轉送只使用IP位址；IP位址和硬體位址之間的映射，不算是IP轉送功能的一部分。因每個轉送表的每筆資料包括位址遮罩，統一轉送演算法可以處理網路特定路由、主機特定路由和預設路由。

習題

8.1 爲圖 8.2 中的所有路由器建立轉送表。哪個或哪些路由器最受益於使用預設路由？

8.2 檢查本地操作系統上使用的轉送演算法。所有的轉送狀況是否都涵蓋在本章所討論的內容中？演算法是否允許不在本章描述的路由？

8.3 路由器在何時修改 datagram 標頭中的跳數限制(或生存時間)欄位？

8.4 考慮具有兩個實體網路連接和兩個 IP 位址 I_1 和 I_2 的機器。該機器是否可能透過有位址 I_1 的網路接收目的地位址爲 I_2 的 datagram ？說明。

8.5 在上述練習中，如果出現這種情況，適當的反應是什麼？

8.6 考慮兩台主機，A 和 B，都連接到一個公共實體網路 N。如果網路上的另一台主機發送一個具有 IP 目的地爲 B 的 datagram 給 A，會發生什麼事？

8.7 修改演算法 8.1 以適應的 7 章節中討論的 IPv4 來源路由選項。

8.8 當轉送一個 datagram 時，路由器執行一個與 datagram 標頭長度成正比的計算。解釋計算方法。

8.9 在上面的問題中，你能否找到一個執行幾個機器指令就完成計算的最佳化？

8.10 網管人員希望監控以主機 H 爲目的地的流量，並購買了一台路由器 R 與監控軟體。經理指定通往 H 的交通一定要經過 R。解釋如何安排轉送以滿足經理的要求。

8.11 演算法 8.1 是否允許網管人員對多播位址指定轉送？試說明之。

8.12 演算法 8.1 是適用於片段還是僅適用於完整的 datagram ？試說明之。

Memo

章節目錄

9

Internet協定：錯誤與控制訊息(ICMP)

9.1 引言

前一章將IP描述成一個盡力而爲傳送datagram的機制，但不保證傳送成功。本章說明Internet協定如何安排每個路由器向其目的地轉送datagram。datagram不停地由一個路由器傳到另一個路由器，直到抵達一個可以直接傳送至最終目的地的路由器。盡力而爲意味著IP不放棄datagram。如果路由器不知道如何轉送datagram，在傳送datagram時無法聯繫目標主機或路由器遇到不尋常狀況(例如，網路異常)影響其傳送datagram的能力，路由器會通知來源端有問題發生。本章討論路由器和主機用於傳達這種控資訊或錯誤資訊的機制。我們將看到路由器使用該機制報告問題，主機使用該機制來查找鄰居並測試目的地是否可達。

9.2 Internet控制訊息協定

我們已經描述，在無連接系統中每個路由器自動地操作。當datagram到達時，路由器轉送或傳遞datagram，處理完畢後，繼續處理下一個datagram；路由器不會爲一個datagram與原始發送方協調。如果所有主機和路由器已正確配置，都同意到達每個目的地的路徑，這樣的系統工作良好。不幸的是，大型的通訊系統始終無法正常工作。除了網路和處理器硬體故障，如果目標機器是暫時的或者永遠與網路斷線，IP就不能傳送datagram。如果在datagram在到達目的地之前，跳站限制(hop limit)終止計數，或者中間路由器負擔重到必須丟棄datagram，都會產生錯誤。一個由同質的專用硬體構成的單一個網路和一個由多個獨立網路構成的互聯網路之間重要區別在於：對於單一網路，設計師可以安排底層硬體，當出現問題時通知連線的主機；但在互聯網路上，沒有這樣的硬體機制，發送方無法判斷發送是否失敗，失敗原因可能是本地網路的故障或沿路到目的地某處系統故障。在這環境中調適變得極為困難。IP協定本身沒有任何機制幫助測試連線或了解故障發生原因。雖然我們說IP是不可靠的，我們想讓互聯網路盡可能施行檢測和從錯誤中恢復。因此，一個額外的機制是必須的。

為了讓Internet中的路由器能報告錯誤或提供有關意外狀況的資訊，設計者為TCP/IP協定添加了一種專用機制。這個機制稱為「網際網路控制訊息協定」(*ICMP: Internet Control Message Protocol*)，此機制是IP的必要部分，必須由每一個IP實施[1]。

ICMP主要用於當來源端發送的datagram遇到問題時，通知來源端。然而，ICMP訊息的最終目的地不是來源端的電腦應用程式，也不是啓動應用程式的用戶。ICMP將訊息發送給來源端電腦上的IP協定軟體。也就是說，當ICMP錯誤訊息到達電腦時，由電腦上的ICMP軟體模組處理訊息。當然，ICMP可以採取進一步動作響應輸入訊息。例如，ICMP可通知應用程式或高層協定關於傳入的訊息。我們可以總結：

> 網際網路控制訊息協定允許路由器發送錯誤或控制資訊給datagram的來源端。ICMP訊息通常不會傳送給應用程式。我們可以這麼認為：ICMP提供一個通訊機制，讓兩台機器上ICMP模組互通訊息。

ICMP最初設計是讓路由器報告傳輸錯誤的原因給發送端主機，但ICMP不僅限用於路由器。雖然標準中規定一些ICMP訊息應該只由路由器發送，任意機器也可以發送ICMP訊息給任何其他機器。因此，主機可以使用ICMP對路由器或另一台主機通訊。允許主機使用ICMP的主要優點是：提供單一機制在所有的控制訊息傳遞。

9.3 錯誤報告與錯誤校正

從技術上講，ICMP是一個錯誤報告機制(*error reporting mechanism*)。當路由器遇到錯誤，將錯誤回報給來源端主機，但ICMP不和主機互動，ICMP也不會嘗試更正錯誤。只報告錯誤卻不處理錯誤，原因在我們先前討論過的基本設計原則：路由器將盡可能無狀態。我們注意到報告錯誤而不是校正錯誤的想法有助於提高安全性。如果錯誤發生時路由器嘗試維護狀態，攻擊者可以簡單的對路由器狂發不正確的封包，若路由器嘗試糾正刻意造成的問題，只有兩個結果：忙到無法響應或響應變得非常慢。這樣的攻擊可能耗盡路由器資源。因此，僅報告錯誤的想法可以防止某些安全性攻擊。

雖然協定規範概述了ICMP的預期用途，並建議響應錯誤報告可能採取的措施，ICMP沒有完全為每個可能的錯誤規範應該採取的動作。因此，主機在收到錯誤回報後，應用程式可靈活的執行相關的預防措施性。簡而言之：

> 當datagram發生錯誤時，ICMP可以只將錯誤回報給發出datagram的來源端；來源端必須用相關的應用程式處理錯誤，或採取其他行動來糾正問題。

1 當具體參考IPv4的ICMP版本時，我們會標識ICMPv4。當提及IPv6的版本時，我們則標識ICMPv6。

大多數錯誤是由來源端所引起，但有些不是。因爲ICMP通報問題給來源端，而不會將相關問題通報給中間路由器。假設一個datagram沿路徑穿越一序列的路由器，R_1、R_2、...、R_k。如果R_k具有不正確的路徑訊息，錯將datagram轉送給路由器R_E，R_E不能使用ICMP將錯誤回報給路由器R_k；ICMP只能將報告發送回來源端。不幸的是，來源端不對該問題負責，並且不能控制行爲不良的路由器。實際上，來源端也無法確定，到底是哪個路由器出了問題。

爲什麼要限制ICMP只能與來源端進行通訊？答案應該是datagram的格式和轉送這兩個因素。datagram只包含來源端和最終目的地這兩個欄位；它不會有穿越Internet完整的路徑記錄(除非啓用記錄路由選項)。此外，因爲路由器可以建立和改變自己的轉送表，所以不會有完整路徑的資訊。因此，當datagram到達給定的路由器時，不會知道該datagram經過甚麼路徑到達。如果路由器檢測到問題，IP無法得知有哪些路由器處理過datagram，所以無法對中間路由器發出錯誤通報。路由器會使用ICMP通知來源端發生問題，而不只是默默地丟棄datagram，並相信來源端和網路管理人員會合作查找問題並加以修復。

9.4 ICMP訊息傳送

ICMP的設計者採用了一種新穎的方法來報告錯誤:他們選擇使用IP來攜帶ICMP訊息，而不是使用下層通訊系統處理錯誤。也就是說，和所有其他交通一樣，先將ICMP訊息封裝在IP datagram的資料載荷區(payload)，然後在Internet上傳播。這個選擇反應了一個重要的假設：錯誤很少發生。特別是，我們假設datagram轉送在大多數時間狀況良好(因爲有傳送錯誤訊息的機制)。在實踐中，證明假設對的，錯誤確實不常發生。

因爲每個ICMP訊息在IP datagram中傳播，兩個層級的封裝是必要的。圖9.1說明了這個概念。

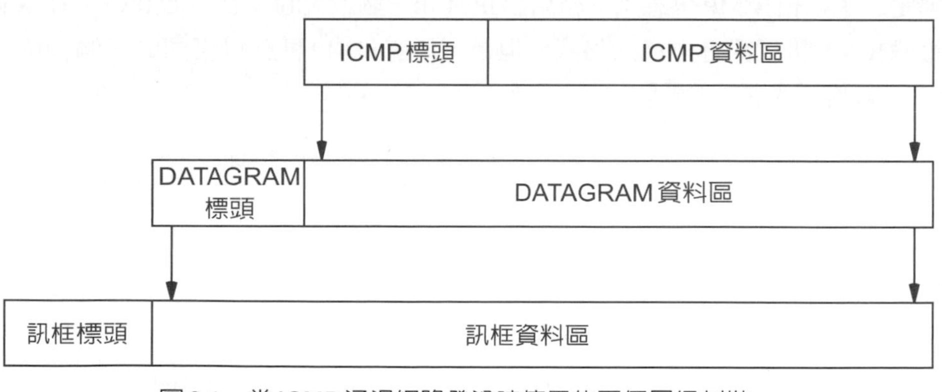

圖9.1　當ICMP通過網路發送時使用的兩個層級封裝。

如圖所示，每個ICMP訊封裝在IP datagram的資料載荷區，然後透過Internet傳送，IP datagram本身又封裝在訊框的資料載荷區中透過底層網路傳送。雖然IPv4和IPv6都使用datagram來承載ICMP訊息，但施行細節不同。IPv4使用datagram標頭中的*PROTOCOL*欄位標識資料載荷區攜帶的是哪一類的資訊。若*PROTOCOL*欄位値爲1，代表資料載荷區攜帶的是ICMP資訊。IPv6使用*NEXT HEADER*欄位標識要承載的資訊是甚麼類型。當IPv6 datagram的資料載荷區攜帶的是ICMP的資訊，那麼在IPv6 datagram最後一個標頭中的*NEXT HEADER*欄位的值就會是58。

在處理方面，攜帶ICMP訊息的datagram和一般攜帶用戶資訊的datagram沒甚麼兩樣，不具有額外的可靠性或優先等級。因此，錯誤訊息本身可能遺失、複製或丟棄。此外，在已經擁塞的網路中，錯誤訊息可能會更增加擁塞。如果攜帶ICMP的IP datagram發生錯誤，那麼錯誤處理程序會進行例外處理。例外處理是爲了避免傳遞錯誤訊息者自己也產生錯誤，做法是：承載ICMP訊息的datagram若也發生錯誤，則不再產生ICMP訊息向來源端回報。

9.5 概念分層

通常，封裝和分層是相輔相成的。例如，考慮IP和Ethernet。當IP datagram穿越Ethernet時，會被封裝在Ethernet訊框。封裝會遵循分層原則實施，這部份已在第四章討論過。IP是第3層技術，Ethernet是第2層技術，第2層需封裝第3層的資訊。Ethernet訊框中的類型欄位，標識封裝在Ethernet訊框內的資料，使用的是何種高層協定。

ICMP是一個重要的例外。雖然每個ICMP訊息都被封裝在IP datagram中，但ICMP不被認爲是更高層級的協定。取而代之，ICMP是IP的必須部分，這意味著ICMP被歸類爲第3層協定。我們可以認定封裝使用現有的基於IP的轉送方案，而不是爲ICMP訊息另外建立並行轉送機制。ICMP必須發送錯誤報告給來源端，因此ICMP訊息必須跨越多個底層網路到達其最終目的地。因此，ICMP訊息不能僅由第2層來傳送。

9.6 ICMP訊息格式

標準定義了兩組ICMP訊息：一組用於IPv4和一個較大的集合用於IPv6。在兩個版本的IP中，每個ICMP訊息都有自己的格式。但是，所有ICMP訊息以相同的三個欄位開頭。圖9.2說明了一般格式的ICMP訊息。

8 bits	8 bits	16 bits
類型	代碼	校驗和
訊息主體 . . .		

圖9.2　每個ICMP訊息中的前三個欄位。

如圖所示，ICMP訊息的第一個欄位是*TYPE*（類型）欄位，標識本訊息歸屬哪一類的ICMP訊息。ICMP類型欄位以8位元的整數標識承載的是哪類ICMP訊息。因爲訊息的格式由訊息類型定義，接收器使用TYPE欄位中的值，才知道如何解析訊息。

ICMP訊息中8位元的*CODE*（代碼）欄位提供了更精確的類型資訊。例如，ICMP的*TIME EXCEEDED*訊息，其類型值爲11。類型爲11的ICMP訊息有兩個CODE值，分別代表不同狀況。CODE=0代表datagram的跳站數(TTL)已達到零。CODE=1代表片段重新組裝程序在所有片段到達之前就已逾時。

每個ICMP訊息中的第三個欄位由16位元的「校驗和」(*CHECKSUM*)所組成，校驗和的運算元是整個ICMP訊息。ICMP和IP一樣，使用16位元1補數來計算校驗和。

ICMP訊息中的訊息主體(message body)完全取決於ICMP類型。然而，對於報告錯誤的ICMP訊息，主體訊息包括一個標頭和引起問題的datagram中的一部分資料[2]。

ICMP返回的資訊包括出問題的datagram的標頭和標頭外屬於IP payload的一部分資料，目的是要讓接收端可以更精確地確認，出問題的datagram使用的是哪個協定，是哪個應用程式負責發送datagram。正如我們將在後面看到的，在TCP /IP套件中將重要資訊放在自己標頭的前端，這個位置正好就是IP標頭外的位置。

9.7 用於IPv4和IPv6的ICMP訊息類型範例

圖9.3第一欄列出了IPv4中ICMP訊息類型。第二欄描述這些訊息的含義，並給出訊息格式的範例。

型態	ICMP訊息	型態	ICMP訊息
0	回應應答	17	位址遮罩(mask)請求
3	目的地無法到達	18	位址遮罩回應
4	發送端抑制	30	路徑追蹤
5	重新定向(改變路由)	31	datagram轉換錯誤
6	替換主機位址	32	行動主機重新定向
8	回應請求	33	IPv6 Where-Are-You
9	路由器公告	34	IPv6 I-Am-Here
10	路由器懇求	35	行動註冊請求
11	datagram逾時	36	行動註冊回應
12	datagram參數錯誤	37	網域名請求
13	時戳請求	38	網域名回應
14	時戳回應	39	SKIP(簡易金鑰管理)
15	資料請求	40	Photuris(安全失效)
16	資料回應	41	實驗移動性

圖9.3 ICMPv4訊息類型及其含義。未列出的數值代表尚未分配或保留。

如圖所示，許多原始的ICMP訊息被設計為攜帶資訊而不僅只是錯誤訊息(例如，主機使用類型17來請求網路所使用的位址遮罩，路由器以類型18響應，報告其位址遮罩)。IPv6將類型分成兩組，劃分ICMP承載的是錯誤訊息還是資訊訊息：小於128的類型用於錯誤訊息，128和255之間的類型用於承載資訊。圖9.4列出了與IPv6一起使用的ICMP訊息類型，並顯示雖然IPv6只定義四個錯誤訊息但卻定義了許多資訊訊息。

2 ICMP只返回導致該問題的datagram的一部分，以避免ICMP訊息大到要分割。

型態	訊息	型態	訊息
1	目的地不可達	138	路由器重新編號
2	Packet Too Big 139	139	ICMP節點訊息
3	逾時	140	ICMP節點訊息
4	參數問題	141	反向鄰居請求
128	Echo Request	142	反相鄰廣告。
129	Echo回復	143	組播偵聽器報告
130	組播偵聽器查詢	144	歸屬代理請求
131	家庭代理回复	145	歸屬代理回應
132	組播偵聽器完成	146	移動前綴請求
133	路由器請求(NDP)	147	移動前綴廣告
134	路由器廣告	148	認證路徑徵求
135	鄰居請求	149	認證路徑廣告
136	鄰居廣告	151	組播路由器
137	重定向訊息		

圖9.4　ICMPv6訊息類型及其含義。

如圖所示，IPv6將三個主要子系統併入ICMP中：(1)鄰居發現協定(*Neighbor Discovery Protocol*)，第6章討論(2)組播，第15章討論(3)移動性，第18章討論。ICMP爲每個子系統定義了訊息。例如，當使用鄰居發現時，IPv6節點可以廣播鄰居請求訊息(類型135)來發現直接可達鄰居。路由器請求訊息(類型133)發現直接可達路由器。

9.8 測試目標可達性和狀態

ping[3]程式可能是最廣泛使用的一個Internet診斷工具。在IPv4中建立，ping已擴展適用於IPv6。在任一情況下，ping向遠端腦發送ICMP請求訊息(*Echo Request message*)。任何收到ICMP請求的電腦，會建立一個ICMP回覆訊息(ICMP *Echo Reply*)給原始發件端。因此，ping程式接收從遠端傳來的回覆。請求訊息包含可選的資料部分，回覆訊息包含請求中發送資料的副本。

爲什麼一個簡單的訊息交換程式有助於診斷Internet問題？當發送請求訊息，用戶必須指定目的地。直截了當的答案是發出一個回應請求，得到一個回覆，回覆訊息可以用來測試目的地是否可達和是否能響應。因爲請求和應答在IP datagram中傳送，所以能從遠端機器收到回覆，驗證了IP傳送的主要系統部分能正常工作。現在描述一下ping的過程：(1)來源端電腦上的IP軟體必須在其轉送表中有到達目的地的路徑資訊。(2)來源端電腦能建立正確的datagram。(3)來源端能夠到達路由器，這意味著ARP(IPv4)或鄰居發現(IPv6)能正常工作。(4)來源和目的地之間的中間路由器能正常操作，並能在兩地間正確雙向轉送datagram。(5)目的機器必須在運行中，設備驅動程序必須能夠接收和發送封包，並且ICMP和IP兩個軟體模組必須正常工作。

3 Dave Mills曾經建議PING是Packet InterNet Groper的縮寫。

目前有幾個版本的ping存在。大多數允許用戶指定選項，如是否發送請求並等待回覆。或週期性地(例如，每秒)發送請求並顯示所有回覆。如果ping發送一系列請求可顯示有關訊息丟失的統計訊息。發送一系列連續的請求的優點是可發現網路中出現間歇性的問題。例如，一個無線網路受到電子干擾造成訊號衰減，但是電子干擾隨機發生(例如，當印表機啓動時)。

大多數版本的ping還允許用戶對每個請求指定發送的資料量。發送大型ping封包對於測試片段和重組非常有用。大封包也迫使IPv6參與路徑MTU探詢。因此，一個看似簡單的應用有好幾種用途。

9.9 回應請求和應答訊息格式

IPv4和IPv6都對所有ICMP Echo Request和Echo Reply使用單一訊息格式。圖9.5說明了訊息格式。

0 … 8	8 … 16	16 … 31
TYPE	CODE (0)	CHECKSUM
IDENTIFIER		SEQUENCE NUMBER
選項資料 . . .		

圖9.5 ICMP請求與回覆訊息格式。

雖然相同的訊息格式用於請求和回覆，但*TYPE*(類型)欄位的值不同。對於IPv4，*TYPE*在請求中爲8，在回覆中爲0。對於IPv6，*TYPE*在請求中爲128，在回覆中爲129。對於上述四個*TYPE*欄位值，*CODE*(代碼)欄位爲零(即，ICMP的請求和回覆不使用*CODE*欄位)。

IDENTIFIER(識別碼)欄位和SEQUENCE NUMBER(序號)欄位由發送方使用，將收到的回覆和發出的請求做比對。接收端ICMP不解釋這兩個欄位，回覆中值和請求中的值相同。因此，發送請求的機器可以將*IDENTIFIER*欄位設置爲標識應用程式的值，並可以使用*SEQUENCE NUMBER*欄位對發送端的連續請求進行回應。例如，*IDENTIFIER*可能是發送應用程式的程序ID，發送端ICMP軟體將傳入的回覆與發送請求的應用程序相匹配。

標記爲*OPTIONAL DATA*的欄位長度是可變的，其內容是傳回給發件人的資訊。ICMP回覆的資料與ICMP請求中的資料總是相同。雖然可以發送任意資料，但典型的ping程序發出的是序號，這麼做的原因是容易驗證返回的資料，自己又不用儲存所有的驗證資料，只要記住一個起始號碼即可。如上所述，可變大小允許網管人員測試片段。

9.10 Checksum計算和IPv6虛擬標頭

IPv4和IPv6都使用ICMP訊息中的*CHECKSUM*(校驗和)欄位，兩者都需要發送端對完整訊息以16位元1補數計算CHECKSUM。此外，兩個版本都需要接收端來驗證CHECKSUM，若校驗和無效，則丟棄ICMP訊息。但是，CHECKSUM計算方式和IPv6有些不同，因爲IPv6增加了額外的要求：IPv6中的CHECKSUM也涵蓋來自IP基本表標頭中的欄位。概念上，指定標頭欄位被稱爲是虛擬標頭(pseudo-header)，如圖9.6所示。

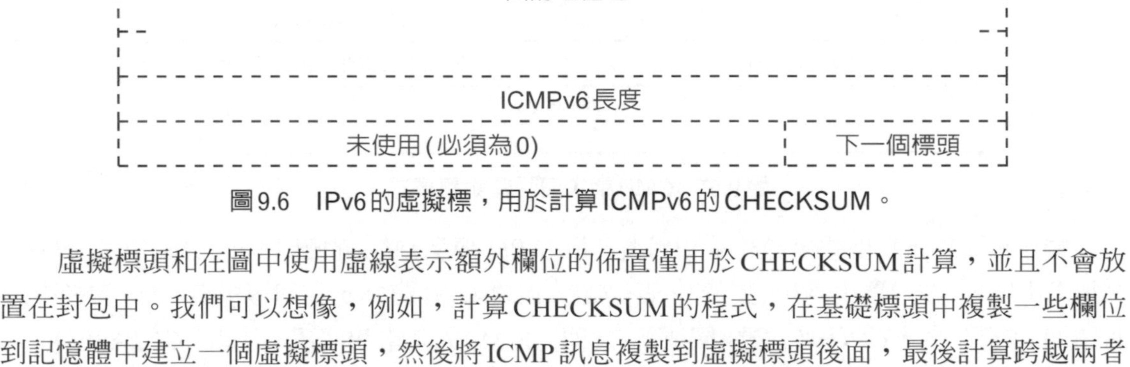

圖9.6　IPv6的虛擬標，用於計算ICMPv6的CHECKSUM。

虛擬標頭和在圖中使用虛線表示額外欄位的佈置僅用於CHECKSUM計算，並且不會放置在封包中。我們可以想像，例如，計算CHECKSUM的程式，在基礎標頭中複製一些欄位到記憶體中建立一個虛擬標頭，然後將ICMP訊息複製到虛擬標頭後面，最後計算跨越兩者的CHECKSUM[4]。

爲什麼IPv6在CHECKSUM中包含虛擬標頭？ IPv6的設計師意識到可能的安全弱點，並想確保一台電腦不會錯誤地處理不是發給該電腦的ICMP訊息。在CHECKSUM中包括虛擬標頭加強了對訊息的驗證。虛擬標頭不保證正確性。如果需要更強的安全性，datagram必須加密。

9.11 無法到達目的地的報告

雖然IP實現盡力而爲的傳送機制，不應該輕率丟棄datagram。每當一個錯誤阻止路由器轉送或傳送datagram，路由器發送ICMP目的地不可達(*destination unreachable*)訊息給來源端，然後丟棄datagram。網路不可達(*network unreachable*)的錯誤暗示中間點的轉送故障，主機不可達的錯誤意味著最後一站失敗[5]。IPv4和IPv6對目標不可達訊息使用相同的格式。圖9.7說明了格式。

4 在實踐中，可以在虛擬標頭上計算CHECKSUM，不用複製。

5 IETF建議只向來源端報告主機不可達，並使用路由協定處理其他轉送問題。

0	8	16	31
類型	代碼	校驗和	
未使用(必須為0)			
引發問題的DATAGRAM的首碼 ...			

圖9.7　ICMP目標不可達訊息格式。

雖然使用相同的訊息格式，但IPv4和IPv6解釋欄位的方式在訊息中略有不同。IPv4將*TYPE*(類型)欄位設置爲3，IPv6將*TYPE*設置爲1。與回應請求和回覆訊息一樣，IPv4只針對ICMP訊息計算*CHECKSUM*，IPv6在*CHECKSUM*的計算加入了虛擬標頭。

目的不可達的原因有很多，*CODE* (代碼)欄位包含一個整數，可更精確描述問題。IPv4和IPv6使用的CODE不相同。圖9.8列出了ICMP目的不可達訊息中各種*CODE*值的含義。

IPv4解釋

碼值	意義	型態	意義
0	網路不可達	8	發送端主機隔離
1	主機不可達	9	與目的地網路通訊被管理者禁止
2	協定不可達	10	與目的地主機通訊被管理者禁止
3	埠不可達	11	服務型態網路不可達
4	需要分段	12	服務型態主機不可達
5	發送端路由失敗	13	通訊被管理者禁止
6	目的地網路未知	14	主機優先權違規
7	目的地主機未知	15	中止優先權生效

IPv6解釋

碼值	意義	型態	意義
0	沒有路徑到目的地	4	埠口不可達
1	通訊禁止	5	來源位址。失敗策略
2	超越來源範圍	6	拒絕到目的地路徑
3	位址不可達	7	來源路由錯誤

圖9.8　ICMP目標不可達訊息的CODE值及其所代表意義。

ICMP目標不可達訊息的最後一個欄位承載的是出問題的datagram, d,的資訊。IPv4和IPv6在這個欄位置入的資訊略有不同。IPv4在這個欄位放入的是d的標頭，和d的資料載荷區的前64個位元。IPv6允許攜帶的ICMP訊息的到達1280個octet(IPv6最小的MTU)，在d的資料載荷選取最多的資料。因爲ICMP錯誤訊息包含d的資料載荷區的前一小節資料，所以來源端會知道到底哪個位址是不可達的。

目的地不可達的原因，可能因爲硬體有時無法提供服務。像是發送端所指定之目的地位址不存在，或是路由器沒有通往目的地網路之路徑(此種情形較少發生)。注意，雖然路由器會回報所遭遇的問題，但它未必知道所有的傳送錯誤。例如：連接於Ethernet網路的目的地機器，網路硬體並不提供確認機制。因此，由於不會收到封包無法傳送的指示，即使目的地機器關機，路由器還是會繼續傳送封包。總結如下：

> 雖然路由器遇到無法轉送或直接傳送的datagram時，會發送目的地不可達訊息，但路由器無法檢測到所有這類型的錯誤。

當我們研究高層協定如何使用埠口(port)作爲抽象目的地時，埠口不可達訊息的意義將變得清楚。許多保留代碼是自我解釋的。例如，站台可以基於管理原因限制某些datagram進出。在IPv6中，一些位址被歸類爲*site-local*（本地站台），意味著該位址不能在全球Internet上使用。嘗試發送具有本地站台位址的datagram將觸發錯誤，因爲datagram的來源位址超出有效範圍。

9.12 關於分段的ICMP錯誤報告

IPv4和IPv6都允許路由器在datagram太大時報告錯誤，datagram太大的錯誤是由於網路MTU的限制和不能被分段兩者共同造成。但當中有些細節不同。IPv4發送目標不可達(*destination unreachable*)訊息，其中*CODE*欄位設置爲4，IPv6則發送封包太大訊息(*packet too big message*)，其*TYPE*欄位爲2。對IPv4來說可能沒必要有需要分段的報告，因爲路由器自己就可以執行分段。但是，IPv4標頭包括一個"不分段"位元。當此位元設置，路由器被禁止執行分段，這導致路由器發送帶有*CODE*值爲4的ICMPv4「目的地不可達」訊息。

IPv6定義單獨的ICMP訊息來報告分段問題，主要的原因在於設計原則。路由器總是被禁止對IPv6 datagram做分段，這意味著來源端必須執行路徑MTU探索。路徑MPU探索的一個關鍵部分涉及接收關於遠端網路MTU的訊息。因此，封包太大訊息包含一個MTU欄位，用來告知來源端關於導致問題的網路的MTU。圖9.9說明訊息格式。

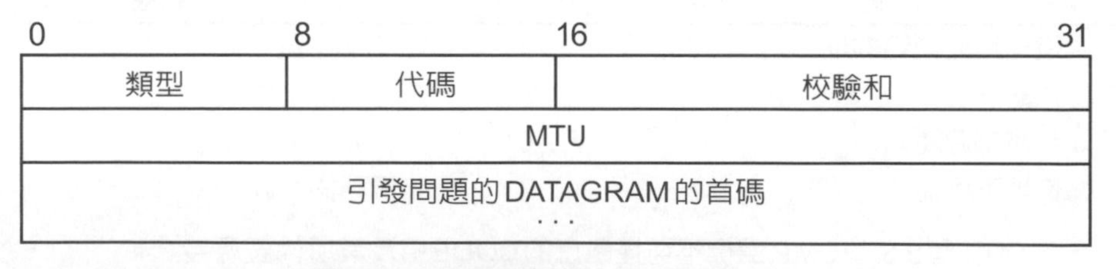

圖9.9 ICMPv6封包太大訊息格式。

9.13 來自路由器的路由更改請求

主機轉送表通常會維持一段時間不會改變。主機在系統啓動時，會從組態檔案開啓它們，系統管理者在正常操作下很少會去改變轉送表。正如我們將在後面的章節中看到的，路由器並非一成不變，它們會定期地交換路由資訊以配合網路的改變，並保持路徑資訊的即時性。因此，作爲一般規則：

> 通常假定路由器知道正確的路徑；主機以最小路徑資訊開始，然後向路由器學習新的路徑。

遵循規則並避免在配置時發送轉送訊息給主機，主機轉送資訊的初始配置只要滿足通訊最小需求即可(例如，單個預設路由器的位址)。主機可以用不完整的訊息開始，並依靠路由器來更新其轉送表。當路由器收到即將轉送的datagram並檢測到主機使用的第一跳不是最佳時，路由器會向主機發出ICMP重定向(*redirect*)訊息，指示主機改變其轉送表，雖然路由器自己不是最佳的第一站，但仍會將datagram轉送到目的地。

ICMP重定向方案的優點是簡單：主機開機不用下載轉送表，並可以立即與任何目的地進行通訊。如果發送的datagram走的非優選途徑，路由器會發送重定向訊息。因此，主機仍維持小的轉送表，但對所有目的地的將具有最佳的路徑。

因爲僅限制直接連線的路由器和主機兩者間交互運作，重定向訊息不能解決以一般的方式傳播路由資訊的問題。要理解爲什麼，考慮圖9.10說明以路由器連接的一組網路。

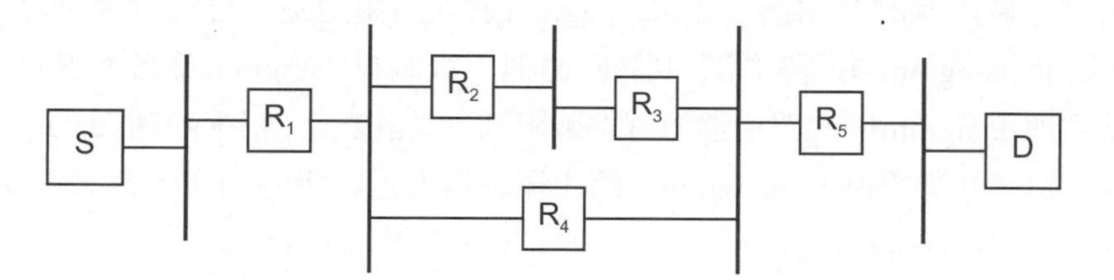

圖9.10　範例拓樸顯示了為什麼ICMP重定向訊息不處理所有路由問題。

在圖中，主機S向目的地D發送datagram。如果路由器R_1不正確地轉送該datagram通過路由器R_2而不是通過路由器R_4(即，R_1不正確選擇比所需更長的路徑)，則datagram將到達路由器R_5。然而，R_5不能發送ICMP重定向訊息到R_1，因爲R_5不知道R_1的位址。後面的章節探討如何跨越多個網路傳播路由訊息的問題。

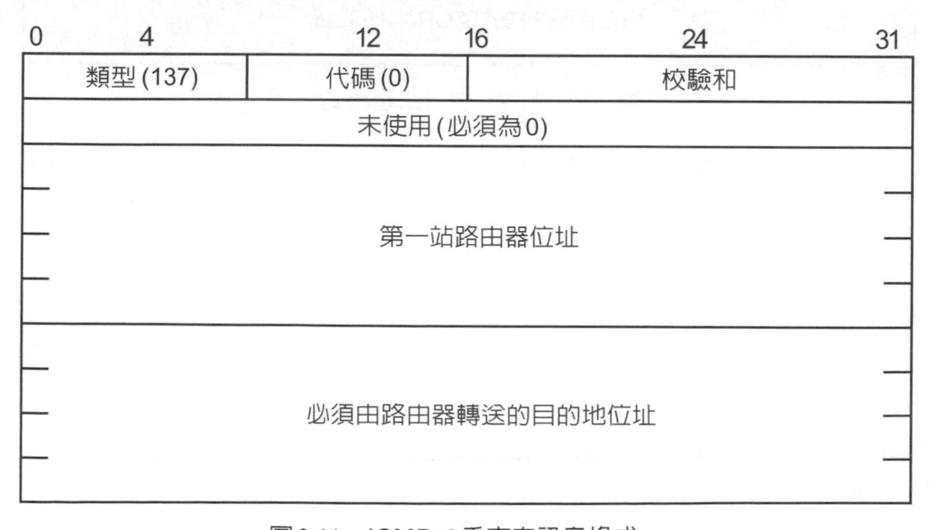

圖9.11　ICMPv6重定向訊息格式。

與其他幾種ICMP訊息類型一樣，IPv4和IPv6使用相同的一般重定向訊息格式。訊息以必需的*TYPE*、*CODE*和*CHECKSUM*欄位起始。該訊息還包含兩個資訊：用作第一跳路由器的IP位址和引發問題的目標位址。訊息格式有些不同。IPv4重定向訊息包含路由器的32位元IPv4位址，後面是未正確轉送的datagram的前段資訊。IPv6重定向訊息包含路由器的IPv6位址和應通過路由器轉送目的地的IPv6位址。圖9.11說明了用於IPv6的格式。

作爲一般規則，路由器只發送ICMP重定向請求到主機，而不是給其他路由器。後面的章節將解釋路由器用來交換路由資訊的協定。

9.14 檢測迴圈或過長的路徑

因爲Internet路由器在轉送datagram時都使用本地資訊，錯誤或不一致的轉送資訊可能對某目的地，D，造成迴路也就是眾所周知的路由迴圈。路由迴圈(routing loop)可以由兩個路由器互傳datagram造成，也可由路徑中的多個路由器，將datagram一站傳給一站，然後又重傳回給已轉送過的路由器。如果datagram進入路由迴圈，它將不斷地循環繞路。如前所述，爲防止datagram在網際網路中無限循迴，每個IP datagram都各有其站數限制(*hop limit*)。每當處理datagram時，路由器遞減站數限制，當計數達到零時丟棄datagram。路由器不僅僅丟棄已超過站數限制的datagram，路由器還採取進一步的動作，對來源端發送ICMP逾時訊息(*time exceeded message*)。

IPv4和IPv6都會發送逾時訊息，兩者使用相同的格式，如圖9.12所示。IPv4將TYPE設置爲11，IPv6將TYPE設置爲3。

0 8	8 16	16 31
類型	代碼	校驗和
未使用(必須為0)		
引發問題的DATAGRAM的首碼 . . .		

圖9.12 ICMP逾時訊息格式。

看起來奇怪的是，訊息用的是時間報告，錯誤用的卻是站數限制。名稱衍生自IPv4，最初將跳數限制解釋爲一個存活時間(*TTL*)計數器。因此，將TTL到期解釋爲超出時間限制。雖然對欄位的解釋已經改變，但該名稱仍然存在。

逾時訊息也用於報告另一個狀況：datagram重新組裝期間發生逾時。回想一下目的地主機的IP軟體必須收集片段，並構造完整的datagram。一個新的datagram有一個片段到達時，主機設置一個定時器。如果有任何片段未在定時器逾時之前到達，所有已到達的片段會被丟棄，接收主機還會發送一個ICMP逾時的訊息給來源端。ICMP使用time exceeded型態中的*CODE*欄位來解是甚麼狀況引發逾時。如圖9.13所示。

碼值	訊息
0	超過站數限制
1	片段組合逾時

圖9.13　ICMP time exceeded型態中的CODE欄位訊息。IPv4和IPv6使用相同的解釋。

9.15 報告其他問題

當路由器或主機發現問題，但沒有與其對應的ICMP錯誤訊息(例如，不正確的datagram標頭)，路由器會發送參數問題(parameter problem)訊息給來源端。在IPv4中，出現這種問題的可能原因是選項的參數不正確。在IPv6中出現參數問題有可能是標頭中某欄位的值超出範圍、無法識別*NEXT HEADER*類型或者無法識別一些選項。在這種情況下，路由器會發送參數問題訊息，並使用*CODE*欄位來區分子問題。圖9.14說明參數問題訊息的格式。這樣的訊息只在問題嚴重到datagram必須被丟棄時才會送出。

0	8	16	31
類型	代碼	校驗和	
指標			
引發問題的DATAGRAM的首碼 ...			

圖9.14　ICMP參數問題訊息格式。

為使訊息更明確，發件人使用訊息標頭中*POINTER*欄位來標識導致問題的是datagram中的是哪個octet。

9.16 啓動時使用舊的ICMP訊息

最初，ICMP定義了一組訊息，主機用此訊息在啓動時確定其IP位址、路由器位址和網路上使用的位址遮罩。之後，引入了稱爲*DHCP*[6]的協定，爲IPv4主機在單一交易提供所有的必要訊息。另外，ICMP定義了一個訊息，主機或路由器可以用來獲取當前時間。但不久後，交換時間的協定也被設計出來。DHCP的出現，交換時間的協定出現，使ICMP看起來似乎有些過時。目前，IPv4在啓動時不再使ICMP訊息獲取資訊。

有趣的是，ICMPv6又走回原ICMPv4一部分的老路：發現路由器。在啓動時，IPv6主機群播(multicast)一個ICMPv6路由器發現訊息，以便了解本地網路上的路由器。路由器發現和DHCP之間有兩個概念上的差異，使IPv6較青睞路由器發現。首先，因爲訊息直接從路由器本身獲得，所以永遠不會有第三方錯誤。使用DHCP，這樣的錯誤是可能發生的，因爲DHCP伺服器必須配置要發出的訊息，如果網管人員在網路更改後未配置新訊息，主機可能會被給予過時的訊息。第二，ICMP路由器發現使用帶有定時器的軟狀態技術，防止主機在路由器崩潰後保留相關轉送表資訊，路由器定期發出的路徑資訊，並且如果路徑的定時器到期，則主機丟棄該路徑。

6　第22章檢視DHCP以及IPv6在啓動時使用的協定。

9.17 總結

網際網路控制訊息協定是IP不可或缺的一部分，用於報告錯誤和發送控制訊息。在大多數情況下，ICMP錯誤訊息源自Internet中的路由器。ICMP訊息總是回到導致錯誤datagram的來源端。

ICMP包括目*destination unreachable*訊息：報告datagram不能被轉送到達的目的地。*packet too big*訊息：報告某個datagram不能適應網路的MTU。*redirect*訊息：請求主機改變其轉送表中的第一站位址。*time exceeded*訊息：報告何時已到跳數限制臨界點或片段重新組裝逾時。parameter problem訊息：報告其他標頭產生的問題。另外，ICMP *echo request* / *reply*息可以用來測試目的地是否可達。一組舊的ICMPv4訊息讓主機在啓動時使用，現在已有替代方案，將不再使用。

ICMP訊息在IP datagram的資料區域中傳播，並且在訊息前端有三個固定長度的欄位：ICMP訊息TYPE欄位、CODE欄位和CHECKSUM欄位。訊息類型確定訊息的格式及其含義。

習題

9.1　設計一個實驗來記錄在一天內每個ICMP訊息類型各有多少個到達您的主機。

9.2　檢查電腦上的*ping*應用程式。嘗試對IPv4網路廣播位址使用*ping*或對IPv6所有節點位址使用*ping*。有多少台電腦回答？閱讀協定文件以確定是否需要回答廣播請求。推薦這麼做還是不推薦，或根本禁止以這種方式用ping。

9.3　解釋*traceroute*應用程式如何使用ICMP。

9.4　路由器應該給ICMP訊息優先於正常的流量嗎？為什麼或者為什麼不？

9.5　考慮一個Ethernet，它有一個常規主機，H。有12個路由器連接到它。找到攜帶IP封包的單個訊框(略微非法)，當由主機H發送時導致H接收正好24個封包。

9.6　沒有ICMP訊息來讓機器通知來源端由於checksum失效導致傳輸失敗。解釋為什麼。

9.7　在上一個問題中，在什麼情況下這樣的訊息可能有用？

9.8　ICMP錯誤訊息是否應包含指定何時發送它們的時戳？為什麼或為什麼不？

9.9　如果您的站台中，路由器參與ICMP路由器發現，請確定每個路由器在每個介面發出多少位址通告。

9.10　嘗試連接到區域網路上不存在的主機。也嘗與與遠端網路上不存在的主機通訊。上述兩種情況，哪一個會讓你收到ICMP錯誤訊息？收到的是甚麼訊息？為什麼？

章節目錄

10

用戶Datagram協定(UDP)

10.1 引言

前面的章節描述了抽象的Internet能夠在電腦間傳輸IP datagram，每個datagram透過Internet轉發到IP位址指定的目的地。在協定的第三層也就是internet層，目的地位址標識主機電腦；沒有進一步區分由電腦的哪個用戶或電腦的哪個應用程式來接收datagram。本章將進一步擴展TCP/IP協定，增加一個能區分主機上不同目的地，並且讓同一主機上多個應用程式獨立收發datagram的機制。

10.2 使用協定埠口作為最終目的地

大多數電腦中的作業系統，允許同時執行多個應用程式。使用作業系統術語，每個正在執行的應用程式稱作是一個程序(*process*)。所以，精確的說法是：電腦中的程序才是訊息的最終目的地。但是，在特定機器上指定特定的程序作爲datagram的最終目的地，似乎又不太對勁。首先，程序是由應用程式啓動所產生的，當應用程式退場，程序隨之消失。資訊發送端通常不會了解遠端電腦正在執行哪些應用程式。第二，我們想要的機制是讓TCP/IP可在任意作業系統上使用，但是識別電腦中程序的機制卻是隨作業系統而變化。第三，重新啓動電腦會改變每個應用程式與程序間的關聯，但發送端絕不會知道有這樣的變化。第四，我們尋求的是一種可以識別電腦提供服務的機制，不用知道施行服務的細節(例如，發送者可與web伺服器聯繫，但發送者不需要知道目標電腦內是哪一個程序提供web服務功能)。

我們不會把正在執行的某應用程序視爲最終目的地，而是設想每台機器內含有一組抽象的目標，這些目標稱作協定埠(*protocol port*)。每個協定以一個正整數來標識。電腦作業系統提供一個介面機制，用來處理指定埠或對埠做存取。

大多數作業系統提供對埠口做同步存取。從一個應用程式的角度來看，同步存取意味著當應用程式存取埠口的時候，計算必須停止。例如，如果應用程式在任何資料到達之前嘗試提取資料，作業系統暫時停止(阻止)應用程式，直到資料到達。一旦資料到達，作業系統傳遞資料給應用程序並重新啓動執行。一般來說，埠是緩衝的(*buffered*)，如果資料在應用程序準備好接受資料之前到達，協定軟體將保持資料使它不會丟失。要實現緩衝，協定軟體會在作業系統內部找塊記憶體空間形成一個(有限)佇列，存放抵達特定埠的封包，直到應用程序提取封包。

要與遠端埠通訊，發件人需要知道目標機器的IP位址和該機器內的協定埠號。每個訊息攜帶兩個協定埠號：目的埠號(*destination port*)用來指定目的地電腦接收訊息的埠口；以及來源埠口(*source port*)，讓對方識別訊息是由發送方的哪一個埠口送出。因爲訊息包含發送端的埠號，接收端的應用程序就有足夠的資訊做出適當的回應，並將此回應轉送回發送端。

10.3 用戶Datagram協定

在TCP/IP協定族中，用戶資料包協定(*UDP: User Datagram Protocol*)提供了一個主要的機制，用於將應用程序產生的datagram傳送給另一個應用程序。UDP訊息內包含有埠號，用來區別在一台電腦上執行的多個應用程序。也就是說，UDP除了傳送資料外，每個UDP訊息還包含目的埠號和來源埠號，使目的地的UDP軟體可以根據目的的埠號，將資料傳送給電腦中適當的應用程序，做出適當的回覆。

UDP使用底層的Internet協定，從一個機器到另一個機器傳送訊息。令人驚訝的是，UDP也爲應用程序提供盡力而爲(best-effort)的機制，無連接式的datagram傳送，功能上就像是IP。也就是說，UDP不保證訊息成功到達，不保證訊息按照它們發送的相同順序到達，並且不提供任何機制來控制訊息在一對通訊主機之間流動的速率。因此，UDP訊息可能丟失、重複、或不依順序。此外，封包到達的速度可能比接收端處理的速度還快。我們可以總結：

> 用户資料包協定(UDP)提供了不可靠、盡力而爲、無連接式的傳遞服務，並使用IP傳送訊息。UDP使用IP攜帶訊息，但增加了一個能力，可以區分電腦中的多個應用程序，也就是區分電腦中的多個目的地。

講到UDP可能會讓人聯想到：應用程序使用的一種傳輸機制，必須全面負責處理可靠性的問題，包括訊息丟失、重複、延遲、無序傳遞和切斷連線。有些程式設計師使用UDP但又不甚了解UDP的特性，因而衍生一些責任上的問題。此外，網路軟體通常都在區域網路上做測試，區域網路本來就具有高可靠性、高容量、低延遲、無丟包等性質，在這種環境下所做的測試，可能不會暴露UDP潛在的弱點。因此，依賴UDP的應用程序在區域網路中工作良好，但在全球Internet上使用時，可能會以戲劇性的失敗收場。

10.4 UDP訊息格式

我們使用術語*user datagram*（用戶資料包）來描述UDP訊息。加上 user這個單字是爲了讓UDP datagram和IP datagram兩者有所區隔。從概念上講，user datagram由兩部分組成，分別是：包含詮釋資料(metadata)的標頭，和承載資料的資料載荷區(payload)。標頭內含有來源端和目的端的協定埠號，資料載荷區則含有準備發送的資料。圖10.1說明UDP訊息的組織。

UDP 標頭	UDP 資料區

圖10.1　UDP訊息的輪廓。

用戶datagram上的標頭非常小，只由四個欄位所組成：(1)來源埠(SOURCE PORT) －發送訊息的協定埠(2)目的地埠(DESTINATION PORT) －接收訊息的協定埠(3)訊息長度(4) UDP校驗和(CHECKSUM)。每個欄位是十六位元長，這意味著整個標頭總共只佔用八個octet。圖10.2列出UDP標頭格式。

0	16　　　　　　　　　　　31
UDP來源埠	UDP目的地埠
UDP訊息長度	UDP校驗和
資料 . . .	

圖10.2　UDP datagram中欄位的格式。

UDP來源埠(*UDP SOURCE PORT*)欄位包含一個16位元的協定埠號，供發送端的應用程序使用。UDP目的地埠(*UDP DESTINATION PORT*)欄位也包含一個16位元埠號，用來辨識接收端的應用程序。實質上，協定軟體使用埠號來將datagram解多工，然後將資料送給正在等候的應用程序。有趣的是，UDP來源埠是可選的。當接收端有資料要回覆時才會用到。對於單向傳送，接收端不發送回覆，這時來源埠就不需要了，可以將來源埠設置爲零。

UDP訊息長度(*UDP MESSAGE LENGTH*)欄位用來標識UDP datagram中octet的數量，包括UDP標頭和用戶資料。因此，最小值爲8，單只有標頭沒有資料。UDP訊息長度(*UDP MESSAGE LENGTH*)欄位由十六個位元所組成，這意味著可以表示的最大長度爲65,535。但實用上，我們將看到UDP訊息必須能封裝得進IP datagram的資料載荷區。因此，允許的最大大小取決於IP標頭的大小。當然，在IPv6 中的UDP資料長度一定比在IPv4中的來得大。

10.5 解釋UDP Checksum

IPv4和IPv6對UDP CHECKSUM欄位的解釋有所不同。對於IPv6，UDP的CHECKSUM是必要的。對於IPv4，CHECKSUM則是可選的，可完全不使用。CHECKSUM欄位中的零值表示並沒有計算CHECKSUM(即，接收端不應驗證CHECKSUM)。IPv4設計者讓CHECKSUM是可選的，是讓UDP在高可靠度的區域網路中傳播時，省去計算CHECKSUM的負擔。然而回想一下，IP對CHECKSUM的計算並未涵蓋IP datagram中的資料載荷區。因此，UDP的CHECKSUM提供了一個維護資料完整性的唯一方法，若無特殊狀況應該使用才是[1]。

初學者經常會懷疑到底發生了什麼事，爲什麼計算出來的UDP CHECKSUM值竟然是零。計算結果爲零值是可能的，因爲UDP和IP使用相同的checksum演算法：將資料劃分成一序列16位元的整數，將這些整數做一補數加總，最後在將加總結果做一補運算。令人驚訝的是，零不是問題，因爲一補數對零值有兩個表示法：所有位元設爲零或所有位元設爲1。當計算的checksum爲零時，代表UDP使用的表示法爲所有位元設爲1。

10.6 UDP Checksum的計算和虛擬標頭

UDP的checksum比起單獨的UDP datagram涵蓋了更多的資訊，額外資訊是從IP標頭中提取的。UDP checksum涵蓋三種資料：(1)UDP標頭(2)UDP資料載荷(3)從IP提取的額外資訊。和在ICMPv6一樣，我們使用虛擬標頭(*pseudo-header*)來稱呼這些來自IP的額外訊息。我們可以想像UDP校驗軟體執行運算，運算元是由上述三種資料形成並置入記憶體，然後對記憶體中的運算元進行checksum的計算。

有個重點一定要理解：虛擬標頭只用來計算checksum，它不是UDP訊息的一部分，不會放在UDP datagram中，自然也就不會透過網路發送。爲強調虛擬標頭和其他標頭格式的不同，我們在圖中使用虛線代表虛擬標頭。

使用虛擬標頭的目的是驗證UDP datagram是否正確到達目的地。要了解虛擬標頭先要了解完整的目的地包括電腦的IP和此電腦中的協定埠口。UDP標頭本身只指定協定埠口的值。因此，要驗證目的地，UDP得納入目的地IP位址和UDP標頭，連同UDP資料載荷做checksum運算。在最終目的地，UDP軟體驗證的部分資料是來自IP datagram標頭中的目的地IP位址。如果校驗吻合，代表datagram正確到達預期的目的地，主機是對的，協定埠也是對的。

1 作者曾經遇到一個問題，複製檔案透過Ethernet傳輸，但失敗。因為Ethernet網路介面卡不穩，網路檔案系統（NFS）使用UDP但沒用CHECKSUM做校驗。

10.7　IPv4 UDP虛擬標頭格式

IPv4用於計算UDP checksum的虛擬標頭由12個octet 以圖10.3所示的順序排列。

0	8	16	31
來源IP位置(SOURCE IP ADDRESS)			
目的地IP位址(DESTINATION IP ADDRESS)			
0	協定(PROTO)	UDP長度(UDP LENGTH)	

圖10.3　由12個octet組成的虛擬標頭，用於計算IPv4 UDP的checksum

虛擬標頭的欄位標記爲*SOURCE IP ADDRESS*和*DESTINATION IP ADDRESS*包含來源端和目的端的IPv4位址，在發送UDP訊息時，這些資料被放置在IPv4 datagram中。*PROTO*欄位標識IPv4協定類型代碼(用於UDP的*17*)。*UDP LENGTH*的欄位標識UDP datagram(不包括虛擬標頭)的長度。要驗證checksum，接收端必須從IPv4標頭中提取這些欄位，然後將這些欄位組合成虛擬標頭格式，計算checksum[2]。

10.8　IPv6 UDP虛擬標頭格式

IPv6用於計算UDP checksum的虛擬標頭由40個octe組成，各欄位排列順序列在圖10.4。

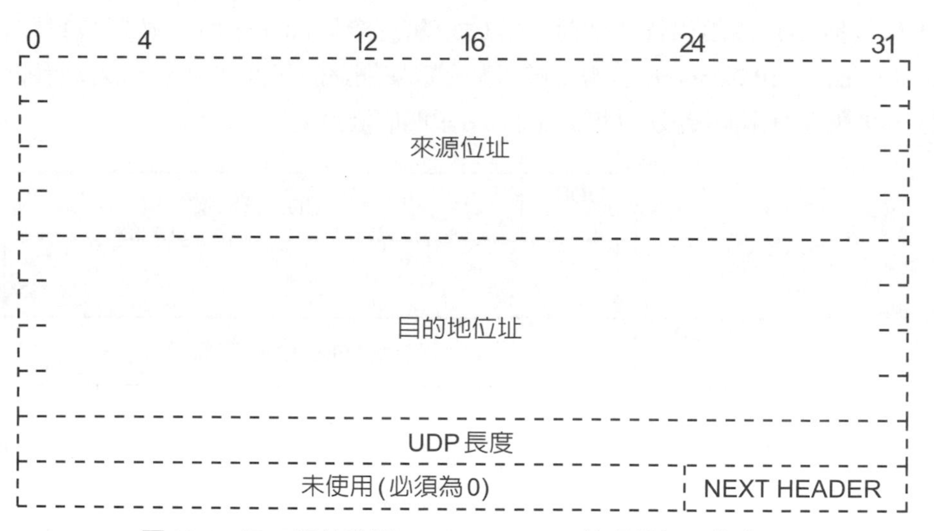

圖10.4　IPv6用於計算UDP checksum的虛擬標頭格式。

IPv6的虛擬標頭使用IPv6的來源和目的位址。和IPv4的虛擬標頭有些不同，*PROTO*欄位以*NEXT HEADER*取代，欄位的順序也有些變動。

2　在實施時，可以寫個計算checksum的程式，不必將這些欄位組合虛擬標頭，正確執行checksum計算。

10.9 UDP封裝和協定分層

UDP爲傳輸層協定提供了第一個應用範例。在第4章介紹過TCP/IP的5層參考模型，UDP位於Internet層之上的傳輸層。從概念上講，應用程序存取UDP，UDP使用IP來發送和接收datagram。圖10.5說明了概念分層。

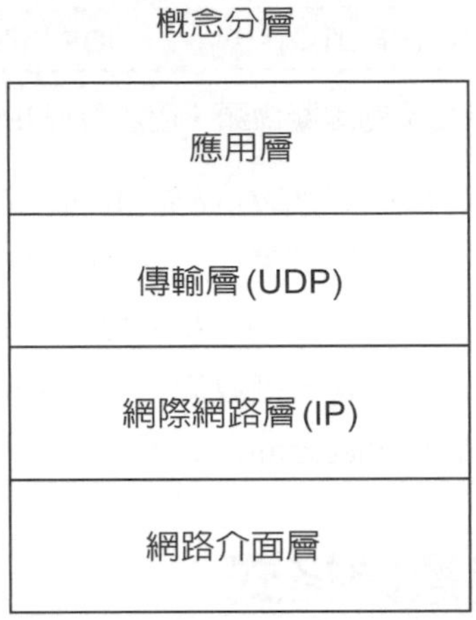

概念分層

應用層
傳輸層(UDP)
網際網路層(IP)
網路介面層

圖10.5 應用程序和IP之間的UDP概念分層。

對UDP來說，圖中的概念分層也意味著封裝。因爲UDP的層級在IP之上，一個完整的UDP訊息包括UDP標頭和資料載荷，當UDP訊息穿越Internet時，必須被封裝在一個IP datagram中。當然，IP datagram也需要被封裝在底層網路的訊框當中，才能做實際的傳輸。這意味著UDP需要有兩個層級的封裝。圖10.6說明層級封裝。

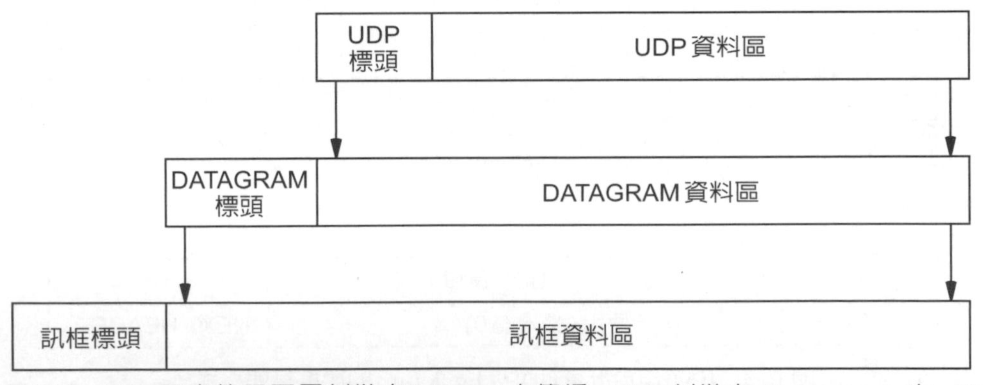

圖10.6 UDP訊息使用兩層封裝在Internet中傳播。UDP封裝在IP datagram中，IP datagram封裝在底層網路訊框中。

如圖所示，封裝構成了由標頭組成的線性序列。因此，一旦截取一個含UDP的訊框，該訊框將以訊框標頭起始，IP標頭緊隨在後，接著是UDP標頭。在建立傳出的封包時，我們可以想像一個應用程序指定要發送的資料。UDP將其標頭添加到資料前面，並將UDP datagram傳遞給IP。IP層將IP標頭添加到UDP接收到內容的前面。最後，網路介面層再將IP datagram封裝在訊框中，將訊框送到網路底層傳輸。訊框的格式取決於底層網路技術，但在大多數技術中，訊框包括附加的標頭。訊框中最外層標頭對應於最低協定層，而最內層標頭對應於最高協定層。

當來自網路介面的封包到達時，網路介面層中的設備驅動器會接收到封包，並將封包放置在記憶體中。處理程序逐步向高層協定上升。在概念上，每層在將訊息傳遞給上一層時會去除該層的標頭。到了傳輸層準備將資料傳遞給接收程序時，所有標頭已被移除。當考慮如何插入和刪除標頭時，最重要的是要記住分層原則。特別地，觀察分層原理適用於UDP，這意味著目標機器上的IP層所收到的datagram和來源端機器傳遞給IP層的datagram完全相同。此外，接收端電腦上UDP傳遞給接應用程序的資料和來源端電腦應用程式傳遞給UDP的資料完全相同。各種協定層之間的職責劃分是嚴格和明確的：

> IP層僅負責將資料透過Internet在一對主機上傳遞，而UDP層只負責區分一台主機內的多個來源和目的地。

因此，只有IP層的標頭可識別來源端和目的端的主機；只有UDP層的標頭可識別主機中的來源埠或目標埠。

10.10 分層和UDP Checksum計算

敏銳的讀者可能會注意到:分層原則和UDP checksum的計算似有矛盾之處。回想一下，UDP計算的checksum，會用到虛擬標頭，其中包含來源和目的地IP位址欄位。有爭論的地方在於用戶在送出UDP datagram時，用戶必須知道目的地IP位址，並且用戶必須將IP位址傳遞到UDP層。因此，UDP層可以獲得目的地IP位址而不與IP層互動。但是，來源IP位址取決於IP爲datagram選擇的路由，因爲IP來源位址標識所使用的網路介面，datagram就是在這個介面上傳輸的。因此，除非它與IP層互動，否則UDP無法得知IP來源位址。

我們假設UDP軟體要向IP層要求取得來源端和目的端的IP位址，使用它們來建構虛擬標頭，計算checksum，丟棄虛擬標頭，然後將UDP datagram遞給IP傳送。另有一個更高效率的替代方案，在UDP層將UDP datagram封裝在IP datagram中，從IP層取得來源位址，將來源位址和目的地位址儲存在IP datagram的相應欄位中，計算UDP checksum，然後將IP datagram傳遞給IP層，IP層只需要填入其餘的IP標頭欄位即可。

UDP和IP之間的密集的互動是否違反了分層的基本原則？答案是肯定的，完全違反了分層原則。UDP已經和IP協定整合在一起。它顯然是一個折衷的分層方案，完全爲了實用而產生。我們願意忽略分層違規，因爲它不可能既要指定目的地機器的應用程序又不指定目的地機器，而且這麼做的目的是使UDP和IP之間位址的對應更有效率。後面有一個練習題從不同的角度檢視這個問題的觀點，要求讀者考慮UDP是否應該與IP分離。

10.11 UDP的多工、解多工和協定埠

我們已經在第4章中看到，在各層協定中的軟體必須對下一層的多個物件進行多工或解多工。UDP軟體提供了多工和解多工的另一個範例。

- 多工在輸出訊息時發生。在給定的主機上，有多個應用程序可以同時使用UDP。因此，我們可以設想UDP軟體接受來自一組應用程序欲傳出的訊息，將每個訊息放入UDP datagram中，然後將datagram遞給IP傳輸。
- 解多工在訊息進入時發生。我們可以設想UDP接受IP傳入的UDP datagram ，在多個應用程序中根據目的地資訊選擇對應的應用程序，並將資料傳遞給該應用程序。

在概念上，所有多工和解多工在UDP軟體和應用程序之間透過埠這個機制產生。在實作中，每個應用程序必須與作業系統協商，獲取本地協定埠號並建立發送和接收UDP訊息所需的資源[3]。一旦作業系統已經建立了必要的資源，應用程序可以發送資料；在作業系統中的UDP程式會建立一個傳出的UDP datagram，並將自己的埠號放在*UDP SOURCE PORT*欄位中。

在概念上，解多工僅用到來源埠號。當處理傳入的datagram時，UDP從IP層軟體接受datagram，從標頭中提取UDP目的埠，並將資料傳遞給應用程序。圖10.7說明了解多工。

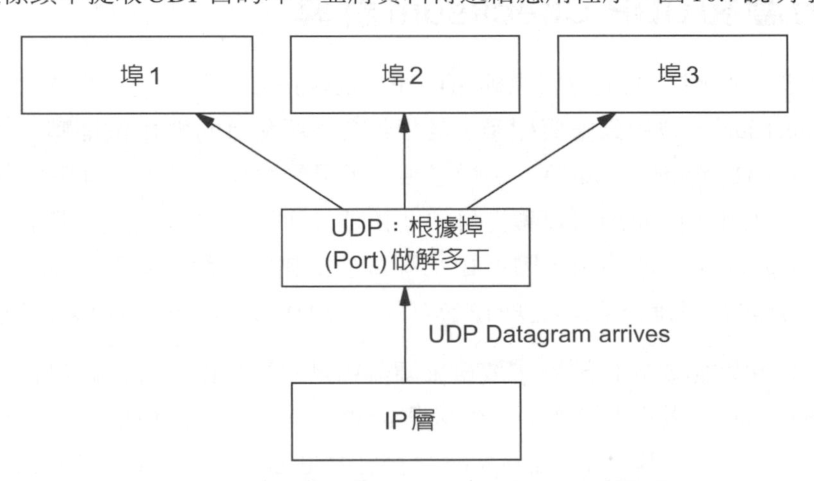

圖10.7 UDP對傳入的datagram解多工的概念圖。

對UDP埠最簡單的思維就把UDP埠當作是傳入datagram的佇列(queue)。在大多數實作中，當應用程序與作業系統協商分配埠時，作業系統建立保存到達datagram所需的內部佇列。應用程序可以指定或更改佇列大小。當UDP接收到datagram，它檢查目標埠號是否與目前使用的埠號相匹配[4]。如果發現匹配，UDP將新datagram存進佇列中讓應用程序存取。如果沒有分配的埠與傳入的datagram匹配，UDP發送ICMP訊息通知來源端埠口不可達，並丟棄datagram。當然，如果埠口已滿也會出現錯誤。在這種情況下，UDP丟棄傳入的datagram並發送ICMP訊息。

3 目前，我們描述的機制是抽象的；第21章提供了使用 socket primitives 的範例，許多操作系統都使用socket primitives建立和使用埠口。

4 實際上，UDP解多工允許應用程式指定來源埠口，就像指定目的埠口一樣。

10.12 保留和可用的UDP埠號

應如何分配協定埠號？這個問題很重要，因爲在兩台電腦上運行的應用程序，在互動前需要對埠號的應用達成一致的共識。例如，當電腦*A*上的用戶決定和電腦*B*上的用戶進行VoIP電話呼叫，應用軟體需要知道電腦*B*上的哪個協定埠與VoIP電話呼叫相對應。有兩種基本方法指定埠號。第一種方法使用中央授權法。大家同意由中央機構根據需要分配埠號並發布所有分配的列表。軟體根據列表構建。這種方法有時候稱爲「統一分配」(*universal assignment*)，由授權主管部門指定埠號分配則稱爲「公認連接埠分配」(*well-known port assignments*)。

埠號	關鍵字	描述
0	-	保留
7	echo	回應
9	discard	丟棄
11	systat	激活用戶
13	daytime	時間
15	netstat	網路狀態問題
17	qotd	每日參照
19	chargen	字元產生器
37	time	時間
42	name	主機名稱伺服器
43	whois	WHO Is
53	nameserver	網域名稱伺服器
67	bootps	BOOTP或DHCP伺服器
68	bootpc	BOOTP或DHCP顧客端
69	tftp	小檔案傳輸
88	kerberos	Kerberos安全服務
111	sunrpc	ONC遠程序呼叫(Sun RPC)
123	ntp	網路時間協定
161	snmp	簡易網路管理協定
162	snmp-trap	snmp陷阱
264	bgmp	邊界閘道群播協定(BGMP)
389	ldap	輕量目錄服務協定(LDAP)
512	biff	UNIX通訊衛星
514	syslog	系統日誌
520	rip	路由資訊協定(RIP)
525	timed	時間程序
546	dhcpv6-c	DHCPv6顧客端
547	dhcpv6-s	DHCPv6伺服端
944	nsf	網路檔案系統服務(NFS)
973	nfsv6	IPv6的網路檔案系統(NFS)服務

圖10.8　衆所周知的UDP協定埠號範例。

第二種方法使用動態綁定。在動態綁定方法，此方法埠不是所有人都知道。而是，每當一個應用程序需要協定埠號，協定軟體在作業系統中選擇未使用的編號並將其分配給應用程序。當應用程序需要學習另一台電腦上當前協定埠的分配，應用程序必發送一個請求詢問埠的分配(例如，VoIP電話服務使用的是什麼埠？)。目標機器會給出適當的埠號來回覆。

TCP/IP設計者採用一種混合方案，事先分配一些埠號，但保留一些埠號給本地站台或應用程序做動態分配。中央管理機構分配眾所周知的埠號，從0值開始並向上延伸，留下較大的整數值用於動態分配。圖10.8中的表列出了眾所周知的UDP協定埠號和對應的應用程式。

10.13 總結

現代作業系統允許多個應用程序同時執行。用戶資料包協定，UDP，藉由允許發送端和接收端分配16位元協定埠號給每個應用程序，來區分一台機器上的多個應用程序。UDP訊息包括兩個協定埠號，分別用來標識發送端和接收端的應用程序。一些UDP埠號在它們的用途上是眾所周知的，由中央主管機關永久配用，並爲整個Internet所遵循使用。其他埠號可在任意應用程式中使用。

UDP是一種輕巧的協定且不像IP那樣知名。它只是用IP不可靠的無連接封包傳遞服務，爲應用程序提供通訊能力。因此，UDP訊息可能丟失、重複、延遲或無序傳送；一對使用UDP的應用程序，必須準備好處理錯誤。如果一個UDP應用程序不處理錯誤，若是在高可靠的區域網路可能正常運行，但在廣域的Internet就不是這麼回事了，延遲和遺失等等問題接踵而來。

在協定分層方案中，UDP駐留在第4層的傳輸層，在第3層Internet層上面，以及第5層應用層下面。從概念上講，傳輸層獨立於Internet層，但在實踐中它們緊密交互運作。UDP的checksum運算涵蓋虛擬標頭，當中有來源端和目的地端的IP位址在其中，意味著UDP軟體在送出datagram前，必須與IP軟體交互運作以取得IP位址。

習題

10.1 寫兩個程式，一個負責傳送，一個負責接收。使用UDP並測量訊息的平均傳輸速度，訊息的大小分別是256、512、1024、2048、4096和8192個octet。你能解釋一下結果嗎？（提示：你使用的網路的MTU是多少？）

10.2 為什麼UDP checksum與IP checksum分開？你會反對協定只使用一個checksum來對完整的IP datagram包含UDP訊息做校驗嗎？

10.3 不使用checksum可能很危險。解釋為什麼只是一台機器P的ARP廣播失敗就可以使它不能到達另一台機器Q。

10.4 用來識別多個目的地的協定埠可以併入到IP嗎？為什麼可以或者為什麼不可以？

10.5 使用預先分配的UDP埠號的主要優點是什麼？主要缺點是什麼？

10.6 使用協定埠號而不使用程序的識別碼來識別主機內的目的地，主要優點是什麼？

10.7 UDP提供不可靠的datagram通訊，因為它不保證能成功傳送訊息。用超時和確認機制設計一個可靠的datagram協定以保證能成功傳送。增加了可靠性，會有多少網路開銷和延遲？

10.8 名稱註冊。假設你想允許任意對的應用程序用UDP建立通訊，但你不希望任一方使用固定的UDP埠號。相反，你希望可能的通訊兩端以64字元的字串作為識別碼。因此，機器A上的應用程序可能想要與機器B上的"特殊長ID"應用程序通訊。同時，假設機器C上的應用程序想要與A上的應用程序"my-own-private-id"通訊。證明你只需在每台電腦上設計軟體，分配一個UDP埠，就可使這樣的通訊成為可能。在每台機器上的軟體需具下列功能

(a)為己方的應用程序選擇未使用的UDP埠號來準備通訊。

(b)己方應用程序註冊一個64-字元名稱與上一步驟的埠號對應。

(c)遠端應用程序只使用64-字元名稱和目標Internet位址用UDP通訊。

10.9 從上一個練習中設計名稱註冊程式。

10.10 通過廣域網路發送UDP datagram，並測量丟失的百分比，將百分比重新排序。結果和一天的某段時間有關嗎？網路負載？

10.11 標準將UDP埠7定義為echo埠－發送給echo埠的datagram被簡單地發送回發送者。有什麼訊息是UDP的echo服務可否告訴網管人員，但該訊息ICMP echo服務卻無法告知？

10.12 考慮一個協定設計，其中UDP和IPv4被合併，並且48位元位址包括常規的32位元IPv4位址和16位元埠號。這樣的計劃的主要缺點是什麼？

章節目錄

可靠資料流傳輸服務(TCP)

11.1 引言

前面的章節所探討的不可靠無連接封包傳遞服務，形成了所有Internet通訊的基礎，這些都是由IP協定所定義。本章介紹Internet協定族的第二個關鍵部分，傳輸控制通訊協定(*TCP*：*Transmission Control Protocol*)，一個可靠的資料流服務。TCP爲協定添加了大量功能而且比UDP更複雜。

11.2 可靠性服務需求

底層網路提供不可靠的封包傳送，傳輸錯誤或網路硬體故障會造成封包丟失，網路過載會造成傳輸延遲。封包交換系統會動態地改變路由，意味著封包可能不按順序到達目的地，可能引發延遲或重複傳輸。

在最高通訊層，應用程序通常需在電腦間發送大量資料。使用不可靠的無連接傳遞系統傳輸大量資料，變得非常麻煩，程式設計師必須對每個應用程序執行錯誤檢測和復原。要設計、理解並實作出可靠的傳輸軟體並不是那麼容易，網路研究人員嘗試建立一個通用解決方案——所有應用程序都可以使用的一個可靠的傳輸協定。使用單一通用協定，意味著應用程式設計師不需要在每個程式中加入可靠的傳輸協定，也能得到可靠的傳輸服務。

11.3 可靠性傳輸服務的性質

TCP提供的可靠性傳輸服務具有五個特徵：

- 資料流導向(Stream Orientation)
- 虛擬電路連接(Virtual Circuit Connection)
- 緩衝傳輸(Buffered Transfer)
- 非結構化資料流(Unstructured Stream)
- 全雙工通訊(Full Duplex Communication)

資料流導向。當兩個應用程序使用TCP傳輸大量資料時，資料被視爲一串octet資料流。接收端應用程序收到的序列資料和發送端送出的序列資料完全相同。

虛擬電路連接。在資料傳輸之前，發送端和接收端的應用程序必須先建立TCP連接。一個應用程序聯繫另一個應用程序，啓動連接。兩台主機上的TCP軟體透過底層Interne發送訊息，驗證傳輸是否已授權，雙方是否都準備好進行通訊。一旦所有細節已經完成，協定模組通知每一端的應用程序已建立好連接，可以開始傳輸資料。TCP監視資料傳輸；如果通訊由於任何原因失敗(例如，因爲沿著路徑的網路硬體故障)，應用程序會收到通知。使用術語虛擬電路這個術語來描述TCP連接，是因爲一個連接就像是專用的硬體電路，雖然所有通訊使用的是封包。

緩衝傳輸。應用程序通過TCP連接發送資料流，傳送octet資料給協定軟體。應用程序可使用任何長度的片段(piece)傳輸資料；片段可以小到只有一個octet。TCP將資料放在封包中，並將封包發送到目的地。在接收端，TCP保證以原始順序排列資料，使收到資料的順序和發送資料的順序完全相同。

TCP可以自由地將資料流劃分爲封包，和應用程式使用的傳輸片段無關。實務上，爲了使傳輸更有效率並減少網路負擔，在透過Internet傳輸之前，通常收集到足夠的資料後才封裝進datagram。即使應用程序每次產生一個octet資料，仍可以高效模式透過Internet傳輸。如果應用程序產生大量的資料，協定軟體可以將資料分割成片段，每個片段適合單個封包傳輸。

對於不等待緩衝區填滿就必須傳輸資料的應用程序，資料串列服務提供了推送(*push*)機制，讓應用程序得以強制立即傳送。在發送端，推送協定軟體會傳輸所有已產生的資料而無需等待填滿緩衝區。在接收端，推送使TCP資料可爲應用程序所用而不延遲。推送功能保證所有資料將被傳輸。因此，即使在強制傳送時，協定軟體也可用不同的方式分割資料流。或如果接收應用程序緩慢，推送而來的一些封包可以一次傳送給應用程序。

非結構化資料流。TCP/IP資料流服務不提供結構化資料內容。例如，應用程序無法識別資料載荷區乘載的資料內容，也沒有資料流服務可標記每筆資料的格式。使用資料流服務的應用程序必須了解資料流內容，並在發起連接之初就對使用的格式達成一致的共識。

全雙工通訊。TCP/IP資料流服務所提供的連線允許在兩個方向上同時傳輸。這種連線稱爲全雙工。從概念上講，全雙工連線由兩個獨立的資料串列在兩個相對方向上組成；從應用程序的角度來看，兩者沒有明顯的交互運作。TCP允許應用程序終止一個方向的資料流而另一方向資料流仍繼續流動，使得連接變成半雙工。全雙工連線的優點是底層協定軟體可以將一個資料流的控制訊息發送回來源端，來源端攜帶資料的datagram以反方向繼續向接收端傳送。這種捎帶法(piggybacking)降低了網路流量。

11.4 可靠性：確認和重送

可靠的資料流傳輸服務保證資料能從一台電腦傳送到另一台電腦，不會有資料重複或資料丟失。但有個問題需要解決：協定軟體要提供可靠的傳輸，而底層通訊系統卻只提供不可靠的封包傳送。可靠的機制是如何建立的？答案有些複雜。可靠協定使用一個基本技術：肯定的確認與重送(*PAR*: *positive acknowledgement with retransmission*)。該技術要求接收端與來源端互通訊息，每當資料成功到達時，接收端發回確認(ACK)。當發送封包時，發送端軟體啓動一個定時器。如果確認訊息在定時器到期之前到達，發送方取消定時器並準備發送資料。如果定時器在確認訊息到達之前到期，則發送端重新發送封包。

在探索TCP重送機制之前，必須思考幾個基本流程。最簡單的重送方案：在發送下一個封包之前，先前發送的封包得先經過確認。這個機制被稱爲發送和等待(send-and-wait)，一次只能發送一個封包。圖11.1說明使用發送和等待機制中的封包交換。

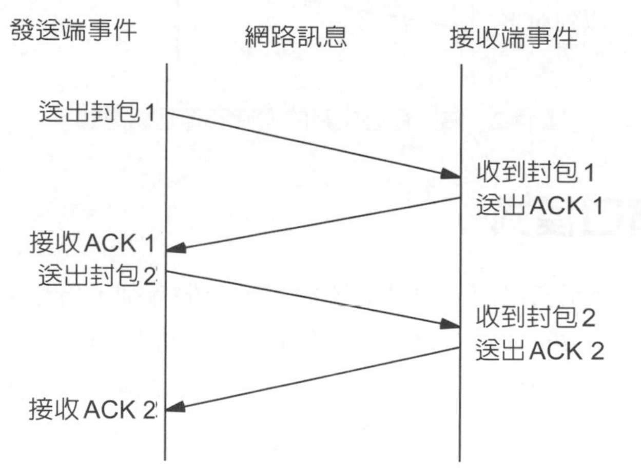

圖11.1　基本發送和等待協定下的封包交換。時間向圖的底部走。

圖的左側是發送端的事件，圖的右側是接端的事件。穿過中間的每條對向線顯示傳送一個資料封包或一個ACK封包。

圖11.2使用與圖11.1相同的格式，顯示當封包丟失會發生甚麼事。發送端發送封包時會啓動定時器。封包丟失，這意味著沒有ACK回傳。當定時器到期，發送端重新發送丟失的封包。發送端必須在重送後也啓動一個定時器，以防第二次傳送也丟失。在圖中，第二個副本完好無損地接收，接收端發送ACK。當ACK到達發送端時，發送端取消定時器。

傳輸過程，發送端必須保留已經傳出封包的副本，以便於在需要重送的狀況下發送。發送端可不用保留完整資料，只要能重建封包即可。保留未確認資料(*unacknowledged data*)的做法在TCP是很重要的。

雖然上述的確認機制可處理封包丟失或過度延遲，但不能解決所有問題：一個封包可能被重複傳送。過度延遲會引發不必要的重複傳送。解決重複傳送問題需要仔細考慮，封包和確認訊息都可能會重複傳送。可靠的協定通常給予每個封包一個序列號，並要求接收端記住收到封包的序列號，藉由此機制偵測重複封包。爲了避免混淆，肯定確認協定(*positive acknowledgement*)要求每個確認訊息中包含到達封包的序列號。因此，當確認訊息到達時，發送端很容易將確認訊息與送出的封包相關聯。

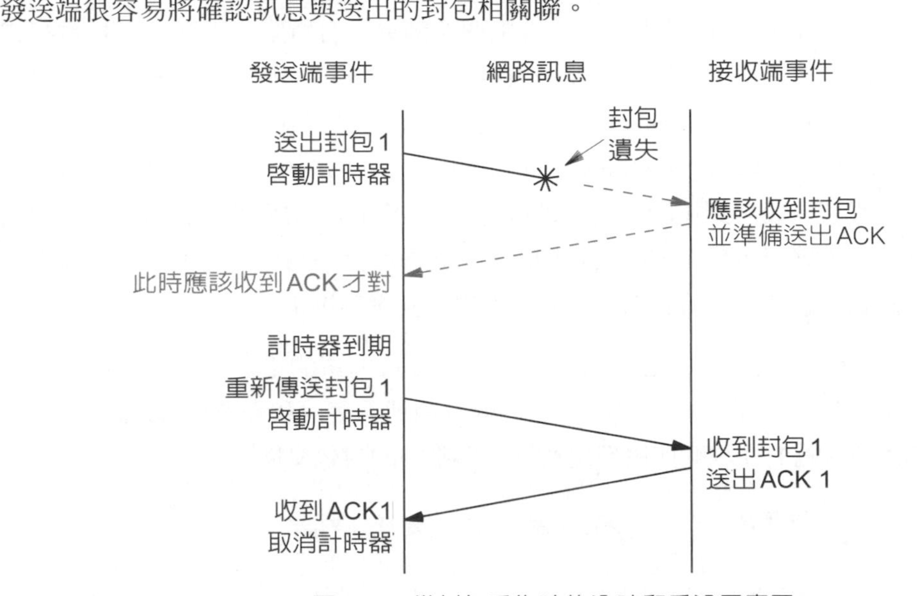

圖11.2 當封包丟失時的逾時和重送示意圖。

11.5 滑動窗口模式

在討論TCP資料流服務之前，我們需要探討另一個機制，這是可靠性傳輸的基礎。此機制被稱爲滑動窗口(*sliding window*)，可提高網路總吞吐量(*throughput*)。要理解滑動窗口原理，回想圖11.1中的事件序列。爲了實現可靠性，發送端發送一個封包後，在發送另一個封包之前等待確認。如圖所示，顯示資料串列在機器之間一次傳輸一個封包。在收到確認前，網路處在空閒狀態。如果這個網路具有高傳輸延遲，問題就顯現：

> 簡單的肯定與確認協定浪費了大量的網路傳輸容量，因爲它必須延遲發送一個新的封包，直到它接收到先前封包的確認訊息。

滑動窗口技術使用更複雜的肯定確認和重送機制。關鍵在於一個滑動窗口允許發送端在等待確認之前發送多個封包。了解滑動窗口最簡單的方法是設想要發送一序列封包，如圖11.3所示。協定在序列上放置一個小的，固定大小的窗口，並發送位於窗口內的所有封包。

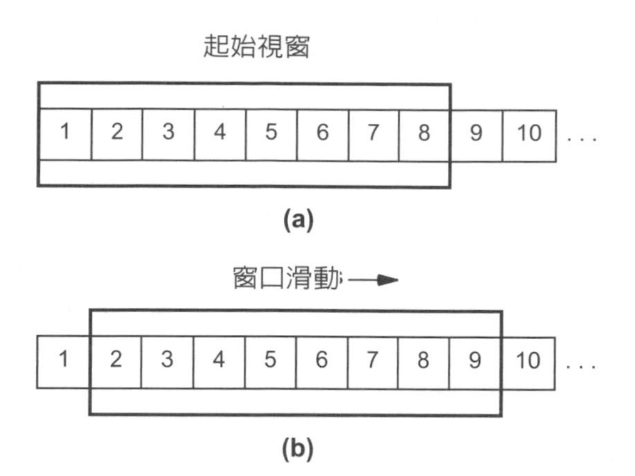

圖11.3　(a)滑動窗口中有八個封包(b)窗口滑動使得封包9可以被發送，因為已經收到封包1的確認訊息。

如果封包已經發送但尚未收到確認訊息，稱此封包為「未經確認」(*unacknowledged*)。技術上，在任何時間點可能有很多未經確認的封包，至於多少個，視窗口大小而定。例如，在窗口協定中滑動窗口的大小為8，允許發送端在接收到任何確認之前發送8個封包。

如圖11.3所示，一旦發送方收到窗口內第一個封包的確認訊息，則「滑動」窗口，發送下一個封包。每次收到確認訊息時，窗口向前滑動。

滑動窗口協定的性能取決於窗口大小和網路接受封包的速度。圖11.4顯示窗口大小為三個封包的範例。注意發送方在接收任何確認之前發送窗口內三個封包。

當窗口大小為1時，滑動窗口協定就等同於簡單的肯定確認協定。透過增加窗口大小，可以減少網路空閒時間。也就是說，在穩定狀態下，發送端可以用網路最大的傳輸速度傳輸封包。要了解滑動窗口的優勢，比較圖11.1和11.4中傳輸資料的速率。主要觀點是：

> 一個設計良好的滑動窗口協定可使網路處在忙碌狀態，比起簡單的肯定確認協定有更高的傳輸流通量。

滑動窗口協定會記住哪些封包已被確認，並對未經確認的封包維持一個獨立的定時器。如果封包遺失，定時器會逾期，發送端重送該封包。當發送端滑動窗口，則移除所有已確認的封包。在接收端，協定軟體維護一個類似的窗口，接受和確認已到達的封包。圖11.3中，窗口將封包序列分成三組：在窗口左側的那些封包已經被成功發送、接收和確認；窗口右側的那些封包尚未被發送；至於位於窗口中的封包正處在發送程序中。窗口中編號最小的封包是序列中尚未確認的第一個封包。

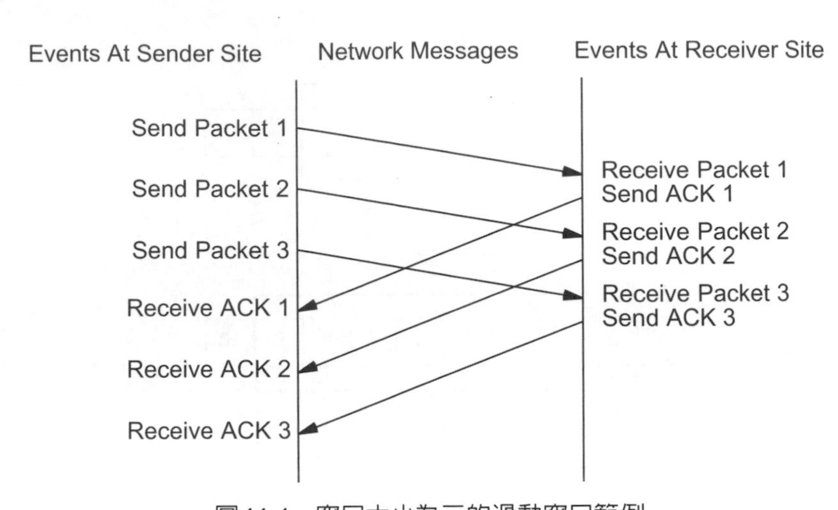

圖11.4 窗口大小為三的滑動窗口範例

11.6 傳輸控制協定

了解滑動窗口原理，可以正式討論傳輸控制協定(*TCP*: *Transmission Control Protocol*)，一個提供可靠性資料流服務的協定。資料流服務是如此重要，以至於整個Internet協定族稱爲TCP/IP。

我們將在TCP協定和實現TCP的軟體之間做一個關鍵的區別。TCP協定提供了類似於藍圖的規範；TCP軟體實現規範。雖然有時因爲方便，而認爲TCP就是一個軟體，但讀者應該體認當中的區別：

> TCP是一種通訊協定，而不是軟體。

TCP到底提供些什麼？ TCP是複雜的，所以沒有簡單的答案。協定規範資料格式和確認訊息格式，兩台電腦遵循規範交換資料，實現可靠的傳送。也可以說TCP提供一個流程，讓收發兩端電腦確保資料正確到達。TCP協定規範TCP軟體如何區別機器上的多個目的地，以及如何從封包丟失或封包重複等錯誤中復原。協定還規範兩個電腦如何啓動TCP連線以及如何達成連線共識。

了解協定不提供什麼也是很重要的。雖然TCP規範描述了應用程序使用TCP的一般方式，但是TCP不規定應用程序和TCP之間的介面細節。TCP協定文件只討論TCP提供的功能；但不特別指定應用程序該如何完成相關功能。這麼做是爲了保有應用介面的靈活性。特別是，因爲TCP軟體是電腦作業系統的一部分，它使用的每個介面都需要由作業系統來提供。允許靈活實踐的特性，使得只要有單一的TCP規範，就可以讓各種電腦系統構建應用軟體。

因爲不規範使用何種通訊網路，TCP可以用於各種各樣的底層網路。它可以跨越具有長延遲的衛星，可在各種電子干擾導致封包丟失的無線網路中傳輸資料，也可在隨時都處在擁塞狀態的租用線路中通訊。能適應各式各樣底層網路的能力是TCP的優勢之一。

11.7 分層、埠口、連接和端點

TCP位於傳輸層，是IP的上一層，允許電腦上的多個應用程序同時通訊，提供多工和解多工功能。因此，就分層模型而言，TCP是UDP的概念對等體，如圖11.5所示：

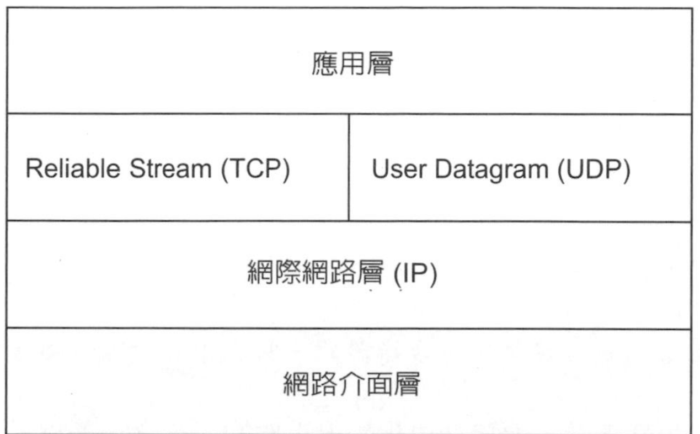

圖11.5　概念分層，IP之上的UDP和TCP的。

儘管TCP和UDP屬於同一層，但TCP和UDP提供完全不同服務。在後續內容，我們將理解箇中差異。

和UDP一樣，TCP使用協定埠號(*protocol port*)來標識應用程序。TCP埠口也是16位元。每個TCP埠口以一個整數來標識。重要的是要理解TCP埠口獨立於UDP埠口，一個應用程序可以使用3萬個UDP埠口，同時另一個應用程序使用3萬個TCP埠口。

前面已討論過，UDP埠口有一個與其相關聯的佇列，用來儲存傳入的datagram。TCP埠口則要複雜得多，因爲僅憑單個埠口無法識別應用程序。TCP在設計上使用的是抽象化連接(*connection abstraction*)，要識別的對象是TCP連接，而不是單獨的埠口。每個TCP連接是由一對終端通訊點所組成，並且與一對通訊應用程序相對應。理解TCP使用連接的概念是至關重要的，因爲它有助於解釋TCP的埠口含義與應用：

> TCP使用連接作爲通訊基礎，而不是使用協定埠口；連接是由一對端點所構成。

什麼是TCP連接的"端點"？我們說過一個連接由兩個應用程序之間的虛擬電路組成，因此可能很自然地假定應用程序就是連接端點。但並不是如此。TCP將端點定義爲一對整數(主機，埠口)，其中host是主機的IP位址，埠口是該主機上的TCP埠口。例如，IPv4端點(*128.10.2.3*，*25*)，指的是位址爲*128.10.2.3*的電腦，使用的的TCP埠口爲*25*。

定義了端點，接著看TCP連接。TCP連接是由兩個端點定義的。因此，如果從麻省理工學院的機器(*18.26.0.36*)連接到普渡大學的機器(*128.10.2.3*)可由兩個端點來定義：

(*18.26.0.36,1069*)和(*128.10.2.3,25*)。

同時，另一個資料科學研究所的機器(*128.9.0.32*)與普渡的同一台機器，也正在進行連接，兩個端點：

(*128.9.0.32,1184*)和(*128.10.2.3,53*)。

到目前爲止，我們的連接範例很直接，因爲埠口在所有端點都是唯一的。TCP允許多個連接共享一個端點。例如，我們可以添加另一個連接到上面列出的機器，在CMU(卡內基梅隆大學)的機器(*128.2.254.139*)連接到普渡大學：

(*128.2.254.139, 1184*)和(*128.10.2.3, 53*)

可能看起來很奇怪，兩個連接可以同時使用128.10.2.3機器上的TCP埠口*53*，但這卻是正確的用法。因爲TCP以一對端點作爲一個連接，而不是以埠口作連接，所以這兩個連接雖然都有端點(*128.10.2.3, 53*)參與其中，但這兩個連接是不同的。重點如下：

TCP通過一對端點標識一個連接，一台機器的一個TCP埠口可以由多個連接共享。

從程式設計師的角度來看，連接抽象化是很重要的。它意味著程式設計師可以設計一個程式，爲多個連線同時提供服務，而不需對每個連接使用一個本機的唯一埠號。例如，大多數系統對電子郵件提供並行存取服務，允許多台電腦同時向同一端點發送電子郵件。因爲使用TCP通訊，應用程序對傳入的眾多郵件只需開放一個本地TCP埠口即可，即使多個連接同時進行也是可以的。

11.8 被動和主動開啓

與UDP不同，TCP是連接導向的通訊協定，需要兩個端點同意參加連接。也就是說，在TCP流量可以穿越Internet之前，兩端的應用程序必須同意互相連接。要這麼做，在一個端點應用程序要執行「被動開啓」(*passive open*)，也就是與本機作業系統協商準備接受特定埠號的連接。然後，協定軟體準備在該協商的埠口接受連接。另一端的應用程序則可以執行主動開啓(*active open*)，請求建立TCP連接。兩個TCP軟體模組接著進行通訊，建立和驗證連接。一旦建立連接，應用程序可以開始傳遞資料。TCP軟體模組在每一端點交換訊息，保證可靠的傳輸。在檢視TCP訊息格式後，我們再回頭講述建立連接的細節。

11.9 Segment、Stream和序列號

TCP將data stream視爲一序列的octet，並將此序列劃分成*segment*(資料區段)來傳輸。通常，每個segment封裝在在一個IP datagram，透過底層網路傳輸。TCP使用專用滑動窗口機制來最佳化流通量並處理流量控制(*flow control*)。像前面描述的滑動窗口協定一樣，TCP窗口機制可以在收到確認訊息之前發送多個segment。因爲網路不空閒，增加了總流通量。滑動窗口協定的TCP形式也解決了端對端流量控制問題，使用的方法是限制傳輸，直到接收端有足夠的緩衝空間來容納更多的資料。

TCP滑動窗口機制是在「octet層次」上操作，不是「segment層次」也不是「packet層次」。資料串列的octet按順序編號，發送端對每個連接維持三個指標。這些指標定義了滑動窗口，如圖11.6所示。第一個指標和第三個指標間的資料稱作滑動窗口內資料。第二個指標標記滑動窗口內的左邊資料和窗口內的右邊資料。現在一一說明圖11.6中的資料：

(1) 滑動窗口左外邊的資料：已發送且收到確認訊息。

(2) 滑動窗口右外邊的資料：尚未發送。

(3) 滑動窗口內左邊的資料：已發送但尚未收到確認訊息。

(4) 滑動窗口內右邊的資料：未收到確認訊息前可發送的資料。

依上述四個原則可推論：滑動窗口內的資料可立刻發送，沒有延遲。一旦收到窗口內左側資料的確認訊息，滑動窗口會從左到右快速移動。

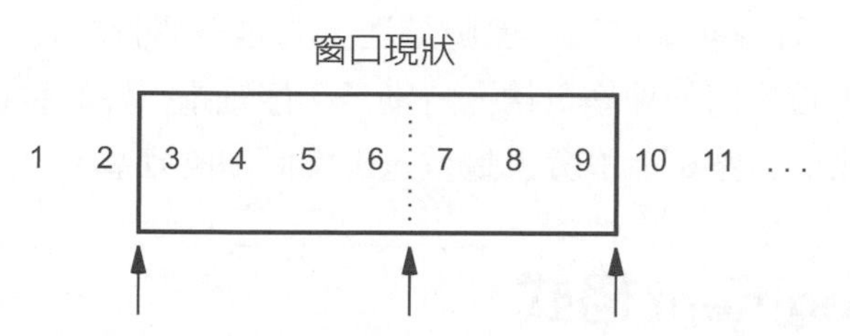

圖11.6　TCP滑動動窗口的例子，其中octet 1~2已經發送和確認。octet 3~6已經發送但未確認。octet 7~9未發送但將被毫無延遲地馬上發送。octet 10以後的資料不能發送，直到窗口向右移動。

我們已經描述了發送端的TCP窗口如何滑動，並提及接收端必須維持類似的窗口以重建資料流(stream)。有個重點要了解，因為TCP連接是全雙工的，雙向傳輸在每個連接上可同時進行。我們認為傳輸動作是完全獨立的，因為在任何時候資料可以透過連接在一個方向上或在兩個方向上流動。因此，TCP軟體在電腦上的每個連接保持兩個窗口：一個窗口在發送時沿著資料串列滑動，而另一個窗口在接收資料時滑動。

11.10　可變窗口大小和流量控制

TCP滑動窗口協定和圖11.4所示簡化滑動窗口之間的一個區別是：TCP允許窗口尺寸隨時間變化。每個確認訊息會指定已接收到多少個octet，包含一個窗口公告(*window advertisement*)，除了指定確認的資料量外，還可指定多接收的額外資料量。我們認為窗口公告指定的是接收端當前緩衝區大小。發送端對的窗口公告的響應是增加其滑動窗口的大小，並繼續準備發送尚未確認的octet資料。發送端若是回應減小的窗口公告，發送端減小窗口的大小，並停止發送超出邊界的octet。TCP軟體行為不得自相矛盾，縮小之前的大窗口，造成窗口外的資料已發送。正確做法為：縮小窗口的公告總是伴隨確認訊息傳送，發送端收到確認才會滑動窗口，所以窗口尺寸僅在其向前滑動時改變。

使用可變窗口大小的優點是它提供掌控流量控制能力。爲了避免接收的資料大於儲存區，接收端會發送較小的窗口公告。在極端情況下，接收端通告窗口大小爲零，停止所有傳輸。後來，當緩衝區空間變得可用，接收端通告非零窗口大小來再次觸發資料流[1]。

傳輸速度和容量可變的電腦穿越網路通訊，路由器的傳輸速度和容量也是可變的，在這樣的網路環境中，流量控制機制是必要的。有兩個獨立的問題。首先，協定需要在來源端和最終目的地之間提供端到端流量控制。例如，當手持智能手機與強大的超級電腦通訊時，智能手機需要調節資料的流入，否則協定軟體會很快超載。因此，TCP必須實現端到端流量控制，以保證可靠傳送。第二，需要一種機制，允許中間系統(即路由器)控制發送端發送的資料超過機器能處理的容量。

當中間機器變得過載時，此情境被稱爲擁塞(*congestion*)。解決該問題的機制被稱爲擁塞控制機制(*congestion control mechanisms*)。TCP用滑動窗口方案來解決端到端流量控制問題。我們會在後面章節討論擁塞控制，但應該注意的是一個設計良好的協定可以檢測和恢復擁塞，而設計不良的協定將使擁塞更糟。特別是，仔細選擇好的重送方案可以幫助避免擁塞，但是選擇一個不當的方案可能引發大量重送，反而加劇擁塞。

11.11 TCP segment格式

在兩台機器上TCP軟體之間的傳輸單位稱爲*segment*(區段)。segment可用來建立連接、傳送資料、發送確認、公告窗口大小並關閉連接。因爲TCP允許搭載，從電腦*A*到電腦*B*的確認訊息，可以由從電腦*A*到電腦*B*承載資料的segment來搭載，即使確認的是*B*發送到*A*的資料[2]。

像大多數協定一樣，TCP segment分爲兩個部分：標頭和資料載荷區。標頭部分包含描述資料(metadata)，資料載荷區用來承載資料。圖11.7顯示了TCP segment的格式。

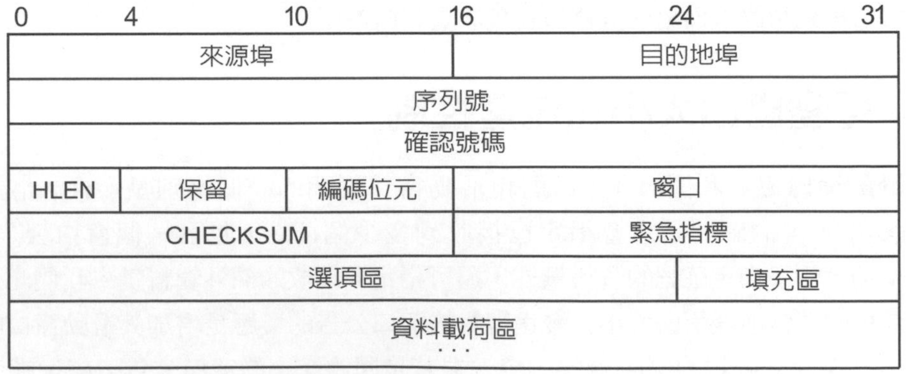

0–15			16–31	
來源埠			目的地埠	
序列號				
確認號碼				
HLEN (0–3)	保留 (4–9)	編碼位元 (10–15)	窗口	
CHECKSUM			緊急指標	
選項區				填充區
資料載荷區 ...				

圖11.7 TCP segment格式，前面是TCP標頭，後面是資料載荷區。

1 當窗口大小為零時，傳輸有兩個例外：當緊急資料可用時發送方傳輸區段且緊急位元被設置，並且發送端在非零通告丟失的情況下週期性地探測零大小的窗口。
2 在實踐中，通常不會發生搭載，因為大多數應用程序不會同時在兩個方向發送資料

*TCP*標頭，由至少20個octet所組成，若攜帶選項，標頭還會更長。標題具有預期的標識信息和控制信息。*SOURCE PORT*(來源埠)欄位和*DESTINATION PORT*(目的地埠)欄位包含TCP埠號，標識目的地的應用程序。*SEQUENCE NUMBER*欄位標識segment資料在octet資料流中的位置。*ACKNOWLEDGMENT NUMBER*(確認號碼)欄位標識來源端預期收到的下一個確認數值。注意序列號的流向與segment在滑動窗口的流動方向相同，而確認序列號流向則與segment 在滑動窗口的流動方向相反。

HLEN[3]欄位爲整數，以32-位元爲單位標識segment標頭長度。此欄位是必須的，因爲標頭長度隨*OPTIONS*欄位而變化，取用不同OPTION會影響OPTIONS欄位的長度，連帶影響標頭長度。因此，TCP標頭的大小取決於所選擇的選項。標記爲*RESERVED*的6位元欄位爲保留供將來使用(後面部分描述建議的使用方式)。

一些segment僅承載確認訊息，而另一些則承載資料。也有些segment用來建立或關閉連接。TCP軟體使用6位元欄位*CODE BITS*來確定segment承載的內容。這六個位元也說明如何根據圖11.8來解釋標頭中的其他欄位。

TCP軟體在每次發送segment時就發出通告可接受多少資料，緩衝區大小塡具在標頭中的*WINDOW*欄位。該欄位包含一個16位元無號整數，按網路標準位元組順序(network-standard byte order)標識。窗口公告就是一個piggybacking的例子，因爲不論是攜帶資料的segment還是僅承載確認訊息的segment，都piggyback(附帶)窗口公告。

位元(從左到右)	位元設為1的意義
URG	緊急指標欄位有效
ACK	確認欄位有效
PSH	本資料段要求PUSH資料
RST	重置連接
SYN	同步序列號
FIN	發送端已到達串流尾端

圖11.8　TCP標頭中CODE BITS欄位的位。

11.12 脫序式資料傳輸

雖然TCP是資料流導向的協定，資料依序發送。但有時候通訊連接的兩端有緊急資料的時候，就無法依序發送，需要的是脫序式(*out of band*)資料傳輸。例如，當TCP用於遠端桌面時，用戶可使用特定的按鍵發送中斷訊號，中止當前執行的程序。當遠端機器上的應用程序因故凍結或無法響應滑鼠操作時，這個優先傳輸機制就顯得特別有用。中斷信號的發送不必等待遠程程序讀取TCP資料流中已有的octet(或無法中斷已停止輸入的程序)。

爲了適應緊急資料傳輸，TCP允許發送方將資料設定爲緊急資料，這意味著接收應用程序應該盡快通知有緊急資料到達，而不考慮緊急資料在資料流中的位置。TCP協定規範當緊

3　TCP規範中，HLEN欄位是segment內資料區的偏移量

急資料到達時，接收端的TCP應該通知與此連接相關的應用程序進入"緊急模式"。當所有緊急資料處理完畢後，TCP告訴應用程序回到正常操作狀態。

至於TCP如何通知應用程序有關緊急資料的確切細節，取決於該電腦中的作業系統。用於標記緊急資料的機制，由標頭中的URG位元和*URGENT POINTER*（緊急指標）欄位所組成。當URG位元值爲1時，*URGENT POINTER*欄位指向緊急資料在區段中的結束位置。

11.13 TCP選項

如圖11.7所示，TCP標頭可以包含零個或多個選項；後續內容解釋可用的選項。每個選項以1個octet欄位開頭，指定選項類型，後面欄位也是1個octet，用來標示選項欄位的長度。回想一下，標頭長度以32位元爲單位。如果選項不滿32位元的倍數，會在標頭末尾添加*PADDING*。

11.13.1 最大區段大小的選項

發送方可以選擇放置在每個segment中的資料量。然而，TCP連接的兩端需要對能傳送的最大segment長度達成一致共識。TCP使用「最大區段大小」(*MSS: maximum segment size*)選項讓接收方指定可以接收的最大segment。一個嵌入式系統只有一個幾百個octet的緩衝區空間，MSS值當然要作相對應的調整，使segment容量適合緩衝區。MSS協商尤其重要，因爲它允許異構系統進行通訊，超級電腦可以與小型無線通訊傳感器節點進行通訊。爲達最大流通量，當兩台電腦連接到同一個實體網路，TCP通常計算最大區段大小，使得IP datagram可和網路MTU匹配。如果端點不相鄰，可以探索路徑最小MTU，或者選擇最大區段大小等於最小的datagram資料載荷。

在一般的Internet環境中，選擇良好MSS不很容易，太大或太小都會造成效能降低。MSS太小，網路利用率低。回想一下TCP segment是封裝在IP datagram中，IP datagram又封裝在訊框中。因此，每個訊框至少攜帶20個octet的TCP標頭加上20個octet的IP標頭(IPv6更大)。因此，僅攜帶一個octet的datagram最多只使用到底層網路頻寬的1/41(IPv6更少)。

但是太大的segment也可能產生不好的性能。大segment 導致大的IP datagram。當這種大的datagram跨越小MTU的路徑傳播時，IP必須將它們分割。不像TCP segment，datagram不能被獨立地確認或重送；所有片段必須到達或者必須重送整個datagram。如果片段丟失的機率不是零，若segment的大小高於分段的臨界值，那就必須要分割，降低了datagram成功到達的機率也降低了流通量。

理論上，最佳的segment大小，S，應越大越好，條件是要讓IP datagram攜帶得了，且從來源端到目的端路徑不需要做分割。實際上，找到S意味著找到路徑MTU，這是要經過探詢程序才能得的數據。對於短活躍期(short-lived)的TCP連接(例如，其中只有少量封包交換)，探詢路徑MTU可能引入延遲。第二，因爲路由器在Internet可以動態改變路由，

datagram經過的路徑會動態地改變，因此導致datagram必須分割。第三，最佳大小取決於較低層協定標頭(例如，如果IP datagram包括IPv4選項，或IPv6包括擴展標頭，則TCP segment大小將變得更小)。

11.13.2 窗口縮放選項

因為TCP標頭中的*WINDOW*(窗口)欄位是16位元長，所以最大窗口是64 Kbytes。雖然這樣的窗口值足夠早期網路使用，但是網路上更大的窗口可以獲取高流通量(例如衛星頻道)，具有大的「延遲-帶寬乘積」，非正式名稱是「長胖管道」(*long fat pipe*)。

為了適應更大的窗口大小，TCP建立了一個*window scaling*(窗口縮放)選項。該選項由三個octet組成：類型、長度和移位值，S。移位值指定要應用於窗口的二進位縮放因子(scaling factor)值。當窗口縮放生效時，接收端從*WINDOW*欄位提取值，W，並且將W移位S個位元以獲得實際窗口大小。

window scaling選項可以在最初建立連接時協商，在這種情況下所有連續的窗口公告都假設使用協商的window scaling，或者可以在每個segment中指定window scaling選項，不同的segment有不同的window scaling。如果連接的任一端有window scaling機制，但不需要縮放其窗口，則將window scaling設置為零，不移位，這形同將縮放因子設為1。

11.13.3 時戳選項

TCP時戳選項(*timestamp option*)用來幫助TCP計算底層網路造成的延遲。它也可以處理TCP序列號超過2^{32}的情況(稱為防止序號反轉，*PAWS*)。除了所需的類型和長度欄位，時戳選項包括兩個值：時戳值和回應回覆時戳值。發送端在發送封包時，將當下時間記錄在時戳欄位中；接收端收到資料後，將時戳欄位複製並插入確認訊息中。因此，當確認到達發送端時，發送方可以準確地計算segment一來一往所經過的時間。

11.14 TCP Checksum計算

TCP標頭中的*CHECKSUM*欄位是16位元的一補數checksum，用來驗證TCP資料和標頭的完整性。與其他的checksum一樣，TCP使用16位元算術，並對一補數總和再做一補數運算。TCP軟體在發送端的checksum計算程序和第10章中描述的UDP checksum計算程序相同。TCP在 segment前面添加一個虛擬標頭，必要時附加足夠的零值位元來使segment大小為16位元的倍數，並對整體內容計算16位元checksum。與UDP一樣，虛擬標頭不是segment的一部分，並且不會在封包中傳送。在接收端，TCP軟體從IP標頭中提取計算checksum所需欄位，重建虛擬標頭，並且執行相同的checksum計算，以驗證segment完好無損。

使用TCP虛擬標頭的目的與UDP完全相同。讓接收端驗證segment已經正確到達，其中包括目的地的IP位址和協定埠號。來源端和目的端IP位址對TCP很重要，因為必須使用它們來標識segment 屬於哪個connection。因此，每當帶有TCP segment的datagram到達，IP必須將datagram中的來源端和目的端位址連同資料載荷區中的segment一起傳送給TCP。圖11.9顯示了用於IPv4 checksum計算的虛擬標頭格式。圖11.10顯示IPv6虛擬標頭格式。

圖11.9 具有12個octet的IPv4虛擬標頭，用於計算TCP checksum。

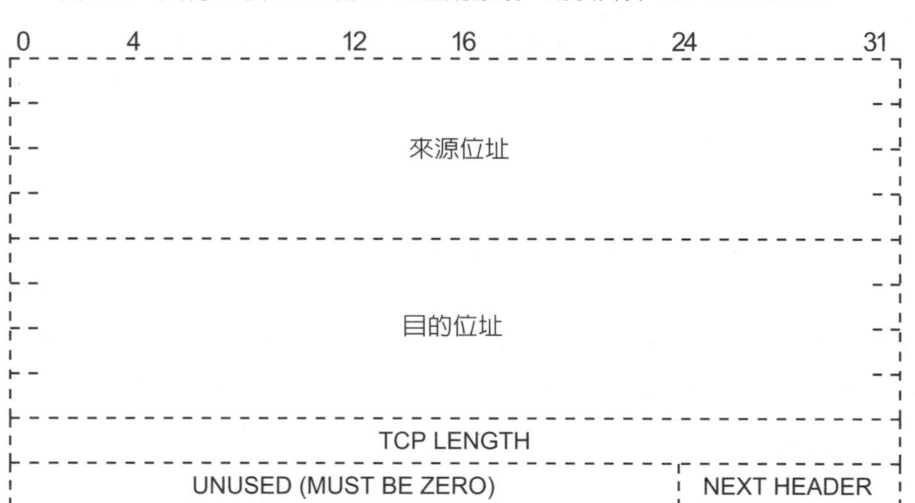

圖11.10 具有40個octet的IPv6虛擬標頭，用於計算TCP checksum。

當然，IPv4虛擬標頭使用IPv4來源端和目的端位址，IPv6虛擬標頭使用IPv6位址。*PROTOCOL*欄位(IPv4)或*NEXT HEADER*欄位(IPv6)分配的值爲6，代表datagram攜帶的是TCP segment。*TCP LENGTH*欄位指定TCP segment的總長度，包括TCP標頭。

11.15 確認、重送和超時

因爲TCP以可變長度的segment發送資料，又因爲重新發送的segment容量可比原先發送的segment大，確認程序不容易辨識datagram或segment。因此，確認程序用的是資料在原始資料流的位置，以序列號表達。接收端從到達的segment中收集資料並重構發送端送出的資料流。因爲segment在IP datagram中傳輸，它們可有能丟失或無序傳遞；接收端使用segment中的序列號來得知segment中的資料在資料流的位置。在接收期間，即使 segment不按順序到達，接收端從資料流的起始開始，根據序列號重建資料流。接收端總會對接收資料流前面連續最長的部分作確認。每個確認指定一個序列號，這個序列號比在接收資料流前端連續資料的最大序列號值多1。因此，當發送端依序發送資料流的資料時，會從接收端收到連續的確認。重點：

TCP確認訊息中所指定下一個的序列號是接收方期望接收的octet。

TCP的確認方案稱爲累積確認(*cumulative acknowledgement*)，因爲它報告的是收到的資料流已經累積到哪個位置。累積確認有優點也有缺點。一個優點是確認很容易生成和明確表達。另一個優點是丟失的確認訊息不需要強迫重送。缺點是發送方收不到所有segment成功傳輸的信息，只收到傳輸成功資料在串流的邊界點，一個序列號而已。

要了解爲什麼缺乏完整的成功接收資料會造成累積確認機制效率降低，可設想個範例：一個大小爲*5000* octet的窗口，從資料流 *101*的位置開始，假設發送端已經用5段segment送出了所有資料。進一步假設第一段segment丟失，但是所有其他segment完好到達。當每個段到達時，接收端發送確認，但每個確認訊息都指定第*101*號octet爲下一個期望收到的octet。接收端沒有辦法告訴發送端其實大部分當前窗口的資料已經抵達。

在我們的範例中，當發送方發生超時，發送方必須在兩種潛在的低效率方案之間做選擇。它可以選擇重送一段segment或所有五段segment都重送。重送所有五段segment是低效的。當第一段segment到達時，接收端就收齊窗口中的所有資料發出序列號爲*5101*的確認訊息。如果發送方遵循接受的標準並且僅重送第一個未確認的segment，它必須等待確認才能決定做些什麼和發送多少資料。因此，回到發送和等待(send-and-wait)程序，喪失了窗口的優點。

TCP中最重要和最複雜的部份是嵌入在協定中的超時和重送機制。像其他可靠的協定一樣，TCP期望每當目的地成功地從資料流中接收到新段的octets時，就發出確認訊息。每次發送一個segment時，TCP啓動一個定時器並等待確認。如果segment在被確認之前定時器期滿，TCP假定segment已丟失或損壞，重新傳輸此segment。

了解爲什麼TCP重送演算法與其他多網路協定中使用的不同，我們需要記住，TCP是用於Internet環境。在Internet中，segment可能只在區域網路中的一對機器之間移動(例如，高速以太網)，或者也可能通過多個路由器在多個中間網路中傳輸。因此，根本無法知道回傳的確認訊息會多快收到。此外，每個路由器的延遲取決於流量，送出一段segment後，到收到確認訊息，當中網路的變化多端不可言喻，每個segment遇到的狀況也都不一樣。要理解TCP，須知道TCP所處的網路世界是甚麼狀況。圖11.11顯示了1980年100個連續的封包測量往返時間(*RTT*: *round trip times*)的結果。

雖然大多數現代網路的行爲不那麼糟糕，圖中也表明了TCP設計時考慮的網路環境：在一個連接中長的延遲和往返時間的變化大得令人難以置信。爲了處理這種情況，TCP使用了「自適應重送演算法」(*adaptive retransmission algorithm*)。也就是說，TCP監視每個連接的往返時間並計算超時的合理值。當連接的效能改變，TCP修改其超時值(適應改變)。

爲了收集自適應演算法所需的資料，TCP記錄segment發送時間和確認到達的時間。從這兩筆時間值，TCP計算所經過的時間，即眾所周知的往返樣本(*round trip sample*)。每當獲取新的往返樣本時，TCP調整連接的平均往返時間。TCP使用加權平均值來估算往返時間，並使用每個新的往返樣本來更新平均值。原始平均運算技術使用恆定加權因子 α ，其中$0 \leq \alpha < 1$，對舊平均值和新的往返樣本作加權計算[4]：

4　後面的部分會解釋TCP後續版本是如何修改計算方式。早期TCP中所使用的簡單公式使隨時間變化的往返估計基本概念容易理解。

$$RTT = \alpha \times RTT + (1-\alpha) \times New\_Round\_Trip\_Sample$$

選擇 α 接近1的值，使加權平均在短時間內的變化不會太大(例如，遇到單一segment的長時間延遲)。若選擇 α 的值接近0，使得加權平均值對延遲變化的響應非常快。

在發送segment時，TCP以一個函數計算超時值，超時值隨RTT而變，也就是根據RTT值來計算超時值。TCP的早期實現使用恆定加權因子，β ($\beta > 1$)，並且使超時大於當前往返平均值：

$$Timeout = \beta \times RTT$$

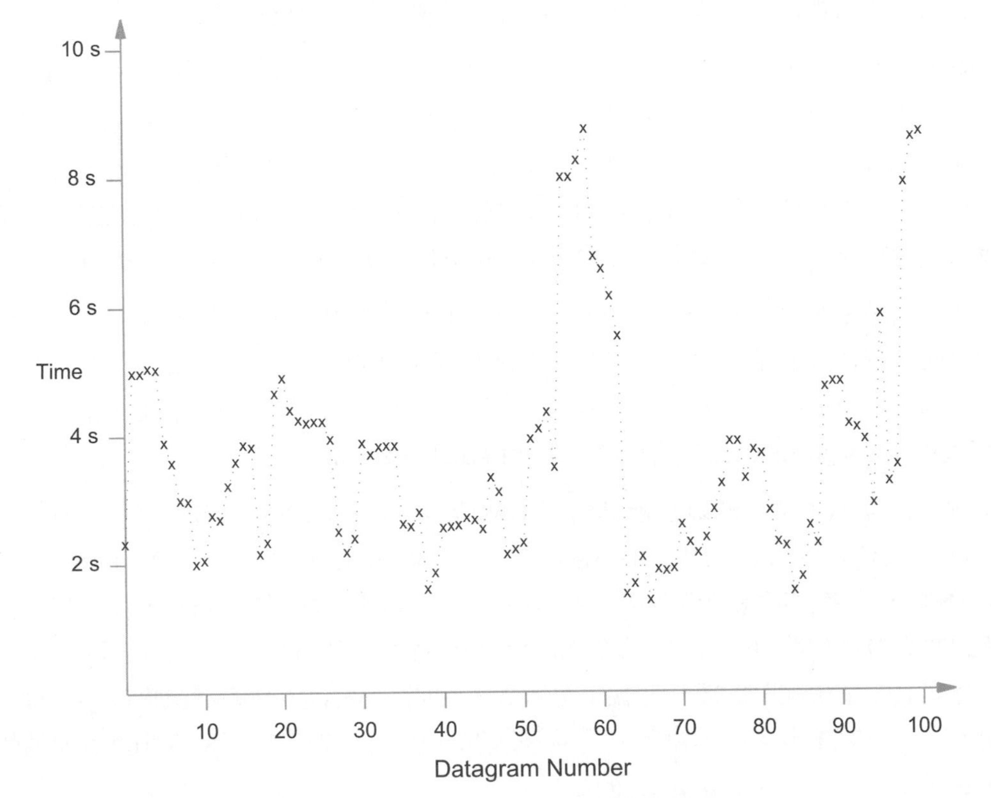

圖11.11　TCP的一個極端情況：1980年Internet往返時間圖。

雖然Internet現在的運作有較低的延遲，但延遲仍然隨時間變化。重點：

> 爲了適應在Internet環境中遇到的延遲變化，TCP使用一種可適應性的重送演算法進行延遲監控。並調整超時參數。

11.16 精確量度往返時間

在理論上，測量往返時間不難，只是計算送出segment和收到確認訊息所經過的時間。難的部分是TCP的累積確認機制，確認程序紀錄目前收到的連續完整資料，而不是紀錄所收到的是哪一個 datagram。考慮重送的例子，TCP組成一個segment，將其放置在datagram中並發送。當計時器逾時，TCP用第二個 datagram 再次發送遺失的segment。因爲兩個datagram都攜帶完全相同的segment，發送端收到確認訊號時，無法確切知道回傳的確認訊號是對應到原始或是重送的datagram。這種現象被稱爲「確認模糊性」(*acknowledgement ambiguity*)。

TCP是否該預定確認訊息屬於最早(即，原始)傳輸或最新(即，最近的重送)？令人驚訝的是，這兩個選擇都不適用。若將確認訊息與原始傳輸相關聯，會使得估計的往返時間在datagram丟失的情況下不受限制地增長[5]。如果在一個或多個重送之後，確認訊息才到達，則TCP將測量來自原始傳輸的往返樣本，並且使用長的樣本時間計算新的RTT。因此，RTT會略有增長。下一次TCP發送segmen時，稍大的RTT會使超時小幅度增加，因此如果確認訊息在一次或多次重送後到達，下一次的往返時間會更長，此程序一直延續下去，若網路出問題，會導致超長的往返時間。

若將確認訊息與最近的重送相關聯也可能導致失敗。考慮端對端點的延遲突然的增加會發生甚麼情況。當TCP時發送一段segment，它使用舊的往返時間估計來計算超時，現在超時值還很小。segment到達接收端並且回傳確認，但是延遲增加意味著定時器在確認到達之前期滿，並且TCP重送segment。在TCP重送之後不久，第一個確認到達並且是與重送相關聯。往返樣本將太小並導致RTT的估計輕微減小。不幸的是，過低的預計往返時間值，將導致超時設定也會變小，影響到下一段segment的傳輸。最終，估計的往返時間可以穩定在T值，使得正確的往返時間比T大好幾倍。若TCP的實現將確認訊息與最近的重送相關聯，RTT會處於一個穩定狀態，比正確的往返時間小一半(即使 segment 沒有丟失，TCP也會對每個segment絲毫不差的發送兩次)。

11.17 Karn的演算法和計時器退避

如果原始傳輸和最近傳輸都不能提供準確的往返時間，TCP該怎麼做？ 答案很簡單：TCP不應對重送的segment更新往返時間估計。這個想法，就是知名的Karn演算法(*Karn's Algorithm*)，避免了模糊確認的問題，只用明確的確認，調整RTT值(只取用一次就傳輸成功的確認訊息)。

Karn的演算法的一個簡單實現，若只是忽略重送的往返時間，也是會導致故障。思考一個狀況：TCP在延遲急劇增加後發送segment，會發生什麼事。TCP使用現有的往返估計值來計算超時。超時對於新的延遲將太小，並將強制重送。如果TCP忽略來自重送的確認訊息，它將永遠不會更新RTT，並且循環將繼續。

爲了適應這種故障，Karn的演算法要求發送方組合重送超時與定時器退避(*timer backoff*)策略，延長超時，不讓計時器那麼輕易到期引發不必要的重送。退避技術使用前面的公式計算初始超時值。但是，如果定時器到期並引起重送，TCP增加超時值。事實上，每次重送一個segment，TCP就增加超時(爲防止超時值變得太長，實作時會設定上限，此上限值比Internet中任何路徑的延遲大一些)。

5 如果每個segment至少丟失一次，則估計值會無限增長。

實現使用各種技術來計算backoff。大多選擇一個乘法因子，γ，並將新值設置為：

$$new\_timeout = \gamma \times timeout$$

通常，γ 是2（已經確認 γ 的值小於2導致不穩定性）其他實現使用乘法因子表，允許每個步驟使用任意的backoff[6]。

Karn的演算法結合了backoff技術和往返估計解決不增加往返時間估計引發的問題：

> Karn演算法：當計算往返時間估計時忽略重送，但使用backoff策略，並在一系列的重送過程由backoff程序計算new_timeout值，直到獲得有效的樣本。

一般來說，當互聯網發生錯誤時，Karn的演算法計算超時值的公式不使用目前的RTT。它先使用RTT來計算初始超時值，但隨後在每次發生重送時，退避(backs off)超時值，直到它可以成功傳輸segment(沒有發生重送)。在發送後續segment時，TCP保留由退避產生的超時值。最後，當一個未使用重送的確認到達時，TCP重新計算RTT並相應地重設超時值。經驗表明Karn的演算法即使在具有高封包丟失的網路中也可穩定工作[7]。

11.18 對高延遲差異作出響應

在往返時間估計的研究中發現，上述的計算並不適用於延遲變化很大的網路環境。排隊理論建議RTT與$1/(1-L)$成比例增加，其中L是當前網路負載，$0 \le L < 1$，並且往返時間的變化 σ 與$1/(1-L)^2$成正比。如果Internet運行在50%的容量，我們預計平均往返時間的延遲變化因子為4。當負載達到80%時，我們預期變化因子為25。使用原始TCP標準規定我們前面描述的用於估計往返時間的技術。使用該技術和設定 β 值為2表示往返估計可以適用30%的負載。

1989年的TCP規範要求實踐時同時對平均值往返時間和變異數執行評估，並使用估計變異數代替常數 β。因此，TCP的新實現可以適應更廣範圍的延遲變化，產生更高的流通量。幸運的是，估算僅需少量的計算；程式可以用下列簡單方程式執行計算：

$$DIFF = SAMPLE - Old\_RTT$$

$$Smoothed\_RTT = Old\_RTT + \delta \times DIFF$$

$$DEV = Old\_DEV + \rho \times (|DIFF| - Old\_DEV)$$

$$Timeout = Smoothed\_RTT + \eta \times DEV$$

其中DEV是估計的平均偏差，δ 值在0和1之間，控制新樣本對加權平均值的影響有多快。ρ 是一個因子，介於0和1之間，控制新樣本影響平均偏差的速度。η 也是個因子，用於控制偏差影響往返超時的程度。

6 BSD UNIX使用一個因子表，但表中的值等同於使用 $\gamma=2$。
7 Phil Karn開發了用於跨越高損耗業餘無線電連接的TCP通訊的演算法

爲了使計算高效，TCP選擇 δ 和 ρ 值爲2的冪次方的倒數，使用n=2 調整因子爲2^n，並且使用整數運算。研究建議使用以下值：

$$\delta = 1/2^3$$

$$\rho = 1/2^2$$

$$\eta = 4$$

在4.3BSD UNIX中的原始值爲2。經過經驗汲取和量測後，在4.4 BSD UNIX中改爲4。

爲了說明當前版本的TCP如何適應延遲的變化，我們使用了一個隨機亂數產生器，產生一組往返時間並將集合饋入往返時間估計。圖11.12說明了結果。圖中單個往返時間以單個點繪製，計算的超時以實線繪製。注意重送定時器如何隨往返時間變化。雖然往返時間是人爲的，但分析結果是正確的：整體延遲變化很大，但連續封包間的延遲變化並不大。

注意往返時間的頻繁變化，包括週期性的增加和減少，導致重送定時器值的增加。此外，雖然延遲上升時定時器趨於快速增加，它不會隨著延遲減小而迅速下降。

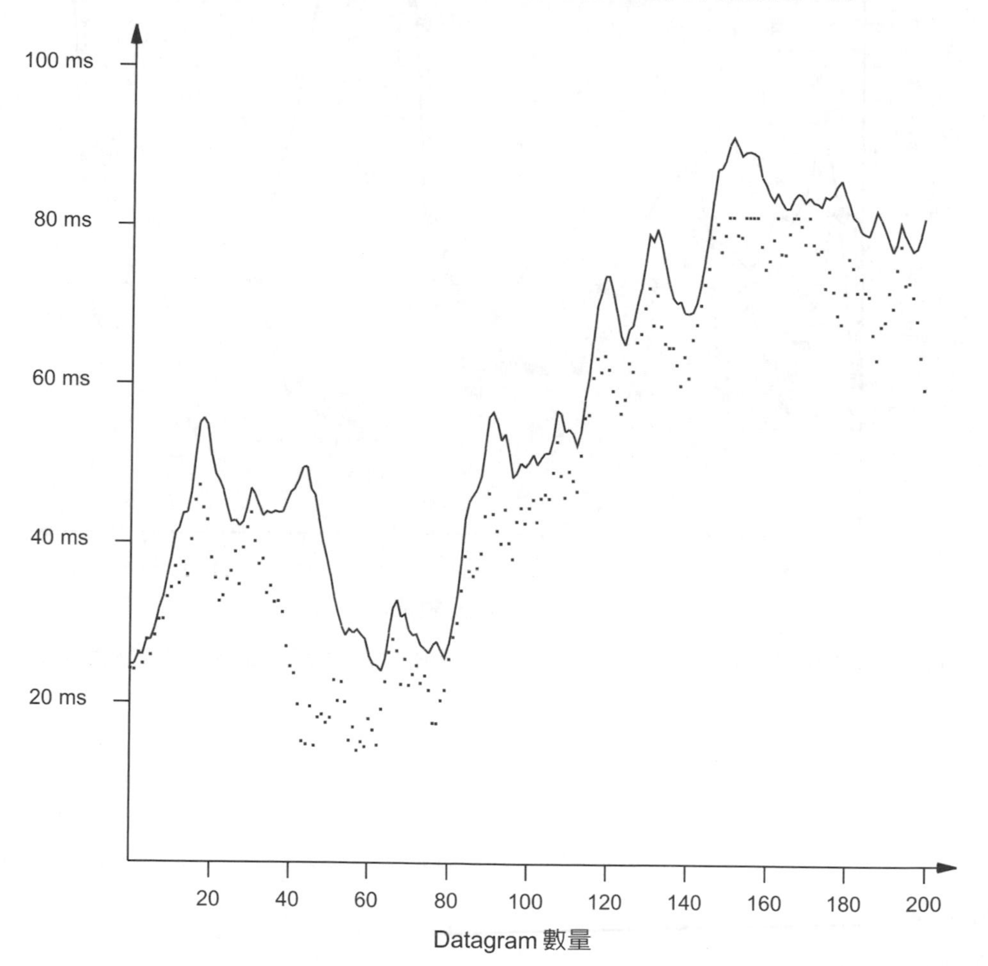

圖11.12　一組200個(隨機生成)往返時間，以點圖示，以及TCP重送定時器以實線曲線表示。

雖然隨機產生的資料闡釋了演算法，但重要的是請參閱TCP對最壞情況環境執行的情形。圖11.13使用圖11.11的量測，顯示TCP在極端延遲變化情況下如何做出響應。演算法目標是要使重送計數器的值和實際往返時間盡可能接近而且不能低估。該圖顯示了雖然定時器反應迅速，可以低估。例如，在兩個連續之間用箭頭標記的datagram，延遲從小於4秒加倍到大於8秒。更重要的是，突然變化是在一段相對穩定延遲變化較小的一段期間後發生，使得任何演算法都不可能預期會有這樣的突然變化。在TCP演算法的情況下，因為超時(約5秒)基本上低估了大的延遲，發生不必要的重送。然而，重送定時器對延遲的增加做出快速響應，意味著連續封包在沒有重送的情況下到達。

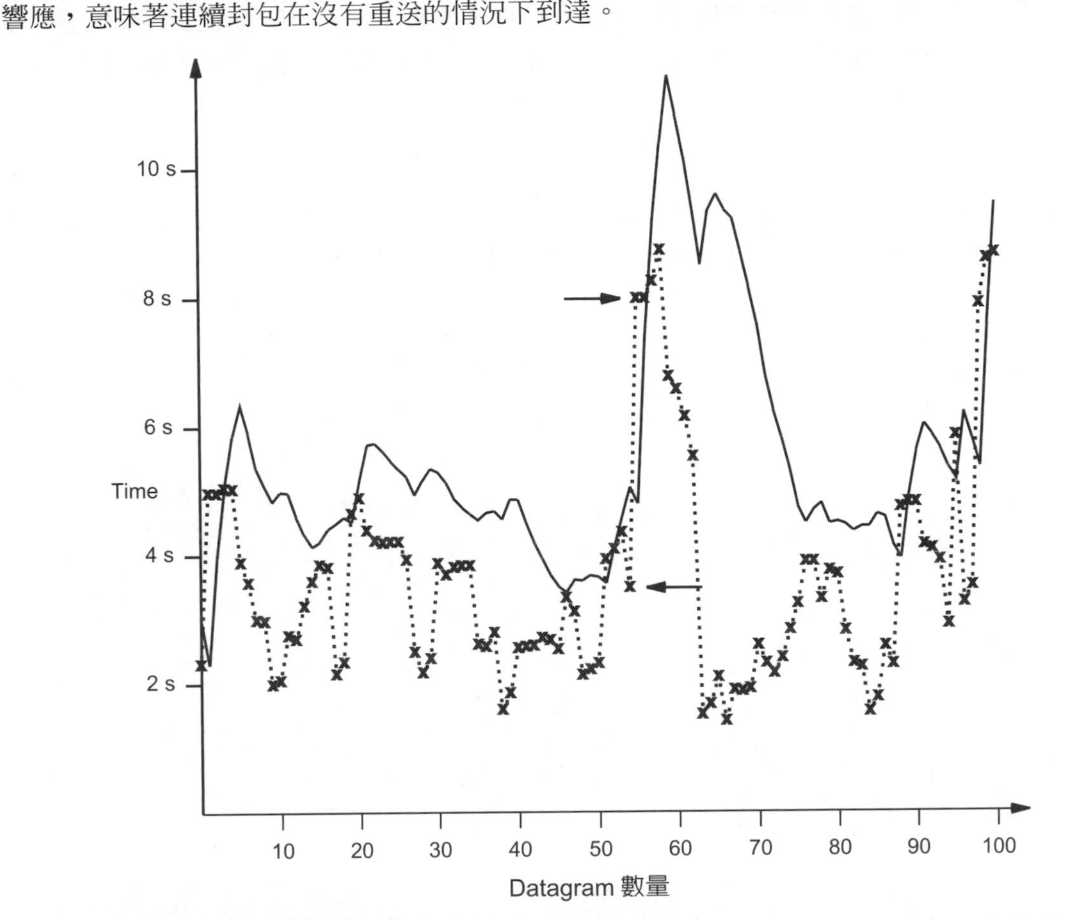

圖11.13　TCP的極限資料重送定時器的值如圖11.11所示。箭頭標記兩個連續的datagram延遲加倍。

11.19 對擁塞的反應

TCP軟體設計了兩端點間的連接，並使兩端點做出某種模式的互動以因應兩個端點通訊的延遲。然而，在實踐中，TCP還必須對Internet中的擁塞(*congestion*)作出反應。擁塞是一個或多個交換點(如路由器)因datagram過載引發嚴重延遲所造成。當擁塞發生時，延遲增加，路由器開始將datagram送到佇列等待，直到它可以執行轉發。但必須記住，每個路由器的儲存容量有限，並且datagram競相儲存(基於datagram傳輸的Internet中，沒有為TCP連接預留資源）。在最壞的情況下，到達擁塞路由器的datagram的數量持續增長，直到路由器容量飽和並開始丟棄datagram。

端點通常不知道發生擁塞的詳細信息，也不知道爲什麼發生擁塞。對他們來說，擁塞只是意味著延遲增加。不幸的是，大多數傳輸協定使用超時和重送，因此它們透過重送來解決延遲問題。但是重送加重了擁塞，而不是緩解。如果不加以檢視，增加的流量將加重延遲，導致流量增加，惡性循環，直到網路變得無用。此情境稱作擁塞崩潰(*congestion collapse*)。

TCP在發生擁塞時可降低傳輸速率來避免擁塞。TCP通過自動降低傳輸速率來快速反應延遲發生。當然，必須仔細構建避免擁塞的演算法，因爲即使在正常的操作條件下，Internet也會呈現出很大的往返延遲變化。

爲了避免擁塞，TCP標準現在建議使用兩種技術：緩啓動(*slow-start*)和乘減(*multiplicative decrease*)。這兩個技術是相關的，可以很容易實現。對於每個連接，TCP必須記住接收端的窗口大小（緩衝區大小在確認訊息中通告）。爲了控制擁塞，TCP建立第二個限制：擁塞窗口大小(*congestion window size*)或稱擁塞窗口(*congestion window*)。擁塞窗口用於在擁塞時將資料串列限製到小於接收端的緩衝容量。也就是說，在任何時候，TCP的行爲好像窗口大小是：

Allowed_window = min(receiver_advertisement, congestion_window)

在非擁塞的穩定狀態下，擁塞窗口的大小與接收端的窗口相同。減少擁塞窗口形同減少TCP注入連接的流量。爲了估計擁塞窗口大小，TCP假設大多數datagram丟失來自擁塞，並使用以下策略：

> 乘減擁塞避免法(Multiplicative Decrease Congestion Avoidance)：在segment丟失時，將擁塞窗減少口一半(但從不減少窗口小於一個segment)。傳輸窗口中的segment時，將重送定時器值倍增，也就是指數式增加重送定時器值。

每次segment遺失，TCP就將擁塞窗口減半，如果繼續遺失，則窗口呈指數級減少。換句話說，如果擁塞發生，TCP指數式地減少交通量和重送速率。如果丟失繼續，TCP最終限制傳輸到只有一個datagram，並繼續在重送之前加倍超時值。這個想法是讓流量能快速和大量的減少，給路由器足夠的時間，讓已經在佇列的datagram趕快轉送出去，清空佇列。

當擁塞結束時TCP如何恢復？您可能以爲當流量變正常時，TCP使用反乘減並且使擁塞窗口加倍。然而，這樣做會產生不穩定的系統，在擁塞和沒有流量間劇烈振盪。TCP使用的是一種名爲緩啓動(*slow-start*)[8]的技術來擴大傳輸。

> 緩啓動(附加)恢復：每當有新的連接準備傳輸或經過一段時間擁塞後回到正常交通量，先讓擁塞窗口只能容納一個segment，每次收到一個確認訊息時，將擁塞窗口增加一個segment。

8　術語緩啓動歸因於John Nagle：該技術最初稱為軟啓動（soft-start）。

擁塞清除後以及新的連接開始時，緩啓動可以避免額外的即時流量立即淹沒底層Internet。

術語緩啓動可能是一個不正確的名詞，因爲在理想的條件下，開始時不是很慢。TCP將擁塞窗口初始化爲*1*，發送初始segment後等待。當確認到達時，它將擁塞窗口增加到*2*，發送兩個segment後等待。當兩個確認到達，各自將擁塞窗口增加1，所以TCP可以發送*4*段segment。當收到這些segment的確認訊息，擁塞窗口增爲8。此情景來回四次，TCP可就以發送*16*段segment，很快就達到接收端的窗口限制。即使對於極大的窗口，N，TCP只需要$\log_2 N$次成功傳輸，就可讓窗口大小達到N這麼大。

爲了避免過快地增加窗口大小導致額外的擁塞，TCP添加一個額外的限制。一旦擁塞窗口達到擁塞之前的一半，TCP進入擁塞避免階段(*congestion avoidance phase*)，並且減慢增量的速率。在擁塞避免期間，只有當窗口中的所有segment都已確認時才將擁塞窗口增加*1*。整體方法稱爲加法增加乘法減少(*AIMD*: *Additive Increase Multiplicative Decrease*)。

綜合起來，緩啓動、加法增加、乘法減少、測量變化以及指數定時器退避等技術，顯著提高了TCP的性能，協定軟體也未消耗太多的運算資源。新版本的TCP使用這些技術，較之前的版本在性能上有顯著的改進。

11.20 快速恢復和其他響應修改

多年來對TCP進行了許多次的小規模修改。早期版本的TCP，有時被稱爲*Tahoe*，使用上述的重送方案，等待定時器在重送之前到期。1990年，*Reno*版的TCP出現引入了幾個變化，包括一個啓發式快速恢復(*fast recovery*)或快速重送(*fast retransmit*)的機制，具有較高的流通量，且僅在偶爾狀況會下才會發生丟失。在*Reno*版本之後，研究人員探索*Vegas*版本。

快速恢復中使用的技巧來自TCP的累積確認方案：單一segment的丟失意味著後續segment的到達，會使得接收端產生一個確認訊息，確認的位置是資料流中遺失segment的起始點。從發送方的角度來看，丟失封包意味著多個確認將到達，每個攜帶相同的序列號。快速重送啓發模式使用一系列的三個重複確認(*duplicate acknowledgements*)(即原始加上三個相同副本)觸發重送，而不等待定時器到期。

在僅一個segment丟失的情況下，等待重送segment的確認也會降低流通量。因此，爲了保持更高的流通量，快速重送在等待確認時繼續從窗口發送重送的資料。此外，擁塞窗口是人爲增加：擁塞窗口爲重送減半，但隨後擁塞窗口對於每個重複ACK增加一個segment允許的最大容量，這些ACK是在先前到達或在重送發生之後到達。結果，雖然重送很快發生，TCP在發送端和接收端之間保持許多segment "在飛行中"。

快速重送的進一步最佳化稍後被併入在TCP內，修正後的版本即所謂的*NewReno*版。最佳化處理的一個案例：其中兩個segment在單個窗口內丟失。當快速重送時發生時，NewReno記錄關於當前窗口的信息並如上所述重新傳輸。重送segment的ACK到達時，有兩個可能性：ACK中序列號指到窗口結束位置(此狀況代表重送是窗口唯一丟失的segment)，或者ACK中的序列號比丟失segment的序列號高但小於窗口結束的序列號(在這種情況下，窗口的第二個segment也已經丟失)。在後一種情況下，NewReno繼續重送第二個丟失的segment。

對AIMD小的修改方案已經提出並在後續的TCP版本中使用[9]。當segment丟失或確認到達時，AIMD的響應：更改發送端的擁塞窗口，w：

$$w \leftarrow w - aw \text{當檢測到丟失時}$$

$$w \leftarrow w + \frac{b}{w} \text{當ACK到達時}$$

在原始方案中，a是0.5，b是1。在傳感器網路中使用的STCP(Sensor Transmission Control Protocol：感測器傳輸控制協定)，研究人員設置a爲0.125和b爲0.01以防止擁塞窗口振盪並略微增加流通量。其他的建議修改(例如被稱爲*HSTCP*的協定)讓a和b成爲w的函數(即$a(w)$和$b(w)$)。最後，有幾個針對TCP擁塞控制的方案被提出來，例如*Vegas*和*FAST*使用RTT的增加作爲擁塞的度量，而不是用封包遺失來度量擁塞深度，並且將擁塞窗口大小定義爲所測量到RTT函數。通常，這樣的修改僅在某些特殊的狀況下才看得出性能改進(例如，具有高帶寬和低丟失率的網路)。一般情況下，大都使用NewReno中的AIMD擁塞控制。

與TCP擁塞控制相關的最終提案涉及UDP。注意儘管TCP在擁塞發生時減少傳輸，UDP不會，意味著隨著TCP流量持續回退，UDP流量可使用更多的頻寬。於是有一個稱爲TCP友好速率控制(*TFRC*：*TCP Friendly Rate Control*)的解決方案被提出來。TFRC嘗試模擬TCP行爲，模擬模式爲讓UDP接收端回報datagram丟失給發送端，發送端則根據收到的遺失報告來計算UDP datagram的傳送速率；TFRC僅用於特殊情況。

11.21 顯式反饋機制(SACK和ECN)

大多數版本的TCP使用隱式技術來檢測丟失和擁塞。譬如，TCP使用超時和重複的ACK來檢測丟失，用往返時間的變化來檢測擁塞。研究人員觀察到，如果用顯式技術來做檢測，可能對TCP效能會有些改進。接下來的兩個小節描述兩種顯式技術。

11.21.1 選擇性確認(SACK)

另一個TCP累積確認機制被稱爲選擇性確認機制(*SACK*：*Selective ACKnowledgement*)。選擇性確認允許接收端準確地指出已經收到那些資料，那些資料仍處於丟失狀態。選擇性確認的主要優點出現在偶爾發生丟失的情況：選擇性確認允許發送端準確地知道哪些segment該重送。

9　AIMD在上一節中定義。

TCP選擇性確認機制尚無法完全取代累積確認機制。實質上，TCP爲SACK提出兩個選項：

- 第一個選項：給發送端使用。當連接建立時，讓發送端指定允許SACK。
- 第二個選項：給接收端使用。當發送確認訊息時，可以附帶關於所接收到區塊資料的資訊。附帶的資料包括每個區塊的第一個序列號(稱爲左邊緣)和區塊的最後一個序列號(稱爲右邊緣)。因爲segment中最大標頭的大小是固定的，確認訊息最多可以包含四個SACK。有趣的是，SACK並未明確指定發送端要如何響應SACK；大多數實作是重送所有丟失的區塊。

11.21.2 顯式擁塞通知

第二個顯式檢測技術目的在控制網路擁塞。此技術被稱爲顯式擁塞通知(*ECN: Explicit Congestion Notification*)，此機制要求Internet中的路由器在擁塞發生時通知TCP。該機制在概念上是直接的：當TCP segment通過網際網路，沿路徑的路由器使用IP標頭中的兩個位元來記錄擁塞。

因此，當segment到達時，接收端知道該segment是否曾在任何時候經歷擁塞。但是，眞正需要了解擁塞的是發送端，而不是接收端。因此，接收端使用下一個ACK來通知發送端擁塞發生。然後發送端通過減少擁塞窗口進行響應。

ECN使用IP標頭中的兩個位元讓路由器記錄擁塞，並使用TCP標頭中的兩個位元(取自保留區域)讓發送端和接收端的TCP進行通訊。兩個位元中的一個被接收端用來發送擁塞信號給發送端；另一個位元讓發送端通知接收端已經接收到擁塞通知。IP標頭中的位元是來自TYPE OF SERVICE欄位中未使用的位元。路由器可以選擇設置任一位元來指示發生擁塞(使用兩個位元使得該機制更穩固)。

11.22 擁塞、尾部丟棄和TCP

前面討論過，通訊協定分層的一個好處是可讓工程師一次專注於一個問題。將各功能分離到協定層是必要的 - 這意味著一層可以改變而不影響其他層，但也意味著各層得孤立地操作。例如，TCP是端到端的操作，即便是端到端間的路徑改變，TCP連接保持不變(例如，路徑改變或添加額外的網路路由器)。然而，層的隔離限制了層間通訊。特別是，雖然TCP原始來源端與TCP的最終目的端交互運作，它不和路徑中下層元素交互運作[10]。因此，TCP的發送端和接收端都收不到網路環境的報告，兩者也不會在傳輸資料之前先通知沿路徑的下層。

研究人員觀察到，通訊層之間缺乏溝通，意味著在一層中策略的選擇或實施，對高協定層的性能會有戲劇性的影響。以TCP來說，路由器用來處理datagram的策略對單個TCP連

10 上面提到的顯式擁塞通知方案尚未採用。

接的性能和總流通量都有顯著的影響。例如，某路由器對一些datagram的延遲多於其他路由器[11]，TCP會退避(back off)其重送定時器。如果延遲超過重送超時值，TCP將假設擁塞已經發生。因此，儘管每一層都是獨立定義的，研究人員試圖設計一些能與其他層協定運作良好的機制與實作。

IP和TCP之間最需要交互運作的時機是在路由器變得過載並開始丟棄datagram之時。因爲路由器將每個傳入的datagram存放在記憶體的佇列中，直到datagram被轉送後才會釋放記憶體，策略重點在佇列管理。當datagram到達的速度比它們被轉送的速度更快時，佇列會增大；當datagram到達速度慢於轉送速度時，佇列會縮小。然而，因爲記憶體是有限的，佇列不可能無限增長。早期的路由器使用尾部丟棄(*tail-drop*)策略來管理佇列溢出：

> 路由器的尾部丟棄策略：如果在佇列已滿之時又有datagram到來，丟棄該datagram。

尾部丟棄是由於datagram序列到達時，路由器使用的策略所造成的結果。一旦佇列填滿，路由器開始丟棄所有額外的datagram。也就是說，路由器丟棄序列的"尾部"。

尾部丟棄會對TCP產生一個有趣的影響。在簡單的情況下，datagram通過路由器攜帶來自單個TCP連接的segment，丟失使TCP進入緩啓動，這將降低流通量，直到TCP開始接收ACK並增加擁塞窗口。然而，可能發生更嚴重的問題，當通過路由器的datagram攜帶來自許多TCP連接的segment時，因爲尾部丟棄可以導致全局同步。看看爲什麼，觀察datagram通常使用到多工，其中連續的datagram各自來自不同的來源。因此，尾部丟棄策略使得路由器丟棄的N個segment可能來自N個連接，而不是來自一個連接的N個segment。同時丟失導致所有N個TCP應用程序同時進入緩啓動[12]。

11.23 隨機早期檢測(RED)

路由器如何避免全局同步？答案仰賴一個智慧方案，盡可能避免尾部丟棄。此智慧方案被稱爲「隨機早期檢測」(*Random Early Detection*)、「隨機早期丟棄」(*Random Early Drop*)或「隨機早期拋棄」(*Random Early Discard*)，這個智慧方案最常使用的名稱是縮寫RED。RED背後的總體思維在於隨機化：不是呆呆地等待佇列完全填滿，路由器會監視佇列大小。當佇列開始填充，路由器隨機選擇datagram來丟棄。

實現RED的路由器將演算法用在每個佇列(例如，每個網路連接)。爲了簡化描述，只討論單個佇列和假設讀者意識到相同的技術必須應用於其他佇列。

路由器使用兩個門檻值來標記佇列中的位置：T_{min}和T_{max}。RED演算法簡化爲三個規則，目的在對必須放置在佇列中的datagram做適當的配置：

- 如果佇列中的datagram少於T_{min}，將新到來的datagram放到到佇列中。

11 延遲差異稱為抖動。
12 有趣的是，如果TCP連接共享鏈路的數量足夠大（> 500）且RTT變化，就會不發生全局同步。

- 如果佇中的datagram多於T_{max}，則丟棄到來的datagram。
- 如果佇中的datagram 介於T_{min}和T_{max}之間，則隨機丟棄datagram，丟棄機率p爲佇列大小的函數。

RED的隨機性意味著，與其等待佇列滿溢，造成許多TCP連接進入緩啓動，更應該在擁塞逐漸增加時讓路由器緩慢而隨機地丟棄datagram。我們可以總結：

> 路由器的RED策略：如果輸入佇列在datagram到達時已滿，丟棄datagram；如果輸入佇列低於最小門檻值，將datagram添加到佇列中；否則，隨機丟棄該datagram，丟棄機率p取決於佇列大小。

RED要能正常工作關鍵在於邊界值T_{min}、T_{max}和丟棄機率p的適當選擇。T_{min}必須足夠大以確保佇列具有足夠高流通量。例如，如果佇列連接到輸出鏈路，佇列應該驅動網路使其具有高的利用率。此外，當佇列大小超過T_{max}，RED的行爲和尾部丟棄類似。在一個TCP來回期間T_{max}大於T_{min}的值必須超出佇列的增加值(例如，將T_{max}至少超出T_{min}兩倍)。否則，RED可能會發生與尾部丟棄相同的全局振盪(例如，T_{min}可以設置爲T_{max}的一半)。

丟棄機率p的計算是RED的最複雜的一面。p非常數，而是爲每個datagram計算一個新的p值；p值取決於當前佇列大小和各邊界值之間的關係。RED是以機率的角度建構處理機制。當佇列大小小於T_{min}時，RED不丟棄任何datagram，使丟棄機率0。類似地，當佇列大小大於T_{max}時，RED丟棄所有datagram，使丟棄機率爲1。對於佇列的中間值大小(即，在T_{min}和T_{max}之間的那些)，機率可以線性地從0變化到1。

雖然線性方案形成RED的機率計算的基礎，必須做出改變以避免過度反應。變化是因突發的網路流量而起的，這導致路由器的佇列快速變動。如果RED只使用簡單的線性方案，之後每個突發流量中的datagram將被分配到高的丟棄機率(因爲它們在佇列將滿溢時到達)。然而，路由器不應該不必要地丟棄datagram，因爲這樣做對TCP流通量有負面影響。因此，如果有短突發流量，丟棄datagram是不明智的，因爲佇列永遠不會滿溢。當然，RED不能無限期地推遲丟棄，因爲突發時間過長佇列將溢出，使尾部丟棄策略可能導致全球同步問題。

RED是如何在設定較高的丟棄機率後在每個突發流量到來時又不會丟棄datagram？答案來自向TCP借用的一種技術：不是在任何時刻使用實際的佇列大小，RED計算佇列的加權平均大小avg，並使用平均大小來確定機率。avg是指數式加權平均值，每當datagram到達時根據下列方程式更新值：

$$avg = (1-\gamma) \times Old\_avg + \gamma \times \text{當前佇列大小}$$

其中γ表示0和1之間的值。如果γ足夠小，平均值將跟蹤長期趨勢，但將不受短期突發流量影響[13]。

13 建議γ的值為.002。

除了確定 γ 的方程之外，RED還包含其他細節。例如，RED計算可以非常有效率，作法是選擇常數作二的冪次並使用整數運算。另一個重要細節涉及佇列大小的量測，這會影響RED計算及其對TCP的整體影響。特別是，因爲轉發datagram所需的時間與其大小成正比，所以用octet爲佇列測量單位會比用datagram有意義。這樣做僅需要對 p 和 γ 做微小改變。以octet爲佇列大小的單位會影響丟棄流量類型，因爲它使得丟棄機率與發送端放入資料流中的資料量成正比，而不與segment成正比。小的datagram(例如，那些遠程登入或服務請求)具有比大datagram更低的丟棄機率(例如，檔案傳輸)。使用datagram大小的一個正面作用是在確認訊息於擁擠的路徑上行進時，它們具有較低的被丟棄的機率。如果一個(大量)segment到達，發送端TCP將接收到ACK並且將避免不必要的重送。

分析和模擬顯示RED工作良好。可處理擁塞，避免尾部丟棄引起的同步，並在短期突發流量期間不會不必要地丟棄datagram。因此，IETF現在建議路由器要有RED功能。

11.24 建立TCP連接

TCP使用三方交握(*three-way handshake*)建立連接。在建立連接之前都必須要通過三個確認的動作，當中有三個訊息被交換，通訊兩端必須同意連接。交握的第一個segment識別方式是設置SYN位元[14]。第二個訊息同時設定SYN和ACK位元，表示確認第一個SYN segment，繼續交握程序。最終的交握訊息僅只是確認，通知目的端雙方已同意建立連接。

通常，一個機器上的TCP軟體被動地等待交握，並且另一台機器上的TCP軟體啓動交握。交握程序必須謹慎設計，即使在兩個機器嘗試同時啓動連接也可正常運作。因此，交握可以從任一端發起或兩端同時發起。一旦建立了連接，資料可以在兩個方向上均等地流動(亦即，連接是對稱的)，沒有主僕之分，啓動連接方也不會有特殊的能力或特權。最簡單情況下，交握程序如圖11.14所示。

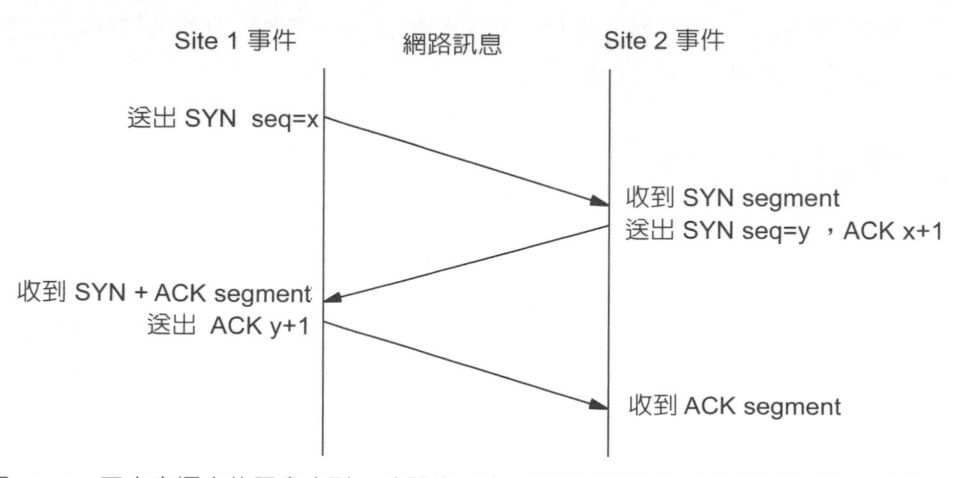

圖11.14　三方交握中的訊息序列。時間往下走；斜線代表在兩端之間傳送的segment。

14 SYN表示同步，發音為"sin"；攜帶SYN的segment稱為"sin segment"。

看來，只要交換兩個訊息就足以建立連接。然而，三方交握對於正確同步是必要的，並足以在通訊兩端建立連接。要理解爲什麼要建立連接可能稍有困難，記住TCP使用的是不可靠的封包傳遞服務。因此，訊息可能丟失、延遲、重複或無序傳送。爲了適應丟失，TCP必須重送連線請求。然而，如果過度延遲導致重送，則可能出現麻煩，意味著原始和重送的訊息在建立連接時到達。重新發送的請求也可能延宕到連接已經建立、使用和終止後才到達。三方交握和防止建立連接後又建立連接的規則必須被仔細地設計，以應付所有可能的情況。

11.25 初始序列號

三方交握實現了兩個重要的功能：(1)它保證雙方都準備好傳輸資料(並且他們知道彼此都準備好了)(2)讓雙方就初始序列號達成一致共識。在交握期間發送和確認序列號。每台機器必須隨機選擇一個初始序列號，來標識正在資料流中傳送的octet。序列數字不能始終以相同的值開始。特別是，TCP不能在每次建立連接時只選擇*1*當序列號(有一個練習題在檢視使用*1*當序列號引起的問題)。當然，雙方都必須同意初始值，因此在確認訊息中使用的序列號和在承載資料segment中使用的序列號一致。

要了解機器爲何在三方交握程序交換兩個訊息後就達成序列號共識，回想一下每個segment包含序列號欄位和確認欄位。啓動交握的機器，稱爲*A*，將始序列號，x，放在三方交握中的第一個SYN segment中的序列號欄位。另一台機器*B*接收SYN，記錄序列號，在也將自己的初始序列號放在確認訊息中的序列號欄位，確認訊息標識期望收到第$x + 1$個octet。交握的最後訊息，*A*，"確認"收到B的所有octet。在交握流程中確認訊息所攜帶的資料是預期收到下一個octet的序列號。

我們已經描述了TCP通過執行三方交握做了最少量內容的信息交換。因爲協定設計，可以將資料與初始序列號與資料一起在交握segment中傳送。在這種情況下，TCP軟體必須保存資料，直到交握完成。一旦建立連接，TCP軟體就可以釋放資料並將其快速傳送給等待的應用程序。讀者可參考協定規範的細節。

11.26 關閉TCP連接

使用TCP進行通訊的兩個應用程序可以使用關閉(*close*)程序終止連接。重要的是雙方都同意要關閉連接，且雙方都知道連接已關閉。因此，TCP使用三方交握關閉連接。要了解交握用於關閉連接，回想一下TCP連接是全雙工的，我們將全雙工視爲有兩個獨立的資料流在雙向傳輸。當一個應用程序程序告訴TCP它沒有更多的資料要發送，TCP將關閉在一個方向連接。要關閉其另一半連接，要等發送端TCP發送完剩餘資料，收到接收端確認，然後發送一個設置FIN位元的segment[15]。在接收到FIN時，TCP發送確認，然後通知應用程序另一方已完成發送資料。箇中細節取決於作業系統，但大多數系統使用"檔案結束"(*end-of-file*)機制。

15 已設置FIN位元的segment稱做"fin segment"。

一旦在給定方向上的連接被關閉，TCP拒絕在該方向接受資料。但資料仍可以繼續在反方向流動，直到發送端將其關閉。當然，一個仍在接收資料的TCP端點必須送確認，即使在相反方向上的資料傳輸已經終止。當兩個方向都關閉時，TCP軟體在每個端點刪除連接記錄。

關閉連接的細節比上述流程更細微，因為TCP使用修改的三方交握來關閉連接。圖11.15說明典型情況下的關閉程序，所有通訊已經完成並且雙向連接已關閉。

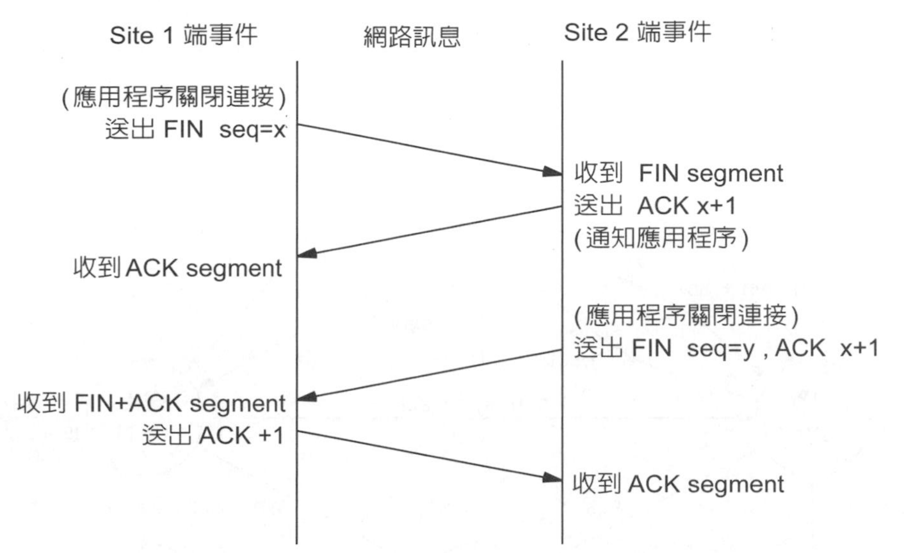

圖11.15　用於關閉與連接的三方交握，在接收到FIN時立即發送額外的ACK。

建立連接和關閉連接的三方交握，兩者區別發生在機器接收到初始FIN segment之後。通訊的一端在收到FIN segment後並不是跟著也立刻發出FIN segment，而是對收到的FIN segment發出確認，然後通知應用程序另一端請求關閉連接。從通知應用程序開始到收到應用程序回應，可能需要相當長的時間(例如，它可能涉及人的相互作用)。確認訊息可防止在上述延遲期間對方又重送初始FIN segment。最後，當應用程序指示TCP關閉連接，TCP發送第二個FIN segment，啓動關閉連線的那一端收到第二個FIN segment後，回覆第三個訊息，ACK。

11.27　TCP連接重置

通常，在完成發送資料時，應用程序使用關閉操作來關閉連接。因此，關閉連接是正常操作的一部分。類似於關閉檔案，我們稱此為連接正常關閉(terminated gracefully)。有時會出現一些異常情況，強制應用程序或網路軟體斷開連接而毋需正常關閉。於是TCP提供reset(重製)機制處理異常關閉。

要reset一個連接，通訊一方先發送一個segment來啓動終止連接，該segment必須設置*CODE*欄位的*RST*(*RESET*)位元。另一端則對收到的 reset segment 以終止連接行為立即響應。當發生reset，TCP通知任何使用連接的應用程序。注意，reset是立即發生，不能撤銷。這是一個瞬時中止，終止兩方向的傳輸並釋放資源(緩衝區等)。

11.28 TCP狀態機

像大多數協定一樣，TCP的操作最好用一個理論模型來解釋：有限狀態機(*finite state machine*)。圖11.16顯示了TCP狀態機，圓圈表示狀態，箭頭表示狀態間的轉移。

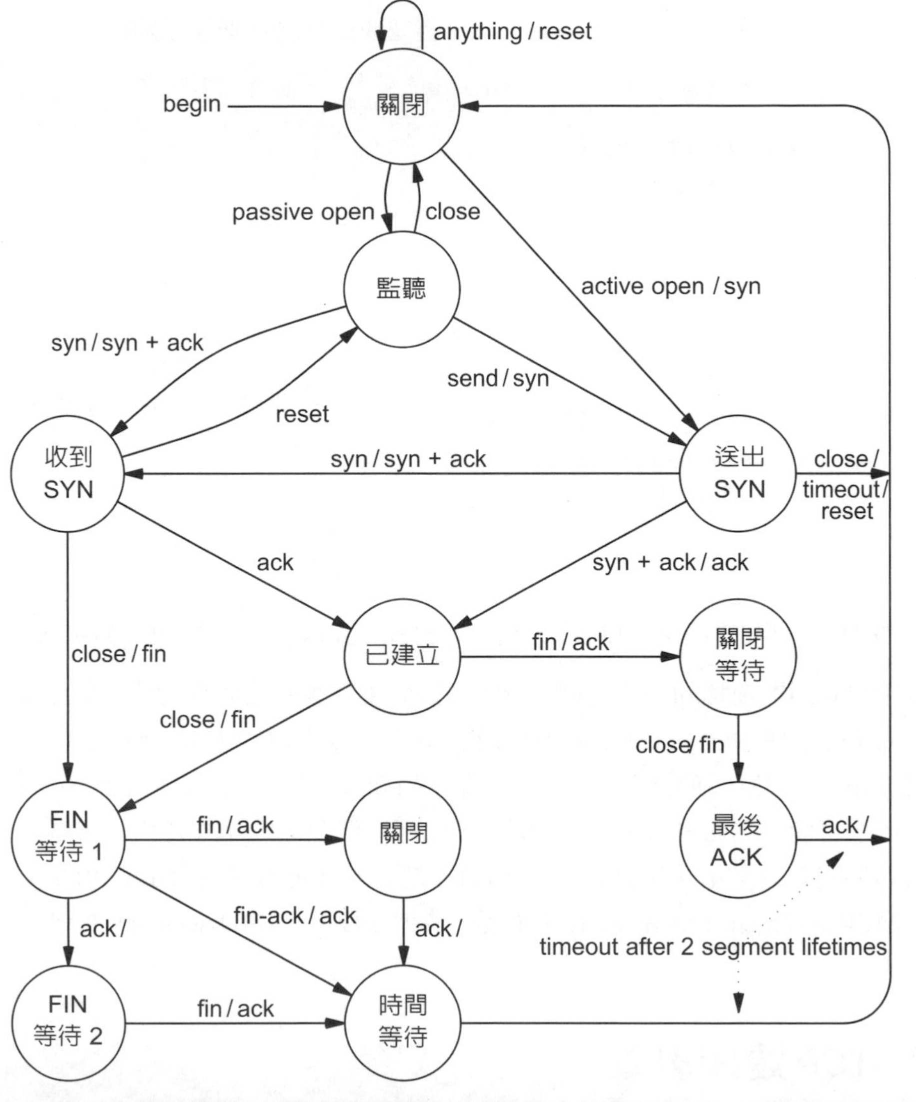

圖11.16　TCP的有限狀態機。狀態轉換箭頭旁的標籤是引發轉換的輸入，緊隨其後的是輸出。

在圖中，每個狀態轉換上的標籤顯示是什麼因素導致轉換發生，以及TCP發送什麼訊息來執行轉換。例如，TCP軟體在每個端點以*CLOSED*狀態開始。應用程序必須發出*passive open*（被動開啓）命令等待來自另一台機器的連接，或發出*active open*（主動開啓）命令啓動連接。*active open*命令強制從*CLOSED*狀態轉換到*SYN SENT*狀態。在轉換到*SYN SENT*的過程，TCP發出一個SYN segment。當另一端返回一段SYN segment並設置ACK位元，TCP移動到*ESTABLISHED*狀態，發出ACK，並開始傳輸資料。

*TIMED WAIT*狀態顯示TCP如何處理發生的一些問題與不可靠的傳輸。TCP保持*maximum segment lifetime* (*MSL*：最大資料段生命週期)的概念，標示已在Internet上流竄的segment可保持活動的最大時間。避免之前連接所產生的segment影響到當前連接segment的傳輸，在關閉連接後TCP移動到*TIMED WAIT*狀態。TCP在刪除其連接記錄前會在*TIMED WAIT*狀態持續兩倍的segment最大生命週期。如果超時期間有重複的segment到達，TCP將予以拒絕。然而，爲了處理最後確認丟失的情況，TCP重新啓動定時器來確認有效的segment。因爲定時器讓TCP得以區別舊連接和新連接，防止TCP因爲舊連接segment的延遲而對新連接發出reset作爲響應(例如，如果另一端重送FINsegment)。

11.29　強制資料傳輸

TCP可以自由地將資料串列劃分成多個segment來進行傳輸，不必考慮應用程序使用的傳輸量。主要優點是允許TCP選擇一個有效率的劃分。TCP可以在緩衝區累積資料到合理的長度才送出，避免一個segment只攜帶少量資料增加網路負擔。

雖然緩衝提高了網路流通量，但它可能會干擾某些應用程序。譬如，使用TCP進行終端機連線，一端傳遞鍵盤字元給遠端機器。用戶期望即時響應每個鍵擊。如果發送端TCP緩衝這些鍵盤資料，響應會延遲，可能按了幾百次鍵才收到回應。同樣地，接收端TCP也會產生類似的問題，在資料交付給本地應用程序之前先行緩衝，強制發送端發送資料不代表正常傳輸。

爲了適應上述終端式連接的交互運作，TCP提供了*push* (推送)機制，應用程序可以使用*push*強制傳遞資料流中的octet，無需等待緩衝區填滿。*push*操作不僅強迫本地TCP發送segment。它還請求TCP設置segment中的*PSH*欄位位元，讓資料可很快地傳送給接收端的應用程序。因此，交互式應用程序在每次按鍵之後使用*push*功能。控制遠端顯示器的應用程序也可以使用*push*功能來確保資料即時送出，另一端收到資料後可立即傳遞給應用程序。

11.30　保留的TCP埠號

像UDP一樣，TCP使用靜態和動態方式來分配協定埠號。中央機構指定了一組公認的埠號(*well-known ports*)來呼叫服務(例如，web伺服器和電子郵件伺服器)。其他埠號可讓作業系統根據需要分配給本機應用程序。現在存在許多公認的TCP埠號。圖11.17列出目前一些已分配的TCP埠號。

儘管TCP和UDP埠號是獨立的，但用戶可用相同埠號以UDP或TCP取得服務。例如，客戶端可以使用TCP或UDP取得網域名稱伺服器的服務。不管使用的是TCP還是UDP，使用的服務埠號是一致的，53。IANA(網際網路號碼分配局)分配埠號53作爲網域名稱服務埠口，可用於TCP和UDP。

Port	Keyword	Description
0		保留
7	echo	回應
9	discard	丟棄
13	daytime	當日時間
19	chargen	字元產生器
20	ftp-data	檔案傳輸協定 (data)
21	ftp	檔案傳輸協定
22	ssh	安全shell
23	telnet	終端機連線
25	smtp	簡易郵件傳輸協定I
37	time	時間
53	domain	網域名稱伺服器
80	www	全球資訊網
88	kerberos	Kerberos 安全服務
110	pop3	郵件協定
123	ntp	網路時間協定
161	snmp	簡易網路管理協定
179	bgp	邊界安全協定
443	https	安全HTTP
860	iscsi	iSCSI (SCSI over IP)
993	imaps	安全IMAP
995	pop3s S	安全 POP3
30301	bittorrent	BitTorrent 服務

圖11.17　當前已分配的TCP埠號範例。

11.31 愚笨窗口徵狀和小封包

開發TCP的研究人員發現了一個嚴重的性能問題：發送端和接收端應用程序以不同的速度運行。要理解問題所在，記住TCP會緩衝輸入資料，並考慮如果接收端應用程序對傳入資料選擇一次讀取一個octet時，會能發生甚麼事。當首次建立連接時，接收端TCP分配K位元組的空間給緩衝區，並使用確認訊息中的*WINDOW*欄位來通告可用的緩衝區大小給發送端。如果發送端應用程序快速產生資料，TCP將整個窗口資料填充到segment的資料區段來傳輸。最終，發送端接收確認訊息，並告知接收端窗口已滿，緩衝區已無任何空間儲存資料。

當接收應用程序從滿滿的緩衝區讀取一個octet時，一個octet的空間變得可用。當緩衝區有空間可用時，接收端的TCP產生確認訊息，並使用*WINDOW*欄位通知發送方。在這個範例中，接收端將通告有*1*個octet的窗口。當發送端知道有空間可用時，TCP的行響應是送出一個只有一個octet資料的segment。

雖然單一octet窗口公告可以正常工作，並保持接收端緩衝區填充，但卻產生一系列小段segment。發送端TCP必須組成一個只有一個octet的segment，並將segment放置在IP datagram中發送。當接收端應用程序讀取另一個octet時，TCP產生成另一個確認，這又使得發送端發送只有一個octet的segment。收方兩端循環相互作用，可以達到一個穩定狀態，其中TCP爲每個octet發送一個單獨的segment。

傳輸小段segment不必要地消耗了網路頻寬並引入計算負載。小段segment比大段segment消耗更多的網路頻寬，因爲每個datagram都有一個標頭。如果datagram只攜帶一個octet的資料；標頭與資料的比率太大。計算附載是因爲發送和接收兩端電腦上的TCP必須處理每個segment。發送TCP軟體必須分配緩衝區空間，形成一個segment標頭，併計算該segment的checksum。同樣，發送端的IP軟體必須將該segment封裝在datagram中，計算標頭checksum，轉發datagram，並將其傳輸到相應的網路介面。在接收端，IP必須驗證IP標頭的checksum，將segment傳遞給TCP。TCP必須驗證 checksum，檢查序列號，提取資料，將其放在緩衝區中。

接收端公告一個小的可用窗口時，會產生小的segment，發送方也可以導致每個segment只包含一個小的資料量。例如，一個TCP軟體，一有資料就積極發送出去，如果發送端應用程序一次只產生一個octet的資料，會發生甚麼事。應用程序產生octet資料後，TCP建立segment並傳輸。TCP也可以發送一個小段segment，如果一個應用程序產生大小固定爲B個octet的區塊資料，並且發送端TCP從緩衝器提取M個octet資料，M是最大segment可承載的資料量，其中$M \neq B$，因爲緩衝區的最後區塊可以小一些。

TCP發送小段segment的問題被稱爲愚笨窗口徵狀(*SWS*: *silly window syndrome*)。早期的TCP實現受到SWS的困擾。重點：

> 早期的TCP會引發一個稱爲愚笨窗口的問題，其中每個確認通告一個小的可用的空間，而每段segment只承載少量的資料。

11.32 避免愚笨窗口徵狀

TCP現在的規範包括一些啓發式的策略來防止愚笨窗口徵狀(silly window syndrome)。在發送端啓用一個啓發式策略可避免在每一段segment只傳輸少量資料。接收端則使用另一個啓發式策略，儘量不要發送小窗口公告，以免觸發小資料封包的傳輸。雖然啓發式策略合用時工作良好，但即使在連接的一端無法正確執行避免愚笨窗口的環境下，收發兩端仍可避免愚笨窗口，確保有好的效能。

實際上，TCP軟體必須讓收發兩方都執行愚笨窗口避免程式。要理解爲什麼，回想一下TCP連接是全雙工，資料可以在任一方向上流動。因此，TCP的實現包括發送的程式碼以及接的程式碼。

11.32.1 接收方愚笨窗口避免

接收端使用的避免愚笨窗口啓發式策略是既直接又容易理解。通常，接收端維護一個當前可用窗口的內部記錄，但會延遲到窗口可以大量增加時才會向發送端公告窗口的大小有增加。"大量"到底是多大，取決於接收端的緩衝區大小和最大segment的大小。TCP定義的"大量"至少是接收端緩衝區的一半，或最大segment所能承載的資料量。

接收端愚笨口窗防止策略在接收端應用程序緩慢提取資料octet的情況下，防止發出小窗口公告。例如，當接收端的緩衝區完全填滿，會發送包含零窗口通告的確認。當接收端應用程序從緩衝區提取octet時，接收端TCP計算緩衝區中新的可用空間。接收端不會立即發送窗口公告，而是等待，直到可用空間到達總緩衝區大小的一半，或達到最大segment的大小。因此，發送端總是在當前窗口中接收到窗口較大增量，允許傳輸大段segment。啓發式策略可概括如下：

> 接收方愚笨窗口避免：公告零窗口後，在發送更新窗口公告之前，等待空間變得可用，也就是可用空間到達總緩衝區大小的一半，或達到最大segment的大小。

11.32.2 延遲確認

在接收端已採取兩種方法來實現愚笨窗口避免。在第一種方法中，TCP對到達的每個segment發出確認，但是確認訊息不宣告窗口增加，直到窗口達到指定的限制，這限制是由啓發式愚笨窗口避免策略所制定。在第二種方法中，當窗口不夠大時TCP延遲發送確認。標準建議使用延遲確認。

延遲確認有其優點也有其缺點。主要優點是因爲延遲確認可以減少流量，從而增加流通量。例如，如果在延遲時段期間有其他資料到達，則單個確認將確認接收的所有資料。如果接收應用程序在資料到達之後立即產生響應(例如，用於交互式立即字元回應)，短延遲可以允許確認背負在資料segment中。此外，TCP不能移動其窗口直到接收應用程序從緩衝器提取資料。接收應用程序在資料到達後立刻讀取的情況下，短延遲允許TCP針對確認發送segment並通告更新窗口。若沒有延遲確認，TCP將立即確認資料的到達，並於稍後再發送確認以更新窗口大小。

延遲確認的缺點很明顯。如果接收端延遲確認的時間太長，發送端TCP將重送segment。不必要的重送降低了流通量，浪費網路頻寬。重送也浪費了收發兩端的資源。此外，TCP使用確認來估計RTT；延遲確認可能會混淆RTT的估算。

爲了避免潛在的問題，TCP標準對TCP延遲確認的時間設置了限制。實際運作時，延遲確認不能超過500毫秒。此外，爲保證TCP接收到足夠往返估計的數量，標準建議接收端至少每隔一個segment應該發出確認。

11.32.3 發送方愚笨窗口避免

發送端TCP所使用避免愚笨窗口徵狀的啓發式策略，既令人驚訝又感覺優雅。回想一下，啓發式策略的目標是避免發送小段segment。也回想一下，發送端應用程序可以生成任意小段的資料(例如，一次一個octet)。因此，爲了實現目標，發送端TCP必須允許發送應用程序進行多次寫入(發送到)緩衝區的呼叫，收集每次傳送的資料，然後在單個大段segment中傳輸。也就是說，發送端TCP必須延遲發送segment，直到累積合理數量的資料。此技術稱爲結塊(*clumping*)。

有個問題，TCP傳輸資料之前應該等待多長時間？如果TCP等待太長時間，應用程序經歷大的延遲。TCP不能知道是否該等待，因爲TCP不知道應用程序是否會在不久的將來能生成足夠的資料。另一方面，如果TCP不等待足夠長的時間，segment會很小而流通量將很低。

在TCP之前設計的協定面臨相同的問題，使用的技術將資料集結成更大的封包。例如，要實現一個穿越網路有效率的傳輸，早期遠端終端協定，對每個鍵擊延遲發送幾個百毫秒，來確定用戶是否將繼續按鍵。因爲TCP被設計爲通用的，然而，它可以被不同的應用程序使用。字元可以透過TCP連接傳輸，因爲用戶正在鍵盤打字或因爲程序正在傳輸文件。固定延遲對所有應用程序而言不是最優的。

類似於TCP用於重送的演算法和避免擁塞所使用的緩啓動，發送端TCP用於避免發送小封包的技術是自適應的——延遲取決於底層Internet當前的性能。像緩啓動，發送端愚笨窗口避免被稱爲自我計時(*self clocking*)，因爲它不計算延遲。相反，TCP使用確認的到達來觸發傳輸其他的封包。啓發式可以概括爲：

> 發送端愚笨窗口避免：發送端應用程序產生透過連接來傳輸的資料，該連接之前已發送過資料但未經確認，照常將新資料放置在輸出緩衝區中，但不發送，直到有足夠的資料填滿最大尺寸的segment。如果在等待中收到確認訊息，則發送所有已累積在緩衝器中的資料。即使用户發出push請求也維持此規則，沒有例外。

如果應用程序每次只產生一個octet資料，TCP會立刻發送第一個octet。在等到ACK到達之前，TCP將其他的octet累積在緩衝區。因此，如果應用程序比網路快(檔案傳輸)，連續的segment將各自包含許多octet。如果應用程序比網路慢(用戶在鍵盤上鍵入)，則小段segment將會無延遲地發送。

這就是知名的Nagle演算法，該演算法優雅之處在於只需要很少的計算資源。主機不需要對每個連接維持一個獨立的計時器，主機也不需要在應用程序產生資料時檢查計時。更重要的是，雖然該技術能適應網路延遲、最大段大小和應用速度的任意組合，在一般情況下不會降低流通量。

要了解爲什麼傳統通訊的流通量很高，注意觀察對高流通量做最佳化的應用程序，不會一次只產生一個octet（這樣做會招致不必要的作業系統開銷）。應用程序每次呼叫時寫入大塊資料。因此，TCP輸出緩衝區一開始的容量至少可裝滿最大的segment。此外，因爲應用程序產生的資料比TCP可以傳輸資料的速度快，發送緩衝區保持接近飽和並且TCP不延遲傳輸。結果，TCP繼續在應用程序期間以底層Internet可以容忍的任何速率發送segment，應用程序則繼續填充緩衝區。總結：

> TCP現在要求發送端和接收端實現啓發式避免愚笨窗口的演算法。接收端避免公告小窗口，發送端使用可調式方案來延遲傳輸，因此它可以將資料聚集成大的segment。

11.33 緩衝膨脹及其對延遲的影響

TCP的設計原則是：適應網路環境來使流通量最大化。因此，TCP讓網路設備中的緩衝區處在幾乎飽和的狀態。幾十年來，記憶體的價格已經下降，廠商已經增加了網路設備的記憶體。即使是一個小家庭用的Wi-Fi路由器，所使用的記憶體比起1980年代最大的路由器，也高出好幾個數量級。

看起來，添加記憶體到網路設備總是會提高性能，因爲設備可以在突發流量時不會有太多的封包被丟棄。然而，當網路設備有大容量的記憶體，在低速網路傳輸封包會引發嚴重的問題：延遲時間過長。長的延遲意味著即時通訊(例如VoIP電話呼叫)變得不可用。

要領會這個問題，考慮一個家用Wi-Fi路由器。假設有兩個用戶正在使用Internet：一個是下載電影，另一個是使用Skype打電話。假設路由器僅使用4 MB的記憶體作爲封包緩衝區(保守估計)。因爲使用TCP並且總是有資料發送，電影下載將讓緩衝區持續保持在幾乎已滿狀態。Skype會談發送的資料比電影下載速度低得多。當Skype封包到達時，將封包放置在緩衝區的後面，並且不會被傳遞，直到所有的在緩衝區中等待的封包已經發送。清空緩衝區需要多長時間？使用802.11g的WiFi連接具有大約20Mbps的有效傳送速率。一megabyte的記憶體包含8,388,608個位元，因此一個4 megabyte的緩衝區有33,554,432位元。我們知道接收端將發送ACK，這意味著路由器不能連續地從緩衝器發送資料。爲了分析的目的，假設最好的情況是網路沒有其他交通量，並且在封包之間沒有延遲。

即使在理想條件下，發送緩衝區資料的時間是：

$$Buffer\ delay = \frac{3.36 \times 10^7\ bits}{2.0 \times 10^7\ bits\ /\ second} = 1.68\ seconds$$

換句話說，嘗試進行Skype通話的用戶將體驗到不可忍受的延遲。即使用戶僅瀏覽Web，延遲也很明顯。

我們使用術語"緩衝區膨脹"來描述在網路中使用非常大的緩衝區設備。緩衝膨脹最令人驚訝的是：即使在網路遇到瓶頸之前將網路頻寬提升也不會提高性能，並且可能使延遲變得更糟糕。也就是說，更高速的Internet連接無法解決問題。有關此主題的更多信息，請參閱以下影視：

http://www.youtube.com/watch?v=-D-cJNtKwuw

11.34 總結

TCP是一個可靠的資料流傳輸協定，定義了Internet通訊的關鍵服務。TCP提供兩台機器間全雙工的連接，允許通訊兩端有效率地交換大量的資料。

使用滑動窗口協定，TCP可以有效地使用網路。對底層傳遞系統的要求不多，TCP以豐富的靈活性得以在各式各樣的傳輸系統上操作。因爲它提供流量控制，TCP允許在各種速度的系統進行通訊。

TCP使用的傳輸的基本單位是segment。segment用於傳遞資料或控制信息(例如，讓TCP軟體在兩個機器上建立連接或關閉連接)。segment的格式允許機器在資料傳輸過程中搭載確認訊息。

TCP的流量控制是藉由讓接收端通告可接受的資料量來實現。TCP它還支持使用帶外訊息標示需緊急傳輸的資料，並使用push機制強制傳輸。

當前TCP標準還包括一些技術，譬如，對重送定時器指定指數退避，擁塞避免演算法如緩啓動，加法式增加和乘法式減少。此外，TCP使用啓發式方法來避免傳輸小封包。最後，IETF建議路由器使用RED來替代尾部拋棄，避免TCP發生同步異常並提高流通量。

習題

11.1 TCP使用有限欄位來設定資料流序列號。研究協定規範以找出它如何允許任意長度的資料流從一個機器傳遞到另一個。

11.2 本章提到，TCP選項之一是讓接收方指定自己可接受的segment大小。爲什麼TCP支持用一個選項來指定最大的segment，同時又有一個窗口大小公告機制？

11.3 在什麼樣的延遲、頻帶寬、負載和封包丟失環境下，會引發TCP大量發出不必要的重送？

11.4 單個TCP確認的丟失不一定要強制重送。說明爲什麼。

11.5 嘗試用本地機器來確定TCP如何處理電腦重新啓動。建立從機器X到機器Y的連接，並使連接空閒。重啓機器Y，然後強制機器X上的應用程序發送segment。請問會發生甚麼？

11.6 想像一個TCP的實作，丟棄無序到達的segment，甚至如果它們已在當前窗口中。也就是說，想像的版本只接受緊跟隨已到達資料後方的接續資料流。這種實作方式能工作嗎？和現行TCP實作相比，哪個較優秀？

11.7 考慮TCP checksum的計算。假設checksum欄位未被設置爲零，但計算checksum的結果卻爲零。你能否說明一下爲什麼？

11.8 自動關閉空閒TCP連接的參數是什麼？

11.9 如果兩個應用程序使用TCP發送資料，但每個段只發送一個字元(例如，通過使用push操作)，它們在IPv4所佔用的頻寬百分比是多少？ IPv6 ？

11.10 假設TCP在建立連接時使用1作爲初始序列號。解釋系統在當機後重開機爲什麼會讓遠端系統誤認爲舊的連接仍處於正常連接狀態。

11.11 找出TCP的如何解決segment重疊的問題。問題之引發，是因爲接收端必須只能接受發送端送來的所有資料，即使發送端傳送的segment間彼此有部分重疊(例如，第一段攜帶第100到第200個位元組，第二段攜帶第150到第250個位元組)。

11.12 追蹤連接兩端的TCP有限狀態機轉換。假設一端執行passive open，另一端執行active open，透過三方交握步驟建立連接。

11.13 讀取TCP規範以找出TCP從*FIN WAIT-1*狀態轉移到*TIMED WAIT*狀態的確切條件。

11.14 追蹤兩台電腦中的TCP狀態轉移：兩者都同意正常關閉連接。

11.15 假設TCP使用64 KB的最大窗口大小發送segment，網路通道具有無限帶寬和20毫秒的平均往返時間。最大流通量是多少？如果往返時間增加到40毫秒(而帶寬保持無限)，流通量如何變化？是否需要假設IPv4或IPv6來回答問題？爲什麼或者爲什麼不？

11.16 導出一個方程式表達最大可能的TCP流通量和網路頻帶寬、網路延遲處理segment的時間和產生確認的關係。(提示：考慮上一個練習。)

11.17 描述個(異常)環境，可讓連接的另一端無限期停在*FIN WAIT-2* 狀態。(提示：datagram丟失和系統崩潰)。

11.18 表明當路由器實現RED時，某TCP連接中封包被丟棄的機率和該連接產生的流量成正比。

11.19 討論個主題：如果使用一個重複的ACK觸發重送，會加快重送速度嗎？為什麼TCP標準要用多個重複的ACK？

11.20 要了解現代Internet中是否需要SACK方案，請測量在長期TCP連接環境下的datagram丟失(例如，視訊串流)。有多少segment丟失？你能總結一下什麼？

11.21 考慮一個無線路由器，在Internet的連接具有 3Mbps的頻寬(似乎大了些)緩衝區256 MB。如果兩個用戶正在下載電影，而第三個用戶嘗試聯接google.com，第三個用戶收到回復的最短時間延遲是多少？

11.22 在上一個習題中，如果路由器和Internet之間的連接頻寬是10 Mbps，您的答案是否更改？為什麼或者為什麼不？

章節目錄

12

路由架構：核心、對等體和演算法

12.1 引言

前面的章節專注於TCP/IP提供給應用程序的通訊服務，以及提供服務的主機和路由器中協定的細節。當中，我們假設路由器始終包含正確的路由，並且看到路由器可以使用ICMP重定向機制來指示直接連接的主機更改路徑。

本章怎討論兩個廣泛的問題：轉送表應該包含什麼樣的內容，以及這些內容值從何處獲得？要回答第一個問題，我們考慮互連網路架構和路由之間的關係。我們將討論圍繞一條骨幹的互連網路，和由多個對等骨幹網路所組成的互連網路結構，並說明它們對路由的影響。要回答第二個問題，我們將考慮兩個基本型態的路徑傳播演算法，當中看到它們如何自動提供路由資訊。

我們從討論路由的一般觀念開始。後面章節著重在互連網路架構和描述路由器用來交換路徑資訊的演算法。第13和14章將繼續討論路由，並且探討兩個獨立管理群組的路由器間用來交換資訊的協定，以及單個群組在所有路由器之間使用的協定。

12.2 轉送表的源起

第3章曾提到IP路由器提供網路間的動態互連。每個路由器至少連接兩個或更多實體網路，並在這些網路間轉送IP datagram，接收網路介面傳來的datagram傳送到其他介面。除非目的地的機器直接與網路相連，否則主機會繼續將IP datagram轉送給適合的路由器。最終，讓datagram抵達目的地。一般狀況下，datagram不斷從一個路由器傳到另一個路由器，直到抵達最終路由器，該路由器直接與目的地機器相連。因此路由器系統構成基本互連網路架構，除了直接相連的機器外，路由器處理所其他的通訊。

第8章描述主機和路由器用來轉送datagram的演算法，並顯示此演算法如何利用轉送表來做出正確的判斷。轉送表中的每筆資料都指出網路目的地位址，並且給定到目的地的下一站機器位址。每筆資料也指定可抵達下一站的區域網路介面。

我們還沒有提到主機或路由器是如何獲得轉送表資訊。問題有兩個面向：第一，轉送表應該放入什麼資訊；第二，路由器如何獲得這些資訊。兩者的選擇是根據架構的複雜度和網路的規模以及管理策略而定。

一般來說，建立路由涉及兩個步驟：初始化和更新。一個主機或路由器必須在啓動時建立起始轉送表，並且當有路徑改變時必須更新轉送表(例如，故障因素使特定網路不可用)。本章重點在介紹路由器；第22章介紹主機如何使用DHCP獲取轉送表的初始資料。

初始化的過程與作業系統有關。某些系統中，路由器啓動時從第二儲存裝置讀入初始轉送表，並儲存到磁碟或快閃記憶體中。換句話說，路由器啓始時只有一個空的轉送表，路由器在啓動時必須執行一個啓動腳本程式來獲取轉送資訊。除此之外，啓動腳本會初始化網路硬體，爲每個網路介面配置IP位址。最後，系統開始透過廣播(或多播)發送訊息，發現鄰居並請求鄰居提供關於正在使用的網路位址訊息。

建立初始轉送表後，路由器必須能適應路徑變化。在小型而變化緩慢的互連網路中，管理員可用手動方式建立和修改路徑。在大型而快速變化的環境裡，手動的方式太慢，且可能有人爲錯誤。因此，需要自動化的機制。在討論用於交換路由訊息的自動化協定之前，我們需要檢視幾個基本觀念。後續章節將提供路由的必要基礎概念。

12.3 使用部分資訊轉送

路由器和一般主機的主要區別：主機對所連接網路的結構了解不多。主機不知道所有可能的目的地位址，甚至不知道所有可能的目的地網路。很多主機的轉送表只有兩筆資料：(1)本地網路路由(2)預設路由。主機將所有非本地的datagram傳送到相鄰路由器等待傳送。重點：

> 主機即使僅知道部分轉送資訊也可以成功的發送datagram，這是因爲主機可依賴相鄰的路由器。

路由器是否也可以只根據部分資訊來轉送datagram？答案是可以，但只能在特定的情況下。想要瞭解此機制，請想像互連網路就像是到國外旅遊，遇到錯綜複雜的道路，每個十字路口都有方向標誌。假如你沒有地圖也不能問人方向，因爲你不會說該國的語言，而且對所見的地形路標沒有任何概念，但你必須到一個名叫Sussex的村子。此時你該怎麼辦？從旅行中的起點也是唯一的道路出發，並沿路尋找方向標誌。找到的第一個標誌寫著：

Norfolk向左；Hammond向右；其他則直行。[1]

因爲要到達的目的地並沒有清楚的列在此標誌上，所以必須選擇直行。在路由術語裡，這叫做「預設路由」(*default route*)。經過多個標誌之後，找到一個標誌，上面寫著：

Essex向左；Sussex向右；其他則直行

此時向右轉，再經過若干個標誌後，就可以到達Sussex。

以上假設的旅行跟datagram在互連網路上的傳送過程相當類似，路標相當於路由器的轉送表。若沒有地圖或旅行輔助工具，則必須完全依賴路標，就像互連網路中datagram轉送，必須完全根據轉送表來傳送。所以即使每個路標都僅包含部分的資訊，也有機會到達目的地。

路徑標識最重要的是正確性。旅行者可能會問：如何確定遵循這些路標可抵達最終目的地？你也可能問：如何確定遵循這些路標可以用最短的路徑抵達終點站？假如經過許多路標但始終找不到標示目的地的路標時，問題就特別麻煩。答案與道路系統的拓樸和路標內容有關。但最基本觀念就是必須保證路標資訊的總體一致性和完整性。從另一觀點來看，其實不需在每個路口都包含對每個目的地的標誌，這些標誌可以只列出預設路徑與最短路徑的標示，而且清楚標示可抵達的目的地的最短路徑。以下舉些例子說明如何達成一致性。

考慮一個極端情形，在星型道路的拓樸下，每一個城鎮只有一條路可通，且所有道路都在中心點會合。爲了一致性，中央的路口標誌必須包含所有可能目的地的資訊。圖12.1示出了拓樸。

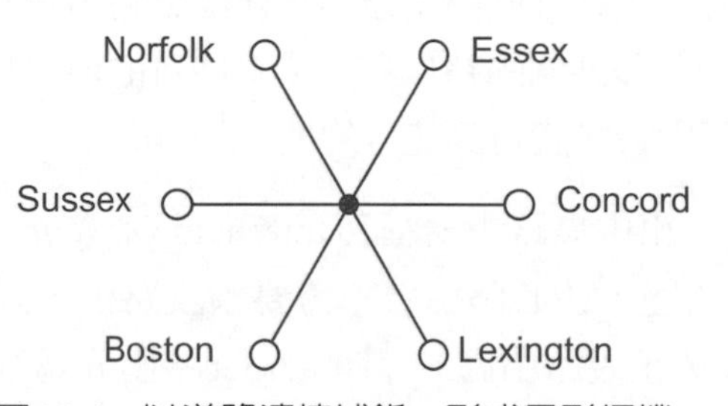

圖12.1　以道路連接城鎮，形成星形拓樸。

想像在中央交叉口的一個標誌，列出每個可能的城鎮和到達那個城鎮的路徑。只有中央交叉點具有每個可能目的地的路徑訊息；旅行者總是先前往中央交叉路口然後到達任何目的地。

另一極端的例子，想像某些道路集合，其中所有的路口標誌皆列出所有可能的目的地。爲保證標誌引導旅客是沿著最佳路線，就要相信若任何路口的路標指示到達目的地D的道路爲R，那麼除了R以外，不會有一條比到達D還要短的路徑。

對於大型互連網路路由系統而言，這兩種極端例子的運作都不好。中央路口方法的缺點在於：沒有夠快的機器足以擔任讓所有通訊都經過的中央交換器。另一方面，讓所有路由

1　幸好，標誌是以一種你能看懂的語言印出。

器擁有所有目的地的資訊也不實際，當路由改變或管理員檢查一致性時都需傳送很大的資料量。因此我們必須尋求解決之道，設計一套自動化機制管理本地路由器，而且在增加新網路節點或路徑時不會影響遠端路由器。

要理解Internet使用的路由架構，考慮個拓樸：若某國家有一半的城市在東部而一半在西部，當中有一座橋跨越分割兩地的河流。假設居住在東部的居民不喜歡西部的人，因此它們的路標中從不標示西部的城市；而西部的居民也如此。則路由在以下的條件時可以達到一致性：東部的路標清楚列出所有東部的目的地，並將該橋當成預設的路由，同樣的，西部的路標亦採用相同的做法。然而當會中有個問題：如果一個到達東部的旅客，不小心在行程表中誤寫一個不存在的城市名稱，這位旅客會循著東部的預設路由跨橋到西部，然後又循著西部的預設路由跨橋回到東部。

12.4 原始的Internet 架構與核心

許多轉送和路由傳播協定的知識是由Internet的經驗所獲得。TCP/IP開始發展時，參加的研究機構都連接到ARPANET(形成Internet的骨幹)。最初的實驗中，每個研究單位各自管理轉送表，且手動設定到其他目的地的路由。隨著Internet發展，手動方式已不敷實際需要，因此需要自動化的機制。骨幹網路的概念繼續沿用：許多大型企業都有一個骨幹連接到企業內部網路。

Internet設計者選擇的路由器架構爲星狀拓樸。初始的設計使用一小組中央路由器維護所有可能的目地資訊，另有一大組外圍路由器僅包含部分路由資訊。就好比有一小組中央位置路口標誌指示所有目的地，而外圍的路口只列出本地目的地。只要外圍路口的預設路徑指向其中一個中央路口，旅行者最後將可到達目的地。

維持完整路由資訊的一組中央路由器稱爲Internet核心(*core*)。因爲每個核心路由器儲存到達每個可能目的地的路徑，核心路由器不需要預設路由。因此，一組核心路由器有時稱爲「*default-free zone*」(免預設路由區)。將Internet路由分爲兩階層系統的優點在於它可以讓本地管理者管理外部路由器中當地的變化，而不影響Internet的其他部分。而缺點在於它引入潛在的不一致性。最壞的情況是外圍路由器發生錯誤，導致遠距離目標由無法到達，總結如下：

> 核心路由架構的優點是自治：非核心路由器的管理器可以在本地進行更改。主要缺點是不一致：外圍站台可能會引入錯誤使一些目的地無法到達。

轉送表不一致的原因可能是：計算轉送表的演算法出錯、演算法使用不正確的資料，或傳輸計算結果給其他路由器時發生錯誤。路由協定的設計者想要設計將錯誤的影響降到最低的解決方案，最主要的目標是隨時保持所有路由的一致性。假如路由不一致，路由協定應該具有足夠的強韌性來快速偵測和修正錯誤。最重要的是路由協定應該設計成具有限制錯誤擴散的能力。

要完全瞭解Internet的架構前，必須先瞭解Internet是與廣域網路骨幹ARPANET一起演進而來。架構核心路由器系統的主要動機在於將區域網路連接到骨幹。圖12.2闡釋此觀念。

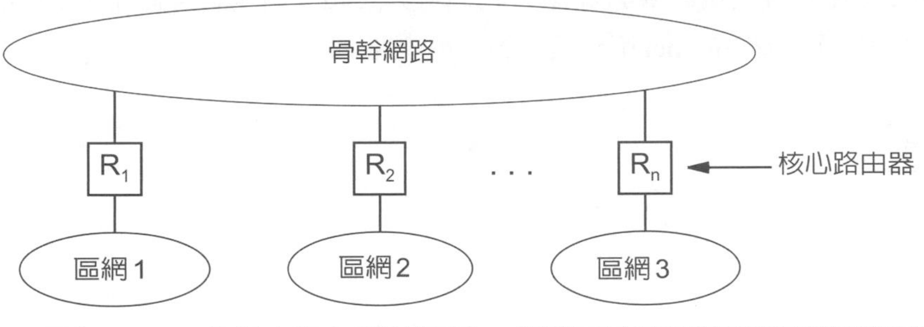

圖12.2　早期Internet的核心路由系統被視為一組將區域網路連接到骨幹網路的路由器。這個架構現仍在企業網路中使用。

想要瞭解爲何圖12.2的路由器不能利用部份資訊，考慮datagram的傳送路徑上有某些使用預設路由的路由器。在來源端，本地路由器檢查是否有前往目的地的明確路由，如果沒有，則按照預設路由發送datagram。若路由器沒有datagram該走的明確路由資訊，那麼不管datagram的最終目的地爲何，都循預設路由轉送。路徑中的下一站路由器將抵達的datagram分成兩部分：(1)有明確路由的datagram；(2)其他使用預設路由的datagram。爲確保整體一致性，預設路徑必須構成一個能到達任何路由器的巨大循環鏈路。因此這種架構必須由所有的區域網路協調其預設路由。

路由架構有兩個問題，這兩個問題都和預設路由相關。首先，假設計算機意外地產出一個目的地不存在的datagram(即，位址尚未分配)。主機將datagram送給本地路由器，本地路由器遵循預設路將datagram轉送到下一個路由器，預設路由轉送持續進行。不幸的是，因爲預設路由形成一個迴路，datagram會繞著迴路傳輸，直到跳躍上限爲止。其次，如果我們忽略不存在位址造成的問題，轉送效率低下。跟隨預設路由的datagram在到達目的網路的路由器之前，會經過相當多的路由器。

爲避免預設路由可能產生的低效率和潛在的路由迴路，早期Internet禁止核心路由器使用預設路由。不使用預設路由，設計師設計替代方案。設計師安排路由器彼此通訊和交換路由訊息，以便每個路由器學習到如何直接轉送datagram。安排核心路由器交換路由訊息是很容易的，因爲路由器全部連接到骨幹網路，這意味著它們可以直接通訊。

12.5 超越核心架構到對等式骨幹

Internet引入NSFNET(國家科學基金會網路)骨幹更增加路由結構的複雜性，強迫設計者開發新的路由架構。更重要的是，架構的變化預示著當前的Internet會有一組第一層的ISP，每個ISP都有一個廣域骨幹網路供客戶連接。有許多方法被設計用在NSFNET環境，也有許多路由架構是爲NSFNET而設計，這些都成了從原來的Internet架構轉移到當前Internet架構的關鍵。

NSFNET骨幹發生的主要變化是從單個中心骨幹演變到一組對等主幹網路(*peer backbone networks*)，通常稱爲對等體(*peers*)或對等體骨幹網路(*peer backbone networks*)。雖然全球Internet現在有幾個第一層對等體，我們可先設想一個雙對等體主幹網路來理解路由運作。圖12.3說明了一個Internet拓樸與一對骨幹網路。

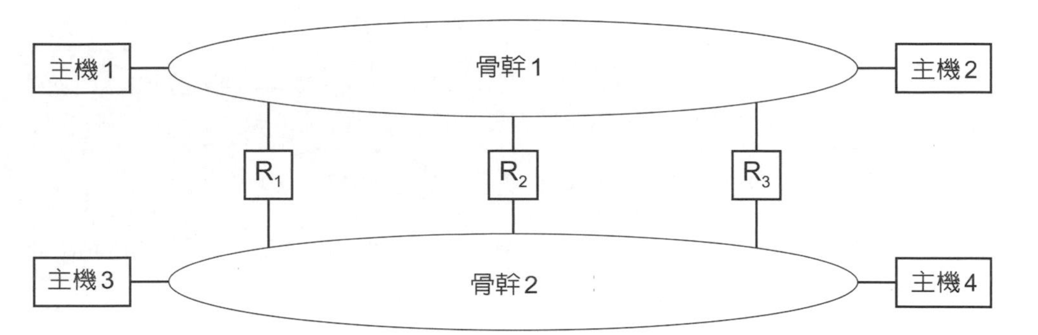

圖12.3　兩個對等主幹網由多個路由器互連，類似於1989年在internet上的兩個對等主幹網。

要瞭解IP在對等式骨幹網之間路由的困難，圖12.3顯示直接連接到主幹的四個主機。簡化的範例看起來不很眞實。考慮圖中從主機*3*到主機*2*的路由。假設此圖有地理方向性，即主機*3*在西岸且連接到骨幹2，而主機*2*在東岸且連接到骨幹1。在建立主機*2*和主機*3*的路由時網管員有三個選擇：

(a) 將主機*3*送出的資料經由西岸路由器R_1，穿越骨幹*1*到達主機*2*。

(b) 將主機*3*送出的資料越骨幹*2*，經由中間路由器R_2，再穿越骨幹*1*到達主機*2*。

(c) 將主機*3*送出的資料穿越骨幹*2*經由東岸的路由器R_3到達主機*2*。

另一個更迂迴的路徑也可以到達目的地：即資料可能從主機3經由西岸的路由器，穿過骨幹1到達中間的路由器，之後返回骨幹2到東岸的路由器，最後再穿過骨幹1而抵達主機*2*。此路由是否合理完全依據網路使用的策略以及不同路由器和骨幹的容量。然而，然而，我們選取的路徑不應讓datagram穿越同一個網路兩次(即，從不移動到一個網路，離開網路，然後再次移回到網路)。

直覺上，應對所有交通選取最短路徑才對。也就是說，地理上最近的主機間應採取最短傳輸路徑，此路徑和爲長距離通訊選取的路徑無關 。例如圖中從主機*3*和主機*1*間的通訊應經由西岸的路由器R_1，因爲這樣兩骨幹間的距離最短。更重要的是，如果一個datagram必須跨越主幹，ISP會希望將datagram留在其主幹(因爲這樣做在經濟上比使用對等體更便宜)。

以上敘述看似簡單，但是實現起來非常困難。主要有兩個原因，首先，雖然標準IP轉送演算法使用IP位址中的網路部分來選擇路由，但對等骨幹架構中的最佳路由需要對單個主機進行單獨的路由選擇。譬如，思考一下主機3中的路由表。

主機*1*最佳的下一站是西岸的路由器R_1，主機*2*最佳的下一站是東岸的路由器R_3。然而，主機*1*和*2*都連接到主幹*1*，其意味著它們具有相同的網路首碼。因此，若不使用網路首碼，主機轉送表必須包含主機特定的路由。其次，兩個主幹的網管人員必須在所有路由器之間保持路由的一致性，否則可能會產生轉送迴圈(*forwarding loop*)或稱路由迴圈(*routing loop*)，兩個路由器互相將資料轉送給對方。

12.6 自動路由傳播與FIB

原始的Internet核心系統可不必使用預設路由，因爲核心系統會傳播到達所有目的地的完整路徑資訊給所有核心路由器。現在很多公司的網路也使用類似的方式，將公司中的每個目的地的路徑資訊傳播給內部網中的所有路由器。下幾節將討論兩個計算和傳播路由資訊的基本演算法，後面幾章會討論使用這些演算法的協定。

路由協定提供兩種功能。第一，它會計算一組最短路徑。第二，當網路故障或拓樸改變時，它會持續更新路由資訊。因此，討論路由傳播時，考慮協定和演算法的動態行爲非常重要。

在概念上，路由協定獨立於轉送機制而操作。也就是說，路由協定軟體以個別程序來執行，並使用IP和其他路由器中的路由協定軟體交換路徑資訊。路由協定會學習到目的地路徑資訊，計算到達每個目的地的最短路徑，並傳遞訊息給其他路由器上的路由協定軟體。

雖然路由協定會計算最短路徑，但路由協定軟體不會把路由資訊直接存入路由器的轉送表中。路由軟體會先建立轉送訊息庫(*FIB*: *Forwarding Information Base*)。 FIB可能包含轉送表中沒有的訊息，如路由訊息的來源、訊息時間(即，最近一次收到此路由訊息的時間)以及網管員是否臨時覆蓋特定的路徑。

當FIB更改時，路由軟體重新計算轉送表，並爲路由器安裝此新的轉送表。在把路徑資訊放入FIB後，傳播此資訊給轉送表前有個關鍵因素：策略規則應用。策略允許網管人員控制將哪些資訊自動安裝到轉送表。因此，即使路由軟體找到一條到達目的地的更短路徑並將訊息放在FIB中，使用的策略可能會阻止該路徑被注入到轉送表中。

12.7 距離－向量(Bellman-Ford)路由

距離－向量(*distance-vector*)[2]是指用於傳播路由資訊的一個演算法類別。距離－向量演算法背後的思維非常簡單。每個路由器將所有已知目標路徑的資訊列表保留在FIB中。啓動時，路由器初始化FIB，內含每個直接連接網路的資料。FIB中的每筆資料用來標識一個目的地網路、到達目的地的下一站路由器、到目標網路的"距離"(根據距離定義所做的測量)。例如，一些距離向量協定使用跨越網路的數目作爲距離的度量。一個直接連接網路稱爲零跳(*zero hop*)；如果datagram必須通過N個路由器才能到達目的地，則此目的地的距離是N跳。圖12.4說明了在連接到兩個網路的路由器上的FIB的初始內容。在圖中，每筆資料對應到直接連接的網路(零跳)。

2　術語vector-distance、Ford-Fullerson、Bellman-ford與Bellman和向量距離同義，最後兩個名稱是根據發表此觀念的研究者而來。

目的地	距離	路由
網路1	0	direct
網路2	0	direct

圖12.4　使用距離向量演算法的初始FIB。每筆資料包含直接連接的網路的IP位址和以整數表達的網路距離。

使用距離－向量，路由軟體會在每個路由器上發送各自的FIB給所有相鄰的路由器。當來自路由器J的路由列表到達路由器K時，K檢查列表中每一筆資料的目的地和地距離，並套用三個規則：

- 如果J的路徑列表中有一筆資料是K的FIB所沒有的目的地，則K添加一筆資料到FIB中，該筆資料的下一站是J。
- 如果J的路徑列表中有一筆目的地爲D的資料是K已有但路徑較短，K會將FIB中到達D的下一站以J來取代。
- 如果J的路徑列表中有一筆目的地爲D的資料是K已有，且下一站是J，但兩者的距離不同，K會以J中的距離替換自己FIB中的距離。

第一條規則可以解釋爲："如果我的鄰居知道到達目的地的方式但我不知道，我可以使用鄰居作爲下一站"。第二條規則可以解釋爲："如果我的鄰居有一個到目的地的較短路由，我可以使用鄰居作爲下一站"。第三條規則可以解釋爲："如果我使用我的鄰居作爲到目的地的下一個站，而鄰居到達目的地的成本改變，我的成本也必須改變"。

圖12.5顯示了路由器K中現有的有FIB，來自J的距離向量更新訊息。路由訊息中的三個項目導致FIB中的改變。注意，如果J報告到給定目的地的距離爲N站，並且K使用J作爲下一站，則存儲在K的FIB中的距離是$N + 1$(即，從J到目的地的距離加上K到達J的距離)。FIB列表中的第三欄標記爲路由。實際上，該欄位紀錄的是下一站路由器的IP位址。爲使讀者容易理解，圖12.5只簡單地以名稱來標識路由器(例如，路由器J)。

距離向量這個術語是因週期性發送路由訊息而來。訊息資料以一對(D，V)方式出現於列表中，其中D是到達目的地的距離，V標識目的地(稱爲向量)。距離向量演算法以第一人稱報告路徑(亦即，"我可以到達距離爲D的目的地V")。在這樣的設計中，所有路由器必須參與距離向量路徑交換，使路由資料維持高效和一致。

目的地	距離	路由
Net 1	0	direct
Net 2	0	direct
Net 4	8	Router L
Net 17	5	Router M
Net 24	6	Router J
Net 30	2	Router Q
Net 42	2	Router J

(a)

	目的地	距離
	Net 1	2
→	Net 4	3
	Net 17	6
→	Net 21	4
	Net 24	5
	Net 30	10
→	Net 42	3

(b)

圖12.5　(a)路由器K中現有的FIB；(b)來自路由器J的路由更新訊息，引發更改。

雖然它們易於實現，但是距離向量演算法有幾個缺點。在完全靜態的環境中，距離向量演算法確實可計算出最短路徑，並可正確路由到所有目的地。但是當路徑快速改變，計算可能變得不穩定。當路由改變時(即，出現新連接或舊連接故障)，路徑訊息從一個路由器傳送到另一個，傳播速度緩慢。同時，一些路由器可能有不正確的路由訊息。

12.8 可靠性與路由協定

大多數路由協定使用無連接傳輸，早期協定將路由訊息直接封裝在IP中；現代路由協定通常將路由訊息封裝在UDP中[3]。但UDP和IP的傳輸能力不分軒輊：訊息可能丟失、延遲、複製、損壞或亂序傳送。因此，使用它們的路由協定必須做些補償動作。

路由協定使用幾種技術來處理可靠性。首先，checksum用於處理資訊錯誤。丟失的錯誤由軟狀態[4]或通過確認和重傳來處理。序列號用於處理兩個問題。首先，序列號讓接收端可以先接收無序傳入的資訊，然後藉由序號，重新排列成有序資訊。第二，序列號可以用於處理重送(*replay*)問題，此問題發生在如果訊息的副本被延遲，並在很長時間後才到達，到達當時新的更新已處理完畢。第14章說明距離向量協定所引起的緩慢收斂問題，並討論其他距離向量協定用來避免問題的技術。特別是，還涵蓋水平分割(*split horizon*)和毒性逆轉(*poison reverse*)技術。

12.9 鏈結狀態(SPF)路由

距離－向量演算法的主要缺點在於擴張性。除了先前討論到的反應緩慢問題外，此演算法還需要大量的訊息交換。路由更新訊息包含每個可能的網路資訊，所以訊息的大小與網路的個數成正比。因爲距離－向量協定需要每一路由器都參與，所以資訊交換量將會非常的大。

另一組和距離－向量演算法不同的主要演算法叫做「鏈結狀態」(*link state*或*link status*)或「最短距離優先」(*Shortest Path First*，*SPF*)[5]。SPF演算法要求每個參與的路由器都要計算或提供拓樸資訊。思考拓樸資訊的最容易方法，就是想像每個路由器都有一張顯示所有其他路由器與網路的連接方式的地圖。抽象的說，路由器對應到圖的節點，而邊則對應於所連接路由器的網路。兩個節點之間有一條邊(連結)，即相對應的路由器可以直接通訊。

參與SPF演算法的路由器不傳送所有目的地的訊息，它執行兩個工作：

- 主動測試所有鄰近路由器的狀態。假如兩個路由器共用一條連結，則他們互爲鄰居。
- 週期性對所有其他的路由器廣播鏈結狀態資訊，資訊型態爲："我和路由器X之間的鏈接爲up(開啓狀態)"或"我和路由器X之間的鏈路爲down(關閉狀態)"。

3　下一章討論一個例外－使用TCP的路由協定。

4　軟狀態依賴超時來刪除舊訊息。

5　Dijkstra，演算法的發明者，建立了新名詞"最短路徑優先"，這名詞有些誤導，因為所有路由演算法計算的都是最短路徑。

爲了測試直接相連的鄰居狀態，兩個鄰居週期性的交換短訊息來驗證鄰居是否爲活動與可到達。假如鄰居有回應，則鄰居間的連結爲「開啓」(*up*)狀態，否則此連結爲「關閉」[6](*down*)狀態。每個路由器週期性的廣播其鏈結狀態訊息並告知其他所有的路由器，狀態訊息並沒有指定路由，只單純的報告在兩個路由器之間是否可以通訊。若網路環境使用link-state演算法，協定軟體必須找出一個方法將每筆鏈結狀態傳送給所有參與的路由器，甚至，若底層網路不支援廣播，即使用點對點的方式也要傳送鏈結狀態訊息。

當鏈結狀態訊息到達，路由器即利用此資訊來更新其網路拓樸圖。首先，它提取之前討論過的成對的資訊，確定本地路徑圖包含鏈結兩者的的邊。接著，使用報告中的狀態訊息將鏈接標記爲up或down。每當傳入的訊息導致本地拓樸圖中的更改，路由器運用Dijkstra最短路徑演算法來重新計算出路由。Dijkstra的演算法可以計算出從本地路由器到所有目的地的最短路徑。運算結果放置在FIB中，如果策略允許，則用於更改轉送表。

SPF演算法的主要優點就是每個路由器使用相同的原始狀態資料來獨立的計算路由，而不依賴中間路由器的計算。距離向量演算法則不同，每個路由器更新其FIB，然後將更新的訊息發送給鄰居，如果沿路徑任何路由器中的軟體不正確，所有後續路徑中的路由器將接收不正確的訊息。使用鏈路狀態算法，路由器不依賴中間計算，鏈路狀態訊息在整個網路上傳播不變，使得問題更容易偵錯。因爲每個路由器都在本地執行進行最短路徑計算，保證計算可以收斂。最後，因爲每個鏈路狀態僅攜帶直接連接的一對路由器間的訊息，大小不取決於底層互聯網中的網路數量。因此，SPF演算法比距離向量算法更適用。

12.10 總結

爲確保所有網路都具有可抵達性與高可靠性，互連網路必須提供整體一致的轉送機制。主機和大部分的路由器只包含部分的路由資訊；他們根據預設路由來傳送datagram到遠端目的地。起初全球Internet用核心路由器架構來解決此問題，此架構由一組含有完整網路路徑資訊的核心路由器所組成。

新增的骨幹網路加入Internet時，會產生新的路由架構來滿足擴充的拓樸。目前有些個別管理的對等骨幹存在於互連網路中不同的位置。

路由器交換路由資訊時，通常使用兩個基本演算法(距離－向量或是SPF)中的一個。距離－向量演算法的主要缺點在於採用分散式計算最短路徑時，假如在所連接的網路持續變動的話可能無法收斂。因此若大型的互連網路或網路的底層拓樸常常改變，SPF是較好的技術。

6 在實踐中，為了防止開啓與關閉狀態之間的振盪，許多協議使用k-out-of-n規則以測試活躍度。鏈接維持在開啓狀態，直到相當長的一段時間未回覆請求才變更為關閉狀態。鏈接維持在關閉狀態，直到相當長的一段時間都有收到到回覆才變更為開啓狀態。

習題

12.1　假設一個路由器要轉送封包時發現它必須將IP datagram傳回原來的相同網路介面，此時它應該怎麼辦？爲什麼？

12.2　閱讀RFC 823和RFC 1812後，請解釋Internet核心路由器(擁有完整路由資訊) 在前一題中應該要怎麼做？

12.3　核心系統如何用預設路由送出非法datagram到指定的機器上？

12.4　假設管理者不小心將路由器設定錯誤，讓其通知他有六個直接連線的網路(實際上不存在)。其他路由器收到通知後如何保護自己不受錯誤通知的影響(仍會接收別的不信任的路由器的更新)？

12.5　路由器產生哪些ICMP 訊息？

12.6　假設路由器使用不可靠的傳輸。路由器如何決定指定的鄰居爲開啓或關閉的狀態呢？提示：參考RFC 823找出核心系統如何解決此問題。

12.7　假設兩核心路由器各自廣播到達網路N 所付出的代價皆爲k，請描述在什麼樣的情況下，通過其中之一的路由會比通過另一路由器的路由少走一些跳躍點。

12.8　路由器如何知道送來的datagram是否帶有路由更新訊息？

12.9　仔細思考圖12.5中的距離－向量更新。請各別依每個項目解釋爲何路由器要進行轉送表更新的原因。

12.10　使用序列號可確保兩個路由器不會因爲封包重複、延遲或失序而產生混淆。應該怎樣選擇初始序列號？ 爲什麼？

章節目錄

13

自治系統間的路由(BGP)

13.1 引言

上一章介紹路由傳播的概念。本章擴展對Internet路由架構的理解，並討論自治系統概念。我們將看到自治系統對應於大型ISP或大型企業，每個自治系統包括一組網路和路由器並在一個管理權限下運行。

本章的中心主題是一個名爲BGP的路由協定，用於提供自治系統間的路由。BGP是關鍵路由協定，用在Internet的中心，讓每個主要ISP通知同業關於可以到達目的地的資訊。

13.2 路由更新協定的運作範圍

一個基本原則指導路由體系結構的設計：沒有任何路由更新協定的運作範圍可以大到讓所有Internet路由器彼此交換路由，路由器必須分群而治。路由協定則在一個組內操作。路由器必須劃分的原因有三個：

- **交通量(Traffic)**：即使每個網路區域只有一個網路，沒有路由協定可以容納任意數量的網路區域，因爲添加網路區域會增加路由交通量，一個大的路由器集結，會使得網路頻寬被路由交換資訊佔滿。距離向量協定要求路由器交換整個網路集合(每個更資訊新與轉發表的大小成比例)。Linkstate協定週期性地廣播連接資訊(廣播將在整個網路中傳播)。
- **間接通訊(Indirect Communication)**：因爲不是連接在同一個公共網路，全球Internet中的路由器不能直接通訊。在很多情況下，路由器遠離Internet的中心，這意味著路由器要與其他路由器通訊的路徑許會經過許多中間站。

- **管理邊界(Administrative Boundaries)**：在Internet中，網路與路由器不由單一設備來管理，也不一定使用最短路徑，而是由各群組獨立擁有和管理，而各群組選擇的政策可能不同。大型ISP關注的是路由路徑帶來的收入和低的財務成本。因此，路由架構必須爲每個管理提供一種方法方法來獨立控制路由和存取。

限制路由器間的交互作用是很重要的。這個想法給Internet中路由架構一個指引，並可解釋一些將研究的機制。總結這一重要原則：

> 雖然我們希望讓路由器交換路由資訊，但要讓大型網路如Internet中所有的路由器都參與單一路由更新協定卻不切實際。

13.3 決定群組大小的限制

先前的敘述留下許多問題。例如，甚麼規模的網路算是「大的」？若限制只有一組路由器可以交換路由資訊，其他路由器怎麼辦？可以正常運作嗎？未參與資訊交換的路由器可否傳送datagram給參與的路由器？參與資訊交換的路由器可否轉送datagram給未參與的路由器？

網路規模問題的答案涉及使用的演算法所引起的交通量、網路容量以及其他需求，如協定是否需要廣播。網路規模還與兩個議題有關：延遲與額外負擔。

延遲(Delay)：主要的延遲不單只是更新路由資訊的傳播。問題涉及收斂時間和所有路由器都收到路由通知所產生的最大延遲。當路由器使用距離向量協定，每個路由器必須接收新訊息，更新其FIB，然後轉發訊息給鄰居。在Internet中一個由N個路由器排列而成的線性拓樸，逐次傳遞需要N個步驟才能貫通。因此，N必須被限制，以保證快速散播路由資訊。

負擔(Overhead)：要理解額外負擔也很容易。因爲所有參與路由協定的路由器都要傳送資訊，越多路由器就會產生越多的路由交通量。此外，若訊息有多個目的地，則訊息的大小也會隨目的地網路與路由器的數目增加。爲確保路由交通量在底層網路只佔小的比例，必須限制路由訊息的大小。

事實上，多數的網路管理者沒有足夠的資訊來分析延遲或額外承載的細節，它們都依循一個簡單的錯誤嘗試準則。

> 在廣域網路中讓十來個路由器參與單一路由資訊協定是安全的；在一組區域網路中可以有大約五倍的路由器參與。

以上法則只提供建議，而且有許多例外。例如，若底層網路是低延遲與高容量，參與的路由器可以比較多。反之，若底層網路低容量且高流量則參與的路由器較少，以避免路由交通量讓網路過載。

因為互連網路不是靜態的，所以很難估計路由協定會產生多少交通量或交通量佔用底層網路的百分比。例如，當網路上的主機數目增加，所產生的交通量會佔底層網路較多的容量。因此網路管理者不會只依上述準則選擇路由架構，他們通常實現「交通監控」(*traffic monitoring*) 策略。本質上交通監控會被動監聽網路並記錄交通量統計值。此外，交通監控可計算網路使用率(底層頻寬使用的比率)與載送路由協定訊息的封包比率。管理者可以長時間(以星期或月為單位)測量觀察交通量趨勢，並使用輸出報表來決定是否有太多路由器加入單一路由協定。

13.4 一個基本概念：額外跳躍點

雖然參與單個路由協定的路由器的數量必須受限，這樣做有一個重要的後果，因為它意味著一些路由器會在群組外。例如，考慮一個公司的內部網路，具有主幹線和參與路由更新協定的一組路由器。假設有一個新部門添加到網路，新部門獲取路由器。新的路由器將不一定需要參與路由更新協定，這個局外人(outsider)只能使用該組的成員路由器作為預設路由。

同樣的情況發生在早期的Internet上。當有新的網路區域加入，核心系統作為中心路由機制，當中的非核心路由器負責發送datagram。研究人員發現了一個重點：如果外圍路由器使用組內的成員作為預設路由，路由不會是最佳的。更重要的是，不僅只是大量的路由器或廣域網路會出問題，即使在小型企業網路也會出現問題，如果該企業未參與的路由器使用參與路由器進行傳輸的話。

要了解如何發生非最佳轉送，請考慮示例網路配置如圖 13.1 所示。

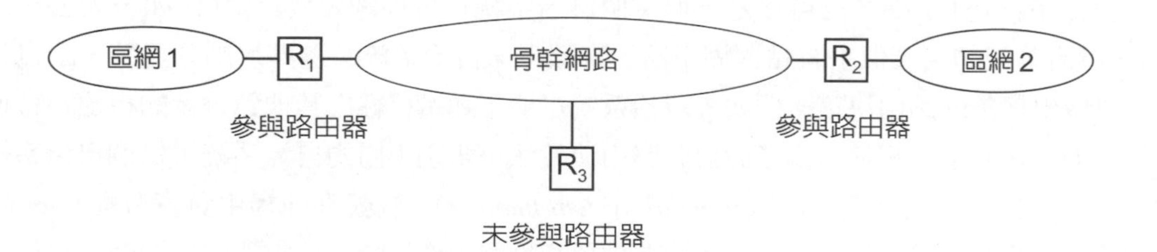

圖 13.1 額外的跳躍點問題。未參與路由器連接到骨幹時使用參與路由器做為預設路由時會產生非最佳路由問題。

圖中路由器R_1和R_2分別連接區域網路*1*和*2*。每個路由器都參與路由協定，所以知道如何抵達雙方的網路。加入一個新的路由器R_3。規劃R_3不參與路由協定。網管人原把R_1設定為路由器R_3的預設路由。

如果R_1有個datagram，目的地為本地網路*1*上的主機，不會發生問題。但若R_3要送datagram到網路*2*，必須穿過骨幹到路由器R_1，而R_1必須再穿過骨幹到達路由器R_2。最佳化路由當然是直接由R_3將datagram送往網路*2*的R_2。要注意，選擇哪個參與協定的路由器做為下一站沒什麼差別，重要的是所選取的路由器有到達目的地的最佳路徑才算是最佳路由。對所有其他的目的地，都需要再次不必要地穿越骨幹網路。另外要注意，參與路由器不能使用

ICMP 重導訊息來通告R_3有非最佳路由，因為ICMP重導訊息只能被送往原始來源地而不是送往中間的路由器。

圖13.1的不正常路由問題稱為「額外跳躍點問題」(*extra hop problem*)。此問題是隱藏性的，因為網路看起來仍正常運作－datagram仍可抵達目的地。但因為路由非最佳化，所以系統極端沒有效率。每個datagram需經過額外跳躍點使用中間路由器資源，以致使用雙倍骨幹網路資源。要解決此問題需改變對於核心架構的觀點：

> 將參與路由更新協定群組中的路由器當作預設路由，會產生額外跳躍點問題。因此，需要有一種機制，讓未參與路由協定的路由器，從參與的路由器中學習選擇最佳路由。

13.5 自治系統概念

Internet如何分割路由器群組，讓它們個別執行路由更新協定？問題的關鍵在於Internet不是由獨立的網路組成。網路與路由器是組織與個人所擁有。組織內的網路和路由器會由單一的授權機構管理，授權機構可確保內部的路由器具有一致性和有效性。此外授權管理機構可選擇該網路其中一個路由器來負責通告外面世界該網路的可抵達性，並學習外部網路。

網路群組和路由器在選擇路由時，由單一管理授權機構所控制，稱為「自治系統」(*autonomous system*，*AS*)。自治系統內的路由器可自由選擇它們本身用來發現、傳播、確認，和檢查路由一致性的機制(下一章討論自治系統內部用來傳播路由資訊的協定)。然後，我們會安排一些方法讓治系統對路由資訊做總結，並將其發送給相鄰的自治系統。

自治系統是ISP嗎？它可以是，但一個自治系統也可以是大型企業(例如，大公司或大學)。自治系統的定義似乎有點含糊不清。實際上，自治系統的邊界須劃分清楚，讓自動演算法可做出精確的路由決策。例如，自治系統可能不願選擇經由其他競爭者的自治系統傳送封包，即使它們直接相連。為了使自動路由演算法可辨別不同的自治系統，每個自治系統都指定一個「自治系統號碼」(*autonomous system number*)。該號碼同樣由負責分配Internet所有網路位址的中央管理機構負責。當兩路由器交換路由資訊時，協定讓路由器學習自治系統號碼，歸納如下：

> Internet 由許多自治系統構成：每個自治系統由單一授權機構所管理，自治系統可以自由選擇內部路由架構與協定。

實際上雖然有些大型組織的自治系統可以連接多個ISP，我們仍然可以認為一個自治系統對應到一個大ISP。重點：

> 在現行Internet中，每個大ISP是一個自治系統。在非正式的討論中，工程師討論到在自治系統間路由時，常會說成在主要ISP間路由。

13.6 外部閘道協定與可抵達性

一個自治系統必須對路由更新協定中的路由資訊做摘要總結，並將該資訊傳播給其他自治系統。每個自治系統必須設定其中一個或多個路由器來和其他自治系統通訊。資訊在兩個方向流向。首先，路由器必須收集自治系統內部的網路資訊，將資訊傳遞給其他自治系統。其次，路由器必須接收其他自治系統的網路資訊，並散播到內部網路。技術上我們說自治系統「通告」(advertise)「網路可抵達性」(*network reachability*)給外部，用「外部閘道協定」(*Exterior Gateway Protocol*，*EGP*)[1] 的術語表示在兩個自治系統間傳送網路可抵達性資訊的協定。嚴格來說EGP 不是路由協定，因為傳播可抵達性和傳播路由資訊不同。實際上大部分的人分不出箇中的區別－多數人習慣把EGP視為路由協定。

目前Internet有個單一交換可抵達性的EGP協定，稱為「邊界閘道協定」(*Border Gateway Protocol*，*BGP*)，它有四個(非常不同的)版本。每個版本都有編號，目前正式的版本為BGP-4，後續章節所介紹的網路標準使用BGP這個術語來代表BGP-4。

當一對自治系統同意交換路由資訊時，雙方必須指定一個會傳達BGP的路由器作為該自治系統的代表[2]；兩個路由器互為*BGP*的「對等體」(*peer*)。由於傳達BGP的路由器必須和另一自治系統的BGP對等體通訊，理所當然，要找的應該是接近自治系統邊界(邊緣)的路由器。因此，BGP稱此路由器為「邊界閘道器」(*border gateway*)或「邊界路由器」(*border router*)。如圖13.2。

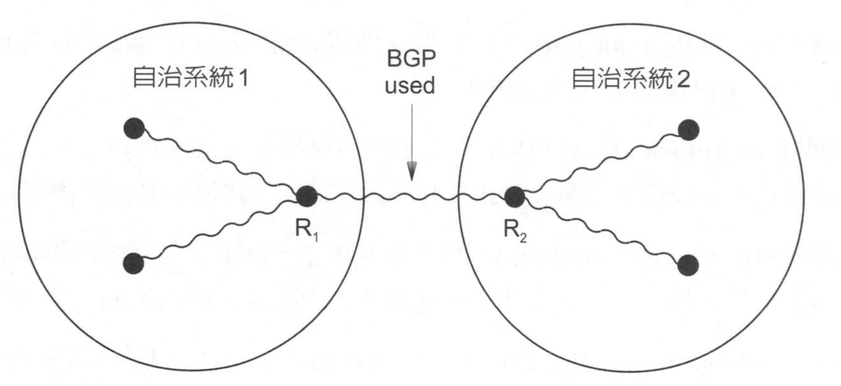

圖13.2　兩個路由器R_1和R_2在自治系統收集內部路由器資訊後，用BGP傳播其自治系統網路資訊。

使用BGP的組織通常會選擇接近自治系統邊界的路由器。圖中路由器R_1在自治系統*1*中收集有關網路資訊，並用BGP將資訊傳送給路由器R_2。同時，R_2也收集自治系統*2*有關網路的資訊，並用BGP將資訊傳送給路由器R_1。

1　閘道原本用來取代路由器，不過兩個名詞現在並存。
2　自治系統通常在每個連接其他自治系統的路由器執行BGP。

13.7 BGP 特性

BGP有幾個特別之處。最重要的，因為BGP傳播的是可抵達性而不是路由資訊，所以不使用距離向量或連結狀態演算法。BGP使用一個修正後的方法，稱為*path-vector*（路徑-向量）演算法。BGP的特性如下：

自治系統間通訊(Inter-Autonomous System Communication)：由於BGP 設計成為一個外部閘道協定，所以主要的角色是允許一個自治系統與其他自治系統通訊。

調節多個發言者(Coordination Among Multiple BGP Speakers)：若一個自治系統有多個路由器，每個路由器都與外部自治系統的對等體通訊。iBGP 可用來調節其間的路由器，確保它們都傳播一致的資訊。iBGP是BGP的另一種形式。

傳播可抵達性資訊(Propagation Of Reachability Information)：BGP允許自治系統公告目的地可直接抵達或間接抵達。並向其他自治系統學習這種資訊。

下一跳躍點樣式(Next-Hop Paradigm)：BGP與向量距離路由協定一樣，提供目的地的下一跳躍點資訊。

政策支援(Policy Support)：BGP不像多數向量距離協定要通告轉送表的完整路由，BGP 可由本區域理者選擇要實現的政策。執行BGP的路由器可以將目的地區分為自治系統內機器可抵達的目的地，與通告給其他自治系統的目的地。

可靠性傳輸(Reliable Transport)：BGP與其他傳送路由資訊的協定不同在於它設計使用可靠性傳輸。因此BGP使用TCP來通訊。

路徑資訊(Path Information)：BGP不指定每個可抵達的目的地與下一跳躍點，BGP使用path-vector樣式，以公告指定路徑資訊並允許接收端學習路徑中其他自治系統的資訊。

增加性更新(Incremental Updates)：為了節省頻寬，BGP並未在每個更新訊息中傳送完整資訊。完整資訊只交換一次，其他訊息載送增加性的改變，稱為delta。

支持IPv4和IPv6(Support For IPv4 and IPv6)：BGP支持IPv4無級別位址和IPv6位址。也就是說，BGP傳送的是每個位置的前置碼，也就是網路ID。

路由聚集(Route Aggregation)：BGP允許發送端聚集路由資訊後以一筆資料傳送表示多個相關目的路由以節省頻寬（許多網路屬於一個AS）。

認證(Authentication)：BGP允許接收端認證訊息（審核發送端身分）。

13.8 BGP 功能與訊息型態

BGP對等體會執行三個基本功能。第一個功能由起始對等體的獲得與認證所組成。兩個對等體建立TCP連線並進行訊息交換之前，需保證雙方都同意通訊。第二個功能是協定重要部分，雙方傳送肯定或否定可抵達資訊。發送端可通告一個或多個可抵達的目的地(通告下一跳躍點)，或接收端可宣告一些先前可抵達的目的地現已不可抵達。第三個功能爲前進確認，確保對等體與網路間的功能正常。

BGP 定義五個基本訊息型態處理上述三個功能，如圖13.3。

型態碼	訊息型態	描述
1	OPEN	初始通訊
2	UPDATE	撤銷或公告路由
3	NOTIFICATION	對錯誤訊息做出回應
4	KEEPALIVE	測試相對等體接性
5	REFRESH	要求對等體重新公告

圖13.3　BGP-4的五個基本訊息型態。

13.9 BGP 訊息標頭

每個BGP 訊息由識別訊息型態的固定標頭開始。圖13.4爲標頭格式。

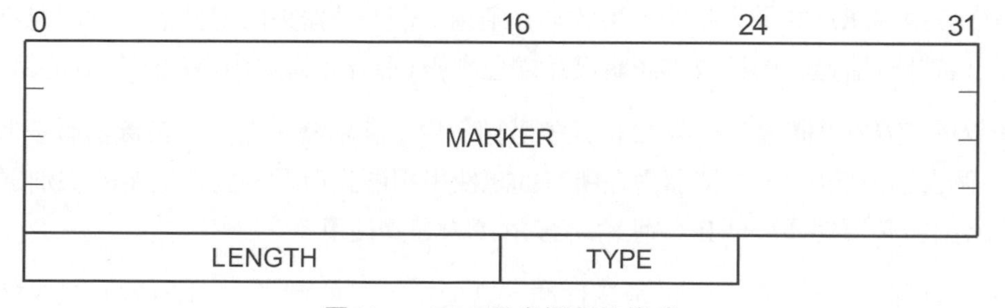

圖13.4　BGP訊息標頭的格式

圖中16-octet的*MARKER*欄位包含一個雙方同意的標記作爲訊息的開頭。2-octet的*LENGTH*欄位指定全部訊息的長度，單位爲octet)。最小訊息大小爲19個octet (標頭後面沒有資料的一種訊息型態)，最大允許長度爲*4096*個octet。1-octet的*TYPE*欄位標示訊息型態，圖13.3列出各種訊息型態。。

*MARKER*欄位似乎不常見。在起始訊息中，*MARKER*值都爲1；若對等體同意使用認證機制，則MAKER欄位可包含認證資訊。任何情況下雙方都需同意一個用來同步(*synchronization*)的值。爲何需要同步，記得BGP使用TCP來交換訊息，TCP並未指定訊息間的邊界。在此環境下，若一端發生錯誤會導致嚴重的結果。此外，若發送或接收其中一端誤記訊息的位元組數，會發生同步錯誤(*synchronization error*)。更重要的，由於傳輸協定並

未指定訊息邊界，故傳輸協定不會警告此錯誤。因此爲確保接收與發送端同步，BGP在每個訊息開頭使用雙方公認的序列，而接收端處理訊息前需對該值作確認。

13.10 BGP OPEN 訊息

兩個BGP對等體建立TCP連線後，雙方開始傳送 OPEN訊息宣告其自治系統號碼並建立其操作參數。除了標準標頭，*OPEN*訊息還包含一個*hold timer*的值，用以指定兩個連續訊息間的最大秒數。圖13.5顯示此格式。

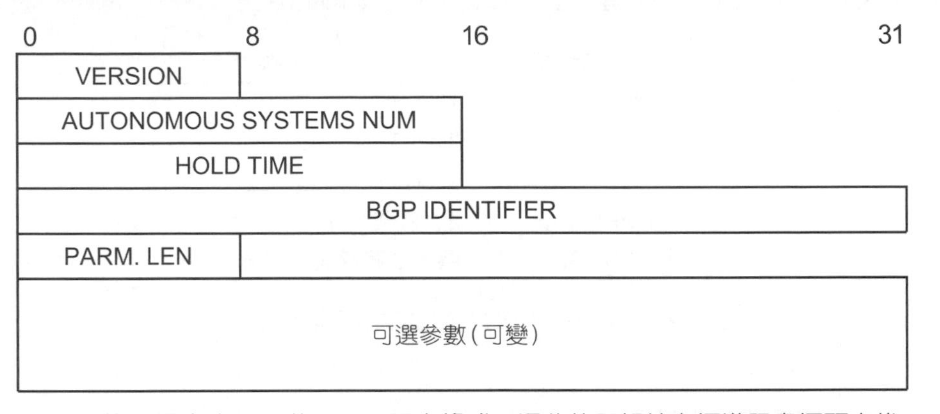

圖13.5　傳送開始時BGP的OPEN訊息格式。這些位元組接在標準訊息標頭之後。

*VERSION*欄位可以識別協定版本(目前爲版本4)。每個自治系統分配有一個唯一的號碼，而*AUTONOMOUS SYSTEM NUM*欄位指定發送端系統的自治系統號碼。*HOLD TIME*欄位指定等待發送端訊息的最大時間，接收端必須用一個計時器來計算此值。當訊息抵達時重置計時器，若計時器逾時，接收端認定發送端已斷線(並停止轉送由發送端學到的路由)。

*BGP IDENTIFIER*欄位有一個32位元整數值，用來識別發送端。若某機器有多個對等體(可能在多個自治系統中)，該機器需在所有通訊使用相同識別碼。協定指定的識別碼是IP位址。因此路由器必須選擇一個IP位址給所有BGP對等體使用。

*OPEN*訊息最後一個欄位位是選擇性的。若使用可選的選項，則*PARM. LEN*欄位指定長度，以octet爲單位。*Optional Parameters*欄位包含一串參數。標識爲variable的參數，表示大小會隨訊息而變化。若使用參數，每個參數由2-octet的標頭開始，第一個octet設定參數型態，第二個octet表示長度。若不使用參數，則參數長度的值爲0，且訊息結束沒有其他資料。

收到*OPEN*訊息後，傳達BGP的路由器會傳送BGP *KEEPALIVE*訊息(稍後討論)做回應。雙方開始交換資路由訊前，每個對等體必須需發送*OPEN*訊息和收到*KEEPALIVE*訊息。因此*KEEPALIVE*訊息功能等於*OPEN*訊息的確認。

13.11 BGP UPDATE 訊息

BGP對等體間建立TCP連線、傳送*OPEN*訊息並確認後，使用*UPDATE*訊息通告新目的地的可抵達性，或當目的地不可達時取消其可抵達性。圖13.6說明*UPDATE*訊息格式。

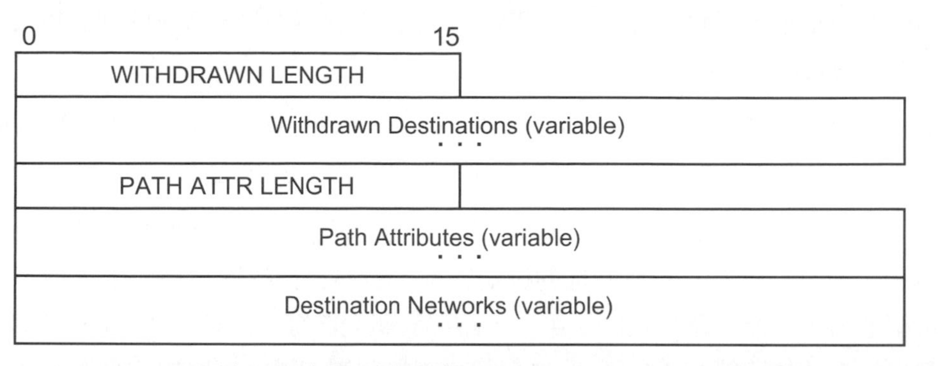

圖13.6　BGP UPDATE訊息，訊息的可變區域可以省略。這些位元組接在標準訊息標頭之後。

如圖所示，每個*UPDATE*訊息分為兩部分：第一部分列出要被取消的(先前通告的)目的地，第二部分指定要通告的新目的地。第二部分列出了路徑屬性，後面是一組使用屬性的目標網路。標註為variable 的欄位沒有固定大小，實際應用上，若資訊不為特定*UPDATE*訊息所使用，可變長度的欄位沒必要存在，相關訊息可省略。*WITHDRAWN LEN*是個長度為2-octet的欄位，用來指定*Withdrawn Destinations* 欄位大小的，若沒有目的地要被取消，該欄位位為0。同樣*PATH ATTR LEN* 指定*Path Attributes* 欄位的長度，而*Path Attributes*表示要通告的新目的地。若沒有新目的地要通告，則*PATH ATTR LENGTH*為0。

13.12 壓縮的IPv4遮罩-位址

*Withdrawn Destinations*與*Destination Network*欄位都包含IP網路位址列表。為了容納無級別的定址，BGP傳送IP位址時也傳送位址遮罩。BGP不個別傳送32位元的位址與遮罩，它用壓縮表示法來減少訊息長度。圖13.7說明此格式：

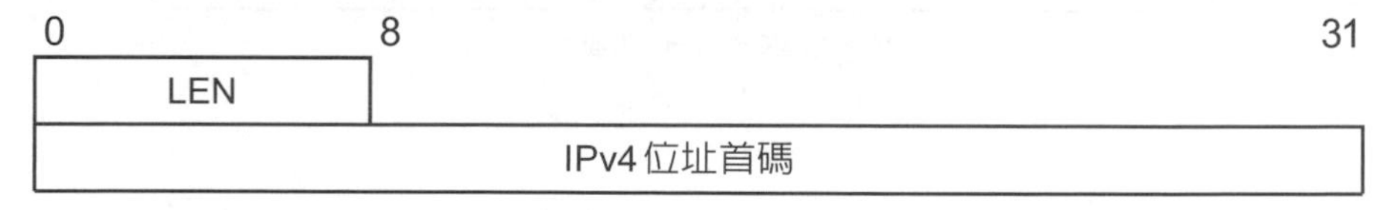

圖13.7　BGP儲存IPv4目的地位址與相關遮罩的壓縮格式。

圖中顯示，BGP並未實際傳送bit mask(位元遮罩)。它將bit mask資訊編碼成長度1 octet的資訊，並放在位址之前。mask octet為一個二進位整數，用來指定遮罩的位元數(假設遮罩位元是連續的)。mask octet後面的位址格式也是壓縮的－只包括被遮罩涵蓋的位元組。因此，若遮罩值小或等於*8*，只需傳送1位元組位址，遮罩值為*9*到*16*，則傳送2位元組位址，遮罩值為*17*到*24*，則傳送3位元組位址，遮罩值為*25*到*32*，則傳送完整4位元組位址。有趣的是，標準亦允許遮罩值為0(後面不接位址)。遮罩長度為零對應到預設路由。

13.13 BGP 路徑屬性

BGP不是純距離向量的協定，因爲它通告的資訊比下一跳躍點還多，BGP通告額外資訊，包含路徑。更新訊息中增加的資訊包含在*Path Attributes*（路徑屬性）欄位。發送端可使用 *path attribute*指定：目的地的下一跳躍點、到目的地路徑中自治系統的列表以及由其他自治系統學習到的路徑資訊。

注意路徑屬性是爲了減少UPDATE訊息的大小，因此訊息通告所有目的地的屬性。因此，若某些目的地有不同屬性時，必須用個別的UPDATE訊息來通告。

有三個讓Path attribute很重要的因素。第一，路徑資訊允許接收端檢查路由迴圈。發送端可以指定所有自治系統到目的地的確切路徑，若有自治系統在列表中出現不只一次，則必須拒絕通告，可能有路由迴圈。第二，路徑資訊允許實現政策性的限制。(例如，拒絕經過競爭自治系統的路徑)。第三，路徑資訊允許接收端知道所有路由的來源。除了讓發送端指定訊息是來自內部或其他自治系統，路徑屬性亦允許發送端宣告資訊是由外部閘道協定(如BGP)或內部閘道協定[3]所收集。因此每個接收端可以決定接受或拒絕對等體自治系統所發送的路由。

概念上，*Path Attributes*欄位有個項目列表，每項的組成元素如下：

(*type*，*length*，*value*)

設計者選擇非固定大小欄位的彈性的編碼方式，不把Path Attributes欄位內的三個子欄位長度固定，讓Path Attributes欄位不佔太大空間。如圖13.8，*type*欄位長度固定爲2-octet。*length*欄位爲1-octet或2-octet。*value*欄位長度可變。

0 1 2 3 4 5 6 7	8 15
Flag Bits	Type Code

(a)

旗標位元	描述
0	0 需要的屬性，1 可選
1	1 遞移，0 不可遞移
2	0 完整，1 部分
3	0 長度為2字節，11字節
5-7	未使用，必須為0

(b)

圖13.8 (a)BGP路徑屬性項目前面長度為2-octet的type欄位 (b)每個旗標位元意義。

*Path attributes*欄位中的每一項目，可爲八種型態碼(type code)的其中一種。圖13.9列出此八種型態碼。

3 下一章描述內部閘道協定。

型態碼	意義
1	原始路徑資訊識別碼
2	自治系統到目標路徑列表
3	到目的地的下一站
4	多自治系統出口鑑別
5	自治系內的優先權
6	指示路徑已聚結
7	自治系統路由聚結ID
8	公告目的地的社群ID

圖13.9　BGP屬性型態碼與其意義。

*Path Attributes*內有三個子欄位，2-octet的type欄位後面是 length欄位，其長度可以是1或2個octet。如圖13.8所示，旗標位元*3*指定length欄位的長度。接收端可用type欄位決定length欄位的長度，並用length欄位的內容決定value欄位的長度。

13.14 BGP KEEPALIVE 訊息

兩個BGP對等體會定期交換*KEEPALIVE*(保持連線)訊息來測試網路連接性並確定對等體彼此持續運作。*KEEPALIVE*訊息只有標準訊息標頭而無額外資料。因此該訊息長度爲19個octet(最小BGP訊息長度)。

有兩個讓BGP使用*KEEPALIVE*訊息的原因。第一，因爲BGP使用TCP傳輸，但TCP沒有可以持續測試連線端點是否可抵達的機制，所以需要定期交換訊息。但是應用程式無法發送資料時，TCP會報導錯誤。因此只要雙方對等體持續傳送*KEEPALIVE*訊息即可知道TCP連線是否故障。第二，*KEEPALIVE*訊息的長度很短可以節省頻寬。許多早期路由協定會定期交換路由資訊來測試連接性。不過由於路由資訊不常改變，訊息內容也很少改變。此外路由資訊通常很大，一直重送相同的資料很浪費頻寬。因此BGP將測試連接性與路由更新資訊的功能分開，讓BGP可以常常傳送小的*KEEPALIVE*訊息，而可抵達性改變時才傳送較大的更新訊息。

BGP傳播路由器開啓一個連線後會指定一個*hold timer*，該計時器指定BGP沒有收到訊息的等待時間。特殊情形下，hold timer可以爲0表示不使用*KEEPALIVE*訊息。若保留計時器大於0，標準建議*KEEPALIVE*的間距爲計時器的1/3。在任何情況下，BGP對等體都不能設定*KEEPALIVE*間隔小於1秒(hold timer不能小於3秒)。

13.15 從接收端觀點看到的資訊

外部閘道協定，如BGP，與多數使用傳播路由資訊的協定有個最大的不同點：使用外部協定的對等體不僅僅報告自己的FIB資訊，外部協定還提供從外部的角度來看是正確的資訊。我們說外部協定供的是第三方路由訊息(*third-party routing information*)。有兩個議題：

政策與最佳路由。政策議題很明顯：自治系統內的路由器允許抵達某目的地，禁止自治系統外機器抵達。路由議題表示：由外界觀點來看，路由器通告的下一跳躍點必須是最佳的。圖13.10表示此概念。

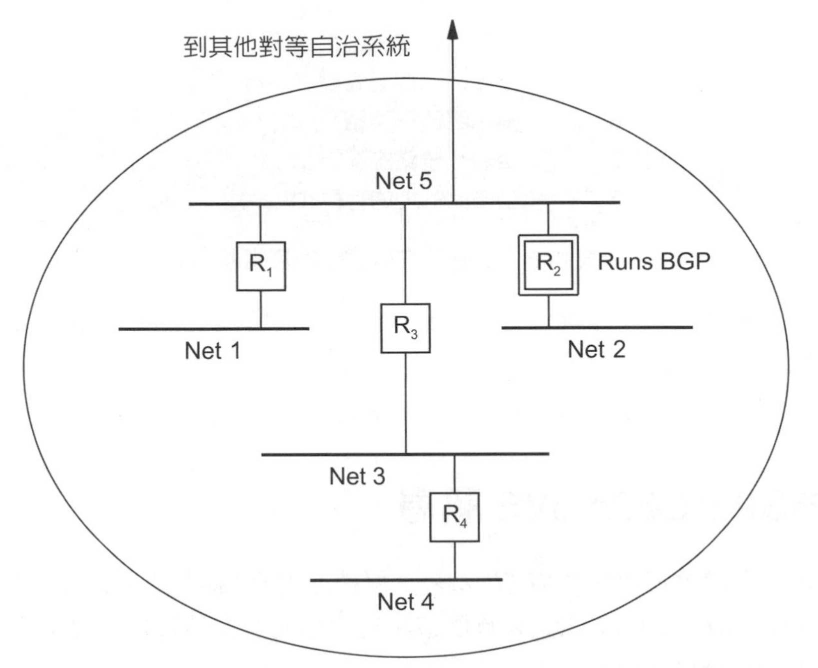

圖13.10　自治系統的例子。路由器R2執行BGP並且由外部觀點報導資訊，不是由本身的路由表。

圖中路由器R_2被指定代表自治系統執行BGP，且須對網路*1~4*報告可抵達性。但是，當給下一跳躍點，應該報告經由路由器R_1可到達Net1，經由路由器R_3可到達Net3和Net4，經由路由器R_2可到達Net2。重點是如果R_2將自己列爲自治系統中所有目的地的下一跳躍點，路由將不是最佳的。對等體將所有流量發送到R_2。尤其是，當來自對等體，目的地爲網路*1*，*3*或*4*的datagram到達時，對等體將發送到R_2，然後datagram跨越網路*5*進行額外的跳躍。

13.16 外部閘道協定的主要限制

由於外部閘道協定遵循政策限制，其通告的網路可能僅是其可抵達網路的一部份。然而，外部路由還有一些基本限制：

> 外部閘道協定不會對距離量度(metrics)進行傳播或解釋，即使已知使用的是何種距離量度。

即使可以讓對等體宣告目的地已不可抵達，或給定到目的地間路徑的自治系統列表，但它不能傳送或比較兩路由間的花費(cost)，除非兩路由在同一自治系統裡。本質上，BGP只能指定到目的地間是否有路徑存在，它不能傳送或計算最短路徑。

我們可看到爲何BGP小心地標示資訊的來源端。主要在於：當路由器收到兩個不同自治系統的對等體發送對相同目的地的訊息時，它不能比較兩者的花費。因此外部閘道協定傳播可達性可這樣說，「我的自治系統提供一條可到達該網路的路由」。而不能這樣說，「我的自治系統提供一條可到達該網路比較好的路由，比其他自治系統好」。

若以距離的觀點來解釋，可瞭解BGP爲何不能當作路由演算法。假設路由器R，從兩個獨立的自治系統接收BGP通告。假設兩個自治系統中的每一個向目的地D通告可達性。其中一個發出需要穿越過三個自治系統的路徑通告，另一個發出需要穿越過四個自治系統的路徑通告。哪條路徑的成本較低？奇怪的是，路由器R無法回答。

在比較BGP通告時，對等體似乎應當使用路徑的長度。畢竟，如果一個路徑列出自治系統F、G、H和I，以及另一個路徑列出自治系統X、Y和Z，直覺告訴我們後路徑比較短。但是自治系統本身的規模也是可大可小。一旦datagram到達自治系統時，datagram可能需要遍歷多個網路。多少網路？網路延遲和吞吐量的特性是什麼？邊界路由器無法回答問題，因爲：

> 自治系統的內部結構是隱藏的，BGP沒有提供關於系統部路徑的成本的資訊。

如果所有對等體接收的是自治系統的列表，那麼對等體就沒有辦法比較兩條路徑的實際成本表。它可能會發現一條使用四個AS路徑的網路比使用三個AS路徑的網路快得多。

因爲BGP不允許自治系統爲每個路由指定一個度量，自治系統必須小心通告通訊流量該遵循的唯一路由。我們可以總結：

> 因爲外部閘道協定(如BGP)只傳播可抵達的資訊，接收端可以實現政策限制，但不能選擇最小花費的路由。因此，BGP只能用來發出該遵循路徑的通告。

此處主要關鍵是任何使用BGP提供外部路由資訊的自治系統必須依賴政策，或假設每個經過的自治系統的花費一樣。雖然它看起來可能是無害的，但是這樣的限制也產生了一些令人驚訝的結果：

1. 雖然BGP可對一個網路通告多條路徑，但不可以同時使用多條路徑。在同一時間內，即使存在多條實體連線，從某自治系統的電腦要到另一個自治系統網路的所有交通只經過一條路徑。此外，即使來源系統將所送出的交通分成兩條以上的路徑來傳送，外部的自治系統只會使用一條返回路徑來接收資料。因此在一對機器之間的延遲和流量可能不對稱，使網路難以監控或偵錯。

2. BGP不支援任意自治系統之間的路由器分享負載。若兩個自治系統裡有多個路由器，則其中一個系統可能會想要將所有資料負載平均的分配給所有路由器，BGP允許自治系統就網路分配負載。例如，將各自的自治系統分割成多個子集合，並讓多個路由器傳播分割資訊，但是並不支援更廣泛的負載分享。

3. 正如第二點特例，在擁有多個廣域網路，而且網路上有多個點互相連接的架構中，BGP 在選擇最佳路由方面就不適當。管理者必須手動設定哪些網路該由外部路由器通告。

4. 為實現合理的路由，所有網路中的自治系統需使用一致性方法來通告可抵達性。BGP 本身需確保全球一致性。

13.17 Internet 路由架構與註冊管理機構

為了讓互連網路正確運作，路由資訊必須整體一致。個別協定如BGP可處理一對路由器的交換，但不能保證整體一致性。因此必須有合理的路由資訊管理機制。在原始Internet路由架構中，核心系統可保證路由資訊的全球一致性，因為在同一時間核心系統只有一個路徑到某目的地。但是核心系統與稱為「路由仲裁者」(routing arbiter)的後繼者都已經被移除。Internet目前尚未設計出讓路由合理化的單一機制，所以目前沒有可驗證路由與確保全球一致性的中央機制。

要瞭解目前的路由架構，必須檢視實體拓樸。一對ISP可以使用私有互連(兩個路由器間租借電路)，或在Internet 交換點(*Internet Exchange Point*，*IXP*)，也稱為網路存取點(*Network Access Point*，*NAP*)進行互連。我們說ISP從事的是*private peering* (雙邊對等界接)或是 *peering agreement* (雙邊協議界接)。雙邊對等界接表示兩個自治系統的邊界。兩個自治系統定義其關係，可分為「上行資料流」(*upstream*) (大型ISP 同意接收小型ISP傳來的交通)、「下行資料流」(*downstream*) (大型ISP 傳送交通給小型ISP)或「轉送」(*transit*) (ISP接受並將交通轉送給其他ISP)。

ISP使用一種稱為「路由註冊機關」(*Routing Registries*)的服務來協助確保路由的有效性。本質上路由註冊機關會維持並紀錄哪些ISP擁有哪些位址區塊的資訊。因此ISP A宣告可抵達網路*N*的資訊給ISP B時，ISP *B*可用由路由註冊機關得到的資訊來驗證網路*N*已分配給ISP *A*。不幸的是，有許多路由註冊機關存在，沒有機制可以驗證註冊的資料。因此會發生臨時路由問題(例如黑洞，有些位址從Internet無法抵達)。當然ISP和路由註冊機關會馬上嘗試尋找與修復這些問題，但如果沒有中央授權的註冊機關，則Internet路由仍無法完全正確。

13.18 BGP NOTIFICATION 訊息

除了OPEN與UPDATE息外，BGP支援錯誤發生時提供控制的*NOTIFICATION*訊息。錯誤是固定的－BGP偵測到問題後，會傳送提示訊息然後關閉TCP連線。圖13.11說明訊息格式。

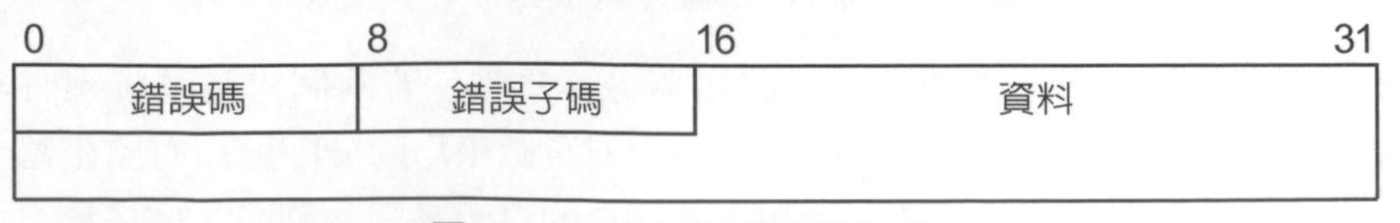

圖13.11　BGP 提示訊息格式。

8位元錯誤碼(*ERR CODE*)欄位指定錯誤原因，如圖13.12。

錯誤碼	意義
1	訊息標頭中的錯誤
2	開放訊息中的錯誤
3	更正訊息中的錯誤
4	持有計數器到期
5	有限狀態機錯誤
6	終止連接

圖13.12　BGP提示訊息錯誤碼欄位可能的值。

ERR SUBCODE對每個錯誤碼有詳細的解釋，圖13.13列出所有可能值。

13.19　IPv6的BGP多協定擴展

BGP最初被設計為傳播IPv4路由訊息。到了2000年，有個很明顯的需求是自治系統要能交換另外類型的路由訊息。當時，最迫切的兩個需求是IPv6和MPLS（在第16章中描述）。滿足需求的做法不是建立一個IPv6版本的BGP，也不是建立新版本的MPLS，IETF中的一個小組創建了多協定擴展(*multiprotocol extensions*)。當通告目的地時，發送者可以指定目的地位址為特定位址族群(*address family*)。要發送IPv6訊息，發件人指定IPv6位址族群，並發送MPLS資訊，資訊內容為發送方所指定的MPLS位址族群。

BGP訊息中攜帶的項目只有三個使用IPv4位址：(1)通告的目的地。(2)用於到達目的地的下一跳躍點的位址。(3)具有聚合前置碼(*prefixes*)的聚合器(*aggregator*)位址。擴展設計目的是讓每個項目中都可以使用任意位址族群而不只是IPv4。

訊息標頭錯誤的子碼	
1	連接未同步
2	訊息長度不正確
3	訊息類型不正確
OPEN訊息錯誤的子碼	
1	版本號不受支持
2	AS對等體無效
3	BGP識別碼無效
4	不支持的可選參數
5	已棄用（不再使用）
6	保持時間不可接受
UPDATE訊息錯誤的子碼	
1	屬性列表格式錯誤
2	無法識別的屬性
3	缺少屬性
4	屬性標誌錯誤
5	屬性長度錯誤
6	ORIGIN屬性無效
7	已棄用（不再使用）
8	下一跳躍點無效
9	可選屬性中的錯誤
10	網路欄位無效
11	AS路徑的格式錯誤

圖13.13　BGP NOTIFICATION訊息中ERR SUBCODE欄位的含義。

設計者為多協定擴展選擇了兩個關鍵屬性：

- **Optional(可選)**：多協定擴展不需要。
- **Non-transitive(非傳遞性)**：路由器不會將擴展傳遞給其他自治系統。

有兩個原因凸顯這些決定的重要性。使擴展為可選，保證向後相容性(即舊的BGP軟體將繼續工作)。如果一個BGP的實現不了解擴展，可簡單地忽略擴展和他們通告的路由。禁止轉發擴展，可讓Internet路由不容易受到攻擊。如果允許盲目亂轉送，無法識別擴展的AS可能會無意中轉發不正確訊息，會讓下一個AS誤信。

多協定擴展承載在BGP的*Path*屬性中。建了兩個新屬性允許發送端指定非IPv4可達目地列表或非IPv4不可達目地列表。協定使用的術語不是「可達目的地」(*reachable destinations*)，擴展使用的術語是「網路層可達性資訊」(*NLRI*：*Network Layer Reachability Information*)。這兩個屬性類型是：

- 多協定可達NLRI(類型14)
- 多協定不可達NLRI(類型15)

13.20 協定可達NLRI屬性

路由器使用「多協定可達NLRI」(*Multiprotocol Reachable NLRI*)屬性來通告可達目的地，通告範圍在自治系統內或通過自治系統可達的目的地。屬性中的每個目的地稱為子網路協定位址(*SNPA*：*Subnetwork Protocol Address*)。圖13.14列出了屬性中的欄位：

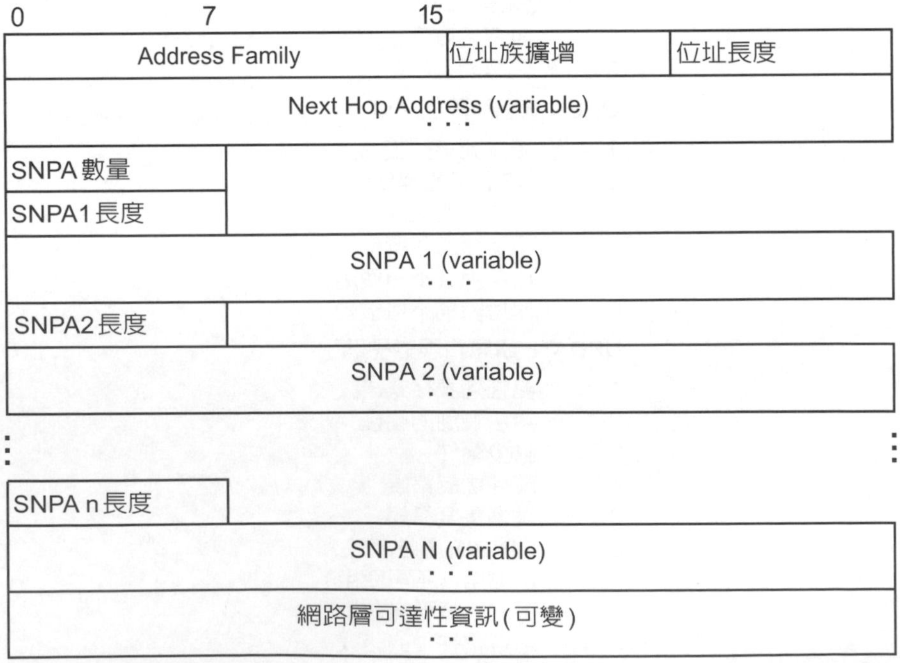

0	7	15	
Address Family		位址族擴增	位址長度
Next Hop Address (variable) . . .			
SNPA數量			
SNPA1長度			
SNPA 1 (variable) . . .			
SNPA2長度			
SNPA 2 (variable) . . .			
⋮			⋮
SNPA n長度			
SNPA N (variable) . . .			
網路層可達性資訊(可變) . . .			

圖13.14 用於IPv6和其他非IPv4目標位址的BGP Multiprotocol Reachable NLRI屬性的格式。

如圖所示，屬性從Address family和Address Length啓始。接著是Next Hop Address欄位，該屬性指定下一跳躍點位址和通過下一跳躍點可達的一組目的地(SNPA)。每個目的地前面都有一個Length欄位，長度爲一個octet。

13.21 Internet路由與經濟學

雖然關於路由的研究集中於找到計算最短路徑的機制，最短路徑不是第一層ISP的主要關注點；經濟因素才是。在網路互連並開始傳遞流量之前，兩個ISP協商商業合同。合同型態有三種可能：

- ISP 1是ISP 2的客戶。
- ISP 2是ISP 1的客戶。
- 兩個ISP是對等體。

客戶關係由資料流定義：接收的資料比發送的多被定義爲客戶ISP，並且必須支付費用。若只考慮小型ISP，這個定義很容易了解。當住宅用戶成爲本地ISP客戶時(有線提供商)，用戶必須支付費用，因爲用戶下載的資料比送出的多(例如，每次用戶瀏覽Web時，資料必須從提供者發送給用戶)。客戶支付的金額取決於客戶想要下載多少資料。在ISP層次結構的下一級，本地ISP成爲較大ISP的客戶，因爲下載的資料比產生的資料還多，本地ISP必須支付給較大的ISP。

在層次結構頂部的兩個第1層ISP是什麼？如果他們是眞正的對等體，兩個ISP將具有相同數量的客戶。平均來說，他們期望等量的資料在它們之間的每個方向上行進。他們寫一份合同，同意對等體，這意味著他們將分攤之間的連接成本。但是，他們也同意監視通過連接的資料。如果某一個月有更多的資料從ISP 1傳送到ISP 2，則合同規定ISP 2將向ISP 1支付差額。

一旦簽訂合同，ISP嘗試安排路由以產生最多收入。通常，客戶支付最多的是資料。如果客戶通告對目的地的可達性，ISP將優選通過客戶來發送資料而不是對等體。此外，如果ISP希望避免從對等體獲取資料，ISP可以安排對等體停止發送BGP訊息(例如，如果ISP在廣告路徑上放置對等體的AS編號，對等體會因爲路由環路這個理由拒絕該路徑)。重點是：

> 在Internet的中心，路由主要是基於經濟因素而不是最短路徑。主ISP安排策略、偏好和BGP通告，強制datagram沿收入最多的路徑傳輸，路徑受否最短並不重要。

13.22 總結

在大型Internet中，路由器必分群管理，否則會引發大量的路由資訊。Internet由許多自治系統組成，每個自治系統由管理者授權的路由器與網路組成。自治系統使用外部閘道協定對其他自治系統通告路由。自治系統的網路在來源和其他系統間通訊時，必須通告其可抵達性資訊。

BGP是最常用的外部閘道協定。BGP有五種訊息：起始通訊(OPEN)、傳送可抵達性資訊(UPDATE)、報導錯誤情形(NOTIFICATION)、重新驗證資訊(REFRESH)，以及確保對等通訊正常(KEEPALIVE)。每個訊息前端爲標頭，且包含選擇性的認證資訊。BGP用TCP來通訊。

雖然最初用在IPv4環境，BGP已擴展爲可處理其他協定。特別是一組多協定擴展，允許BGP傳遞關於MPLS和IPv6的資訊。

在全球Internet中，每個大型ISP有個別的自治系統，而自治系統間的邊界由兩個ISP的對等協定組成。實體上對等體可以出現在Internet交換點或私有專線互連。ISP 用BGP和其他對等體通訊，雙方通告其可抵達網路(例如位址前置碼)並學習其他ISP的網路。雖然路由註冊機關的存在可以幫助ISP驗證BGP通告，但Internet還沒有集中且授權的註冊機關，所以還有問題。

BGP是最廣泛使用的外部閘道協定。BGP包含用於啓動通訊的五種訊息類型(OPEN)，發送可達性訊息(UPDATE)，報告錯誤條件(NOTIFICATION)重新驗證訊息(REFRESH)，並確保對等體保持通訊(活著)。每個訊息都以標準頭開頭。BGP使用TCP通訊。

在Internet的中心，路由是基於經濟因素而不是最短路徑。主ISP選擇路徑的原則是：以最少成本獲取最大收益。

習題

13.1　假如你的網路區域執行BGP，你通告了多少個路由？你由ISP導入多少路由？

13.2　有些BGP採用「暫停」機制讓協定收到鄰居的停止請求訊息後延遲一定時間再接收*OPEN*。「暫停」機制可解決何種問題？

13.3　正式BGP規格中包含解釋BGP操作的有限狀態機。請畫出此狀態機並標示其轉換。

13.4　若自治系統某個路由器向另一系統的某路由器發送BGP路由更新訊息，宣告可到達Internet所有目的地，這時會發生何種狀況？

13.5　兩個自治系統之間是否可以藉由互相發送BGP更新訊息來建轉送迴圈？原因爲何？

13.6　一個路由器是否對通告的路由和對本地網路的路由表有不同對待方式？例如，路由器若沒有在其路由表中安裝某路由，它是否該通告該路由？爲什麼？提示：閱讀RFC1771。

13.7　與前一問題有關，檢查BGP-4規格。通告未列在本地路由表中的目的地可達性資訊是否合法？

13.8　假如你在大公司工作，找出是否其包含一個以上的自治系統。假如是，它們是如何交換路由訊息？

13.9　將一個跨國的大公司分成多個自治系統的主要好處在那？主要缺點在那？

13.10　公司A 和B 利用BGP來交換路由訊息。爲避免B中的電腦到達網路N的機器，公司A的網路管理員設定BGP略去網路N送往B的通告。這樣網路N安全嗎？爲什麼？

13.11　由於BGP使用可靠性傳輸協定，KEEPALIVE訊息不會遺失。將KEEPALIVE訊息間距設爲保留計時器的1/3合理嗎？

13.12　查閱RFC中Path Attributes欄位的細節。BGP更新訊息的最小長度爲何？

章節目錄

14

在自治系統裡進行路由 (RIP、RIPng、OSPF、IS-IS)

14.1 引言

上一章介紹了自治系統的概念並檢視BGP。BGP是一種外部閘道協定，路由器用此協定將內部網路資訊通告給其他自治系統。本章將探討自治系統中的路由器如何在其自治系統內部學習其他網路的路由資訊。完成本章內容，也就完成我們對Internet路由的討論。

14.2 靜態與動態的內部路由

自治系統內的兩個路由器被稱爲彼此的內部(*interior*)。例如，只要校園中的路由器被集結在同一個自治系統內，大學校園中的兩個路由器被視爲彼此的內部。

自治系統內的路由器如何學習內部網路的路由？在最小的內部網路中，網路管理員可以手動建立和修改路由。管理員維護路由資訊，並在自治系統中有新的網路添加或刪除時更新轉送表。例如，考慮圖14.1中所示的小型企業內部網。

圖中內部網路的路由是微不足道的，因爲任何兩點之間只存在一條路徑。如果網路或路由器發生故障，內部網路將中斷連接，因爲沒有備用路徑。管理員可爲所有主機配置路由器和設定路由，並且不需要更改路由。當然，如果內部網路更改(例如，添加了新網路)，則管理者必須相應地重新設置路由。

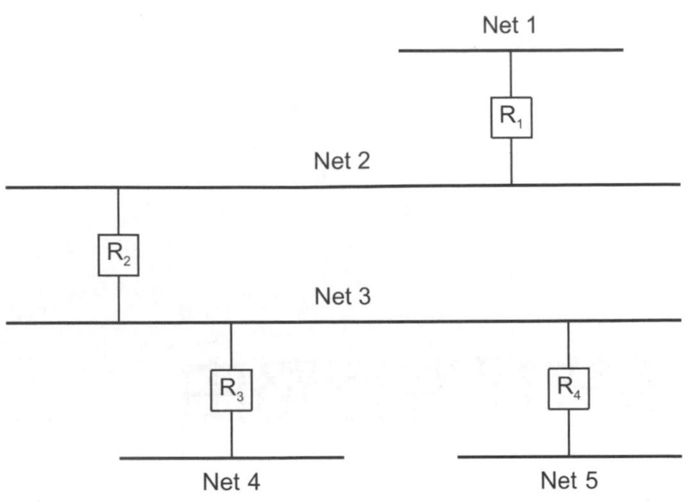

圖 14.1　由五個網路和四個路由器組成的小型內部網路。任何兩個主機之間只存在一個可能的路由。

手動系統的缺點是顯而易見的：手動系統不能適應快速增長並且在網路故障時得依靠人工來改變路由。在大多數內聯網路中，人工根本無法對變化做出足夠快的反應來處理問題；必須使用自動化方法。要了解自動化路由如何提高可靠性，考慮圖 14.1 的網路，若添加一個額外的路由器會發生什麼事。圖 14.2 是添加路由器 R5 後的網路。

在圖中，一些主機之間存在多條路徑。在這種情況下，網管員通常選擇一條路徑作爲主路徑(*primary path*)(即，用於所有交通的路徑)。如果沿主路徑的路由器或網路發生故障，路由必須更改爲沿著備用路徑發送流量。自動路由更改有兩個特性：(1)因爲計算機可以比人更快地響應故障，自動化路由因應變化耗時較少。(2)因爲人工輸入網路位址時可能打錯字，自動路由不容易出錯。因此，即使在小型的網路之間，也使用自動化系統來快速和可靠地改變路由。

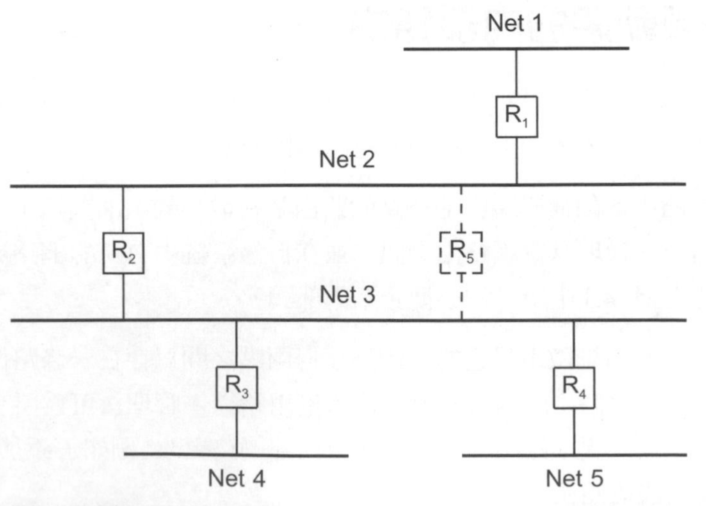

圖 14.2　路由器 R_5 的添加引入了網路 2 和 3 之間的備用路徑。路由軟體可以快速適應故障並自動將路由切換到備用路徑。

爲了讓自動化工作能保持路由訊息的準確性，內部路由器週期性地彼此通訊以交換路由訊息。不像外部路由器通訊由BGP提供了廣泛接受的標準，在自治系統內部或網點並沒有哪一個協定主導路由交換。一部分原因出自於自治系統的多樣性。有些自治系統位在單個網路區域(site)的大型企業(例如：公司)，也有些自治系統位在與廣域網路連接組織，組織內有許多網路區域。即使我們考慮單個網際網路區域，網路拓樸(例如：冗餘程度)，大小和網路技術差異也很大。多樣性內部路由的另一個原因來自於配置的難易性、功能的多樣化和施加在底層網路的流量。容易安裝和配置的協定，不一定能供所需的功能，也有可能引起不可容忍的網路負載。因此，或許有一些已風行於應用領域的協定，但沒有哪一個協定稱得上是最優的。

雖然有多個內部路由協定可供使用，但是自治系統只會選取適用的的協定。一個小型的AS通常只會選用一個協定，專用於內部傳播路由訊息。即使是大型的AS也只會選取數個適用的協定。不選用太多路由協定的原因有兩個：(1)路由最複雜的部份是交互運用。如果一組路由器上使用協定A，另一組路由器上使用協定B，兩組路由器至少有一組路由器必須使用兩種協定來進行通訊，並且必須有一種方法在它們之間傳輸訊息。這種相互作用是複雜的，必須小心規劃，否則可能由於協定間的差異導致意想不到的後果。(2)因爲路由協定很難理解和配置，每個自治系統必須由有經驗或受過訓練的網管人員來安裝和配置。但專業人員大都只專精少數幾項協定和軟體，若使用太多的協定，光是專業人員的培訓就花費龐大的企業成本，因此限制協定的數量是必要的。

我們使用內部閘道協定(*IGP*：*Interior Gateway Protocol*)這個術語來描述內部路由器在交換路由訊息時使用的任何協定。圖14.3說明這個概念：有兩個自治系，各自使用特定的IGP在內部路由器之間傳播路由訊息。然後系統使用BGP總結路由訊息並將其傳送到其他自治系統。

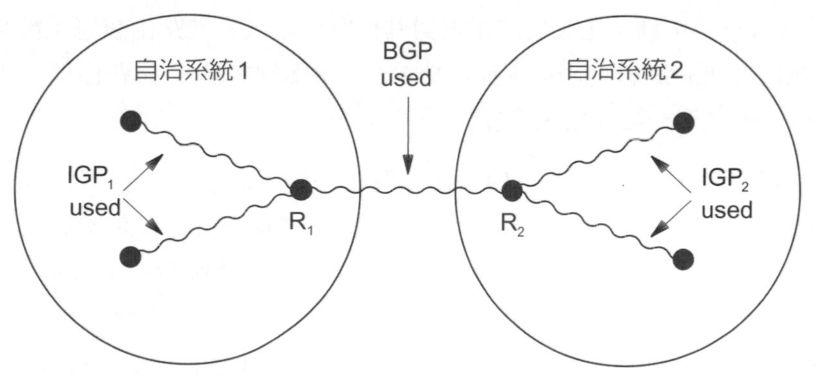

圖14.3　兩個自治系統的概念圖，每個內部系統使用自己的IGP，然後用BGP來向另一個系統交換路由資訊。

在圖中，自治系統*1*在內部使用的路由協定是IGP_1，自治系統*2*在內部使用的路由協定是IGP_2。路由器R_1使用IGP_1在內部獲取路由資訊，應用策略總結路由資訊，然後使用BGP導出路由資訊。同樣，路由器R_2使用IGP_2獲取路由資訊並導出。我們可以總結一下關鍵概念：

如果使用多個路由協定，一個路由器要同時執行多個路由協定。

執行BGP通告可達性的路由器，通常還需要執行IGP以便從所在的自治系統中獲取路由資訊。下一節描述具體的內部閘道協定；後面的部分討論一些使用多個協定造成的後果。

14.3 路由資訊協定(RIP)

14.3.1 RIP 的歷史

路由資訊協定(*RIP*：*Routing Information Protocol*)從早期Internet以來就一直被廣泛使用。最初，實作出RIP的應用程序的名稱被稱爲，*routed*[1]。*routed*軟體是由加州大學柏克萊分校(University of California at Berkeley)所設計的，目的是爲區域網路上的機器提供一致的路由資訊。該協定是基於全錄公司帕羅奧多研究中心(PARC：Xerox Corporation's Palo Alto Research Center)的早期研究而來。Berkeley版本的RIP廣泛使用了PARC版本並涵蓋多個網路系列。RIP依賴網路廣播來快速交換路由資訊，最初並非設計用於大型網路。網路供應商後來開發了適用在WAN的RIP版本。

儘管對之前的版本做出了微小的改進，RIP作爲IGP的普及協定並不是單憑其技術優點而產生。它是因Berkeley將其附加到當時風行的作業系統4BSD UNIX系統而跟著普及。很多早期TCP/IP站台採用並安裝RIP，考慮的不是其技術優點或限制。一旦作業系統安裝和執行，RIP就自然成爲本地路由的基礎，於是供應商開始提供與RIP相容的產品。

14.3.2 RIP 的操作

底層的RIP協定是區域網路中距離向量路由的一種直接實現。它將參加者分爲主動(*active*)及被動(*passive*)兩種。主動的路由器對其他路由器公告其路由訊息；被動路由器則監聽RIP訊息，並依此更新其轉送表但不發出此公告。網路中只有一個路由器可以主動模式執行RIP，其餘路由器必須在被動模式下操作。

執行RIP主動模式的路由器每30秒廣播一個路由更新訊息。更新訊息包含路由器目前的FIB(Forwarding Information Base)。每個更新訊息由許多成對的資訊所組成，每對資訊包含一個IP網路位址及一個到此網路的整數距離。RIP採用「跳躍量度」(*hop count metric*)來測量距離。在RIP計量的方式中，路由器和網路直接相連稱爲一個跳躍點[2]，兩個跳躍點表示可經由一個路由器來抵達，以此類推。因此，從來源端到目的端間的跳躍點數(*number of count*或*hop count*)表示datagram沿此路徑傳送時所經過的路由器數目，也等同是所穿越網路的數目。明顯地，使用跳躍點數目來計算最短路徑不能保證獲得最佳結果。例如：一條經過Ethernet跳躍點計數爲*3*的路徑，可能比經過兩個慢速衛星連線而跳躍點計數爲*2*的路徑快。爲了補償這種技術上的不同，許多RIP的實現都允許管理者手動調整跳躍點數，特別是在慢

1 該名稱來自UNIX的慣例，將"d"附加到在背景執行的程序名稱後面，routed的發音為"route-d"。
2 其他路由協定，定義直接連接為零跳；我們說RIP使用的是1-出發點（1-origin）式的跳躍計數。

速網路調高跳躍點數。

主動及被動的RIP參與者都監聽所有廣播資訊，並根據第12章討論過的距離向量演算法來更改路由表。例如：圖14.2網路中，路由器R_1在網路*2*廣播一個含有資訊對(*1, 1*)的訊息，表示到網路*1*的距離是*1*。路由器R_2及R_5將收到此廣播，並安裝一個經R_1到1號網路(距離*2*)的路由。然後路由器R_2及R_5將路由資訊(*1, 2*)廣播網路到*3*。最後所有路由器及主機將安裝一條到網路*1*的路由。

RIP訂定了一些增進性能及可靠度的規則。例如，當一路由器學習到來自另一路由器的路由，必須套用延滯(*hysteresis*)規則，意思是不用等價路由來替換路由。在我們的例子裡，如果路由器R_2及R_5都以距離*2*通告網路*1*，路由器R_3及R_4將安裝先到達的路由公告。總結如下：

> 要防止路徑在一些具相同距離的路徑中震盪，RIP規定已存在的路由將被保留，直到確實有比較短距離的新路由。

如果路由器發生錯誤(例如：訊息毀損)，會發生什麼事？RIP規定所有監聽者必須從RIP學來的路由設定逾時。路由器在轉送表添加一個路由時，就啓動一個屬於此路由的計時器。路由器接收到另一個RIP告知路由的訊息時，此計時器必須重新計時。若180秒之內此路徑沒有再被公告一次，這條路由就無效。

RIP必須處理三種由底層演算法導致的問題。第一，因爲演算法無法準確的偵測轉送迴圈，RIP必須假設參與者可以信任，或採取措施來預防迴圈。第二，爲了避免不穩定，RIP使用的最大可能距離必須限縮(RIP使用*16*)。因此，當內部網路合法跳躍點計數接近*16*時，管理者必須將此內部網路分割或使用替代協定[3]。第三，RIP使用的距離向量演算法會產生「緩收斂」(*slow convergence*)，或計數無限大導致的一致性問題，因爲路由更新訊息在跨越網路的速度緩慢。所以選擇比較小的極限值(*16*)可改善緩收斂的問題，但無法完全解決。

14.4 收斂緩慢問題

轉送表的不一致性和緩收斂不只發生在RIP。這是所有使用距離向量協定的基本問題，尤其更新訊息只攜帶目標網路及到該網路的距離這一對資訊。要瞭解此問題可思考圖14.2中距離向量協定的一組路由器。爲簡化此範例，我們只使用三個路由器，R_1、R_2和R_3，並且只考慮它們到網路*1*的路由。要到達網路*1*，R_3轉送到R_2，R_2轉送到R_1。圖14.4(a)顯示出轉送程序。

3 注意，RIP中使用跳數衡量Intranet的廣度 - 兩個路由器之間的最長距離 - 而不是Intranet內網路或路由器的總數。大多數企業內部網路的廣度遠小於16。

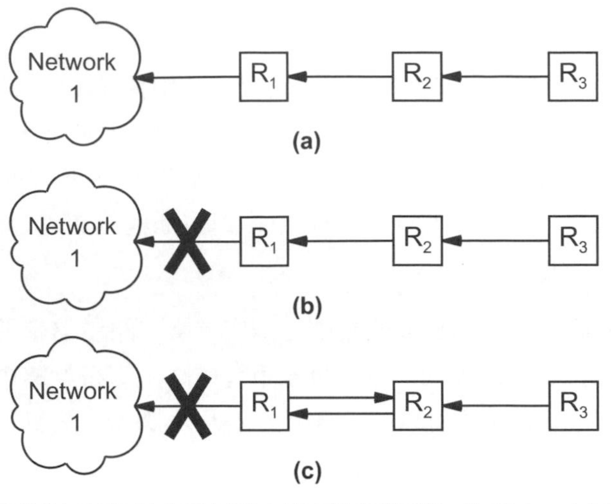

圖14.4 緩收斂問題的示意圖(a)三個路由器具有到網路1的路由，(b)到網路1的連接已失效，R_1已丟失其路由，以及(c)引起路由迴圈，因為R_2通告到網路1的路由。

在圖(a)中，我們假設所有路由器都執行距離向量協定。我們假設使用的是RIP，但本範例適用於任何距離向量協定。路由器R_1和網路*1*直接連接。因此，當它廣播FIB中一組目的地，當中包括網路*1*距離*1*的條目。路由器R_2已經從R_1學習到該路由，將此路由添加到轉送表中，通告此路由距離爲*2*。最後，R_3從R_2學習到路由，通告此路由距離爲*3*。

在圖(b)中，我們假設發生了故障並且R_1和網路*1*的連線中斷。連線中斷的原因有可能是不小心拔除插頭或斷電。R_1中的網路介面會偵測到斷線，IP會將轉送表中到網路*1*的條目移除(或將此路由條目的距離設置爲無窮大，不會使用到此路由)。

記住，R_2會定期廣播其路由訊息。假設在R_1檢測到故障並從其表中刪除路由之後，R_2立即廣播其路由訊息。在廣播的路由條目中，有一條路由是到達網路*1*的距離是*2*。除非協定另有額外機制，距離向量路由規則會使R_1採用這條路由，將此路由添加到轉送表，距離更改爲*3* (R_2通告的距離加*1*)，使用R_2作爲下一站。

不幸的是，看看圖(c)會發生什麼事：R_1有一條經過R_2到網路*1*的路由，R_2也有一條經過R_1到網路*1*的路由。如果R_1或R_2接收到往網路*1*的datagram，datagram會在R_1和R_2間來回傳遞，直到達到datagram的跳數限制。換一種說法：

> 傳統的距離向量演算法在網路發生故障時可能會形成路由迴路，因爲路由器發送的路由訊息會再次回到該路由器。

問題仍然存在，因爲兩個路由器將繼續處在路由混亂狀態。在下一輪路由交換中，R_1將用廣播公告其到達網路*1*的當前成本。當R_2收到此公告的距離爲*3*，然後將到達網路*1*的距離變更爲*4*。在第三輪，R_1收到R_2的路由更新訊息，R_1將其距離增加到*5*，並下一次公告再增加距離。兩個路由來回更路由距離，每次交換路由訊息時將距離增加*1*。更新繼續，直到計數達到無窮大(RIP爲16)。

14.5 解決收斂緩慢問題

緩收斂的問題可用「水平分割更新」(*split horizon update*)技術來解決。使用水平分割時，不會將從某介面傳來的路由資訊又傳回到該介面。在範例中，水平分割會阻止路由器R_2將經過路由器R_1到達網路*1*距離爲*2*的路由，再傳給R_1。所以若R_1失去對網路*1*的連線，這條路由的公告就會停止。水平分割解決了本範例中產生的轉送迴圈問題。在數回合的路由更新後，所有機器會同意網路*1*是無法抵達。然而，水平分割技術不能讓所有的拓樸結構都不發生轉送迴圈。

另一個思考緩收斂問題的方法是從資訊流量的觀點。若一個路由器通告一個到某個網路的短路由，所有接受到的路由器會很快的回應並安裝此路由。若某路由器停止公告某告路由，在此路由被視爲不可達前必須依靠逾時機制。若發生逾時，路由器會找替代路由並開始告知此資訊。不幸地，路由器不知道替代路由是否與剛消失的路由器有關。因此負面的資訊永遠無法快速告知。可用一個短警句來表示此現象：

> 在路由協定中，好訊息快速傳播；壞訊息慢慢地漫游。

另外一個解決緩收斂問題的方法是「保有」(*hold down*)。當參與路由器收到某個網路被宣告爲無法到達時，「保有」強迫路由器在一定時間內忽略關於該網路的資訊。一般來說，保有的期間大約是60秒，是正常更新週期的兩倍。此觀念是爲了要有足夠久的時間讓所有機器都收到壞的訊息，且不會錯誤地接收過時的訊息。要注意，所有參與RIP交換的機器必須用一樣的保有機制，否則會產生轉送迴圈。保有技術的缺點是若發生轉送迴圈，它們將會在保有的時間內被保留。更重要的，保有技術在保有期間內保留所有的錯誤路由，即使替代的路由已經存在。

最後一種解決緩收斂問題的方法是「逆向封殺」(*poison reverse*)。當一條連線消失，告知連線的路由器將資料項保留若干週期，並用無限距離廣播該路由。要讓「逆向封殺」發揮最高效率，必須結合「觸發更新」(*triggered updates*)。「觸發更新」強迫路由器收到壞訊息時立即廣播，不等到下個週期的廣播。路由器透過立刻發送更新來減少盲目相信好訊息的時間。

不幸地，當「觸發更新」、「逆向封殺」、「保有」及「水平分割」技術在解決問題的同時，也帶來其他的問題。例如：當許多路由器共用一個網路時，「觸發更新」的方法會帶來什麼問題。單一的廣播可能改變所有的路由表，觸發新一波的廣播。若第二波的廣播改變了路由表，將會觸發更多的廣播。最後會導致廣播的崩潰[4]。

使用廣播可能造成轉送迴圈，使用「保有」來避免緩收斂使RIP在廣域網路中變得極端無效率。廣播總會用去實質的頻寬。即使沒有崩潰的問題，讓所有的路由器週期性的廣播，代表交通量將隨著路由器的增加而增加。若線路(line)容量有限，轉送迴圈的潛在危機也可能是致命的。一旦線路因迴圈封包而飽和，路由器要交換中斷迴圈的路由訊息就變得很困難。而且在廣域網路中，「保有」的週期較長，可能長到使較高層協定的計時器逾時並導致

4　為避免碰撞，RIP 要求每一個路由器在發送 triggered update 前等一段隨機時間。

斷線。

14.6 RIP訊息格式(IPv4)

RIP訊息可以廣泛的分爲兩種：路由資訊訊息及用來請求資訊的訊息。兩種共同的格式是固定的，標頭後面跟隨一個可選擇的網路及距離資訊對的列表。圖14.5顯示RIP版本*2*(*RIP2*)的訊息格式。

圖中「命令」(*COMMAND*)欄表示下表中的動作；目前協定只使用了五個命令。圖14.6列出命令及其意義。

<table>
<tr><td>0 命令 (1–5)</td><td>8 版本 (2)</td><td colspan="2">16　24 必須為0　31</td></tr>
<tr><td colspan="2">網路1家族</td><td colspan="2">網路1的路由標記</td></tr>
<tr><td colspan="4">網路1的IP位址</td></tr>
<tr><td colspan="4">網路1 網路遮罩</td></tr>
<tr><td colspan="4">網路1的下一站</td></tr>
<tr><td colspan="4">網路1的距離</td></tr>
<tr><td colspan="2">網路2家族</td><td colspan="2">網路2的路由標記</td></tr>
<tr><td colspan="4">網路2的IP位址</td></tr>
<tr><td colspan="4">網路2的網路遮罩</td></tr>
<tr><td colspan="4">網路2的下一站</td></tr>
<tr><td colspan="4">網路2的距離</td></tr>
<tr><td colspan="4">. . .</td></tr>
</table>

圖14.5　IPv4 RIP第二版訊息格式。在32位元的標頭後，訊息包含一連串資訊對，包含網路IP位址及到網路的整數距離。

命令	意義
1	請求部分或完整路由資訊
2	基於發送端轉送資訊回應網路-距離配對資訊
9	更新請求(用於需求電路)
10	更新回應(用於需求電路)
11	更新確認(用於需求電路)

圖14.6　與RIP一起使用的命令。在典型的實現中，僅使用命令2。

雖然我們已講述RIP定期發送路由更新，協定包括允許發送查詢的命令。例如，主機或路由器可以發送請求(*request*)命令來請求路由訊息。路由器可以使用響應(*response*)命令來回覆請求。在大多數情況下，路由器會定期廣播主動響應的訊息。圖14.5中的欄位*VERSION*包含協定版本號(在這種情況下爲*2*)，並且由接收器確認，以便使用正確版本格式來解釋訊息。

14.7 RIP 訊息欄位

RIP訊息中各個欄位意義列示於下：

(1) **FAMILY OF NET(網路家族)欄位**：由於RIP最初使用的不是IPv4位址，為擴展RIP應用領域，對不同的網路賦予不同的網路家族號碼。譬如，IPv4位址分配到網路家族號碼為2。網路家族號碼遵循4.3 BSD Unix的規範。

(2) **IP ADDRESS OF NET(目的地網路的IP位址)欄位**：路由中的目的網路位址。

(3) **SUBNET MASK FOR NET(目的地網路的子網路遮罩)**：用來將網路ID從網路位址中篩選出來。

(4) **NEXT HOP FOR NET(目的地網路下一站)**：此欄位用來標識到達目的網路的下一站路由器的位址。

(5) **DISTANCE TO NET(目的地網路距離)**：此欄位是RIP訊息的最後一個欄位，以一個整數值標識到達目的地的距離。RIP使用的是 1-origin路由，意思是直接相連的網路距離為一。此外，因為RIP將16這個距離解釋為無窮遠(亦即，不存在路由)，所有距離都限制在1至16的範圍內。有點奇怪的是，位址欄位明明有32個位元，距離卻只使用了5個位元。

(6) **ROUTE TAG FOR NET(網路路由標籤)欄位**：RIP2增加了此欄位，長度為16位元。路由器在傳播路由訊息時，此欄位的值必和接收的值一樣。有了這個欄位，就可以追溯路由的來源。特別是，如果RIP2從另一個自治系統學習路由，就可以使用本欄位來標識自治系統編號。

除了單播IPv4位址，RIP使用約定的零位址(例如：*0.0.0.0*)表示預設路由。RIP為每個路由附加一個距離度量公告，包括預設路由。因此，可以佈置兩個路由器以不同的度量公告預設路由(例如：到Internet其餘部分的路由)使其中一個作為主路徑，另一個是備份。

為了防止RIP不必要地增加主機的CPU負載，設計人員允許RIP2用群播更新來取代廣播。此外，分配了固定的群播位址224.0.0.9給RIP2使用，這意味著使用RIP2的機器不需要執行IGMP[5]。最後，RIP2群播只限用於單個網路。

請注意，RIP訊息並沒有欄位來顯示本訊息包含幾個路由條目。RIP假設底層的交付機制會告訴接收方傳入訊息的長度。尤其是與TCP/IP一起使用時，RIP訊息依靠UDP來告訴接收者訊息長度。RIP使用的UDP埠號是520。埠號520的使用有三種情況：(1) RIP Request(RIP請求)訊息：來源埠號可以是任何可用的埠號，但目的端的UDP埠號一定要用為520。(2) RIP Response(RIP回應)訊息：來源埠號一定是*520*，目的埠號則和此回應的請求訊息來源埠號相同。(3) 若回應訊息是自動發起而不是回應某個請求，則來源埠號和目的埠號都是*520*。

5　第15章討論IGMP管理協定。

14.8 IPv6 RIP(RIPng)

在RIP原始設計中有個*FAMILY OF NET*的欄位，看來似乎是允許使用各種協定的位址包含IPv6，但不是。IPv6不是使用原版本，也不是對RIP原有版本做修改，而是重新設計。IPv6創建了新版本的RIP。稱爲RIPng[6]，新協定有全新的訊息格式，甚至使用不同的埠口(RIPng使用的埠號是*521*，而不是*520*)。圖14.7說明新格式。

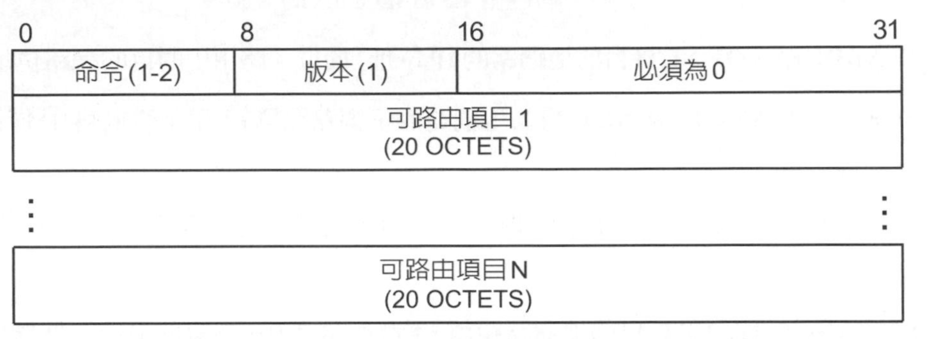

圖14.7 RIPng訊息的整體格式，用於攜帶IPv6路由資訊。

像RIP2一樣，RIPng訊息不包括大小欄位，也不包括路由條目的計數；接收器藉由封包的大小來計算路由條目(entry)的數量(從UDP獲得)。如圖所示，每個路由表條目(*RTE：Route Table Entry*)佔用20個字節(該圖不是按比例繪製的)。圖14.8示出RTE的格式。

0 16 24 31

IPv6 首碼

路由標記 | 首碼長度 | 量度

圖14.8 RIPng訊息中每個ROUTE TABLE ENTRY的格式

讀者可能已經注意到RIPng的路由訊息內不包括路由的下一轉送站欄位。設計師知道，若在每個路由條目包括下一轉送站的IPv6位址，會使路由訊息變得非常大。因此，他們做了另類選擇：若RTE中的metric欄位值爲0xFF，則此RTE的IPv6 PREFIX欄位就不再是目的網路IP，而是下一轉送站的IP位址。之後所有的的RTE都以此位址作爲下一轉送站的IP位址，直到訊息結束或遇到另一個metric欄位值爲0xFF的RTE爲止。

RIPng的訊息格式除了使用IPv6位址和特殊規定下一轉送站欄位外，其餘部份和RIP類似。訊息仍然通過UDP發送，RIPng仍然每30秒發送一次路由更新，並使用180秒衡量路由是否過期。RIPng還保留了split horizon(水平分割)、poison reverse(逆向封殺)和triggered update(觸發更新)等技術。

6 後置詞ng代表下一代（next generation），IPv6最初的名為Ipng。

14.9　使用跳躍計數的缺點

使用RIP或RIPng作爲內部閘道協定，路由以跳躍數量來做限制，也就是經過路由器的數量。即使在最好的情況下，跳躍計數只能對網路規模或反應性(responsiveness)提供一個概略的量度。使用跳躍計數選擇路由並不一定產生最小延遲或最高容量的路由。此外，以最小跳躍計數來衡量路由的品質會有相當嚴重的缺點，太過於靜態，無法反映網路的負載變化。RIP協定使用跳躍計數來衡量路由品質，看來似乎有些不合理。本章後續內容討論其他衡量路由品質的方法，並解釋爲什麼跳躍計數明明有一些限制，但仍然廣爲應用的原因。

14.10　延遲度量(HELLO)

雖然現在已經過時，HELLO協定提供了一個在IGP中不使用跳躍計數來衡量路由品質的範例。每個HELLO訊息攜帶時戳來當作路由資訊。讓路由器可使用HELLO訊息來和內部時鐘同步。有趣的是，HELLO使用同步時鐘來找出每對路由器之間鏈路的延遲，讓路由器可以計算到所有目的地的最短延遲路徑。

HELLO的基本觀念很簡單：使用距離向量演算法來傳播路由資訊。HELLO不是由路由器報導跳躍點數目，Hello報告的是到達目的地延遲的估計值。有了時鐘同步，就可讓路由器估計延遲並將時戳放入封包內：在傳送封包前，發送端將目前的時間放在封包中當作時戳，而接收端以接收時間減去該時戳值，計算封包的傳送時間。同步時鐘允許計算延遲而不依賴於往返樣本，這意味著可以獨立地估計每個方向上的延遲(亦即，在一個方向上的擁塞不會影響另一方向的估計延遲)。

HELLO的更新方式使用標準距離向量演算法。當訊息由機器X發送到達接收端時，接收端檢查訊息中的每個路由條目，若經由X的路由比目前路由便宜(機器到X加上X到目的地的延遲小於目前路由的延遲)，則將下一跳躍點設爲X。

14.11　延遲度量、震盪和路由震盪

使用「延遲」來量度路由品質似乎比用「跳躍點計數」來量度路由品質更容易產生較佳的路由。事實上，HELLO在早期Internet骨幹運作的很好。然而，有個重要的原因讓延遲無法成爲主要協定中的計量方式：不穩定性。

即使兩個路徑有相同的特徵，任何協定若快速改變路由都會變得不穩定。不穩定性的原因在於延遲不是固定的，而跳躍點計數是固定的。硬體時脈的飄移、測量時CPU的負載或連結層同步時的位元延遲都會讓測量延遲產生小量的變化。若路由協定在延遲有少量變化時都快速反應，會產生兩階段的震盪效應，讓交通量在兩個路徑間來回切換。第一階段，路由器發現路徑*1*的延遲較小，因此將交通量迅速切換到路徑*1*。在第二階段，路由器發現路徑B的延遲較小，因此馬上將交通量迅速轉回。

爲避免震盪，使用延遲的協定實現了一些錯誤嘗試的方法。第一，使用先前討論的「保有」機制，以避免路由快速地改變。第二，協定不直接精確地測量與比較，而是測量接近值，或實現一個最小臨界而忽略小於臨界的差異。第三，協定不個別比較每次測量結果，它可以計算多次平均或使用N中取K的方法(最近N次測量結果最少有K次結果比目前小)來改變路由。

即使有以上錯誤嘗試的方法，當比較兩個不同特徵的路徑時，使用延遲機制的協定仍可能不穩定，因爲交通量會對延遲產生戲劇性的效應。若網路無交通量，延遲恰好等於點與點之間硬體處理的延遲。隨著網路負載上升，封包必須在路由器系統中排隊等待傳輸，所以延遲增加。若負載略大於100%的網路容量，路由器佇列會非常大，表示延遲變成無限大。總結如下：

網路延遲與交通量有關；當網路負載增加到100%的網路容量時，延遲會迅速地增加。

由於延遲對負載變化的反應靈敏，使用延遲計量的協定可能陷入「正面回授循環」(*positive feedback cycle*)。正面回授循環會由外部負載很小的改變所觸發(電腦注入突發性的額外交通量)。此增加的交通量會增加延遲，導致協定改變路由。然而路由改變會影響負載因而改變延遲，所以協定可能再次重新計算路由。所以使用延遲的協定必須有抑制震盪的機制。

以上錯誤嘗試方法在路徑有相同流量特性且負載不大時，確實可解決路由震盪問題。當不同路徑有不同延遲與流量特性時，錯誤嘗試方法變得沒有效率。例如，考慮兩種路徑：一條經過衛星而另一條經過低容量的序列線(例如9600 baud的序列線)。在協定第一階段兩條路徑都空閒時，序列傳輸有比衛星低的延遲，所以交通量選擇序列線。由於序列傳輸的容量低，所以很快就過載了，且延遲快速增加。第二階段時，序列傳輸的延遲已大於衛星，所以交通量切換到衛星。由於衛星容量大，讓序列線過載的交通量不會在衛星上產生大的負載，表示衛星的延遲不會改變。下一回合，序列線已空閒所以延遲很小，交通量又切回來，以此循環。此種震盪確實會發生。如上例所示，這些交通量很難管理，因爲對流量不敏感的網路如衛星通訊，可能會讓另一網路過載。重點：

雖然直覺表明路由應該使用最低的路徑延遲，這樣做會引發路由反覆(route flapping)。

14.12 OPEN SPF協定(OSPF)

在第12章中，我們討論過使用SPF來計算最短路徑的鏈結狀態演算法比距離向量更適用在大規模的網路。爲鼓勵與採用鏈結狀態技術，一個IETF工作群已經使用鏈結狀態演算法設計了一個內部閘路協定，叫作「開放式*SPF*」(*OSPF*)，此協定想完成幾個野心勃勃的目標。

- **Open Standard(開放式標準)**：正如其名，協定規格可以在公開出版的文件中獲得，使之成為任何人可以不付特許費(license fee)就能實現的開放式的標準。因此有許多廠商支持OSPF，因此成為替代專有協定的通用標準。

- **Type Of Service Routing(服務型態路由)**：管理者可以安裝多條到已知目的地的路由，每種服務型態對應其中一條。datagram進行路由時，執行OSPF的路由器既使用目的地位址也使用IP標頭中的服務型態欄位來選擇路由。

- **load balancing(負載平衡)**：管理者若指定多條到同一目的地的路由為同一花費，OSPF將這些路由的交通量負載平均分擔。

- **Hierarchical Subdivision Into Areas(層次分區)**：為了適應成長並讓網域內的網路更容易管理，OSPF 允許一個網域將其網路和路由器劃分成稱為「分區」(area)的子集。每個分區皆是「自我包含」的(self-contained)；一個分區的拓樸資訊對其他的分區而言是隱藏的。因此網域內多個組織可以合作使用OSPF來完成路由，但每個組織保留獨立改變內部網路拓樸的能力。

- **Support For Authentication(支援認證)**：OSPF協定規定路由器間的交換都必須經過「認證」。OSPF允許使用各種認證方式，且一個分區可以選擇不同於另一分區的方式。

- **Arbitrary Granularity(任意路由型態)**：OSPF涵蓋主機特定路由、子網特定路由、網路特定路由和預設路由。

- **Support For Multi-Access Networks(支援多重存取網路)**：為了適應像Ethernet 這樣多工存取的網路，OSPF擴充SPF演算法。通常，SPF需要每對路由器廣播有關它們之間的鏈接的訊息：若有K個路由器連接到Ethernet，則會廣播K^2個狀態訊息。OSPF不使用點對點的圖形連接，OSPF用更複雜的圖形拓樸來減少廣播，當其中每個節點表示路由器或網路。指定閘道器(即，指定路由器)代表相鄰的所有路由器發送鏈結-狀態(link-status)到網路。

- **Multicast Delivery(群播傳送)**：為了減少非參與系統的負載，OSPF使用硬體群播功能來傳送鏈結狀態訊息。OSPF透過IP群播傳送訊息，且允許IP群播機制將群播對應到底層網路。已指派兩個群播位址給OSPF，224.0.0.5給所有路由器使用，而224.0.0.6給所有節點使用。

- **Virtual Topology(虛擬拓樸)**：管理者可以建立虛擬網路拓樸。例如，管理者可以在路由圖中的兩個路由器之間配置虛擬鏈路，即使此兩個路由器之間的實體連接通訊需要跨越多個過傳輸網路(transit networks)。

- **Route Importation(路由導入)**：OSPF可以導入和傳播由外部站台(site)學習而來的路由資訊(即，不使用OSPF的路由器)。OSPF訊息可以區分從外部獲取的資訊和從內部路由器獲取的資訊。

- **Direct Use Of IP(直接使用IP)**：OSPF與RIP和RIPng不同，OSPF訊息直接封裝在IP datagram中。IPv4中*PROTO*欄位的值89代表乘載的是OSPF訊息。IPv6中使用標頭的*NEXT HEADER*欄位標識承載的是OSPF訊息。

14.13 OSPFv2訊息格式(IPv4)

目前，OSPF的標準版本是版本2。版本2是基於IPv4而設計，不適用於IPv6。與RIP不同，IETF選擇在IPv6建立新的OSPF協定。IETF工作小組已經提出適用在IPv6的是OSPF版本3。OSPFv3是將OSPFv2合併在內而建立，不是建立完全新的IPv6 OSPF協定。我們會先檢視IPv4 OSPFv2的訊息格式，然後檢視IPv6環境中OSPFv3的訊息格式。我們以*OSPFv2*和*OSPFv3*來區別這兩個版本。

每個OSPFv2訊息以固定的24字節標頭開始。圖14.9說明格式。

<table>
<tr><td>0</td><td>8</td><td>16</td><td>24 … 31</td></tr>
<tr><td>版本(2)</td><td>型態</td><td colspan="2">訊息長度</td></tr>
<tr><td colspan="4">來源路由器IP位址</td></tr>
<tr><td colspan="4">區域識別碼</td></tr>
<tr><td colspan="2">CHECKSUM</td><td colspan="2">認證型態</td></tr>
<tr><td colspan="4">認證 (字節0-3)</td></tr>
<tr><td colspan="4">認證 (字節4-7)</td></tr>
</table>

圖14.9 每個OSPF訊息中的標頭，長度固定為24-octet。

- **VERSION (版本)欄位**：指定協定的版本。
- **TYPE (型態)欄位**：標識訊息型態，如下列所示：

型態	意義
1	Hello訊息(用來測試可達性)
2	資料庫描述(拓樸)
3	鏈結狀態請求
4	鏈結狀態更新
5	鏈結狀態認可

- **SOURCE ROUTER IP ADDRESS(來源路由器IP位址)欄位**：標示發送此OSPF訊息的路由器的位址。
- **AREA ID(區域識別碼)欄位**：標識區域識別碼(area number)，長度爲32個位元。根據慣例，Area 0代表骨幹區域(backbone area)。
- **AUTHENTICATION TYPE(認證型態)欄位**：由於每個訊息包含了認證資訊，此欄位用來標識使用的是哪一種認證方式(目前0表示不使用認證，1表示使用簡單密碼)。

14.13.1　OSPFv2 Hello 訊息格式

OSPF會週期性的在每一條鏈結上傳送*hello*訊息來建立和測試鄰居的可抵達性。圖14.10 列出OSPFv2的Hello訊息格式。

- **NETWORK MASK(網路遮罩)欄位**:長度爲32位元，標識訊息所在網路的網路遮罩。
- **ROUTER DEAD INTERVAL(路由器故障間隔)欄位**：長度爲32位元，標識一個以秒爲單位的時間，在該時間過後鄰近的路由器仍沒反應，則該路由器會被認爲已故障(dead)。
- **HELLO INTERVAL HELLO(HELLO間隔)欄位**：長度爲16位元，以秒爲單位，代表發出hello 訊息週期時間。
- **GWAY PRIO(路由器等級)欄位**：長度爲8位元，代表此路由器的優先等級，根據此優先等級，選取備用指定路由器。
- **DESIGNATED ROUTER(指定路由器)**:長度爲32位元，標識指定路由器的IP位址，代表發送端所看到的指定路由器。
- **BACKUP DESIGNATEDROUTER)(備用指定路由器)欄位**：長度爲32位元，標識備用指定路由器的IP位址，代表發送端所看到的備用指定路由器。
- **NEIGHBOR IP ADDRESS(鄰居IP位址)欄位**：長度爲32位元，代表發送端所有鄰居的IP位址。最近有發出hello 訊息且被正常接收者，才稱作是鄰居。

0　　8	16	24　　31
OSPF標頭TYPE=1		
網路遮罩		
HELLO隔間	選項	路由器等級
路由器故障間隔		
指定路由器		
備用指定路由器		
鄰居$_1$位址		
鄰居$_2$位址		
. . .		
鄰居$_n$位址		

圖14.10　OSPF *hello*訊息格式。一對鄰近的路由器週期性地交換hello訊息以測試可達性。

14.13.2 OSPF 資料庫描述訊息格式

路由器會交換「OSPF資料庫描述訊息」(*database description message*)來初始化其網路拓樸資料庫。在交換的過程中，要有一個路由器當作主路由器(master)另一個則作爲僕路由器(slave)。僕路由器利用回應(response)來確認(acknowledge)每一個資料庫描述訊息。圖14.11表示此格式。由於拓樸資料庫可以很大，所以可以用I位元和M位元將資料庫描述分割成多個資料庫描述訊息。

- **I位元欄位**：當此欄位設置爲1時，代表此封包是資料庫描述訊息的的第一個封包。
- **M位元欄位**：當此欄位設置爲1時，代表後續還有許多資料庫描述訊息封包。
- **MS位元欄位**：當此欄位設置爲1時，表示在資料庫描述訊息在交換過程中路由器是主路由器。若MS位元設置爲0，則路由器是僕路由器。
- **DATABASE SEQUENCE NUMBER(資料庫序號)欄位**：用來對多個資料庫描述訊息進行排序。初始值是一個隨機數值－R，隨後的描述訊息從R開始遞增。此欄位讓接收端確認是否有訊息遺失。
- **INTERFACE MTU(介面MTU)欄位**：指定可以在介面傳送且不需切割的最大IP datagram大小。

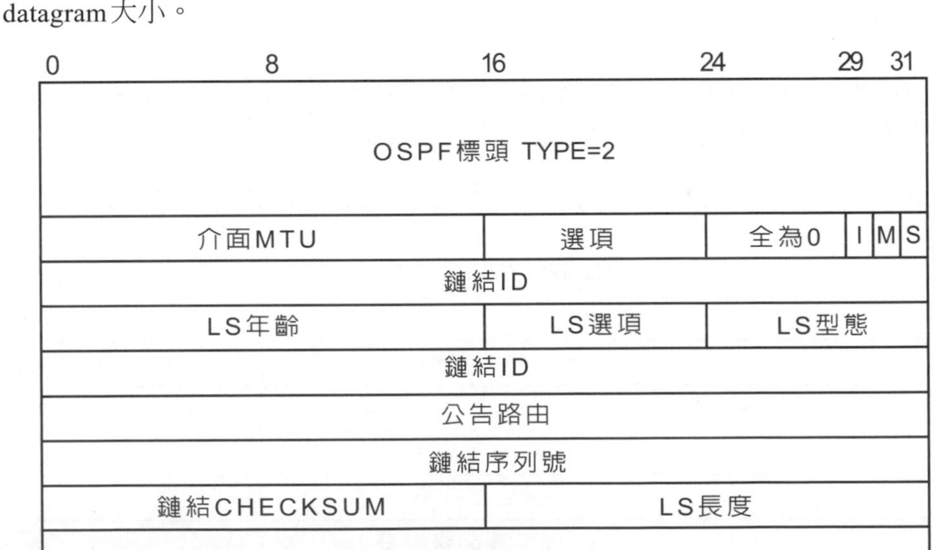

圖14.11 OSPFv2 資料庫描述訊息格式。描述訊息從*LA AGE*欄位開始到LS LENGTH欄位，之後重複這一段鏈結訊息。

OSPF路由協定是一種鏈路狀態(Link-state)的路由協定，從*LS AGE*欄位到*LS LENGTH*欄位間的20個octet代表一條鏈路的訊息，這段訊息又稱爲鏈結狀態公告(LSA：Link State Advertismant)標頭，一個資料庫描述訊息中可有多個LSA標頭。接下來解釋LSA標頭中的各個欄位。

- **LINK TYPE(鏈結型態)欄位**：長度為8位元，標識鏈路狀態公告的類型。每個鏈路狀態類型具有單獨的通告格式。鏈路狀態類型如下表。

LS 型態	意義
1	路由鏈結
2	網路鏈結
3	總鏈結 (IP 網路)
4	總鏈結 (邊界路由器鏈結)
5	外部鏈結 (鏈結到其他站台)

- **LINK ID(鏈結ID)欄位**：長度為32個位元，此欄位標識公告的是Internet的哪個部份資訊(根據鏈結的LS Type，可以是路由器或網路的IP位址)。
- **LS AGE(鏈結狀態年齡)欄位**：長度為16位元，以秒為單位，標識自鏈結建立後所經過的時間。
- **ADVERTISING ROUTER(公告路由器)欄位**：長度為32位元，指定公告該鏈結的路由器位址。
- **LINK SEQUENCE NUMBER(鏈結序列號)欄位**：長度為32位元，由路由器產生的一個整數，以保證訊息沒有遺失或不按順序到達。
- **LINK CHECKSUM(鏈結總合校宴碼)欄位**:長度為16位元，確保鏈結資訊的完整性。

14.13.3　OSPF 鏈結狀態請求訊息格式

和鄰近路由器交換資料庫描述訊息後，路由器就有了描述網路的初始資料。但若路由器發現資料庫已經過時，路由資訊就可能不夠準確。路由器會傳送「鏈結狀態請求訊息」(*link status request message*)請求鄰近的路由器提供更新的資訊。請求訊息中會列出需要更新之特定鏈結，請求訊息格式如圖14.12所示。相鄰路由器會對這些鏈結回應最近的資訊。每個鏈結狀態請求訊息可包含多個鏈結狀態請求，每個鏈結狀態請求包含三個欄位，分別是：LS TYPE、LINK ID和ADVERTISING ROUTER，欄位意義參見14.3.2。如果請求的鏈結過多，則可能需要發送多個請求訊息。

0 　　　　　　　　16 　　　　　　　　31
OSPF 標頭 TYPE=3
LS 型態
鏈結 ID
路由公告
. . .

圖14.12　OSPFv2 鏈結狀態請求訊息。路由器傳送請求訊息到鄰近的路由器，並對特定鏈結請求目前的資訊。

14.13.4 OSPF 鏈結狀態更新訊息格式

由於OSPF使用鏈結狀演態算法，路由器必須定期廣播鄰近的鏈結的狀態。類型為4的OSPFv2訊息被稱為鏈路狀態更新(*link-status update*)，路由器用此訊息來更新鏈結狀態。每個更新訊息包括更新鏈結的數量，其後跟隨一個新鏈結狀態的列表。圖14.13顯示了鏈結狀態更新訊息的格式。

在該圖中，OSPF對鏈結狀態通告(LSA)訂定了標準格式，用來描述所通告的網路資訊。圖14.14顯示了link-status公告的格式。每個欄位中使用的值與預先前講述過的資料庫描述訊息相同。

0	16	31
OSPF 標頭 TYPE=4		
鏈結狀態數量公告		
鏈結狀態公告 1		
. . .		
鏈結狀態公告 2		

圖14.13 OSPF鏈結狀態更新訊息格式。路由器廣播直接鏈結的狀態訊息給所有其他的路由器。

0	16	31
LS年齡	LS型態	
鏈結ID		
路由公告		
鏈結序列編號		
鏈結CHECKSUM	LS長度	

圖14.14 用於所有鏈結狀態通告的標頭格式。

鏈結有四種型態，鏈結狀態標頭之後的鏈結資訊是這四種型態之一。四種型態分別是：(1) 從一個路由器到一個area的鍊結；(2) 從一個路由器到一個特定網路的鏈結；(3) 從一個路由器到一個包含單個子網路IP位址之實體網路的鏈結，這部份資訊詳見第5章；(4) 從一個路由器到其他網域網路的鏈結。在所有情況下，在鏈結狀態標頭中的*LS TYPE*欄位指定使用那種格式。因此，接收狀態鏈結更新訊息的路由器可以很明確知道被描述的目的地在網域內還是網域外。

14.14 OSPFv3為因應IPv6所作的改變

儘管OSPF的一些基本技術在版本3中保持不變，很多細節部份仍有些改變。協定仍然使用鏈路狀態方法[7]。所有位址已從基本協定中刪除，使OSPF儘量和使用的協定無關。唯一的例外是LSA(鏈結狀態公告)，當中會用到IP位址。比較特別的是，OSPFv2使用32位元的IP位址來標識路由器，而OSPFv3則使用32位元路由器ID來標識路由器。相似處爲都使用32位元來標識路由器，但OSPFv3不與IPv4位址相關聯(即使是用加點十進製來表示)。OSPFv3支持IPv6路由範圍：link-local、area-wide、AS-wide等，代表廣播將不會傳播到預期的收件端集合之外。OSPFv3允許OSPF的多個獨立實體(*instance*)同時在一組路由器和網路上執行。每個實體有唯一的ID，用封包來攜帶實體ID。例如，可以使一個實體傳播IPv6路由訊息，而另一個實體傳播MPLS路由訊息。最後，OSPFv3從單個訊息中刪除所有認證，使用IPv6認證標頭來替代。

OSPFv2和OSPFv3之間的最重要的變化來自訊息格式，所有欄位都改變了。有兩個動機。首先，訊息必須可以適應IPv6位址。第二，因爲IPv6位址比IPv4要大很多，設計者意識到若僅僅將每個出現的IPv4位址用IPv6位址來取代，會使OSPFv3訊息過大。因此，只要有可能的話，儘量減少OSPFv3訊息中攜帶IPv6位址的數量，在任何不需要是IPv6位址的環境，用32位元識別碼來取代任何型態的識別碼。

14.14.1 OSPFv3訊息格式

每個OSPFv3訊息以一個標頭開始，標頭長度固定爲16個octet。圖14.15說明格式。

0 … 7	8 … 15	16 … 23	24 … 31
版本(3)	型態	訊息長度	
來源路由ID			
區域ID			
CHECKSUM		介面ID	0

圖14.15　每個OSPFv3訊息中有一個固定長度16-octet的標頭。

請注意，版本編號佔用第一個octet，和OSPFv2一樣。因此，OSPFv3訊息可以使用與OSPFv2相同的*NEXT HEADER*值來發送，不會混淆。還要注意，固定標頭長度小於OSPFv2的標頭，因爲認證訊息已被刪除。

14.14.2 OSPFv3 Hello訊息格式

OSPFv3 *hello*訊息有助於說明從IPv4定址更改到32位元識別碼。目標是在與IPv4協定分離時維持封包的大小。如圖14.16所示，讀者應該自行比較OSPFv3和OSPFv2兩個版本的Hello訊息格式。

7　不幸的是，鏈結（*link*）這個術語已變得有點模糊，因為IPv6使用link來代表IP子網（以允許將多個IPv6前置碼分配給網絡）。在大多數情況下，IPv6概念和OSPFv3概念一致，但在特殊情況下，做個區別仍是很重要的。

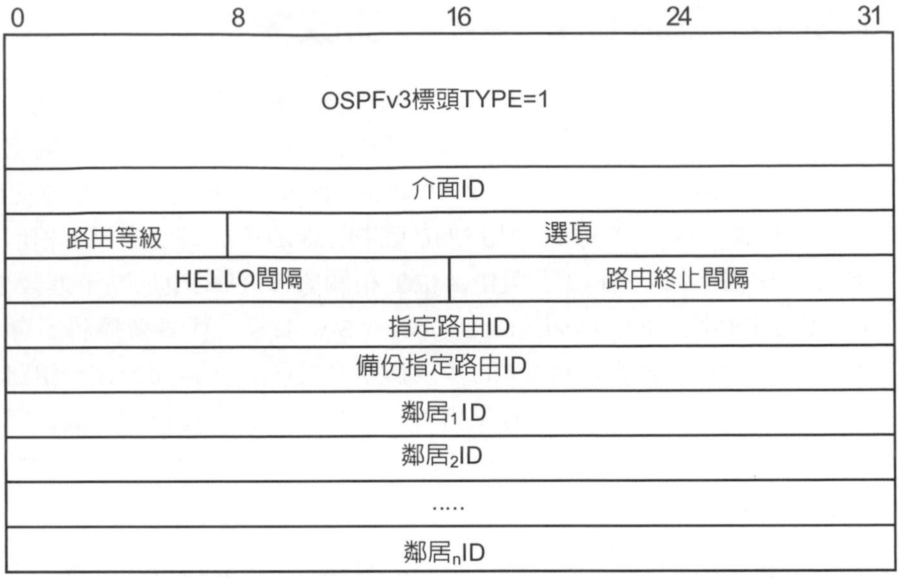

0	8	16	24 31
OSPFv3標頭TYPE=1			
介面ID			
路由等級	選項		
HELLO間隔		路由終止間隔	
指定路由ID			
備份指定路由ID			
鄰居$_1$ID			
鄰居$_2$ID			
.....			
鄰居$_n$ID			

圖 14.16　OSPFv3 *hello* 訊息格式。所有 IPv4 位址都被 32 位元標別碼取代。

14.14.3　其他OSPFv3特性和訊息

OSPFv3結合並概括了許多OSPFv2定義的機制和功能。因此，OSPFv3定義了幾種類型的鏈路狀態公告(LSA)。例如，OSPFv3提供下列七種狀態：

(1) 路由器LSA(router LSAs)。

(2) 鏈結LSA(link LSAs)。

(3) 區域間前置碼LSA(interarea prefix LSAs)。

(4) 區域間路由器LSA(inter-area router LSAs)。

(5) AS外部LSA(AS-external LSAs)。

(6) 區域內前置碼LSA(intra-area prefix LSAs)。

(7) 非粗短區域LSA(NSSA: Not So Stubby Area LSAs)。

每個鏈路狀態訊息以標頭開始，格式與圖14.14中所示的OSPFv2標頭格式相同，並使用類型欄位來標識內容。

提供多個LSA類型，目的在支持大型自治系統，大型自治系統具有複雜的拓樸和用於區域的複雜規則。特別是，第1層提供使用OSPF作爲跨越內部網路的IGP，內部網路包括骨幹網路、許多區域網路、和許多連結的網路。

14.15 IS-IS路由傳播協定

大約就在IETF定義OSPF的同時，Digital Equipment Corporation公司開發了一種名為IS-IS[8]的內部路由傳播協定。IS-IS是Digital's DECnet Phase V協定族的一部分，後來在1992年被ISO標準化，在目前已停用的OSI協定中使用。ISUS名稱擴展為*Intermediate System - Intermediate*系統，並且等同於內部閘道(Interior Gateway Protocol)協定的定義。

IS-IS和OSPF在概念上相當接近；只有細節不同。兩者都使用鏈路狀態演算法，都需每個參與的路由器傳播相鄰路由器的鏈路狀態訊息，並且都使用傳入的鏈路狀態訊息構建拓樸資料庫。若底層網路支持群播，這兩個協定允許狀態訊息以群播方式傳播。此外，兩個協定都使用最短路徑優先演算法計算最短路徑。

與OSPF不同，IS-IS最初不為IP設計。因此，它是後來擴展，擴展版本被稱為Integrated IS-IS或雙IS-IS。擴展目的在能處理IP，IS-IS的優點在不與IPv4整合。因此，不同於OSPV，需要開發IPv6版OSPF。Dual IS-IS可適應IPv6作為另一個位址族。IS-IS也不同於OSPF，因為IS-IS不使用IP進行通訊。IS-IS封包被封裝在網路訊框中並直接通過底層網路發送。

像OSPF一樣，IS-IS允許管理者將路由器細分為區域。但是，區域的定義不同於OSPF。特別是，IS-IS不需要ISP定義區域0作為所有流量流經的骨幹網路。IS-IS將路由器定義為級別1(區域內)，級別2(區域間)或級別1-2(既是區域內也是區域間)。*Level 1*級路由器只與同區域的其他*Level 1*級路由器通訊。*Level 2*級路由器只與其他區域的*Level 2*級路由器通訊。一個Level 1-2路由器則可與區域內或區域或路由器通訊。因此，不同OSPF架構成一星形的拓樸，IS-IS允許中心是一組Level 2級的網路。

OSPF的支持者指出，OSPF已經擴展到可以處理許多在大型ISP中出現的特殊情況。例如，OSPF可以處理stub網路、not-so-stub，並可與其他IETF協定通訊。

IS-IS的支持者則指出，IS-IS較少"閒聊"(每單位時間發送較少的訊息)，並且可以處理更大的區域(即，具有更多路由器的區域)。因此，IS-IS是被認為是特殊情況下OSPF的合適替代方案。

14.16 信任和路由洩露

我們已經觀察到，單個路由器可以使用內部閘道協定在其自治系統內收集路由訊息，也可以使用外部閘道協定向其他自治系統發布路由公告。理論上，要建立將兩個協定整合的軟體並不難，可自動化地收集路由資訊也可自動發出通知，無需人工干預。實際上，技術和策略因素讓事情變得複雜。

8　名稱以"I-S-I-S"拼寫出。

技術上，IGP協定，如RIP和Hello，都是路由協定。路由器使用這樣的協定來更新其轉送表，路由資訊則從自治系統內的其他路由器獲取。因此，當攜帶新訊息的路由更新到達時，RIP或OSPF軟體會更新轉送表。IGP相信同一自治系統內路由器所傳遞的是正確的資料。

外部協定如BGP，不信任任意路由器，也不顯示本地轉送表中的所有訊息。外部協定保持網路可達性的資料庫，並且在發送或接收時訊息時應用策略做相關約束。忽略這樣的策略約束可能對路由產生不良影響 - Internet的一些部分可能變得不可達。例如，一個自治系統內的路由器正在執行IGP，在某狀況公告了一個目的地爲普渡大學的低成本路徑，但路由器內卻沒這條路徑資料。其他路由器收到公告後接受此路徑並安裝路由。因此，AS內路由器會不正確地轉送目的地爲普渡大學的資訊，在這個自治區域內普渡大學可能變得不可達。如果有個AS不當地宣稱有到達普渡大學的路由，外部閘道路由協定傳播這個錯誤的路由資訊到外部，問題就變得更加嚴重，可能整個Internet都無法連通普渡大學。我們說目標位址已被劫持。

14.17 閘道：路由閘道背景程序

有一種機制，可在大量路由協定如RIP、RIPng、BGP、HELLO和OSPF之間提供介面。該機制還包括通過ICMP和ICMPv6學習到的路由訊息。此機制被稱爲*gated*[9]，貫通多個協定(內部和外部閘道協定，包括BGP)，並確保遵守策略約束。例如，*gated*可以接受RIP訊息並修改電腦中的轉送表。它也可以用BGP公告自治系統內的路由。*gated*遵循規則，允許系統管理員可以精確地指定網路的*geted*可否發出通告，以及如何報告與這些網路的距離。因此，儘管*gated*不是IGP，但它在路由中起了重要作用，因爲可以建立一種自動化機制將IGP和BGP結合而不犧牲防護。

*Gated*有一個有趣的歷史。它最初由Mark Fedor在康奈爾提出，並被MERIT採用於NSFNET骨幹網。學術研究者提出了新的想法，成立了一個行業聯盟，MERIT把*gated*賣給Nexthop。

14.18 人工度量和度量變換

上一章說，ISP選擇路徑是基於經濟考量而不是技術考量。爲達此目的，網路管理員手動配置路由協定，並手動變更權重或距離來代替實際權重或距離。考慮使用RIP的網路。如果網管員想要採用比最佳路徑有更長距離的路徑，管理者可以配置路由器指定長距離的路徑爲最佳路徑。例如，一個路由器可被配置爲將直接連接的網路距離公告爲*5*。類似地，當使用OSPF時，也可刻意爲每個鏈路分配一個符合商業策略權重。而不是根據底層網路的容量來配置權重，網管員可以藉由權重分配安排路徑的優先選擇性。在最大型的ISP，人工權重的分配非常重要，因爲它和收入有顯著的對價關係。因此，大型Internet服務提供商經常聘用些精幹的技術人員來分析路由和選擇權重，目的在獲取最大收入。

9 此名稱是gateway daemon的縮寫，發音為"gate d"。

像*gated*這樣的軟體，可幫助網路管理員透過修改路由距離量度來控制路由。管理者可以在兩組路由器之間放置這樣的軟體，每個路由器使用IGP並配置軟體來變更路由距離，產生最有利的路徑。例如，可能有一個群組內使用的低成本路由保留給內部使用。為了避免外人使用保留路由，在兩個群組間的邊界路由器就在發公告時故意膨脹這條路徑的成本。因此，外人認為這條路徑是昂貴的，並選擇替代路徑。重點：

> 雖然我們已經描述了路由協定可尋找最短路徑，但協定軟體通常也包括配置選項，讓網路管理員可以變更實際成本，以便產生公司營運部門喜歡的路由。

當然，管理員可以通過手動配置所有路由器的轉送表來達成目的。但使用人工度量較具有顯著的優勢：如果網路故障，軟體將自動選擇備用路由。因此，網管員專注於配置距離度量，而不是配置轉送表。

14.19 使用部分資訊進行路由

我們利用部份資訊的觀念來討論路由器的架構和路由。主機可只用部份資訊來選擇路由，因為有可信賴的路由器。但是，不是所有的路由器都有完整的資訊。大部份的自治系統都有一個連接其他自治系統的路由器。如果某網域要跟全球Internet連接，至少要有一個路由器和ISP相連。自治系統內的路由器知道其內部目的地，但是將其他所有的交通量用預設路由傳送給ISP。

如果我們檢視路由器的轉送表，則如何用部份資訊來路由就很清楚了。Internet的中心路由器有所有可能目的地的完整路由資訊；這些路由器不使用預設路由。非Internet中心的ISP通常沒有完整路由資訊；它們用預設路由來處理它不了解的網路位址。

對大部份使用預設路由的路由器，通常會有兩種結果。首先，不能檢測區域路由的錯誤。例如，若某自治系統內的機器錯誤的將封包傳送到外部的自治系統而非本地的路由器，則外部系統會將它傳回該自治系統(也許從不同進入點)。因此，即使路由發生錯誤，其連接性卻仍能保留。這個問題對有高速區域網路的小型自治系統似乎不太嚴重，但在廣域網路中錯誤的路由可能會引起災難，封包路徑涵蓋多個ISP，這導致長的延遲，並且沿路的ISP可能收取過境費，這導致不必要的收入損失。從積極的方面來說，意味著使用預設路由的路由器所需交換更新訊息的量，要比具有完整路由資訊的中心路由器要小得多。

14.20 總結

自治系統(AS)的擁有者可以自由選用協定，使AS內部的路由器可互相傳播路由資訊。手動維護路由資訊只能夠滿足小型、改變緩慢、有最少互連的網路。大多數系統需要自動化的機制來發現和更新路由。我們使用內部閘道協定(IGP)來稱呼這些在AS內部交換路由訊息的協定。

IGP可用距離向量演算法或鏈結狀態演算法(稱爲SPF)來實行。我們檢視了三個IGP：RIP、HELLO與OSPF。RIP是一種距離向量協定，使用水平分割、保有、逆向封殺等技術，以幫助消除轉送迴圈和計數無窮大的問題。Hello協定雖然已經過時，但Hello機制是值得討論的。Hello協定是一個使用延遲而不是跳數作爲距離度量的距離向量協定。我們討論了使用延遲作爲路由度量的缺點，並指出儘管啓發式方法可以防止路徑在流通量相等時會出現不穩定，當路徑具有不同特性時會出現長期不穩定性。OSPF實現鏈路狀態演算法，並有兩個版本：IPv4的OSPFv2和IPv6的OSPFv3。IS-IS類似OSPF，但在一些特殊情況下功能比OSPF更好。

雖然路由協定被認定可計算最短路徑，協定軟體卻允許管理人員規劃不是最短但收益最佳的路徑。透過仔細規劃，管理者可以導引交通往符合公司策略帶來最大收益的路線流動，同時當網路設備出現故障時，仍然具有自動選擇路徑的能力。

習題

14.1 RIP可支援那些網路族？爲什麼？

14.2 考慮大型自治系統使用延遲計量的內部閘道協定。假如自治系統中的一部份決定在它們路由器上使用RIP，可能會有何困難？

14.3 在一個RIP訊息內，每個IP位址排列在32位元的邊界內。如果IP datagram所攜帶的訊息從32位元的邊界開始，這樣的位址會被排列在32位元的邊界嗎？

14.4 一個自治系統可以小到只有一個區域網路或大到有許多長距離的網路，規模的大小對尋找一個標準IGP有什麼困難？

14.5 描述在怎樣的環境下，水平分割技術可以防止緩慢收斂。

14.6 考慮一個由很多區域網路構成的網路，該網路以RIP作爲IGP。找一個範例，顯示即使有個程式在接收到網路不可達的信息之後，使用hold down機制也可能導致轉送迴圈。

14.7 主機可在主動模式執行RIP嗎？

14.8 何種情況下，跳躍點計數比延遲計量能產生更好的路由？

14.9 何種情況下自治系統不通告其他網路？提示：考慮一所大學。

14.10 廣義來說，我們可說RIP通告本地的路由表。而BGP通告一個已知網路和能到達的路由器的表(即路由器可以通告不符合自己路由表的訊息)。兩種方式各有何優缺點。

14.11 考慮一個轉換延遲和跳躍點計數計量的函數。你能否找出這些函數中能防止轉送迴圈的特點？你所想的特點是必要的嗎？

14.12 什麼情況下SPF的協定會有轉送迴圈的情形？(提示：考慮盡力發送。)

14.13 撰寫一個應用程式，發送請求到一個執行RIP的路由器，並顯示傳回的路由。

14.14 仔細閱讀RIP的規格。一個路由在詢問後被告知和在收到路由更新訊息時被告知，兩者有差別嗎？如果有，怎麼個差別法？

14.15 仔細閱讀OSPFv2規範。管理者如何使用OSPF的虛擬鏈路設施？

14.16 OSPFv2的允許網管員指派許多自己的識別碼，可能導致在多個站點重複的值。如果兩個標識符可能需要更改運行OSPFv2的站點決定合併？

14.17 是否可以使用ICMP重定向訊息在內部傳遞路由訊息路由器？爲什麼或者爲什麼不？

14.18 閱讀OSPFv3的規格。什麼是stub區域，什麼是not so stubby area(NSSA)？這兩個區域有何重要性？

14.19 OSPFv3標準對於Hello間隔推薦的超時爲何？

14.20 編寫一個程式，以您組織的網路作爲輸入敘述，使用SNMP從所有路由器獲取轉送表，並報告任何不一致。

14.21 如果您的組織執行像gated 或 Zebra軟體來管理多個TCP/IP路由協定，請取得一個配置文件並解釋其中每個項目的含義。

章節目錄

15

網際網路群播

15.1 引言

前面章節定義IP用於單點傳送的機制，本章探討IP的另一種特色：datagram的多點傳送(multipoint datagram delivery)。我們先簡單複習底層硬體的支援，接下來討論多點傳送的IP定址與路由器用來傳播路由資訊的協定。

15.2 硬體廣播

許多硬體技術都包含同時(或幾乎同時)將封包傳送到多個目的地的機制。在第2章中，我們回顧了幾個技術和討論多點傳送的最常見形式：硬體廣播(*hardware broadcast*)。廣播傳送是指網路將一份封包的副本分送到每個目的地。硬體廣播的細節不同。在一些技術上，硬體只發送封包的單個副本並且安排每個連接的電腦接收副本。在其他網路中，網路設備實現廣播的方式是將廣播封包獨立副本一個一個轉發給個別的電腦。

大多數硬體技術中，使用者透過一種特殊且保留的目的位址，稱爲廣播位址(*broadcast address*)。要執行廣播傳遞，發件人需要做的是建立一個訊框，其中目的地位址欄位是廣播位址。例如，Ethernet使用全1的硬體位址作爲廣播位址；每台連接到Ethernet的電腦接收到以廣播位址發送的訊框，就好像是接收單播MAC位址的封包一般。

硬體廣播的主要缺點在於耗費資源－除了使用網路頻寬，每次廣播都要使用所有機器的資源。原則上，有可能設計出一種軟體，以廣播方式穿越Internet傳送datagram；每台電腦將收到每個datagram的副本，然後檢查IP目的位址，如果不是送給自己的資料，就將其丟棄。然而，在實作中，這樣的方案是無意義的，因爲每個電腦將花費大量的CPU來丟棄已到達的datagram。因此，TCP/IP的設計者設計了位址繫結(address binding)機制，讓datagram透過單播傳送。

15.3 硬體群播

有些硬體技術支援第二種較不常用的群播技術，稱為「硬體群播」(hardware multicast)。與硬體廣播(hardware broadcast)不同的是，硬體群播允許主機選擇是否參與群播。通常硬體技術保留一大組群播位址。當一群主機想要通訊時，主機會選擇一個特定的「群播位址」(*multicast address*)進行通訊。同群組內的所有主機會設定其網路硬體介面，以識別選擇的群播位址。設定完成後，群組內的所有主機會收到一份送給群播位址的資料。

我們使用術語群播組(*multicast group*)來表示正在偵聽某特定群播位址的一群電腦。如果有六台電腦上的應用程序正在偵聽特定的群播位址，我們可以說此群播組有六個成員。在許多硬體技術，群播組僅由偵聽者定義，任一台電腦可以向給定的群播位址發送封包(亦即，發送者不需要是群播組的成員)。

在概念層面，群播定址具有足夠的代表性，可用來代表所有其他形式的定址。例如，單播位址可看成是一個群播位址，但只有一台電腦正在偵聽。類似地，我們可以想像一個廣播位址也是群播位址，特定網路上所有的電腦正在偵聽。其他群播位址可以對應到任何網路上任何電腦的子集合，也有可能是空集合。

儘管如此，群播仍不能取代傳統定址，因為在底層所實現的封包轉送與傳送的機制在本質上有所不同。群播位址不代表一台電腦，也不代表同一網路上的所有電腦，它代表的是加入此群播的一群電腦，群組成員可隨時加入和退出。因此，硬體無法確定某電腦是否連接到網路，並且將封包灌輸(flood)給所有電腦，並讓它們選擇是否接受封包。灌輸是昂貴，因為它阻礙其他封包並行傳送。因此，我們可以得出結論：

> *雖然可以把單點傳送與廣播傳送納入群播機制，但底層轉送與傳送的機制會讓群播比較沒有效率。*

15.4 Ethernet群播

Ethernet提供了硬體群播的範例，特別的是與IP群播相關，因為Ethernet在全球Internet中被廣泛部署。有一半的Ethernet 位址保留給群播，用Ethernet位址最高位元組的最低位元來做區分，若該位元值為*0*代表是單點位址，若該位元值為*1*代表是群播位址。若以短橫線十六進位來表示[1]，群播位元的格式如下：

$$01\text{-}00\text{-}00\text{-}00\text{-}00\text{-}00_{16}$$

Ethernet介面起始後，會接受目的地是單播硬體位址或廣播位址的封包。然而驅動程式軟體可設定此裝置，使其認得一個或多個群播位址。例如，假設驅動程式設定以下Ethernet群播位址：

$$01\text{-}5E\text{-}00\text{-}00\text{-}00\text{-}00_{16}$$

1 短橫線十六進位表示法將每個octet以兩個十六進位數字表示，每個十六進位數字間用短橫線隔開；當數字含有A~F時代表此數值一定是16進位，下標16可以被省略設定完成後，Ethernet硬體介面會接受送來的單播MAC位址、廣播MAC位址或上述群播位址(硬體會略過傳送到其他群播位址)的封包。下節將解釋IP如何使用基本群播硬體和群播位址的特殊意義。

15.5 構建Internet群播的概念模塊

Internet群播系統有三個重要的建構區塊概念：

- 群播定址方式(multicast addressing scheme)
- 有效率的通告與傳送機制(effective notification and delivery mechanism)
- 有效率的網路間轉送方式(efficient internetwork forwarding facility)

群播在設計時會出現許多限制與挑戰。例如，群播「定址方式」(*addressing scheme*)除了提供足夠的位址給所有的群組外，還必須調和兩個互相衝突的目標：允許系統自行分配位址的同時，另外定義全球有意義的位址。同樣的，主機需要「通告機制」(*notification mechanism*)來告訴路由器群播組資訊，而路由器需要有「傳送機制」(*delivery mechanism*)將datagram傳送給各主機。此外有兩種可能性：若系統支援群播，我們必須有效率地使用硬體群播，但是若硬體不支援群播，也必須使用IP來進行群播。設計時最大的挑戰在於「轉送機制」(forwarding facility)：尋求有效且動態的機制將群播封包以最短路徑傳送，路徑中非成員主機不可收到封包，但允許成員在任何時刻加入與離開此群組。

我們將看到IP群播機制包括上述三個方面的議題。包含定義IPv4和IPv6的群播位址，指定主機如何傳送和接收IP群播組的機制，指定如何將群播資訊跨越個別硬體網路傳送，並提供一組協定，讓路由器可以交換群播路由訊息，為群播建立轉送表。下一節將討論IP群播方案的屬性，以下各節將詳細介紹每個群播概念，從定址開始。

15.6 IP群播方案

IP群播是硬體群播的抽象化。它遵循規範將資料傳送給一群電腦，將這個概念普及化，允許這一群電腦散佈在Internet中的任意實體網路。這個想法是，只要有可能，就傳送一個群播datagram，而路由器必須能沿著多個路徑轉發datagram。此時，一個datagram的副本在每個路徑上向下發送。因此，目標是避免不必要的重複。

在IP術語中，偵聽某IP群播位址所有電腦的集合稱為IP「群播組」(*multicast group*)。IP群播適用於IPv4和IPv6。該定義具有令人難以置信的雄心，並具有以下特徵：

- **群組位址(One IP Multicast Address Per Group)**：每個群播組分配一個唯一的群播位址。少數IP的群播位址由Internet機構管理與分配並對應於永遠不變的群組，即使這些群組現在沒有任何成員。其他群播組則供臨時的私人使用。

- **群組數目(Number Of Groups)**：IP可同時提供最多 2^{28} 個群播組位址。IPv6提供的更多。在實際意義上，位址的數量不會對IP群播造成限制。實際限制群播組數量的是轉送表的大小和當群組成員更改時傳播路由所需的網路流量。
- **動態群組成員(Dynamic Group Membership)**：主機可在任何時間加入或離開一個IP群播組。此外，一個主機也可以是多個IP群播組的成員。
- **硬體的使用(Use Of Hardware)**：若底層網路硬體支援群播，IP用硬體群播來進行IP群播。若硬體不支援群播，則IP用廣播或單點傳送進行IP群播。
- **網路間轉送(Internetwork Forwarding)**：因為IP群播的成員可以分散在多個實體網路上，因此需要特殊的「群播路由器」來轉送IP群播datagram；與其使用專屬的路由器，通常的做法是將群播功能加入到傳統路由器裡。
- **傳送語意(Delivery Semantics)**：IP群播也和其他IP datagram傳送同樣有「盡力傳送」的語意，即意味著群播也會有造成datagram遺失、延遲、重複或失序。
- **成員與傳送(Membership And Transmission)**：任何主機都可傳送datagram給任何群播組；群組成員資格僅決定主機是否接收傳送給此群組的datagram。

15.7 IPv4和IPv6群播位址

IP群播位址有兩種型態：永久指定與暫時使用。永久指定位址稱為「公認」(*well-known*)位址；用於全球Internet的主要裝置與基礎建設(如群播協定)的維護。其他群播位址分配給「暫態群播組」(*transient multicast group*)使用，需要時建立，而群組成員個數為零時取消。

如同硬體群播，IP群播用datagram目的地位址來表示群播。IP群播使用*D*類位址，其形式如圖15.1所示。

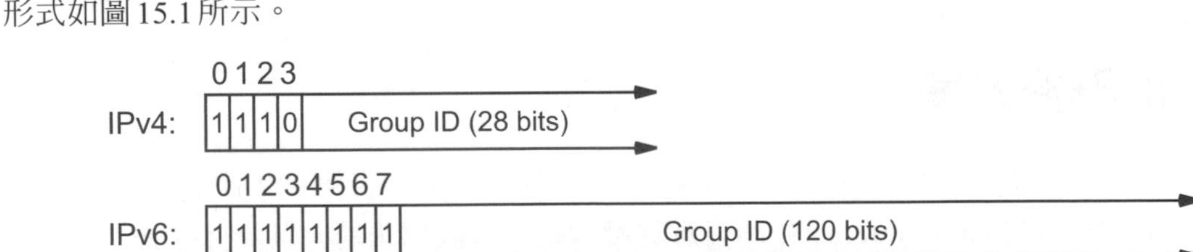

圖15.1 IPv4和IPv6群播位址的格式。前置位元用來標識此位址為群播位址。

前置位元之後位址的其餘部分，用來標識群播組。IPv4為群播組分配到28個位元元做為群播組ID，這意味著可有 10^8 個群播組。IPv6分配120個位元給群播組，可以有 10^{36} 個群播組。群播組ID不用位元來劃分是此群組的發起者還是擁有者。

15.7.1　IPV4群播位址空間

IPV4群播位址範圍從

224.0.0.0至239.255.255.255

位址空間很多的部分都被賦予特殊的含義。例如，最小的位址——224.0.0.0是被保留的；不能分配給任何群播組。位址224.0.0.0至224.0.0.255被限制用於單個網路(亦即，路由器被禁止轉送該範圍中任何位址的datagram，並且發送方應該將TTL設置為1)，位址239.0.0.0至239.255.255.255僅限於一個組織(即，路由器不應該跨外部鏈路轉送這範圍的datagram)。圖15.2顯示IPv4如何劃分群播位址空間。

位址範圍	意義
224.0.0.0	基礎位址(保留)
224.0.0.1 – 224.0.0.255	範圍限制在一個網路
224.0.1.0 – 238.255.255.255	範圍橫跨網際網路
239.0.0.0 – 239.255.255.255	範圍限制在一個組織

圖15.2　IPv4群播位址空間的劃分範圍。

圖15.3列出了特定IPv4群播位址分配的幾個範例。許多其他位址已被分配，供應商選擇各自系統使的用的位址。

位址	分配目的
224.0.0.1	所有系統在此子網路
224.0.0.2	所有路由器在此子網路
224.0.0.5	OSPFIGP 所有路由器
224.0.0.6	OSPFIGP 指定路由器
224.0.0.9	RIP2 路由器
224.0.0.12	DHCP 伺服器 / 中繼代理
224.0.0.22	IGMP

圖15.3　IPv4群播位址分配範例。此列表位址僅適用於單一網路。

在圖15.3中，位址224.0.0.1永久分配給*all systems group*。位址224.0.0.2永久分配給*all routers group*。all systems群組包括參與IP群播的所有主機和路由器，而*all routers*群組僅包括正在參與的路由器。這兩個群播組用於控制協定，並且必須和發送者位在同一個區域網路。沒有任何IP群播位址可指向Internet中所有系統，也沒有任何IP群播位址可指向Internet中所有的路由器。

15.7.2　IPv6群播位址空間

和IPv4一樣，IPv6也對群播位址指定一些使用範圍。IPv6群播位址第一個octet的所有位元值全部為1。IPv6使用位址的第二個octet來指定範圍。圖15.4列出分配。

第2個字節	意義
0x?0	保留
0x?1	範圍限制在一台電腦(環回)
0x?2	範圍限制在區域網路
0x?3	範圍IPv4區域範圍等效
0x?4	範圍在管理設定
0x?5	範圍限制在單一站台
0x?8	範圍限制在單一組織
0x?E	範圍橫跨網際網路

圖15.4　在位址中使用第二個octet來指定IPv6群播位址範圍。

在圖中，從0x開始的常數是十六進位數。問號表示4個位元任意値。因此，0x?1指的是0x01，0x11，0x21 ... 0xF1。

使用octet來指定範圍，便於將範圍與服務相關連。例如，網路時間協定(*NTP*：*Network Time Protocol*)所分配到的群播組ID 爲0x101。分配的範圍是無限制的，意味著發送端可以選擇群播的範圍。例如，可以發送群播datagram給單個鏈路(位址FF02::101)，或發送給一個組織(位址FF08 :: 101)內的所有NTP伺服器。這兩者目的地只有位址的第二個octet不同。

IETF預留一些全球群播組服務，所以有某些服務被分配了一個特定的範圍或一組特定的範圍。例如，*All Nodes*群播組是有限的——不能穿越Internet發送群播datagram給所有節點。大多數路由協定也限於單個鏈路，因爲預期的通訊是發生在同一底層網路上的路由器之間。圖15.5列出了永久分配的IPv6群播位址的幾個範例。

位址	分配目的
FF02::1	所有節點都在區域網路資料段
FF02::2	所有路由器都在區域網路資料段
FF02::5	OSPFv3 AllSPF 路由器
FF02::6	OSPFv3 AllDR 路由器
FF02::9	RIP 路由器
FF02::a	EIGRP 路由器
FF02::d	PIM 路由器
FF02::1:2	DHCP 和在區網的中繼代理
FF05::1:3	區網站台中的DHCP 伺服器
FF0x::FB	群播DNS
FF0x::101	網路時間協定
FF0x::108	網路資訊服務
FF0x::114	用於實驗

圖15.5　幾個永久IPv6群播位址分配範例，位址欄位使用IPv6位址表示法。其他許多位址另具有特定含義。

與IPv4一樣，供應商爲自家產品選擇使用某些IPv6群播位址。雖然並不是所有的選擇都向Internet官方機構註冊，一般而言還算能遵循規範。

15.8 群播位址語義

IP在轉送multicast資料和轉送unicast資料所遵循規則有很大的不同。例如，群播位址僅可以用作目標位址。因此，如果路由器在datagram中的來源位址欄位或選項欄位(例如：source route)發現群播位址，路由器丟棄此datagram。此外，不能針對群播datagram產生ICMP錯誤訊息。該限制適用於ICMP echo(例如：ping請求)以及常規錯誤，諸如目的地不可達。因此，使用ping來測試群播位址將收不到回應。

禁止ICMP錯誤訊息的規定令人驚訝，因為IP路由器遵守IP群播datagram標頭中的跳數限制(hop limit)。每個路由器會自動減少計數，在計數為零時丟棄datagram。唯一的區別是路由器不發送用於群播datagram的ICMP訊息。我們將看到有些協定使用跳數限制做為限制datagram傳播的方法。

15.9 映射IP群播到Ethernet群播

雖然TCP/IP無法涵蓋所有網路硬體類別，但IP群播標準規範了如何將IP群播位址映射到Ethernet群播位址。對於IPv4，映射是高效且易於理解的：IANA擁有以太網位址前置碼*0x01005E*[2]。映射定義如下：

> 要將IPv4群播位址映射到乙太網路群播位址，得將IPv4群播位址$01\text{-}00\text{-}5E\text{-}00\text{-}00\text{-}00_{16}$的最低23位元放到乙太網路群播位址的最低23位元上。

例如，IPv4的群播位址224.0.0.2變成Ethernet的群播位址$01\text{-}00\text{-}5E\text{-}00\text{-}00\text{-}02_{16}$。

IPv6不使用與IPv4相同的映射。其實兩個版連MAC前置碼都不共用。IPv6使用的Ethernet前置碼是*0x3333*，並和32位元的IP群播組ID搭配：

> 要將IPv6群播位址映射到乙太網路群播位址，得將IPv6群播位址的最低32位元放到乙太網路群播位址$33\text{-}33\text{-}00\text{-}00\text{-}00\text{-}00_{16}$的最低32位元中。

例如，IPv6將群播位址FF02:09:09:1949::DC:1映射到Ethernet MAC位址33-33-00-DC-00-01。

有趣的是，IPv4和IPv6的映射都不是唯一的。因為IPv4群播位址中低階的28個位元可用來識別群播群組，多個群播組可以同時映射到相同的Ethernet群播位址。類似地，許多IPv6的多個群播組ID可映射到相同的Ethernet群播位址。設計師選擇了該方案作為妥協。使用群播組中的23(IPv4)或32(IPv6)個位元當作部分硬體廣播位址。位址集合足夠大，所以隨機選擇兩個群播組位址又恰好相等的機率很低。另一方面，安排IP使用固定部分的Ethernet群播位址空間會使除錯更加容易，並消除Internet協定和其他共享Ethernet協定間的干擾。設

2　IEEE為指派Ethernet位址的每個組織分配一個「組織唯一識別碼」(*OUI*：*Organizational Unique Identifier*)。

計的結果會導致主機收到一些並非傳往本機的群播datagram，因此IP軟體需進一步檢查所收到datagram的目的地位址，排除錯誤的datagram。

15.10 主機和群播傳送

群播可在單一實體網路或穿越Internet來進行。在單一實體網路上施行群播，主機可以直接將datagram放入訊框中，用接收端偵聽的群播位址傳送給目的地。若穿越Internet施行群播，則需要靠群播路由器(*multicast routers*)轉送跨越多個網路的群播datagram，並傳送給所有參與群播組的主機。因此，如果主機具有範圍不同於本地網路的datagram，主機必須將此datagram發送給群播路由器。令人驚奇的，主機不需安裝到群播路由器的路徑，也不需指定預設路由來抵達群播路由器。主機轉送群播datagram給路由器的技術與單點傳送以及廣播不同-主機只需用本地網路硬體的群播能力來傳送datagram。群播路由器會偵聽所有IP群播的傳送；若網路上有群播路由器，它會接收datagram，有必要的話再轉送給其他網路[3]。因此，本地與非本地群播的主要差別在於群播路由器而不是主機。

15.11 群播範圍

群播範圍(*multicast scope*)這個術語用於兩個概念。我們用這個術語來代表正在偵聽某群播組的主機或指群播位址的屬性。在指定主機位置的情況下，我們使用群播範來釐清目前群組成員可能的位置：在一個網路上、站台內的多個網路、一個組織內的多個站台的多個網路、在管理定義邊界內的多個網路，或全球internet中的的任意網路。其次，若使用群播範圍來指群播位址的屬性，我們知道標準規定了特定位址的datagram可傳播到多遠(亦即，一群網路的集合，當收到是規定中特定位址的datagram，才會執行轉送)。我們有時會使用術語range來取代scope。

IP用兩種技術來控制群播範圍。第一種技術依靠datagram的「跳數限制」(*hop limit*)來控制分佈。將跳數值設小即可限制datagram路由所經過的距離。例如，標準指定主機與相鄰路由器之間通訊的控制訊息跳數爲1。因此路由器不會轉送控制訊息給其他網路，因爲跳數已經減到零。同樣的，若同一主機上的兩個應用程式要用IP群播進行處理器間的通訊(例如測試軟體)，可將跳數 設爲0 以避免datagram離開主機。也可以將跳數欄位設爲連續大的值做爲進一步範圍的擴充。例如，有些路由器廠商建議除非跳數值大於15，否則限制群播datagram離開其網路區域。因此我們可總結：datagram標頭的跳數欄位可對datagram的範圍做大略的控制。

第二種技術稱爲「管理範圍」(*administrative scoping*)，由一些有限制範圍的群播位址所組成。根據標準，Internet 的路由器不可轉送位址屬於限制空間的datagram。因此，爲避免群組成員間的群播通訊不小心到達外部，組織可以指派本地範圍(local scop)的位址給群組。

3 實際上，使用IP多點廣播的站點通常配置一般路由器來處理多點廣播轉送，就像使用單播轉送一樣。

15.12 主機參與IP群播

主機參與IP群播時可分爲三個等級，如圖15.6所示。

層級	意義
0	主機既不可發送也不可接收 IP群播
1	主機可發送但不可接收 IP群播
2	主機可發送也可接收 IP群播

圖15.6　主機參與IP群播的三個等級。

要擴展IP軟體使主機擁有發送IP群播的能力並不難；但要擴充主機軟體來接收IP群播datagram反而較複雜。要傳送群播datagram，應用程式必須支援目的地是群播位址。要接收群播，應用程式須有能力宣告參與或離開特定群播組，且協定軟體必須將抵達的datagram的拷貝一份轉送給參加群組的應用程式。此外，群播datagram不會自動到達主機：後續章節會解釋當它加入一個群播組，主機必須使用特殊的協定來通知本地群播路由器其成員身份。許多軟體複雜性起因於IP群播設計策略：

> 主機可以參與特定網路上的特定群播組。

也就是，一個擁有多個網路連線的主機可加入某個網路上的特定群播組，但不加入其他的群組。要理解保持群組成員與網路關係的原因，請記住可以在一組本地機器間使用的群播。主機可能希望用群播應用程式與某網路的主機進行合作，但得排除他網路上的主機。

因爲群組成員與特定網路相關，軟體必須要記下主機在各個網路上的群播位址。此外，當應用程式參與或離開某一個群播的群組時需指定群組的網路連線。當然，大多數應用程序不知道(或關心)主機所連接的網路，這意味著當他們要加入群播組時，不知道該指定哪一個網路來加入。

15.13 IPv4 Internet 群組管理協定(IGMP)

要在單個本地網路上發送或接收IPv4群播，主機只需要允許軟體使用底層網路進行發送和接收IP群播datagram即可。但主機若欲參多個網路上的群播，至少必須通知一個本地群播路由器。本地路由器與其他群播路由器連繫，傳遞成員資訊並建立路由。此做法和傳統網路路由器間傳播路由的作法相似。

群播路由器不起作用，直到網路上至少有一個主機加入群播組。當主機決定加入群播組時，主機會通知本地群播路由器。IPv4主機使用「互聯網群組管理協定」(*IGMP*：*Internet Group Management Protocol*)來互通組員身份資訊。由於目前是第3版，因此正式名稱爲*IGMPv3*。

IGMP是IPv4的標準；接收IPv4群播的所有機器(參與第二層協定的所有主機和路由器)上都是必需具備IGMP服務。IGMP使用IPdatagram攜帶訊息。此外，我們認爲IGMP

是一種IP的整合的服務，類似於ICMP。因此，我們不應該將IGMP視為供應用程式使用的協定：

> 雖然IGMP用IP datagram來攜帶資訊，但是我們應將其視為IPv4整合的一部分，而不是獨立於IP之外的協定。

概念上，IGMP分成二階段。第一階段：當主機參與一個新群播組時，主機發出一個「IGMP」訊息給群組的群播位址宣告其成員身份。本地路由器接到此訊息後，透過網路把群組成員資訊傳播給其他群播路由器，並建立所需路由資訊。第二階段：因為成員會變動，本地群播路由器會週期性的詢問主機，以判定主機現在是否仍屬於該群組。若主機回應某群組，則路由器會維持該群組。若經過多次詢問某群組，都沒有主機回應，則路由器假設該網路已沒有主機在群組內，並停止向其他群播路由器告知群組成員資訊。

若要有較複雜群組成員機制，ICMP 允許主機上的應用程式安裝來源位址過濾器(*source address filter*)，指定某一位址的主機是否可參與群播交通。所以可以設定某主機可以加入一個群組，但卻不讓該主機的datagram傳送到該群組。過濾器的出現很重要，因為ICMP 允許某一主機傳遞一組過濾器規格以及群組成員資訊給本地路由器。在兩個應用不一致的狀況下(一個應用程式排除某來源而另一個應用程式接受該來源)，主機上的軟體必須體認兩個應用的規則，然後處理並決定哪個應用程式會收到datagram。

15.14 IGMP細節

IGMP經過小心地設計來避免因增加太多額外負擔而使網路阻塞。此外，因為一個網路可以有許多群播路由器和參與群播的主機，IGMP必須預防所有參與機器都產生不必要的控制交通量。IGMP使用幾種方法來減少對網路所產生的不良影響：

- 所有主機和群播路由器間的通訊使用IP群播。也就是說，當發送訊息時，IGMP始終使用IPv4群播。若硬體支援群播，攜帶IGMP 訊息的datagram將用硬體群播傳送。若主機未參與IP群播，不會收到IGMP的訊息。
- 當詢問決定群組成員時，群播路由器不會送出個別請求訊息，而是發送單一請求，詢問所有群組資訊[4]。預設詢問的速率為125秒，表示IGMP不會產生很多交通量。
- 若一個網路上有多個群播路由器，會快速且有效率的選擇單一路由器來詢問主機成員資訊。因此，IGMP不會隨網路增加新群播路由器而增加交通量。
- 主機群不會在同一時間回應路由器的詢問。每個詢問包含一個N值，指定最大的回應時間(預設是10秒)。詢問抵達時，主機會選擇一個0到N的隨機參數，表示等待N秒後再傳送。若一主機是多個群組的成員，主機會各別為每個群組選擇隨機數。因此，主機對詢問的回應隨機分布在10秒之中。

4 All systems群組（224.0.0.1）是一個例外，主機從不報告該群組中的成員。

- 如果主機是多個群播組的成員，則主機可以在單個封包中發送多個群組成員報告，減少交通量。

雖然這樣仔細地注意細節似乎不必要，但IP群播的動態性質意味著通過某網路交換的訊息取決於應用程序。因此，不像路由協定，不同與流量取決於協定，IGMP的流量取決偵聽群播組的應用程序數量。

15.15 IGMP群組成員狀態轉換

在一台主機上，IGMP必須記憶主機屬於那些群播組，以及和每個群組相關的來源過濾器[5]。可想像成主機將群組成員資訊記錄在表格上。開始時，表格所有的資料項都沒有使用。當某主機應用程序參與一個新群組時，IGMP軟體會分配一個資料項來記錄群組資訊，包括應用程序指定的位址過濾器。當應用程式離開一個群組時，對應的資料項會由系統刪除。在建立報告時，軟體會查詢表格、合理化群組的所有過濾器，並且建立一個報告。

圖15.7的群組身份狀態轉換資料圖可解釋IGMP軟體動作。

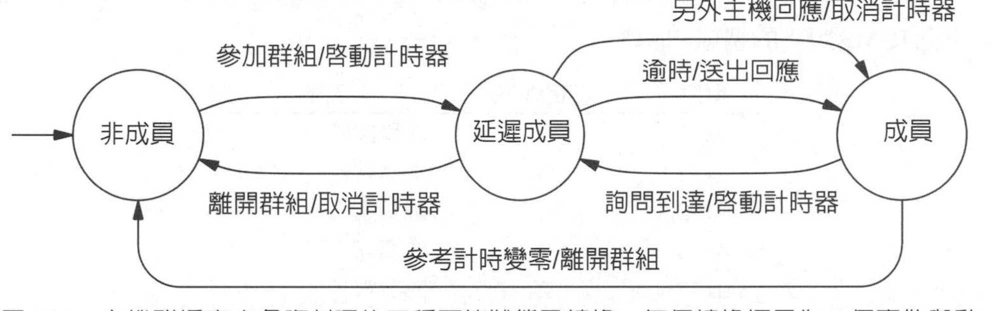

圖15.7 主機群播表中各資料項的三種可能狀態及轉換，每個轉換標示為一個事件與動作。轉換狀態沒有顯示出參與或離開群組的訊息。

主機會替每個群組(主機是群組成員)維持獨立的資料表。如圖所示，當主機第一次加入群組或收到由群播路由器送來的詢問時，主機會進入「延遲成員」(*DELAYING MEMBER*)狀態並選擇一個隨機延遲。若計時器到期前有群組內其他主機回應詢問，則主機取消計時器進入「成員」(*MEMBER*)狀態。若計時器逾時，主機在進入「成員」(*MEMBER*)狀態之前會傳送回應訊息。由於路由器每125秒產生一次詢問，可預期主機多數時間會維持在「成員」狀態。

圖15.7忽略一些細節。例如，若主機在「延遲成員」狀態時詢問抵達，協定會讓主機重設其計時器。

5 All systems群組（224.0.0.1）是一個例外，主機從不報告該群組中的成員。

15.16 IGMP成員查詢訊息格式

IGMPv3定義兩種訊息格式：由路由器送出用來探測群組成員的「成員詢問」(*membership query*)訊息，以及由主機送出用來報告式所屬群組的「成員報告」(*membership report*)訊息。圖15.8說明成員詢問訊息的格式。

<table>
<tr><td colspan="3">0　　　　8</td><td>16　　　　31</td></tr>
<tr><td colspan="3">型態(0x11)</td><td>RESP碼</td><td>CHECKSUM</td></tr>
<tr><td colspan="5">群組位址</td></tr>
<tr><td>RES</td><td>S</td><td>QRV</td><td>QQIC</td><td>來源數目</td></tr>
<tr><td colspan="5">來源位址 1
來源位址 2
⋮
來源位址 N</td></tr>
</table>

圖15.8　IGMP的成員詢問訊息格式。

如圖所示，成員詢問訊息由固定12字節(octet)大小的標頭開始。*TYPE*欄位標識訊息的型態，不同IGMP版本的型態如圖5.9。

型態	協定版本	意義
0x11	3	成員詢問
0x22	3	成員報告
0x12	1	成員報告
0x16	2	成員報告
0x17	2	離開群組

圖15.9　IGMP訊息型態。為提供向下相容，第3版必須認得第1、2版的訊息型態。

路由器在詢問群組成員時，*RESP CODE*欄位指定群組成員最大隨機延遲間隔。若欄位開始的位元是0，表示數值計算單位以10秒計；若開始的位元是1，表示數值是浮點數字，有3位元的指數(exponent)與4位元尾數(mantissa)。群組內主機在0與指定的秒數之間選隨機選擇延遲時間後才回應。預設值是10秒，表示所有主機會選擇0到10之間的隨機值。IGMP允許路由器爲每個詢問設定最大值，以控制IGMP通訊量。若網路有許多主機，則較大的延遲值可以展延回應時間，所以同一時間有多個主機同時回應的機率較低。*CHECKSUM*欄位包含訊息的總和檢查碼(IGMP的總和檢查碼只計算IGMP訊息，使用的演算法與TCP和IP相同)。*GROUP ADDRESS*欄位可用來指定特定群組或設爲0表示一般詢問。若要送詢問給特定群組時或特定群組與來源的結合，路由器會填入*GROUP ADDRESS*欄位。*S*欄位指示當更新抵達時，路由器是否抑制現有的計時器更新；此位元不使用在主機上。*QRV*欄位可以控制強韌性，它允許IGMP在稀疏網路上多次傳送同一封包。預設值是2，發送端會傳送*QRV-1*次。*QQIC*指定詢問者詢問間隔(成員詢問的間隔)。*QQIC*用的表示法和*RESP CODE*一樣。

IGMP詢問訊息最後的部份由零個或多個來源組成；*NUM SOURCE*欄位指定後面資料項的數目。每個來源位址是32位元的IP位址。「一般詢問」(*general query*)的來源位址數是0個(由路由器發出的請求，詢問有關網路上所有使用的群播組的資訊)。在「指定群組與來源」(*group and source specific query*)詢問中，訊息包含一或多個來源；路由器用此種訊息來請求特定群播組與特定來源組合而成的路由。

15.17 IGMP成員報告訊息格式

IGMPV3的第二種訊息型態是「成員報告」(*membership report*)，主機用此訊息將其參與群播情況傳送給路由器。圖15.10說明其格式。如圖所示，成員報告訊息有個長度爲8字節的標頭，標頭內有下列欄位：

- **TYPE 欄位**：標示報告訊息型態。
- **NUM GROUP RECORDS欄位**：計算群組紀錄的整數*K*，代表後面有*K*筆「群組紀錄」(*group records*)。

圖15.11說明每個群組紀錄的格式。此格式很直覺，有下列欄位：

- **REC TYPE 欄位**：允許使用者指定紀錄中的一串來源是對應到內含的「接受過濾器」(*inclusive filter*)、「排除過濾器」(*exclusive filter*)，或是上次報告的改變值(接受或排除額外的來源)。
- **MULTICAST ADDRESS欄位**：指定群組紀錄所關連的群播位址。
- **NUM OF SOURCES欄位**：指定群組紀錄中來源位址的數目。

<table>
<tr><td>0</td><td>8</td><td>16</td><td>31</td></tr>
<tr><td>型態 (0x22)</td><td>保留</td><td colspan="2">CHECKSUM</td></tr>
<tr><td colspan="2">保留</td><td colspan="2">群組記錄數量(K)</td></tr>
<tr><td colspan="4">群組紀錄1</td></tr>
<tr><td colspan="4">群組紀錄2</td></tr>
<tr><td colspan="4">⋮</td></tr>
<tr><td colspan="4">群組紀錄k</td></tr>
</table>

圖15.10　IGMP的成員報告訊息格式。

要注意IGMP沒有提供所有可能的訊息或機制。例如，IGMP沒有提供讓主機發現群組IP位址的機制-應用程式使用IGMP加入群組前，必須先知道群組位址。因此有些程式使用永久指派位址，有些則在安裝程式時允許管理者設定其位址，而有些是動態(由伺服器)取得位址。同樣的，IGMPv3沒有提供讓主機可用來離開群組或偵聽群組內所有通訊的詳細訊息。要離開群組時，主機傳送一個報告訊息，內含空的IP來源位址列表的「接受過濾器」(*inclusive filter*)。爲了偵聽所有來源，主機傳送一個成員報告訊息，指定一個空IP來源列表的「排除過濾器」(*exclusive filter*)。

0	8	16	31
紀錄型態	零值	來源數量	
群播位址			
來源位址1			
來源位址2			
⋮			
來源位址N			

圖 15.11　IGMP 成員報告訊息中群組紀錄(*Group Record*)的格式。

15.18 IPv6群播組成員資格使用MLDv2

IPv6不使用IGMP。它定義了群播偵聽者發現協定(*Multicast Listener Discovery Protocol*)。當前版本爲2，協定縮寫爲*MLDv2*。儘管有些變化，IPv4和IPv6基本上使用相同的方法。事實上，MLDv2可說是將IGMP用於IPv6的同義詞。

主機使用MLDv2通知區域網路上的路由器，告知主機屬於那些群播組。如同在IGMP中，一旦主機宣布自己的成員隸屬，網路上的路由器使用MLDv2定期輪詢主機，以確定主機是否仍然是該群組的成員。網路上的一組群播路由器，會合作選出一個查詢路由器(querier router)發送定期查詢；如果當前查詢器路由器故障，網路上的其他群播路由器會出面接管。

MLDv2定義由路由器發送的三種類型查詢訊息：一般查詢(*General Queries*)、群播位址特定查詢(*Multicast Address Specific Queries*)以及群播位址和特定來源查詢(*Multicast Address and Source Specific Queries*)。與IGMP一樣，典型的群播路由器發送一般查詢，請求主機回應其正在偵聽的群播組。圖15.12說明MLDv2查詢訊息的格式。

如前所述，*QQIC*欄位指定查詢間隔。在一般查詢中，並未指定群播位址，所以此欄位設置爲零。因爲沒有來源，*NUMBER OF SOURCES*欄位爲零，訊息不包含*SOURCE ADDRESS*欄位。

當查詢到達時，主機遵循與IGMP中相同的步驟：主機延遲一段隨機時間後發出回應，告知仍在偵聽的群播位址。回應訊息由群播偵聽者報告(*Multicast Listener Report*)訊息組成。圖15.13顯示一般格式。

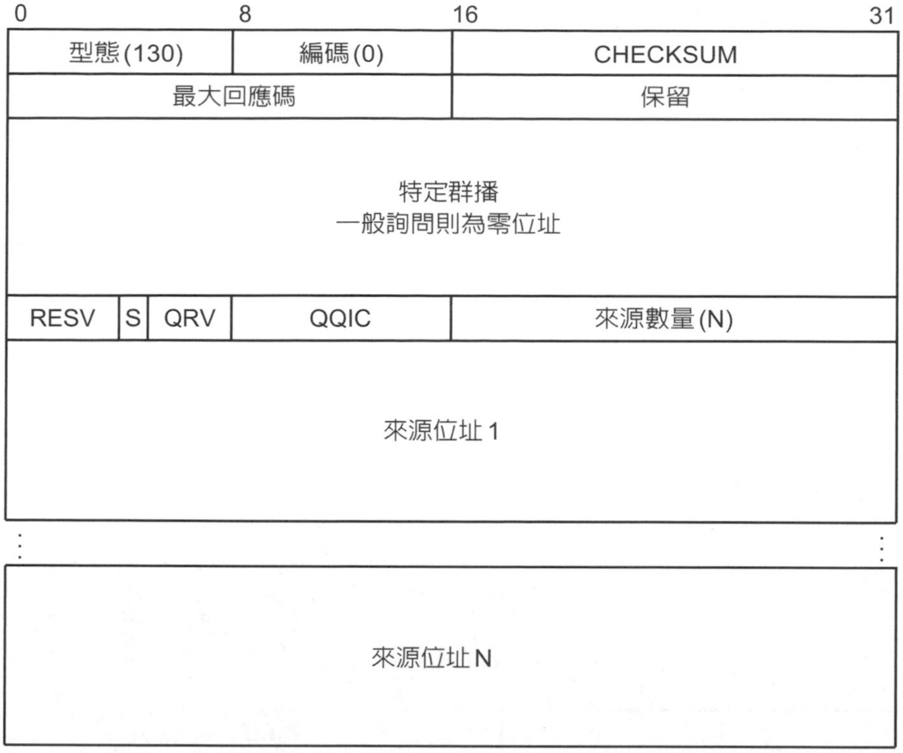

0
8
16
31
型態(130)
編碼(0)
CHECKSUM
最大回應碼
保留
特定群播
一般詢問則為零位址
RESV
S
QRV
QQIC
來源數量(N)
來源位址 1
來源位址 N

圖 15.12　MLDv2 查詢訊息的格式。群播路由器發送此類訊息以確定網路上的主機是否仍參與群播

0
8
16
31
型態(143)
保留
CHECKSUM
保留
紀錄數量(N)
群播位址紀錄 1
群播位址紀錄 2

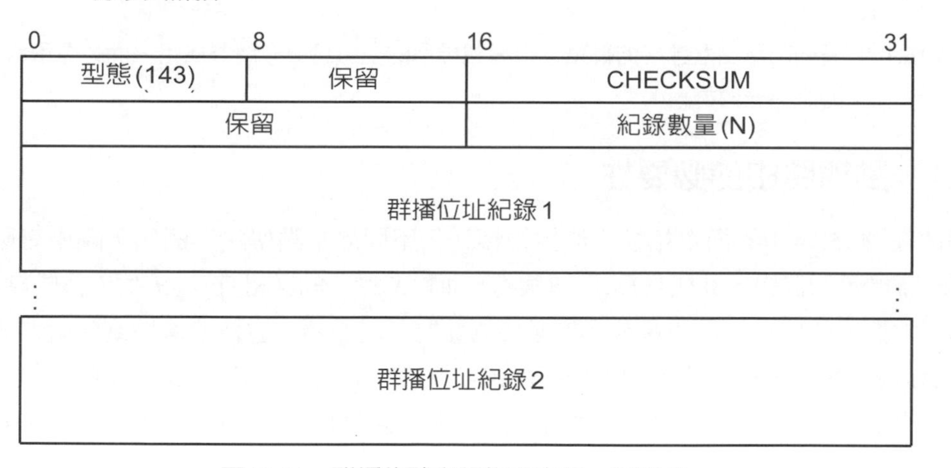

圖 15.13　群播偵聽者報告訊息的一般形式。

不僅只是列出主機正在偵聽的群播位址，「群播偵聽者報告」提供群播位址記錄的列表。列表中的每筆記錄指定群播位址，後跟一系列正在偵聽主機的單播位址。主機提供多個單播位址看起來很奇怪，因爲大多數主機只有一個網路介面。因此，我們期望一台主機只有一個單播位址。但是，IPv6 允許主機在單一網路上具有多個位址。因此，偵聽者報告允許每個條目有多個位址。

15.19 群播轉送和路由訊息

IP的群播定址方案允許主機在本地發送和接收群播資料，IGMP和MLDv2讓路由器可追蹤本地網路上正在偵聽群播組的主機，我們尚未說明群播路由器是如何交換群組成員資訊，也未說明路由器如何將群播datagram送達所有群組成員。

有趣的是，已經提出了幾個允許路由器交換群播路由訊息的協定。然而，沒有一個標準能成爲主流。事實上，雖然花了很多努力，但是沒有達成一致設計意見，現有協定的目標和基本方法不同。所以，群播在全球Internet中沒有被廣泛使用。

爲何群播的路由如此困難？爲何不擴充傳統路由方式來處理群播？答案在於群播路由與傳統路由有根本上的不同，因爲群播的轉送與傳統的轉送不同。要瞭解其不同點，考慮圖15.14的群播的轉送架構。

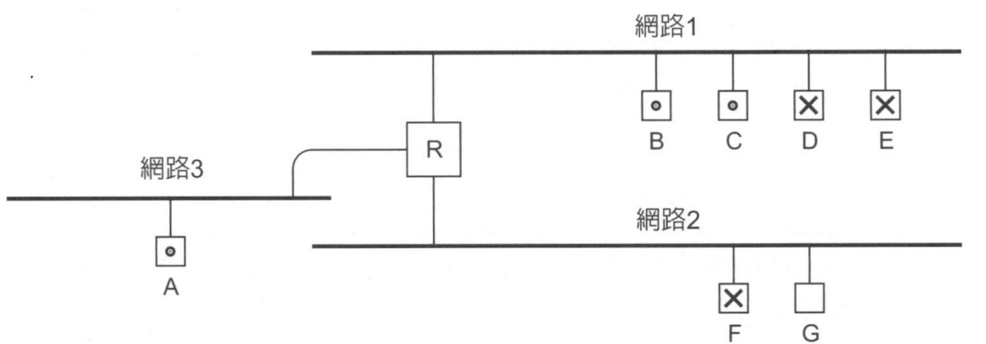

圖15.14　三個用路由器連接的網路。用圈號標示的主機參與一個群播組，而X標示參與的是另一個群組。

15.19.1 動態路由的必要性

即使在圖15.14中的簡單拓樸，群播的轉送仍不同於單點傳送。例如，圖中有兩個群播組：以圈號標示的群組，其成員爲*A*、*B*與*C*，而以*X*標示的群組有*D*、*E*與*F*爲成員。網路2中沒有圈號群組的成員。爲避免浪費不必要的頻寬，路由器不會把要傳送到圈號群組的封包傳送給網路2。然而主機可隨時加入任何群組-若該主機是第一個加入某群組的主機，群播轉送表必須改變成包含此網路。因此，群播路由傳播與傳統路由傳播的兩者間有重要差別：

> 單點廣播路由只在網路拓樸改變或設備故障時改變路由，群播則不同。群播則在應用程式加入或離開群播組時改變路由。

15.19.2 目的地路由沒有效率

圖15.14的例子說明群播路由的另一觀點。若主機*F*與*E*都送datagram給X群組，路由器*R*會接收並轉送datagram。由於兩筆datagram都送給相同群組，所以有相同目的地位址。然而它們轉送的動作不同：*R*傳送由*E*發往網路2的datagram，以及由*F*發往網路1的datagram。有趣的是，當路由器收到由主機*A*發送而目的地爲X群組的datagram時，路由器

做出第三個動作：它轉送兩份拷貝，一份給網路1，另一份給網路2。因此，我們看到群播與傳統轉送的第二個重要差別：

> 和單點轉送不同，群播必須讓路由器不單只是檢查目的地位址，還要檢查來源位址。

15.19.3 任意的發送端

最後一個群播特徵可由圖15.14得知，因爲IP允許任意的主機彼此傳送datagram，不是群組成員的主機也可以傳送datagram給該群組。圖中，即使主機*G*不是任何群組的成員，且G的網路也沒有圈號群組，*G*仍可以傳送datagram給圈號群組。更重要的，datagram在網路間傳送時可以經過沒有群組成員在裡面的網路。因此，可以總結如下：

> 群播資料可以由非群播組成員發送，且其路由可以經過沒有群組成員在裡面的網路

15.20 基本群播轉送範例

由以上例子可知道群播路由器不只使用目的地位址來轉送封包，因此產生新問題：群播路由器到底需要哪些資訊來決定如何轉送datagram？答案在於，因爲群播目的地代表一組電腦，而最佳的轉送系統只需每個網路傳送一次datagram就可送達所有成員。雖然圖15.14的單一群播路由器可以避免datagram在介面中來回重複傳送，但僅用此介面無法避免datagram在多個路由器間形成循環。爲避免此種路由迴圈，群播路由器得依靠datagram的來源位址。

最早的群播轉送觀念由先前的廣播所形成，稱爲「反向路徑轉送」(*RPF*：*Reverse Path Forwarding*)[6]。此方法使用datagram的來源位址以避免datagram重複迴圈。使用RPF時，群播路由器和一般路由器一樣，必須有到所有目的地最短路徑的傳統轉送表。路由器收到datagram後，會先找出來源位址，反向將來源當成目的地，查閱自己的轉送表，找到一條可到達來源的路經，該路經的介面爲I。若datagram也是由介面I抵達，代表從路由器到來源間最短的路徑得經過介面I。相對地，同個來源從介面I到達路由器走的也一定是最短路經。因此路由器將此datagram轉送給其他介面，否則路由器丟棄該封包。每個路由器都確保收到的群播datagram走的都是最短路徑，前面章節已提過，路由器中最短路徑樹的每條路徑是唯一的，沒有迴路，所以RPF解決了迴路問題。

由於RPF可確保每個群播datagram可送達各網路，所以此方法可保證群播組會收到一份送到該群組的datagram。但只靠RPF雖解決了迴路問題，但仍有其他問題待解決：資料會轉送給每個網路，形同廣播，RPF會傳送datagram給沒有群組成員的網路。因此，RPF尚未能用在群播路由，因爲無謂的傳送浪費了頻寬。

爲避免傳播不必要的資訊，因此改良設計，新創一種RFP的修改格式，稱爲「截斷反向路徑轉送」(*Truncated Reverse Path Forwarding*，*TRPF*)或「截斷反向路徑廣播」(*Truncated*

6　反向路徑轉送有時稱為反向路徑廣播（RPB：Reverse Path Broadcasting）。

Reverse Path Broadcasting，*TRPB*)。此方法遵循RPF演算法，但避掉沒有成員連接的網路來限制進一步的傳播。若要使用TRPF，群播路由器必須有兩部分資訊：(1) 傳統單播轉送表；(2) 群播組列表，列出群播組每位成員的位址。在群播datagram抵達時，路由器首先套用RPF規則。若RPF說丟棄此拷貝，路由器會照做。若RPF指定將datagram傳送到某介面，路由器會執行另外一個動作：萃取datagram中群組目的地位址，也就是群組ID，查詢自己的資料庫中此群組的所有成員(成員是以網路位址紀錄，代表此網路有主機加入群播組)；接著針對路由器自己的每個介面做查詢，看群播群組中那些成員可由此介面送出，若有，代表經由此介面可將資料送到成員網路，於是執行正常轉送，若無任何群組成員須經由此介轉送，路由器忽略此介面，並檢查下一個介面。所以「截斷」的意義在於-若某路徑沒有群組成員，路由器會刪減該路徑。總結如下：

> 群播路由器進行轉送決定時會使用datagram的來源與目的地位址。基本的轉送機制稱爲截斷反向路徑轉送(*TRPF*：*Truncated Reverse Path Forwarding*)。

15.21 TRPF的結果

雖然TRPF保證每個群播組成員都可收到送往該群組的datagram拷貝，而且避免將資料傳給沒有成員的網路，但在某些狀況下，仍會引發兩個不良結果。第一，由於TRPF使用RPF來避免迴圈，它會發送一些不必要的拷貝給網路(類似傳統RPF)。圖15.15說明如何發生重複的情形。

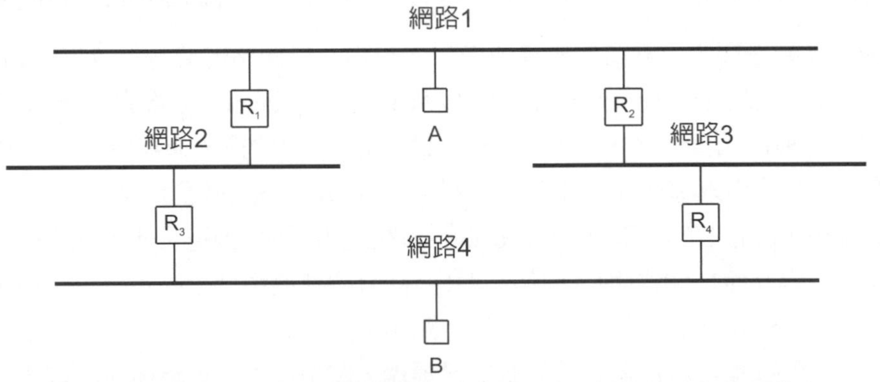

圖15.15　導致RPF方法傳送多份datagram拷貝給某目的地的拓樸。

主機A傳送datagram時，路由器R_1與R_2都會收到拷貝。由於datagram會用對A的最短路徑的介面抵達，R_1轉送拷貝給網路2，R_2轉送拷貝給網路3。R_3收到網路2送來的拷貝時(驗證到達A的最短路徑得經過R_1，代表這是最短路徑)，會轉送拷貝給網路4。但R_4收到網路3送來的拷貝時(驗證到達A的最短路徑得經過R_2，代表這是最短路徑)也會轉送拷貝給網路4。因此，雖然RPF讓R_3與R_4避免迴圈，但主機B會收到datagram兩份拷貝。

第二種結果是因爲TRPF轉送datagram時同時使用來源與目的地位址：轉送得根據datagram的來源來進行。例如，圖15.16顯示群播路由器如何在固定拓樸的不同來源位址轉送datagram。

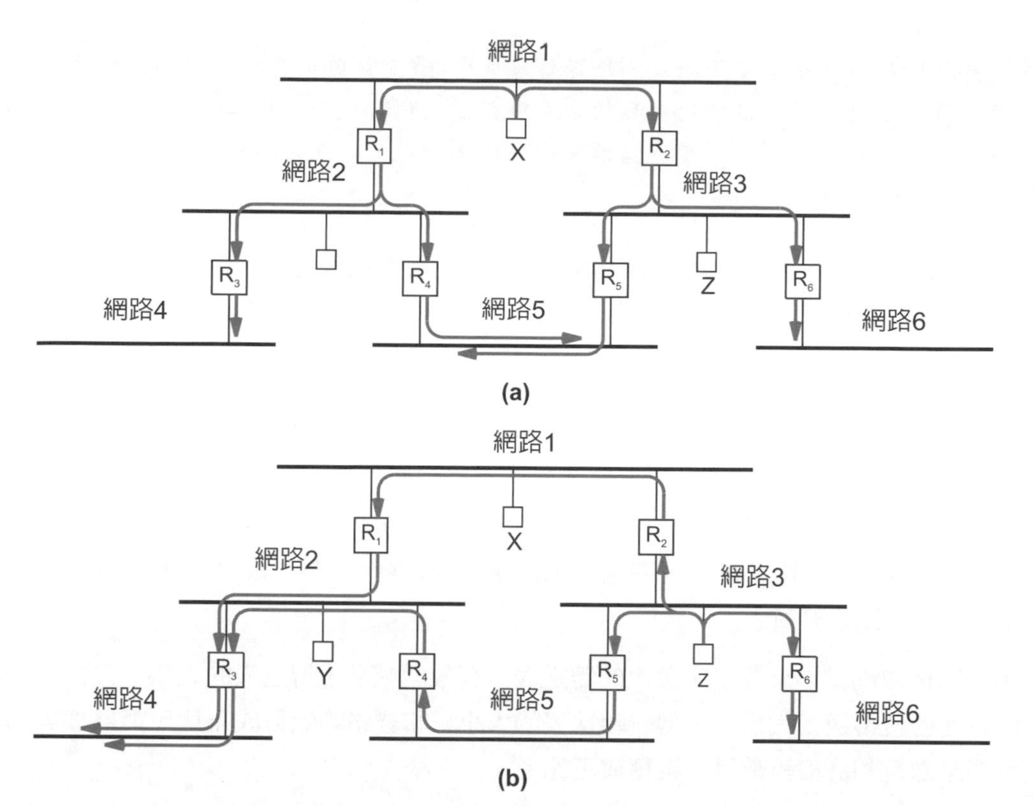

圖15.16 假設來源在(a)圖中是主機X，在(b)圖中是主機Z，而群組在每個網路都有成員。收到拷貝的數目與來源有關。

如圖所示，來源會影響datagram抵達網路的路徑以及傳送的細節。例如，在圖15.16(a)，主機X傳送時會讓TRPF傳送兩份datagram拷貝給網路*5*。圖15.16(b)，主機Z只有一份拷貝傳送到網路*5*，但是有兩份拷貝傳送到網路*2*與*4*。

15.22 群播樹

研究人員用圖形理論技術來描述來源到群組成員間的路徑組：這些路徑定義了一個圖形理論的「樹」(*tree*)[7]，有時稱爲「轉送樹」(*forwarding tree*)或「傳送樹」(*delivery tree*)。每個群播路由器對應到一個樹的「節點」(*node*)，而一個連接兩個路由器的網路對應到一個樹的「邊界」(*edge*)。最後，路徑上的最後一個路由器稱爲「樹葉」(leaf)路由器。此術語有時可用在網路上-研究人員稱連接樹葉路由器的網路爲「樹葉網路」(*leaf network*)。

圖15.16中，(a)部分顯示一個樹根爲X，而樹葉爲R_3、R_4、R_5與R_6的樹。而(b)部分不是一個樹，因爲路由器R_3在兩個路徑上。在非正式的表示法中，研究人員會忽略此細節，而把此圖形視爲樹。

圖形術語可讓我們表現一個重要的原理：

7 如果圖不包含任何循環（即，路由器不出現在多於一個路徑上），則圖是樹。

群播轉送樹是由一組路徑所組成，每條路經從來源(允許發送群播資料的任何主機)沿路經過群播路由器到達目的地，目的地是群播組的所有成員。根據此定義，給定一個群播組，每個來源可建構一顆群播轉送樹。通俗的說，一顆群播樹的長相是由群播組和來源主機決定的。

此原理最直接的正面結果是群播轉送表的大小。與傳統轉送表不同，群播傳送表的每一個條目是由一對資料來識別：

(群播組，來源)

觀念上，「來源」可以是可傳送datagram到群組(可以是網路上的任何主機)的單一主機。實際上，要轉送表爲每個來源主機產生一筆路由條目是不智的，因爲單一網路上所有主機所產生的群播轉送樹是完全一樣的。因此爲節省空間，路由協定不使用個別主機當作來源，而是以網路ID(也就是IP位址的網路前置碼)，來當作來源。路由器爲每個IP網路在轉送表中建立一筆路由條目。

用網路前置碼當作來源所定義出的轉送表，有效地減少了轉送表的大小。然而，群播轉送表仍會比傳統轉送表大很多。傳統轉送表的大小只和網路的數目成正比，而群播表的大小則是與網路數目和群播組數目的乘積成正比。

15.23 群播路由傳播的本質

讀者可能注意到IP群播與TRPF的不一致性。我們說TRPF用不同於RPF的方法來避免不必要的交通量：若該網路有群組成員，才轉送datagram給該網路。所以群播路由器必須有群組成員的資訊。但IP允許任何主機在任何時間加入或離開群組，所以導致成員快速地改變。更重要的，成員不限定在區域網路範圍內，參與群組的主機可能離轉送的路由器很遠，所以群組資訊的傳播必須經過多個網路。

群組成員的動態變化是群播路由的中心議題：所有群播路由都得提供傳播成員資訊與如何使用成員資訊的機制。因爲成員可能快速變化，路由器得到的資訊可能不是最完善的，所以路由變化的較慢。因此，群播的設計會在增加路由器負擔與無效率的轉送做取捨。另一方面，若群組資訊傳播頻率不夠快，群播路由器無法作最佳的決定(可能把datagram傳送到不需傳送的網路，或無法將datagram傳送給群組成員)。另一方面，若使用的群播路由規則，讓每個成員都交換資訊給所有路由器，會導致交通量過多而癱瘓網路。每種設計都要在兩種極端中找出折衷方法。

15.24 反向路徑群播

最早的群播路由是由TRPF衍生而來，稱爲「反向路徑群播」(*Reverse Path Multicast*，*RPM*)，此方法擴充TRPF 使其更加動態。此設計有三個假設。第一，確保群播datagram抵達群組成員比去除不必要轉送更重要。第二，群播路由器中傳統轉送表的資訊是正確的。第三，群播路由應盡量改善效率(去除不必要的傳送)。

RPM使用兩階段程序。開始時，RPM用RPF廣播方法傳送datagram給所有網路，這樣可確保所有群組成員都可收到一份拷貝。同一時間，RPM開始讓群播路由器間互相公告那些路徑不會有成員經過。當路由器知道某路徑上沒有群組成員會通過，就停止在此路徑上轉送。可以把這組程序看成是有條件的廣播。

路由器如何學得群組成員的位置？ RPM由下向上傳播成員資訊。資訊在主機選擇加入或離開群組時開始傳遞。主機用區域協定IGMP或MLDv2向本地路由器傳遞成員資訊。本地協定只會通知群播路由器在每個直接連接的網路上有哪些成員，群播路由器不會知道遠端群組的成員。所以連接到樹葉網路的路由器可決定是否將資料轉送到樹葉網路。若某樹葉網路沒有群組G的成員，則路由器不會把G群組的資料轉送到該網路。一但在某網路上有任何主機加入群組G，樹葉路由器會通知抵達來源路徑(反向路徑)的下一個路由器，並且將目標爲G的資料轉送給該網路。若此路由器外的所有主機都未加入群組G，路由器會通知反向路徑的下一個路由器，不要再把送給群組G的資料轉送過來。

使用圖形理論術語，我們說當路由器學到路徑上已沒有群組成員並停止轉送，表示在轉送樹上的路徑被「剪除」(PRUNE或REMOVE)。事實上，RPM這個策略又被稱爲「廣播與剪除」(*broadcast and prune*)，因爲路由器在收到剪除路徑的資訊前會(使用RPF)進行廣播。研究人員也使用RPM演算法的另一個術語「資料驅動」(DATA-DRIVEN)：除非有某群組的群播資料抵達，否則路由器不會傳送該群組資訊給其他路由器，因此稱此系統爲「資料驅動」的系統。

在資料驅動模型中，若路由器已經剪某除群組的路徑後，才有主機決定加入此群組，路由器也必須處理。RPM由下到上處理加入的請求：當主機告訴本地路由器已加入某群組，路由器會查詢群組紀錄，取得先前作剪除動作的路由器位址，路由器傳送新請求，取消先前的刪除，讓datagram可重新傳送。此訊息稱爲「嫁接請求」(*graft request*)，此演算法接回先前樹上被刪除的分枝。

15.25 群播路由協定範例

IETF 已經研究出許多群播協定，包括「距離向量群播路由協定」(*DVMRP*：*Distancevector Multicast Routing Protocol*)、「核心樹」(*CBT*：*Core Based Trees*)、「協定無關群播」(*Protocol Independent Multicast*，*PIM*)。每種方法都有些許的不同。雖然協定都已被實現且廠商已部份支援，但它們都還不是必要的標準。下節將描述這些協定。

15.25.1 距離向量群播路由協定與隧道

一種稱爲「距離向量群播路由協定」(*DVMRP*：*Distance Vector ulticast Routing Protocol*)的早期協定，允許群播路由器間使用DVMBP來傳遞群組成員與路由資訊。DVMRP 類似第14章的RIP協定，但擴充給群播使用。本質上，此協定傳送兩項資訊：(1)群播組的成員資訊；(2)在路由器間傳送群播資料的花費。對每個可能的(群組，來源)資料對，路由器會根據來源和群組成員建立一個轉送樹。當路由器收到一個前往某IP群播組的datagram，會把datagram的一份拷貝發送到相當於轉送樹[8]分枝的網路上。DVMPR由一個稱爲*mrouted*的UNIX程式來實現，它使用一種特殊的「群播核心」(*multicast kernal*)。

*Mrouted*允許站台(site)使用群播隧道來跨越Internet做轉送。在每個站台，管理者設定一個到連接其他站台的「mrouted隧道」(*mrouted tunnel*)。此隧道用IP-in-IP封裝來傳送群播。這表示當*mrouted*收到由本地主機傳送來的群播datagram，*mrouted*會將datagram封裝在傳統單點傳送的datagram中，然後將封裝後的datagram轉送給其他站台的*mrouted*。*mrouted*收到隧道送來的單點傳送datagram後，萃取爲群播datagram，然後根據群播轉送表轉送datagram。

15.25.2 基於核心的樹(CBT)

核心樹(*CBT*：*Core Based Trees*)群播路由協定採取另一種方法建構群播轉送系統。CBT可以避免廣播，而且若可以的話讓所有來源共享相同的轉送樹。爲避免廣播，路徑上有主機加入群播組之前，CBT不會在路徑上轉送群播。因此，CBT反轉DVMRP 所使用的基本灌輸-剪除(flood-and-prune)方法——CBT用的不是先允許轉送，直到要求剪除後才停止轉送。CBT在收到正面資訊前不會轉送路徑上的群播，正面資訊指的是該網路有主機加入群播組。我們說CBT使用「要求－驅動」(*demand-driven*)的方式，而不是資料驅動的方式。

CBT使用的要求－驅動方式意味著當主機使用IGMP 參與一個特定群組時，本地路由器在轉送其datagram前必須先通知其他路由器。但必須通知哪些路由器呢？這是所有「要求－驅動群播路由方法」(demand-driven multicast routing schemes)最關鍵的問題。回想一下，在資料驅動方法中，路由器用收到的資料來得知應將路由資訊傳給誰(路由器由來源位址推演出反向路徑-也就是資料進來的路徑，將路由資訊傳給上一層網路)。然而在要求－驅動方法中，在成員資訊散播前不會收到群播資料。

CBT結合動態與靜態演算法來建立群播轉送樹。爲了讓方法可擴充，CBT將Internet路分割爲「區域」(*region*)，而區域的大小由網路管理者決定。每個region中選出一個路由器扮演「核心路由器」(*core router*)。region中的其他路由器必須設定設定核心路由器，或在啓動時，使用動態「發現機制」(*discovery mechanism*)來尋找核心路由器。

核心的觀念很重要，因爲它允許region內的群播路由器形成一個region「分享樹」(*shared tree*)。一旦有主機加入群播組，本地路由器，*L*，會收到主機的請求。路由器*L*產生一個

8 DVMRP併入RPM算法時，在版本2和3之間發生了顯著變化。

CBT join request(CBT參加請求)，並用傳統單點轉送將此請求傳送給核心路由器。在傳送給核心路由器路徑上的中間路由器會檢查該請求。一旦請求抵達某中間路由器，*R*，該路由器就成為CBT分享樹上的路由器，*R*會回傳確認，將群組成員資訊傳給其父樹，並開始傳送轉送該群組的資料。當確認傳回給樹葉路由器，中間路由器檢查此訊息，並設定其群播轉送表要轉送此群組的datagram。因此路由器*L*連結到路由器*R*上的轉送樹。總結如下：

> 因為CBT使用要求－驅動的方法，它將Internet劃分為區域，並為每個區域指定一個核心路由器；區域上的其他路由器經由轉送參加請求(join requests)給核心路由器來建立轉送樹。

15.25.3 協定無關的群播(PIM)

實際上，PIM由兩個名稱相似，基本訊息標頭格式也部分相似的兩個獨立協定所組成，分別是：「協定無關群播-密集模式」(*PIM-DM*：*Protocol Independent Multicast-Dense Mode*)與「協定無關群播-稀疏模式」(*PIM-SM*：*Protocol Independent Multicast-Sparse Mode*)。這是因為單一的協定無法滿足所有狀況。其中PIM 密集模式設計應用在LAN的環境中，所以幾乎整個網路會有偵聽每個群播組的主機。PIM稀疏模式較適用於廣域的環境，其中群播組的成員只佔所有網路的一小部份。

用協定無關這個名詞是因為PIM假設傳統單點傳送轉送表會維持到所有目的地的最短路徑。PIM並未規範如何建立轉送表，所以可以適用於所有路由協定。因此，我們說PIM與單點傳送路由器所使用的路由協定無關。

為調和許多偵聽者，PIM-DM用廣播－剪除(*broadcast-and-prune*)的方法，使用RPF將datagram轉送給所有路由器，除非路由器送出明確的剪除(*prune*)請求。相反地，PIM的稀疏模式可視為CBT基本觀念的擴充，稀疏模式選出一個稱為「會合點」(*Rendezvous Point*)的路由器，功能等同於CBT的核心路由器。

15.26 可靠的群播和ACK內嵌

「可靠性群播」(*reliable multicast*)表示系統使用群播，且確保所有群組成員會依序收到資料，而不會遺失、重複或損壞。理論上，可靠的群播結合轉送機制有效率與廣播可讓資料完整抵達的優點。因此可靠性群播有極大的潛在優勢與應用性(例如：股票交易可用可靠性群播來傳送股票價值給許多目的地)。

可靠性群播聽起來簡單，但實際上有些難處。第一，若某群播組有多個發送端，則"依序"傳送datagram的觀念就沒有意義。第二，即使在小Internet路中，群播的轉送方法如RPF，也可能會重複傳送。第三，除了確保資料正確抵達，語音或影像等應用會希望可靠性系統限制延遲與抖動的影響。第四，因為可靠性系統需確認，且群播組的成員可以很多，所以傳統可靠性協定需要處理發送端的許多確認訊息。不幸的是所有電腦都沒有足夠的處理能力，我們稱此問題為「ACK爆炸」(*ACK implosion*)；此問題已成為研究的主要焦點。

爲解決ACK爆炸問題，可靠性群播協定使用階層性方法，讓群播限制爲單一來源[9]。在傳送資料前，先建立一個由來源到所有群組成員的轉送樹，且必須指定「確認點」(*acknowledgement point*)。

確認點也稱爲「確認聚集器」(*acknowledgement aggregator*)或「公認路由器」(*designed router*，*DR*)，此路由器(在轉送樹上)可快取資料的拷貝，並處理由路由器或主機到樹的確認。若需要重傳，確認點會由快取獲得一份拷貝。

多數可靠性端點傳送方法用否定而不是肯定確認——除非datagram遺失，否則主機不會回應。要讓主機偵測遺失，每個datagram須指定唯一的序號。主機偵測到遺失時會傳送NACK請求重傳。NACK沿轉送樹傳送到確認點，確認點處理NACK並經由轉送樹重傳遺失的datagram。

確認點如何保證它有該序號的拷貝？當datagram抵達時，確認點會檢查其序號，將一份拷貝存入記憶體，然後將此datagram轉送到樹的下一點。若確認點發現datagram遺失，它會送*NACK*給樹的上一點。NACK會抵達擁有該datagram拷貝的另一個確認點(該確認點會傳送第二個拷貝)，或抵達來源端(重傳此遺失的datagram)。

分枝拓樸與確認點的選擇是可靠性群播方法成功與否的關鍵。若沒有足夠的確認點，遺失的封包會導致ACK爆炸。若路由器有許多子孫，遺失的封包可能讓路由器一直重傳而過載。不幸的，自動選擇確認點並不容易。所以許多可靠性群播協定需要手動設定。因此群播最適合用在三種場合:(1)服務會持續很久;(2)拓樸不常改變;(3)中間路由器同意做爲確認點。

是否有其他方法達到可靠性?有些研究者試驗了混合一些冗餘資訊來減少重傳的協定。其中一種方法使用冗餘的datagram。來源不只傳送單一datagram拷貝，而傳送*N*(通常*2*或*3*)份。多餘的傳送在實現「隨機早期丟棄」(*Random Early Discard*，*RED*)的路由器運作良好，因爲超過一個datagram被丟棄的機率非常小。

另一種方法用「轉送錯誤更正碼」(*forward error-correcting codes*)。此方法類似用在語音CD上的錯誤更正碼，需要發送端把錯誤更正資訊放入datagram的資料串中。若遺失一個datagram，錯誤更正碼包含足夠的多餘資訊讓接收端重建該遺失的datagram，而不必重傳。

15.27 總結

IP群播爲硬體群播的一種抽象概念。它可將一份datagram傳送到多個目的地。IP使用D類位址來指定群播的傳遞；若可以的話，使用硬體群播傳送。

IP群播組是動態的；主機可在任何時間加入或離開一群組。對於本地的群播而言，主機只需有發送和接收群播datagram的功能。但是IP群播在單一實體網路卻不受限制，群播路由器傳遞群組成員資訊並安排路由，使得每個在群播組的成員能接收到每個送到群組資料。

9 單一來源並未限制功能，因為來源可轉送任何由單點傳送收到的訊息。因此，任何主機都可傳送資料給來源，然後用多點傳送給群組。

主機用IGMP(IPv4)或MLDv2(IPv6)傳播其群組成員身份給群播路由器。協定的設計很有效率且可以避免使用太多網路資源。

目前已設計出許多在Internet路傳播群播路由資訊的協定。基本的兩種方式稱爲資料驅動與要求驅動。兩種方法的群播轉送表的資料量都遠比單點傳送的資料量來的多，這是因爲群播需要(群組，來源)對的資料項。

並非所有全球Internet的路由器都傳遞群播路由或轉送群播交通量。隧道可用於連接群播孤島(*multicast islands*)，這些群播孤島是被Internet所分隔且不支援群播路由。使用隧道時，程式在傳統的單點傳送datagram上封裝群播datagram。接收端必須取出並處理群播datagram。

可靠性群播指使用群播轉送且提供可靠性傳送機制的方法。爲避免ACK爆炸問題，可靠性群播方法可使用階層性確認點或傳送冗餘的資訊。

習題

15.1 標準建議使用IP群播位址的23位元來形成硬體群播位址。此機制中，有多少IP群播位址對應到一個硬體群播位址？

15.2 用IPv6回答上面的問題。

15.3 解釋爲什麼IP群播位址只用28位元中的23個位元？提示：一台主機最多可以屬於多少個傳送群組？一個網路上最多能有多少主機？

15.4 IP總是需要檢查前來的群播datagram的目的地位址，若主機不在指定的群播組丟棄datagram。解釋主機爲什麼可能收到自己不是其成員的群播datagram ？

15.5 群播路由器必須知道網路上是否有群組成員。讓群播路由器知道本地網路上那些主機確切屬於那些群播組有什麼好處？

15.6 在你的工作環境中舉出三個受益於IP群播的例子。

15.7 標準指出IP軟體必須將任何外出群播datagram傳送到特定群播的主機上的應用程式。這設計將使程式設計更難或更簡單？解釋之。

15.8 若底層硬體不支援群播，IP群播需用廣播來傳送資料。這樣有何問題？在這種網路上用IP群播是否有優點？

15.9 DVMRP由RIP衍生而來。閱讀RFC 1075的DVMRP並比較兩個協定。DVMRP比RIP複雜多少？

15.10 IGMP第3版包含堅韌性的測量，它可多次傳送訊息以調和封包遺失。此協定如何預估網路的強韌性？

15.11 解釋爲何多源主機可加入同一網路上的一個群組，卻不能加入別的群組(提示：考慮語音的會議)。

15.12 假設應用程序員選擇簡化程式：當加入群播組，只需在主機連接的每個網路上加入。顯示若所有本地介面上的加入可能導致在遠程網路上的產生大的通量流。

15.13 若有一個群播轉送表需處理100個無線電台的語音群播，假設每個電台在世界上有一千萬個聽眾，請估計此轉送表的大小。

15.15 討論兩種INTERNET上的兩種實際群播型態：有許多使用者的靜態設定商業服務，和只有少數參加者的動態設定服務(例如：三個家庭內的成員進行會議電話)。

15.16 考慮用冗餘傳送所實現的可靠性群播。若某連結傳送資料時容易毀損，傳送多次datagram的拷貝較好，還是使用轉送錯誤更正碼而只傳送一份拷貝較好？請解釋。

15.17 資料-驅動(data-driven)端點傳送方法在低延遲大容量的區域網路運作良好，而要求－驅動(demand-driven)方法在限制容量與高延遲的廣域網路運作良好。設計一種結合兩種方法的協定合理嗎？爲何？(提示：查閱MOSPF)。

15.18 閱讀PIM-SM協定規範，了解協定如何定義 sparse。在Internet查找群組成員稀疏的範例，其中DVMRP是較好的群播路由協定。

15.19 設計一個定量度量，用於決定PIM-SM應該何時從共享樹(shared tree)切換到最短路徑樹(shortest path tree)。

Memo

章節目錄

16

標籤交換、資料流與MPLS

16.1 引言

前幾章描述IP定址與datagram轉送的演算法，並說明用轉送表與最長符合的前置碼來查詢下一跳躍點。本章討論另外一種方式：標籤交換技術。標籤交換可以避免計算最長符合前置碼所產生的額外負擔。本章解釋基本的標籤交換技術，並討論標籤交換在通訊工程上的應用。

下一章延續討論，主題是軟體定義的網路(software defined networking)，並解釋資料流標籤(flow label)這個基本概念如何在軟體定義網路中使用。

16.2 交換技術

在1980 年代，隨著Internet漸漸普及，研究人員開始探討增進封包處理系統效能的方法。有一個相關概念浮出，最終為製造商所採用：以連接導向方式結合快速查詢演算法來取代IP的非連接導向分封交換技術，該技術使用較耗時的最長符合前置碼表格查詢(longest-prefix table lookup)。此基本觀念稱爲標籤交換(*label switching*)，領導廠商開發了一個稱爲「非同步傳輸模式」(*Asynchronous Transfer Mode*，*ATM*) 的技術。在1990年代ATM未普遍應用有幾個原因。主要原因在經濟：Ethernet交換器和IP路由器比ATM交換器便宜得多，並且一旦IETF使用傳統IP路由器建立標籤交換技術，IT部門沒有發現令人信服的理由來使用ATM技術。明白了一般的概念，就知道如何使用傳統路由器來實施交換，不用依賴昂貴的連接導向硬體。

交換技術的核心在查詢程序：如果轉送表中有N個路由項目(item)，計算機平均需要大約$\log_2N$個步驟來執行最長前置碼匹配。標籤交換的支持者指出，硬體可以在一個步驟中執行一次陣列索引。此外，索引可以直接轉換到組合硬體中，而一般搜索卻要用到大量記憶體。

交換技術採用索引技術來達到高速的目的。每個封包會載送一個稱爲「標籤」(*label*)的小整數。當封包抵達交換器，交換器會萃取標籤，用標籤值當作轉送表索引並進行適合的動作。圖16.1描述此觀念。

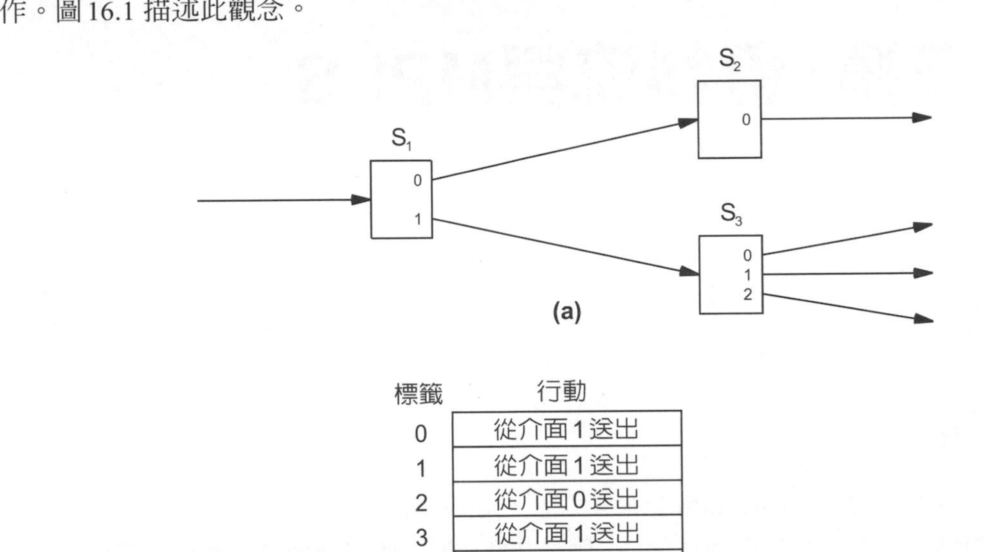

圖16.1　交換技術的基本概念(a)有3個交換器互連的網路(b)交換器S1的表格。

圖16.1，表格中的項目指定交換器S_1該如何對標籤0到3進行轉送動作。依據此表格，標籤*2*的封包會轉送到介面*0*，該介面連接到交換機S_2。標籤*0*、*1*和*3*會轉送到介面*1*，該介面連接到交換器S_3。

16.3 封包流和封包流設置

上述基本交換方案的主要缺點是因爲每個標籤值是一個小整數。如何將該方案擴展到有很多目的地的網路？回答這個問題的關鍵在於重新思考關於互連網路和轉送的假設：

- 把焦點從目的地轉移到封包流(*packet flows*)。
- 推翻轉送表保持靜態的假設，設想一個可以快速設置或更改轉送表的系統。

我們將封包流定義爲從特定來源發送一序列的封包到目的地。例如，一個TCP連接上的所有封包構成一個封包流。封包流也可以對應到VoIP電話呼叫或長期交互運作。例如從公司的東海岸辦公室中的路由器發送所有封包給該公司西海岸辦公室的路由器。我們可以總結一下關鍵思維：

交換技術使用封包流這個抽象概念來建立封包流轉送，轉送不是基於目的地來路由。

在封包流方面，我們將假設存在一個機制：當資料流經過時，建立一個項目；當資料流終止時，刪除該項目。不像一個常規互連網路，轉送表保持靜態；交換器中的表格預期會有頻繁的變化。當然，系統設置流程需要有個機制來了解如何到達目的地。因此，封包流的設置可能仍需要常規的方式，使用目的地來做轉送。目前，我們先聚焦在交換技術的操作，後面的章節才討論資料流設定。

16.4 大型網路、標籤交換和路徑

在上面的簡單描述中，必須為每個資料流分配唯一的標籤。一個封包攜帶一個資料流標籤，轉送封包的交換器，使用資料流標籤選擇出口介面。不幸的是，簡單的方法無法擴展到大型網路。在可以將唯一標籤分配給資料流之前，軟體將需要驗證沒有其他資料流在互連網路的任何地方使用相同標籤值。因此，在可以建立資料流之前，設置系統將必須與互連網路中的每個交換器進行通信。

設計師發現了一種巧妙的方式來解決擴展問題，同時保留交換速度。解決方案允許沿著路徑的每個交換單獨選擇標籤。也就是說，不是給賦予資料流唯一標籤，而是沿著路徑的每個交換器可以選用新的標籤值。只需要一個額外的機制來行使獨立標籤選用工作：交換器必須能夠重寫標籤。該系統被稱為標籤置換(*label swapping*)、標籤交換(*label switching*)或標籤重寫(*label rewriting*)。

為了理解標籤交換，我們必須關注資料流在通過網路將遵循的路徑。當使用標籤替換時，封包上的標籤從交換器傳遞到另一個交換器前可以更改標籤值。也就是說，交換器執行的操作可以包括重寫標籤。圖 16.2 說明了通過三個交換器的路徑。

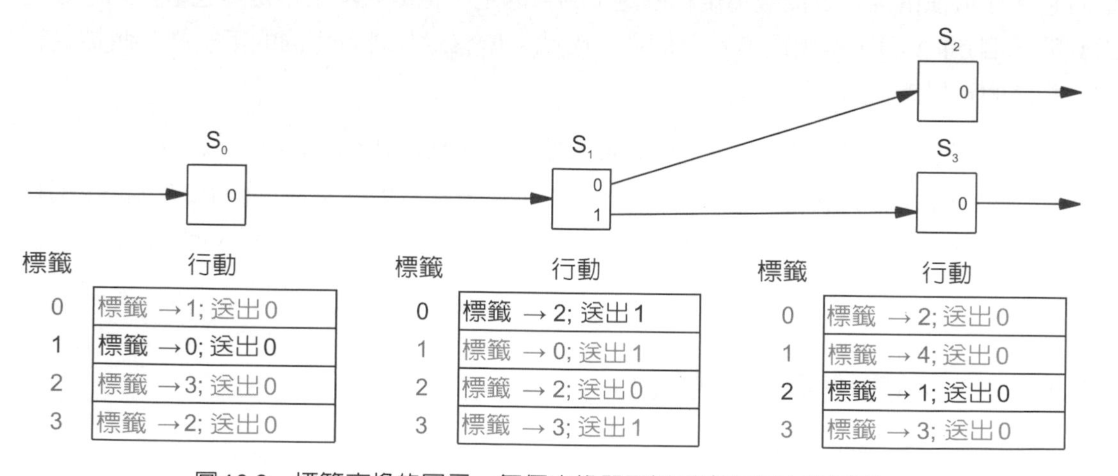

圖 16.2　標籤交換的圖示。每個交換器可以重寫封包內的標籤。

圖中標籤 1 的封包進入 S_0 後在轉送前會重寫標籤。當 S_1 收到封包時標籤變成 *0*。同樣的 S_1 傳送到 S_3 時將標籤轉成 *2*。S_3 則將標籤值設為 *1*。標籤交換讓設定交換網路變得容易，因

爲管理者可定義網路的路徑，不需強迫路徑上所有點都用相同的標籤。標籤只在一個跳躍點有效，兩個相鄰的交換器必須同意連線上所使用的標籤，重點在於：

> 交換使用連接導向的方式。爲避免需要廣域的協定才可使用標籤，此技術允許管理者定義路徑上的交換器，不需整個路徑使用相同標籤。

16.5 使用IP交換

問題出現了，我們是否可以建立一種具有標籤交換技術優點，又具有IP以目的地爲基準的轉送優點？ 答案是肯定的。雖然交換使用的連接導向式方式似乎和非連接式的IP相衝突，但兩者已結合。有三個優點，分別是：

- 更快的轉送(Fast forwarding)
- 聚集路由資訊(Aggregated route information)
- 管理聚集資料流的能力(Ability to manage aggregate flows)

更快的轉送。此觀點很容易瞭解：採用連接導向式方式可讓路由器進行更快的轉送，因爲路由器可以使用索引取代轉送表查詢。當然，傳統IP轉送的硬體實現非常快速(即，可以轉送多個輸入，每個輸入以10Gbps工作而不丟失任何封包)。所以，交換或轉送之間的選擇，很大程度取決於成本。

聚集路由資訊。Internet 中心的大型第一層ISP用交換來避免每個路由器都需要有完整的轉送表。當封包首先到達ISP時，邊緣路由器會檢查目的地址，並從幾個可能路徑選擇其一。例如，第一個路徑可能導引到對等ISP，第二個路徑可能導引到另一個對等ISP，第三個路徑可能導引到大用戶。該封包被分配一個標籤，並且ISP的主幹上的路由器使用標籤轉送封包。在這種情況下，標籤不是精確定位到目的地，標籤只用來指定封包下一站應該送轉送到哪一個ISP，而不是指向最終目的地。因此，所有封包若有相同的下一站，將被具結在單一相同的資料流。

管理聚集資料流的能力。ISP通常會簽署服務等級合約(*SLA*：*ServiceLevel Agreement*)，內容和將交通量傳送到對等點有關。通常這種SLA 表示聚集的交通量(例如在兩ISP間轉送的所有交通量或VoIP交通量)。對每個聚集的交通量分配標籤可讓SLA的機制的實現更加容易。

16.6 IP交換技術和MPLS

目前爲止，我們將標籤交換描述成具有一般用途連接導向式的網路技術。我們現在將考慮如何將標籤交換技術與Internet技術做整合。Ipsilon是最早將IP和交換硬體合併來生產產品的公司之一。事實上，Ipsilon使用的是ATM硬體交換機的修改版，以它們的技術IP交換(*IP switching*)來命名，並稱它們的設備是IP交換機。從Ipsilon公司生產IP交換機開始，其他公司也生產了一系列的產品，各有不同的名稱，如籤條交換(*tag switching*)，第3層交換(*Layer 3 switching*)和標籤交換(*label switching*)。其中許多的觀念已被IETF的標準「多協定標籤交換」(*Multi-Protocol Label Switching*，*MPLS*)所採用。多協定這個術語暗示，MPLS被設計來攜帶任意協定的資料載荷。但在實際應中，MPLS幾乎專用於傳輸IP。

MPLS該如何使用？其基本觀念很直覺：一個大的ISP(或甚至一個具有大內聯網的公司)在其網路的中心使用MPLS，有時稱為MPLS核心。路由器靠近ISP的網路邊緣(連接用戶的路由器)使用常規轉送；只有核心的路由器才能理解MPLS和使用交換技術。在大多數情況下，MPLS不為個別資料流建立路徑。相反地，ISP在核心配置半永久的MPLS路徑。例如，在核心的每個主入口點，ISP配置到每個出口點的路徑。

ISP的網路邊緣附近的路由器會檢查每個datagram並選擇是否使用一個MPLS路徑或使用常規轉送datagram。例如，如果一個城市中的用戶向另一個同城市的用戶發送datagram，邊緣路由器可以遞送datagram而不跨越MPLS核心。但是，如果datagram必須行進到遠程位置或datagram需要做特殊處理，邊緣路由器可以選擇其中一條MPLS路徑，並沿著路徑傳送datagram。當它到達MPLS路徑的末端時，datagram到達另一邊緣路由器，該路由器使用常規轉送。

使用MPLS的主要動機之一是當它們跨越ISP核心時聚合資訊流的能力。然而，MPLS允許ISP提供特殊服務給個別用戶。例如，考慮一個大公司在紐約和舊金山設有辦公室。假設公司想要在兩個辦公室間建立安全且具有性能保證的連接。一種實現方式是租用數據電路，另一個選擇涉及MPLS：ISP可以在兩個辦公室之間建立MPLS路徑，並且將沿途路由器配置成能提供性能保證。

當兩個主要ISP在做對等連接時，有兩個選項：它們可以各自維護單獨的MPLS核心，也可以協同運作維護它們的MPLS核心。當datagram必須穿越兩端的核心時，使用分離核心的缺點就會出現。datagram經過第一個ISP的核心路由器，由該路由器移除標籤。然後datagram傳遞到第二個ISP中的路由器，該路由器分配新標籤並且跨越第二個MPLS核心轉送datagram。如果兩個ISP同意互連其MPLS核心，標籤可以再被分配一次，datagram沿著MPLS路徑交換，直到它到達第二個ISP中的邊緣路由器，刪除標籤並傳遞datagram。這種互連的缺點起因於需要協調——兩個ISP必須同意用於跨越連接的標籤分配。

16.7　標籤和標籤分配

邊緣路由器會檢查每個datagram，並選擇是否沿著MPLS路徑傳輸datagram。在邊緣路由器可以跨越MPLS核心發送datagram之前，datagram必須分配一個標籤。因為MPLS執行標籤交換，分配給datagram的標籤只是路徑的初始標籤。我們可把datagram和標籤的映射，以一個數學函數看待：

$$label = f(datagram)$$

其中label是已經建立MPLS路徑的一個初始標籤，*f*是執行映射的函數。

實際上，函數*f*通常不檢查整個datagram。在大多數情況下，*f*僅查看選定的標頭欄位。下一章檢視封包的詳細分類。

16.8 MPLS和標籤堆疊的分層使用

使用MPLS的組織，網路分成兩個階層：對外部區域使用傳統IP轉送，而內部區域使用MPLS。協定可以設定額外的階層。假設一個公司有三個園區，每個園區有多棟大樓。在同一大樓內使用傳統轉送，同一園區內的各棟大樓使用第一層的MPLS，各園區用第二層的MPLS互連。兩階層的設定可讓公司分別且獨立設定各園區互連的交通政策，與各大樓內的政策(例如，大樓內的交通量流動由交通量類別決定，而園區間的所有交通量遵循所有的路徑)。

爲了提供多階層性，MPLS組織一個「標籤堆疊」(label stack)。這表示MPLS一個封包允許連結多個標籤而不只限定一個。在任何時間只使用最上層的標籤；移除最上層標籤後再處理下一層。

上列公司的例子中，可以分配兩個MPLS區域：一個是大樓間流動的交通量，一個是兩個園區間的交通量。因此，datagram在一園區的兩大樓間流動時，datagram會連結一個標籤(datagram抵達正確的大樓時移除標籤)。若datagram要在園區間傳送則會有兩個標籤。datagram在兩個園區間使用最上層的標籤，抵達正確的園區後刪除。移除最上層標籤後，第二個標籤用來將datagram轉送到正確大樓。

16.9 MPLS封裝

有趣的是，MPLS不需要底層網路使用連接導向方式或支持標籤交換。但是傳統的網路不提供將標籤與封包一起傳遞的方式，且IPv4 datagram標頭不提供儲存標籤的空間。所以，問題出現：MPLS標籤如何與datagram一起跨越傳統網路？答案在於封裝技術：把MPLS看成是一種封包格式，可以承載任意有效載荷。主要用途是封裝IPv4的datagram[1]。圖16.3說明封裝概念。

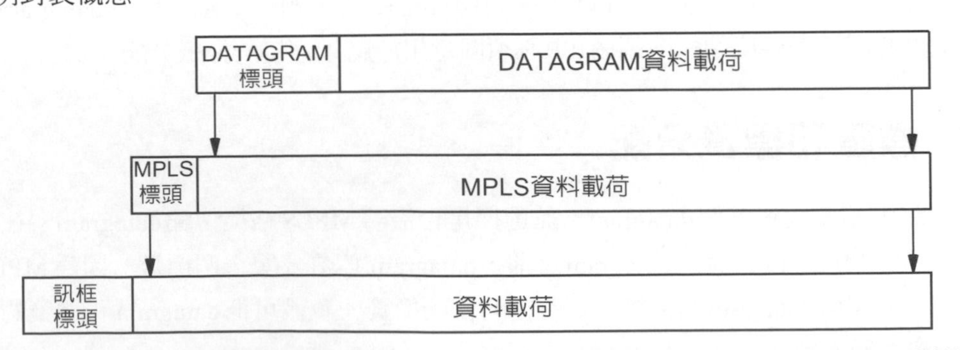

圖16.3　與MPLS一起使用的封裝，用於跨越傳統網路發送IPv4 datagram，例如Ethernet。MPLS標頭大小是可變，大小並且取決於標籤堆疊項目的數量。

1　雖然MPLS可以用於IPv6，但是IPv6標頭中存在資料流標籤可以減少用於MPLS的需求。

舉個範例，用MPLS傳送訊框時，單點傳送時Ethernet 型態欄會設爲884716，MPLS多點傳送時會設爲884816[2]。因此訊框內容不會混淆－接收端可用訊框型態分辨該訊框有MPLS或傳統datagram。

MPLS標頭大小是可變的。MPLS標頭由一或多個項目組成，每個項目爲32位元，包括指定標籤以及用來控制標籤處理的資料。圖16.4說明標頭中一個項目的格式。

0 … 20	20 … 22	22 … 24	24 … 31
標籤	實驗用	S	生命週期(TTL)

圖16.4　MPLS標頭欄位格式。MPLS標頭由一或多個項目組成。

如圖16.4所示，沒有欄位用來指定MPLS整體標頭的大小，標頭中也沒有欄位標識有效載荷的類型。要理解爲什麼，記住，MPLS是一種連接導向的技術。在MPLS訊框可以跨單個鏈路發送之前，必須建立整個路徑。沿路徑的標籤交換路由器必須配置爲知道如何處理一個具特定標籤的封包。因此，當配置MPLS路徑時，雙方將同意MPLS標籤堆疊的大小和有效載荷區域的內容。

MPLS標頭中以*LABEL*欄位起始，讓接收器端知道該如何處理封包。如果接收端是沿MPLS路徑的中間站，則中間接收端執行標籤交換並持續傳輸程序。如果接收端位於MPLS層次結構中兩個層級間的邊界，接收器將去除標籤堆疊中的第一個標籤。當封包沿著MPSL路徑到達的最後一站時，接收端將移除最終MPLS標頭，並使用常規IP轉送表來處理封裝的datagram。

MPLS標頭中有個標記爲EXP的欄位，保留供實驗使用。*S*位元被設置爲1以表示堆疊的底部(即，MPLS標頭中的最後一個條目);在其他條目中，*S*位元爲0。最後，*TTL*欄位(生存時間)類似於IPv4 datagram標頭中的TTL欄位：沿路徑每個使用標籤轉送封包的交換器會遞減TTL值。如果TTL達到零，MPLS丟棄封包。因此，MPLS可防止封包永遠循環，即使管理員錯誤地配置交換器並且意外地建立轉送循環，也不會有循環發生。

16.10 標籤語義

注意，MPLS標籤的長度是20個位元。理論上，MPLS配置可以使用標籤的所有20位元以同時容納多達2^{20}個資料流(即，1,048,576個資料流)。然而，在實踐中，MPLS安裝很少使用大量的資料流，因爲管理員通常需要爲每個交換路徑授權和配置。

上述交換的說明解釋了可使用標籤作爲陣列索引。實際上，一些交換技術的實現，特別是硬體實現，使用標籤作爲索引。然而，MPLS不要求每個標籤對應到陣列索引。相反，MPLS的實現允許標籤任意使用20位元的整數。當MPLS路由器收到入站封包時，會提取標籤執行查詢。通常，查詢機制使用雜湊演算法(hashing algorithm)，意味著查詢機制大約與陣列索引一樣快[3]。

2　Ethernet類型0x8848已分配用於MPLS群播，但MPLS對群播處理得不是很好。
3　平均來說，雜湊只需要一次探測就可在表中找到正確的條目，如果表格的負載因子低的話。

允許標籤使用任意值，使管理者可以選擇標籤讓使監視和除錯更加容易。例如，如果有三個主要路徑通過公司網路，可以為每個路徑分配前置碼0, 1或2，前置碼可以在沿路徑的每一站使用。如果出現問題而網路管理員捕獲封包，在標籤中具有標識路徑的位元，使得封包和路徑更容易關聯。

16.11 標籤交換路由器

實現MPLS的路由器稱為「標籤交換路由器」(*Label Switching Router*，*LSR*)。通常LSR由傳統路由器增加處理MPLS的軟體(也可能是硬體)來組成。從概念上講，MPLS處理datagram和傳統的datagram處理是完全獨立的。當封包到達時，LSR使用訊框類型來決定如何處理封包，如圖16.5所示。

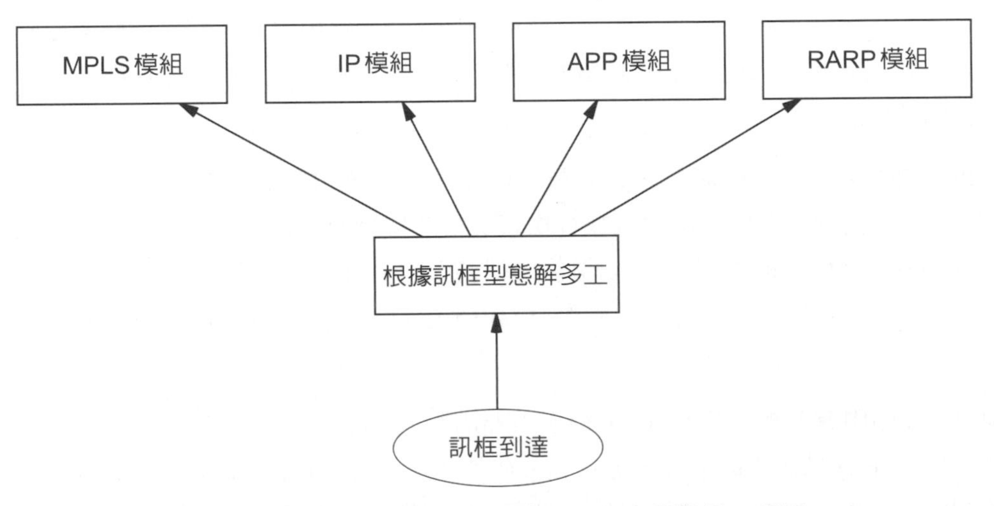

圖16.5　LSR的訊框解多工，可處理MPLS和常規IP轉送。

實際上，讓單個LSR中具有MPLS和IP能力，可讓路由器作為非MPLS互連網路和MPLS核心之間的介面。也就是說，LSR可以接受來自傳統網路的datagram，將datagram分類並賦予初始MPLS標籤，並且透過MPLS路徑轉送datagram。類似地，LSR可以透過MPLS路徑接受封包，刪除標籤，並透過常規網路轉送datagram。這兩個功能稱為MPLS入口(*MPLS ingress*)和MPLS出口(*MPLS egress*)。

LSR內指定每個標籤動作的表格稱為「下一跳躍點標籤轉送表」(*Next Hop Label ForwardingTable*)，表中的每個項目稱為「下一跳躍點標籤轉送項」(*Next Hop Label ForwardingEntry*，*NHLFE*)。每個NHLFE指定兩個項目，也可以指定更多：

- 下一跳躍點資訊(外送的介面)。
- 要進行的操作。
- 使用的封裝選項。
- 如何對標籤編碼選項。
- 處理封包時所需的其他資訊選項。

NHLFE的操作可辨別封包是在不同或相同MPLS階層間傳送，有以下的可能性：

- 將堆疊中的最頂層的標籤換成新的標籤，然後在同一階層中繼續轉送封包。
- 從標籤堆疊取出資料離開MPLS的一個層級。可能用堆疊中下一個標籤來轉送封包，或堆疊已經沒有標籤時用傳統轉送方式轉送。
- 將堆疊中的最頂層的標籤換成新的標籤，然後把一或多個標籤儲存到堆疊上，建立新的MPLS階層。

16.12 控制處理和標籤分發

上面討論的重點在於資料路徑的處理程序(轉送封包)。定義MPLS的工程師另外考慮了「控制路徑」的機制。控制資料程序意味著設定與管理，控制路徑協定可讓管理者在建立與管理「標籤交換路徑」(*LSP*：*label switching pat*h)時較容易進行。

控制路徑協定提供的主要功能是自動選擇標籤。這表示協定可讓管理者建立MPLS路徑時不須手動設定路徑上所有的LSR。協定可讓路徑上一對LSR選擇沒使用的標籤給連線使用，然後填入該資料流的NHLFE資訊，然後標籤就可以在每個跳躍點中交換。

路徑中選擇標籤的程序稱為「標籤分配」(*label distribution*)。有兩個協定可以進行MPLS標籤分配：「標籤分配協定」(*Label Distribution Protocol*，*LDP*)，有時也叫做*MPLS-LDP*，以及「限制路由LDP」(*Constraint-based Routing LDP*，*CRLDP*)。此外現有一些協定例如*OSPF*、*BGP*與*RSVP*都提供標籤分配的擴充。雖然有標籤分配協定的需求，但是發展MPLS的IETF工作群組還沒指定任何協定是必要的標準。

16.13 MPLS與Fragmentation

MPLS存在潛在的分段(fragmentation)問題。MPLS和IP分段有兩種互動方式。第一，在跨越標籤交換路徑傳送datagram時，MPLS會在標頭增加入至少四個字節。當所有底層網路的MTU都一樣時，這麼做會有個有趣的現象。例如，假設一個連接多個Ethernet 入口的LSR，使用傳統的IP技術轉送資料給使用標籤交換的MPLS。如果從非MPLS路徑傳來的datagram的大小剛好等於Ethernet MTU，若再加上32位元的MPLS標頭將造成負載超過Ethernet MTU。結果入口LSR必須對datagram作分段，分段在每個片段中加入MPLS標頭，並分成兩個封包來傳送。

第二種MPLS與分段的互動發生在當入口LSR收到IP datagram的片段時(不是完整的datagram)。當datagram離開MPLS核心時，路由器可能需要檢查TCP或UDP埠號以及IP地址來決定如何處理封包。但只有datagram的第一個片段包含傳輸協定標頭。因此，入口LSR必須收集片段後重組datagram或使用傳統IP轉送方式來處理datagram。

一個使用MPLS的大型ISP有兩個選擇：(1) ISP可以要求用戶使用的MTU比網路所允許的更小(例如，1492個字節的Ethernet MTU，保留兩個用於MPLS標頭條目的空間，總吞吐量不會因此而大量減少)。(2) ISP可以簡單地禁止使用分段機制。也就是說，出口路由器必須檢查傳輸層欄位，入口路由器檢查每個datagram，並丟棄任何太大的datagram，該datagram未經過分段程序無法穿越MPLS路徑發送。

16.14 網狀拓樸和資料流工程

許多使用MPLS的ISP採用一個直接的方式：定義一個全網狀(*full mesh*)的MPLS路徑。這表示若某ISP有K個網路區域且連接J 個其他ISP，該ISP會對所有可能的點的連線定義一個MPLS路徑。所以流經兩個(一對)網路區域的交通量只會經過一個MPLS路徑。個別定義路徑的優點在於可以測量(或控制)由一點到另一點的交通量。例如，ISP在監測單一MPLS連線時，它可決定有多少交通量可以由自己的網路區域經由對等連線傳送到其他ISP。

有些網路區域會擴充全網狀觀念，在每對網路區域間定義多個路徑來滿足不同型態的服務。例如，有最少跳躍點的MPLS路徑可以保留給語音的交通量，因為語音需要最小的延遲，而較長的路徑可用在e-mail或web等其他交通量。許多LSR提供了機制來保證給定的MPLS路徑占用底層網路固定的百分比。因此，ISP可以指定承載語音流量的MPLS路徑總是有N%的網路容量。MPLS分類使得可以使用各種措施來選擇資料的路徑，包括IP來源地址以及傳輸協定埠號。重點是：

> 因為MPLS分類可以使用datagram中的任何欄位，包括IP來源位址。接收端收到的datagram的服務可根據發送端用户所傳送datagram的服務，以及資料的型態而定。

為每個聚合流分配單個MPLS路徑的替代方案，MPLS允許ISP來平衡兩個不相交路徑之間的業務。此外，為了確保高可靠性，ISP可以安排使用兩個路徑作為相互備份——如果一個路徑失敗，全部資料流可以沿著其他路徑轉送。

我們用「交通工程」(*traffic engineering*) 來形容建立MPLS路徑和指派datagram給每個路徑的程序。交通工程除了定義每個路徑的LSR外，管理者可使用第28 章定義的「服務品質」(*Quality of Service*，*QoS*)技術來控制每個路徑上交通量的速率。因此，可以在一個實體連線上定義兩個MPLS資料流，用Qos技術來確保兩個資料流收有交通量時，75%的頻寬分配給其中一個資料流，而25%給另外一個。

16.15 總結

爲了達到高速的目的，交換技術使用索引而不用最長前置碼的查詢。因此交換技術遵循連接導向式的模式。由於路徑上的交換器可以重寫標籤，所以路徑上指派給資料流的標籤可以改變。

交換IP datagram的標準是由IETF所制定，稱爲MPLS。datagram經過LSP傳送時，MPLS預先加入一個標頭，並建立一或多個標籤的堆疊；路徑上後續的LSR用標籤來轉送封包，而不需進行轉送表的查詢。入口LSR可分辨datagram是由非MPLS主機或路由器所流入，出口路由器可將MPLS路徑上的datagram傳給非MPLS的主機或路由器。

習題

16.1 檢視第7章描述的IPv6定義。哪些機制直接和MPLS有關？

16.2 閱讀MPLS。MPLS是否可容納第二層轉送(橋接)以及最佳化IP轉送？爲何或爲何不行？

16.3 若所有主機X流出的交通量都經過一個兩層的MPLS階層，可做哪些動作來確保不會分段？

16.4 閱讀限制LDP的細節，現在已考慮哪些可能的限制？

16.5 若你的網路區域上的路由器支援MPLS，啓動MPLS交換並測量和傳統路由查詢相比其效能的改進。(提示：要確實量測一個目的地上的許多封包，避免初始封包的影響。)

16.6 是否有可能進行實驗來得知你的ISP是否使用MPLS ？(假設可以傳送任意的封包。)

16.7 Cisco 提出一種交換技術，稱爲Multi-Layer Switching(MLS)。閱讀MLS。MLS 有哪些地方和MPLS不同？

16.8 假設你的網路區域有提供MLS服務的VLAN交換器，啓動服務並測試當你傳送包含錯誤錯誤IP datagram的不正確Ethernet訊框時會發生什麼事？第2層交換是否需檢查IP標頭？原因爲何？

16.9 假設可以取得通過Ethernet傳輸的所有訊框的副本。你如何知道給定的訊框是否爲MPLS ？如果遇到MPLS訊框，您怎麼確定MPLS標頭的大小？

Memo

章節目錄

17

封包分類

17.1 引言

前面的章節描述了傳統的封包處理系統並解釋兩個基本概念：(1)在主機或路由器執行的每層協定軟體，使用協定標頭中的類型欄位進行解多工。訊框中的類型欄位用於選擇處理該訊框的第三層模組，IP標頭中的類型欄位用於選擇傳輸層協定模組，等等。(2) IP如何通過查找目標位址選擇下一站來執行datagram轉送。

本章採用與前面章節完全不同的觀點來看封包處理。代替解多工，我們將討論一種被稱爲分類(*classification*)的技術。不再假設封包一次只在一個通訊層中，透過協定堆疊處理封包，我們將檢視跨越通訊層的技術。

封包分類與其他章節中涉及的三個主題相關。第一，我們將看到路由器在選擇MPLS路徑時使用分類，之後透過該路徑傳送datagram。第二，前幾章描述Ethernet交換機，我們將了解交換機使用分類而不是解多工。最後，第28章將完成我們對分類的討論，介紹一個重要主題：軟體定義網路(*SDN*：*Software Defined Networking*)。我們會看到分類構成SDN技術的基礎，並了解SDN如何引進MPLS和Ethernet交換機的概念。

17.2 分類動機

爲了理解分類的動機，考慮一個路由器，當中的協定軟體按傳統分層堆疊排列，如圖17.1所示。

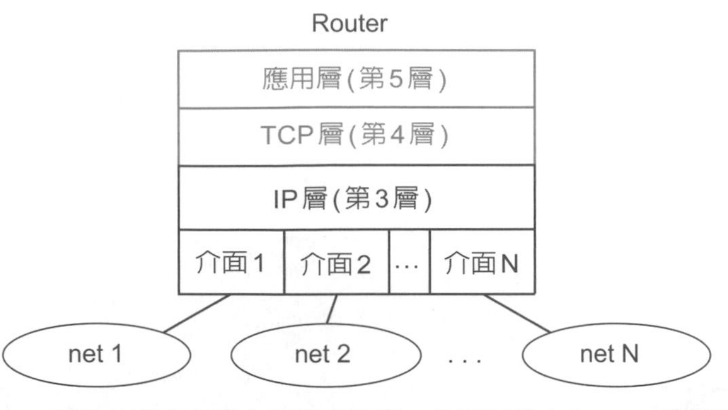

圖17.1 傳統分層路由器中的協定堆疊，參與過境datagram的轉送。

如圖所示，datagram轉送使用的協定通常只需要上達到第3層。封包處理依賴於每層協定堆疊的解多工(*demultiplexing*)。當訊框到達時，協定軟體查看類型欄位以了解訊框有效載荷的內容。如果訊框攜帶IP datagram，則有效載荷會發送到IP協定模組進行處理。IP使用目標位址選擇下一站。如果是過境(transit)的datagram(即，通過路由器到目的地)，IP選用一個介面來轉送。只有在到達目的地後，datagram才會上達TCP層。

要理解爲什麼傳統分層不能解決所有問題，請考慮如前一章所述MPLS的處理。特別是，傳統互聯網和MPLS核心之間邊界的一個路由器。這樣的路由器必須接受從傳統互聯網到達的封包並選擇MPLS路徑做轉送。爲什麼分層與路徑選擇相關？有許多應用，網路管理者必須在選擇路徑時使用傳輸層協定埠號。例如，假設管理想要將所有Web流量沿特定MPLS路徑發送。所有的web流量將使用TCP埠號80，這意味著選擇路徑程序必須檢查TCP埠號。

不幸的是，在傳統的解多工方案中，datagram不能上達傳輸層，除非datagram的目的地是給路由器。因此，協定軟體必須重新組織以處理MPLS路徑選擇。我們可以總結：

> 傳統的協定堆疊不足以滿足MPLS路徑的選擇任務，因爲路徑選擇通常涉及傳輸層訊息並且傳統的堆疊不會發送過境的datagram到傳輸層。

17.3 分類取代解多工

應該如何設計協定軟體來處理像MPLS路徑選擇這樣的任務？答案在於一種稱爲分類(classification)的技術。分類系統與傳統的解多工有兩點不同：

- 跨越多層的能力
- 比解多工更快

爲了理解分類，想像一個在路由器收到封包並放置在記憶體中。回想一下，封裝意味著封包前端將具有一串連續的協定標頭。例如，圖17.2說明在已經透過Ethernet到達的TCP封包(例如，發送到web伺服器的請求)中的標頭。

乙太網標頭	IP標頭	TCP標頭	. . .　TCP資料　. . .

圖17.2　TCP封包中協定標頭欄位的排列。

給定一個在記憶體中的封包，我們如何快速確定封包是否是用於Web？一個簡單的方法是查看標頭中的一個欄位：TCP目標埠號。然而，該封包可能不是TCP封包。也許訊框承載的是ARP而不是IP。或者也許訊框確實包含IP datagram，但是傳輸層協定是UDP而不是TCP。為了確保目的地指向Web，軟體需要驗證每個標頭：訊框內包含IP datagram，IP datagram內包含TCP segment(資料段)，並且TCP資料段被發往Web。

若不解析協定標頭，將封包視為字節陣列。範例，考慮IPv4[1]。要作為IPv4 datagram，Ethernet類型欄位(位於陣列位置12到13)必須是*0x0800*。IPv4協定欄位，位於位置23的值必須是*6* (TCP的協定號)。目的地埠欄位在TCP頭中必須包含*80*。要確切知道TCP標頭的位置，我們必須知道IP標頭的大小。因此，我們檢查IPv4標頭的長度字節。如果字節的值是*0x45*，則TCP目的埠號將在陣列位置36到37中找到。

另一個範例，考慮使用即時傳輸協定(*RTP*：*Real-Time Transport Protocol*)的IP語音(*VoIP*)服務。因為RTP沒有分配特定的UDP埠，廠商使用一個試探法來確定給定封包是否攜帶RTP流量：先檢查Ethernet和IP標頭來驗證封包攜帶的是UDP，然後檢在RTP訊息中的已知偏移處，驗證封包中的值與已知編解碼器預期的值是否匹配。

注意，前面描述的所有檢查都只需要對陣列做搜尋。也就是說，查找機制僅僅驗證位置*X*包含值*Y*，位置*Z*包含值*W*，以此類推，該機制不需要了解任何協定標頭或字節的含義。要注意的是，上述的陣列查找方案跨越了協定堆疊的多個通訊層。

我們使用術語分類器(*classifier*)來代表使用陣列查找的機制，我們說分類器產生的結果是一個封包分類(*packet classification*)。在實踐中，分類機制通常採用分類規則表，並找出規則表中匹配的規則做轉送。例如，管理員可以指定三個規則：發送所有網路流量到MPLS路徑*1*，將所有FTP流量發送到MPLS路徑*2*，並將所有VPN流量發送到MPLS路徑*3*。

17.4　使用分類時的分層

如果分類跨越協定層，它如何與我們先前討論的分層相關？我們可把分類當作一個額外的通訊層，被擠壓在網路介面層和IP之間。一旦封包到達，封包從網路介面模組流向分類層。所有封包都會進入分類器；在分類之前不執行解多工。如果有任何分類規則和封包匹配，分類層遵循規則。否則，封包繼續傳統的協定堆疊作業。例如，圖17.3說明了當分類用於跨MPLS路徑發送一些封包時的分層。

有趣的是，分類層可以包含第一級解多工。也就是說，不是僅對MPLS路徑的封包進行分類，還可將分類器配置其他規則，檢查訊框中的類型欄位如IP、ARP和RARP等等。

1　我們用IPv4，使範例不至於太大；雖然這些概念適用於IPv6，但是擴展標頭會使討論變得複雜。

17.5 分類硬體和網路交換器

上面描述了以軟體來實現分類的機制。將額外的通訊層添加到協定堆疊中，一旦封包到達路由器就進行分類。分類也可在硬體中實現。尤其是，Ethernet交換機和其他封包處理硬體設備包含分類硬體，允許封包高速進行轉送。下一節解釋硬體分類機制。第28章延續現在的討論，探討SDN技術如何在交換機中使用分類機制來實現高速流量工程

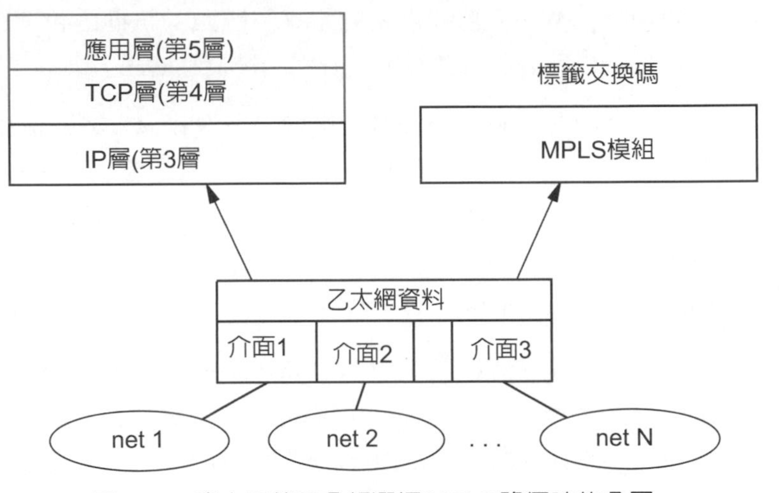

圖17.3 路由器使用分類選擇MPLS路徑時的分層。

我們認爲網路設備，如交換機，經由使用的標頭協定層和功能性協定層作更廣泛的分類，如：

- 第2層交換機
- 第2層VLAN交換機
- 第3層交換機
- 第4層交換機

第2章介紹了第2層交換機。交換機對每個流入的訊框來檢查MAC來源位址，學習到電腦和交換機的哪個埠口連接。一旦交換機學習到所有連線電腦的MAC位址，交換機可以使用訊框中的目的地MAC位址做出轉送決定。如果訊框是單播，交換機只發送一個訊框副本到電腦連接的埠口。對於廣播或群播位址，交換機將訊框的副本遞送到所有埠口。

VLAN交換機允許管理者將每個埠分配到特定的VLAN。VLAN交換機以一種較和緩的方式擴展轉送：不再對交換機上的所有埠口發送廣播和群播，VLAN交換機會查詢VLAN配置，並且只將廣播或群播發送到與來源相同VLAN上的埠口。

第3層交換機的行爲類似於VLAN交換機和路由器的組合。在轉送訊框時不單只是使用Ethernet標頭，交換機可以查看IP標頭中的欄位。尤其是交換機對流入的封包可檢視來源IP位址，學習到連接到每個交換機埠口電腦的IP位址。然後交換機可以使用封包中的IP目的地位址來轉送封包到其正確的目的地。

第4層交換機將封包的檢查擴展到傳輸層。交換機可檢視TCP或UDP的來源和目標埠做轉送決定。

17.6　交換決策和VLAN標籤

所有類型的交換硬體都依賴分類。也就是說，交換機把封包看成僅僅是字節組成的陣列，封包中的各個欄位透過陣列索引來定位。因此，不再爲封包解多工，交換機對封包做語法式的分類然後套用規則。

令人驚訝的是，甚至VLAN也是用語法的方式來處理。不再將VLAN資訊僅保持在單獨的資料結構中，交換機對傳入的封包插入一個額外欄位，並將VLAN號碼置入額外欄位。因爲它僅只是另一個欄位，分類器可以像任何其他標頭欄位一樣引用VLAN號碼。

我們使用術語VLAN標籤(VLAN tag)來代表在封包中插入的額外欄位。標籤內的號碼是管理者分配給到達訊框進入埠口的VLAN號碼。對於Ethernet，IEEE標準*802.1Q*指定在MAC來源位址欄位後面放置VLAN標籤欄位。圖17.4說明相關格式。

目的地位址	來源位址	VLAN標記	訊框型態	訊框資料
6 octets	6 octets	4 octets	2 octets	46–1500 octets . . .

圖17.4　IEEE 802.1Q在Ethernet訊框到達交換機後插入VLAN標籤欄位的示意圖。

VLAN標籤僅在交換機內部使用，一旦交換機選擇了輸出埠，VLAN標籤先被移除然後傳送訊框。因此，當電腦連接到交換機，發送和接收訊框，這些訊框不包含VLAN標籤。

但可違反規則：管理者可以配置一個或多個交換機埠在發送訊框時在訊框中留下VLAN標籤。這麼作的目的是爲了讓兩個或更多個交換機結合成一個大型交換機。也就是，交換機可以共享一組VLAN，管理者可以配置每個VLAN包括一個或兩個交換機上的埠。

17.7　分類硬體

我們可以將交換機中的硬體劃分爲三個主要元件：(1)分類器；(2)執行元件；(3)控制元件。圖17.5說明了整體組織和封包的流向。

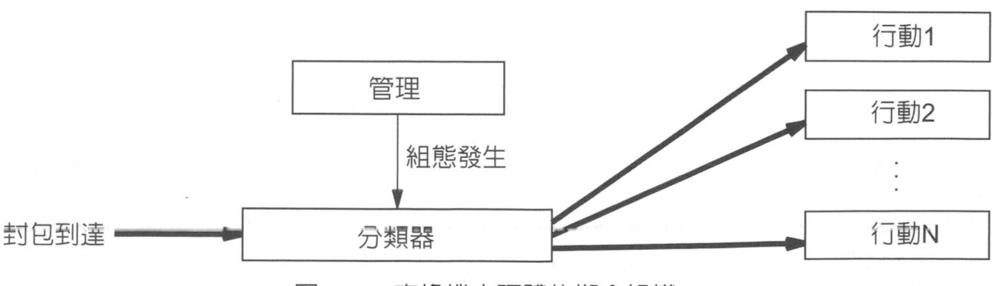

圖17.5　交換機中硬體的概念組織。

如圖所示，分類器提供了高速資料路徑供封包流動。封包到達後，分類器使用已配置的規則選擇操作。管理模組通常由通用處理器組成硬體單元執行管理軟體。網管人員可以用管理模組來配置交換機，在這種情況下管理模組可以建立或修分類器遵循的改規則。

與MPLS分類一樣，交換機必須能夠處理兩種類型的流量：過境流量和發往交換機本身的流量。例如，提供管理或路由功能，交換機具有本地TCP/IP協定堆疊，目的地爲交換機的封包必須傳遞到本地堆疊。因此，分類器其中的一個動作可以將封包傳遞到本地堆疊以用於解多工。

17.8 高速分類和TCAM

現代交換機可以允許每個介面以10 Gbps的速度工作。在10 Gbps環境傳輸，一個訊框只需要1.2微秒，而交換機通常有很多介面。常規處理器無法以這樣的高速度處理分類。所以問題出現：硬體分類器如何實現高速？答案在於稱爲「三態內容尋址儲存器」(*TCAM*：*Ternary Content Addressable Memory*)的硬體技術。

TCAM使用並行處理來實現高速，而不是一次只搜尋一個欄位，TCAM可同時搜尋所有欄位。此外，TCAM可同時執行多個檢索。要理解TCAM如何工作，將一個封包看成由一串位元所組成。我們想像TCAM硬體具有兩個部分：一部分儲存封包的位元，另一部分是陣列，陣列內容存的是比較值。陣列中的資料項目稱爲資料槽(slots)。圖17.6說明此概念。

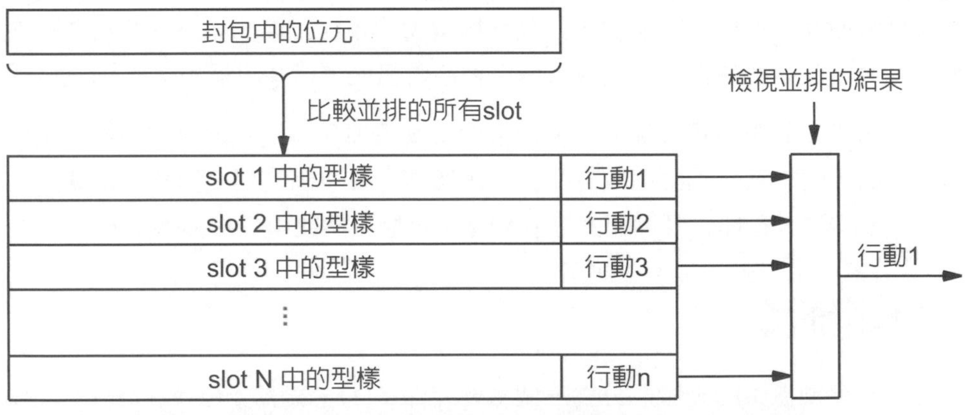

圖17.6　高速硬體分類器的概念組織，該組織使用TCAM技術。

在圖中，每個資料槽包含兩部分。第一部分由硬體組成，將來自封包的位元與存儲在資料槽中的pattern進行比較。第二部分存儲指定的動作，如果pattern與封包匹配則執行動作。如果一個匹配發生時，資料槽硬體將執行的動作傳遞給元件執行。

最值得注意的是TCAM處理多個匹配方法。實質上，輸出電路只選擇一個匹配並忽略其他匹配。也就是，如果多個資料槽每個都向輸出電路傳遞一個動作，電路只接受一個，並將該動作做爲分類的輸出。例如，硬體可以選擇匹配插槽中位置最低的那一個。在任何情況下，TCAM宣布的行動對應於來自匹配時資料槽的動作，參見圖17.6。

該圖指出資料槽持有的是*pattern*（型樣）而不是精確值。不再只是單純地對型樣中的每個位元做比較，硬體執行的是pattern匹配。使用形容詞ternary（三態）來描述pattern中的位元，因為每個pattern中的位元具有三個可能的值：1、0或"don't care"（隨意值）。當一個資料槽將其pattern與封包進行比較時，硬體只檢查當中的0值位元和1值位元，硬體忽略don't care位元。因此，pattern可以對封包標頭中的一些欄位指定精確值，並忽略其他欄位。

要理解TCAM pattern的匹配，思考一個用來識別IP封包的pattern。識別這樣的封包不難，因為攜帶IP datagram的Ethernet訊框將在Ethernet類型欄位中具有值0x0800。此外，類型欄位佔用訊框中的固定位置：第96到111位元。因此，我們可以建立一個pattern，前96個位元是don't care（覆蓋Ethernet目的地和來源MAC位址），後跟十六位元，二進制值0000100000000000(二進制等效0x0800)填入類型欄位，pattern中其他位元也是don't care。圖17.7說明範例封包和pattern。

*	*	*	*	*	*	*	*	*	*	*	*	08	00	*	*	*	*	…

(a) 以16進位表示pattern

00	24	e8	3a	b1	f1	00	24	e8	3a	b2	6a	08	06	00	01	08	00	…

(b) 攜帶ARP回應的訊框

00	24	e8	3a	b2	6a	00	24	e8	3a	b1	f1	08	00	45	00	00	28	…

(c) 攜帶IP datagram 的訊框

圖17.7　(a) TCAM中的一個pattern，*號表示don't care，(b) 與pattern不匹配的ARP封包以及(c) 與pattern匹配的IP datagram。

雖然TCAM硬體資料槽中每個位置對應一個位元，但圖中沒有顯示各個位元。而是每個框(box)對應一個字節，框中的值是8位元長的十六進位值。我們使用十六進位純粹是因為二進位數字太長，不適合單頁顯示。

17.9 TCAM的大小

有個問題浮現：TCAM應有多大？問題可以分為兩個重要方面：

- 資料槽中的位元數。
- 資料槽總數。

每個插槽位元數(*bits per slot*)。每個插槽的位元數取決於Ethernet交換機的類型。基本交換機使用目的MAC位址來辨識封包。因此，TCAM在基本交換機中只需要48個位元的空間。VLAN交換機則需要128個位元的空間以涵蓋VLAN標籤[2]，如圖17.4所示。第3層交換機必須具有足夠的空間以涵蓋IP標頭以及Ethernet標頭。

2　圖17.4在第17-5頁。

總插槽數(*Total slots*)。TCAM插槽的總數決定了交換機最多可持有多少個pattern。典型交換機中的TCAM具有32,000個項目。當一個交換機學習到電腦和哪個埠口連線，交換機可以儲存該位址pattern。例如，如果具有MAC位址X的電腦接入29號埠口，則交換機可以建立一個pattern，若某封包中的目的地位址和X匹配，動作是將該封包發送到埠口29。

交換機還可以使用pattern控制廣播。當管理員配置VLAN，交換機可以爲VLAN廣播添加項目。例如，如果管理者配置VLAN 9，可以添加一個項目，其中目標位址位全部爲1(即Ethernet廣播位址)，VLAN標籤爲9。與該條目相關聯的動作是在VLAN 9上發出廣播。

第三層交換機可以學習連接到交換機的電腦的IP來源位址，並且可以使用TCAM中的項目儲存每個IP位址。類似地，可用第四層協定的埠號來建立項目(例如，將所有web流量導引到特定輸出)。第28章介紹另一個硬體分類有趣的應用：管理者可以在分類器中放置pattern在網路中建立一條路徑，然後將交通導引到這條路徑。因爲這樣的分類規跨越協定堆疊中的多個層，TCAM中的項目數量會非常多。

快速和多功能使TCAM看來似乎是一個理想的機制。但TCAM具有顯著的缺點：成本。此外，因爲能並行處理，TCAM比一般記憶體消耗更多能量。因此，設計師將TCAM的數量最小化，保持低成本和低功耗。

17.10 啓用分類的廣義轉送

也許，分類機制最顯著的優點是一般化(generalizations)。因爲分類可在解多工前可檢視封包中的中的任意欄位，跨層組合是可能的。例如，分類可以根據MAC位址轉送封包到特定輸出埠，不必考慮封包類型或封包內容。分類也可以根據來源位址和目的地位址作轉送決策。ISP可以使用來源位址來區分用戶。例如，ISP可對來源位址爲X的用戶指定一條轉送路徑，對來源位址爲Y的用戶指定另一條轉送路徑。相同目的地但用戶不同，封包走的是不同路徑。

ISP使用分類提供的通用性來處理流量工程，這在常規協定堆疊中是做不到的。特別是，分類允許ISP提供分層服務。ISP可以根據用戶支付的金額和流量類型來分類封包。一旦封包經過分類，具有相同分類的所有封包可以沿適當轉送路徑。

17.11 總結

分類是一個基本性能的最佳化，允許封包處理系統跨越協定堆疊的層次，不用先解多工。分類器將每個封包視爲位元陣列，並檢查陣列中特定位置欄位的內容。

分類與MPLS以及Ethernet交換機一起使用。大多數Ethernet交換機實現硬體分類，一種稱爲TCAM的硬體技術充分運用並行運算優勢，可以極高的速度執行分類。

習題

17.1　閱讀Ethernet交換機相關文件，並找出所使用TCAM的大小。

17.2　如果您的站台使用MPLS，請列出分類規則，說明每個規則的套用狀態和規則目的何在。

17.3　如果第2層交換機有P個埠連接到電腦，交換機在其分類器中用來放置MAC目的位址的最大數量是多少？小心，因爲答案不明顯。

17.4　編寫分類規則，將所有VoIP流量沿MPLS路徑1發送，Web流量沿著MPLS路徑2，ssh流量沿著MPLS路徑3，以及所有其他流量沿著MPLS路徑4。

17.5　管理者想要將所有群播流量沿著MPLS路徑17轉送，其他所有流量沿著MPLS路徑18轉送。有什麼最簡單的分類規則可用？

17.6　如果站台同時使用IPv4和IPv6，您對上一個問題的回答是否會改變？

17.7　本章第八節中提到若要處理以10 Gbps速度到達的封包，需要分類機制。因爲Ethernet訊框只需要1.2微秒就可抵到達。這樣的訊框有效載荷是多少位元？

17.8　在上一個問題中，高速處理器可以在1.2微秒內執行多少指令？

17.9　在大多數網路上，IPv4 datagram中最小的封包是TCP的ACK。這樣的訊框傳輸需要多長時間？

章節目錄

18

行動性與行動IP

18.1 引言

前面的章節描述靜態電腦的IP定址和轉送方案，也討論了一個以網路爲基礎的IP定址和轉送方案。

本章將討論可攜式電腦從一個網路移動到另一個網路的技術。此擴展技術可與有線或無線網路一起工作，有適用於IPv4或IPv6的版本，並與現存路由技術相容，保有向後相容性。

18.2 行動性、定址與路由

廣義觀點，行動計算(*mobile computing*)指的是電腦從一個位置移動到另一個位置的系統。雖然無線技術允許快速和容易的行動性，但並非一定要用無線存取，旅行者可能攜帶一台筆記型電腦，連接到遠程有線網路(例如，在飯店中)。

IP定址方案的設計與最佳化是基於靜態主機條件下施行，使得行動變得困難。每個主機位址的前置碼標識主機所連線的網路，路由器使用前置碼將datagram轉送到正確的網路，最終到達目的地。因此，將主機移動到新網路需要做些改變，至少要在下列改變擇其一：

- 主機位址必須更改。
- datagram轉送必須更改。

18.3 透過主機位址改變引起的行動性

改變主機IP位址的方法在全球Internet中被廣泛使用，並適用於緩慢與半永久性的行動。例如，考慮一位用戶攜帶電腦到咖啡店，停留一會兒喝咖啡並使用商店的Wi-Fi連接。或者考慮一個攜帶電腦到飯店房間的旅行者，在飯店待兩天時間完成工作，然後回家。我們將會在第22章看到，這種行動性是通過動態位址分配(*dynamic address assignment*)來啓用。尤其是，IPv4主機使用DHCP協定獲取IP位址，IPv6主機使用IPv6 發現鄰居(Neighbor Discovery)協定來產生和驗證唯一位址。

大多數作業系統自動執行位址分配而不會通知用戶。有兩個條件觸發動態位址獲取。第一，啓動時，IPv4主機始終執行DHCP，IPv6主機則產生單播位址並驗證唯一性。其次，作業系統檢測到斷線，然後重新獲取網路連接時。因此，如果是可攜式的電腦從一個Wi-Fi熱點移動到另一個Wi-Fi熱點時，作業系統會檢測到從第一個Wi-Fi網路斷線，並重新連接到第二個Wi-Fi網路。

雖然適用於臨時用戶，但更改主機的位址有些缺點。位址更改會中斷所有正在進行的傳輸層連接。例如，傳輸連接用來觀看串流視訊或使用VPN。在任何情況下，更改主機的IP位址會中斷所有傳輸層連接，導致作業系統通知正在使用連接的應用程序。一個應用程序可以透過通知用戶來恢復連線，或自動重新啓動連線。即使應用程序重新啓動連線，重新啓動可能需要時間，這意味著用戶可能注意到服務中斷。

如果主機提供網路服務(即執行伺服器)，則更改IP位址會產生更嚴重的後果。通常，執行服務的每個應用程序都必須重新啓動。此外，執行服務的電腦通常分配有網域名稱。因此，當電腦的IP位址更改時，主機的DNS也必須更新[1]。當然，任意電腦不允許改變DNS，這意味著需要額外的基礎設施來驗證DNS更新。重點是：

> 雖然動態位址分配能夠實現基本形式的行動性，允許用户將主機從一個網路移動到另一個網路，改變主機的位址具有中斷傳輸層連接的缺點。

18.4 通過變更datagram轉送引起的行動性

我們可以允許主機在移動到新網路時保留其原始IP位址嗎？理論上，答案是肯定的——我們所需要做的就是改變整個Internet路由器的轉送表，指向目的地主機的datagram將被轉送到新網路。我們甚至可以建立新的網路硬體，偵測新的IP位址，並通知路由系統有新位址存在。

但上述簡化的方案是不切實際的，因爲特定主機路由無法擴展到全球Internet。Internet路由器能正常工作是因爲路由協定交換的是網路訊息，而不是主機訊息，網路是固定的。也就是說，路由訊息的總量是有限制的，且路由資訊是相對靜止的。如果使用路由協定來處理

1 第23章討論網域名稱系統（DNS）。

主機而不是網路，路由流量變成洪流，即使每天只有一小部分主機改變位置，路由流量也是可觀的。重點是：

> 我們不能使用主機特定的路由來處理行動性，因爲全球Internet沒有足夠的能力傳播經常變化的特定主機路由。

18.5 行動IP技術

IETF設計了一種IP移動性的技術，有IPv4和IPv6版可用。正式名稱爲IP行動支持(*IP mobility support*)，俗稱行動IP (*mobile IP*)，該技術提供了折衷方案。行動IP優點是不必更改主機的IP位址，也不需要主機特定的路由，但缺點是datagram的轉送效率較低。一般特性包括：

- **透明度(Transparency)**：行動性對應用層協定、傳輸層協定和路由器是透明的。特別地，TCP連接在變化位置後仍可使用。唯一的條件是，如果轉換需要很長時間(亦即，主機與所有網路斷線保持一段時間)，連接不能在轉換期間使用。原因是TCP在兩個最大segment生命週期後連接會超時。
- **向後相容性(Backward Compatibility)**：使用行動IPv4的主機可以和執行傳統IPv4軟體的靜態主機或其他行動IPv4主機互動。類似地，使用行動IPv6的主機可以和執行傳統IPv6軟體的靜態主機或其他行動IPv6主機互動。也就是行動主機使用與固定主機相同的IP定址方案。
- **可擴展性(Scalability)**：該解決方案允許在全球Internet上的行動性。
- **安全(Security)**：行動IP可以確保所有訊息被認證(即，防止任意電腦假冒行動主機)。
- **大行動性(Macro Mobility)**：不著重在處理連續、高速的移動，如在汽車中的手機，行動IP專注在持續時間較長的移動(例如，在商業旅行攜帶可攜式設備的用戶)。

18.6 行動IP操作概述

行動IP是如何允許主機保留其位址又不需要路由器學習主機特定的路由？行動IP通過允許主機同時持有兩個位址來解決該問題：應用程序使用永久和固定的主位址(primary address)，以及臨時的輔助位址(secondary address)，該位址與主機目前所連接網路相關聯。輔助位址僅對一個地理位置有效，當移動到另一個位置，行動主機必須獲取一個新的輔助位址。

假定行動主機在Internet中具有永久的home (permanent home)，行動台主機的主位址是主機在其home網路上所分配到的位址。此外，爲了支持行動性，主機的home網路必須包括特殊的網路系統：home代理(*home agent*)。通常，home代理軟體在常規路由器中執行，但這不是絕對必要的。實質上，一個home代理會攔截到達主機永久位址的每個datagram，並轉送datagram到主機的當前位置(後面章節討論細節)。

home代理如何知道行動主機的當前位置？當移動到外地網路(foreign network)之後，行動主機必須獲得輔助位址(亦即，臨時)，然後必須聯繫其home代理，向代理通知當前位置。我們說行動主機向其home代理註冊(*register*)輔助位址。

輔助位址僅在行動主機保持在註冊位置時有效。如果主機再次行動，它必須為新位置獲得新的輔助位址並通知home代理該改變。最後，當行動主機返回home時，它必須聯繫home代理撤回註冊，這意味著代理將停止攔截datagram。事實上，行動主機可以選擇在返回之前撤回註冊(*deregister*)(例如，當它離開遠端位置時)。

18.7 負擔與變化頻率

可以說行動IP技術目的在支持巨行動性(*macro mobility*)。尤其是，行動IP不是用於連續，高速變化的環境，如在高速公路行駛的汽車使內使用行動電話。我們設想的是使用行動IP的一個旅行者，到達一個新的目的地的環境，而不是沿著旅行的每個點來處理行動性。

行動IP不支持快速更改的原因應該是顯而易見的：負擔。Internet中的網路不監視設備或跟蹤其行動。最重要的是，網路系統不執行協調以及切換(hand-off)。行動設備則必須監視其網路連接並檢測何時從一個網路行動到另一個網路。當檢測到更改時，行動設備必須跨越外地網路通信以請求網路的輔助位址。一旦它獲得了輔助位址，行動設備必須與home代理通信，註冊位址並建立轉送。注意行動設備可以任意遠離其home網路，這意味著註冊可能涉及任意距離的通信。重點是：

> 因為每次更改位址需要相當大的網路負擔，行動IP用於主機不頻繁行動的情況，並預設在移動位置停留段相當長的時間(例如，幾小時或幾天)。

了解使用的技術，則定址、註冊和轉送的細節就變得清楚。我們首先考慮IPv4的行動性，這說明了基本概念，然後考慮為什麼需要這麼多額外的複雜性來支持行動IPv6[2]。

18.8 行動IPv4定址

使用IPv4時，行動主機的主位址或home位址是常規的IPv4位址，像往常一樣分配和管理。行動主機上的應用程序總是使用主位址；仍然不知道任何其他位址。主機的輔助位址，也稱為*care-of address*(移交位址，之後以care-of位址稱此第二位址)，是僅由主機上的行動IP軟體使用的臨時位址。care-of位址僅對給定的外地網路有效。

行動IPv4支持兩種類型的care-of位址，兩者獲得位址的方法不同，以datagram轉送的方式也不同。兩種care-of位址類型：

2 IPv6移動性標準RFC 6275包括169個頁面，定義了許多訊息類型，並規範許多協定操作規則。

- 同位置(Co-located)
- 外地代理(Foreign Agent)

IPv4同位置care-of位址(*Co-located Care-of Address*)。同位置位址允許行動電腦處理所有轉送和datagram隧道，不需要主機或任何外地網路路由器的協助。事實上，從外地網路系統的角度來看，行動主機遵循的是常規主機模式來獲取本地位址，使用該位址，然後丟棄該位址。臨時位址像任何其他位址一樣，透過DHCP來獲取。

同位置位址的主要優點來自於通用性。因爲行動主機處理所有註冊和通信細節，對外地網路無任何額外要求。因此，行動主機可以在任意網路上使用同位置的care-of位址，包括常規Wi-Fi熱點，例如在咖啡店中發現的那些。

同位置方法有兩個缺點。首先，同位置需要行動主機安裝額外軟體。第二點，外地網路無法區分主機是使用行動IP的任意訪客。我們將看到，無法識別使用行動IP的主機，會影響轉送。

IPv4外地代理care-of位址(*IPv4 Foreign Agent Care-of Address*)。第二種類型的臨時位址允許一個外地網路知道主機是否使用行動IP，因爲一個系統上外地網路參與所有轉送。該系統被稱爲外地代理，並且與該方案一起使用的臨時位址被稱爲外地代理care-of位址。要使用外地代理方法，行動主機不會自行獲取本地位址。特別地，行動主機不使用DHCP。替代方案是：當一個行動主機到達外地站點，行動主機使用發現協定來得知外地代理的身份。然後行動主機與代理進行通信以獲取要使用的care-of位址。令人驚訝的是，外地代理不需要爲每個行動主機分配唯一位址。當使用外地代理時，care-of位址是代理的IPv4位址。代理然後將傳入的datagram正確發送給來訪的的行動主機。

18.9 IPv4外地代理發現

IPv4外地代理發現(*foreign agent discovery*)的過程使用ICMP路由器發現(ICMP *router discovery*)機制，其中每個路由器週期性地發送ICMP路由器通告(*router advertisement*)訊息，並允許主機發送ICMP路由器請求(ICMP *router solicitation*)催促公告[3]。充當外地代理的路由器將行動代理擴展(mobility agent extension[4])附加到每個訊息；該擴展指定網路前置碼，行動主機使用該前置碼來確定自已經行動到一個新的網路。有趣的是，行動擴展不使用單獨的ICMP訊息類型。使用的是一個取巧的方式，如果datagram在IP標頭中指定的長度大於ICMP路由器發現訊息(ICMP router discovery message)中指定的長度，代表此datagram承載的是行動擴展。圖18.1說明擴展格式。

3　行動主機也可以多播到所有代理群組（224.0.0.11）。
4　移動代理還會為每個訊息附加prifix擴展。

<table>
<tr><td>0</td><td>8</td><td>16</td><td>24</td><td>31</td></tr>
<tr><td colspan="1">TYPE (16)</td><td>LENGTH</td><td colspan="2">SEQUENCE NUM</td></tr>
<tr><td colspan="2">LIFETIME</td><td>CODE</td><td>RESERVED</td></tr>
<tr><td colspan="4">一個或更多care-of位址</td></tr>
</table>

圖18.1 IPv4行動代理公告擴展訊息格式，訊息由外地代理發送。擴展附加到ICMP路由器通告。

- **TYPE 欄位**：每個擴展訊息以1-octet的*TYPE*欄位開始。
- **LENGTH 欄位**：緊隨*TYPE*欄為後面。以octet為單位標識擴展訊息的大小，擴展訊息大小不包括*TYPE*和*LENGTH*欄位。
- **SQUENCE NUM 欄位**：對此訊息賦予一個序列號，讓接收方可確定訊息丟失。
- **LIFETIME 欄位**：以秒為單位，指定代理願意接受註冊請求的最大時間，所有位元值為1表示無窮大。
- **CARE-OF-ADDRESS 欄位**：本欄位列出至少一個外地代理的位址。
- **CODE 欄位**：每個位元定義一個代理的特定功能，如圖18.2所示。

位元	意義
7	即便使用同位置care-of位址，也需要向代理註冊
6	代理正忙，不接受註冊
5	代理作為home代理
4	代理作為外地代理
3	代理使用最小封裝
2	代理使用GRE型封裝
1	未使用(必須為零)
0	代理支持反向隧道

圖18.2 IPv4行動代理公中CODE欄位的各位元意義，其中第0位元是octet中最低位元。

如圖所示，第2和3位元，指定當行動主機與外地代理通信使用的封裝。最小封裝(*Minimal encapsulation*)是一種用於IP-in-IP標準的隧道傳輸，從原始標頭縮寫欄位以節省空間。通用路由封裝(*GRE*：*Generic Route Encapsulation*)允許任意協定使用的標準封裝；IP-in-IP是一種特殊情況。

18.10 IPv4註冊

可以在外地接收datagram之前，行動主機必須先向home代理註冊。如果是使用外地代理care-of位址，行動主機必須向外地代理註冊。註冊協定(*registration protocol*)允許主機：

- 如果需要，可在外地網路上向代理註冊
- 向其home代理註冊以請求轉送

- 續訂將到期的註冊
- 返家後撤回註冊

如果獲得的是同位置care-of位址，則行動主機直接執行註冊；在與home代理的所有通信 中使用同位置care-of位址。如果care-of位址是由外地代理獲得，則行動主機允許外地代理以自己身分向home代理註冊。

18.11 IPv4註冊訊息格式

所有的註冊訊息皆透過UDP來傳送；代理機器使用埠434。註冊訊息由一組固定長度的欄位起頭，後面接著可變長度的延伸。每個請求都必須包含「行動主機-home網路認證延伸」(*mobile-home authentication extension*)，如此home代理機器才能確認行動主機的身份。圖18.3列出了訊息格式。

0	8	16	31
TYPE (1 or 3)	FLAGS/CODE	LIFETIME	
HOME ADDRESS			
HOME AGENT			
CARE-OF-ADDRESS (request only)			
IDENTIFICATION			
EXTENSIONS . . .			

圖18.3　mobile IP註冊請求或回應之訊息格式。

- **TYPE欄位**：指明訊息爲註冊請求(1)或註冊回應(3)。
- **LIFETIME欄位**：以秒爲單位指出註冊的有效期限(如果此欄爲0，表示取消註冊；若所有位元皆爲1，則表示存活時間無限長)。
- **HOME ADDRESS欄位**：行動主機的主位址。
- **HOME AGENT欄位**：自家網路home代理的位址。
- **CARE-OF-ADDRESS欄位**：向代理註冊之care-of位址。
- **IDENTIFICATION欄位**：包含一個64位元的數値，由行動主機產生，目的在與回應訊息配對，避免收到過時的訊息。
- **FLAGS/CODE欄位**：各個位元用於表示註冊回應訊息中的結果代碼，以及用來指定註冊請求中的轉送細節，例如註冊是否符合新位址之請求，或代理機器在轉送datagram至行動主機時該使用何種封裝方式。

18.12 與IPv4外地代理通信

我們說過外地代理機器可以指派其數個位址之一來當成care-of位址使用，這麼做會發生問題，因爲這表示行動主機在外地網路裡並沒有唯一的位址。問題於是變成：如果行動主機並未使用有效的IP位址，那麼外地代理機器如何透過網路與主機溝通？因此使用IP定址模式的通訊規則需要放寬一些，並且在位址繫結方面使用替代方案：當行動主機發送資料至外地代理機器時，它可以使用home位址做爲IP發送端位址。相同地，當外地代理機器發送資料至行動主機時，代理機器也可以使用主機的home位址來當成目的地IP位址。爲了避免發送無效的ARP請求，代理機器在收到註冊請求訊息時，必須記錄行動主機的硬體位址，並使用此位址來傳送回應。因此雖然無法使用ARP，代理機器仍能透過硬體的單點傳播來傳送datagram至主機。結論爲：

> 如果行動主機沒有唯一的外地位址，那麼外地代理機器就必須使用主機的home位址來通訊。至於位址解析則不仰賴ARP，代理機器在收到請求訊息時會記錄主機的硬體位址，並使用儲存的資訊來提供所需的位址繫結。

18.13 IPv6行動性支持

行動IPv4的經驗和IPv6協定的設計導致IETF得在行動IPv4和行動IPv6之間進行重大改變。IETF打算將行動性支持更緊密地結合到協定中，修正一些行動IPv4已經發現的問題和弱點，以促進使用。當中差異可以表列如下：

- IPv6不使用外地代理或外地代理care-of位址。IPv6行動主機使用同位置care-of位址，並直接處理與home代理的所有通信。
- 因爲允許主機具有多個IP位址，IPv6使得行動主機容易同時具有home位址和同位置care-of位址。
- 因爲IPv6不使用廣播請求來發現home代理，IPv6主機只接收來自一個代理的響應。(IPv4可以從home網路上的每個代理接收響應)。
- 不同於IPv4行動主機和外地代理間的通信，行動IPv6不依賴於鏈結層轉送。
- 我們將在後面看到，IPv6使用路由擴展標頭進行轉送到IPv6行動主機，這比轉送到IPv4行動主機更有效率。
- IPv6行動主機不需要外地代理，因爲主機可以自己產生本地位址並與外地網路的路由器通信。

18.14 Datagram傳輸，接收和隧道

一旦完成註冊，外地網路上的行動主機可以與和任意的電腦X通訊。有兩種可能性。在最簡單的情況下，行動主機建立並發送一個datagram，目的位址是X，來源位址是自己的home位址。輸出的datagram遵循最短路徑從行動主機傳送到X。

技術上，使用home位址作爲來源位址違反了TCP/IP標準，因爲datagram將由網路N上的主機傳輸，但datagram中的IP來源位址的前置碼和網路N的前置碼不匹配。如果用嚴格的規則，網管人員可以配置路由器禁止來源位址與本地網路不匹配的傳輸。怎那要如何克服這樣的限制？行動IPv4使用稱爲隧道的技術來突破上述限制，隧道技術有兩個步驟：(1) 行動主機使用隧道技術將要傳出的datagram先傳輸到home代理(2) home代理收到datagram後轉送，好像行動主機是位於home網路一般。

爲了使用隧道，行動主機將要傳出的datagram，D_1，封裝在另一個datagram，D_2中。D_2上的來源位址是行動主機的care-of位址，目的地是行動主機的home代理的位址。當home代理接收到隧道datagram時，提取內部datagram D_1，並將D_1轉送到其目的地。兩個步驟都使用有效的來源位址。從行動主機到home代理的傳輸使用的來源位址是外地網路的位址。封裝在內部準備送到目的地D的datagram，其來源位址屬於home網路。

對於行動IPv4，目的地X的回覆資訊不會遵循最短路徑傳給行動主機。而是先將回覆資訊先傳送給行動主機在home網路的主要位址。home代理已經從註冊程序獲悉行動主機目前位置，home代理會攔截回覆資訊，然後使用隧道將攔截的資訊封裝到datagram，D_3，使用行動主機的care-of位址作爲D_3的目的地位址，然後傳送D_3。圖18.4說明了電腦D傳輸回覆給行動主機M的路徑。總結：

> 因爲行動主機在與任意目的地通訊時，使用home位址當成發送端位址，所以每個回應訊息都會被轉送至主機的home網路，接著由home代理機器將datagram攔截下來，封裝成另一個datagram，再直接傳送至行動主機或轉送至外地代理機器。

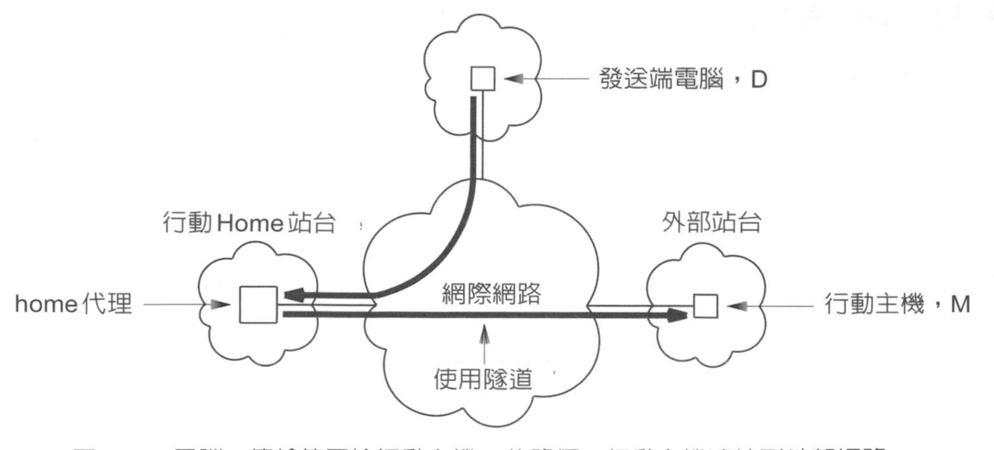

圖18.4　電腦D傳輸答覆給行動主機M的路徑，行動主機連接到外部網路。

行動IPv6使用一個最佳化來避免低效的路由。在與目的地D通信之前，行動主機通知其home代理。行動主機然後在其發送的datagram中包含一個行動性標頭(mobility header)。目的地D可以與home代理通信，驗證行動主機的當前位置，並使用IPv6路由標頭將datagram流向行動主機的當前位置。

當然，行動主機、home代理和目的地之間的資訊交換必須安全實施。此外，必須對每個目的地進行交換。因此，整個過程需要相當大的開銷，只適合於行動設備長時間待在外地網路且大部分只對幾個目的地通訊的環境。重點：

> 爲了將回覆轉送最佳化，IPv6讓目的地可以學習到行動主機的當前位置，並直接發送datagram給行動主機，不用經過home代理；因爲路由最佳化需要幾個資訊交換，故它只適用在移動不頻繁且只與幾個固定的目的地通信的環境。

18.15 IP行動性和未解決問題的評估

儘管IETF有最好的意圖，但行動IP尚未能完全成功。行動型用戶缺乏興趣的一個原因是改變了使用習慣。設想使用IP行動性時，行動性受限於笨重的膝上型電腦，用戶可以用遠端連線來使用電腦。現在，許多行動用戶擁有智慧型手機，允許連續線上行動。

還有另外兩個因素阻礙行動IP的使用。首先，VPN技術(在下一章中討論)的存在。VPN允許遠端電腦保留home位址並具有對其home網路有完全存取權，如同遠端設備直接連線到其home網路一般。二，只有少數的應用程式依靠IP位址或反向DNS查找。另外，使用密碼認證的機制允許用戶從電腦用任意IP位址存取諸如電子郵件的服務，保留IP位址不像以前那麼重要。更重要的是：使用任意位址允許有效的路由。例如，當用戶旅行到遠方城市，連接到Wi-Fi熱點，存取網頁，datagram直接在用戶的設備和web伺服器之間傳輸，而不用繞行到用戶的home網路。

行動IP方案的缺點可概括爲：

- 缺乏快速切換機制和分層式路由
- 外地網路的身份驗證問題
- 無效的反向轉送，特別是對於行動IPv4
- 行動IPv6中的重複位址檢測
- 與行動設備的home網路上的主機通信

接下來的部分將更詳細地考慮這些主題。

18.15.1　缺乏切換和分層路由

當設計師設計行動性時，想到的是在遠端位置使用可攜式電腦。因此，行動IP不像蜂巢式行動電話系統。它沒有像「行動通信基地塔」(cell towers)般高速切換的設施，當從一個網路移動到其他網路的遷移期間，也沒有一個分層路由系統可限制路由改變範圍。

18.15.2　外地網路的身份驗證問題

雖然一些外地網路允許不受限制的存取，但大多數不允許這麼做。尤其是，網路通常需要用戶在存取前進行身份驗證。例如，在用戶被授予存取權限之前，飯店可能要求用戶輸入房間號碼並輸入姓名。通常，用戶要獲取IP位址需要先經過認證，然後使用該位址啓動Web瀏覽器。飯店攔截web請求，並顯示用戶的認證頁面，一旦認證完成，用戶的設備才會被授予對全球Internet的存取權。

行動IP無法處理基於Web的存取身份驗證，有兩個原因。第一，行動IP始終通過向home代理註冊開始。需要認證的遠端網路將不會隨意轉送封包給home代理，除非經過認證。第二，行動IP指定應用程序必須始終使用行動主機的home位址。因此，即使用戶啓動web瀏覽器，瀏覽器也會嘗試使用來自home網路的IP位址，外地網路的認證機制將拒絕連接。

18.15.3　低效的反向轉送，特別是對於行動IPv4

正如我們已經看到的，發送到IPv4行動主機的回覆，始終先轉送到行動主機的home網路，然後才轉送到行動主機的當前位置。這個問題是特別的嚴重，因爲電腦通信表現出「空間局部參考性」(*spatial locality of reference*)——走訪外地網路的行動主機傾向於與外地網路上的電腦通信。要理解爲什麼空間局部性是一個問題，請考慮圖18.5。

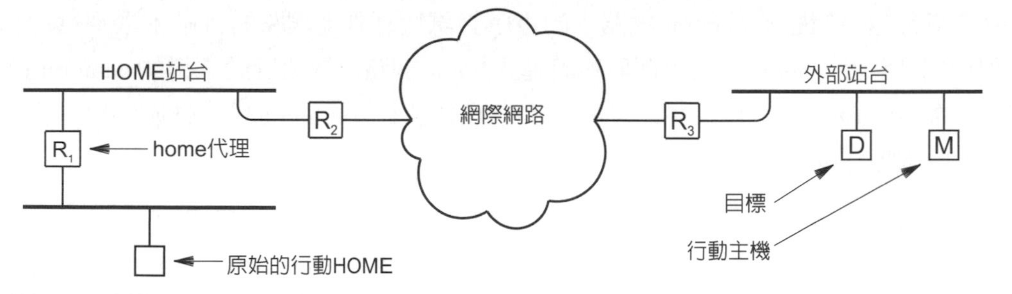

圖18.5　呈現一個拓樸，其中行動IPv4路由是非常低效的。當行動主機M與本地目的地D通信時，D的回覆通過Internet傳送到行動主機的home代理，然後傳回到行動主機。

在圖中，行動主機M已經從其home網路移動到外地網路。行動主機已經向其home代理：路由器R_1，完成註冊，home代理同意轉送datagram。主機D與行動主機位在同一個外地站台，當行動主機與目的地D通信時，從D發送到M的回覆會沿著路徑通過R_3穿越Internet先傳送到行動主機的home網路，然後經由隧道化程序再穿越Internet傳送給行動主機。也就是說，一個datagram在兩個相鄰電腦之間跨越Internet傳送兩次。因為穿越Internet傳輸比本地交付的時間長太多，上述情況有時稱為「雙重跨越問題」(two-crossing problem)。如果目標*D*與行動主機不在同一網路，仍有問題發生，只是不這麼嚴重，這被稱為三角轉送(*triangle forwarding*)或非必要轉送(*dog-leg forwarding*)。

如果一個站台知道某行動主機將停駐很長時間，並期望行動主機與本地電腦互動，網管人員可以安裝特定主機路由(host-specific routes)以避免無效轉送。站台內每個路由器對來訪的行動主機各必須建立一條特定主機路由。這種安排的缺點在於缺乏自動更新機制：當行動主機離開站台時，網管人員必須手動刪除特定主機路由，或站台內電腦無法與行動主機連線。總結：

> 行動IP引入雙重跨越問題，引發問題的原因在行動電腦與通訊對象位在同個外地站台，或兩者距離很近。每個發送到行動主機的datagram必須跨越Internet傳輸到行動主機的home代理，然後將datagram再次跨越Internet轉送回外地站台。要消除無效路由，需要傳播主機特定的路由。

18.15.4　行動IPv6中的重複位址檢測

在IPv6中，當主機加入新網路時主機需要執行三個步驟：(1)主機找到在網路上使用的網路前置碼(或多個前置碼)。(2)產生單播位址。(3)驗證單撥位址是唯一的。第一和第三步驟需要封包交換，並包括超時。每當行動主機改變網路並獲得新網路的care-of位址時，必須執行重複位址檢測。諷刺的是，該標準還規定IPv6行動主機也必須產生和檢查具唯一的的地鏈路本地位址(link-local address)。重複位址檢測造成的負擔導致IPv6不適合快速移動。

18.15.5　與行動用戶home網路上的主機通信

另一個有趣的問題：當home網路上的電腦嘗試與在外地網路的行動主機進行通信。當行動電腦離開家時，home代理會攔截所有進入home網路傳送給行動主機的datagram。攔截到達站台的datagram 並不難：網管人員只要在路由器上執行home代理軟體即可。當然，路由器與站台都要與Internet 連線。

但home網路上的主機發送一個datagram給行動主機，可能會產生問題。因為來源和目的地位址都在同一網路，發送方不會透過路由器轉送datagram。IPv4發送方將使用ARP找到行動主機的硬體位址，IPv6主機則使用鄰居發現。在任一情況下，發送端將datagram封裝在訊框中並將訊框直接傳送給行動主機。

如果行動主機已行動到外地網路，發送端和路由器在home網路無法直接向行動主機發送datagram。因此，home代理必須妥善安排以攔截和轉送所有傳送給行動主機的所有datagram，包括那由本地主機發送的datagram。IPv4 home代理使用代理*proxy arp*的一種形式的來處理本地攔截：每當home網路上的電腦對已經移動到外地網路的主機發出ARP請求，home代理會代為回覆ARP請求，並提供它自己的硬體位址來回應。也就是說，本地IPv4主機被誘導，將送往行動主機的任何datagram轉送到home代理；然後home代理將datagram轉送到在外地網路上的行動主機。

對於IPv6，本地傳輸產生更大的問題，需要附加協定來解決問題。尤其是，IPv6網路上的電腦使用鄰居發現協定(NDP)知道哪些鄰居存在。如果行動主機離開home網路，其他使用NDP的電腦將快速聲明行動設備不可達[5]。因此，當行動主機移動到另一個位置行動，IP必須安排一種方法，通知home網路上的其他主機，不要就把行動主機當成離線。

爲了解決這個問題，行動IPv6修改鄰居發現協定。實質上，當行動設備離開時，home代理充當代理人。home代理通知home網路上的電腦，有某個主機是行動的。如果它們遇到送給行動主機的datagram，home網路上的其他電腦相應地轉送datagram。當行動設備返回家時，必須刪除轉送。

18.16 另類識別碼——定位器分離技術

爲IP添加行動功能時，設計師面臨的根本問題來自於IP定址的基本原理：IP位址中的前置碼綁址到特定網路。也就是說，IP位址用作定位器(locator)。定位器的優點在於架構有效率的路由系統，能將每個datagram轉送到正確的目的網路。定位器的缺點來自於其不能遷就移動：如果位置改變，位址就必須改變。Ethernet MAC定址說明了另一種選擇：Ethernet位址是一個全局唯一值，但是不包含電腦所在位置的任何信息。也就是以一個硬體位址作爲唯一識別碼。使用識別碼的缺點是路由低效率：需要主機特定的路由。

如何設計一個定址方案，能結合定位器和識別碼兩者的優點？有個基本想法：主機需要兩個位址。第一個位址是一個全局唯一識別碼，從不更改。第二個位址是定位器，當主機移動到新網路時定位器必須改變。在行動IP，這兩個位址以兩個獨立的IP位址表示，也就是主機必須存儲兩個位址。使用home位址作爲識別碼，使用care-of位址作爲定位器。

已經有數個建議提出來，將識別碼-定位器的概念正規化。一些施行方案的不同點在這兩個項目的大小、指定值的方式、兩者被視爲單個大位址的位元欄位還是視爲兩個單獨的項目，以及這兩個部分是否對應用程序可見。例如，思科系統中定義的「定位器/ ID分離協定」(*LISP*：*Locator/ID Separation Protocol*)，使用一對IP位址，類似於行動IP使用位址的方式。IETF定義了一個協定，名爲多鏈路透明互連(*TRILL*：*Transparent Interconnection of Lots of Links*)，擴展了在廣域Internet建立行動性的概念。

5　第22章討論NDP，它有時被稱為IPv6-ND，以強調協定是IPv6整體的一部分。

18.17 總結

行動IP允許電腦由一個網路移動到至另一個網路時，既不需要改變IP位址也不需要路由器傳遞特定主機路由。當行動主機由home網路移至外地網路時，必須取得一個額外的暫時性位址，稱爲care-of位址。上層的應用程式只使用行動主機的home位址；care-of位址僅由底層網路軟體使用，以實現跨外地網路的轉送和傳遞。

一旦發覺位置已經改變，行動主機便可能獲得同位置care-of位址，或是找出外地代理，請求指派care-of位址。取得care-of位址後，行動主機會向home代理機器註冊(直接註冊或間接透過外地代理機器註冊)，並請求轉送datagram。

只要註冊完成後，行動主機便可與Internet 上之任意電腦通訊。由行動主機發送的datagram會直接傳往指定的目的地，不過若是傳往行動主機的datagram則會先送至主機的home網路，由home代理機器攔截，接著封裝在IP中，最後再透過隧道傳送至行動主機。

行動IP的方案是爲移動緩慢環境所設計的，例如飯店旅遊。當應用於快速行動的設備時，行動IP具有嚴重的缺點，目前尚未被普遍採用。

習題

18.1　試比較RFC 2003與2004之間的封裝方式，其優缺點各爲何？

18.2　請仔細閱讀mobile IP之規格，路由器必須多久發送一次行動代理公告訊息？爲什麼？

18.3　請查閱mobile IP之規格，外地代理機器轉送行動主機的註冊訊息至home代理機器時，所使用的協定埠爲何？爲什麼？

18.4　Mobil IP之規格允許單一路由器具有home代理機器的功能，而在有行動主機來訪時又可具有外地代理機器的功能，請說明路由器同時具備這兩種功能會有什麼優缺點？

18.5　閱讀行動IPv6的規範，其中定義了多少個單獨的訊息格式？

18.6　假設一個手機供應商將行動IPv6與他們的手機一起使用。計算當電話從一個網路傳遞到另一個網路時發送的封包數。

18.7　擴展上一個習題。如果N個使用中的手機用戶在60 MPH的高速公路上開車，而且每隔1500英尺，就從一個行動通信基地塔切換到另一個，估計將電話從通信基地塔切換過程需要多大的頻寬才能傳輸IPv6產生的訊息。

18.8　閱讀行動IPv4和行動IPv6的規範，以確定行動主機要如何加入群播組。在每種情況下，群播datagram如何路由到行動設備？哪種方法更高效？說明。

18.9　將行動IPv4和行動IPv6與Cisco的LISP協定進行比較，有什麼功能上的區別？

18.10　將行動IPv4和行動IPv6與TRILL協定進行比較，TRILL提供了些什麼？

18.11　閱讀關於蜂巢式行動網路中使用的切換協定。類似的協定可套用在IP上嗎？爲什麼或者爲什麼不？

18.12　考慮您所使用的應用程序，任何應用程序都需要您保留IP位址(即您的個人Internet設備是否需要永久的home位址)？說明。

章節目錄

19

網路虛擬化：虛擬私有網路(VPN)、網路位址轉換(NAT)與重疊網路

19.1 引言

前面的章節將互聯網描述為一個單層抽象化，由路由器互連的網路。本章討論另一種替代方案：一個跨互聯網兩通訊層架構下的虛擬網路。第一層由常規的互聯網提供通用性連接。組織使用底層連接，建構符合組織需求的第二級網路。

本章探討了採用虛擬化的三種技術：

(1) 第一種技術允許公司在全球互聯網上連接多個站台，職員使用全球互聯網從任意遠端位置連接到企業網路，同時保有通訊的機密性。

(2) 第二種技術形式讓站台能為多台主機提供全球互聯網存取，而只使用一個全球有效的IP位址。

(3) 第三種技術允許組織在Internet拓樸頂端建立任意網路拓樸。

19.2 虛擬化

我們使用術語虛擬化(*virtualization*)把隱藏實現細節又提供高級功能的機制給抽象化。一般來說，虛擬化機制所使用的底層機制，通常並未包含虛擬化所需的功能。

我們已經看到在網路層協定和技術提供的一種虛擬化。例如，VLAN乙太網路交換機，允許網管人員對一台交換的操作就好像是對許多台交換機操作一搬。TCP提供了抽象的可靠

的端對端連接。然而，在每種情況下，服務是一種錯覺——底層提供的機制，不是虛擬化所提供的服務型態。例如，底層提供的是不可靠的非連接導向的連接(IP)，高層卻可使用底層機制，建立可靠的連接導向的傳輸服務(TCP)。底層提供的服務性質和高層提供的服務性質，大相逕庭。

本章介紹幾個有用且受歡迎的網路虛擬化形式。探索幾個虛擬化的機制，並說明每種虛擬化的動機何在。第28章繼續討論一種可用於透過互聯網建立虛擬路徑的技術。

19.3 虛擬私有網路(VPN)

封包交換在全球互聯網中的使用，具有低成本的優勢，缺點是當多個用戶的封包在網路上傳播時，安全堪憂。全球互聯網不能保證進行的通訊保有私密性(*private*)。如果組織有多個站台(site)，在站台之間透過互聯網傳播的資訊內容，可能被外人偷窺，因爲這些傳輸的資料會經過其他人(ISP)所擁有的網路。

當考慮到隱私時，網路管理人員通常將網路分類爲兩個層級，分別是組織內部網路和組織外部網路。因爲組織可以控制所擁有的內部網路，組織可以自訂路由，確保資訊不被其他人看到。因此，內部網路可以保證隱私，但外部網路則不能。

如果組織有多個站台，組織如何保證在站台之間資料流的隱私？最簡單的方法是建立一個完全由組織建立和控制的孤立網路。我們使用私有網路(*private network*)或私有內部網路(*private intranet*)這個術語來描述私有網路。私有網路使用租用的數位電路來互連站台，因爲電信公司保證沒有外部人員會存取這樣的電路，所有資訊在從一個站台傳輸到到另一個站台時，數位電路傳輸保有隱密性。

不幸的是，完全私有的內部網路可能功能性不足，有兩個原因。第一，大多數組織需要存取全球互聯網(例如，聯繫用戶和供應商)。第二，租用數位電路是昂貴的。因此，許多組織尋求降低成本的替代方案。一種方案是使用虛擬化的形式：MPLS。這部份已在第16章討論過，MPLS連接的成本明顯比租用數位電路低。

儘管MPLS比數位電路便宜，但是比傳統的互聯網連接，成本還是要高出許多。因此，有個明確的原則：透過全球互聯網發送流量所需的成本最低，隱私可以透過專用連接來實現。問題出現了：是否可能實現高度隱私通訊又保有常規Internet連線慣有的低成本優點？所以另一個說法，可以問：

> 如何使用全球互聯網連接組織站台，並保證所有通訊都保有私密性？

答案在於一種被稱爲虛擬私有網路(*VPN*：*Virtual Private Network*)的技術。VPN的概念很簡單：在全球互聯網上發送datagram但對內容加密。術語*private*是因爲使用了加密機制，意味著在任何一對電腦間的通訊保持私密，外人無法窺探。*virtual*這個名詞意味著爲VPN不再需要租用專用電路，也能透過私密性的連接，在公網路營造專用電路。圖19.1說明了這個概念。

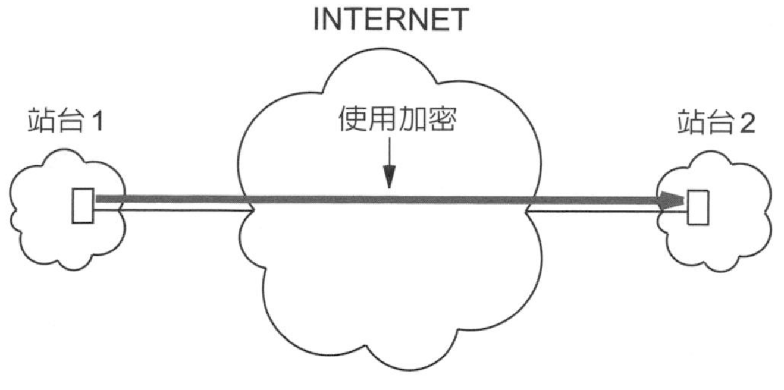

圖19.1　VPN示意圖，在發送資訊時使用加密。組織有兩個站台：站台1和站台2，以路由器跨越全球互聯網連接。

19.4 VPN隧道和IP-in-IP封裝

前面章節提到的一個技術，在VPN中扮演著重要的角色：隧道。VPN使用隧道傳輸的原因與行動IP一樣：在兩個站台之間跨越Internet傳輸datagram。為什麼不能像正常一樣轉送datagram？答案在於增加隱私(即保密性)。加密datagram中的有效載荷不能保證絕對的隱私，因為外人可以根據IP來源位址、目標位址、類型、通訊頻率和流量猜測是誰在通訊。VPN則對整個datagram進行加密，包括IP標頭。事實上，為了隱藏外部訊息，一些VPN會加上額外的octet，填滿datagram，營造出每個datagram大小都一樣的假象，讓外人無法使用datagram的大小來推斷通訊的類型。datagram標頭經過加密後就不能轉送，因為路由器讀不出轉送所必須的標頭資訊。

VPN解決標頭加密產生轉送問題的方法，大部分是使用IP-in-IP隧道。也就是說，原始datagram被完整加密，然後將加密後的datagram當成資料放置在另一個datagram的有效載荷部分來傳輸。圖19.2說明封裝。

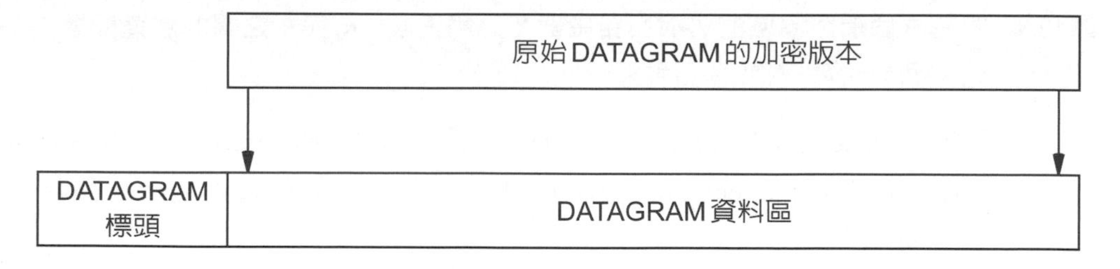

圖19.2　用於VPN IP-in-IP封裝的示意圖。原本的datagram在發送之前被加密。

組織的每個站台可能有許多電腦。為獲取最大的隱私，個人電腦不參與VPN。而是由網管人員安排轉送，透過VPN隧道發送datagram，從一個站台的路由器傳輸到另一個站台的路由器。當datagram通過隧道到達目的地時，接收路由器將有效載荷解密，呈現原始datagram，然後在站台內部轉送。儘管datagram跨越Internet時經過任意網路，但外人無法解碼內容，因為外人沒有密鑰。此外，連原始來源和最終目的地的位址都被隱藏，因為原始datagram的標頭也被加密。因此，只有外部datagram標頭中的兩個位址是可見的：來源位址是IP是隧道一端路由器的IP位址，目的位址是是隧道另一端路由器的IP位址。因此，外人無法推斷在兩個站台間，是哪一台電腦正在通訊。總結：

> 雖然VPN在全球互聯網上發送資訊，外人無法推斷在兩個站台間是哪一台電腦正在通訊，也無法得知傳輸的是甚麼資訊。

19.5 VPN定址和轉送

理解VPN位址和路由最簡單的方法是將每個VPN隧道看做是兩個路由器之間的租用電路。像往常一樣，每個路由器中的轉送表都包含組織內目的地的路由資訊。轉送表還包含對應於VPN隧道的網路介面，發送到另一個站台的datagram被導向穿過隧道。圖19.3呈現此一概念：網路兩端各有一個站台，掌控VPN隧道的路由器有一個轉送表。雖然本範例使用IPv4，同樣的方法也適用於IPv6。

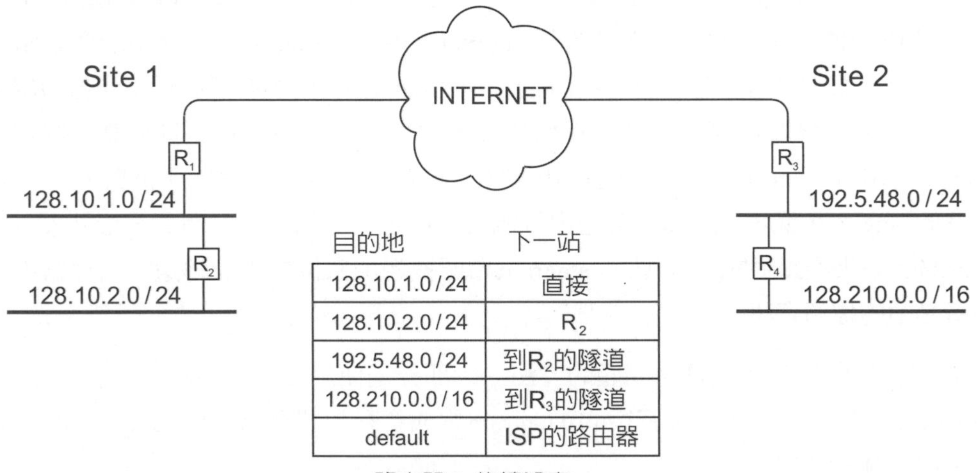

目的地	下一站
128.10.1.0 / 24	直接
128.10.2.0 / 24	R_2
192.5.48.0 / 24	到R_2的隧道
128.210.0.0 / 16	到R_3的隧道
default	ISP的路由器

圖19.3　跨越兩個網路區域的VPN與路由器R_1之轉送表。R_1與R_3之間的隧道配置方式，如同一條點對點的租用線路。

圖中顯示R_1的轉送表，當中的預設路由以ISP作爲下一站(next hop)。作用是Site 1可存取Site 2中的電腦，也可存取Internet中電腦的資源。隧道僅用於站台到站台的存取，其他datagram則轉送到ISP。

設想圖中一個VPN的轉送範例，假設一個datagram由*128.10.2.0*網路上的電腦發送到*128.210.0.0*網路上的電腦。發送端主機會先將datagram送至R_2，再轉送到R_1。根據R_1中的轉送表，datagram必須透過隧道送到R_3，因此R_1會先將datagram加密，接著將它封裝於外層datagram的資料區內，而且在外層datagram標頭內填入目的地位址爲R_3。於是R_1便將外層datagram透過當地ISP送往Internet。在datagram抵達R_3後，R_3就知道它是從R_1穿過隧道而來，接著便將它解密並還原成原始datagram，然後把裡面的目的地位址與轉送表做比較，將datagram轉送至R_4，做下一步轉送。

19.6 將VPN技術擴展到個人電腦

許多公司使用VPN技術讓員工可從遠端工作。公司給員工VPN軟體並安裝在行動設備中(例如，筆記型電腦)。要使用VPN軟體，用戶開機，連線到任意網路，並像往常一樣從當地網路供應商獲取IP位址。如果用戶是在家裡工作，則連接到住宅互聯網。如果在飯店工作，他們可以從飯店的ISP獲取網路服務，等等。一旦與網路連接，用戶啓動VPN軟體，VPN軟體已經預先配置一個隧道，經由此隧道可連接上公司網路的路由器。

VPN軟體重新配置用戶電腦中的協定堆疊。開始執行時，VPN軟體形成連線到公司網路的隧道，並透過隧道進行通訊，要求獲取第二個IP位址(即，公司網路上的位址)。然後軟體配置協定堆疊，限制所有經過VPN隧道的通訊。也就是說，電腦上的應用程序只能看到從公司網路獲得的IP位址。應用程序發送的所有datagram都將通過隧道傳輸到公司網路，並且只有從隧道進入的datagram才交付給應用程序。因此，從應用程序的角度來看，用戶的電腦似乎直接連接到公司網路。

爲了確保通訊是保密的，所有的datagram穿過隧道時會加密。然而，仍存在潛在的安全缺陷：不像路由器，筆記型電腦可以輕易被盜。如果VPN軟體可以處理加密和解密，偷盜筆記型電腦的外部人員將能夠存取公司網路。因此，發給用戶的VPN軟體通常需要密碼。密碼產生的方式爲結合一天的時間，產生一次性加密密鑰，且限於單個會期(session)使用。沒有正確的VPN密碼，即使筆記型電腦被盜，偷竊者也無法對公司網路做存取。

19.7 使用私有IP位址的VPN

有趣的是，雖然VPN在站台之間通訊時使用全球互聯網，但該技術所營造出的公司內部私有網路，卻能讓公司網路上的主機無法和互聯網直接連接。要了解爲什麼，想像分配給主機的是不可路由的位址(例如，IPv6站台特定位址或IPv4私有位址)。每個站台的一個路由器會配置一個全球有效的IP位址，並且路由器被配置爲形成一個VPN隧道，透過隧道連線到另一站台處的路由器。圖19.4示出了此概念。

圖19.4　通過全球互連兩個站台的VPN示例互聯網，而每個站台的電腦使用不可路由(亦即，私人)的位址。

在圖中，組織已經選擇使用不可路由的IPv4前置碼*10.0.0.0/8*(已保留用於私有網路的前置碼)。Site 1使用子網10.1.0.0/16，而Site 2使用子網10.2.0.0/16。只要有兩個全球有效的IP位址，就可實行VPN。一個分配給Internet上的路由器R_1，另一個分配給Internet上的路由

器 R_2。這兩個站台可以相隔很遠，各自從各自獨立的ISP獲取網路服務，這意味著兩個全球有效位址可能是不相關的。站台內路由器和主機則使用私有位址空間；只有參與VPN隧道的兩個路由器需要知道或使用全球有效的IP位址。

19.8 網路位址轉換(NAT)

前面的部分描述了一種虛擬化形式，允許組織的網路連接在全球互聯網上，同時保有通訊的機密性。本節討論一個顛倒虛擬化的技術，對全球互聯網站台間的電腦，提供IP級別的存取，但不需要每個站台的電腦具備有全球有效的IP位址。此技術稱為「網路位址轉換」(*NAT*：*Network Address Translation*)。該技術已經非常受消費者和小型企業的歡迎。例如，在家庭中使用的無線路由器就採用NAT技術。

NAT背後的想法很簡單。站台在本地網路和Internet間放置*NAT*設備，暫且稱之為*NAT BOX*(NAT盒)[1]，如圖19.5所示。

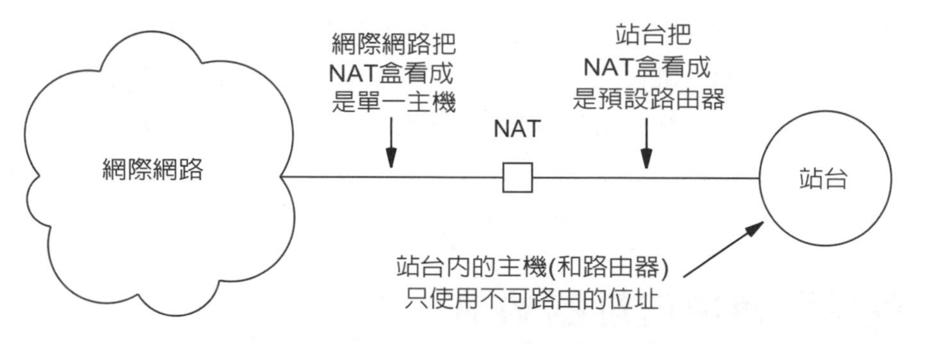

圖19.5　NAT盒的圖示，允許站台使用不可路由的IP位址。

從站台主機的角度來看，NAT BOX像是一個連接到互聯網的路由器。也就是說，在站台的轉送被設置為將datagram直接傳出到NAT BOX。從提供服務到網站的ISP的角度來看，NAT BOX只是一個單一的主機。也就是說，NAT BOX獲得單一的全球有效的IP位址，並且使用該位址發送和接收datagram。

NAT技術的關鍵在於對沿任一方向行進datagram做NAT轉換(*NAT translates*)(即改變)。當站台上的主機發送datagram到在Internet上的目的地，NAT將輸出datagram的訊息(包括原始發件人的記錄)放置到資料表中，更改標頭中的欄位，然後將修改後的datagram發送到目的地。特別是NAT改變來源IP位址，使datagram看起來是來自NAT BOX。因此，如果在Internet上的站台接收到datagram，回覆訊息將被發送到NAT BOX。當NAT BOX從Internet接收到datagram時，NAT BOX會查詢資料表，找到原始發送者，改變標頭中的欄位，並轉送datagram。特別的是NAT將IP目的地位址更改為站台上主機的私有位址。

因為傳出和傳入的datagram都通過NAT BOX，NAT軟體可以愚弄NAT BOX後面和互聯網中的主機。當Internet中的主機從站台接收datagram時，顯示datagram來自於NAT BOX。

1　雖然NAT名稱意味著需要專用硬體，但是NAT也可以用軟體的方式在通用型電腦（例如，PC）上執行。

當NAT BOX後的主機獲得IP位址時，該位址是不可路由的(或站台本地的)。但是，主機可以使用不可路由的來源位址與互聯網電腦通訊。

NAT的主要優勢在於通用性和透明度兩者的結合。NAT比應用閘道器更有用，因爲它允許內部的任何主機存取全球互聯網中任何電腦的服務。NAT是透明的，因爲站台內的主機執行的是完整的標準協定軟體，不用做任何修改。總結：

> 網路位址轉換(NAT)技術爲組織內部的主機提供了存取服務，內部主機擁有的位址是私用的，無法對外路由。

19.9 建立NAT轉換表

概略描述了NAT的幾個細節，但目前只把它看成黑盒子，還未說明NAT BOX收到資料後是如何知道該將資料轉送給內部哪一台主機。實際作法，NAT維護一個轉換表，並在轉送給內部主機時對轉換表做查詢。NAT在轉換表中放置的是甚麼資訊？是在何時建立轉換表內資料項目？

最廣泛使用的NAT[2]在其轉換表中存儲六個資料：

- **內部IP(Internal IP)**：內部電腦所使用不可路由的IP位址。
- **內部埠號(Internal Port)**：內部電腦使用的協定埠號。
- **外部IP(External IP)**：外部互聯網電腦的IP位址。
- **外部埠號(External Port)**：外部電腦使用的協定埠號。
- **資料載荷類型(Payload Type)**：傳輸協定類型(例如，TCP、UDP或者ICMP)。
- **NAT埠號(NAT Port)**：NAT BOX使用的協定埠號(避免兩個內部電腦選擇相同的埠號)。

當datagram從Internet到達時，NAT搜索轉換表。如果IP datagram的來源位址和轉換表中的外部IP一致、目的埠號和NAT埠號一致、datagram類型和資料載荷類型(*Payload Type*)一致，NAT使用該資料項目。NAT以內部IP位址替換datagram的目標IP位址(始終是NAT BOX本身位址的)，以內部埠號替換目的地協定埠號，並將datagram轉送給內部主機。

當然，在datagram從互聯網到達之前，就必須建立好轉換表資料項目；否則，NAT無法識別datagram該轉送給內部哪一台主機。轉換表是如何以及何時初始化？從以上描述可推斷：應該對每一個傳出的datagram建立轉換表項目。雖然我們描述了最廣泛使用的NAT形式，但也存在有其他形式的NAT。可能性包括：

- **手動初始化(Manual Initialization)**：網管人員在任何通訊前手動配置轉換表。

2　技術上，這裡描述的NAT的版本是網路位址和埠口轉換（*Network Address and Port Translation*）。

- **傳出datagram(Outgoing Datagrams)**：轉換表是在內部主機發送datagram時建立，也可把轉換表視爲內部網路送出資料時所產生的副產品。NAT使用傳出的datagram建立轉換表資料項目，紀錄來源和目標位址等資訊。
- **傳入名稱查找(Incoming Name Lookups)**：轉換表是在網域名稱查找時建立，也可把轉換表視爲網域名稱查找時所產生的副產品。當互聯網上的主機查找內部主機的網域名稱[3]，DNS軟體以NAT BOX的位址作爲回覆，並在NAT轉換表中建立一個資料項目，以便將資料轉送給正確的內部主機。

每種初始化技術都有其優點和缺點。

(1) 手動初始化提供永久性的映射，允許Internet中任意主機提供的服務可到達站台。

(2) 使用傳出的datagram來始化轉換表，具有的優點是使傳出的通訊完全自動化，缺點是無法讓外部人員發起通訊。

(3) 使用傳入的網域名查找，允許從外部發起通訊，但需要修改網域名稱軟體。

大多數NAT的實現，使用傳出的datagram來初始化轉換表；該策略對於在Wi-Fi使用無線路由器作爲熱點的應用，特別爲用戶接受。路由器可以直接連接到ISP，就像主機一樣。例如，無線路由器可以插入ISP提供的DSL或纜線數據機。然後無線路由器提供Wi-Fi無線連接。當移動主機透過Wi-Fi連線，在無線路由器中運行的NAT軟體會爲移動主機分配一個私有、不可路由的IP位址，並以路由器當作預設路由。移動主機可以僅透過Wi-Fi向Internet發送datagram，就可與Internet上的任何電腦通訊。圖19.6說明了此架構。

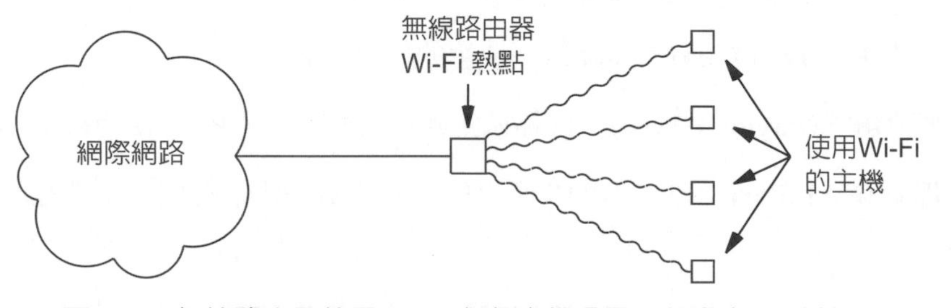

圖19.6　無線路由器使用NAT，每個主機分配一個私有IP位址。

當主機和無線路由器連線時，就必須分配IP位址給主機。例如，如果主機使用IPv4，路由器可能分配*192.168.0.1*給第一台主機，分配*192.168.0.2*給第二台主機，等等。當主機準備發送datagram到Internet的目的地時，主機通過Wi-Fi轉送datagram，出口NAT在發送datagram之前，先建立轉送表資料項目。類似地，當來自Internet的回應到達時，無線路由器入口NAT做位址轉換，透過Wi-Fi網路，將datagram轉送給正確的主機。

3　第23章介紹網域名稱系統（DNS）的操作方式。

19.10 NAT變體

存在許多的NAT變體，並且已經使用許多名稱來描述變體。到目前爲止，我們已經描述了對稱NAT (*symmetric NAT*)，允許站台上的主機以任意的協定埠號與互聯網上的主機上通訊。許多變體專注於在NAT BOX後方運行伺服器，以允許外部互聯網主機發起通訊(即，封包在站台處的伺服器發送封包前到達)。例如，稱爲埠號限制錐形NAT (*port restricted cone NAT*)的變體使用一個輸出封包建立外部埠號，然後將到達埠號的所有的封包轉送到內部主機。因此，如果內部主機H_1從來源埠號X送出封包，NAT BOX將其映射到外部埠號Y，所有傳入到埠號Y的封包將被定向到H_1上的埠號X，無論Internet中的哪個主機發送封包都可收到。

19.11 NAT位址轉換的例子

舉一個例子說明NAT位址轉換。我們討論的NAT版本是NAPT，轉換的是協定埠號以及IP位址。圖19.7說明了與NAPT一起使用的IPv4轉換表的內容，一個站台的四台電腦已經建立了六個TCP連接，連線到Internet的外部站台。

內部 IP 位址	內部 埠口	外部 IP 位址	外部 埠口	NAT 埠口	資料載荷 型態
192.168.0.5	38023	128.10.19.20	80	41003	tcp
192.168.0.1	41007	128.10.19.20	80	41010	tcp
192.168.0.6	56600	207.200.75.200	80	41012	tcp
192.168.0.6	56612	128.10.18.3	25	41016	tcp
192.168.0.5	41025	128.10.19.20	25	41009	tcp
192.168.0.3	38023	128.210.1.5	80	41007	tcp

圖19.7　NAPT轉換表範例。表中包括埠號以及IPv4位址。

該圖示出了三個情況：(1)在站台中有一台主機已經連接到Internet上的兩個主機。(2)站台上有兩台主機各連接到互聯網上的同一個Web伺服器。(3)站台上有兩台主機正在使用同一個來源埠號。

在圖中，每筆資料對應於一個TCP連接。內部主機*192.168.0.6*已經與外部主機形成兩個連接，一個連接到外部主機*207.200.75.200*的Web伺服器(埠號80)上，另一個連接到外部主機*128.10.18.3*的電子郵件伺服器(埠號25)。兩個內部主機，*192.168.0.5*和*192.168.0.1*，都在對外部電腦*128.10.19.20*上的協定埠號80做存取。因爲站台內的每台主機都是自由選擇來源埠號，不能保證唯一性。在範例中，來自*192.168.0.5*和*192.168.0.3*的TCP連接都具有來源埠號*38023*，因此，爲了避免潛在衝突，NAT爲每個通訊分配唯一的NAT埠號，在互聯網上使用。此外，NAT埠號與發送端主機選擇的來源埠號不相關。因此，來自主機192.168.0.1的連接可以使用埠號*41007*，NAT BOX也可以使用埠號41007進行完全不同的連接。

回想一下，TCP用「4元組」(4-tuple)資料來代表一個連接，分別是連接兩端的位址和埠號。例如，前兩個項目該表對應於以下4元組的TCP連接：

(192.168.0.5,38023,128.10.19.20,80)

(192.168.0.1,41007,128.10.19.20,80)

但是，當Internet上的電腦*128.10.19.20*接收datagram時，NAT BOX將轉換來源位址，這意味著相同的兩個連接將有以下4元組：

(G，41003,128.10.19.20,80)

(G，41010,128.10.19.20,80)

其中G是NAT BOX的全球有效位址。

NAPT的主要優點在於只要一個全球有效IP位址就可讓一個組織存取Internet資源；主要缺點是只限用於TCP、UDP和ICMP的通訊環境[4]。因爲幾乎所有的應用程序都使用TCP或UDP，所以NAPT是透明的。站台內的電腦可以用任意來源埠號，同時存取多個外部電腦。同時，站台內的多台電腦可以同時存取特定外部電腦上的同一埠號，不會彼此干擾。總結：

> 儘管存在NAT的幾種變體，但是NAPT形式是最廣爲使用，因爲它轉換的是協定埠號以及IP位址。

19.12 NAT與ICMP之間的互動

我們已經知道NAT使用的轉換資料是IP位址和協定埠號，位址轉換可能影響封包的其他部分。例如，考慮ICMP。爲了保有美好的透明度，NAT必須理解和更改ICMP訊息的內容。例如，假設內部主機使用ping以測試Internet上目標的可達性。主機期望對發送的每個ICMP請求都能收到ICMP回應。因此，NAT必須將傳入的echo回應轉送給正確的主機。然而，NAT不會轉送所有從Internet到達的ICMP訊息(例如，如果NAT BOX中的路由不正確，ICMP訊息必須在本地處理)。因此，當一個ICMP訊息從Internet到達，NAT必須確定是否應該由自己處理，或傳送給內部主機。

在轉送ICMP訊息到內部主機之前，NAT必須先轉換整個ICMP訊息。爲了理解ICMP轉換的需要，考慮一個ICMP目的地不可達訊息。該訊息包含導致錯誤的datagram，*D*，的標頭。不幸的是，NAT在發送*D*之前會轉換位址，所以來源位址是NAT BOX的全球有效位址，而不是內部主機的位址。因此，在將ICMP訊息轉送回內部主機之前，NAT必須打開ICMP訊息並轉換*D*中的位址，以便它們呈現的正是內部主機使用的形式。進行更改後，NAT必須重新計算*D*中的checksum、ICMP標頭中的checksum和外部datagram標頭的checksum。

4 下一節解釋NAT BOX轉換和轉送一些ICMP訊息和掌控其他本地訊息。

19.13 NAT與應用程序之間的互動

ICMP使NAT變得複雜，爲一些應用協定提供透明度還需要細心設計。一般來說，NAT不會與任何用IP位址或協定埠號作爲資訊的應用程序一起工作。特別是，檔案傳輸協定(*FTP*)，用於下載大的檔案，在用戶端和伺服器之間建立控制連接，然後爲每個檔案傳輸形成一個新的TCP連接。作爲協定的一部分，一方獲得本地機器上的協定埠號，將數字轉換爲ASCII碼，並通過控制連接，將結果發送到另一端。另一端建立指定埠號的TCP連接。考慮當雙方之間的通訊通過NAT BOX時會發生什麼。NAT BOX後面的主機可以形成控制連接。但是，如果主機獲得一個本地埠號並將訊息傳遞到另一端，NAT就不會期望封包到達並丟棄它們。因此，FTP只能工作於由NAT監視器控制連接內容的環境，選擇埠號，並且改變資訊流來反映新的埠號。

許多NAT的實現已經可以搭配一些流行的應用協定，包括FTP，並在資訊流中進行必要的更改。爲了適應NAT，很多程式做了改變，避免傳遞和NAT不相容的資訊(譬如，避免在相反方向上進行連接)。例如，不需要伺服器連接回用戶端的FTP版本，被稱爲被動FTP。應用程式工程師必須了解NAT，並以一般方式完全使用，尤其應避免在資訊流中傳遞位址或埠號。總結：

> NAT會影響ICMP與高層協定；除了一些標準的應用程式(例如FTP)以外，把IP位址或協定埠號當成資料來傳送的應用協定便無法透過NAT傳送。

若要改變資料流中的項目，會使得NAPT變得更爲複雜。第一，NAPT對於每個應用程式必須全盤瞭解。第二，如果埠號以ASCII值表示，如同FTP的情形，改變數值會連帶影響傳輸的位元組個數。即使只在TCP連線中加入一個額外的位元組也是很困難的，因爲發送端並不知道資料在途中有所改變，因此它會持續依序地分配序號而未考慮額外的資料。當接收端收到這筆額外的資料時，它會回覆這筆資料的確認訊息。所以如果有加入額外的資料，NAT就必須爲每個送出之datagram以及進入之確認訊息轉換序號。

19.14 分段環境環境下的 NAT

之前在NAT的描述上，我們對IP做了一個重要的假設：NAT系統接收到的是完整的datagram，而非資料片段(fragments)。那麼如果datagram被分段後會有何影響？IP位址不是問題，因爲每個片段包含IP來源和目標主機的位址。但是，資料分段對NAPT(最廣泛使用的NAT變體)有重大影響。如圖19.7所示顯示，NAPT表查尋，使用的是傳輸層標頭的埠號和IP標頭的IP位址。不幸的是只有第一個資料段會攜帶傳輸協定層標頭，所以在執行查表之前，NAPT系統必須收到並檢查datagram的第一個資料段。IP則進一步使NAT複雜化，資料片段可能無序到達。因此，攜帶傳輸層標頭的片段可能不會在其他片段之前到達。

爲解決上述問題，NAPT系統可以有兩種設計方式：系統可以儲存資料段，並重組回完整datagram，或捨棄資料段僅處理完整之datagram。不過這兩種做法都不盡理想，因爲重組需要額外資源，這表示系統將無法提升速度或資料流量；捨棄資料段則表示系統對於通訊使用選擇性處理。實際上，只有用於低速網路的NAPT系統會採用重組的方式，而大部份的系統選擇丟棄分段之datagram。

19.15 概念性位址領域

我們已經描述了可以用來連結私有網路與全球Internet的NAT技術。實際上，NAT可用來連結任意兩個「位址網域」(*address domain*)，因此它可以用在同樣使用位址10.0.0.0的兩家公司之私有網路之間。更重要的是，NAT可以用在兩層架構上：用戶的私有位址網域與ISP的私有位址網域之間，以及ISP位址網域與全球Internet之間。最後，NAT也可以和VPN技術結合爲混合式架構，其中的組織使用私有位址，並透過NAT來提供網路區域與全球Internet互連。

舉一個雙層NAT的例子，假設某人在家中使用數台連接LAN的電腦工作，此人可以配置私有位址給這些電腦，並在家用網路與公司內部網路之間使用NAT。相同的，公司也可以配置私有位址並在內部網路與全球Internet 之間使用NAT。

19.16 Linux，Windows和Mac版本的NAT

除了獨立專用的設備使用NAT功能，如無線路由器，也可以用軟體來實現NAT，一般電腦就可執行NAT功能。例如，Microsoft的NAT軟體名稱是「Internet連接共享」(*Internet Connection Sharing*)用戶可以配置；附加軟體可用於Windows伺服器。Linux作業系統已經建立了幾個NAT版本。特別是，*iptables*和*IP Masquerade*都是NAT的實現。一般來說，NAT軟體由以下組合而成：允許用戶配置NAT的應用程序工具、支持封包重寫的內核、防火牆等。大多數NAT軟體支持多種變體。例如，因爲提供了有狀態封包檢查，iptables可以配置來處理基本NAT或NAPT。

19.17 覆蓋網路

本章的主題是虛擬化：使用抽象化技術模仿由專用硬體提供的服務給一些電腦使用。例如，VPN技術，讓用戶將他們的電腦連接到遠端網路，就好像是直接連線一般。NAT技術允許一組具有私用位址的電腦，與互聯網上的任意目的地進行通訊，就好像每台電腦都具有全球有效的IP位址。我們可以進一步擴展虛擬化嗎？答案是肯定的。我們可以建立一個虛擬網路，跨越站台連接主機，讓主機間互相通訊，如同它們都連接到單個硬體網路一般。

覆蓋網路又有何用處？覆蓋網路是一種在現行網路架構上疊加的虛擬網路，VPN就是一個覆蓋網路的典型例子，考慮的是安全因素。假設一間公司有六個站台，並且想要建立企業內部網。公司希望保證站台間通訊的機密性。VPN技術可讓公司配置站台路由器，使用互聯網來替代單個鏈路，並爲流過虛擬鏈路的資料加密。

覆蓋網路通過兩種方式擴展虛擬化。首先，不只是個人鏈路，覆蓋技術可用於創建整個網路。第二，不是建立虛擬互聯網，覆蓋技術可用於建立第2層虛擬網路。

要了解覆蓋網路如何操作，看個範例。一間公司有六個站台。公司使用VPN，公司在每個站台配置一個或多個路由器，將datagram透過隧道傳送到其他站台。更重要的是，公司可以使用任意路由拓樸和任意流量策略。例如，如果公司觀察到直接從站台1發送到站台4的視訊流量，有過高的延遲，重疊路由可以被佈置爲：除了站台1和4外，每兩個站台之間有直接鏈路，參閱圖19.8(a)。也可佈置爲；站台1 － 3在東海岸，站台4 － 6在西海岸，公司可安排覆蓋網路來模擬三個長途鏈接，參閱圖19.8(b)。

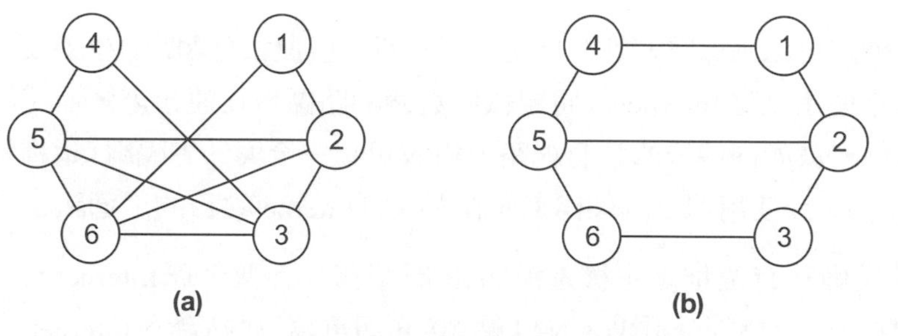

圖19.8　可以實現兩種可能拓樸的覆蓋技術。

重要的是要理解，圖中所示的拓樸是虛擬的，不是眞實的。在實踐中，沒有鏈接。所有站台連接到互聯網，並使用互聯網傳遞datagram。因此，只有圖19.8(a) 可以防止站台1直接向站台4發送datagram。

19.18　多重同時疊加

圖19.8中的拓樸看起來有點毫無意義。畢竟，如果所有的站台連接到全球互聯網，datagram可以直接轉送到正確的目的地。然而，組織可能偏愛某種拓樸。要理解，假設組織已爲某些群組建立了路由策略。例如，公司策略可能要求所有金融流量必須與用戶流量隔離，或每個站台法律部門的電腦必須位於與Internet隔離的私有網路上。

覆蓋技術背後的兩個關鍵思維是：

- 在站台內操作
- 許多覆蓋層同時操作

站台內操作(Operation within a site)。雖然我們描述了連接站台的廣域拓樸覆蓋網路，覆蓋技術可擴展到站台內的主機和路由器。因此，可以建立兩個隔離的網路，一個覆蓋網路連接財務部門，另一個覆蓋網路連接法律部門。

同時操作多個覆蓋網路(simultaneous operation of many overlays)。覆蓋技術的第二個關鍵思想是多重覆蓋網路的同時操作。也就是說，幾個覆蓋網路可以共存(亦即同時操作)，使得組織可以建立多個虛擬網路，且僅在特定互連點處會合。在我們的範例中，法律部門中的電腦可以完全與其他電腦隔離。

第28章繼續討論虛擬化和覆蓋網路。本章以第17章討論的分類和交換概念，結合VPN和覆蓋網路的概念，我們看到結果是一種可用於配置虛擬路徑的技術。

19.19 總結

虛擬化技術允許我們建立自己想要的人工網路，使用的方式是對傳統的互聯網通訊施加限制。我們檢視了三種虛擬化技術：VPN、NAT BOX和覆蓋網路。

雖然私有網路可以確保隱密性，但是所費不貲。虛擬私有網路(VPN)提供了較便宜的替代方案，因為它使用全球Internet來將組織中數個網路區域互連起來，並使用加密來確保內部資料之隱密性。就如同傳統的私有網路，VPN可以完全與外界隔離(這種情形下主機所配置的是私有位址)，或使用混合式架構來允許主機與Internet之目的地通訊。

NAT提供具備私有位址之主機透通的IP 層服務來存取全球Internet。NAT在無線路由器的Wi-Fi熱點使用上特別受歡迎。NAT轉換(亦即重寫)從站台到Internet主機或從Internet主機到站台的datagram。雖然有NAT的幾種變體存在，最流行的是網路IP和埠口轉換(NAPT)。除了重寫IP地址之外，NAPT重寫傳輸層協定的埠號，它提供完全的通用性，讓站台內電腦中的每個應用程序可同時存取互聯網提供的服務。

覆蓋網路技術允許組織在多個站台間定義網路，就好像站台通過租用數位電路連接。覆蓋定義站台之間的可能互連。有了覆蓋網路，常規路由協定可沿著覆蓋路徑尋找路由。

習題

19.1　在什麼樣的情形下跨越Internet傳送相同資料時，VPN傳送的封包會比傳統IP方式傳送的封包多？提示：考慮封裝。

19.2　以軟體實現的NAT，用於提供遠端員工對內部網路資源的存取，所使用的網路MTU，通常比本地應用程序報告的值還小。解釋爲什麼。

19.3　查找cone應用於NAT的定義。什麼樣的NAT系統考慮成爲full cone？

19.4　NAT轉換來源和目標IP地址。從互聯網到達的datagram有哪些位址需要轉換？

19.5　考慮一個ICMP主機不可達訊息，該訊息的傳遞，經個兩個NAT BOX，途中經過三個位址網域。請問中間會發生幾次位址轉換？還有會發生幾次協定埠號轉換？

19.6　假設我們想要建立一個與現存Internet 相同的Internet，而且它們所使用的位址空間也相同。請問NAT技術可以用來連結這兩個使用相同位址空間的大型Internet嗎？請解釋可行或不可行，以及其原因。

19.7　NAT對於主機而言是完全透明的嗎？若要回答這個問題，請先試著找出主機用來決定它是否位於NAT BOX後方的一連串datagram。

19.8　把NAT技術與VPN技術結合在一起的優點爲何？缺點呢？

19.9　在私有位址領域和Internet之間的Linux系統上配置NAT。哪些知名的服務可正常工作，哪些不行？

19.10　閱讀NAT的一個變種，稱爲twice NAT的文件。twice NAT允許從NAT BOX的任一方，在任何時間啓動通訊。如何確保trice NAT轉換是一致的？如果兩個trice NAT的實例用於互連三個位址網域，結果對所有主機是否完全透通？

19.11　繪製與覆蓋網路一起使用的協定分層圖。

19.12　覆蓋技術可以用於第2層和第3層。設計一個系統，使用覆蓋來形成包括多個站台的大型乙太網VLAN。

章節目錄

20

Client-Server互動模型

20.1 引言

前面章節介紹了TCP/IP技術的細節，包括提供基本服務的協定和路由器用於傳播路由訊息的協定。我們了解全盤的基本技術，現在來談談應用程式如何將TCP/IP協定和全球互聯網整合以獲取利益。雖然範例應用程式既實用又有趣，但它們卻未形成主要的重點，因爲沒有互聯網應用程式可持久使用。新程式推出後則舊程式就褪色。因此，我們的焦點擺在通訊應用程序間互動的型態(pattern)。

最主要的應用程序間互動形態是主從式架構(*client-server paradigm*)。主從式架構互動形成網路通訊的基礎，並爲應用服務提供了基本架構。各種高層級擴展式主從式架構模型已經建立，包括對等網路和映射縮減處理(*map-reduce processing*)。儘管應用領域大力推廣，擴展方案尚無法取代主從式架構的互動。相反，新模型只是建議將新的大型分散式系統組織在最底層，它們仍依賴於主從式架構互動。

本章考慮基本的主從式架構模型；後面的章節描述其在指定領域的應用。本系列書籍第3卷則詳細解釋應用程序細節，討論諸如Web伺服器等應用程式是如何處理程序和執行緒(processes and threads)。

20.2 主從架構模型

伺服器(*server*)是透過網路提供服務的應用程序。伺服器接受傳入請求，形成響應，並將結果返回給請求者。對於最簡單的服務，每個請求以單個datagram到達，伺服器使用另一個datagram做回應。

當一個執行中的程式發出請求給伺服器並等待回應時，此程式就變成「用戶」(*client*)。由於主從式模型是電腦程序間通訊既方便與自然地互動模式，所以程式工程師很容使用主從式模型來建立互動的程式。

伺服器可以執行簡單或複雜的任務。例如，無論在任何時間，若用戶端送一個封包給日期時間伺服器(*time-of-day server*)，伺服器都會簡單地回傳目前時間。而web伺服器接收到瀏覽器請求網頁拷貝後，伺服器會將網頁檔案的拷貝回傳給瀏覽器。

伺服器是一個應用程式。事實上，可以把伺服器看成是一個正在執行的應用程式，這通常被稱爲程序(*process*)。將伺服器以執行應用程序的方式呈現，優點是它可以在任何支援TCP/IP 協定的電腦系統上執行。例如，若伺服器的負載增加，則伺服器可以移到較快的CPU上執行。目前的技術可讓伺服器運行在多部實體獨立的機器，以增加可靠性或效能。如果一台電腦主要用來支援特別的伺服器程式，「伺服器」可表示此電腦，也可表示伺服器程式。因此可以這樣說「A機器是我們的檔案伺服器」。

20.3 一個簡單的例子：UDP Echo Server

最簡單的主從式互動模型使用datagram傳輸，將訊息從用戶端傳到伺服器。例如，圖20.1說明一個*UDP echo*伺服器(*UDP echo server*)。伺服器啓動時指定使用預留的UDP echo服務埠7。然後伺服器程序會以三個步驟進入無窮迴圈：

(1) 等待datagram抵達echo埠。
(2) 顚倒來源與目的地的位址(包括來源與目的地的IP 位址與UDP 埠)。
(3) 回傳datagram給原來的發送者。

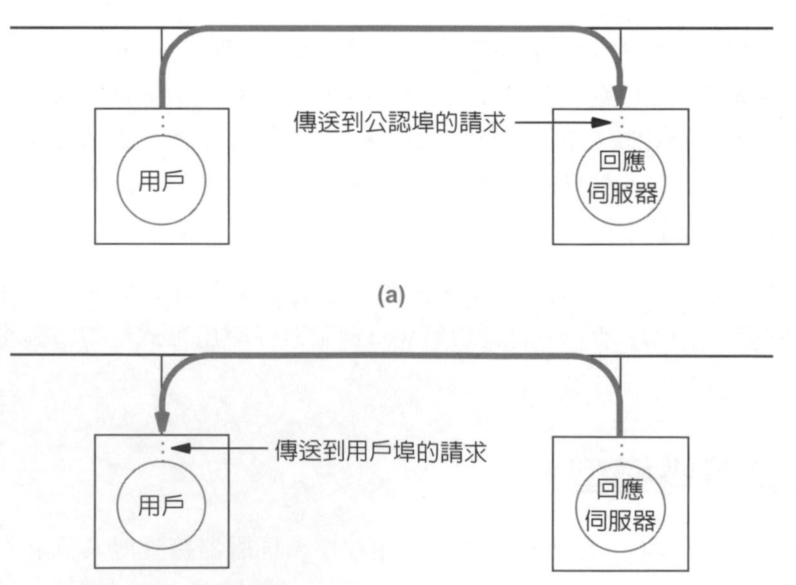

圖20.1 以UDP echo做為主從式模型的例子。(a) 用戶端傳送請求到已知IP位址的伺服器公認埠，(b) 伺服器回傳回應。

一旦執行，伺服器應用程序可以提供echo服務。在互聯網上的一些站點，應用程式藉由送出datagram成爲UDP的用戶端。

誰會使用echo服務？這不是一般的使用者覺得有趣的服務。然而，設計、實現、測量、修改網路的程式設計者和測試路由器與通訊系統偵錯的網路管理者，測試時通常使用echo服務，因爲echo服務可確定能否抵達遠端機器。此外，用戶端將所接收的返回資料與發送的資料完全相同。因此，用戶端可以檢查返回的資料，確定資料是否在傳輸中損壞。

用戶端和伺服器之間的主要區別在於所使用的埠號。伺服器使用與其相關聯的公認埠號。用戶端知道UDP echo伺服器將使用埠號7，因爲標準規範用埠號7回應服務。但是，用戶端本身不使用公認埠號。用戶端從其本地操作系統獲取未使用的UDP協定埠號，並在發送UDP訊息時使用該埠號作爲來源埠號。用戶端等待回應，伺服器使用傳入訊息中的來源埠號，發送回應給正確的用戶端。

UDP回應服務說明了兩個重點，一般主從式架構互動符合兩個重點。第一個是關於伺服器和用戶端生命週期的差異：

> 在互動前，伺服器就開始啓動，並且(通常是)持續不斷地接收請求並傳送回應。用戶端是任何發出請求並等待回應的程式；它(通常)使用伺服器一段有限的時間之後就會中斷。

第二點是比較技術性的，有關於保留的與未保留的埠號識別碼：

> 伺服器在一個公認的埠號下等待請求，而此埠號已被伺服器所提供的服務所保留。用戶端會指定一個任意的、未使用的、未保留的埠號來通訊。

重要的是要意識到主從式架構互動所需要的兩個埠號，但只有一個埠號(由伺服器使用)需要保留。這個想法對整體架構至關重要，因爲它允許電腦上的多個應用程序和伺服器進行通訊。例如，假設兩個用戶正在同時使用大的分時系統。假設每個用戶執行一個UDP echo用戶端，他們都發送訊息到同一個UDP回應伺服器。不會造成混淆？因爲每個用戶端的本地埠號是唯一的，伺服器不會模糊回覆。

20.4 時間和日期服務

echo伺服器相當簡單，且伺服器與用戶端的程式碼都很小(假設作業系統提供合理存取基本UDP/IP的方法)。第二個例子是時間(time)伺服器，說明了簡單的主從式互動，也可提供有用的服務。它解決電腦自動設定日期時鐘的問題。但時間伺服器也引發了資料呈現方式的問題。

多數的電腦用電池來維持時鐘的運作，與時間伺服器互動後可以將時鐘設定到正確時間，而不需電池來維持。若網路上有執行時間與日期服務的機器，電腦只需傳送請求就可得到正確時間。如果需要額外的精度，計算機可以定期聯繫時間伺服器。

20.4.1 日期與時間表示法

如何表示時間？一個有用的表示法將日期和時間以一個整數來儲存，提供的數值是紀元日期所經過的秒數。TCP/IP將紀元日期訂爲1900年1月1日，將時間儲存在32位元整數中。此表示法可以使用一段相當長的時間。大多數電腦預計會有64位元整數處理能力。

簡單地指定一個值以32位元整數來儲存是不夠的，因爲在電腦之間整數的表示法並不相同。大多數應用協定設計者遵循與TCP/IP協定相同的方法：整數網路標準位元組順序表示法(*network standard byte order*)。也就是說，在發送訊息之前，發送應用程序將每個整數從本地機器的位元組順序轉換爲網路位元組順序，並且在接收到訊息時，接收應用程式將收到的每個網路整數位元組，依序轉換爲本地主機位元組順序。因此，兩個電腦雖具有不同的整數表示，也可以透通地交換整數。

大多數應用在選擇其標準時也遵循TCP/IP標準的網路位元組順序：它們使用大端表示法(*big endian* representation)。在大端順序中，整數的最高有效位元組先出現，接下來是次高有效位元組，等等。使用網路標準位元組順序似乎引入了額外的開銷，或選擇大端順序表示法是低效的。但是，經驗示出了在本地位元組順序和網路順序之間轉換所涉及的開銷和其他成表示法的成本相比是相差不大。此外，使用單一的，眾所周知的位元組順序標準，防止了許多問題和模糊性。

20.4.2 時間伺服器互動

用戶端和時間伺服器之間的互動，說明了主從式架構互動的有趣轉折。時間服務的執行方式非常類似於回應服務。伺服器首先啓動，等待聯繫。但是，時間協定沒有定義請求訊息。時間伺服器使用UDP訊息的到達來觸發響應。也就是說，時間伺服器假定任何到達的UDP訊息，都是對當前時間的請求，不管訊息大小或內容。因此，伺服器以一個32位整數表示的當前時間，來回覆每個傳入的時間要求。圖20.2說明了時間伺服器的互動。我們可以總結：

> 向時間伺服器發送任意datagram等效於對當前時間的請求；伺服器通過回覆一個UDP訊息做響應，其中包含當前時間，以網路標準位元組順序來表示。

20.5 循序和並行處理伺服器

上述範例說明了基本循序伺服器(亦即，伺服器一次處理一個請求)。在接受請求後，循序伺服器在另一個請求到達前先發送回覆。循序伺服器的想法提出了一個關於協定軟體重要的問題：如果後續請求到達而伺服器正忙於處理先前的請求，會發生什麼事？

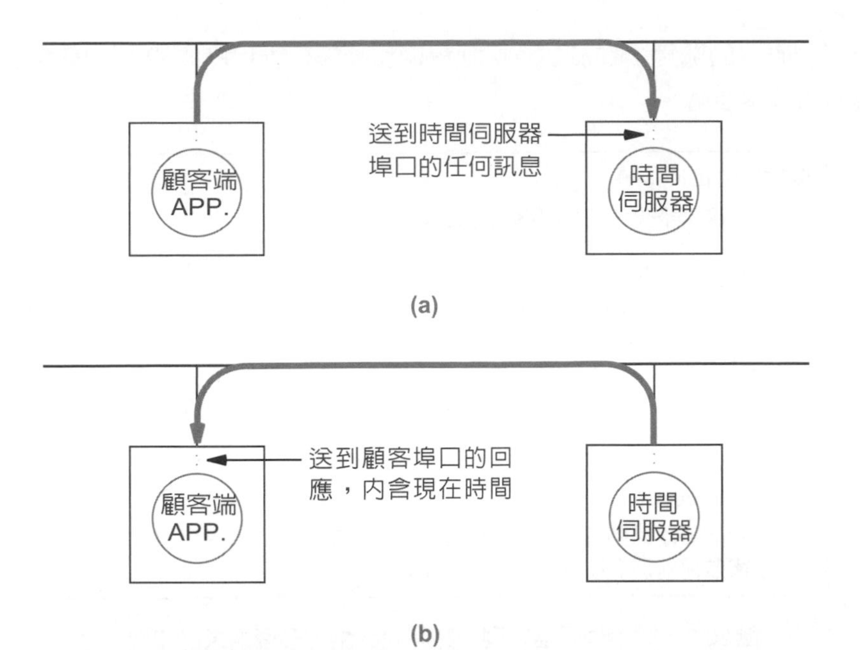

圖20.2　時間伺服器互動模型。協定沒有定義請求訊息，因為任意UDP datagram將觸發一個回應。

對於這個小範例，這個問題是無關緊要的。對伺服器而言，如視訊下載伺服器，其中單個請求可能需要幾分鐘或幾小時才能兌現的問題才更重要。一般來說，伺服器必須設計爲滿足預期需求。可以使用兩種技術來適應許多請求：

- 傳入的請求可以放入佇列中
- 伺服器可以同時滿足多個請求

請求排隊(Request queuing)。當後續請求陸續到達而循序伺服器正忙於處理其他請求，伺服器不能將傳入請求放入佇列。封包有突發性到達的傾向，這意味著多個請求會連續且快速到達。爲了處理突發性請求，協定軟體被設計爲每個應用程序提供佇列。因爲排隊只是用來處理突發性請求，典型的佇列不大(例如，一些操作系統將佇列限制爲只容納五個或更少的項目)。因此，排隊只適用不在乎處理時間長久的應用程序。

並行處理伺服器(Concurrent servers)。要處理多個並發請求，大多數伺服器是可執行並行處理的。並行處理伺服器可以同時處理多個請求。我們使用術語並行(*concurrent*)而不是同時(*simultaneous*)，主要在強調所有用戶端共享底層的計算和網路資源。並行處理伺服器可以在給定時間處理許多用戶端，但是每個用戶端得到的服務品質與用戶端的數量呈反比。

要理解並行處理的重要性，想像一下，如果用戶端在極慢的網路環境請求視頻下載，循序伺服器會發生什麼事情。沒有其他用戶端請求會被滿足。若使用並行設計，伺服器將可滿足其他請求，同時繼續通過緩慢的連接發送封包。

並行處理伺服器的關鍵，在於並行處理程序和動態建立程序的能力。圖 20.3 是並行處理伺服器所遵循的基本步驟。

開啓埠(Open port)

主伺服器開啓一個可存取的公認埠。

等待用戶(Wait for client)

主伺服器等待新用戶發出請求。

開始拷貝(Start copy)

主伺服器啓動一個獨立、並行的拷貝(程序或執行緒)來處理該請求。此拷貝處理完一個請求完後終止。

繼續(Continue)

原始伺服器回到等待步驟，繼續接受新請求。而同時建立的新拷貝程序會並行處理之前的請求。

圖 20.3　並行伺服器在同一時間允許處理多個請求的步驟。

20.6 伺服器的複雜性

並行伺服器的優點是速度：晚抵達的請求不必等待其他請求處理完畢。缺點是複雜性：並行伺服器較難建構。

除了伺服器並行地處理請求時所導致的複雜性之外，授權與保護規則也有複雜性。由於伺服器程式必須讀取系統檔案、保存記錄與保存受保護的資料，所以通常用最高優先序執行，作業系統也不會限制伺服器程式是否存取用戶資料。因此伺服器不能盲目回應其他站台的請求，伺服器必須加強系統存取與保護策略。例如，檔案伺服器必須檢查請求，以決定客戶端是否被授權存取文件。

最後，伺服器須避免異常的請求，或避免引起自己意外中止的請求來保護自己。要預見潛在問題通常很困難。例如，Purdue 大學的計劃設計了一個伺服器，允許學生的作業系統在 UNIX 分時系統上存取檔案。學生發現當請求伺服器開啓 */dev/tty* 的檔案時，會使伺服器意外中止，UNIX 會連繫該檔名與程式所連接的控制系統，但系統啓動時所建立的伺服器沒有這種終端機。一旦發生中止，除非系統設計者重開此伺服器，用戶端都不能存取檔案。

我們總結有關伺服器的討論：

> 伺服器要比用户端難建立得多，因爲即使伺服器可以用應用程式來實現，但伺服器必須保證所在主機的存取和保護策略，而且須保護自己，防止各種可能錯誤。

20.7 廣播請求

到目前爲止，主從式互動的例子都要求用戶端必須知道伺服器位址。某些情況下用戶可以不知道伺服器位址。例如電腦啓動時可用DHCP取得位址，但用戶只需廣播請求，而不知道伺服器的位址[1]。關鍵在於：

> 對於用户不知道伺服器位址的協定，主從式架構允許用户程式廣播請求。

20.8 主從式架構的替代和擴展方案

主從式架構互動幾乎是所有Internet通訊的基礎。然而，並非總體適用：可以做甚麼樣的變化來適應？有三種方法：

- 代理快取(Proxy caching)
- 預取(Prefetching)
- 對等存取(Peer-to-peer access)

代理快取(proxy caching)。我們說常規的主從式架構模型，需要一個應用程序作爲用戶端，並在需要訊息時與伺服器聯繫。但是，延遲可能是一個問題，特別是在伺服器遠離用戶端情況下。如果請求會重複發生，爲了減少延遲和降低網路流量，快取可以提高主從式架構互動的性能。例如，考慮有Web存取權的公司員工。如果員工發現一個網頁有用或有趣，員工很可能通過網址查看該頁面，並將該網址傳遞給其他朋友。從而，給定的網頁可以被存取十幾次。使用傳統的主從式架構方法，每個存取都需要從伺服器獲取頁面。

爲了提高性能，公司可以安裝代理Web快取。當它收到一個請求，代理快取在磁碟機查看是否有請求的項目。如果沒有，代理將聯繫相應的Web伺服器以獲取資料，存放在磁碟機上，並將副本傳送給發出請求的瀏覽器。因爲代理可以用磁碟機中的資料滿足每個後續請求，只需存取Web伺服器一次。

當然，用戶必須同意使用代理，否則無法用代理模式進行瀏覽。每個用戶必須配置瀏覽器可聯繫代理伺服器(大多數Web瀏覽器具有使用代理的設置)。個別使用者應有很強的動機使用代理，因爲代理不會注入顯著的開銷但又大大的改善性能。

也有其他主從式架構快取的範例。例如，在第6章中介紹的ARP協定主從式架構模型。ARP使用高速快取來避免重複請求鄰居的MAC位址。如果ARP沒有使用快取，網路交通會翻倍。

預取(*prefetching*)。雖然能提高了性能，但不會改變主從式架構互動的本質－－僅當第一個用戶端發出請求時才獲取訊息。預取程序在需要資訊時才充當用戶端獲取訊息。以需求爲導向的觀念是一種自然的傾向，需求深度來自經驗。快取有助於減少獲取資訊的成本，使用的手段是降低後續提取的檢索成本，但不可避免第一次提取的花費。

1 第22章檢視DHCP。

預取可以降低初始請求的成本？答案在於適當地安排伺服器，在任何特定程序請求之前，先收集和儲存資訊。預取會減少初始請求的延遲。更重要的是，預取意味著即使網路暫時斷線或擁塞，用戶端發出請求也可以獲得回應。

一個名為ruptime的早期Unix程序，說明了預取的想法，現在已經在許多資訊中心的管理系統中使用。ruptime程序提供本地網路上所有伺服器的CPU負載資訊。有了ruptime機制，用戶端總是可立即操作，因為用戶需求會導向負載最輕的伺服器，所需資訊已由後台應用程序預取。每台在網路上伺服器會定期廣播其當前負載，後台程序收集伺服器發出的公告。預取電腦的負載資訊很重要，由超載的伺服器提供服務，無法快速響應請求。

預取有兩個缺點。首先，即使用戶端尚未存取收集的資訊，預取仍會耗用處理器和網路資源。上述範例中的每台參與的伺服器，必須廣播其狀態並收集從其他機器送來的廣播。如果只有少數機器參與廣播，預取的費用不大。但在包括數百個機器群集的大型資訊中心，通過預取產生的廣播通訊，在網路上會產生顯著的負載。因此，預取通常保留用於特殊情況，讓處理成本和網路開銷可以受到限制。

對等存取(*Peer-to-peer access*)。主從式架構互動的第三個變體稱為對等網路(*P2P*)。P2P因文件共享而普及，並允許用戶交換檔案，如音樂、視訊或MP3檔案等。

對等存取方法背後的想法是直接的：不使用單一專用伺服器，而是安排多個伺服器都存有檔案的副本，讓用戶可從最近的伺服器下載。相同的概念已被內容分散網路(*CDNL*：*Content Distribution Network*)技術所使用，例如Akami開創的技術。但是，對等網路增加了一個有趣的轉折：不需要特殊高檔伺服器介入，對等存取系統只要一般電腦就可以運行。也就是說，為了交換檔案，用戶只要允許他們的電腦像伺服器一樣使用就可以。當用戶端發出請求時，對等系統知道哪些電腦已經下載了副本，並選擇最有利於用戶的電腦來提供最快速的服務。一些對等檔案系統只集中在少數服務地點使用，然後以較快地速度下載檔案。其他對等系統則將文件分割，文件某些部分從一個位置下載，另一些則從其他位置下載。在任何情況下，一旦用戶已經下載了資料(即，完整的文件或部分文件)，用戶的電腦成為其他用戶下載的潛在來源。

20.9 總結

許多現代應用程式使用電腦網路和互聯網進行通訊。主要的使用模式稱為主從式架構互動。伺服器程序等待請求，基於請求類型，執行適當動作並回覆。用戶端程序制定請求，將請求發送到伺服器，並等待回應。一些用戶直接發送請求，而其他則廣播請求；當應用程序不知道伺服器的位址時，廣播請求就非常有用。

我們研究了一些主從架構的例子，例如時間服務和UDP回應服務。時間服務說明了網路標準位元組順序的重要性，並且還表明了服務不需要定義請求格式。

雖然小服務使用循序方法，大多數伺服器允許並行處理。並行處理伺服器不需要用戶端等待先前的請求服務完成，並行處理伺服器建立專屬程序來處理每個請求。並行性對於服務尤其重要，例如視訊下載可能需要幾十分鐘或幾小時才能滿足單個請求。

我們考慮了主從式架構的替代方案和擴展方案，包括快取、預取和對等互動。每種技術都可以提高性能，取決於重複請求的處理模式和存取資訊所需的時間。

習題

20.1 建立一個UDP echo用戶，此用戶傳送一個datagram到指定的回應伺服器、等待回應，並與原來訊息比較。

20.2 仔細考慮UDP echo伺服器形成的回應。對於IP位址的處理，在什麼情況下透過交換來源與目的地位址而建立新IP位址是錯的。

20.3 雖然大多數伺服器是由單獨的應用程序所實現，但ICMP回應伺服器通常內置在操作系統的協定軟體中。每個應用程式(程序)由一個伺服器來執行的優缺點爲何？

20.4 假設你不知道UDP回應伺服器的IP位址，但是知道伺服器會對送到埠號7的要求做出回應，你可用某個IP位址來對伺服器提出要求嗎？

20.5 爲Internet時間服務構建UDP用戶端，並演示它能正常工作。

20.6 伺服器可以在與用戶端相同等級的電腦上執行嗎？說明。

20.7 考慮具有200台電腦群集的資訊中心。如果每台電腦每5秒廣播它當前負載，每個訊息包含240個字節(octet)的訊息(加上相關聯的標頭)，廣播使用了多少網路容量？

20.8 您站點上的電腦上運行了哪些伺服器？如果您沒有存取系統配置文件，列出電腦啓動的伺服器，請查看您的系統，使用具有列印TCP和UDP埠號的命令(例如，UNIX的*netstat*命令)。

20.9 一些伺服器允許網管人員執行正常關閉或重新啓動。是什麼伺服器的正常關機程序？

20.10 假設並行處理伺服器遵循圖20.3中給定的演算法。這樣的伺服器呈現什麼漏洞？

Memo

章節目錄

21

Socket API

21.1 引言

前面章節討論了TCP/IP協定的原理和概念，上一章則討論主從式架構，應用程式使用主從式架構透過TCP/IP互聯網進行通訊。這些章節略過了一個重要的細節：尚未指定應用程式用於與協定軟體互動的確切介面。本章說明這部分內容，檢視應用程式介面(*API: Application Program Interface*)，API介面實質上已經成爲互聯網的標準。本章描述所採用的總體方法，並藉由實例說明API 各函式功能。我們討論了許多細節，重點擺在基礎知識；這樣做將有助於我們深入了解主從式架構應用程序所需的程式碼。本系列書籍第3卷透過用戶端大型範例顯示更多使用API的主從式架構。

到現在才討論API有兩個原因。首先，TCP/IP標準沒有指定應用程序存取網路服務的確切介面；詳細訊息取決於作業系統。第二，協定提供的功能和這些功能是透過甚麼介面實現，兩者的區分非常重要。例如，TCP被設計爲能處理兩個端點同時形成TCP連接。然而，沒有哪個API允許這樣的連接。

21.2 Socket API的版本

我們將檢視*socket API*，它被非正式地稱爲sockets。socket介面最初的建立，是作爲BSD Unix作業系統的一部分。各版本的sockets出現在BSD系統、Linux和Mac OS X中；微軟所適用的socket稱爲*Windows Sockets*[1]。

1　程式工程師經常使用術語WINSOCK來引用Windows socket。

本章對適用於所有系統的socket API做一整體介紹，並設計一個遵循BSD樣式的基本範例。想要了解更多的細節和API特定版本範例的讀者，可參考本系列書籍第3卷，其中包括BSD、Linux和Windows socket版本。

21.3 UNIX I/O規範和網路I/O

開發於20世紀60年代末和70年代初，UNIX作業系統最初是設計用於單處理器電腦的分時系統。UNIX是一個程序導向的作業系統，其中每個應用程序的執行就像用戶等級的程序。應用程序通過系統呼叫(*system call*)與作業系統互動。從程式工程師的角度來看，系統呼叫的行爲看起來和其他函式(function)呼叫完全相同。系統呼叫可以接受參數，並可以返回一個或更多結果。參數可以是數值(例如，整數)或指向物件的指標(例如，要用字元填充的緩衝器)。

衍生自Multics和早期系統，UNIX輸入和輸出(I/O) 的基本操作，遵循「開－關－讀－寫」(*open-close-read-write*)的規則。在應用程序可以執行I/O操作之前，先呼叫*open*以指定要使用的檔案或設備。呼叫open函式會返回一個小的整數，此整數被稱做檔案描述子(*descriptor*)[2]，供應用程序執行I/O操作。一旦開啓了一個檔案(或設備)，應用程序呼叫*read*或*write*操作來傳輸資料。一個函式呼叫可指定要使用的描述子、緩衝區的位址和要傳輸的位元組數。所有傳輸操作完成後，用戶程序呼叫關閉，通知作業系統，已經完成檔案或設備的使用。

21.4 將網路I/O添加到UNIX

設計者將網路協定加入BSD UNIX系統中時，做了兩個決策。第一個設計決策由網路協定豐富的功能所引發。因爲網路協定比傳統設備和檔案系統提供的功能更多。應用程序和網路協定之間的互動需要由新的函式來完成。例如，協定介面必須讓程式工程師可建立伺服端(等待被動連接)和用戶端程式(主動連接)。此外，發送datagram的應用程序希望能指定每個datagram的目的地位址，而不是將目的位址和socket做綁定。爲了處理所有情況，設計人員選擇放棄傳統的UNIX開啓-關閉-讀-寫模式，並增加一些系統呼叫。這樣的設計基本上增加了I/O介面的複雜性，但這是必要的。

第二個設計決策出現在於雖然有許多協定存在，但卻不像TCP/IP一般是如此的成功。因此，設計者試圖建立一個通用機制來適應所有協定。例如，通用性使作業系統可包括TCP/IP和用於其他協定套件的軟體，並允許應用程序在某時段使用一個或多個協定套件。因此，應用程序不能僅僅提供二進制值，又期望協定將該值解釋爲IP位址。正確作法是，應用程序必須明確指定位址的類型(即位址族)。通用性已經爲IPv6付出了代價，與其重新設計socket介面，工程師只需要添加IPv6位址選項即可。

2 之所以有“檔案描述子”這個術語，是因為在UNIX設備中用此術語映射到檔案系統。

21.5 socket抽象化和socket操作

socket API中網路I/O的基礎部分在作業系統上稱爲*socket*。我們認爲一個socket是一種機制，提供描述子(descriptor)給用於網路通訊的應用程式。socket是動態的(dynamic)——當需要時，應用程序請求sockets；完成執行I/O時，釋放socket。

socket與其他I/O共享一個物件：描述子，就像開啓檔案一樣。在大多數系統中，使用一組描述子。因此，描述子5和7可以對應於開啓的檔案，描述子6可以對應用於TCP連接的socket。

21.5.1 建立socket

socket 函式根據命令建立socket。它有三個整數參數，並回傳一個作爲描述子的整數：

descriptor=socket(pfam, type, protocol)

參數*pfam*表示該socket 所使用的協定族(指定socket要如何解釋位址)。目前最重要的協定族包括IPv4(*PF_INET*)和IPv6(*PF_INET6*)。

參數*type*表示所要求的通訊型態。可能的型態包括可靠的資料流傳輸(*SOCKET_STREAM*)、非連接導向datagram傳輸服務(*SOCKET_DGRAM*)和一個允許特權程式存取低層協定或網路介面的原始型態(*SOCKET_RAW*)。

由於一個協定族可以有多個協定來提供相同型態的通訊，*socket*呼叫的第三個參數就是用來選擇指定的protocol；若某種*type*只有一種協定(例如，只有TCP爲IPV4和IPv6提供*SOCK_STREAM*服務)，第三個參數可以設爲0。

21.5.2 socket繼承與終止

在UNIX系統中，*fork*和*exec*系統呼叫用於建立程序以執行一個特定的應用程式。在大多數系統中，當建立新程序時，新建立的程序繼承對所有開啓socket的存取。並行伺服器使用socket繼承來建立一個新程序，處理每個新的用戶端。

新舊程序對現有的描述子都有相同的存取權限，且都可存取socket。因此程式設計者的責任就是確保新舊程序都可以使用共有的socket。

當程序結束socket的使用時，會呼叫close。*close*的格式如下：

close(socket)

socket參數指的是欲關閉socket的描述子。無論程序因何種原因而終止時，系統會關閉所有開啓的socket。在內部，每次呼叫關閉將減少socket的參考計數(reference count)，如果計數減到零，就關閉一個socket。

21.5.3 指定本地位址

開始建立一個socket時，並沒有與任何本地主機或目的地位址聯繫。對TCP/IP協定而言，這代表新的socket開始時沒有指定本地或目的地IP位址或協定埠號。用戶程式並不在意它使用的本地位址，希望協定軟體自動填上本地位址並選擇埠號。然而，運作在公認埠的伺服器程序必須能夠指定埠號，一旦建立一個socket，伺服器用*bind*系統呼叫來建立本地位址[3]。*bind*的格式如下：

bind(socket, localaddr, addrlen)

- **socket參數**：整數，代表欲連結socket的描述子。
- **localaddr參數**：用來指定socket所應連結的本地位址的結構。
- **addrlen參數**：整數，用來指定位址的長度(用位元組表示)。

設計者並不單只是將位址表示爲一串的位元組，還將位址以結構來表示，如圖21.1 所示：

0	16	31
ADDRESS FAMILY (2)	PROTOCOL PORT	
IPv4 ADDRESS		

圖21.1　傳遞IPv4端點到socket函數時使用的sockaddr_in結構。

位址結構的第一個欄位是16位的*ADDRESS FAMILY*，標識位址屬於哪個協定族；每個協定族定義了結構的其餘佈局。譬如，若*ADDRESS FAMILY*欄位的值2，表示該結構用於IPv4，因此，結構的其餘部分由16位元協定埠口和32位元IPv4位址組成。當作爲參數傳遞時，該結構必須轉換爲通用結構，*sockaddr*。

對於IPv6位址，應用程序可能需要提供兩個附加資訊：用於IPv6流的識別碼或位址的範圍(例如，link-local、site-local或global)。圖21.2說明用來表示IPv6端點的*sockaddr_in6*結構。

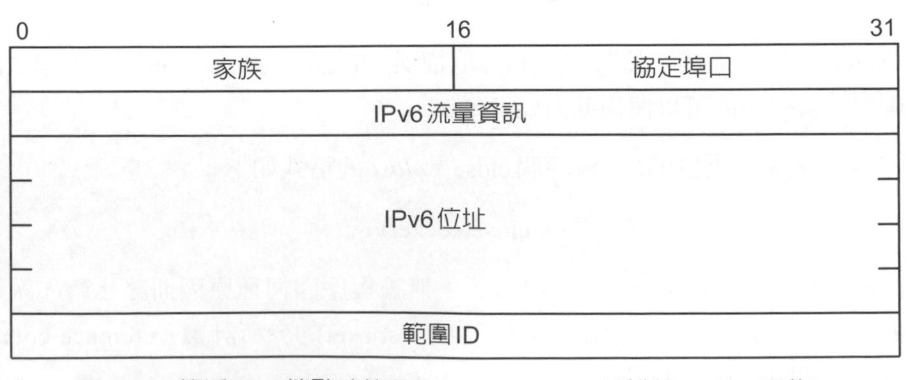

圖21.2　傳遞IPv6端點時使用的sockaddr_in6結構給socket函數。

3 如果客戶端呼叫bind，作業系統會自動分配埠號；通常埠號循序發出。

雖然呼叫*bind*時可以給位址結構任何值，但並非所有可能的繫結都有效。例如，呼叫者可能會請求已經被其他程式佔用的本地協定埠，或是請求一個無效的IP位址等，這時*bind*會失敗而傳回錯誤碼。

21.5.4 將socket 連接到目的地位址

一開始socket建立在「未連接狀態」(*unconnected state*)，表示此socket尚未與任何目的地結合。*connect*函式可將永久目的地連接到socket，並將狀態改為「已連接」。應用程式經由可靠性資料流socket傳送資料之前，必須先呼叫*connect*來建立連線。Socket運用在非連接導向datagram服務時，不需在使用前就先連接，但先連接就不需要在每次傳送資料時都指定目的地。

*connect*函式格式如下：

connect(descriptor, destaddr, addrlen)

- **descriptor 參數**：是socket描述子，用來連接socket。
- **destaddr 參數**：是一個socket位址址結構，用來指定socket必須繫結的目標位址。
- **addrlen 參數**：以字節為單位指定目標位址的長度。

*connect*的實際作用取決於底層協定。選擇可靠的PF_INET或PF_INET6系列中的資料流傳輸服務意味著選擇TCP。在這種情況下，*connect*會與目標建立TCP連接，若無法連接則返回錯誤。在無連接服務的情況下，*connect*只是在本地端點儲存目的地。

21.5.5 透過socket發送資料

一旦應用程式建立了socket，就可以使用socket來傳送資料。有五種傳送的函式可選用：*send*、*sendto*、*sendmsg*、*write*與*writev*。*send*、*write*與*writev*只用在已連接的socket上，這是因為它們不允許呼叫者指定目的地位址。此三者的差異不大，*send*有四個參數：

send(descriptor, buffer, length, flags)

參數*descriptor*是一個整數socket描述子，參數*buffer*包含要發送資料的位址，參數*length*指定要發送的字節數，參數*flag*控制傳輸。flag的一個值允許發送方指定應該以帶外(out-of-band)型式發送資料(例如，TCP緊急資料)。呼叫send時若無法傳輸則會被阻擋(例如，內部系統緩衝器socket已滿會阻擋傳輸)。*flag*的另一個值允許呼叫者請求發送訊息時不使用本地轉送表。其目的是允許呼叫者控制轉送，便於設計網路除錯軟體。當然，並非所有socket都支持來自任意程序的所有請求，有些請求需要一個有特權的程序；其他請求根本不被所有socket支持。與大多數系統呼叫一樣，*send*向呼叫的應用程序返回錯誤碼，讓程式工程師知道操作是否成功。

21.5.6 透過socket接收資料

類似於五種不同的輸出操作，socketAPI提供了五個功能程序，可以透過socket接收資料：*read*、*readv*、*recv*、*recvfrom*和*recvmsg*。輸入操作*recv*和*read*只能在使用時socket已連接時使用。Recv的形式：

recv(descriptor, buffer, length, flags)

- **descriptor參數**：用來指定欲接收資料socket的描述子。
- **buffer參數**：指定儲訊息的記憶體位址。
- **length參數**：指定緩衝區的長度。
- **flag參數**：允許呼叫者控制接收。flags參數的一個可能值，允許呼叫者透過提取下一個即將傳入的副本先查看訊息內容，而不必移動socket中的訊息。

為了形成回覆，UDP伺服器需要的內容多於UDP的有效載荷，還必須要發送端的IP位址和協定埠號。要這麼做，必須使用socket函數*recvfrom*。呼叫的格式如下：

recvfrom(descriptor，buffer，length，flags，fromaddr，fromlen)

有兩個多出來的參數fromaddr和fromlen。

- **fromaddr參數**：用來指向socket位址的指標結構。
- **fromlen參數**：整數指標，指向長度資訊。

作業系統在*fromaddr*位置記錄發件人的端點資訊，並將端點訊息的長度資訊記錄在*fromlen*位址所指的位置。當發送回覆時，UDP伺服器可以將端點訊息傳遞給函式*sendto*。因此，形成回覆是直接的。

21.5.7 取得本地與遠端socket位址

新建立的程序會從已建立socket的程序處繼承整組socket。有時一新建立的程序需決定socket所連接的目的地位址。另外，因為作業系統自動填充本地端點資訊，一個程序可能也希望決定socket的本地位址。有兩個函式提供上述的資訊：*getpeername*與*getsockname*(名稱不同，但處理的都是端點位址，而不是網域名稱)。

程序可以呼叫getpeername來決定socket連接的對等端(socket欲連接的遠端應用程序)的位址，格式如下：

getpeername(descriptor, destaddr, addrlen)

參數*descriptor*指定所需目標端點socket。參數*destaddr*是一個指向型態為*sockaddr*的結構指標。(參見圖21.1和21.2)用來接收endpoint資訊。參數*addrlen*是一個整數值指標，指標指向的位址用來儲存端點結構的長度。*Getpeername*只用在已連接的socket。

函式*getsockname*會回傳與某socket相關的本地位址。格式如下：

getsockname(descriptor, localaddr, addrlen)

正如所料，參數*descriptor*指定本地端點所需的socket。參數*localaddr*是指向*sockadd*型態結構的指標，指向端點。參數*addrlen*是一個整數值指標，指向的位址用來儲存端點結構的長度。

21.6 獲取和設置socket選項

除了將socket與本地位址相結合或把socket連接到目的地位址外，還需要一個機制來控制socket。例如，若使用一個有逾時與重傳的協定，應用程式或許想取得或設定逾時的參數，或許也想控制暫存區的空間分配，並決定socket是否允許廣播，或控制帶外資料程序。設計者並沒有爲每個控制操作增加新的函式，而是決定建立一種機制。此機制有兩個操作：*getsockopt*與*setsockopt*。

函式*getsockopt*允許應用程式請求關於socket的資訊。呼叫者指定socket、喜好的選項與儲存請求資訊的記憶體位置。作業系統檢查有關socket的內部資料結構，並將被請求的資訊傳給呼叫者。格式爲：

getsockopt(descriptor, level, optionid, optionval, length)

參數*descriptor*指定所需資訊的socket。參數level確定該操作是否適用於這個socket本身或正在使用的底層協定。參數*optionid*指定請求的選項。*optionval*與*length*這對參數指定兩個指標。*optionval*指向緩衝區的位址，存放系統請求值。參數length是一個整數值指標，指向的位址用來儲存選項長度。

函式*setsockopt*允許應用程式使用由getsockopt獲得的一組值來設定socket選項。呼叫者指定需要設定選項的socket、需要改變的選項與該選項的值。*setsockopt*的格式如下：

setsockopt(descriptor, level, optionid, optionval, length)

各項參數類似於*getsockopt*函式的參數，除了*length*參數包含要傳送到系統的選項長度外，其餘參數用法與getsockopt相同。呼叫者必須爲選項提供可用值，與該值的正確長度。當然並非所有的選項都可用在所有socket。各請求的正確性與用法都取決於socket目前的狀態與使用的底層協定。

21.6.1 指定伺服器佇列長度

作業系統維護一個傳入請求的佇列。一個佇列對循序服務伺服器尤其重要，但對於並行處理伺服器在處理突發性大量封包時也是有用的。有個選項在socket中用得相當頻繁，因此特別爲它設計一個函式：設置佇列長度(setting the queue length)。

Socket函式*listen*允許伺服器爲前來的連線準備socket。用底層協定的角度來看，*listen*將socket設定爲被動狀態並準備接受連線。只有伺服器使用listen。除了將協定置於被動模式，*listen*包含一個參數，用於設定傳入請求佇列的大小。呼叫的格式如下：

listen(descriptor, qlength)

參數*descriptor*是伺服器所要使用socket的描述子。參數*qlength*指定該socket的請求佇列長度。呼叫*listen*以後，系統會對連接請求進行排隊，最長的佇列爲*qlength*。如果佇列已滿，而還有請求到達時，則作業系統會丟棄該請求並拒絕連線。*Listen*呼叫只能用在已選用可靠資料流服務的socket。

21.7 伺服器如何接受TCP連接

正如我們所見，伺服器程序使用*socket*、*bind*與*listen*函式來建立socket，將socket連結到一個公認埠，並指定連線請求佇列的長度。要注意呼叫bind會讓socket連繫到一公認埠，但socket並不連接到一特定的外部目的地。事實上，外部目的地須指定一個萬用字元，允許socket接收任意用戶端所發出的連線請求。

一旦建立socket，伺服器必須等待連線。爲此，它會使用*accept*函式。連線請求到達前，*accept*呼叫會被阻絕。格式如下：

newsock = accept(descriptor, addr, addrlen)

參數*descriptor*指定處於等待狀態的socket描述子。參數*addr*是個*socketaddr*型態結構的指標。*addrlen*是個整數指標。當請求抵達時，系統會將addr參數填入發出請求端的用戶位址，並將*addrlen*設爲該位址的長度。最後，系統會建立一個新socket，而此socket目的地已連接到發出請求的用戶，並回傳新的socket描述子給呼叫者。原來的socket仍保有外部目的地的萬用字元，並仍然維持開啓的狀態。因此主伺服器可以繼續在原來的socket上接收新的請求。

當連線請求抵達時，會呼叫*accept*同意該請求並回覆，伺服器可自行處理請求或使用並行的方法來處理請求。當伺服器自行處理請求時，會先做回覆，接著關閉新的socket，然後再呼叫*accepet*以獲得下一個連線請求。若用並行的方式，回傳*accept*呼叫後，主伺服器會建立一個僕伺服器來處理新請求(UNIX的術語中，建立一個新程序來處理請求)。新程序繼承一個新請求，以便對請求進行服務。完成服務後，伺服器關閉socket並終止程序。主伺服器程序必須在啓動新程序後關閉新socket，然後才能呼叫*accept*來取得下一個連線請求。

伺服器的並行設計令人困惑，因爲多個程序可能使用同一個本地協定埠。此機制的關鍵在於底層協定對待協定埠的方式。由於TCP中一個連線表示一對端點，因此只要連接到不同的目的地，有多個程序使用同一個本地協定埠並不重要。在並行伺服器中，每個用戶使用一個程序，還有另一程序來接受連線。主伺服器程序使用的socket有個以萬用字元表達的外部目的地，允許它與任意的外部網站相連。每個進行中的程序都有一個特定目的地。

當TCP segment抵達時，被送到與這個segment的來源相連接的socket上。若這種socket不存在，此segment會送到有萬用字元的外部目的地的socket。此外由於萬用字元外部目的地的socket沒有開啓連線，因此只能處理請求新連線的TCP segment(亦即SYN segment)；其他所有segment將被丟棄。

21.8 處理多個服務的伺服器

socket API在設計伺服器時提供一種有趣機制，允許單個程序在多個socket上等待連線。這系統呼叫叫做select，而且它通常用在I/O上，並不是只用在socket的通訊而已[4]。select的格式如下：

nready = select(ndesc, indesc, outdesc, excdesc, timeout)

通常呼叫*select*會先被阻擋，等待其中一個檔案描述子準備好。

- **ndesc參數**：指定應檢查多少個描述子(範圍爲0到ndesc-1)。
- **indesc參數**：指向位元遮罩的指標，指定要檢查輸入的文件描述子。
- **outdesc參數**：指向位元遮罩的指標，指定要檢查輸出的文件描述子。
- **excdesc參數**：指向位元遮罩的指標，指定要檢查異常的文件描述子。
- **timeou參數**：如果timeout非零，代表這是一個指向整數的指標，整數值是返回給叫者之前等待連接的時間。

由於*timeout*參數包含的是指示逾時參數的位址，而不是這個整數本身，程序可以透過傳入一個含零整數的位址，來請求零延遲(程序可查詢I/O是否準備好)。

呼叫select函式會回傳準備好用於I/O的描述子個數。它也會改變由*indesc*、*outdesc*與*excdesc*指定的位元遮罩，告訴應用程式哪些被選擇的檔案描述子已準備好。因此呼叫者呼叫*select*前要開啓需要檢查的描述子所對應的字元。呼叫後，準備好的檔案描述子內所有位元都需設爲1。

程序若要同時在多個socket上進行通訊，程序首先建立所有需要的socket，然後用*select*來決定那一個已準備好。當它發現有一個socket已準備好，程序會用上述定義的輸入或輸出程序來通訊。

21.9 獲取並設置主機名稱

雖然IP在傳送datagram時使用目的位址，用戶和應用時程序則使用名稱來指向某台電腦。對於Internet上的機器而言，通常用機器主網路介面的網域名稱來當作內部名稱，這部份在第23章討論。*Gethostname*函式允許使用者程序存取主機名稱，而*sethostname*函式則允許有特權的程序去設定主機名。gethostname格式如下：

gethostname(name, length)

4 Windows Sockets中的select的版本僅適用於socket描述子。

- **name 參數**：儲存該名稱位元組陣列的位址。
- **length 參數**：整數，表示該名稱陣列的長度。

要設定主機名稱，被授權的程序需做下面格式的呼叫：

sethostname(name, length)

- **name 參數**：指定儲存網域名稱位元組陣列的位址。
- **length 參數**：整數，表示該陣列長度。

21.10 與socket相關的函式庫

除了前面描述的功能，socket API提供了一系列函式來執行網路相關操作。因為不直接與協定軟體互動，許多附加socket函式，以程式庫常式(library routines)的方式實現，圖21.3說明系統呼叫與程式庫常式的不同點。

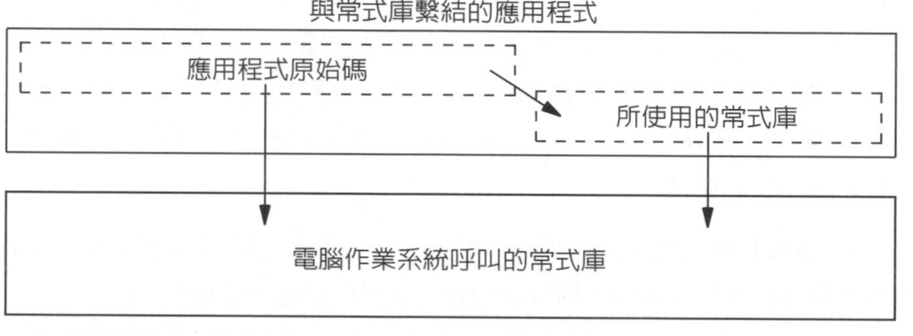

圖21.3 常式與程式庫之間的差異，它們成為應用程式與系統呼叫，或作業系統的一部分。

如圖所示，系統呼叫直接將控制傳遞給電腦的作業系統。呼叫程式庫函式會控制權轉移給函式，該函式已被併入應用程式中。應用程序可以直接進行系統呼叫或呼叫程式庫函式，程式庫函式也可(通常)進行系統呼叫。

多數的socket程式庫常式可以提供資料庫服務，該服務允許程序決定主機與網路服務的名稱、協定埠號與其他相關資訊。例如，一組程式庫常式提供對網路服務資料庫的存取。我們把服務資料庫的資料想像成三元組：

(service_name, protocol, protocol_port_number)

其中*service_name*是個字串，代表服務名稱。*protocol*是用於存取服務的傳輸層協定。*protocol_port_number*是使用的埠號。例如，第20章中描述的UDP echo服務有一個項目：

("echo"，"udp"，7)

以下各節將分析程式庫中的常式，解釋其用途並提供如何使用的資訊。如我們所見，提供循序資料庫存取的程式庫常式遵循同一種模式。它們讓應用程式：建立一個到資料庫(可以是本地電腦或遠端伺服器的檔案)的連線，一次讀取一個資料項，最後關閉連線。用在此三個操作的常式叫*setXent*、*getXent*與*endXent*，其中*X*是資料庫的名稱。例如主機資料庫的程式庫常式叫做*sethostent*、*gethostent*與*endhostent*。描述常式的各章節會總結這些呼叫，不再重複說明使用方法。

21.11 網路位元組順序和轉換常式

不同機器儲存整數的方式也不同，TCP/IP協定定義了一個與機器的位元組順序無關的標準。socket API提供四個巨集來轉換本地機器的位元組與網路標準位元組的順序。爲了讓程式可移植，每次從本地機器複製一個整數的數值到網路封包，或從網路封包複製一個數值到本地機器時，都要呼叫轉換常式。

所有四個轉換常式都是具有一個參數的函式，並回傳一個重新排列位元組順序的新值。例如，若要將一個短整數(2位元組)從網路位元組順序轉換成本地主機位元組順序，程式設計者需呼叫ntohs函式(network to host short)。格式如下：

localshort = ntohs(netshort)

*netshort*參數是網路標準位元組順序的一個2位元組(16位元)整數，產生的結果*localshort*是本地主機位元組順序的整數。

C程式語言將位元組(32位元)整數稱爲長整數，*ntohl*函式(network to host long)將4位元組的長整數從網路標準位元組順序轉換成本地主機位元組順序。程式呼叫*ntohl*函式，並提供一個網路位元組順序的長整數做爲參數：

locallong = ntohl(netlong)

有兩個相似的函式允許程式設計者把本地主機位元組順序轉換成網路位元組順序。*htons*將2位元組(短)整數從本地主機位元組順序轉換成網路標準位元組順序：

netshort = htons(localshort)

最後一個轉換常式htonl將4－位元組的長整數轉換成網路標準位元組順序：

netlong = htonl(locallong)

21.12 IP位址操作慣例

由於許多程式要做32位元IP位址與其相對應的點分十進位數間的轉換，因此socket程式庫提供進行轉換的工具常式。inet_aton與inet_network 常式都可將點分十進位格式轉換的成網路標準位元組順序的32位元IP位址。inet_aton可以形成一個32位元主機的IPv4位址；*inet_network*形成主機部分爲0的網路位址。其格式如下：

error_code = inet_aton(string, address)

其中*string*給定一個ASCII字串的IPv4位址，該字串包含點分十進位數格式法表示的數字。*address*是個指向32位元整數的指標，指向一個二進位值。點分十進位數格式可以有1到4個段，段與段之間用點號隔開。如果有4 段，則每一段對應到32位元正整數的一個位元組。如果少於4段，則最後的段被擴展，用來填滿剩餘位元組。

函式*inet_ntoa*的作用與*inet_addr*相反，它將32位元的整數轉換成點分十進位數的ASCII字串。格式如下：

str = inet_ntoa(internetaddr)

其中*internetaddr*是32位元的IPv4位址，str是轉換後ASCII型式位址。

21.13 存取網域名稱系統

有五個程式庫函式組成了TCP/IP網域名稱系統的介面。呼叫這些程式庫函式的應用程式便成爲某網域名稱系統的用戶端，可以發送一個或多個服務請求並接收回應。應用程式提出一個查詢，將查詢傳送給伺服器，並等待回答。因爲有很多選項，這些程式庫函式只有少數幾個基本參數，並用一個叫res的通用性結構保存其他參數。例如，res結構中有一個用於訊息除錯的欄位，而另一個欄位用於控制該函式使用UDP或TCP來查詢。res中大多數的欄位都是從適合的預設值開始，因而可以不加改變直接使用。

程式在使用其他程序之前要呼叫*res_init*，此呼叫沒有參數：

res_init( )

*res_init*在結構*res*中儲存網域名稱伺服器的名稱，使得系統可聯繫伺服器。

函式*res_mkquery*可以形成網域名查詢並將查詢放入緩衝區，格式如下：

res_mkquery(op, dname, class, type, data, datalen, newrr, buffer, buflen)

前七個參數直接對應網域名查詢的欄位：

- **op**：指定請求的操作。
- **dname**：網域名稱字元陣列位址。
- **class**：整數，表示此查詢層次。
- **type**：整數，表示此查詢型態。
- **data**：資料的陣列位址。
- **datalen**：整數，表示資料長度。

除了這些程式庫外，socket API還對應用程式提供重要常數值的定義。因此應用程式可在不瞭解協定細節的情形下使用網域名稱系統。最後兩個參數：

- **buffer**：表示查詢所存放的緩衝區位址。
- **buflen**：整數，表示緩衝區的長度。

目前不使用*newrr*參數。

當程式想要組成一個查詢，它會呼叫*res_send*將查詢傳給一個名稱伺服器，並得到回應。格式如下：

res_send(buffer, buflen, answer, anslen)

- **buffer**：是個記憶體指標，指向的記憶體用來儲存要發送訊息（假設應用程式呼叫res_makequery程序來組成此訊息）。
- **buflen**：整數，用來指定訊息長度。
- **answer**：指向記憶體位址，記錄回應資訊。
- **anslen**：整數，指定回答區域的長度。

socket程式庫除了建立與發送查詢的常式，還包括兩個將網域名稱轉換爲傳統ASCII碼格式或查詢中使用的壓縮格式的常式。*dn_expand*程序將壓縮的網域名擴展爲全ASCII碼型式，格式如下：

dn_expand(msg, eom, compressed, full, fullen)

- **msg**：指定包含要擴展網域名的訊息的位址。
- **eom**：指定在擴展時不能抵達的訊息結尾界限。
- **compressed**：指向壓縮名字的第一個位元組的指標。
- **full**：指向擴展後名字要被存入的陣列的指標。
- **fullen**：整數，表示此陣列長度。

產生壓縮名字要比擴展壓縮名字複雜得多，因爲壓縮涉及到消除公用的後置。壓縮名字時，用戶必須保存一個以前出現過的後置記錄。*dn_comp*程序會比較現在與以前使用的後置，並消去其中有最長可能後置，來壓縮一個全長網域名，格式如下：

dn_comp(full, compressed, cmprlen, prevptrs, lastptr)

- **full**：指定一完整網域名稱的位址。
- **compressed**：指向一個用於存取壓縮名稱的位元組陣列。
- **cmprlen**：表示該陣列的長度。
- **prevpts**：指向一個陣列的指標，陣列每個元素儲存之前壓縮過的網域名稱後置碼。
- **lastptr**：指向上述compressed陣列的結尾。

通常dn_comp程序壓縮名字時，若使用新後置時會更新 prevptrs。

*dn_comp*程序還可以將一網域名稱從它的ASCII型式轉換成內部型式而不壓縮(不消去後置)。因此，呼叫*dn_comp*時要把prevpts設成NULL(即0)

21.14 獲取有關主機的資訊

程式庫函式允許應用程式從已設定網域或IP位址的主機獲得相關資訊。程式庫函式可讓應用程式成爲網域名稱系統的用戶端：他們向網域名稱伺服器發送請求並等待回應。例如，*gethostbyname*函式需要一個網域名稱作爲參數，返回的是一個指向主機資訊結構的指標。呼叫形式爲：

prt = gethostbyname(namestr)

參數*namestr*是指向主機網域名稱字串的指標。回傳值ptr指向含有以下資訊的結構：主機的正式名稱、主機所有註冊過的別名列表、主機位址型態(IPv4、IPv6或其他型態)、位址長度與主機一個或多個位址的列表。詳見UNIX程式設計者手冊。

*gethostbyaddr*函式產生的資訊與*gethostbyname*函式相同，兩者不同點是*gethostbyaddr*可接受主機位址做爲參數，其格式如下：

ptr = gethostbyaddr(addr, len, type)

- **addr**：是個指向位元組序列的指標，指向的記憶體用來儲存主機位址。
- **len**：整數，表示主機位址長度。
- **type**：整數，指定位址型態(例如IPv6位址)。

正如之前提到的，*sethostent*、*gethostent*與*endhostent*程序提供對主機資料庫的循序存取，應用程序可以開啓資料庫，循序萃取資料項目，然後關閉資料庫。

21.15 獲取有關網路的資訊

socket程式庫還包括一些函式，讓應用程式存取網路資料庫。函式*getnetbyname*可以從一個給定網路網域名稱的資料庫中獲取相對應資料項的內容，呼叫格式如下：

prt = getnetbyname(name)

其中參數*name*是指向一個字串的指標，該字串包含被要求資訊的網路名稱。回傳值ptr是指向一個結構的指標，此結構包含：網路正式名稱欄位、網路註冊別名列表、表示位址型態的整數(IPv4、IPv6或其他型態)，以及一個32位元網路位址(即主機部分設爲0的IP位址)。

21.16 獲取有關協定的資訊

程式庫中有五個函式，用來存取電腦所擁有的協定資料庫。每個協定都有一個官方名稱、註冊的別名和官方協定數。函式*getprotobyname* 允許呼叫者取得協定的相關資訊。格式如下：

prt = getprotobyname(name)

參數*name*是指向一個ASCII字串的指標，該字串代表需要資訊的協定名稱。其回傳值是指向一個結構的指標，該結構具有以下欄位：協定正式名稱、別名列表，與分派給該協定的整體唯一的整數值。

函式*getprotobynumber*允許程序以協定埠作爲關鍵字來搜尋協定資訊：

ptr = getprotobynumber(number)

最後*getprotoent*、*setprotoext*與*endprotoent* 提供循序存取資料庫功能。

21.17 獲取有關網路服務的資訊

第11與12章討論過，有若干UDP和TCP協定埠號保留給公認服務。例如，TCP埠號*37*，保留給*time*協定，這部份已在上一章講解過。服務資料庫中的項目指定服務名稱、時間、協定(例如，*TCP*)和協定埠號*37*。程式庫中有五個函式存在，用來取得所使用的協定和埠號等資訊。

最重要的一個函式*getservbyname*，把一個被命名的服務映射到一個埠號：

ptr = getservbyname(name, proto)

- **name**：指定需要服務的名稱。
- **proto**：整數，指定服務所用的協定。

典型情況下，協定限制爲TCP與UDP。回傳值是個指向結構的指標，結構欄位有：服務名稱、別名列表、服務所用的協定識別碼與分配給這項服務的協定埠號。

函式*getservbyport*允許呼叫者按照分配給服務的埠號從服務資料庫中獲取一個有關資料項，呼叫格式如下：

ptr = getservbyport(port, proto)

- **port**：整數，是分派給該服務的協定埠。
- **proto**：指定服務所用的協定。

如同使用其他的資料庫一樣，程序可以可用*setservent*、*getservent*與*endservent*來循序存取伺服器資料庫。

21.18 用戶端範例程式

以下的C程式範例說明應用程序如何使用socket API存取TCP/IP協定。用戶端與伺服器形成TCP連接，發送用戶輸入的一行文字，並顯示伺服器對每個輸入的回應。

```
/***********************************************************************/
/*                                                                     */
/* Program: Client to test the example echo server                     */
/*                                                                     */
/* Method: Form a TCP connection to the echo server and repeatedly     */
/* read a line of text, send the text to the server and               */
/* receive the same text back from the server.                         */
/*                                                                     */
/* Use: client [-p port] host                                          */
/*                                                                     */
/* where port is a TCP port number or name, and host is               */
/* the name or IP address of the server’ s host                        */
/*                                                                     */
/* Author: Barry Shein, bxs@TheWorld.com, 3/1/2013                     */
/*                                                                     */
/***********************************************************************/
#include <stdio.h>
#include <unistd.h>
#include <stdlib.h>
#include <getopt.h>
#include <string.h>
#include <stdarg.h>
#include <sys/types.h>
#include <errno.h>
#include <fcntl.h>
#include <time.h>

#ifdef USE_READLINE
#include <readline/readline.h>
#include <readline/history.h>
#endif /* USE_READLINE */

#include <sys/socket.h>
#include <netdb.h>
#include <netinet/in.h>

static char *prog;          /* ptr to program name (for messages)   */
#define DEFAULT_PORT "9000"      /* must match server default port       */

/* Define process exit codes */

#define EX_OK               0       /* Normal termination                    */
#define EX_ARGFAIL  1       /* Incorrect arguments                  */
```

```
#define EX_SYSERR   2       /* Error in system call                  */

/* Log - display an error or informational message for the user */

static void Log(char *fmt,...) {
    va_list ap;

    va_start(ap,fmt);
    (void)vfprintf(stderr,fmt,ap);
    va_end(ap);
}

/* Fatal - display a fatal error message to the user and then exit */

static void Fatal(int exval,char *fmt,...) {
    va_list ap;

    va_start(ap,fmt);
    (void)vfprintf(stderr,fmt,ap);
    va_end(ap);
    exit(exval);
}

/* getLine - get one line of input from keyboard */

static char *getLine(char *prompt) {
#ifdef USE_READLINE
    return(readline(prompt));
#else /* !USE_READLINE */

    (void)fputs(prompt,stdout); /* display the prompt */
    fflush(stdout);

    /* read one line from the keyboard return NULL */
    if(fgets(buf,sizeof(buf),stdin) == NULL)
        return(NULL);
    else {
        char *p;

        /* emulate readline() and strip NEWLINE */
        if((p = strrchr(buf,'\n')) != NULL)
            *p = '\0';
       return(strdup(buf)); /* readline returns allocated buffer */
    }
#endif /* !USE_READLINE */
}

/* initClient - initialize and create a connection to the server */
```

```
static int initClient(char *host,char *port) {
    struct addrinfo hints;
    struct addrinfo *result, *rp;
    int s;

    memset(&hints,0,sizeof(hints));
    hints.ai_family = AF_UNSPEC; /* use IPv4 or IPv6 */
    hints.ai_socktype = SOCK_STREAM; /* stream socket (TCP) */

    /* Get address of server host */
    if((s = getaddrinfo(host,port,&hints,&result)) != 0)
        Fatal(EX_SYSERR,"%s: getaddrinfo: %s\n",prog,gai_strerror(s));
    /* try each address corresponding to name */
    for(rp=result; rp != NULL; rp = rp->ai_next) {
        int sock, ret; /* socket descriptor and return value  */
        char hostnum[NI_MAXHOST]; /* host name                */

        /* Get numeric address of the host for message */
        if((ret = getnameinfo(rp->ai_addr,rp->ai_addrlen,hostnum,
                        sizeof(hostnum), NULL,0,NI_NUMERICHOST)) != 0) {
            Log("%s: getnameinfo: %s\n",prog,gai_strerror(ret));
        } else {
            (void)printf("Trying %s...",hostnum);
            fflush(stdout);
        }

        /* Get a new socket */

        if((sock =
            socket(rp->ai_family,rp->ai_socktype,rp->ai_protocol)) < 0) {
            if((rp->ai_family == AF_INET6) && (errno == EAFNOSUPPORT))
                Log("\nsocket: no IPv6 support on this host\n");
            else
                Log("\nsocket: %s\n",strerror(errno));
            continue;
        }

        /* try to connect the new socket to the server */

        if(connect(sock,rp->ai_addr,rp->ai_addrlen) < 0) {
            Log("connect: %s\n",strerror(errno));
            (void)shutdown(sock,SHUT_RDWR);
            continue;
        } else { /* success */
            (void)printf("connected to %s\n",host);
            return(sock);
            break;
```

```
        }
    }
    Fatal(EX_ARGFAIL,"%s: could not connect to host %s\n",prog,host);
    return(-1); /* never reached, but this suppresses warning */
}

/* runClient - read from keyboard, send to server, echo response */

static void runClient(int sock) {
    FILE *sfp;
    char *input;
    /* create a buffered stream for socket */
    if((sfp = fdopen(sock,"r+")) == NULL) {
        (void)shutdown(sock,SHUT_RDWR);
        Fatal(EX_SYSERR,"%s: couldn' t create buffered sock.\n",prog);
    }
    setlinebuf(sfp);

    (void)printf("\nWelcome to %s: period newline exits\n\n",prog);

    /* read keyboard... */
    while(((input=getLine("> ")) != NULL) && (strcmp(input,".") != 0)) {
        char buf[BUFSIZ];

        (void)fprintf(sfp,"%s\n",input); /* write to socket */
        free(input);
        if(fgets(buf,sizeof(buf),sfp) == NULL) { /* get response */
            Log("%s: lost connection\n",prog);
            break;
        } else
            (void)printf("response: %s",buf); /* echo server resp. */
    }
}

/* doneClient - finish: close socket */

static void doneClient(int sock) {
    if(sock >= 0)
        if(shutdown(sock,SHUT_RDWR) != 0)
            Log("%s: shutdown error: %s\n",strerror(errno));
      Log("client connection closed\n");
}

/* Usage - helpful command line message */

static void Usage(void) {
    (void)printf("Usage: %s [-p port] host\n",prog);
    exit(EX_OK);
```

```
}

/* main - parse command line and start client */

int main(int argc,char **argv) {
    int c;
    char *host = NULL;
    char *port = DEFAULT_PORT;
    int sock;

    prog = strrchr(*argv,'/') ? strrchr(*argv,'/')+1 : *argv;

    while((c = getopt(argc,argv,"hp:")) != EOF)
        switch(c) {
          case 'p':
            port = optarg;
            break;
          case 'h':
            default:
            Usage();
        }
    if(optind < argc) {
        host = argv[optind++];
        if (optind != argc) {
            Log("%s: too many command line args\n",prog);
            Usage();
        }
    } else {
        Log("%s: missing host arg\n",prog);
        Usage();
    }
    sock = initClient(host,port); /* call will exit on error or failure */
    runClient(sock);
    doneClient(sock);
    exit(EX_OK);
}
```

21.19 伺服器範例程式

伺服器程式碼僅比用戶端程式稍微複雜。整體操作很直接：伺服器是迭代的。伺服器以指定使用的埠號起始，然後等待連接。伺服器接受傳入的TCP連接，執行服務，並等待下一個連接。使用的服務是一個簡單的echo服務：伺服器讀取傳入的一行文字，並一字不改地將收到的文字回傳給用戶端。用戶端必須終止連接。

伺服器允許用戶端使用IPv4或IPv6(假設IPv6可用)。即使在協定堆疊未配置IPv6的系統上，程式碼也假定由*include*引入的標頭檔可供程式使用。

```
/*************************************************************************/
/*                                                                       */
/* Program: Server that offers a text echo service via TCP on            */
/* IPv4 or IPv6                                                          */
/*                                                                       */
/* Method: Repeatedly accept a TCP connection, echo lines of text        */
/* until the client closes the connection, and go on to                  */
/* wait for the next connection.                                         */
/*                                                                       */
/* Use: server [-p port]                                                 */
/*                                                                       */
/* where port is a TCP port number or name                               */
/*                                                                       */
/* Author: Barry Shein, bxs@TheWorld.com, 3/1/2013                       */
/*                                                                       */
/*************************************************************************/
#include <stdio.h>
#include <unistd.h>
#include <stdlib.h>
#include <getopt.h>
#include <string.h>
#include <stdarg.h>
#include <sys/types.h>
#include <errno.h>
#include <signal.h>
#include <setjmp.h>
#include <sys/socket.h>
#include <netdb.h>
#include <netinet/in.h>

static char *prog;          /* ptr to program name (for messages)   */

/* This is arbitrary but should be unprivileged (>1024) */
#define DEFAULT_PORT "9000"       /* must match client default port        */

/* Define process exit codes */

#define EX_OK             0       /* Normal termination                    */
#define EX_ARGFAIL  1      /* Incorrect arguments                  */
#define EX_SYSERR   2      /* Error in system call                 */
#define EX_NOMEM    3      /* Cannot allocate memory               */

/* Server structure used to pass information internally */

typedef struct {
    int sock; /* socket descriptor */
    char *port_name; /* ptr to name of port being used */
    int port_number; /* integer value for port */
```

```
    FILE *ferr; /* stdio handle for error messages */
} _Server, *Server;

/* Log - display an error or informational message for the user */

static void Log(Server srv, char *fmt,...) {
    va_list ap;

    va_start(ap,fmt);
    (void)vfprintf(srv->ferr,fmt,ap);
    va_end(ap);
}

/* Fatal - display a fatal error message to the user and then exit */

static void Fatal(Server srv,int exval,char *fmt,...) {
    va_list ap;
    va_start(ap,fmt);
    (void)vfprintf(srv->ferr,fmt,ap);
    va_end(ap);
    exit(exval);
}

/* newServer - Create a new server object */

static Server newServer(void) {
    Server srv;

    /* Allocate memory for new server, exit on error */

    if((srv = (Server)calloc(1,sizeof(*srv))) == NULL) {
        (void)fprintf(stderr,"%s",strerror(errno));
        exit(EX_NOMEM);
    } else {
        srv->ferr = stderr; /* initialize log output */
        return(srv);
    }
}

/* freeServer - free memory associated with instance of a server struct */

static void freeServer(Server srv) {
    if(srv->port_name != NULL)
        free(srv->port_name);
    free(srv);
}

/* initServer - Initialize instance of a server struct */
```

```
static Server initServer(char *port) {
    Server srv;
    char *protocol = "tcp";
    struct protoent *pp;
    struct servent *sport;
    char *ep;
    extern const struct in6_addr in6addr_any;
    struct sockaddr_storage sa;
    int sopt = 0;
    extern int errno;

    srv = newServer();              /* exits on failure           */
    srv->port_name = strdup(port); /* save port name they passed */

    /* Look up protocol number for "tcp" */

    if((pp = getprotobyname(protocol)) == NULL)
        Fatal(srv,EX_ARGFAIL,"initServer: %s\n",strerror(errno));

    /* First see if port number is a string of digits, such as "9000", */
    /* and then see if it is a name such as "echo" (see /etc/services) */

    if(((srv->port_number=strtol(srv->port_name,&ep,0))>0) && (*ep==' \0' ))
        srv->port_number = htons(srv->port_number);
    else if((sport = getservbyname(srv->port_name,protocol)) == NULL)
        Fatal(srv,EX_ARGFAIL,"initServer: bad port ' %s' \n",srv->port_name);
    else
        srv->port_number = sport->s_port; /* Success */

    /* Get a new IPv4 or IPv6 socket and prepare it for bind() */

    (void)memset(&sa,0,sizeof(sa));
    if((srv->sock = socket(AF_INET6,SOCK_STREAM,pp->p_proto)) < 0) {
        if(errno == EAFNOSUPPORT) { /* No IPv6 on this system; use IPv4 */
            if((srv->sock = socket(AF_INET,SOCK_STREAM,pp->p_proto)) < 0)
                Fatal(srv,EX_SYSERR,"initServer: socket: %s\n",
                                                    strerror(errno));
            else {
                struct sockaddr_in *sa4 = (struct sockaddr_in *)&sa;
                sa4->sin_family = AF_INET;
                sa4->sin_port = srv->port_number;
                sa4->sin_addr.s_addr = INADDR_ANY;
            }
        }
    } else { /* IPv6 supported */
        struct sockaddr_in6 *sa6 = (struct sockaddr_in6 *)&sa;
        /* Set the socket option IPV6_V6ONLY to zero (off) so we */
```

```
        /* will listen for both IPv6 and IPv4 incoming connections. */
        if(setsockopt(srv->sock,IPPROTO_IPV6,IPV6_V6ONLY,&sopt,
                                                    sizeof(sopt)) < 0)
            Fatal(srv,EX_SYSERR,"initServer: setsockopt: %s\n",
                                                    strerror(errno));
        sa6->sin6_family = AF_INET6;
        sa6->sin6_port = srv->port_number;
        sa6->sin6_addr = in6addr_any; /* Listen to any iface & addr */
    }

    /* Bind the new socket to the service */

    if(bind(srv->sock,(const struct sockaddr *)&sa,sizeof(sa)) < 0)
        Fatal(srv,EX_SYSERR,"initServer: bind: %s\n",strerror(errno));
    /* Set the maximum number of waiting incoming connections */
    if(listen(srv->sock,SOMAXCONN) < 0)
        Fatal(srv,EX_SYSERR,"initServer: listen: %s\n",strerror(errno));
    return(srv);
}

/* runServer - Run the server & iteratively accept incoming connections */

static void runServer(Server srv) {
    while(1) { /* Iterate forever (unti the user aborts the process) */
        int s;

        /* sockaddr_storage is large enough to hold either IPv6 or */
        /* IPv4 socket information, as defined by system. */

        struct sockaddr_storage addr;
        socklen_t addrlen = sizeof(addr);
        struct sockaddr *sap = (struct sockaddr *)&addr;

        /* accept will block waiting for a new incoming connection */
        memset(&addr,0,sizeof(addr));
        if((s = accept(srv->sock,sap,&addrlen)) >= 0) {
            char host[NI_MAXHOST];
            char service[NI_MAXSERV];
            FILE *sfp;

            /* Get information about the new client */

/*NOTUSED   if(getpeername(s,sap,&addrlen) != 0) {
                Log(srv,"getpeername: %s\n",strerror(errno));
                (void)shutdown(s,SHUT_RDWR);
                continue;
            } else END_NOTUSED*/ if(getnameinfo(sap,addrlen, host,
                    sizeof(host), service,sizeof(service),0) != 0) {
```

```
                Log(srv,"getnameinfo: %s\n",strerror(errno));
                (void)shutdown(s,SHUT_RDWR);
                continue;
            }
            Log(srv,"accept: host=%s port=%s\n",host,service);

            /* create a buffered stream for new socket */

            if((sfp = fdopen(s,"r+")) == NULL) {
                Log(srv,"fdopen: error creating buffered stream?\n");
                (void)shutdown(s,SHUT_RDWR);
                continue;
            } else { /* A valid connection has been accepted */
                char buf[BUFSIZ];

                /* loop, reading input and responding with char count */
                setlinebuf(sfp);
                while(fgets(buf,sizeof(buf),sfp) != NULL) {
                    Log(srv,"client: %s",buf);
                    (void)fprintf(sfp,"got %zd chars\n",strlen(buf));
                }
                Log(srv,"client closed connection\n");
                if(shutdown(s,SHUT_RDWR) != 0)
                    Log(srv,"%s: shutdown error: %s\n",strerror(errno));
                    (void)fclose(sfp); /* free any memory associated */
                                       /* with stdio file pointer sfp */
            }
        }
    }
}

/* doneServer - user aborted process, so close server socket and Log */

static void doneServer(Server srv) {
    if(shutdown(srv->sock,SHUT_RDWR) != 0)
        Log(srv,"%s: shutdown error: %s\n",strerror(errno));
    freeServer(srv);
    Log(srv,"\n%s: shut down\n\n",prog);
}

/* Handle server shutdown when various signals occur */

static jmp_buf sigenv;
static void onSignal(int signo) {
    longjmp(sigenv,signo); /* send back signal num if anyone cares */
}

/* Usage - Print a message informing the user about args, and then exit */
```

```
static void Usage(void) {
        (void)printf("Usage: %s [-p tcp_port]\n",prog);
        exit(EX_OK);
}

/* main - main program: parse arguments and then start the server */

int main(int argc,char **argv) {
    Server srv;
    char *port = DEFAULT_PORT; /* default protocol port to use */
    int c;

    prog = strrchr(*argv,' /' ) ? strrchr(*argv,' /' )+1 : *argv;

    /* Parse argument */

    while((c = getopt(argc,argv,"hp:")) != EOF)
        switch(c) {
        case 'p': /* port name or number from command line */
            port = optarg;
            break;
        case 'h': /* help, falls through... */
            default: /* unrecognized command arg */
            Usage();
        }

    srv = initServer(port); /* this call exits on error */

    if(setjmp(sigenv) > 0) {
        doneServer(srv); /* to here on signal */
        exit(EX_OK);
    } else {
        signal(SIGHUP,onSignal);
        signal(SIGINT,onSignal);
        signal(SIGTERM,onSignal);
    }

    Log(srv,"\n%s: Initialized, waiting for incoming connections\n\n",prog);
    runServer(srv);
    return(EX_OK); /* suppresses compile warning */
}
```

21.20 總結

雖然TCP/IP標準沒有定義應用程序和TCP/IP協定之間的確切介面，socket API事實上已經成為供應商Microsoft、Apple以及Linux所使用的標準。socket採用UNIX的open-close-read-write模式，並添加了許多新功能。伺服器應用程序必須建立一個socket，將位址綁定到socket，接收傳入的連接或訊息，並送出回覆。用戶端必須建立一個socket，將socket連接到遠程端點，然後進行通訊。當應用程序完成socket的使用時，必須關閉socket。除了socket系統呼叫，socket API還包括許多程式庫常式(library routines)，幫助程式工程師建立和操控IP位址、在本地機器和網路標準之間轉換整數格式，並搜索諸如主機位址之類的訊息。

我們檢視了用戶端和伺服端的程式碼，以簡單的輸入文字與回應範例，示範socket的使用方式。程式中有許多使用socket的相關細節，範例程式碼有些複雜，原因是為適用於IPv4或IPv6，其中給予IPv6優先。

習題

21.1 從*comerbooks.com*下載用戶端和伺服器範例程式，並在您的本地系統執行。

21.2 建構一個接受多個並行TCP連接的簡單伺服器。測試你的伺服器，具有處理連接的程序並列印短訊息，延遲一段隨機時間，列印另一條訊息，然後退出。

21.3 什麼時候監聽呼叫是很重要的？

21.4 您的本地系統提供哪些功能來存取網域名稱系統？

21.5 設計使用單個Linux程序(即，單個執行線程)的伺服器，但是可處理多個並行的TCP連接。(提示：想想*select*。)

21.6 閱讀有關socket介面的替代方法，例如傳輸程式庫介面(*TLI*：*Transport Library Interface*)並將其與socket進行比較。主要的概念差異是什麼？

21.7 每個作業系統限制程序可以隨時使用的socket數量。在本地系統上的程序可建立多少個socket？

21.8 socket/file描述子機制和相關的讀寫操作是否可以物件導向的形式來思考？解釋爲什麼或爲什麼不。

21.9 考慮一個替代的API設計，爲每個協定層提供一個介面軟體(例如，API允許應用程序發送和接收原始訊框但不使用IP，或發送和接收IP datagram，而不使用UDP或TCP)。這樣一個介面的優點爲何？缺點爲何？

21.10 用戶端和伺服器都可以在同一台計算機上執行，並使用TCP socket進行通訊。解釋如何在單個機器上建構可以通訊的用戶端和伺服器，不必知道主機的IP位址。

21.11 在本章中使用範例伺服器進行實驗，看看是否可以足夠快的速度產生TCP連接以超過伺服器指定的積壓(backlog)。你是否期望單核心伺服器收到連接請求超過積壓的程度是否比四個核心的伺服器更快？說明。

21.12 原始socket API中的一些函式現在已不再使用。表列不再使用的socket函式。

21.13 詳細了解IPv6位址範圍。如果伺服器將socket綁定到帶有link local的位址範圍，哪些計算機可以聯繫伺服器？

21.14 如果程式工程師想要建立一個可以透過IPv4或IPv6到達的伺服器，程式工程師應該使用什麼socket函數，以及如何指定位址？

Memo

章節目錄

22

啓動協定與自動設定(DHCP、NDP、IPv6-ND)

22.1 引言

前面的章節解釋了TCP/IP協定如何在穩定狀態下工作。這些章節假設主機和路由器正常執行，而且已配置協定軟體並初始化。本章將介紹系統啓動和系統初始化協定堆疊的步驟。引人注意的是，本章解釋了有許多系統使用主從架構規範作爲啓動程序的一部分。本章特別考慮到連接至TCP/IP互聯網的主機，並說明主機如何獲取IPv4或IPv6位址和相關資訊，包括位址遮罩、網路前置碼、預設路由器位址和名稱伺服器。本章檢視主機取得必要資訊所使用的協定。這種自動初始化程序是很重要的，因爲用戶可將電腦連接到互聯網，但不用去了解和位址相關的詳細資訊如遮罩、路由器或如何配置協定軟體。本章會完成IPv6鄰居發現的介紹，鄰居發現協定處理諸如位址的繫結工作。

啓動協定(bootstrap)程序令人驚訝的原因在於用IP來傳送訊息。用IP來尋找IP位址似乎不可能，但我們將看到，前面討論過的特殊IP位址使這種通訊成爲可能。

22.2 IPv4啓動協定的歷史

第6章提到RARP是最早能讓電腦取得IPv4位址的協定。後來有一個更通用的「啓動協定」(*BOOTstrap Protocol*，*BOOTP*)取代了RARP。最後「動態主機設定協定」(*Dynamic Host Configuration Protocol*，*DHCP*)發展成爲BOOTP的後繼者。由於DHCP是BOOTP的後繼者，本章內容通常兩者都適用。不過爲了簡化說明，將重點擺在DHCP。

DHCP使用UDP與IP，所以可用應用程式來實現。DHCP像其他協定一樣，以主從式模式工作。在最簡單的情況，只需一次封包交換；電腦傳送一個封包請求啓動資訊，伺服器用一個封包回應啓動所需的項目，包括電腦的IPv4位址、路由器的IPv4位址與名稱伺服器的

IPv4位址。DHCP回應中還包含一個「供應商特定選項」(vendor-specific *option*)，允許供應商只在其電腦上傳送額外資訊。

22.3 使用IP確定IP位址

DHCP用UDP來傳送訊息，而UDP訊息是封裝在IP datagram中進行傳輸。要瞭解電腦如何在獲取IP位址之前，就能在IP datagram中傳送DHCP，記得第5章討論過有幾個特殊的IPv4位址。尤其是做爲目的地位址使用時，若IPv4位址的每個位元都設爲1(255.255.255.255)，代表這是個受限制的廣播。IP軟體在獲取IP位址資訊之前，就可以接受由廣播傳來的datagram，也可用廣播傳送出datagram。重點：

> 在IP軟體尚未獲知本地網路或機器的IPv4位址之前，應用程式就可以使用受限制廣播的IP位址，強迫IP在本地網路上廣播datagram。

假設用戶機器*A*想用DHCP 尋找啓動資訊(包括自己的IPv4位址)，假設B是同一實體網路上會回應請求的伺服器。由於*A*不知道*B*的IP位址或此網路的IP位址，因此*A*需使用受限制的廣播位址來廣播初始DHCP請求。*B*可以直接回應嗎？不行，即使知道*A*的位址也不行。要知道原因，考慮如果一個*B*機器上的應用程式試圖用*A* 機器上的IP位址傳送datagram，會發生何種情形？ datagram經過路由後，*B*上的IP軟體會將datagram傳送到網路介面軟體。介面軟體使用第六章描述的ARP 將下一個跳躍的IP位址對映到相對映的硬體位址。然而，由於*A*還沒收到DHCP的回應，它不認得自己的IP位址，所以不能回答B的ARP請求。所以*B*只有兩個替代方案：*B*可以用廣播方式對*A*做回應，或*B*可以從請求的訊框提取A的MAC地址，並使用此MAC位址直接發送回應。大多數協定堆疊不允許應用程序任意建立和發送第2層訊框。因此，有一種技術可提取*A*的MAC位址，並將該項目加到本地ARP快取。一旦*A*的MAC位址被放置在B的ARP快取中，*B*就會將封包的送給*A*(直到*A*的快取資訊到期)。

22.4 DHCP重傳和隨機化

DHCP的傳輸可靠性都由用戶端負責。我們知道UDP用IP來傳輸，訊息可能會延遲、遺失、不照順序傳輸或重複。此外，由於IP沒有爲資料提供checksum，UDP封包抵達時可能會有錯誤的位元。爲避免錯誤，DHCP必須讓UDP使用checksum。DHCP也規定無論請求還是回應，必須設定「不分段位元」(*do not fragment bit*)，可用在因爲記憶體太小而不能重組datagram的用戶。最後，爲處理重複，DHCP被建構爲允許多個回應；協定只接受並處理第一個回應[1]。

爲了處理datagram的遺失，DHCP使用傳統逾時與重傳(*timeout and retransmission*)的技術。用戶端發送請求時，DHCP啓動一個計時器。若逾時前回應沒有抵達，用戶端必須重送

1 雖然標準允許用戶端等待來自多個伺服器的回應，但大多數實現只接受並處理第一個回應。

請求。當然，若斷電時所有網路上的機器會同時啓動，可能使DHCP伺服器過載。若所有用戶恰好使用相同的傳送逾時，許多或全部伺服器會同時試著重傳。爲了避免衝突，DHCP規格建議使用隨機延遲。此外，規格還建議逾時值從*0*到*4*秒間的隨機值開始，每次重傳後加倍。計時器最大值達到*60*秒後，用戶端就不再增加計時器，但繼續用隨機的方法。每次重傳後將計時器加倍可避免DHCP在一個擁塞的網路上增加過多的通訊量；隨機方法可避免同時傳送。

22.5 DHCP訊息格式

爲了簡化實現，DHCP訊息用固定長度欄位，且回應與請求的格式相同。雖然用戶端與伺服器都是程式，但DHCP寬鬆地使用此術語，把發送DHCP請求的機器稱作用戶端(client)，把傳送回應的機器稱作伺服器(server)。圖22.1說明DHCP訊息的格式。

0 … 8	8 … 16	16 … 24	24 … 31
OP	HTYPE	HLEN	HOPS
TRANSACTION ID			
SECONDS		FLAGS	
CLIENT IPv4 ADDRESS			
YOUR IPv4 ADDRESS			
SERVER IPv4 ADDRESS			
ROUTER IPv4 ADDRESS			
CLIENT HARDWARE ADDRESS (16 OCTETS) ⋮			
SERVER HOST NAME (64 OCTETS) ⋮			
BOOT FILE NAME (128 OCTETS) ⋮			
OPTIONS (VARIABLE) ⋮			

圖22.1　DHCP訊息的格式。為了讓實現小到能放在ROM中，所有欄位的長度固定。

- **OP欄位**：指出此訊息是請求訊息(1)還是回應訊息(2)。
- **HTYPE欄位**：指定網路硬體型態。
- **HLEN欄位**：和ARP一樣，HLEN欄位指定硬體位址長度(例如Ethernet爲型態1長度6)[2]。
- **HOPS欄位**：用戶端將HOPS欄位填上0。如果接收到一個請求並決定把請求傳送到另一台機器上(例如，允許穿越多個路由器的啓動)，伺服器會增加HOPS數。
- **TRANSACTION ID欄位**：包含用戶用來匹配請求與回應的整數。

2　HTYPE欄位的值由IETF分配。

- **SECONDS欄位**：報告用戶端開始啓動後所經過的秒數。

- **CLIENT IPv4 ADDRESS欄位**：內容爲用戶端IPv4位址。

後面的欄位也都包含重要的資訊。爲了靈活性，用戶盡量填入他們知道的資訊，並將剩下欄位設爲0。例如，若用戶端知道伺服器的名稱或位址，可填滿*SERVER IPv4 ADDRESS*或*SERVER HOST NAME*欄位。如果這些欄位值不是0，只有符合該名稱/位址的伺服器會回應請求；如果欄位值是0，任何收到請求的伺服器都會回應。

DHCP可用在已經知道自己IPV4位址的用戶(例如，用於獲取其他資訊)。知道IP位址的用戶將位址放在*CLIENT IPv4 ADDRESS*欄位，其他不知自己位址的用戶則在此填上0。如果請求訊息裡面的*CLIENT IPv4 ADDRESS*是0，伺服器會在*YOUR IPv4 ADDRESS*欄填上該用戶的IP位址。

- **FLAGS欄位**：長度爲16位元，用來控制請求與回應。如圖22.2所示，FLAGS欄位中只有高階位元有指定其用途。

0: B	1–15: 必須為0

圖22.2 DHCP訊息中16位元FLAGS欄位的格式。最左邊的位元為廣播請求；其他位元必須為零。

用戶會使用「*FLAGS*」欄位的高階位元來控制伺服器用單點傳播還是廣播來傳送回應。要瞭解用戶爲何選擇廣播回應，請記得當用戶與DHCP伺服器通訊時，它還沒有IP位址，所以不能回應ARP詢問。爲確保用戶能接受DHCP伺服器傳來的訊息，用戶可請求伺服器用IP廣播(硬體廣播)來傳送回應。單點傳送時，若目的地的位址和電腦的位址不同，則datagram的處理規則會丟棄此datagram。不過IP會接受傳送到IP廣播位址的datagram。

- **BOOT FILE NAME欄位**：DHCP訊息中沒有空間可讓嵌入式系統下載記憶體映像檔。因此，DHCP將本欄位提供給無磁碟的系統使用。用戶可在此欄位用像"unix"這類特定名稱，意義是「我希望在機器上啓動UNIX作業系統」。DHCP伺服器查詢其組態資料庫，將名字對應到一個適於用戶硬體的UNIX記憶體映像的特定檔名，並在回應中回傳該檔名。組態資料庫也允許完全自動啓動，此時用戶端在「啓動檔案名稱」欄填0，DHCP爲該機器選擇一個記憶體映像。然後用戶用標準的傳送協定(例如TFTP)來獲得映像檔。這種自動方法的優點在於無磁碟的使用者可用通用的名稱而不需對特定檔案編碼，且網路管理者可以改變啓動映像檔的位置而不需改變嵌入式系統的ROM。

- **OPTIONS欄位**：本欄爲內的所有項目都使用*Type-Length-Value*(*TLV*)型態的編碼－每個項目有個*type*字節(octet)、一個*length*字節，最後是一個指定長度用的*value*字節。當中有兩個選項尤其重要，分別是：本地網路的IPv4子網路遮罩和預設路由器的IPv4位址。

22.6 動態配置的需要性

早期的啓動協定設計在相當靜態的環境下執行，每個主機有個一永久的網路連線。管理者可以建立一個組態檔，爲每個主機指定一組參數(包括IP位址)。由於組態通常維持著不變的狀態，因此檔案也不常改變。通常組態會維持數個星期不會改變。

在現今的Internet中，ISP的用戶常常改變，且隨著無線網路與可攜式電腦(膝上型與筆記型)的出現，電腦可容易且迅速地變換位置。爲了處理自動位址的分配，DHCP可讓電腦快速且動態地取得IP位址。這表示管理者設定好DHCP伺服器後就提供了一組可用的IP位址。當新的電腦連接到網路，它會與伺服器聯繫並請求位址。伺服器會選擇其中一個管理者指定的位址並分派給此電腦。

爲了普遍性，DHCP允許三種型態的位址分派：

- 靜態(static)
- 自動(Automatic)
- 動態(Dynamic)

管理者可選擇DHCP回應每個網路或主機的方式。DHCP與BOOTP 一樣，讓管理者可以用靜態方式爲電腦手動設定位址。DHCP也允許管理者用自動方式爲第一次連上網路的電腦指派IP位址。最後，DHCP也允許動態位址設定，讓伺服器在一個限定時間內將一個位址租借(loan)給電腦。動態位址分配是DHCP最有用且著名的部份。

DHCP以用戶識別碼與伺服器設定檔來決定如何進行。當用戶端與伺服器聯繫時，用戶端會傳送一個識別碼，通常是用戶端的硬體位址。伺服器依此識別碼與用戶連接的網路決定如何指派用戶的IP位址。因此管理者完全掌控位址的指派。伺服器可用靜態方式分配位址給特定電腦，而讓其他電腦動態地獲得永久或臨時位址。重點：

> DHCP可讓電腦在啓動時取得網路通訊所需的資訊，包括IPv4地址，子網路遮罩和預設路由器位址。

22.7 DHCP租約和動態位址分配

動態位址分派是臨時的。我們可以說伺服器在一段時間租給用戶端一個位址。伺服器分派位址時會指定租借的時間。在租借的期間內，伺服器不會將相同的位址租給其他用戶。當租借時間終了，用戶端必須重新租借或停止使用此位址。

DHCP的租借期會持續多久？租借的最佳時間長度取決於網路與主機的需求。例如，爲了讓位址能夠快速地重複使用，學院實驗室學生用的租借週期可能很短(例如一個小時)。相較之下，公司網路用的租借週期可能是一天或一個星期。而ISP會根據顧客的合約決定租借的時間。爲調和所有可能的環境，DHCP沒有指定租借週期的固定長久性。相反的，協定允許用戶端請求特定的租借時間，並允許伺服器告訴用戶端租借時間。因此管理者可決定每個伺服器要分配給用戶端多長的租借時間。最極端的情形，DHCP保留一個無限大的值，允許租借維持任意長的時間度(永久指派位址)。

22.8 多位址和中繼

若某多宿主(multi-homed)電腦連結多個網路，這種電腦啓動時，可能需要取得所有介面的組態資訊。DHCP只提供有關一個介面的資訊。有多個介面的電腦必須分別處理每個介面。雖然我們將DHCP描述爲彷彿一台電腦只需一個位址，讀者須記得一台多宿主的主機，當中每個介面可能是協定的不同點。

DHCP 使用「中繼代理」(*relay agent*)來允許電腦與非本地的伺服器聯繫。中繼代理(通常是路由器)收到用戶發出的廣播請求時，會將請求送到伺服器，並將伺服器發出的回應回傳給主機。中繼代理使多宿主組態更複雜，因爲伺服器可能收到同一電腦發出的多個請求。然而，雖然DHCP使用「用戶識別碼」這個術語，我們假設一個多宿主用戶發送一個指定特殊介面的值(例如一個獨特的硬體位址)。因此無論伺服器有無經由中繼代理收到請求，都能分辨同一台多宿主主機發出的不同請求。

22.9 DHCP位址獲取狀態

使用DHCP取得IP位址時，用戶端處於六個狀態中的一個。圖22.3的狀態圖說明造成用戶轉換狀態的事件與訊息。

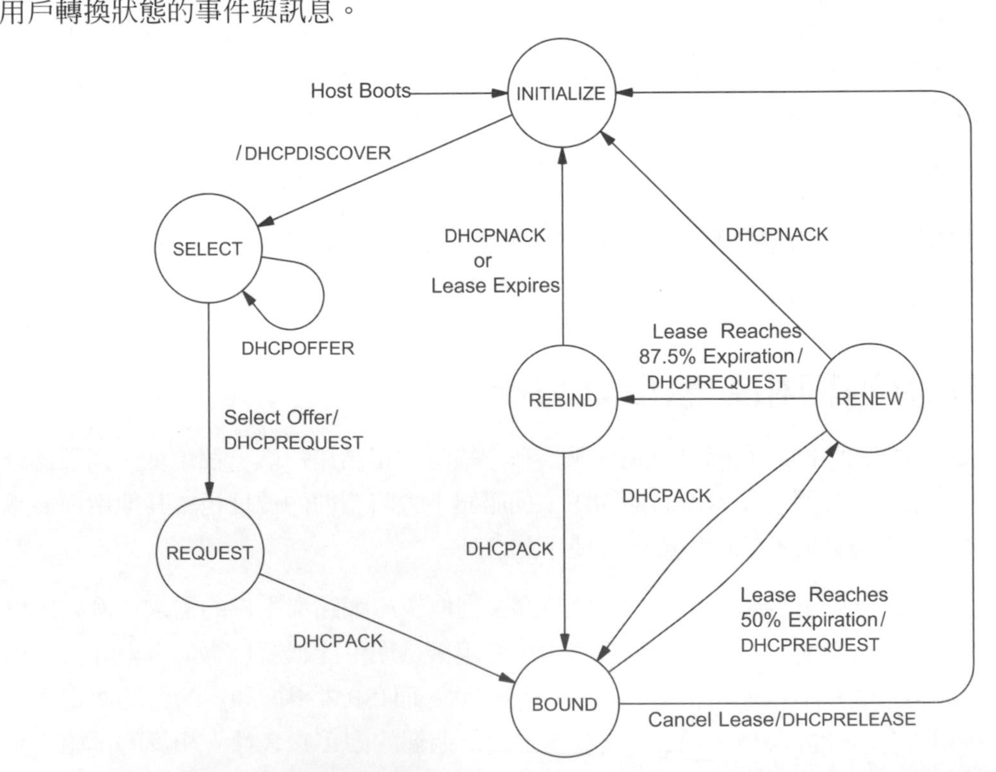

圖22.3 用戶在六個主要狀態間轉換。每個轉換標記代表前來的訊息或造成此傳輸的事件，其後是斜線與用戶傳送的訊息。

用戶第一次啓動時進入*INITIALIZE*狀態。用戶先和本地網路上的所有DHCP伺服器聯繫，以開始獲得IP位址。因此用戶端廣播一個*DHCPDISCOVER*訊息，並轉換到*SELECT*狀態。由於此協定是BOOTP的擴充，用戶端在目的地埠設爲BOOTP的UDP datagram中發送*DHCPDISCOVER*訊息(例如埠號爲67)。所有本地網路上的DHCP伺服器會收到此訊息，負責這些特別用戶的伺服器會發送一個*DHCPOFFER*訊息。因此用戶可能不會收到回應，也可能收到多個。

在*SELECT*狀態時，用戶端會收集由DHCP伺服器發出的回應。每個回應包含用戶組態資料，與伺服器借給用戶的IP位址。用戶必須選擇其中一個回應(例如，第一個抵達的回應)，並向伺服器商議租借。爲此，用戶傳送一個*DHCPREQEST*訊息給伺服器，並進入*REQUEST*狀態。伺服器會回應傳送*DHCPACK* 讓用戶知道已接受請求並開始租借。此訊息到達後用戶進入*BOUND*狀態，用戶可用此位址進行工作。功能概述如下：

> 主機會廣播訊息到本地網路上的伺服器成爲DHCP用户。然後主機收集伺服器提供的資訊，並確認爲伺服器所接受。

22.10　提前終止租借

*BOUND*狀態是操作的正常狀態；用戶獲得 IP 位址後，會維持在*BOUND*狀態。如果用戶有第二儲存裝置(例如本地磁碟機)，用戶可以儲存被指派的IP位址，並且在重新啓動時請求同一位址。某些情況下，*BOUND*狀態下的用戶發現自己不再需要IP位址。例如使用者用筆記型電腦連上網路，用DHCP獲得IP位址，然後就可用電腦閱讀電子郵件。DHCP的最小租借週期爲一小時。這可能超過用戶所需的時間。

當用戶不需要IP位址時，DHCP允許用戶不等時間到期就終止租借。此方法在用戶與伺服器都不能決定適當的租借時間時相當有用，因爲它允許伺服器選擇一個長的租借時間。如果伺服器可用的IP位址數目遠小於連接上網的電腦時，提早終止尤其重要。若每個用戶不需IP位址時就終止租借，伺服器就可以將此位址分配給其他用戶。

若要提早終止，用戶必須發送*DHCPRELEASE*訊息給伺服器。確定用戶不再使用該位址的最後動作。因此發送釋放訊息後，用戶就不能使用該位址傳送datagram。圖22.3中主機發送*DHCPRELEASE*訊息就離開*BOUND*狀態，在下次使用IP之前，必須重新進入*INITIALIZE*狀態。

22.11　租借續約狀態

DHCP用戶獲得一個位址時會轉換到*BOUND*狀態。用戶端進入*BOUND*狀態時，會設定三個計時器來控制租借更新、重新連結，租借到期。DHCP伺服器分派位址給用戶時可以指定計時器的終止值；若伺服器不指定計時值，用戶會使用預設值。第一個計時器的預設值是全部租借時間的一半。若第一個計時器到期，用戶會嘗試更新租借。用戶會發送*DHCPREQUEST*訊息給提供租借的伺服器來請求更新。然後用戶轉換到*RENEW*狀態並等待回應。*DHCPREQUEST*包含一個用戶正在使用的IP位址，並詢問伺服器是否延續此位址的租借。用戶可以請求延續的時間，但伺服器最後控制是否更新。伺服器有兩種回應更新的方法：它可以命令用戶停止使用該位址，或用戶可繼續使用。如果准許繼續使用，伺服器會傳送*DHCPACK*讓用戶回到*BOUND*狀態並繼續使用該位址。*DHCPACK*也可以包含用戶計時器的新值。若伺服器不允許繼續使用，它會傳送*DHCPNACK*（否定確認），讓用戶立即停止使用該位址，並回到*INITIALIZE*狀態。

用戶傳送*DHCPREQUEST*請求租借後，會維持在*RENEW*狀態等待回應。若沒有回應抵達，伺服器認為此租借是斷線或不能到達。DHCP依賴第二個計時器來處理此狀況。用戶進入*BOUND*狀態時，第二個計時器在租借週期的87.5%到期，讓用戶由*RENEW*轉換到*REBIND*狀態。轉換時用戶假設舊的伺服器已經不可存取，並開始向所有本地網路上的主機廣播*DHCPREQUEST*訊息。任何設定為提供用戶服務的伺服器，可以傳送肯定回應(延續租借)或否定回應(拒絕用戶再使用該IP位址)。如果用戶收到肯定回應，它會轉換到*BOUND*狀態，並重置這兩個計時器。如果收到否定回應，用戶必須轉換到*INITIALIZE*狀態，立即停用該IP位址，要求獲得新IP位址。

用戶轉換到*REBIND*狀態後，會向位址來源伺服器或本地網路上的所有伺服器詢問延續租借。少數情況下，用戶端在第三個計時器到期前不會收到伺服器的回應，這樣租借就到期了。用戶必須停止使用該位址，轉換回*INITIALIZE*狀態，要求獲得一個新的位址。

22.12 DHCP選項和訊息類型

令人驚訝的，DHCP並不在訊息的固定欄位中分配租借資訊。DHCP保留BOOTP格式，用「選項」欄來識別訊息屬於DHCP。圖22.4說明用來指定哪個DHCP訊息要被傳送的DHCP訊息格式選項。

0	8	16	23
編碼(53)	長度(1)	型態(1-8)	

型態欄位	對應的DHCP訊息型態
1	DHCPDISCOVER(尋找DHCP伺服器)
2	DHCPOFFER (DHCP伺服器回應)
3	DHCPREQUEST (向DHCP伺服器提出需求)
4	DHCPDECLINE (DHCP伺服器拒絕)
5	DHCPACK (DHCP伺服器同意)
6	DHCPNACK (DHCP伺服器不同意)
7	DHCPRELEASE (用戶終止DHCP租約)
8	DHCPINFORM (要求取得DHCP相關資訊)

圖22.4 用來要傳送的DHCP訊息的DHCP訊息格式選項。此表列出第三個位元組的值與意義。

已經定義了超過200個*OPTIONS*用於DHCP回應；每個回應都有一個類型和長度欄位，兩個欄位確定了選項的大小。分配是有些偶然，因為供應商使用最初保留的值。IETF在分配代碼時，避免和供應商的使用的代碼相衝突。圖22.5列出了一些可能的選項

項目型態	項目編碼	長度字節	內容
子網路遮罩	1	4	使用的子網路遮罩
路由器	3	N	N/4路由器的IP位址
DNS 伺服器	6	N	N/4伺服器的IP位址
主機名稱	12	N	N位元組的顧客端主機名稱
啟動大小	13	2	起動檔案的2字節整數長度
預設IP TTL	23	1	datagram的TTL值
NTP時間伺服器	42	N	N/4伺服器的IP位址
郵件伺服器	69	N	N/4伺服器的IP位址
網站伺服器	72	N	N/4伺服器的IP位址

圖22.5　可以存在於IPv4 DHCP中的OPTIONS回應範例[3]。

22.13　DHCP選項重載

DHCP訊息標頭的*SERVER HOST NAME*與*BOOT FILE NAME*（啟動檔案名稱）欄位佔用了許多字節。如果訊息中沒有這些欄位的資訊，這些空間就浪費了。DHCP定義*Option Overload*（選項過載）選項允許其他選項使用這些欄位。使用這些選項時，它會告訴接收端不用管*SERVER HOST NAME*與*BOOT FILE NAME*欄位的原始意義，而是把這兩個欄位內容當作選項來使用。

22.14　DHCP和網域名稱

雖然DHCP可以依命令來分配電腦的IP位址，但它沒有將主機與網路連線的相關程序自動化。尤其DHCP並未與網域名系統(DNS)互動[4]。因此除非有其他機制，連結一個主機名稱與DHCP分派給主機的IP位址是無關的。

雖然還沒有標準，但有些DHCP的實作已經可以和DNS互動。例如像Linux與BSD這些UNIX系統，可讓DHCP與DNS軟體相互協調，稱為*named*[5] *bind*或*bind*。同樣的，Microsoft DHCP軟體也和Microsoft DNS軟體協調以確保指派DHCP位址給主機時也有網域名稱。協調機制也可以反向操作，當取消DHCP租借時，DNS也會取消該網域名稱。

3　由於每個IPv4位址佔用4個octet，N個octet的欄位可保存N/4個IPv4位址。
4　第23章詳細討論網域名稱系統。
5　術語named是名稱程序（name daemon）的縮寫。

22.15 管理型和非管理型配置

有兩種廣泛使用的方法可用來配置網路設備，兩種方法會影響網路基礎設施和協定配置：

- 管理型(Managed)
- 非管理型(Unmanaged Managed)

管理型。管理型的系統需要網管人員對伺服器執行安裝和配置。當電腦加入網路時，電腦會與配置伺服器聯繫以獲取有關位址、路由和其他服務的資訊。僅以抽象的講解很難說清楚管理型服務的內容。在此，我們以DHCP作爲管理配置的範例，會使管理型系統配置的觀念容易理解。

非管理型。非管理型系統不需要網管人員進行位址分配，也不需要配置伺服器。當一台電腦加入網路，電腦產生唯一的位址，然後使用該位址進行通訊。原始的AppleTalk協定說明了一個非管理型系統：當電腦它加入網路，使用隨機亂數產生器來選擇位址，然後廣播訊息以驗證位址是否已在使用。如果另一台電腦已經使用該位址，選擇一個新的隨機值，直到找到唯一的位址。不需要其他配置，因爲服務可通過廣播請求來完成。

每種配置方法都有優點和缺點。非管理型網路的優點在於不需要人力來配置和操作一組伺服器。因此，電腦和其他設備(例如，印表機)可以自動連接和通訊。不幸的是，非管理方法也有缺點。隨機位址分配也可能會導致位址衝突。例如，如果電腦暫時斷線或處於忙碌狀態，恰在此時有新的電腦加入並選擇相同位址，衝突於是發生。此外，若網路規模增大，廣播的使用會成爲一個問題——非管理型方法可以跨單個網路工作，但不能跨越全球互聯網。

管理型方法的主要優點是讓網路擁有者對連接到網路的電腦和設備有完全的控制。網路管理者通常較喜歡管理型方法，有專業知識的同僚可協助分擔工作，配置伺服器可以在硬體上執行，並與其他伺服器一起協同工作。

22.16 IPv6的管理型和非管理型配置

當首次接觸IPv6時，設計人員想到了一種特殊情況：兩台IPv6主機，在網路上沒有任何伺服器的情況下連接。例如，考慮兩台具有Wi-Fi功能的IPv6移動設備。設計師認爲它應該是可以直接通訊，不需要基地台也不需伺服器分配位址。因此，設計師採納一種非管理型方法，其中位址分配是自動的。他們使用「IPv6無狀態自動配置」(*IPv6 stateless autoconfiguration*)這個術語來描述IPv6位址分配方案。每當主機加入非管理型網路，主機使用無狀態自動配置來產生IPv6位址，並開始通訊。因此，無狀態自動配置意味著主機可以進行通訊，且不需要伺服器來分配位址。

許多管理者反對無狀態自動配置。管理大型商業ISP的網路運營商尤其感到失望。因爲他們執行的是網路連線管理是要收費的，營運商想要控制哪些主機連接到其網路(亦即排除非用戶)。特別是，運營商想要一個管理型服務，讓他們對位址有分配控制權。

在管理型位址分配服務方面，DHCP被廣泛接受爲行業標準。網管人員喜歡DHCP，因爲可以精確控制如何分配位址。特別是，網管人員可精細到以各個主機方式選擇分配策略，可預先分配固定IP位址給某一台主機，也可規劃一段位址形成位址池，讓主機自動從池中獲取位址。

22.17 IPv6配置選項和潛在衝突

網管人員通常要的是管理型方案，個別人士通常要的是ad-hoc networks(隨意網路)。爲滿足上述兩種角色的需求，IETF決定對IPv6位址的配置採用兩種方法：

- 管理型，透過DHCPv6執行
- 非管理型，透過無狀態自動配置執行

透過*DHCPv6*實施管理型網路。已經爲IPv6建立了新版本的DHCP。命名爲*DHCPv6*，新版本在概念上類似於原始DHCP。和原版本一樣，例如，新版本需要伺服器可適用於每個網路，並要求主機聯繫伺服器以獲取IP位址。但是，因爲IPv6不支持廣播，主機不能像IPv4般使用廣播傳送訊息給DHCPv6伺服器。但IPv6允許主機產生link-local位址並使用link-local群播，這與IPv4有限廣播的效果一樣。

但是，DHCPv6比DHCP要複雜得多。像大多數的IPv6，DHCPv6嘗試適應所有可能性。DHCPv6完全改變訊息的格式，並添加了幾種新的訊息類型，提供額外的功能。例如，規範允許前置碼委派，其中伺服器委派一組前置碼給另一台伺服器(例如，home路由器分配給home中的設備)。一些增加的複雜性源於IPv6性質，例如，允許主機在給定介面上使用多個網路前置碼。其他複雜性是因爲DHCPv6允許認證。結果是RFC定義的DHCPv6比DHCP的定義大兩倍[6]。

透過無狀態自動配置(*Unmanaged via Stateless Autoconfiguration*)實施非管理型網路。我們說在IPv6中，無狀態自動配置指的是非管理型鏈路位址的建立方法。無狀態自動配置依賴於IPv6鄰居發現協定(NDP)，這部份在下一節講述。我們將看到NDP提供的功能遠遠多於管理型位址配置。但是，當我們比較NDP和DHCPv6時，只需要考慮兩個根本上的不同：(1) 不使用配置伺服器；(2) 主機可以產生IPv6位址，並驗證位址是唯一的(即，網路上沒有其他節點使用相同的位址)。

使用兩種方法進行IPv6配置會產生問題。有哪一種方法優先於另一種嗎？主機可以使用這兩種方法嗎？如果兩者都使用並且產生的IPv6位址不同，主機該保留兩個IPv6位址或應該停用一個位址嗎？標準沒有指定使用哪一種方法，也沒有規範如何處理位址衝突。標準僅提供兩種替代技術。我們可以總結：

> IPv6標準包括管理型和非管理型的位址分配方案。標準沒有規定哪個是首選或如何處理位址衝突。

6　直接比較RFC的DHCP和DHCPv6有點不公平，因為DHCPv6規範包括一些選項。

22.18 IPv6鄰居發現協定(NDP)

IPv6的鄰居發現協定(*NDP*：*Neighbor Discovery Protocol*或*IPv6-ND*)包括低層功能，例如第2層位址解析和主機重定向訊息。看起來NDP似乎就只具有如前面章節描述的功能，其實不然。本節將補足尚未提到的來自上層的協定功能。特別是，NDP提供了位址配置的機制。

NDP透過使用ICMPv6訊息在第3層操作。下面列出了主要NDP提供的功能：

- **路由器發現(Router Discovery)**：主機可以識別給定鏈結的路由器集合。
- **下一站路由(Next-hop Routes)**：主機可以找到給定目的地的下一站路由器。
- **鄰居發現(Neighbor Discovery)**：節點可以在給定的鏈結標識節點集合。
- **鄰居不可達性檢測(NUD：Neighbor Unreachability Detection)**：節點不斷地監視它的鄰居，當鄰居變得不可達時可立即得知。
- **位址前置碼發現(Address Prefix Discovery)**：主機可以學習在鏈結上使用的網路前置碼。
- **配置參數發現(Configuration Parameter Discovery)**：主機可以確定參數，例如在給定鏈路上使用的MTU。
- **無狀態自動配置(Stateless Autoconfiguration)**：主機可以產生在鏈結上使用的位址。
- **重複位址檢測(DAD：Duplicate Address Detection)**：節點可以確定產生的位址是否已在使用。
- **位址解析(Address Resolution)**：節點可以將IPv6位址映射到MAC位址。
- **DNS伺服器發現(DNS Server Discovery)**：一個節點可以在鏈結上找到一組DNS伺服器。
- **重定向(Redirect)**：路由器可以通知節點關於首選的第一跳路由器。

為了實現上述目的，NDP定義了五種ICMPv6訊息類型：

- 路由器請求(Router Solicitation)
- 路由器公告(Router Advertisement)
- 鄰居請求(Neighbor Solicitation)
- 鄰居公告(Neighbor Advertisement)
- 重定向(Redirect)

不是為每個描述的功能定義唯一的訊息類型，NDP使用了五種ICMPv6訊息類型的組合來實現每一種功能。以下章節討論五種訊息類型。

22.19 ICMPv6路由器請求訊息

主機發送路由器請求訊息以提示路由器進行回應。圖22.6說明了路由器請求的格式。

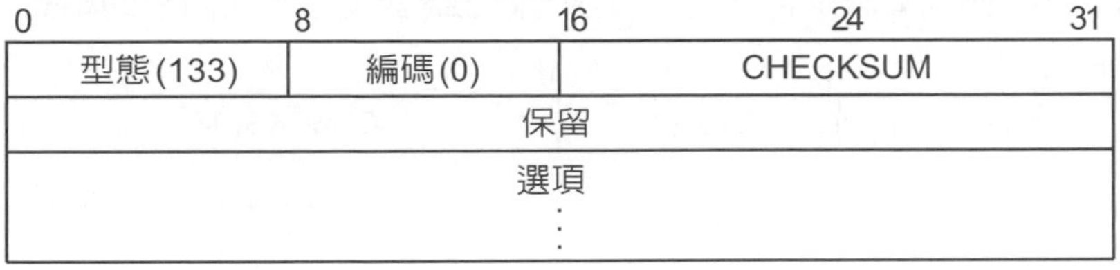

0	8	16	24	31
型態(133)	編碼(0)	CHECKSUM		
保留				
選項 ⋮				

圖22.6　ICMPv6路由器請求訊息的格式。

如果節點已經知道其IP位址，則*OPTIONS*欄位包含節點的MAC位址(在IPv6中稱爲鏈路層位址)。

22.20 ICMPv6路由器通告訊息

路由器定期或在路由器請求提示時發送路由器通告(*Router Advertisement*)訊息。該訊息讓路由器宣布其在網路上是存在的，並具有對外轉送的功能。圖22.7說明了路由器廣播的格式。

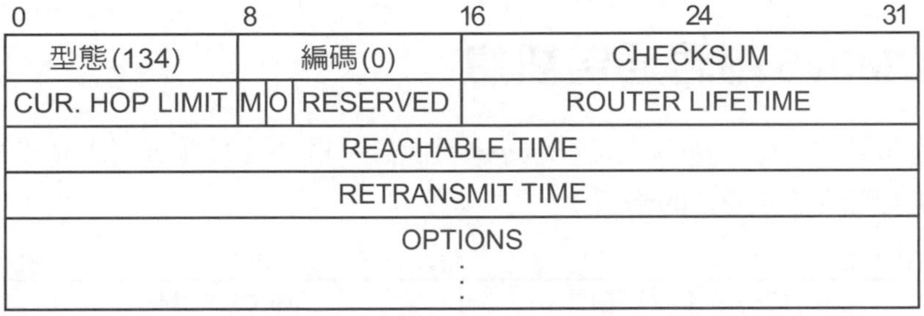

0	8			16	24	31
型態(134)	編碼(0)			CHECKSUM		
CUR. HOP LIMIT	M	O	RESERVED	ROUTER LIFETIME		
REACHABLE TIME						
RETRANSMIT TIME						
OPTIONS ⋮						

圖22.7　ICMPv6路由器通告訊息的格式

- **CUR.HOP LIMIT 欄位**：指定在每個輸出datagram中應該用作HOP LIMIT的值。
- **M欄位：指定網路是否使用管理型位址分配(即DHCPv6)**。
- **O欄位**：指定其他配置資訊是否可透過DHCPv6獲得。
- **ROUTER LIFETIME 欄位**：如果路由器可以用作預設路由器，則本欄位給出路由器可以使用的時間量，以秒爲單位。
- **REACHABLE TIME 欄位**：在鄰居回應後，指定鄰居保持多長時間(以毫秒爲單位)的可達性。
- **RETRANSMIT TIME 欄位**：指定重傳鄰居請求訊息的頻率。
- **OPTION 欄位**：可能的選項包括發送方MAC位址、鏈路上使用的MTU以及鏈路上使用的一個或多個IPv6前置碼列表。

22.21 ICMPv6鄰居請求訊息

節點發送鄰居請求(*Neighbor Solicitation*)訊息有兩個目的：(1) 獲得MAC位址(等同IPv6中的ARP)；(2) 測試鄰居是否為仍然可達。圖22.8說明了鄰居請求的格式。

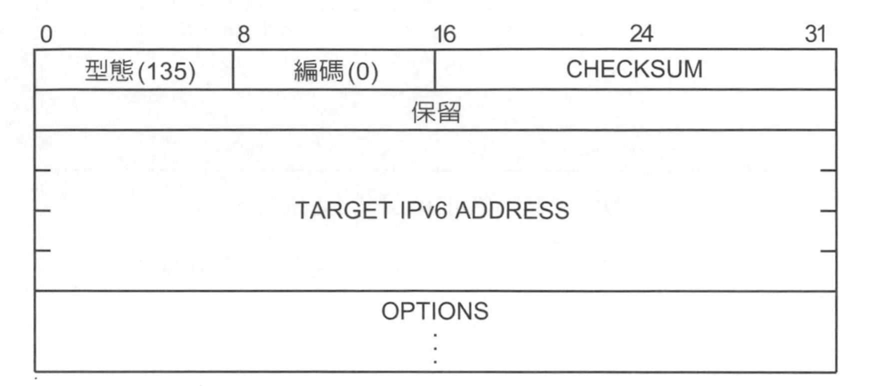

圖22.8 ICMPv6鄰居請求訊息的格式。

- **TARGET IPv6 ADDRESS欄位**：提供了一個鄰居的IP位址，請求該IP的MAC位址。
- **OPTIONS欄位**：如果發件人已有IP位址，則包括發送方的MAC位址，以便接收方知道發送方IP到MAC位址的繫結。

22.22 ICMPv6鄰居通告訊息

節點發送鄰居通告(*Neighbor Advertisement*)訊息，目的是對鄰居請求做出回應或傳播可達性。圖22.9說明了鄰居通告的格式。

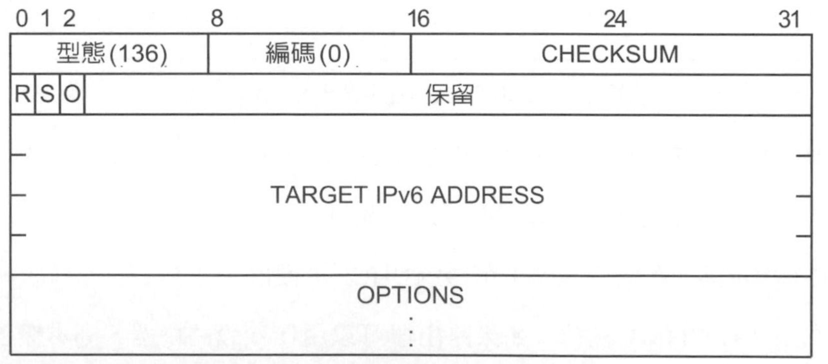

圖22.9 ICMPv6鄰居公告訊息的格式。

- **R欄位**：表示發送方是路由器。
- **S欄位**：表示通告是對鄰居對請求訊息的回應。
- **O欄位**：本欄位用來指示將訊息中的資訊覆蓋先前接收並放在快取中的資訊。
- **TARGET IPv6欄位**：雖然欄位名稱有TARGET，但本欄位指的是發送端IP位址(TARGET的意思是作為Neighbor Solicitation訊息的目標)。

- **OPTIONS欄位**：給定發件人的MAC位址。

22.23 ICMPv6重定向訊息

路由器發送重定向訊息與IPv4路由器發送ICMP重定向，兩者目的完全相同：請求主機更改其特定目的地的第一跳。圖22.10說明了重定向訊息的格式。

如預期，重定向訊息指定兩個IPv6位址：目標位址和要使用的第一跳的位址。通常，當路由器從直接連接的鏈路上的主機接收到datagram，並且路由器找到通過同一鏈路上的另一個路由器來到達目的地。當主機收到重定向訊息，主機必須更改其轉送表，使用指定的*FIRSTHOP IPv6*位址，為發送到*DESTINATION IPv6 ADDRESS*的datagram做路由準備。

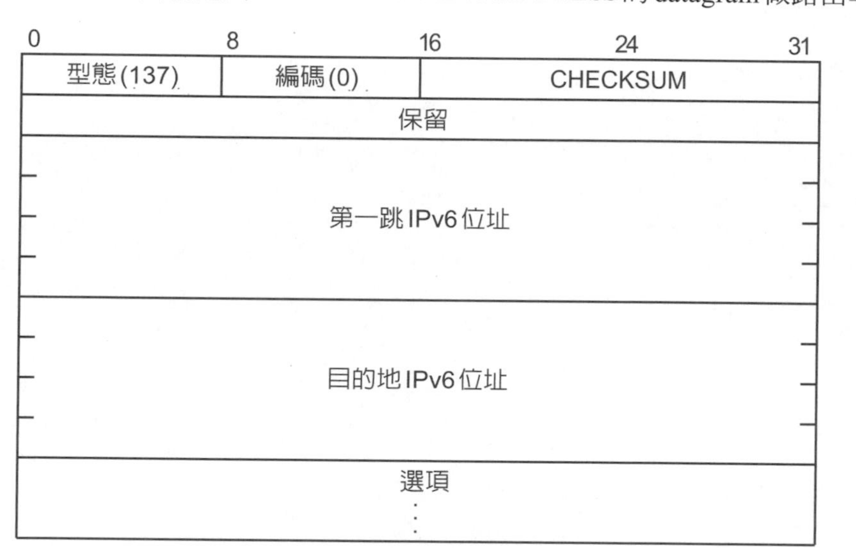

圖22.10　ICMPv6重定向訊息的格式。

22.24 總結

動態主機設定協定(DHCP)可讓電腦在啓動時取得資訊，包括預設路由器位址、網域名伺服器位址與自己的IP位址。DHCP允許自動或動態分派IP位址。動態分派在電腦可以快速連結與離線的無線網路環境中是必要的。

使用DHCP時，電腦變成一個用戶端。電腦向伺服器廣播一個請求，選用收到的其中一個回應，並與伺服器交換訊息以獲取IP位址的租借。中繼代理可以轉送用戶的DHCP請求，這表示一個DHCP伺服器可以處理多個子網路的位址分配。

用戶取得一個IPv4位址時啓動了三個計時器。第一個計時器到期後，用戶會嘗試更新租借。若更新完成之前第二個計時器到期，用戶會嚐試從任何伺服器重新繫結其位址。如果更新完成前第三個計時器到期了，用戶會停止使用該IP位址，並回到起始狀態來重新獲得一個位址。最後的狀態解釋租借的取得與更新。

DHCP提供的是管理型位址分配；替代方案是非管理型的系統，其中每台電腦選擇位址並驗證唯一性。IPv6提供管理型和非管理型的位址分配。IPv6管理型使用DHCPv6來配置位址，IPv6非管理型使用無狀態位址自動配置。

無狀態自動配置由IPv6鄰居發現協定處理(NDP或IPv6-ND)，NDP還處理位址解析和鄰居可達性。NDP定義了五個ICMPv6訊息：兩個用於路由器請求和公告，兩個用於鄰居請求和公告，一個用於第一跳重定向。

習題

22.1 DHCP沒有一個明確的欄位讓伺服器回傳時間給用戶，但讓它變成(選擇性)廠商指定資訊的一部份。時間需要包含在必須的欄位中嗎？為什麼或為什麼不？

22.2 討論將組態與記憶體映像檔分開儲存是不好的。(參考RFC 951)。

22.3 BOOTP訊息格式不存在。因為它有兩個欄位用於用戶位址，一個欄位用於啓動映像若用戶端讓其IP位址欄位是空的，伺服器會在第二個欄位回傳用戶的IP位址。如果用戶端讓它的啓動檔案名稱是空的，則伺服器會用一個外顯名字取代之。為什麼？

22.4 閱讀標準，找出用戶和伺服器如何使用HOPS欄位。

22.5 DHCP 經由硬體廣播接收一個回應時，它如何知道此回應是否用在同一網路上的其他DHCP用戶。

22.6 機器用DHCP而不是用ICMP來獲得它的子網路遮罩時，可使其他主機負擔不那麼大。試解釋之。

22.7 閱讀標準，找出DHCP用戶和伺服器如何不使用同步的時脈(clock)而同意一個租借週期。

22.8 假設一台主機有一個磁碟，並用DHCP獲得一個IP位址。如果主機將它的位址與租借到期時間儲存在它的磁碟上，並在租借週期內重新啓動，它可以使用該位址嗎？為什麼或為什麼不？

22.9 DHCP指定最小的位址租借為一小時。你可以想像一個DHCP的最小租借會造成不便的例子嗎？請解釋。

22.10 閱讀RFC，找出DHCP如何指定更新與重新連結計時器。伺服器有什麼可能只設定一個而沒有設定其他計時器嗎？為何？

22.11 狀態轉換圖並未說明重傳。閱讀標準，找出用戶重傳一個請求需要多少時間。

22.12 DHCP可以確保用戶不會“spoofing”(DHCP確保A主機設定資訊不會傳送到B主機)。答案和BOOTP一不一樣？為何？

22.13 DHCP指定用戶必須準備處理最少312位元組作為選項。為何有312位元組？

22.14 使用DHCP獲得IP位址的電腦是否可當成伺服器？如果可以，用戶如何抵達伺服器？

22.15 假設IPv6計算機連接到沒有任何路由器的網絡。IPv6節點是如何知道它應該使用無狀態自動配置來獲取IPv6位址？

22.16 擴展上一個問題：如果IPv6節點附加到具有路由器的網路，節點如何知道是否使用無狀態自動配置？

22.17 如果IPv6節點使用無狀態自動配置，節點是否可以執行伺服器？試說明之。

章節目錄

23

網域名稱系統(DNS)

23.1 引言

前幾章描述Internet使用的協定位址(IP位址)是以二進制數值來識別機器。雖然提供了一個簡單的位址表示法給網路上的封包使用，但使用者傾向於將機器指定為可讀易記的名稱。

本章考慮對一組機器設定有意義高階名稱的方法，並討論一種將高階名稱與IP位址的對應機制。其中包含由高階名稱對IP位址的轉換與由IP位址對高階名稱的轉換。這種命名方式有兩個原因令人感興趣。第一，已用來指派全球Internet上的機器名稱。第二，由於使用地理上分散的一群伺服器來將名稱對應到位址，名稱對應機制的是第20章所描述的主從式模型範例之一。

23.2 電腦的名稱

早期電腦系統強迫使用者去瞭解像系統表與週邊裝置使用的數值位址。分時系統讓電腦允許使用者為實體物件(如週邊裝置)與抽象物件(如檔案)建立有意義的符號。一個類似模式已出現在電腦網路中。早期系統支援電腦間的點對點連線，並用低層硬體位址來指定機器。網路互連引入了全球性定址，以及將全球性位址對應到低層硬體位址的協定軟體。由於多數運算環境包含了數台機器，使用者需使用有意義的、象徵性的名稱來辨識機器。

早期的機器名稱反映了它們所處的小環境，一個只有少數機器的網路區域根據機器的用途去選定其名稱是很普遍的。例如，常有一些叫*accounting*、*development*與*production*的電腦，使用者會發現這些名稱比一些煩人的硬體位址好用。

雖然「位址」與「名稱」的區別好像很明顯，但這是人爲的。任何名稱僅由有限的字元集合中選取一些字元所組成。如果系統能有效地將名稱對應到所表示的物件，名稱才有用。因此將IP位址當作低階名稱，而使用者喜歡用機器的高階名稱。

高階名稱的格式很重要，因爲它決定了名稱如何轉換成低階名稱，或如何與物件結合，以及如何授權名稱分配。只有少數機器互連時，選擇名稱很容易－管理者可以選擇任意名稱，並且確認這些名稱不會重覆。例如，在1980年，*Purdue*大學電腦科學部門的電腦連接上網路時，用*purdue*來表示此機器。潛在衝突名稱列表只包含數十個名稱。而到1986年中，Internet上正式的主機包含3100個正式登記的名稱和6500個正式別名。雖然該列表在1980年代迅速成長，大多數的網路區域都增加了尚未註冊名稱的機器(例如，個人電腦)。在現今的Internet中存在著數億台電腦，因此要選擇具有實際意義的名稱顯得額外困難。

23.3 平面化命名空間

最初用在Internet上的機器名稱組成了一個「平面化命名空間(*flat namespace*)，每個名稱由無任何結構的字串所組成。最初的方案中，中央站台－「網路資訊中心」(*Network Information Center*，*NIC*)，管理命名空間，並決定一個新名稱是否適當(也就是它會禁止使用不入流或相衝突的名稱)。

平面命名空間的主要優點是名稱方便且簡短，主要缺點在於技術上和管理上的困難，而不適用於大型機器組。第一，由於名稱從一個識別字集合中取出，網路區域個數增加時，潛在衝突也增加。第二，由於增加新名稱的機構必須由一個網路區域擔任，中央站台的管理工作負擔會隨區域數目的增加而增加。爲了瞭解問題的嚴重性，想像一個含有幾千個網路區域的互連網路，每個區域又有幾百台個人電腦與工作站。每次有人連接新的個人電腦上網時，其名稱便需由中央機構批准。第三，由於名稱與位址的結合更動頻繁，在每個區域維持正確名稱對應表的成本很高，且隨電腦數目增加而升高。若名稱資料庫位於單一網路區域，傳送至該區域的資料量也會隨網路區域數目而增加。

23.4 階層化名稱

命名系統不用中央站台管理，如何能適應大型的、迅速增加的名稱集合？答案在於委派授權機構來管理部份的命名空間，並透過分散名稱與位址的對應，來分散命名機制。Internet便使用此方案。檢視這種方案的細節前，先考慮其動機。

命名空間分割的定義，必須有效支援名稱的對應，並保證名稱分配的自主性。如果依有效對應進行最佳化時，透過多台機器來對應名稱，其結果可以維持平面化命名空間，也能減少資料流量。如果依管理的方便進行最佳化時，可以讓委派授權很容易，但名稱的對應會變得昂貴或複雜。

要瞭解命名空間如何劃分，考慮大型組織的內部結構。在上層，總經理掌管整體系統。由於總經理並不能監督所有事務，組織內部可以劃分爲數個部門，而每個部門由一個經理掌管。在某種限定下，總經理將各部門視爲自治系統。除此之外，各部門經理可以僱用或解僱員工，指派辦公室與委派授權，不必獲得總經理的允許。

除了讓委派授權變容易之外，大型組織階層化架構還引進自治操作。例如，辦公室人員需要新進員工電話號碼資訊時，他會詢問本單位文書人員(可能與其他部門職員進一步聯繫)。這表示雖然權力沿層次結構向下傳遞，不過資訊卻可以橫向穿梭，在辦公室之間互相流通。

23.5　名稱授權的委派

階層化命名方式類似大型組織的管理。命名空間在上層劃分，名稱子空間的管理授權被賦予給指定的代理。例如，可以選擇以站台名稱爲基礎來劃分命名空間，並委派每個站台負責維護其所管轄的名稱。階層機構的最頂層劃分命名空間且授權給各支部；某支部的變化不會干擾到最頂層。

階層化命名語法通常會反映用於分派名稱的授權階層。例如，考慮以下命名空間：

local.site

其中site是中央授權機構授予的網路區域名，*local*是由該網路區域控制的名稱，而句號[1](“.”)是分隔符號。最上層機構同意增加新的網路區域*X*時，它會把*X*加入有效列表中，賦予網路區域*X*以“*.X*”爲結尾來命名的權力。

23.6　子集合授權機構

階層式命名空間中，授權可以一層層做進一步的劃分。在由網路區域來分割的例子中，區域本身可能有數個管理群組，而授權機構可以選擇在這群組之間再劃分其命名空間。用意在於繼續細分命名空間，直到每一部份小到足以管理爲止。語法中，細分命名空間引進名稱的另一種劃分方式。例如，在已經由site劃分好的名稱中增加一*group*分割時，便產生以下語法：

local.group.site

由於有最頂端的委派授權，群組名稱不必在網路區域之間取得一致。通常大學中的網路區域可以選擇像*engineering*、*science*與*art*等群組名，公司的網路區域則可以選擇像*product*、*accounting*與*personnel*等群組名。

美國電話系統提供另一種階層化命名語法。10位數電話號碼分爲3位數「區域碼」(*area code*)，3位數「交換碼」(*exchange*)與4位數「用戶碼」(*subscriber number*)。交換機有權在

1　在網域名稱中，句點叫做“dot”。

其命名空間裡分配用戶號碼。雖然數個用戶碼可以聚集成交換碼，而數個交換碼可以聚集成區域碼，但電話號碼之配置並非隨意的，必須仔細選擇以便簡化電話呼叫在電話網路中的路由。

電話的例子很重要，因為它說明了TCP/IP互連網路中，階層命名方案與其他階層結構間的主要區別：將組織裡的所有機器沿授權線劃分，並不表示需要依據實際位置來劃分。例如，某大學的一幢大樓可能容納數學系與電腦科學系。雖然這兩個系的機器可能屬於不同管理領域，但屬於同一個實體網路。也可能某個組織擁有數台連結於不同實體網路的機器。正因如此，TCP/IP命名方案允許任意授權階層命名空間，不須考慮實體連接。重點：

> 在Internet中，一個組織的階層式機器名稱，可按組織的結構來命名，每個組織須先獲取命名空間的部分授權。命名時不必理會實體網路的互聯結構。

當然，在許多網路區域裡，組織的階層架構會對應到實體網路的互連結構。例如某大學的教學大樓中，所有電腦都連結到相同網路。若這個科系分配到一部份的命名空間，所有依此命名空間來分配的機器也都連結於同一個實體網路。

23.7 Internet網域名稱

Internet網路中提供名稱與位址對應的系統稱為「網域名稱系統」(*Domain Name System*，*DNS*)。DNS有兩個概念獨立的部份，第一個是抽象概念部分：指定命名語法與委派授權名稱的規則。第二個是執行部分：使用分散式電腦系統，將名稱有效地對應到位址。本節討論命名語法，後面幾節將討論其應用方式。

網域名稱系統使用的階層命名方案稱為網域名稱(*domain names*)。如之前的例子，網域名稱由一串子名稱所組成，每個子名稱以點號隔開。子名稱可能代表網路區域或群組，網域名稱系統稱子名稱「標記」(label)。因此以下的完整網域名稱：

cs.purdue.edu

包含三個標記：*cs*、*purdue*與*edu*。網域名稱標記的任何後置碼(*suffix*)稱為網域。上例中，最低層的網域是cs.purdue.edu (Purdue大學電腦科學系的網域名稱)，第二層網域是*purdue.edu* (Purdue大學的網域名稱)，而最頂層的網域是*edu* (教育部的網域名稱)。如上例，網域名稱的寫法是本地標記出現在最前面，頂層網域標記出現在最後面。依這種順序寫成的網域名稱可以壓縮包含多個網域名稱的訊息。

23.8 頂層網域

圖23.1列出數種頂層網域名稱。

網域名稱	意義
aero	航空工業
arpa	基礎網域
biz	公司商行
com	商業組織
coop	合作協會
edu	教育機構(4年制)
gov	美國政府機構
info	資訊
int	國際協定組織
mil	美國軍事單位
museum	博物館
name	個人
net	主要網路支援中心
org	其他組織
pro	專業憑證
country code	每個國家(地理方案)

圖23.1　頂層Internet網域與意義。雖然標記以小寫表示，不過大小寫並無差異，因此COM與com是一樣的。

網際網路名稱與數值位址分配機構(*ICANN*：*Internet Corporation for Assigned Names and Numbers*)，一直受困於需要多少頂級網域和應該允許什麼名稱的問題。一個雙字母的國家代碼方案，曾經規劃為永久有效，但卻會受到政治變化而改變。例如，當德國統一時，原先分配給東德的頂級網域dd就已廢棄不再使用。

一種國際化機制允許其他字元系統的名稱方案已被提出。因此，圖23.1僅列出現況，可能會有新的名稱加入並被有效使用。

概念上，頂層名稱允許兩種完全不同的命名階層：地理與組織。地理方案依國別來劃分機器。美國機器的頂層網域為us；其他國家想在網域名稱系統註冊機器時，中央機構賦予該國一個新的頂層網域，用國際標準兩個字母的識別碼來標記。US網域的授權又將每州劃分為第二層網域。例如，Virginia州的網域為：

va.us

頂層網域也可以根據組織型態劃分，來代替地理階層的表示法。當某組織想加入網域名稱系統時，會選擇想要的名稱來註冊並請求同意。「網域名稱登錄機構」(*domain name registrar*)會檢查其申請書，並分配該組織一個頂層網域下的一子網域[2]。頂層網域的擁有者可以決定如何進一步劃分名稱空間。以英國為例，它的國家網域為*uk*，大學或其他學術機構就會註冊於*ac.uk*這個網域之下。

2 標準並沒有定義「子網域」(subdomain)這個術語。這樣用是因為它類似「子集」(subset)，可幫助瞭解網域間的關係。

另一個例子可有助於瞭解命名階層與名稱授權之間的關係。Purdue 大學電腦科學系中一台名爲*xinu*的機器有以下正式名稱：

xinu.cs.purdue.edu

此名稱是由電腦科學系中的本地網路管理者所准許的註冊。之前大學網路管理機構已從Internet管理機構獲得管理子網域*purdue.edu*的授權，而科系管理者已從大學網路管理機構獲得管理子網域cs.purdue.edu的授權。Internet管理機構仍維持對edu網域的主控權，所以新大學需要獲得其允許才能加入。相同地，Purdue大學的網路管理機構則維持*purdue.edu*子網域的授權，新的第三層網域必須獲得其管理者准許才能加入。

圖23.2說明了Internet網域名稱階層的一小部份。一個商業組織IBM公司，註冊成*ibm.com*。Purdue大學註冊成*purdue.edu*。隸屬政府機構的國家科學基金會(NFS)註冊成*nsf.gov*。相對的，國家研究倡導公司(*Corporation for National ResearchInitiatives*)選擇註冊在地理階層之下，名爲*cnri.reston.va.us*。

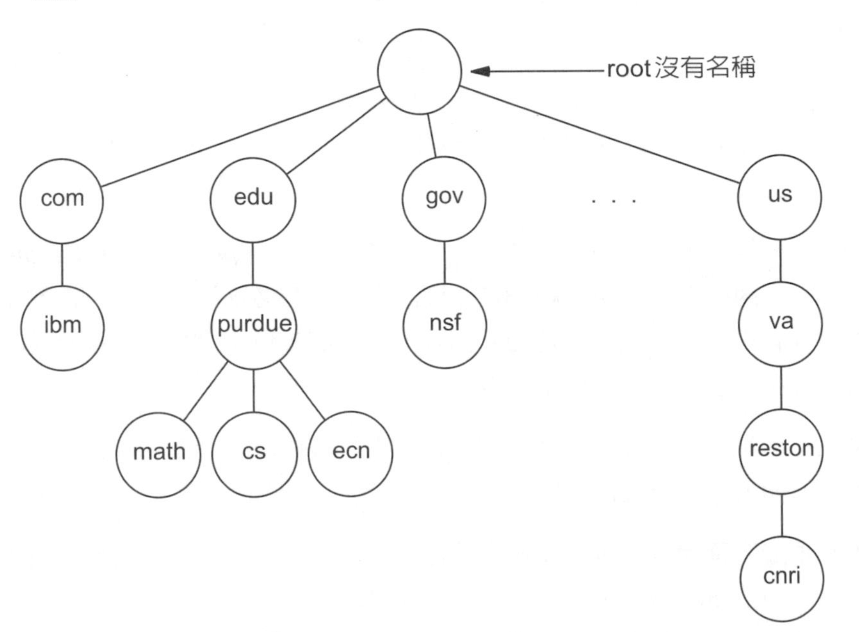

圖23.2 Internet網域名稱階層(樹)的一小部份。事實上，該樹是寬廣且平面化的；大部份的主機會出現在第五層。

23.9 名稱語法與型態

網域名稱系統具有相當的通用性，允許多個命名層次結構嵌入到一個系統中。此外，系統可以保持各種類型的映射。例如，給定的名稱可以是主機IPv4位址，也可以是主機的IPv6位址或郵件伺服器。有趣的是，名稱的語法不表示類型。

爲了允許用戶端能在系統中的多種類型項目之間進行區分，每個儲存的命名項目都分配有一個類型(*type*)，指定它是否是電腦位址、電子信箱或用戶等。當用戶端請求網域系統解析名稱時，必須指定所需的回答類型。例如，當電子郵件應用程序使用網域系統來解析名稱，它指定了回應型態應該是郵件交換器的位址。當瀏覽器解析網域名稱時，瀏覽器必須指定它尋找的是伺服器電腦的IP位址。一個相同的的名稱可以映射到多個項目。當解析名稱時，所接收的回應取決於在查詢中指定的類型。因此，某用戶發送電子郵件給在*x*.com的帳戶，某用戶在瀏覽器鍵入*x*.com，兩者觸碰的都是*x*.com，但卻是由兩台完全不同的電腦來回應。重點：

> 某指定的名稱可能會對應到網域系統中的多個資料項目。解析一個名稱時，用戶需指定物件型態，伺服器則回傳該型態的物件。

除了指定尋求的答案型態外，網域名稱系統允許用戶指定使用的協定族。網域系統依「類別」(class)劃分整組名稱，允許單一資料庫儲存數種協定組的對應[3]。

名稱語法並不能決定物件的型態，也無法得知物件使用甚麼協定，尤其是名稱中的標記數目並不能決定該名稱是個別物件(機器)或是網域。範例中，一台機器可能叫做：

gwen.purdue.edu

但是

cs.purdue.edu

卻是一個子網域名稱。重點：

> 單只用網域名稱，不能用子網域名稱分辨是單獨物件名稱，或是一個物件型態。

23.10 將網域名稱對應到位址

除了命名語法和委派授權之外，網域名稱方案包含一個有效的、可靠的、普遍的，分散式系統，用於將名稱對應到位址。以技術的觀點來看，此系統爲分散式表示：在數個不同網路區域運作的一組伺服器會合作解決位址對應的問題。多數名稱在本地即可對應，只有少數需要透過Internet，因此是有效率的。因爲沒有限制機器的名稱(雖然所舉的範例並非如此)，所以可普遍應用。最後，由於單一機器故障並不會使系統運作不正常，所以是可靠的。

將名稱對應到位址的網域機制由獨立且互相合作的系統所組成，稱爲「名稱伺服器」(*name servers*)。名稱伺服器是一個提供名稱對位址轉換的伺服器程式，也就是將網域名稱對應到IP位址。通常伺服器軟體在一個專用處理器上執行，而機器本身就稱爲名稱伺服器。用戶軟體稱爲「名稱解析器」(*name resolver*)，在轉換名稱時，會使用一個或多個名稱伺服器。

要瞭解網域伺服器如何運作，最簡單的方法是想像它們被安排在對應於命名階層的樹狀結構中，如圖23.3所示。樹根用於識別頂層網域並知道哪個伺服器應解析哪個網域。給定要解析的名稱，根可以爲該名稱選擇正確的伺服器。其下一層，一組名稱伺服器爲每個頂層網

3　事實上，很少有網域伺服器使用多個協定組。

域(例如.*edu*)提供回應。此層的伺服器知道哪個伺服器可以提供解析該網域下的子網域。樹的第三層，名稱伺服器爲子網域(例如*edu*下的*purdue*)提供答案。此概念樹在已定義的子網域之每一層中可繼續延伸。

概念樹中的連結並不代表實體網路的連線。實際上，樹中的一條連結代表上層伺服器將子網域授權給下層名稱伺服器管理。伺服器本身可以位於互連網路的任何位置，因此伺服器概念樹只是個抽象概念，使用實體網路進行通訊。

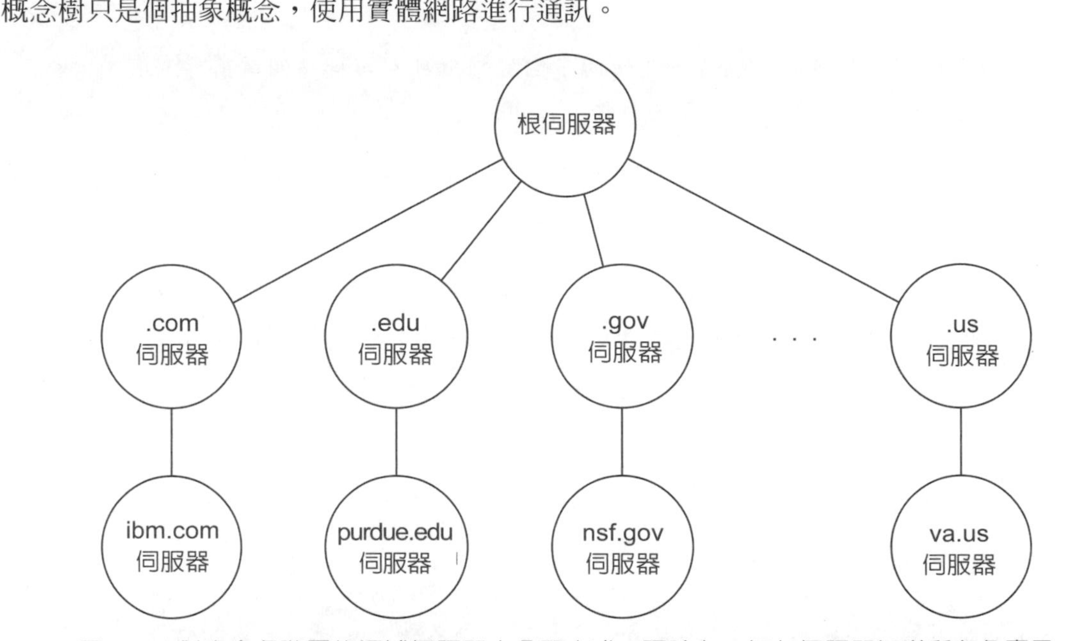

圖23.3　對應命名階層的網域伺服器之分配方式。理論上，每台伺服器知道所有負責子網域管理的低層伺服器之位址。

若網域系統中的伺服器像上述簡化模型那般運作，連接性與授權間的關係會很簡單。當授權被賦予給子網域時，發出請求的組織需要爲該子網域建立網域名稱伺服器，並將其連到樹上。

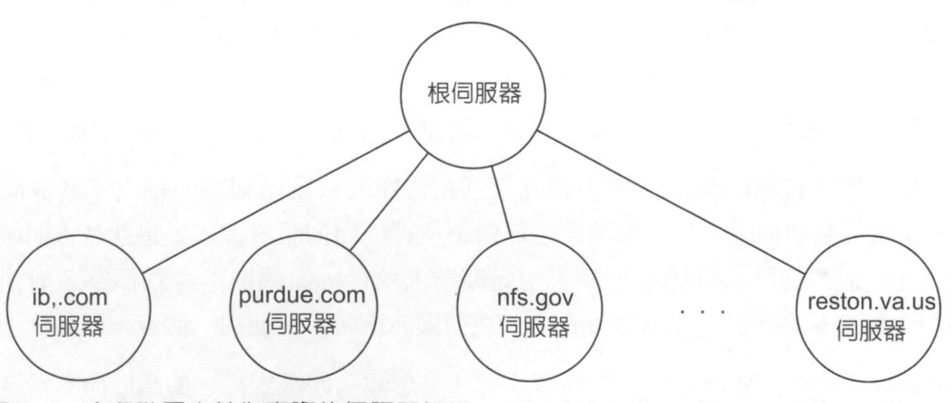

圖23.4　命名階層中較為實際的伺服器組織。由於樹是寬廣且平面的，當解析名稱時，只需要聯繫少數伺服器。

實際上，命名階層與伺服器樹的關係並不像模型那麼簡單。伺服器樹並沒有很多階層，因爲單一實體伺服器便可包含命名階層中的大部份資訊，尤其各組織將其所有子網域的資訊集中到單一伺服器上。圖23.4顯示了一個由圖23.2中的命名階層轉化而來較爲實際的伺服器組織。

根伺服器包含了根與頂層網域的相關資訊，而每個組織使用單一伺服器來對應名稱。由於伺服器樹並不深，最多只需要兩個伺服器就可以解析像*xinu.cs.purdue.edu*這樣的名稱：根伺服器與管理*purdue.edu*網域的伺服器(根伺服器知道哪個伺服器處理*purdue.edu*，而Purdue整個網域的資訊都在單一伺服器內)。

23.11　網域名稱解析

雖然概念樹較容易瞭解各伺服器之間的關係，但它隱藏了幾個微妙的細節。參考名稱解析演算法便能一目了然。概念上，網域名稱解析由上而下進行，由根名稱伺服器開始，並進行到位於末端的伺服器。有兩種使用網域名稱系統的方法：每次與一個名稱伺服器聯繫，或要求名稱伺服器系統執行全部轉換。無論哪種情況，用戶軟體會產生一個網域名稱查詢訊息，包括要解析的名稱、名稱類別、回應型態，與一個指出名稱伺服器是否應該全部轉換名稱的代碼，最後用戶軟體便向名稱伺服器發出查詢。

網域名稱伺服器收到查詢時，會先檢查該名稱是否位於有授權的子網域。如果是，會根據資料庫將名稱轉換成位址，並將答案附於查詢訊息後端傳回給用戶。如果名稱伺服器不能完全解析該名稱，它會檢查用戶指定何種型式的操作。如果用戶要求全部轉換(網域名稱術語稱爲遞迴解析——*recursive resolution*)，伺服器會與能解析該名稱的伺服器聯繫，並將答案回傳給用戶。若用戶請求非遞迴解析(反覆解析－ *iterative resolution*)，雖然名稱伺服器不能提供答案，但它會告知用戶下一步應該聯繫的名稱伺服器以繼續進行名稱解析。

用戶要如何找到開始搜尋的名稱伺服器？當名稱伺服器不能回答問題時，如何找到其他能回答問題的伺服器？答案很簡單。用戶必須知道如何與至少一個名稱伺服器聯繫。爲了確保網域名稱伺服器可以與其他名稱伺服器聯繫，網域系統要求伺服器至少要知道一個根伺服器的位址[4]。此外，伺服器也知道其上層網域(稱爲父)伺服器的位址。

網域名稱伺服器使用一公認協定埠來通訊，因此用戶知道執行伺服器機器的IP位址後，就可和伺服器通訊。主機要如何找出在本地環境執行名稱伺服器的機器，目前尚無標準，留給設計用戶軟體的人決定。許多系統在啓動時自動獲取網域伺服器的位址[5]。例如，bootstrap協定，如IPv4的DHCP和IPv6的NDP或DHCPv6可以提供名稱伺服器位址。當然還有其他方法可用。例如，名稱伺服器的位址可以在編譯時綁定到應用程序中。或者，位址也可以儲存在磁碟機的檔案當中。

4　為達可靠性，網域伺服器樹中每一節點有多個伺服器；而根伺服器會有備份系統用來平衡負載。詳見22章之DHCP。
5　有關啟動協定的討論，請參見第22章。

23.12 高效率轉換

雖然用名稱伺服器樹由上而下來解析查詢似乎很自然，但有三個原因導致其缺乏效率。第一，大部份名稱解析指的是本地名稱，它們與發出請求的機器屬於同一命名空間，因此用逐層搜尋路徑的方式來與本地授權伺服器聯繫會沒有效率。第二，如果每一名稱解析都由聯繫階層的最頂層開始，最頂層機器會負荷過重。第三，如果頂層機器發生故障，即使本地授權可以解析該名稱，也無法進行名稱解析。前面提到的電話號碼階層可以解釋這一點。雖然電話號碼的配置是階層性的，不過是用由下而上的方式解析。由於多數電話呼叫是本地性的，因此可以用本地交換機解析而不需階層解析。除此之外，同一區域碼的解析不需聯繫此區域碼以外的區域。當應用於網域名稱時，這些概念產生兩階段的名稱解析機制，不僅維持管理階層，也允許高速轉換。

在兩步驟的名稱解析過程中，解析程序以本地名稱伺服器開始。如果本地伺服器無法解析名稱，則必須將查詢發送到網域系統的另一台伺服器。重點：

> 用户端首先聯繫的是本地網域名稱伺服器。

23.13 快取：效率的關鍵

查閱非本地名稱的代價會很高，因為解析器會將所有查詢送至根伺服器。即使查詢直接送到有該名稱授權的伺服器，名稱查閱也會帶給網路很重的負擔。因此，為了改善網域伺服器系統的整體效能，降低查閱非本地名稱所付出的代價是有必要的。

Internet名稱伺服器使用「快取」(*caching*)來降低搜尋的代價。每個伺服器維持一個最近使用名稱的快取，與該名稱從哪裡獲得對應資訊的紀錄。當用戶要求伺服器解析一名稱時，伺服器會根據標準程序先檢查是否有該名稱的授權，若沒有，伺服器會檢查其快取看看是否該名稱最近有被解析過。伺服器在快取找到資訊時會向用戶報告，但將其標記為非授權繫結(*nonauthoritative binding*)，並給予提供該位址對應的伺服器網域名稱，*S*。本地伺服器也會發送一額外訊息，告訴用戶*S*與IP位址間的對應。因此用戶會很快收到答案，但訊息可能是過時的。如果效率較重要，用戶會選擇接受非授權的答案並使用。如果準確性較重要，用戶會選擇與授權伺服器聯繫，以確定名稱與位址間的對應仍然有效。

快取可以在網域名稱系統中運作得很好，這是因為名稱與位址的對應不常改變。然而終究有改變的可能。如果伺服器在收到第一次請求後便將資料放入快取，且從未改變它，那麼快取中的資料項可能會出錯。為了保持快取資訊的正確性，伺服器會對每個資料項計時，並捨棄逾時的資料項。伺服器由快取移除某資料項後，若該項目又被查詢時，伺服器就必須再向授權伺服器發出查詢，重新取得新的位址對應。

DNS成功的關鍵在於伺服器不應用單個固定逾時到所有項目，而是允許資料項的授權機構設定其逾時時間。無論授權機構何時回應請求，回應中會包含一個「存活時間」(*Time*

To Live，*TTL*)值來指明對應之有效時間。因此，給予預期會維持不變的資料項較長之逾時時間，可以降低網路負擔，而給予預期將經常改變的資料項較短之逾時時間可提高正確性。

快取在主機中與在本地網域名稱系統中一樣重要。大部份的名稱解析軟體將DNS資料項儲存於主機之快取中。因此，如果使用者經常查詢同一名稱，後面幾次的查詢就可以由本地的緩衝中取得名稱對應，而不需使用到網路資源。

23.14　網域伺服器訊息格式

觀察用戶與網域名稱伺服器交換訊息的細節，可以有助於以典型應用程式的觀點來瞭解系統之運作方式。假設使用者呼叫某應用程式並提供應用程式要通訊的機器名稱。在使用像TCP或UDP協定與機器通訊前，應用程式需先找到機器的IP位址，因此把網域名稱傳到本地解析器，並請求一IP位址。本地解析器檢查其快取，如果該名稱存在，便回傳答案。如果本地解析器沒有該位址資訊，則產生一個查詢訊息並傳送給伺服器(解析器變成用戶端)。雖然範例只包含一個名稱，不過訊息格式允許用戶使用單一訊息查詢多個名稱。每個查詢由網域名稱、查詢類別之規格(例如*Internet*)以及要求物件的型態(例如位址)所組成。伺服器會回傳一個類似訊息，包括伺服器擁有的對應位址資訊。如果伺服器不能回答所有的問題，回應會包含其他名稱伺服器位址，用戶可與其聯繫，以取得所需的位址對應。

回應也包含關於有權回答問題的伺服器資訊與其IP位址。圖23.5顯示訊息格式。

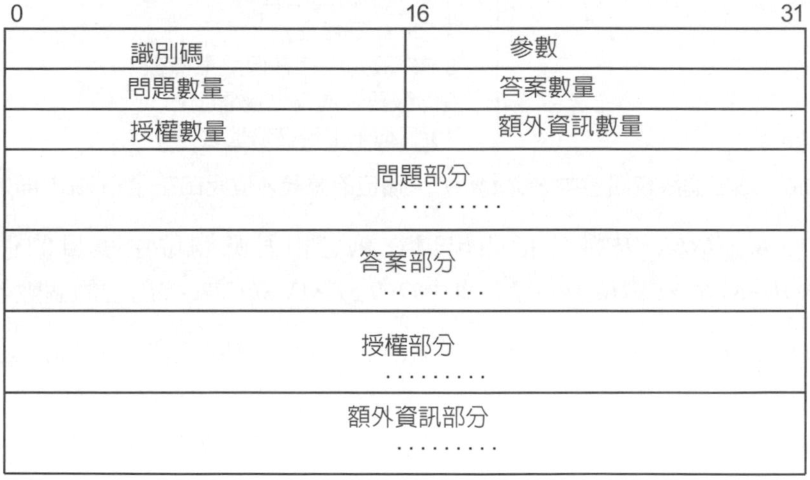

0　　　　　　　　16	31
識別碼	參數
問題數量	答案數量
授權數量	額外資訊數量
問題部分	
答案部分	
授權部分	
額外資訊部分	

圖23.5　網域名稱伺服器訊息格式。*QUESTION SECTION*、*ANSWER SECTION*、*AUTHORITY SECTION*和*ADDITIONAL INFORMATION*皆為可變長度。

如圖所示，每個訊息以一個固定的標頭開始，此標頭包含用戶用來匹配回應與查詢的*IDENTIFICATION*欄位，而*PARAMETER*欄位指定請求的操作碼與一個查詢型態碼。圖23.6解釋了*PARAMETER*欄位中各位元的意義。

參數欄中的位元	意義
0	操作： 0 查詢 1 回應
1-4	查詢型態： 0 標準 1 反向 2 伺服器狀態請求 4 通知 5 更新
5	如果回應授權就設定
6	如果訊息中斷就設定
7	如果需要遞迴就設定
8	如果可用遞迴就設定
9	如果資料有效就設定
10	如果取消檢查就設定
11	保留
12-15	回應型態： 0 沒有錯誤 1 查詢格式錯誤 2 伺服器失效 3 名稱不存在 5 拒絕 6 名稱不應存在但卻存在 7 RR 設定存在 8 RR 設定應存在但卻不存在 9 伺服器未獲當地授權 10 名稱未出現在當地之中

圖23.6　域名稱系統訊息中*PARAMETER*欄位的意義。位元由左至右(由0開始)。

圖23.5中，*NUMBER OF*欄位指明出現在訊息相對應欄位中項目的個數。例如，*NUMBER OF QUESTIONS*欄位說明了訊息中*QUESTION SECTION*出現的個數。

*QUESTION SECTION*包含需要答案的查詢。用戶只填問題段(question section)；而伺服器在其回應中回傳問題與答案。每個問題包含一個*QUERY DOMAIN NAME*（查詢網域名稱）欄位，後面接*QUERY TYPE*（查詢型態）欄位與*QUERY CLASS*（查詢類別）欄位，如圖23.7所示。

0 ... 15	16 ... 31
查詢網域名稱 . . .	
查詢型態	查詢類別

圖23.7　網域名稱伺服器訊息中*QUESTION SECTION*的格式。網域名稱為可變長度，用戶只需填入問題，由伺服器回傳時加入答案。

雖然*QUERY DOMAIN NAME*欄位長度是可變的，在下一節將看到網域名稱的內部表示法可以讓接收端知道其確切長度。「查詢型態」欄對查詢型態進行編碼(例如，該查詢指的是機器名稱或郵件位址)。*QUERY TYPE*欄位允許網域名稱可用於任何物件，因爲正式Internet名稱只有一個類別。應注意的是，雖然圖23.7使用傳統32位元倍數的表示法，但*QUERY DOMAIN NAME*欄位可包含任意位元組個數，而且不必塡充。因此行經名稱伺服器的訊息可包含奇數個位元組。

網域名稱伺服器訊息中，每個*ANSWER SECTION*(答案段)、*AUTHORITY SECTION*(授權段)與*ADDITIONAL INFORMATION SECTION*(額外訊息段)是由一組描述網域名稱與對應的資源記錄組成。每個資源記錄描述一個名稱。圖23.8顯示其格式。

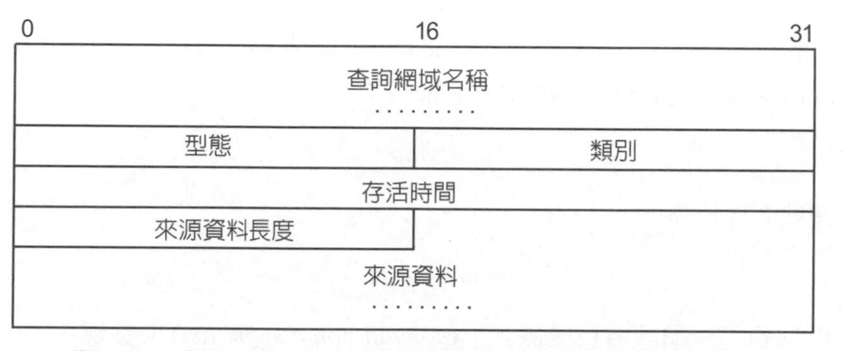

圖23.8　稍後幾節中，網域名稱伺服器回應的資源記錄格式。

RESOURCE DOMAIN NAME(資源網域名稱)欄位包含資源記錄指定的網域名稱，它可以是任意長度。*TYPE*欄位指定了在資源記錄中的資料型態；*CLASS*(類別)欄位指定資料類別。*TIME TO LIVE*(存活時間)欄位用32位元整數並以秒爲單位來指明該資源記錄中的資訊尚可緩衝多久，主要用於用戶端請求位址對應並希望將結果緩衝的時候。而最後兩欄爲對應結果，*RESOURCE DATA LENGTH*(資源資料長度)欄位指定*RESOURCE DATA*(資源資料)欄位中的位元組個數。

23.15 壓縮名稱格式

當網域名稱以訊息表示時，它會被當成一串標記(label)來儲存。每個標記從一指定其長度的位元組開始，因此接收端重複讀取n位元組長的標記來重建網域名稱。當長度位元組爲0時表示名稱結束。

網域名稱伺服器常對單一查詢回傳數個答案，而在許多情況下，網域後置碼會重疊。爲了節省回應封包的空間，名稱伺服器對於每個網域名稱只儲存一份拷貝，用以壓縮名稱。從訊息中取出網域名稱時，用戶軟體需檢查名稱的每一段，看它是字串(格式爲一位元組計數，後面是組成名稱的字串)，還是一個指向字串的指標。如果是指標，則用戶需依指標找到訊息中的其他地方，再找出名稱的剩餘部份。

指標總出現在區段開頭，而且編入計數位元組中。如果8位元區段計數欄位的前兩個位元都是1，用戶必須取出緊接在後的14位元做爲整數指標。如果前兩個位元是0，後面6個位元指定其後標記的字元個數。

23.16 網域名稱縮寫

電話號碼之階層式架構說明本地解析另一個有用的特性：「名稱縮寫」(*name abbreviation)*。若解析過程能夠自動提供名稱的一部份時，縮寫便是提供縮短名稱的方法。通常用戶撥打當地電話號碼時，會省略區域號碼，所撥的號碼會組成一個縮寫名稱並會被視爲與用戶處於同一區域。縮寫也可順利地應用在機器名上。給定一名稱xyz，解析過程可以假設它與正在解析的機器位於相同的本地授權機構。因此解析機器可自動提供該名稱忽略的部份。例如Purdue大學電腦科學系的縮寫名稱爲：

xinu

與完整網域名稱相等：

xinu.cs.purdue.edu

多數用戶軟體用「網域名稱後置表」(*domain name suffix list*)來實現縮寫。本地網路管理者會設定一組可能的後置，用於查詢時附加於名稱之後。解析器遇到一名稱時，它會一步步查表，加上每個後置並試圖查詢其名稱。例如，Purdue大學電腦科學系的後置

表包括：

.cs.purdue.edu
.purdue.edu
null

因此，本地解析器先將*cs.purdue.edu*加到*xinu*之後，如果查詢失敗，就加入*cc.purdue.edu*並查詢。範例後置表的最後一項是空白字串，意謂著如果其他查詢失敗，解析器會試著查詢沒有後置的名稱。管理者可用後置表讓縮寫變方便，或限制應用程式爲本地名稱。

用戶負責將縮寫延展，但應強調的是縮寫本身並不是網域名稱的一部份，網域系統只允許查詢一個完整的網域名稱。因此，與縮寫有關的程式無法在它們所建立的環境之外正常地運作。重點：

> 網域名稱系統只將完整網域名稱對應成位址；縮寫本身不是網域名稱的一部份，用戶軟體引入縮寫只是爲了讓使用者在使用本地名稱時較爲方便。

23.17 反向對應

網域名稱系統除了可提供機器名稱與IP位址的對應外，還可進行其他對應。「反向查詢」(*inverse query*)允許用戶端先提出答案，然後尋求有此答案的問題。答案是IP位址，問題是此IP位址對應的網域名稱。當然，不是所有答案都會對應到單一的問題，即使有，伺服器也不見得可以提供。雖然反向查詢提出後，已成爲網域名稱系統的一部份，但一般很少使用，因爲沒有辦法在不搜尋整個伺服器組的前提下，可以找到能夠解析查詢的伺服器。

23.18 指標查詢

有種反向對應型式被當成伺服器用來驗證用戶是否有權存取服務的驗證機制：伺服器將用戶的IP位址對應爲網域名稱。例如，一個網域名稱爲*example.com*公司內的伺服器可能被設定成只會提供同一公司內部的用戶存取服務。當用戶與伺服器聯繫時，伺服器會將用戶的IP位址對應爲對等的網域名稱，並在允許用戶存取前驗證其網域名稱是否以*example.com*爲結尾。反向查詢因此顯得重要，所以網域名稱系統提供一種特殊網域，與一種特殊型式－「指標查詢」(*pointer query*)來解決。在一個指標查詢中，對於網域名稱伺服器所提出的查詢會指定一個以網域名稱型式編碼成可以列印字串的IP位址(例如，以點號分隔逐字地表示)。指標查詢請求名稱伺服器回傳一個給定IP位址的機器之正確網域名稱。

產生指標查詢並不困難。如果考慮以點分十進位法的型式表示IP位址，其格式如下：

aaa.bbb.ccc.ddd

要使用指標查詢，用戶重新排列位址的點分十進位表示法，格式如下：

ddd.ccc.bbb.aaa.in-addr.arpa

新型式是特殊*in-addr.arpa*網域中的名稱[6]。

IPv6更複雜，有更長的名稱。爲了形成指標查詢，用戶端將IPv6位址表示爲一系列的nibble(半字節，4位元數量)，以十六進制格式寫入nibble，顛倒順序和追加*ip6.arpa*。例如，將IPv6位址：

2001：18e8：0808：0000：0000：00d0：b75d：19f9

表示爲：

9.f.9.1.d.5.7.b.0.d.0.0.0.0.0.0.0.0.0.0.0.0.0.08.e.8.1.1.0.0.2.ip6.arpa

因爲本地名稱伺服器通常不是網域*arpa*、*in-addr.arpa*或*ip6.arpa*的授權單位，本地名稱伺服器將需要聯繫其他名稱伺服器來完成解析。爲了使指標查詢的分辨率有效，Internet根網域伺服器維護有效IP位址的資料庫，以及網域名稱伺服器相關資訊，這些伺服器可用來解析每個位址群組。

6　在用IP位址形成網域名時，要將位元組反轉，因為IP位址第一個位元組的重要性最高，恰巧與網域名稱相反。

23.19 物件型態與資源記錄內容

網域名稱系統可以將網域名稱轉換為郵件交換機位址，也可將主機名稱轉換為IP位址。網域系統相當普遍，因為它可以用於任意階層結構的名稱。例如，使用者可以決定儲存可存取計算服務(電腦)的名稱，與名稱和電話號碼呼叫的對應，以找到相對應的服務。或者也可以決定儲存協定產品的名稱，以及名稱和提供產品的廠商位址之對應。

網域名稱系統因為在每個資源記錄中包含一個「型態」，而適用各種對應。發送請求時，用戶必須在查詢中指定型態[7]；而伺服器在回傳時也會在所有的資源記錄中指定資料型態。型態決定資源記錄內容，如圖23.9所示。

型態	意義	內容
A	主機位址	32位元IP位址
AAAA	IPv6主機位址	128位IPv6位址
CNAME	標準名稱	別名的標準網域名稱
HINFO	CPU與OS	CPU與作業系統名稱
MINFO	郵箱訊息	有關郵箱或郵件列表的訊息
MX	郵件交換機	16位元優先權與名稱網域中做為郵件交換機的主機之
NS	名稱伺服器	網域授權伺服器的名稱
PTR	指標網域名稱	(如符號連結)
SOA	授權開始	用於指定伺服器實現命名階層中的哪些部份的數個欄位
TXT	任意文字	未解譯的ASCII 文字字串

圖23.9 幾個網域名稱系統資源記錄格式，全部的型態超過50種。

大部份資料是型態*A*或*AAA*，意謂著包含了一個連接Internet的主機名稱，與主機的IP位址。第二個常用的型態是*MX*，用在電子郵件交換機的名稱，它允許一個網路區域指定數個可以接收郵件的主機。發送電子郵件時，使用者用*user@domain-part*的格式來指定電子郵件的位址。郵件系統用網域名稱系統來解析查詢型態為*MX*的*domain-part*。網域系統回傳一組資源記錄，每個資源記錄都包含了優先順序欄位與主機的網域名稱。郵件系統一步步從最高優先順序到最低優先順序(較小的值代表較高的優先順序)搜索該集合。郵寄程式由每個MX資源記錄取得網域名稱，並使用型態*A*查詢將名稱解為IP位址，然後郵寄程式會試著與主機聯繫並傳送郵件。如果主機不可存取，郵寄程式會繼續嘗試表上的其他主機。

為了讓查閱更有效率，伺服器總是在其回傳的*ADDITIONAL INFORMATION SECTION*(額外訊息段)中加入其他已知的對應。在*MX*記錄中，網域伺服器可以用*ADDITIONAL INFORMATION SECTION*(額外資訊段)來回傳*ANSWER SECTION*(答案段)中回報的網域名稱之型態*A*資源記錄。這樣做可以減少郵寄程式發送到其網域伺服器上的查詢數。

7 尚有一些額外的型態可供詢問使用（如，用來請求所有的資源記錄之型態）。

23.20 獲得子網域的授權

某機構在獲得正式的第二層網域授權之前，必須執行一個符合Internet標準的網域名稱伺服器。當然網域名稱伺服器必須遵從協定標準指定的訊息格式與對應請求的規則，而伺服器也應該知道每個子網域(如果存在)的管理伺服器位址，與至少一個根伺服器的位址。在當前的互聯網中，每個企業不需要有自己的名稱伺服器。有提供名稱服務的公司存在，只要付年費，就可代表企業執行網域名稱伺服器。這些提供名稱服務的公司彼此相互競爭，提供各種相關服務，例如驗證網域名稱是否可用，向區域註冊機構註冊名稱，並透過指標查詢註冊反向映射。

23.21 伺服器操作和複製

在實踐中，網域系統比上述的要複雜得多。在大多數情況下，單個實體伺服器可以處理多個命名層次結構。例如，普渡大學的一台名稱伺服器可處理二級網域*purdue.edu*以及地理網域*laf.in.us*。一個名稱子樹由給定的名稱伺服器管理，形成授權區域(*zone of authority*)，協定提供區域下載(*zone download*)，其中用戶端可以獲取整個名稱集合的副本和資源記錄。另一個實際的複雜性在於伺服器必須能夠處理許多請求，即使有些請求需要長時間解決。通常，伺服器支持並行處理，允許前面的請求正在處理時可繼續接受接踵而來的請求。當伺服器收到一個遞迴請求，強制將請求發送到另一個伺服器進行解析時，並行處理請求就顯得特別重要。

伺服器操作也很複雜，因爲Internet權限要求在每個網域名稱伺服器中的訊息被複製，也就是訊息必須出現在中至少兩台不同的實體伺服器中。在執行環境，要求是非常嚴格的：伺服器不允許單點失效，這意味著兩台名稱伺服器不能同時連接到同一網路，甚至不允許兩台伺服器從同一個電源系統獲取電力。因此，爲了滿足要求，必須至少有一台備份名稱伺服器在其他站台執行。在伺服器樹的任何一點，名稱伺服器必須知道子網域的主要名稱伺服器和備份名稱伺服器。如果主要名稱伺服器不可用，則伺服器必須將查詢定向到備份名稱伺服器。

23.22 動態DNS 更新與通知

在第19章討論的NAT以及第22章討論的DHCP 都提到與DNS互動的需求。在NAT box從ISP 取得一個動態位址的情形下，若要使網域名稱伺服器與NAT系統協調一致，伺服器就必須擺放在NAT box後端。如果就DHCP而言，在主機取得動態位址之後，DNS伺服器必須更新主機目前的IP位址。爲了處理上述的情形，以及允許多方共同管理(也就是允許數個登錄者共同管理頂層網域)，IETF發展出一種名爲「動態DNS」(*Dynamic DNS*)的技術。

動態DNS分爲兩方面：「更新」(*update*)與「通知」(*notification*)。如同字面上的意義，動態DNS更新允許伺服器儲存之資訊動態改變。因此當分配一個IP位址給主機時，DHCP

伺服器可以用動態更新機制來通知DNS伺服器。而通知訊息解決了傳遞改變的問題，特別是因爲DNS使用備份伺服器，在主要伺服器中所做的改變必須傳遞到每個備份機器。當動態改變產生時，主要伺服器會發送通知至備份伺服器，允許備份伺服器來請求區域資訊的更新。因爲避免了傳送不必要的拷貝，通知訊息佔用的頻寬要比替更新設定短暫逾時耗費的頻寬來得少。

23.23 DNS安全性延伸(DNSSEC)

網域名稱是Internet基礎結構中相當重要的一環，因此經常被認爲應該受到嚴格保護。特別是，如果主機得到錯誤的DNS回應，應用軟體或是使用者會誤信假冒的站台，或者透露機密資訊。爲了保護DNS，IETF於是發展出一種名爲「DNS安全性」(*DNS Security*，*DNSSEC*) 技術。

DNSSEC提供的主要服務包含認證訊息之來源與資料的完整性。也就是說使用DNSSEC時，主機可以驗證DNS訊息是否來自擁有授權的DNS伺服器(即有義務解析該名稱的伺服器)，以及資料抵達時並未受到改變。此外，DNSSEC 可以認證否定的回應，當一個特殊網域名稱不存在時，主機可以獲得一個陳述這種情形的認證訊息。

雖然提供了認證與完整性，DNSSEC並未解決所有問題。特別是DNSSEC既沒有提供機密性，也沒有避開拒絕服務(denial-of-service)攻擊的機制。前者表示即使主機使用DNSSEC，網路外部的窺探者也能夠知道主機在查詢哪些名稱(也就是窺探者或許可以猜出爲何要聯繫一個商業網域名稱)。無法避開拒絕服務攻擊表示即使主機與伺服器同時使用DNSSEC，也不保證兩者之間的訊息可以被對方接收。

爲了提供認證與資料之完整性，DNSSEC使用數位簽章機制－除了請求的資訊之外，從DNSSEC伺服器回應的訊息也包含了數位簽章，用來讓接收者驗證訊息的完整性。DNSSEC最引人注意的地方在於數位簽章的管理方式。如同許多安全機制一般，DNSSEC機制使用「公鑰加密」(*public key encryption*)技術。有趣的地方在於爲了分配公鑰，DNSSEC使用DNS。也就是說，伺服器包含所在地區以下階層的公鑰(即負責*.com*的伺服器也包含*example.com*的公鑰)。爲了確保整個系統的安全性，階層結構頂層的公鑰必須在解析器中手動設定。

23.24 DNS群播和服務發現

因爲網域名稱系統允許添加任意類型的記錄，以有一些組織爲電腦以外的物件建立名稱。另有一個特殊的用途脫穎而出，稱爲群播*DNS* (*mDNS*：*multicast DNS*)。該服務適用於沒有專用DNS伺服器的網路。例如，一對有Wi-Fi介面的智慧型手機。

mDNS不使用DNS伺服器，而是使用IP群播。假設主機*A*需要知道主機*B*的IP位址。主機*A*以群播發出請求。所有參與mDNS的主機會收到由群播而來的請求，主機*B*以群播做回應。此外，參與mDNS的主機將mDNS的回覆資訊存入快取，這意味著可以從快取中取得位址對應資訊。

除了網域名稱解析，mDNS已經擴展到處理DNS服務發現(*DNS-SD*：*DNS Service Discovery*)。基本思維很簡單：在DNS層次結構中使用*.local*後綴來建立服務名稱，並使用mDNS來查找名稱。因此，一個智慧型手機可以使用DNS-SD來發現該區域中願意參與某應用程式的其他手機。手機只需要同意一個名稱服務即可。

使用mDNS進行服務發現的主要缺點來自於產生的流量。想像有*N*個智慧型手機的環境。每個手機發出通告，告知所提供的服務，然後等待與各種應用程序同步。若*N*值很大，並且電話使用平坦(即，非路由)開放式無線網路，例如在城市忙碌街道的咖啡店中的Wi-Fi熱點。每個連接的電話爲其提供的服務發送群播，和其他人通過連接回響。除非*N*很小，否則產生的流量將主導網路效能。

23.25 總結

階層命名系統允許對名稱委派授權，使其可以適應任意大的名稱集，而不會使得具有管理職權的中央網路區域負載過重。雖然名稱解析與授權委派分開，但還是可以建立一個階層命名系統，使得解析過程從本地伺服器開始有效率地執行，即使授權委派由層級結構頂端向下進行。

探討了Internet網域名稱系統(DNS)，並看到它提供了一個階層式命名方案。在網域名稱伺服器將網域名稱對應到IP位址或郵件交換機位址時，DNS使用分散式查詢。用戶在開始時先嘗試本地解析，當本地伺服器不能解析該名稱時，用戶必須選擇反覆搜尋名稱伺服器樹，或要求本地伺服器進行遞迴解析。最後，討論到網域名稱系統支援多種對應，包括IPv4或IPv6位址與高階名稱的對應。

DNSSEC提供一種用於確保DNS安全之機制，它會針對回應進行認證並保證回應之完整性。DNSSEC使用公鑰加密，而公鑰之分配同樣透過DNS進行。

群播DNS(mDNS)允許隔離網路上的兩台主機獲取網路上主機的IP位址，而不依賴於DNS伺服器。mDNS和DNS-SD的擴展應用可提供發現服務(service discovery)。智慧型手機可以使用DNS-SD發現其附近願意參與應用服務的其他智慧型手機。mDNS和DNS-SD的主要缺點來自流量，尤其是網路包含許多節點時。

習題

23.1 機器名稱不應在編譯時結合入作業系統中。為什麼？

23.2 你希望使用從遠端檔案或由名稱伺服器來獲得名稱的機器嗎？為什麼？

23.3 為什麼每個名稱伺服器都必須知道其父伺服器的IP位址，而不是父伺服器的網域名稱？

23.4 設計一個能夠容忍命名階層變化的命名機制。例如，兩家大型公司各自擁有獨立的命名階層，若兩家公司合併，你能夠設法不改變其原有名稱嗎？

23.5 請閱讀標準，並找出網域名稱系統如何使用SOA紀錄。

23.6 Internet網域名稱系統也可包容郵箱的名稱。請問如何做到？

23.7 標準建議當程式需要尋找某IP對應之網域名稱時，它先傳送反向查詢給本地伺服器，失敗後才用*in-addr.arpa*或*ip6.arpa*網域。為什麼？

23.8 在網域命名方案中，你要如何包含縮寫？例如，以兩個同樣都註冊在*.edu*與頂層伺服器的網路區域為例。解釋兩個網路區域要如何處理各種縮寫。

23.9 取得網域名稱系統的正式敘述，並建立一個用戶程式。查詢*merlin.cs.purdue.edu*這個名稱。

23.10 延續上一題，若包含指標查詢，請查詢位址為*128.10.2.3*的網域名稱。

23.11 上網找出*dig*程式，並用它來查詢前兩題的名稱。

23.12 如果擴充網域名稱語法，使其在頂層網域後包含一個句點，名稱與縮寫就不會混淆。其優點與缺點為何？

23.13 閱讀網域名稱系統的RFC。一個DNS伺服器的資源記錄中，「存活時間」欄可儲存的最大與最小數值為何？

23.14 網域名稱系統應該允許部份匹配的查詢嗎(例如，名稱中一部份為萬用字元)？為什麼或為什麼不？

23.15 Purdue大學電腦科學系選擇在其網域名稱伺服器中放置以下的型態A資源記錄項：

```
localhost.cs.purdue.edu 127.0.0.1
```

解釋如果某遠端網路區域試著*ping*一個網域名稱為*localhost.cs.purdue.edu*的機器時，會發生什麼事？

Memo

章節目錄

24

電子郵件(SMTP、POP、IMAP、MIME)

24.1 引言

本章繼續我們對網路互連的探討，其中包含電子郵件服務與支援的協定。本章描述如何組織郵件系統，解釋訊息型態，並說明郵件系統軟體如何使用主從式模型來傳輸訊息。我們將看到，電子郵件說明了應用協定設計中的幾個關鍵概念。

24.2 電子郵件

「電子郵件」(*electronic mail*，*e-mail*)允許使用者透過Internet傳送書信。e-mail是應用最廣泛的服務之一，提供快速與方便的資訊傳輸方式，並可以處理小型便條或長篇書信。除了允許個人通訊，也可用於群組通訊。

e-mail與其他使用網路的應用程式有著很大的差異，因爲電子郵件系統必須在郵件無法傳達遠端主機時，提出一些建議。爲了處理傳輸延遲的問題，郵件系統使用一種名爲*spooling*的技術。當使用者發送郵件訊息時，系統會把一份拷貝放入其私有的儲存裝置(稱爲spool[1])區域，除了儲存郵件本體，另外也儲存發送者、接收者、目的地機器的識別碼以及放置時間等資訊。然後系統透過背景執行的方式開始將訊息傳到遠端機器，允許發送端進行其他計算性工作。圖24.1說明此觀念。

1 郵件spool區域有時也稱為郵件佇列（mail queue），雖然這種稱謂並非十分正確。

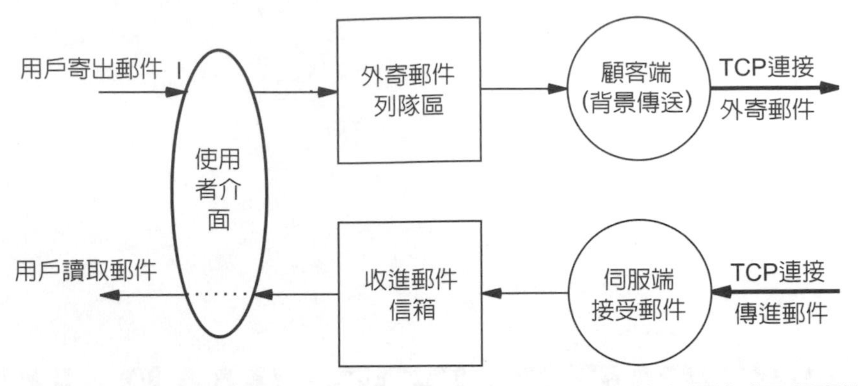

圖24.1 電子郵件系統的概念性結構。使用者呼叫郵件介面程式來傳輸或取得郵件；所有傳輸都在背景執行。

此背景郵件傳輸行程會變成一個用戶端。該行程先使用網域名稱系統將目的地機器名稱對應成IP位址，然後試著建立TCP連線到目的地機器上的郵件伺服器。如果成功了，傳輸行程會傳送一份訊息的拷貝給伺服器，而伺服器將該拷貝儲存在遠端系統的spool區域裡。一旦用戶與伺服器都確定該拷貝已被接受且儲存，用戶就會移除本地拷貝。如果不能建立TCP連線或連線失敗，傳輸行程會記錄嘗試傳輸的時間並終止。背景傳輸行程會週期性地掃描spool區，通常週期爲30分鐘，檢查是否有未傳輸的郵件。一旦發現尚有訊息或使用者放置要寄出的新郵件，背景行程就會開始嘗試傳送。如果發現郵件訊息在數小時之內無法傳送，郵件軟體會通知發送者；若再經過一段時間(例如3天)後還是不能傳送，郵件軟體便將訊息退還給發送者。

24.3 郵箱名稱與別名

有三個重要的想法隱藏在簡化的郵件傳輸概念中。第一，使用者利用一些字串來指定接收者，其中字串由兩個項目組成，中間由at符號分隔：

user@domain-name

其中*domain-name*爲郵件目的地之網域名稱[2]，而user爲機器上之郵箱名稱。例如，本書作者的電子郵件位址爲：

comer@purdue.edu

第二，郵箱名稱與機器上的其他名稱無關。通常郵箱位址與使用者的登入名稱相同，而郵件目的地與電腦的網域名稱一致，但這並非必然的。舉例來說，依職位分派郵箱名稱如*department-head*也是可行的。也因爲網域名稱系統對於郵件目的地的詢問型態與一般不同，所以網域名稱系統中可以將郵件目的地名稱與機器的一般網域名稱分離開來。因此，欲傳送至位於*example.com*使用者的郵件，最後抵達的機器可能會與傳送ping請求至相同名稱所抵達的機器不同。第三，我們簡化的流程圖並未考慮郵件轉寄(*mail forwarding*)，即郵件在抵達某個機器後被轉寄到另一台機器。

2 嚴格來說，網域名指的是郵件交換機，而非機器名稱。

24.4 別名擴展和郵件轉送

大部份的e-mail伺服器提供包含「郵件別名擴充」(*mail alias expansion*)機制的「郵件轉寄」軟體。郵件轉寄程式允許將進入的訊息送往一個或數個目的地。通常伺服器會查詢儲存郵件別名的小型資料庫，用來將進入的接收者位址對應成一組位址A，接著把訊息轉寄至A中的每一個位址。

因爲別名對應可以是多對一或一對多，別名對應機制增強了郵件系統的功能與便利性。單一使用者可以擁有多個郵件識別碼，而一個群體也可以只擁有一個郵件別名。由單一識別碼所涵蓋的一群接收者稱爲「電子郵件列表」(*electronic mailing list*)。圖24.2說明支援郵件別名與列表擴充的郵件系統構造。

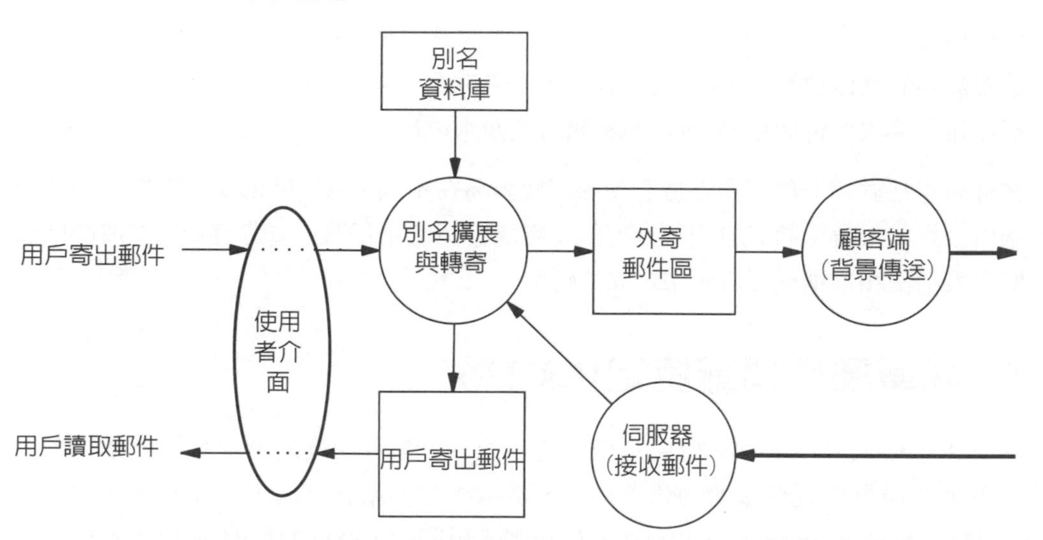

圖24.2　支援郵件別名與郵件轉寄的郵件擴充系統。進入與送出的郵件都經過別名擴充機制。

如圖24.2所示，進入與送出的郵件都會經過擴充別名的郵件轉寄程式。因此，若別名資料庫指定郵件位址x對應到y，別名擴充會將目的地位址x改爲y。別名擴充程式會查看y爲本地位址或遠端位址，因此知道要將訊息放入進入郵件佇列或送出郵件佇列。

郵件別名擴充可能會有不甚妥當之處。假設兩點網站建立相互衝突的別名。例如，假設網站A把郵件位址x對應到網站B的郵件位址y，而網站B也把郵件位址y對應到網站A的郵件位址x，那麼訊息就會在兩個網站間永遠循環下去[3]。

3　嚴格來說，網域名指的是郵件交換機，而非機器名稱。

24.5 電子郵件服務的TCP/IP標準

TCP/IP協定努力的目標在於提供最大範圍之電腦系統與網路的相互操作性。爲了擴充電子郵件的相互操作性，TCP/IP將郵件標準分爲兩組。其中一組爲規定郵件訊息語法格式的RFC 2822[4]，而另一組描述兩電腦之間電子郵件交換的細節。

根據RFC 2822，郵件訊息以文字形式表示，且每封郵件分爲兩部份：標頭與主體，用一空行分隔。郵件訊息標準規定郵件標頭的格式，與每個標頭欄位的解釋，而把主體之格式留給發送者。尤其是標準規定標頭必須包含可讀文字，由關鍵字、冒號以及數字所組成的數行。有些關鍵字是必要的，有些則是選擇性的，剩下的不被解譯。例如，標頭必須有一行指明目的地。該行開始爲To：然後爲接受者的電子郵件位址。另一行開始爲From：包含發送者的郵件位址。發送者可以選擇性地指定回應要傳達的位址(例如，使用者指定回應傳送到非發送者郵箱的其他位址)，如果此行存在，則其開頭爲*Reply-to*：後面接回應的位址。如果該行不存在，接收者會使用*From*行的資訊當成回應位址。

郵件訊息格式設計的考量在於容易處理與容易在不同型機器間傳輸。簡單的郵件標頭格式可適用於許多系統。將訊息限制爲可讀文字能避免使用標準二進位表示法造成的問題，以及在標準表示法和本地機器表示法之間的轉換。

24.6 簡單郵件傳輸協定(SMTP)

除了訊息格式以外，TCP/IP協定組規定了機器間郵件交換的標準。也就是，標準規定了用戶用來傳送郵件到伺服器的訊息格式，這種標準傳輸協定稱爲「簡單郵件傳輸協定」(*Simple Mail Transfer Protocol*，*SMTP*)。如我們所預期的，SMTP比早期的「郵件傳輸協定」(*Mail Transfer Protocol*，*MTP*)簡單。SMTP協定特別注重於下層郵件傳輸系統如何在連接於網路的機器間傳送訊息。它並未規定郵件系統如何接收郵件，或使用者介面如何將郵件呈現給使用者。SMTP沒有規定如何存放郵件，或郵件系統應該每隔多久嘗試發送一次訊息。

SMTP相當直觀。用戶與伺服器之間的通訊由可讀的ASCII文字組成。如同其他的應用協定一般，程式讀取每一行開始的三碼數字與簡短命令。雖然SMTP嚴格地定義了命令格式，我們仍可輕易地讀出用戶與伺服器之間相互作用的文字記錄，因爲每個命令都會出現在獨立的文字行上。開始時，用戶建立與伺服器之間的可靠資料流傳輸，並等待伺服器發送*220 READY FOR MAIL*訊息(如果伺服器過載，會暫時延遲發送*220*訊息)。收到*220*訊息後，用戶會發送*HELO*[5]命令(如果用戶支援RFC 2821所提之延伸，用戶會發送*EHLO*命令)。一行結束代表命令結束。伺服器會出示自己的身份做爲回應。一旦通訊建立完成後，發送端可以傳輸單一或數個訊息，接著終止連線。而接收端必須確認每個訊息，它也可以放棄整個連線或放棄目前傳輸的訊息。

4 原本的標準是由RFC 822所定義，IETF為了讓標準號碼符合，直至RFC 2822出現才提出替代方案。
5 HELO為“hello”的縮寫。

郵件交易由*MAIL*命令開始，它給定發送者的識別碼，與錯誤訊息應回傳位址的*FROM*：欄位。接收者會準備資料結構來接收新郵件訊息，並傳送*250*來回應MAIL命令；回應*250*代表一切正常。整個回應包含文字「*250 OK*」。

*MAIL*命令成功之後，發送者會發出一連串識別郵件訊息接收者的*RCPT*命令。接收端必須傳送*250 OK*來確認每個*RCPT*命令，或傳送錯誤訊息*550 No such user here*。

在所有*RCPT*命令都被確認後，發送者會發出*DATA*命令。本質上，*DATA*命令告訴接收端發送者已經準備傳輸完整的郵件訊息。接收端會回應訊息*354 Start mail input*，並指定用來終止郵件訊息的字元序列。終止序列由五個字元組成：歸位(*carriage return*)、換行(*line feed*)、句點(*period*)、歸位、換行[6]。

有個例子可以說明SMTP的交換方式。假設主機*Alpha.edu*上的使用者*Smith*要傳送訊息給*Beta.gov*上的使用者*Jones*、*Green*與*Brown*。主機*Alpha.edu*上的SMTP用戶軟體與主機*Beta.gov*上的SMTP伺服器軟體聯繫，並開始進行交換，如圖24.3所示。

```
S: 220 Beta.gov Simple Mail Transfer Service Ready
C: HELO Alpha.edu
S: 250 Beta.gov

C: MAIL FROM:<Smith@Alpha.edu>
S: 250 OK

C: RCPT TO:<Jones@Beta.gov>
S: 250 OK

C: RCPT TO:<Green@Beta.gov>
S: 550 No such user here

C: RCPT TO:<Brown@Beta.gov>
S: 250 OK

C: DATA
S: 354 Start mail input; end with <CR><LF>.<CR><LF>
C: ...sends body of mail message...
C: ...continues for as many lines as message contains
C: <CR><LF>.<CR><LF>
S: 250 OK

C: QUIT
S: 221 Beta.gov Service closing transmission channel
```

圖24.3　Alpha.edu到Beta.gov的SMTP傳輸範例。以“C”開頭表示由client(Alpha)傳送，由“S”開頭表示由server(Beta)傳送。

6　SMTP使用CR-LF來終止一行，並禁止郵件訊息主體在一行中只有一個句號。

本例中，伺服器拒絕*Green*接收者，因為它不認為該名稱是一個正確的郵件目的地(即它不是一個使用者也不是郵件列表)。SMTP並未規定用戶如何處理這種錯誤的細節－用戶必須自行決定。雖然當錯誤發生時，用戶可以完全捨棄傳輸，但大多數用戶並不這麼做，而是繼續傳送給其他正確的接收者，然後將問題報告給原始發送端。通常用戶會使用電子郵件來回報錯誤。錯誤訊息包含了針對錯誤的扼要描述與導致問題的郵件訊息標頭。

一旦用戶完成所有郵件訊息之傳送後，它會發送*QUIT*命令，而另一端回應*221*訊息表示同意終止，然後兩端都關閉其TCP連線。

SMTP比我們所提到的複雜許多。例如，如果使用者遷移，伺服器必須知道使用者的新郵箱位址。SMTP允許伺服器告知用戶其新位址，以便用戶往後可以使用。在告訴用戶新位址後，伺服器可以選擇將觸發此訊息的郵件轉送出去，或請求用戶自行處理信件的轉送。

24.7 郵件檢索和郵箱處理協定

以上所描述的SMTP傳輸方案顯示出伺服器必須隨時準備接收電子郵件。如果伺服器執行於一台擁有全時Internet連線的電腦上，這種模式會運作得很好，但若電腦的連線只是間歇性的(例如膝上型電腦在移動時可能失去連線能力)，情況就會不甚理想。在這種電腦上執行e-mail伺服器就失去意義了，因為伺服器只有在使用者將電腦連上網路時才能發揮功用。而在其他時候嘗試連接伺服器都會失敗，且欲傳往使用者的e-mail也會無法發送。於是問題來了：沒有永久連線的使用者如何接收e-mail呢？

答案在於兩階段的發送行程。在第一階段中，每個使用者在一台擁有全時Internet連線的電腦上各自保有一個郵箱。電腦上執行傳統SMTP伺服器，並隨時等待接收email。第二階段發生於使用者連上Internet時，其上執行的協定會從永久郵箱中將訊息取回。協定會將訊息傳回至使用者可以閱讀的電腦上。圖24.4說明此概念。

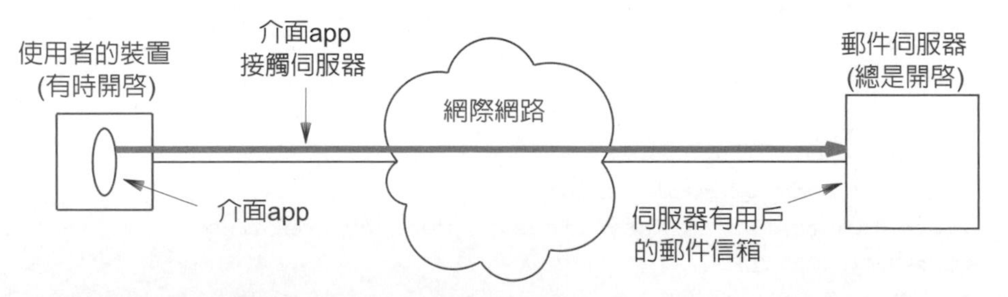

圖24.4　電子郵件伺服器和用戶的電子郵件存取示意圖，郵件信箱不在用戶的電腦上。

已經使用各種技術來允許用戶的郵箱駐留在遠端電腦。例如，許多提供電子郵件服務的ISP提供基於web服務的電子郵件介面。也就是說，用戶啓動Web瀏覽器並連接到特殊的顯示電子郵件的網頁。微軟等公司提供專有機制，允許組織具有用戶可以遠端存取的電子郵件伺服器。

遠端存取是IETF倡導的，定義了兩種協定讓遠端使用者從永久郵箱中取回郵件。雖然它們有某些共通性，卻採取完全不同的作法：一種允許使用者下載訊息的拷貝，而另一種允許使用者在伺服器上觀看與管理訊息。以下兩節將分別討論這兩種協定。

24.7.1 Post Office協定

用於從永久郵箱將e-mail訊息傳送到本地電腦的協定中，最常用的為「*POP3*」(*version3 of the Post Office Protocol*)；加上安全性的版本稱為「*POP3S*」。使用者呼叫POP3用戶來建立通往郵箱電腦上之POP3伺服器的TCP連線。一開始使用者需輸入登入名稱與密碼來獲得協議之認證，一旦通過後，使用者便能傳送命令來取得訊息之拷貝並將訊息由永久郵箱中刪除。訊息會以2822標準文字檔案格式儲存及傳輸。

需要注意的是，具有永久郵箱的電腦上必須執行兩種伺服器：(1) SMTP伺服器，用來接收送往使用者之郵件並把每個進入訊息放入使用者永久郵箱中。(2) POP3伺服器，允許使用者從郵箱取回訊息並刪除。為能確保正常運作，兩個伺服器必須協調郵箱的運作，以致於在有訊息透過SMTP傳達的同時，也有使用者透過POP3來取得訊息的情況下，郵箱仍能正常運作。

24.7.2 Internet訊息存取協定

「Internet訊息存取協定第四版」(*version 4 of the Internet Message Access Protocol*，*IMAP4*)為POP3的替代方案，同樣允許使用者觀看與管理訊息，目前也有一種加入安全性的版本，名為「*IMAPS*」。與POP3類似，IMAP4也定義了一種名為「郵箱」的抽象物件；郵箱與伺服器位於同一台電腦上。同樣地，使用者執行IMAP4用戶來聯繫伺服器，進而取得訊息。然而與POP3不同的地方在於，IMAP4允許使用者從不同地方進行郵件訊息存取(例如在公司或家中)，並能保證訊息的所有拷貝皆維持同步與一致性。

IMAP4也提供延伸功能來取回與處理訊息。使用者可以獲取某一訊息的資訊，或者檢視標頭欄位而不需將整個訊息取回。此外，使用者可以搜尋特定字串，並把訊息的特定部份取回。這種獲取部份資訊的功能在低速撥接的環境下很有用，因為使用者不需下載一些無用的資訊。

24.8 用於非ASCII資料之MIME擴充功能

為了允許非ASCII資料透過e-mail傳輸，IETF定義了「多功能Internet 郵件擴充」(*Multipurpose Internet Mail Extensions*，*MIME*)。MIME並未改變或取代SMTP、POP3或IMAP4，而是允許將任何資料編碼成ASCII型式，然後用標準e-mail訊息傳輸。為了容納不同的資料型態與表示法，每個MIME訊息包含了用來告知接收端其資料型態與編碼的資訊。MIME資訊位於2822郵件標頭裡——MIME標頭行指明了MIME所使用的版本、所傳送資料的型態，與用來將資料轉換成ASCII的編碼方式。

例如，圖24.5說明了包含標準*JPEG*[7]圖片表示法的MIME訊息。JPEG圖形已由base64編碼轉換成7位元ASCII表示法。

```
From: bill@acollege.edu
To: john@example.com
MIME-Version: 1.0
Content-Type: image/jpeg
Content-Transfer-Encoding: base64
```

...data for the image goes here...

圖24.5　MIME訊息的例子。標頭中包含數行指定資料格式與使用的編碼。

圖24.5中，標頭行*MIME-Version*：宣告訊息由MIME協定版本1.0所組成。*Content-Type*：宣告資料是JPEG影像，而*Content-Transfer -Encoding*：宣告用*base64*編碼把圖片轉換成ASCII。

base64編碼類似於十六進制，允許任意二進制值使用可列印字元表示。base64使用六十四字元集而不是十六字元集，這使得產生的檔案更小。Base64用於提供在不同ISO英文字元集的版本中[8]，皆有相同表示法的64個ASCII字元。因此，接收端可以確保由編碼資料中取得的影像與原始影像完全相同。

如果有誰想檢視實際傳輸的資料，它看起來像是一串胡言亂語的字元串流。例如，圖24.6顯示了jpeg圖像的前幾行，它已在Base64中編碼，以便使用MIME傳輸。

/9j/4AAQSkZJRgABAQEAYABgAAD/4QBERXhpZgAATU0AKgAAAAgAA0AAAAMAAAABAAAAAEABAAEA
AAABAAAAAEACAAIAAAAKAAAAMgAAAAB0d2ltZy5jb20A/9sAQwANCQoLCggNCwsLDw4NEBQhFRQS
EhQoHR4YITAqMjEvKi4tNDtLQDQ4RzktLkJZQkdOUFRVVDM/XWNcUmJLU1RR/9sAQwEODw8UERQn
FRUnUTYuNlFRUVFRUVFRUVFRUVFRUVFRUVFRUVFRUVFRUVFRUVFRUVFRUVFRUVFRUVFRUVFRUVFR
/8AAEQgAgACAAwEiAAIRAQMRAf/EAB8AAAEFAQEBAQEBAAAAAAAAAAABAgMEBQYHCAkKC//EALUQ
AAIBAwMCBAMFBQQEAAABfQECAwAEEQUSITFBBhNRYQcicRQygZGhCCNCscEVUtHwJDNicoIJChY

圖24.6　用於MIME的base64編碼範例。資料來自一個大的jpeg檔案。

若要觀看此圖片，接收者的郵件系統需先將*base64*編碼轉回2進位編碼，然後執行應用程式將JPEG圖片顯示在使用者的螢幕上。Base64用於提供在不同ISO英文字元集‡的版本中，皆有相同表示法的64個ASCII字元。因此，接收端可以確保由編碼資料中取得的影像與原始影像完全相同。

MIME標準規定*Content-Type*宣告必須包含兩個識別碼，用斜線分隔的內容型態(*content type*)與子型態(*subtype*)。圖中的*image*爲內容型態，而*jpeg*爲子型態。

---

7 JPEG為用於數位相片之"*Joint Picture Encoding Group*"標準。
8 這些字元由26個大寫、26個小寫、10個數字、加號與斜線字元組成。

標準定義了七種基本內容型態，各有其子型態與轉換的編碼。例如，雖然*image*的子型態需為*jpeg*或*gif*，但*text* 卻不能使用這兩種子型態。除了標準內容型態與子型態以外，MIME允許發送端與接收端自行定義私有的內容型態[9]。圖24.5列出七種基本內容型態。

內容型態	資料中的訊息
text	文字的(如文件)
image	靜態照片或由電腦產生的影像
audio	聲音錄製
video	包含動作的影像錄製
application	原始程式資料
multipart	數種訊息，其中每一種都有各自的內容型態與編碼
message	完整的e-mail訊息(如已轉送出去的郵件備忘錄)或訊息的外部參照(如某FTP伺服器與檔案名稱)

圖24.7　MIME Content-Type宣告的七種基本型態與其意義。

24.9 MIME多部份訊息

MIME多部份(multipart)內容型態很有用，因為它加入了強大的延展性。標準為多部份訊息定義了四種子型態；每一種都有重要的功能。子型態*mixed*允許單一訊息包含多個獨立子訊息，而子訊息的型態與編碼也是相互獨立的。*mixed*多部份訊息可以在一個訊息中包含文字、圖片、與聲音，或傳送附帶額外資料區段的備忘錄，就好像商用信件中的附件一樣。子型態*alternative*允許單一訊息對相同資料可以包含多種表示法。*alternative*多部份訊息用於傳送備忘錄給數個使用不同硬體與軟體系統的接收者時會很有用。例如，我們可以用ASCII文字或格式化的形式來傳送文件，允許有圖形功能的電腦使用格式化的形式來觀看[10]。子型態parallel允許單一訊息包含需要一起觀看的子部份(如聲音與影像子部份需要同時執行的情形)。最後，子型態*digest*允許單一訊息包含一組其他訊息(討論相同問題的e-mail 集合)。

圖24.8說明一個多部份訊息的主要用途：一個e-mail訊息可以包含解釋該訊息用途的小段文字，與包含非文字資訊的其他部份。在圖中，第一部份中的一段註解提到了第二部份包含一個圖形檔。

圖24.8也說明一些MIME的細節。例如，在基本宣告之後，每個標頭行可以包含像*X*=*Y*型式的參數。標頭裡多部份內容型態宣告後面的關鍵字*Boundary*=定義了用於分隔各部份訊息的字串。本例中，發送者選擇*StartOfNextPart*字串做為邊界。如果有內容型態與子訊息。

9　為避免潛在名稱衝突，標準要求私有內容型態的名稱要以字串"X-"開頭。
10 一種普遍的e-mail 系統使用另一種MIMI 選項將訊息以ASCII 與HTML 格式傳輸。

```
From: bill@acollege.edu
To: john@example.com
MIME-Version: 1.0
Content-Type: Multipart/Mixed; Boundary=StartOfNextPart

--StartOfNextPart
Content-Type: text/plain
Content-Transfer-Encoding: 7bit
John,
    Here is the photo of our research lab that I promised
to send you. You can see the equipment you donated.

Thanks again,
Bill

--StartOfNextPart
Content-Type: image/gif
Content-Transfer-Encoding: base64
        ...data for the image...
```

圖24.8 一個MIME mixed多部份訊息的例子。訊息中的每部份都能各自擁有獨立內容型態。

24.10 總結

電子郵件是應用服務中使用最廣泛的一種。與其他TCP/IP服務一樣，它也使用主從式模型。郵件系統會暫存送出與進入的訊息，並允許伺服器或用戶以背景模式進行傳輸。

TCP/IP協定組分別定義了郵件訊息格式與郵件傳輸標準。郵件訊息格式稱爲2822，用空行來分隔訊息標頭與本體。簡單郵件傳輸協定(SMTP)定義一台機器上的郵件系統如何傳輸郵件到另一機器上的伺服器。POP3與IMAP4規定使用者從郵箱取出內容的方式；它們允許使用者由只有暫時性連接能力的電腦可以存取擁有全時連線電腦上的永久郵箱。

MIME提供一種可以使用SMTP來傳送所有資料的機制。MIME在e-mail標頭中加入數行來定義資料型態與編碼方式。MIME的mixed多部份型態允許單一訊息中包含數種資料型態。

習題

24.1 看看你的電腦系統是否允許直接呼叫SMTP？

24.2 建立一個SMTP用戶，並用它來發送郵件訊息。

24.3 看看是否可以將郵件傳送到郵件轉送器(mail forwarder)，再回傳給自己？

24.4 做出一個可以讓你的網站處理之郵件位址格式的列表，並寫一組規則來分析。

24.5 找出設定UNIX系統用於扮演郵件轉送器的方式。

24.6 找出你的本地郵件系統嘗試傳送郵件的頻率，以及在放棄傳送之前會持續多久。

24.7 許多郵件系統允許使用者直接將進入的郵件傳到程式，而不儲存到郵箱中。建立一個可以接收進入郵件的程式，並將郵件放在一個檔案中，然後回傳回應訊息告訴發送者你在休假。

24.8 仔細閱讀SMTP標準。然後用TELNET連接遠端機器的SMTP埠，並請求遠端SMTP伺服器擴充郵件別名。

24.9 一個使用者收到To欄位為important-people的郵件。該郵件由別名為important-people，但卻沒有包含正確郵件識別碼的電腦發出。仔細閱讀SMTP的規格，看此種情形是否會發生。

24.10 POP3允許使用者在取回並檢視郵件時，不需把郵件從永久郵箱中刪除，0種方式的優缺點為何？

24.11 閱讀POP3的相關規定，TOP命令如何運作？為何它很有用？

24.12 閱讀IMAP4的相關規定，IMAP4 如何確保數個用戶同時存取一個郵箱時的一致性？

24.13 請仔細閱讀MIME 之RFC文件。MIME外部參考中可以指定何種伺服器？

24.14 如果使用智慧型手機每月收到的資料位元組數有限制，你更喜歡POP3還是IMAP4？說明。

24.15 為了掩蓋收件人，垃圾郵件通常會在“收件人”欄位顯示“未公開的收件人”(*Undisclosed Recipients*)。您的電子郵件介面是否允許您發送“收件人”欄位為“未公開的收件人”的郵件？試說明之。

章節目錄

25

全球資訊網(HTTP)

25.1 引言

本章繼續討論TCP/IP技術的應用，焦點在衝擊最大的「全球資訊網」(*World Wide Web*，*WWW*)。本章除了簡介觀念外，並檢視用來將網頁由伺服器傳送到瀏覽器的主要協定。本章討論亦包含快取(*caching*)與基本傳送的機制。

25.2 Web的重要性

早期Internet以*FTP*(*File Transfer Protocol*)佔最大的資料傳輸量，大約佔Internet總流量的三分之一。然而1990年代初期以後，Web有驚人的成長率。到了1995年以後，Web的交通量已經超過FTP，從此成爲Internet骨幹網路頻寬的最大使用者。

Web所造成的衝擊不能光由統計數字來瞭解。許多人只會用Web 但不會用其他Internet應用程式。事實上對許多使用者而言Internet與Web 沒有分別。

25.3 架構的組成元件

觀念上，Web由許多可以在Internet上存取的「網頁」(*Web page*)文件所組成。每個網頁被分類爲一個(*hypermedia*)(超媒體)文件。media表示文件可以包括文字以外的項目(如圖案)，*hyper*則表示文件可以包括指向其他文件的「可選擇性連結」(*selectable link*)。

廣域 Internet 上的Web由兩個主要元件來實現:「 Web 瀏覽器」(*web browser*)與「Web伺服器」(*web server*)。瀏覽器是讓使用者存取與顯示網頁的應用程式，當瀏覽器與Web伺服器聯繫獲得網頁資料時，便成爲伺服器的用戶。由於一個伺服器可以管理許多網頁，因此瀏覽器發出請求時須指定正確的網頁。

網頁上資料表示的標準方式可由網頁內容決定。例如，標準的圖形表現方式如 *GIF*(*Graphics Interchange Format*)與*JPEG*(*Joint Picture Encoding Group*)都可用在包含單一圖形的網頁。包含混合文字與其他項目的網頁可用「超文字標記語言」(*HyperText Markup Language*，*HTML*)表示。HTML文件由文字與嵌入式命令所組成。嵌入式命令又稱爲*tag*(標籤)，用來指引瀏覽器如何顯示網頁物件。一個標籤前後包著大於和小於符號；有些標籤是成對的，而項目則寫在一對標籤間。例如，*<CENTER>*與*</CENTER>*標籤裡面的項目顯示在瀏覽器視窗時會置中對齊。

25.4 統一資源定位器(URL)

每個網頁都有識別用的唯一名稱，稱爲統一資源定位器(*Uniform Resource Locator*，*URL*)[1]，URL開頭以特定的規範(*scheme*)來存取網頁 。規範指定了傳送協定；URL其他部分的格式與規範有關。例如，遵循http規範的URL格式[2]如下：

http://hostname [:port] / path / [;parameters] [? query]

其中括弧表示選擇性選項，hostname字串表示項目運作的伺服器電腦的網域名或IP位址，:port指定協定埠號，這是選擇性的，只有伺服器不使用公認埠(*80*)時才需指定，*path*字串指定伺服器上的文件，*parameters*也是選擇性字串，是用戶提供的額外字串，?Query是當瀏覽器傳送問題時的選擇性字串。使用者通常很少直接使用選擇性字串，使用者輸入URL時，只要輸入*hostname*與*path*，例如，有個URL：

http://www.cs.purdue.edu/people/comer/

表示本書作者的網頁。此伺服器的電腦位於www.cs.purdue.edu，而文件名稱爲/people/comer。

協定標準將上述絕對格式與相對格式的URL作區別。使用者極少看到相對URL，相對URL只有已確定伺服器時才有意義。用戶與伺服器建立通訊後相對URL才是有用的。例如，用戶與*www.cs.purdue.edu*伺服器建立通訊後，只需用*/people/comer*這個字串表示文件名稱，不需用絕對格式。總結如下：

> 每個網頁都有一個唯一的識別碼，稱爲統一資源定位器(URL)。絕對格式的URL包含完整的規格，若已經知道伺服器位址時，使用相對格式的URL可以省略伺服器位址

1 URL是Uniform Resource Identifier(URI)常用的特定格式。
2 有些文章將起始字串http:叫做pragma。

25.5 HTML範例文件

以下範例說明如何由文件中的「可選擇性連結」(*selectable link*)來產生一個URL。文件中每個可選的連結都有一對值：(1)要顯示在螢幕上的內容(2)使用者選擇該項後要前往的URL。在HTML中，*<A>*與*</A>*這一對標籤稱網頁錨點(*anchor*)。網頁錨點定義了一個連結；URL加在第一個標籤裡，而要顯示的內容則寫在兩個標籤中。瀏覽器內部儲存URL，在使用者選擇該連結後，會前往該URL。以下HTML文件有一個可選擇性連結：

```
<HTML>
   The author of this text is
   <A HREF="http://www.cs.purdue.edu/people/comer">
   Douglas Comer.</A>
</HTML>
```

文件顯示在螢幕上時會出現一行文字「The author of this text is Douglas Comer.」，瀏覽器以底線顯示Douglas Comer.，這表示此文字對應到可選擇性連結。瀏覽器內部會由<A>標籤儲存此URL，當使用者選擇後會前往此連結。

25.6 超文字傳送協定

Web伺服器與瀏覽器或中介機器與Web伺服器間通訊的協定稱為「超文字傳送協定」(*HyperText Transfer Protocol*，*HTTP*)。HTTP有以下特色：

- **應用層(Application Layer)**：HTTP運作於應用層。應用層假設底層有一個可靠連接導向的傳輸協定，例如TCP，但應用層本身不提供可靠性或重傳。
- **請求／回應(Request / Response)**：傳輸連線建立後，其中一端(通常是瀏覽器)必須傳送HTTP請求，而另一端則做出回應。
- **無狀態(Stateless)**：每個HTTP請求是自我控制的；伺服器不需保留先前請求或先前連線。
- **雙向傳送(Bi-Directional Transfer)**：大多數的情況下，瀏覽器請求一個網頁，而伺服器將網頁複製一份傳送給瀏覽器。HTTP也允許由瀏覽器傳送給伺服器(例如：使用者傳送一個填寫資料的表單給伺服器)。
- **能力協商(Capability Negotiation)**：HTTP允許瀏覽器與伺服器協商傳送資料時的細節(如傳送時文字編碼)。傳送者與接收者都可指定傳送或接收的能力。
- **支援快取(Support For Caching)**：為了加快回應時間，瀏覽器將每個擷取過的網頁存入快取。若使用者重新請求該網頁，HTTP允許瀏覽器詢問伺服器：網頁內容是否已經與存入快取時的內容不同。
- **支援中介(Support For Intermediaries)**：HTTP允許瀏覽器與伺服器之間透過「代理伺服器」(*proxy server*)來快取網頁，並由快取回應瀏覽器的請求。

25.7 HTTP GET請求

在最簡單的情況下，瀏覽器直接與Web伺服器通訊以獲得網頁。瀏覽器由URL開始，然後取得主機名(hostname)，使用DNS將主機名對應到IP位址，用IP位址與伺服器建立TCP連線。建立TCP連線後，瀏覽器與Web伺服器透過HTTP來通訊；瀏覽器傳送請求來擷取指定網頁，而伺服器傳送網頁作爲回應。

瀏覽器傳送HTTP *GET*命令向伺服器[3]請求網頁。請求是一個單行文字，開始是*GET*關鍵字，後面接一個URL與HTTP版本號碼。例如，要擷取*www.cs.purdue.edu*的網頁，瀏覽器需傳送以下請求：

GET http://www.cs.purdue.edu/people/comer/ HTTP/1.1

建立TCP連線之後，就不需傳送絕對格式的URL－以下相對格式URL代表相同的網頁：

GET /people/comer/HTTP/1.0

總結如下：

> 超文字傳輸協定(HTTP)用在瀏覽器與Web伺服器之間。瀏覽器傳送GET請求而伺服器傳送被請求項內容作爲回應。

25.8 錯誤訊息

若Web伺服器收到不合法請求該如何回應？多數情況下，由瀏覽器發送請求後，瀏覽器會試著顯示伺服器回傳的資料。而伺服器會在一個有效HTML上產生錯誤訊息。例如，伺服器產生以下錯誤訊息：

```
<HTML>
   <HEAD> <TITLE>400 Bad Request</TITLE>
   </HEAD>
   <BODY>
      <H1>Error In Request</H1> Your browser sent a request
      that this server could not understand.
   </BODY>
</HTML>
```

瀏覽器內部使用文件的標頭(<HEAD>與</HEAD>間的內容)，並顯示"*body*"的內容給使用者。<H1>與</H1>這對標籤讓Bad Request 成爲標題文字(字型較大且粗體)，使用者螢幕將顯示以下兩行內容：

Error In Request

Your browser sent a request that this server could not understand.

3 標準使用物件導向名稱方法(method)而不用命令(command)。

25.9 持續連線

HTTP第一版使用遵循FTP的傳送架構，亦即爲每個資料傳送建立新TCP連線。也就是一個用戶建立一個TCP連線並傳送一個GET請求。用戶會一直經由TCP讀取資料，直到發現*end of file*爲止。最後用戶關閉連線。

HTTP 1.1改變了上述的基本架構。1.1版預設方法是「持續連線」(*persistent connection*)，而不是上述每個傳送使用一個TCP連線。用戶建立一個TCP連線到伺服器後，用戶可以在此連線收發多個請求與回應。當用戶或伺服器準備結束連線並告訴另一方後，才會關閉連線。

持續連線的主要優點是減少額外承載－較少的TCP連線意味著較少的回應延遲、較少的下層網路額外承載、可使用較少的緩衝記憶體，與較少的CPU使用時間。使用持續連線的瀏覽器可進一步使用「管線」(*pipeline*)請求(不等待回應就傳送下一筆請求)來達到最佳化。若用戶擷取的網頁包含多個圖形，管線是很有用的，而底層網路會有高流量與高延遲。

持續連線的主要缺點在於連線期間傳送的每項資料需標明資料的開始與結束。有兩種技術可以處理這個狀況:(1)先傳送網頁長度，後面接續網頁內容(2)在網頁後面加上「警戒值」(sentinel value)來標記結束。HTTP不能預留警戒值，因爲傳送的網頁若包括圖形時，位元組的排列是任意。因此HTTP先傳送網頁長度，後面接網頁資料來避免警戒值與資料弄混。

25.10 資料長度與程式輸出

傳送資料前讓伺服器先知道傳送內容的長度可能不很方便，或甚至是無法達成。要瞭解原因，我們必須知道伺服器使用「通用閘道介面」(*Common Gateway Interface*，*CGI*)讓執行在伺服器機器上的電腦程式動態建立網頁。請求抵達用其中一個CGI建立的網頁後，伺服器執行適當的CGI程式，並由程式傳送輸出給用戶作爲回應。動態產生的網頁允許創造的資訊只代表目前狀態(例如運動比賽目前的比數)，但伺服器不知道未來資料的實際大小。此外，有兩個原因使得將資料傳送前先儲存爲一個檔案的方法不受歡迎：此方法必須使用伺服器資源且延遲傳送。因此，爲了提供動態網頁，HTTP標準規定：若伺服器事先不知道網頁資料長度，伺服器可以告訴瀏覽器傳送完此頁資料後將結束連線。總結如下：

爲了允許一個TCP連線在傳送多個請求與回應時持續連線，HTTP傳送回應前先傳送回應的長度。若不知道長度，伺服器會先告知用户，接著傳送回應，最後結束該連線。

25.11 長度編碼與標頭

伺服器傳送長度資訊時的表示法爲何？答案是：HTTP借用e-mail的基本格式，使用2822格式以及MIME延伸[4]。HTTP的訊息類似2822訊息，每個傳輸包括一個標頭、一個空白行，與要傳送的網頁。此外，標頭每行包含一個關鍵字、一個冒號與資訊。圖25.1列出一些標頭與意義。

標頭	意義
Content-Length	項目長度(單位是位元組)
Content-Type	項目類別
Content-Encoding	項目使用的編碼
Content-Language	項目使用的語言

圖25.1　項目資料前面的標頭的一些例子。*Content-Type*與*Content-Encoding*直接由MIME而來。

圖25.2的範例顯示一個短的HTML檔案(34個字元)，透過持久性的TCP連接來傳輸，檔案中有幾個標頭(header)。

```
Content-Length: 34
Content-Language: en
Content-Encoding: ascii

<HTML> A trivial example. </HTML>
```

圖25.2　HTTP傳送標頭行的例子，可指定屬性、空白行與文件本身。若連線持續存在，則需要*Content-Length*標頭。

除了上圖的例子，HTTP還包括許多種類的標頭，讓瀏覽器與伺服器彼此交換資訊。例如，我們曾說若伺服器不知網頁資料長度，伺服器傳送完資料後會結束連線，但伺服器要結束連線時會先告訴瀏覽器。爲此，伺服器在網頁資料前包含一個*Connection*標頭，取代*Content-Length*標頭。

Connection: close

瀏覽器收到connection標頭時就知道準備在此次傳送後結束連線；瀏覽器被禁止傳送其他請求。下面幾節描述其他標頭的用途。

25.12 協商

HTTP標頭除了描述要傳送網頁資料的細節外，標頭也可用來允許用戶與伺服器協商彼此具有的能力。協商的能力包括許多有關連線的特徵(例如哪些存取是被授權的)、表示法(例如是否可用jpeg格式的圖形，或可以使用哪種壓縮格式)、內容(文字內容是否是英文)，和控制(網頁有效的時間長度)。

4　有關電子郵件和MIME的討論，請參閱上一章。

有兩種基本型態的協商：「伺服器驅動」(*server-driven*)與「用戶驅動」(*agent-driven*)(亦即瀏覽器驅動)。伺服器驅動的協商由瀏覽器發出請求開始。在請求中會指定所需網頁的URL與喜好設定。伺服器從可以使用的表示法之中選擇最符合瀏覽器喜好設定的網頁。若有超過一個網頁符合喜好設定，伺服器會使用區域準則來做選取。例如，若文件用多國語言方式儲存而用戶請求的喜好為英文時，伺服器會傳送英文版本給用戶。

用戶驅動指瀏覽器使用兩階段程序來進行選擇。第一，瀏覽器傳送請求詢問瀏覽器可取得哪些網頁。伺服器回傳一些可能的清單。瀏覽器選擇其中一個可能的網頁，並向伺服器請求該網頁。用戶驅動協商的缺點在於需要兩次伺服器的互動；而優點在於瀏覽器有完整的選擇權。

瀏覽器用HTTP *Accept*標頭來指定哪種媒體或表示法是可接受的。此標頭列出格式名稱與每個分配的喜好設定值。例如：

```
Accept: text/html，text/plain; q=0.5，text/x-dvi; q=0.8
```

指定瀏覽器想要接受*text/html*的媒體類別，但若沒有該類別，瀏覽器會接受*text/dvi*，若還是沒有則接受*text/plain*。第二與第三項的數值可以想像為「喜好等級」(*preference level*)。沒有q=1的值，而q=0表示不接受。有些"品質"是有意義(例如語音)的媒體類別中，*q*的值可解釋為接受此媒體類別的意願(為最希望接受的類別的*q*%)。

有許多對應到先前描述*Content*標頭的*Accept*標頭種類。例如，瀏覽器可以傳送以下資料：

```
Accept-Encoding:
Accept-Charset:
Accept-Language:
```

指定瀏覽器想接受的編碼、字集與語言。總結如下：

> HTTP使用類似MIME的標頭攜帶文件資訊。瀏覽器與伺服器都可以傳送標頭，協商出一致的文件表示法與使用的編碼。

25.13 有條件的請求

HTTP允許使用者建立有條件的請求。意義是：瀏覽器傳送請求時，請求包括一個限定條件。若不滿足條件，則伺服器不回傳請求的項目。有條件的請求讓瀏覽器避免不必要的傳送而獲得最佳的擷取。*If-Modified-Since*請求指定一種最簡單明確的條件－除非資料在指定的日期後更新過，瀏覽器不會傳送此網頁。例如瀏覽器包含以下標頭：

If-Modified-Since: Fri, 01 Apr 2005 05:00:01 GMT

若項目比2005年4月1日舊，就不作GET傳送。

25.14 代理伺服器與快取

代理伺服器(Proxy Server)是Web架構中重要的一環，因爲它可以減少延遲並減輕伺服器負載。有兩種代理伺服器：非透通(*nontransparent*)與透通(*transparent*)。非透通代理伺服器正如其名，使用者可看到伺服器－使用者將瀏覽器設定成先連結到代理伺服器，而不是直接連到原始來源端。而透通代理伺服器會檢查所有流過的TCP連線，並攔截連接到埠80的連線。兩種代理伺服器都會快取複製網頁的資料並由快取回應請求。

HTTP對代理伺服器有詳盡而明確的支援。HTTP協定明定代理伺服器如何處理每個請求、代理伺服器如何解釋標頭、瀏覽器如何與代理伺服器協商，與代理伺服器如何和伺服器協商。此外，有些HTTP標頭是設計給代理伺服器用的。例如，HTTP有一個標頭允許代理伺服器自己授權爲伺服器，而另一個標頭允許每個代理伺服器處理項目時紀錄代理伺服器識別碼，而最後一個代理伺服器會有所有中介伺服器的列表。最後，HTTP允許伺服器控制代理伺服器如何處理網頁。例如，伺服器可以在回應中包含*Max-Forward*標頭來限制送到瀏覽器前經過的代理伺服器的數目。若伺服器指定數目爲1：

Max-Forward:1

表示伺服器與瀏覽器之間傳送的項目只能經過一個代理伺服器。若指定數目爲零表示禁止伺服器處理該網頁。

25.15 快取

快取(caching)的目的是增進效率：快取可以減少不必要的傳送，進而減少網路的延遲與傳送資料量。快取最明顯的方式是儲存：初次存取一個網頁時，網頁內容會拷貝到瀏覽器或代理伺服器或兩者的磁碟內。而後請求相同網頁時，可以縮短尋找的時間，並且可以不經由伺服器而直接由磁碟中的拷貝擷取網頁內容。

快取方式的主要考量爲時效性－網頁資料該存放在快取多久？若網頁資料的拷貝存放在快取太久會失去時效性，因爲網頁資料可能會改變。另一方面，若網頁資料的拷貝存放在快取的時間太短，會導致效率不佳，因爲新請求馬上就會發送給伺服器。

HTTP允許伺服器用兩種方式來控制快取。第一，伺服器在回應用戶請求的網頁時，可以指定快取的細節，包括該網頁是否可被快取、代理伺服器是否可以快取該網頁、被快取網頁的拷貝可以被哪些社群存取、快取拷貝逾期的時間，與應用在該拷貝的轉換的限制。第二，HTTP允許瀏覽器強迫「重新確認」網頁的內容。爲此，瀏覽器傳送對網頁的請求，並用標頭指定最大的"年齡"(網頁拷貝存在快取中經過的時間)不能大於零。網頁中的快取都不能滿足該請求，因爲所有拷貝的年齡都不爲零。因此只有原來的伺服器會回應該請求，而瀏覽器與中介代理伺服器的快取都會收到網頁新的拷貝。總結如下：

快取是讓Web有效率運作的關鍵。HTTP允許伺服器控制網頁可否和如何被快取，以及快取的生命週期；而瀏覽器可以強迫發出不經過快取的請求，從伺服器重新取得該網頁。

25.16 其他HTTP功能

前面對HTTP的敘述只注重在用戶(通常是瀏覽器)如何發起GET請求向伺服器取得網頁。然而HTTP包含一些允許用戶與伺服器間進行複雜互動的機制。例如，HTTP提供*PUT*與*POST*方法讓用戶傳送資料給伺服器。因此可以建立一個script提示用戶輸入ID與密碼，並將結果送給伺服器。

雖然HTTP允許雙向的傳送，HTTP底層協定仍是無狀態的(在互動時不需要一個持續的傳送層的連線)。因此常常需要額外的資訊來調節一連串的傳送。例如，在伺服器回應ID與密碼時，也會傳送一個稱為cookie的整數，來識別用戶後續的傳送。

25.17 HTTP、安全與電子商務

HTTP雖然定義了存取網頁的機制，卻不提供安全性。因此，利用web傳送一些重要資訊(例如信用卡號碼)之前，使用者需確認交易是安全的。其中有兩個議題：所傳送的資料必須有正確性，以及web網站為電子購物所提供的認證能力。此外憑證的機制可用來對商家進行認證。

有個設計用在web交易的安全技術，稱為*HTTP over SSL*(*HTTPS*)。此技術讓HTTP在安全套接層(*Secure Socket Layer*，*SSL*)協定上執行。HTTPS解決與E-Commerce有關的兩個問題：由於資料經過加密，所以傳送時是機密的，且SSL使用憑證樹，所以商家是經過認證的。

25.18 總結

全球資訊網由許多儲存超媒體文件的Web伺服器與存取文件的瀏覽器所組成。每個文件都指派一個唯一的URL來識別；URL描述用來擷取文件時的協定、伺服器的位置，與文件在伺服器的路徑。

HTML允許文件包含文字與控制格式的嵌入命令。HTML也允許一個文件包含連結其他文件的連結。

瀏覽器與伺服器用HTTP來通訊。HTTP是一個明確支援協商、代理伺服器、快取，與持續連線的應用層協定。一個稱為HTTPS的相關技術用SSL來提供安全的HTTP通訊。

習題

25.1 閱讀URL的標準，在URL最後，一個"#"符號後面接字串代表什麼意義？

25.2 延伸上一題。傳送給Web伺服器的URL用"#"符號前置合法嗎？爲什麼或爲什麼不合法？

25.3 瀏覽器如何區分文件是HTML格式或是任意文字的格式？要得到答案，可以用瀏覽器讀一個檔案作試驗。瀏覽器是用檔案名稱還是用檔案內容來決定如何解讀該檔案？

25.4 HTTP TRACE命令的用途何在？

25.5 HTTP PUT與HTTP POST命令的不同處爲何？哪些情形下兩個命令都適用？

25.6 請問HTTP *Keep-Alive*的使用時機？

25.7 是否任意的Web伺服器都可以成爲代理伺服器？要得到答案，隨便選一個Web伺服器，並將此Web伺服器設爲瀏覽器的代理伺服器。結果如何？是否令你驚訝？

25.8 下載與安裝Squid透通伺服器快取，Squid使用OS的什麼網路機制來快取網頁？

25.9 閱讀HTTP的*must-revalidate*快取控制指令。試舉出一個會使用該指令的網頁的例子。

25.10 假設你在一個公司工作，公司配給你一台筆記型電腦，當中設定使用公司的代理Web伺服器。如果你展開公務旅行並在飯店連接到互聯網，請問會發生什麼事。

25.11 若瀏覽器在請求前面加HTTP *Content-Length*標頭，伺服器將如何回應？

25.12 研讀HTTPS並解釋HTTPS對快取的衝擊，使用HTTPS時，在什麼情況下代理伺服器可以快取網頁？

Memo

章節目錄

26

在IP網路上傳送語音和影像(RTP、RSVP、QoS)

26.1 引言

上一章節討論傳輸電子郵件和檔案的應用程式。本章的焦點是在IP網路上傳送即時(real-time)資料，例如語音和影像。本章除了討論傳輸即時資料的協定外，還考慮兩個更廣泛的議題。第一，IP商業電話服務的協定與技術需求。第二，IP網路上的路由器如何保證提供高品質影像和語音重現服務。

26.2 數位化與編碼

在分封網路中傳送語音或影像之前，須由「編碼/解碼器」(*coder/decoder*，*codec*)將類比語音信號轉換成數位的格式。*codec*最普遍的型態是「波形編碼器」(*waveform coder*)，它可以週期性地量測輸入訊號的波形，並將取樣值轉換成數位值(整數)[1]。在接收端codec將整數序列視為輸入並重建符合這些數位值的連續類比訊號。

目前數位編碼的標準有好幾種，其中主要的差異在於語音重現時的品質與數位表示方式的大小。例如，傳統電話系統使用「脈衝調變」(*Pulse Code Modulation*，*PCM*)標準，指定每125微秒取樣一次(每秒取樣8000次)，每次取樣使用8位元來編碼。所以數位化的電話呼叫產生64 Kbps的資料。PCM編碼會產生一個令人驚奇的輸出量－儲存128秒的語音資料需要1百萬位元組的記憶體。

1 有些稱為語音編碼/解碼器(voice coder/decoder，vocodec)的設備可以辨認與編碼人的說話方式，而不是用一般的波形來編碼。

有三種方法可用來減少數位編碼所產生的資料量：

(1) 每秒較少的取樣數。

(2) 每次取樣使用較少位元來編碼。

(3) 使用數位壓縮方法減少輸出資料的大小。

許多系統同時使用其中一種或多種技術，希望可以把語音壓縮到只有2.2 Kbps。然而每種技術都有缺點。使用較低取樣率或使用較少編碼位元會降低語音品質－系統無法產生大範圍音域的聲音。壓縮主要的缺點是造成延遲－數位化的輸出必須先壓縮後才傳送。此外，由於壓縮需要較多的處理運算，所以壓縮量越大就需要越快的CPU否則會造成較多的延遲。因此，若延遲不重要(把codec的輸出先存在檔案中)，則壓縮就非常有用。

26.3 語音和影像的傳輸與重現

許多語音和影像的應用屬於「即時」應用，因爲它們需要及時(*timely*)的傳輸與傳送[2]。例如，雙向互動的電話呼叫需要即時交換資料，因爲語音的傳送不能有明顯的延遲，否則使用者會感到不順暢。及時傳送不只表示低延遲，因爲收到的訊號可能不明確(除非發送端與接收端的訊號次序性與時序性完全相同)。因此若發送端每125微秒取樣一次，接收端要用相同速率將數位值轉換成類比訊號。

網路如何保證資料流(stream)傳送的速率與發送者產生速率相同？傳統電話系統有一個解決方式：「等時性」(*isochronous*)的系統。等時性的設計意味著在整個系統，包括數位電路，必須設計成傳送輸出與產生輸入所使用的計時方法都完全相同。因此，在等時性系統中，兩端點間若有許多路徑可以抵達，其所有路徑的延遲也都相同。

TCP/IP技術和全球互聯網不是同步的，因爲datagram可能會重複、延遲或不依順序抵達。延遲的變異性稱爲「抖動」(*jitter*)，這在IP網路中相當普遍。爲了在IP網路中成功地傳送與重現數位化的訊號，額外協定的支援是必須的。若要處理datagram重複與不依順序傳送問題，每次傳送時必須加上序號。處理抖動則每次傳送時需加上「時間戳記」，告訴接收者封包中的資料必須在何時播放。序號與時間資訊可讓接收者不受封包抵達問題的影響而正確地重建訊號。當datagram遺失或發送者因靜音而停止編碼時，時間資訊特別重要；因爲接收者可以在這些時間停止播放。總結如下：

由於IP網路不是等時性系統，當傳送數位化即時資料時，額外的協定支援是必須的。除了用基本的序號資訊來偵測重複與不依順序傳送的datagram外，每個封包必須載送個別的時間戳記，告訴接收端該封包被播放的正確時間。

2 及時性比可靠性重要：流失的資料就直接被忽略。

26.4 抖動與播放延遲

若網路會產生訊號抖動，接收端如何正確重建訊號？接收端必須用「播放緩衝」(*playback buffer*)[3]來重建訊號，如圖26.1。

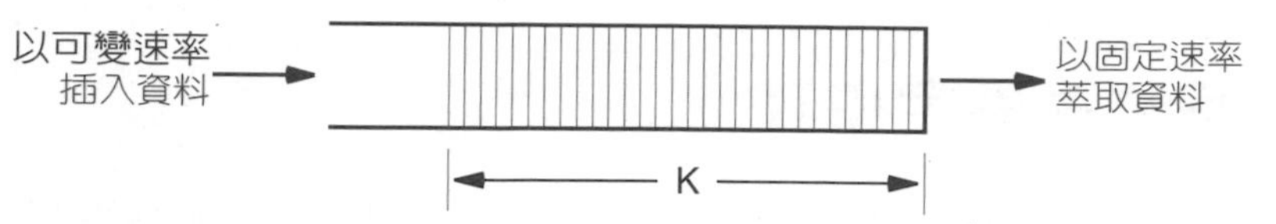

圖26.1　補償抖動的播放緩衝，緩衝存放K單位時間的資料。

會期(session)開始時，接收端會延遲播放，並將收進來的資料存入緩衝。當緩衝裡的資料到了一個稱爲「播放點」(*playback point*)的事先定義臨界值後才開始輸出資料。上圖中播放點爲*K*，表示接收端收到*K*單位時間的資料後才開始播放資料。

用來播放串流語音或影像的應用程式，通常以圖形向用戶呈現播放緩衝區內容的進度。通常，以水平橫條顯示播放進度，表示各個播放時間。例如，如果用戶播放30分鐘的影像節目，顯示器呈現的時間從零到30分鐘。在任何時候，用背景顏色將橫條分成三段。左邊段顯示已播放的影像量，下一段顯示已經下載但尚未播放影像的量，第三段顯示仍必須下載的影像數量。我們使用術語播放點(*playback point*)指向當前正在顯示的影像位置，下載點(*download point*)標示當前下載的影像量。圖26.2顯示呈現給用戶的播放進度橫條，橫條中有三段資訊。

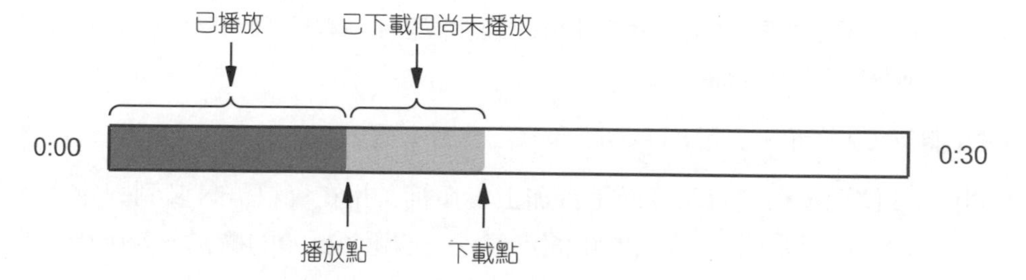

圖26.2　30分鐘播放緩衝示意圖，圖中用背景顏色分段並標記播放和下載進度。

進行播放時datagram仍持續抵達。若資料沒有抖動，新資料抵達的速率會與取出舊資料播放的速率相同，所以緩衝內永遠維持*K*單位時間的資料沒有播放。若datagram抵達時有些小延遲，播放不受影響。緩衝內資料會開始隨播放資料的取出減少，而播放在*K*單位時間內不會中斷。當延遲的封包抵達時，緩衝會再度填滿。

播放緩衝不能補償datagram的遺失。在這種情況下，播放最終總會到達緩衝區中的未填充位置。在圖中，播放尚未下載的點。當播放耗盡所有可用資料時，輸出必須暫停一段時間，也就是丟失資料時段這個空窗期。

3　回放緩衝(playback buffer)也稱為抖動緩衝(jitter buffer)。

選擇*K*時要考慮資料遺失與延遲間的妥協[4]。若*K*太小，小量的抖動就可能導致資料抵達前耗盡播放緩衝。若*K*太大，雖可免受抖動的影響，但會有大延遲，而網路傳輸的延遲太大也會影響使用者的通訊。雖然有以上缺點，絕大多數在IP網路上傳送即時資料的應用仍用播放緩衝做爲解決抖動的主要方法。

26.5 即時傳送協定(RTP)

IP網路中用來傳送數位化語音或影像訊號的協定稱爲「即時傳送協定」(*Real-time Transport Protocol*，*RTP*)。但RTP不包含保證及時傳遞的機制，所以要由底層系統來保證系統可以即時傳遞。RTP提供兩種主要功能；在每個封包中用序號來讓接收端偵測不依序的傳輸或遺失，以及讓接收端控制播放的時間戳記。

由於RTP設計可以傳送許多種類的即時資料(包括語音與影像)，RTP不強制使用制式的解讀方法。RTP 每個封包由固定的標頭開始；標頭內欄位指定如何解讀其他標頭欄位與負載。圖26.3說明RTP的固定欄位格式。

0	1	3	8	16	31
VER	P	X	CC	M	PTYPE	SEQUENCE NUM
TIMESTAMP						
SYNCHRONIZATION SOURCE IDENTIFIER						
CONTRIBUTING SOURCE ID . . .						

圖26.3 RTP固定標頭的圖示。每個訊息在標頭中開始；實際解讀與額外標頭欄位和負載格式*PTYPE*有關。

- **VER 欄位**：2位元，表示RTP的版本，目前版本爲2。
- **P 欄位**：1位元，指定負載後面是否加上零填補；用在資料需封裝到固定大小的區塊時。有些應用在固定標頭與負載中間定義了一個選項標頭的擴充。若應用允許擴充，則X位元可以指定延伸是否出現在此封包中。
- **CC 欄位**：四位元，資料來源的ID計數。
- **M 欄位**：標記(*marker*)位元，解讀方式隨應用而定，可用在需要標記資料流的環境(傳送影像時每個訊框的開頭)。
- **PTYPE 欄位**：七位元，指定有效載荷的類型，其他欄位的解釋取決於*PTYPE*值。
- **SEQUENCE NUM 欄位**：16位元序列號，一個連線的第一個序號是隨機產生的。
- **TIMESTAMP 欄位**：32位元，指定第一個數位資料被取樣的時間，而連線中時間戳記的初始值是隨機選取。負載型態也會影響「時間戳記」欄的解讀。無論有無訊號產生與傳送，時間戳記都會連續增加，但時間戳記並沒有指定詳細的時間單位性

4 雖然可以動態決定K，多數的回放緩衝策略仍使用常數。

(granularity)。單位性由負載型態決定，表示應用可選擇一個時脈單位讓接收端將收到的資料項與應用接近。例如，若經由RTP 傳送語音資料流，每個取樣使用一個邏輯時間戳記單位是合適的[5]。若傳送影像，時間戳記的單位必須比一個訊框的速度來得快以便讓播放流暢。

序列號和時間戳記的分隔對跨越多個封包傳輸的資料非常重要。特別是，若兩封包中的資料在相同時間被取樣，標準允許兩個封包中的時間戳記相同。

26.6 資料流、混音與群播

RTP 一個重要的關鍵是它支援「轉碼」(*translation*)(在中繼站改變資料流的編碼)或「混音」(*mixing*)(由多個來源端接收資料流，將其結合成一個資料流後傳送)。要瞭解為何需要混音，想像多個網站上的用戶想利用IP進行會議時，為節省RTP資料流的數量，群組可以指定一個「混音器」(*mixer*)，並將每個網站上建立的RTP連線指派給混音器。混音器會結合這些語音資料流(可能會先轉會成類比再重新取樣成數位訊號)，並傳送最後的單一數位訊號。

RTP標頭欄可以標示發送端並指出是否有混音。圖26.3標示為*SYNCHRONIZATION SOURCE IDENTIFIER*(同步來源識別碼)的欄指定資料流的來源。每個來源必須選擇一個32位元識別碼；若識別碼發生衝突，協定包含解決的機制。混音器結合多個資料流後，會變成新資料流的同步來源。由於混音器用不固定長度的*CONTRIBUTING SOURCE ID*(提供者來源ID)欄位來識別已混合在一起的同步ID的資料流，所以原始來源資訊不會遺失。4位元「*CC*」欄給定來源個數，最多可列出15個。

RTP可用在IP群播，而在群播環境中混音尤其重要。要瞭解原因，想像一個有許多參加者的電信會議。單點傳送需為每個參加者傳送一份RTP資料。若用群播，只需傳送一份資料而所有的參加者就會收到。此外，若使用混音器，所有的來源可以用單點傳送把資料送給混音器，而混音器可結合所有資料後用群播來發送。因此結合混合器與群播可以相當程度減少傳送到每個參加者主機的資料量。

26.7 RTP封裝

由名稱來看RTP是傳輸層協定。的確，若RTP的運作類似傳統傳輸層，RTP必須封裝在IP datagram中。事實上RTP的運作與傳統傳輸層不同；雖然可以直接把RTP封裝在IP datagram中[6]，不過沒有人這樣做。實際上RTP 運作在UDP上，表示RTP訊息是封裝在UDP datagram裡。使用UDP的主要優點是一致性和同時性；一台電腦可以有許多RTP的應用而不會互相干擾。

5　TIME STAMP有時稱為MEDIA TIMESTAMP，以強調單位性是根據信號型態來測量。

6　名稱Real-time Transfer Protocol(即時傳輸協定)會更合適。

與先前許多應用協定不同，RTP不使用保留的UDP 埠號。埠號是分配給連線(會議)時使用，而遠端應用必須被告知使用的埠號。爲了方便，RTP使用雙數的UDP埠號；下一節解釋RTP的同伴協定RTCP，RTCP會使用RTP用的下一個埠號。

26.8 RTP控制協定(RTCP)

我們對即時傳輸的描述著重於接收端重現內容的協定機制。但另一部份也同等重要：連線時監測底層網路的狀況並提供端點間的「帶外通訊」。當使用適應性策略時，以上機制尤其重要。例如，一個應用發現其底層網路擁塞時可以選擇使用較低頻寬的編碼，或是發現網路延遲或抖動改變時接收端跟著調整其播放緩衝的大小。最後帶外機制可以讓資訊和即時資料同時傳送(說明的資訊可以伴隨影像資料送出)。

RTP的同伴和整合協定稱爲「RTP控制協定」(*RTP Control Protocol*，*RTCP*)，提供RTP所需的控制功能。RTCP允許發送端與接收端傳送一連串包含有關資料傳送與網路效能的額外資訊的報導給另一端。RTCP訊息封裝在UDP裡[7]，而且用RTP資料流的埠號加一當做該RTCP的埠號。

26.9 RTCP操作

RTCP有五種可讓發送端與接收端交換連線資訊的基本訊息型態。圖26.4列出這些型態。

型態	意義
200	發送端報導
201	接收端報導
202	來源描述訊息
203	再見(Bye)訊息
204	應用指定訊息

圖26.4 RTCP五種訊息型態。每個訊息由標示型態的標頭開始。

列表中的最後兩個訊息最容易理解。發送端要關閉連線時送出「再見」(*bye*)訊息，而「應用指定」(*application specific*)訊息可定義新的訊息型態。例如，若一應用要隨影像資料流傳送關閉說明(*closed caption*)時，可以選擇定義一個支援關閉說明的新RTCP訊息。

接收端會定期傳送「接收端報導」(*receiver report*)訊息告訴來源端有關接收的狀況。有兩個原因讓接收端報導很重要。第一，讓所有參加連線的接收端與發送端學習到其他接收端的接收情形。第二，允許使用者調整適合的報導速率，避免用掉過多頻寬讓發送端無法負荷。調整策略可確保所有控制資料的總量不超過即時資料的5%，且接收端報導不超過全部控制資料的75%。每個接收端報導標記一個或多個同步來源，每個同步來源有個別的分節。一個分節指定收到的最高序號的封包、封包累計的遺失百分比率、上一次收到RTCP報導距現在的時間與抖動。

7 因有些訊息很短，標準允許結合多個RTCP訊息放入單一UDP資料包裡。

發送端會定期傳送「發送端報導」(*sender report*)訊息來提供絕對時間戳記。要瞭解時間戳記的重要性，請回憶RTP允許為時間戳記選擇不同的單位性(granularity)，且第一個時間戳記為隨機產生。所以發送端報導的絕對時間戳記是不可或缺的，因為它提供了接收端用來同步多個資料流的機制。此外，由於RTP的每種媒體型態需要個別的資料流，若同時傳送影像和語音則需要兩個資料流。絕對時間戳記資訊可讓接收端同步播放這兩個資料流。

發送端除了週期性報導訊息外，發送端也可以傳送提供有關擁有或控制來源的使用者資訊，稱為「來源描述」(*source description*)訊息。每個向外傳送的資料留在訊息中有一個分節；分節的內容可讓人閱讀。例如，唯一必要的欄位由資料流擁有者的標準名稱(*canonical name*)組成，格式如下：

user@host

其中*host*可以是電腦的網域名或IP位址，而*user*是登入名稱。來源描述的選項欄位包含一些細節，例如使用者的e-mail位址(可以和擁有者的標準名稱不同)、電話號碼、網站地理位置、用來製造資料流的應用程式或工具，或其他文字注釋。

26.10　IP 電信與信令(IP Telephony And Signaling)

即時傳輸有一個特別重要的領域：使用IP做為電話服務的基礎。此觀念稱為「IP電話學」(*IP telephony*)或「在IP上傳送語音」(*voice over IP*)，這種方式已被許多電話公司認同。但仍有一些問題，“IP需要增加哪些技術才可以取代現有等時性電話系統？”雖然答案不簡單，研究者整理了三種要素。第一，要在IP網路上正確地傳送數位化訊號，必須有像RTP一樣的協定。第二，需要有建立與中斷電話呼叫的機制。第三，研究人員正在探索讓IP網路的功能像等時性網路一樣的方法。

電信業界用「信令」(*signalling*)表示建立電話呼叫的過程。PSTN的信令稱為「七號信令」(*Signaling System 7*，*SS7*)。SS7在語音資料傳送前先進行呼叫路由。呼叫建立的過程為：發話端取得網路中的電路、震鈴受話端的電話，並在受話端回應時連接此電路。SS7也處理像來話轉接與錯誤狀態(如受話端忙線)等細節。

IP若要建立電話呼叫，必須先具備信令的功能。此外，為了容納現有電話公司的服務，IP電話學必須和現存的電話標準相容；IP電話學必須在任何層級都可以和傳統電話系統互通。因此，必須要有IP與SS7之間的信令轉譯，以及IP與標準PCM編碼之間的語音編碼轉譯，然後兩種信令機制才能擁有相同的功能。

IP電話系統與傳統電話系統之間通常透過「閘道器」(*gateway*)來互通。呼叫可以由閘道器的任何一端(IP或PSTN)發起。當信令請求抵達閘道器時，閘道器會轉譯並轉送請求；而閘道器也必須轉譯並轉送另一端的回應。最後，信令完成而成功建立呼叫，閘道器轉送雙向的語音資料，而轉送前閘道器需將某端的編碼轉譯成另一端的編碼。

有兩個群組提出IP電話學的標準。ITU定義了*H.323*協定組，而IETF提出了信令標準，稱爲「會議起始協定」(*Session Initiation Protocol*，*SIP*)。以下兩小節將簡介此兩種標準。

26.10.1 H.323標準

ITU的H.323開始訂定時原本是在區域網路傳送語音的標準。現已擴充爲在IP網路上傳送語音的標準，且電話公司也預期會採用它。H.323不是個單一的標準，而是一個指明如何讓多個協定結合而形成IP電話學系統的標準。例如，除了閘道器外，H.323定義「閘道網管人員」(*gatekeeper*)來管理使用IP的電話。每個IP電話要建立對外的呼叫以及接受呼叫前，必須先向閘道網管人員註冊；而H.323包含了這些必須的協定。

H.323架構除了指明傳送即時語音和影像的標準外，也允許參加者傳送資料。因此，加入一個語音和影像會議的一對使用者也可以分享一個畫面的電子白板、傳送靜態圖像，或交換及傳送文件。

H.323倚賴圖26.5所列的四個協定。

協定	用途
H.225.0	用來建立呼叫的信令
H.245	呼叫進行中的控制與反饋(feedback)
RTP	即時傳輸(序號與時序)
T.120	呼叫時交換資料

圖26.5　H.323在IP電話學使用的協定

整個協定組涵蓋了IP電話學所有的部分，包括電話註冊、信令、即時資料編碼傳輸(語音和影像)與控制。

圖26.6 圖示組成H.323的協定間的關係。如圖所示，整個協定組最後都與IP上的UDP和TCP有關。

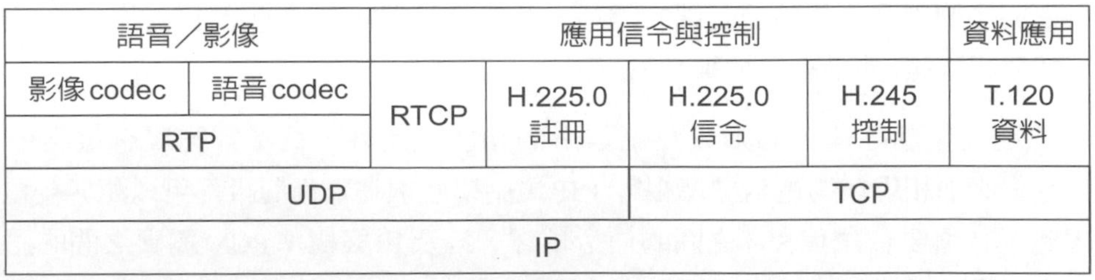

<table>
<tr><td colspan="2">語音／影像</td><td colspan="4">應用信令與控制</td><td>資料應用</td></tr>
<tr><td>影像codec</td><td>語音codec</td><td rowspan="2">RTCP</td><td rowspan="2">H.225.0
註冊</td><td rowspan="2">H.225.0
信令</td><td rowspan="2">H.245
控制</td><td rowspan="2">T.120
資料</td></tr>
<tr><td colspan="2">RTP</td></tr>
<tr><td colspan="4">UDP</td><td colspan="3">TCP</td></tr>
<tr><td colspan="7">IP</td></tr>
</table>

圖26.6　組成ITU H.323 IP電信學標準的協定間的關係。此圖忽略了FAX傳輸與安全性部份。

26.10.2 會議起始協定(SIP)

IETF提出一個與H.323不同而只包含信令的協定，稱為「會議起始協定」(*SIP*：*Session Initiation Protocol*)；它不指定特定的codec也不需要使用RTP做即時傳輸。因此SIP不能提供所有H.323的功能。

SIP使用主從式的互動，而伺服器分為兩種型態。SIP電話執行的是「使用者代理人伺服器」(*user agent server*)。SIP電話有一個識別碼(*user@site*)，並可用來接受來話。第二種型態的伺服器是中介(兩個SIP電話間)，可以處理像呼叫建立與來電轉接等任務。中介伺服器的功能是可以是「代理伺服器」(將來話請求轉送給下一個代理伺服器)或是「轉向伺服器」(*redirect server*)告訴呼叫者如何抵達目的地。

為了提供呼叫的資訊，SIP依靠其同伴協定－「會議描述協定」(*Session Description Protocol*，*SDP*)。SDP在會議的呼叫中非常重要，因為參加者會動態加入與離開。SDP指定了像媒體編碼方式、協定埠號，與多點傳送位址等細節。

26.11 服務品質的爭議

「服務品質」(*Quality Of Service*，*QoS*)表示網路上的遺失率、延遲率、流量與抖動等效能的統計數字都保證在一個範圍內。我們說滿足這些效能限制的等時性網路可提供QoS保證，而使用盡力發送機制的封包交換網路則不提供QoS保證。在IP上傳送即時語音和影像是否一定要QoS保證？若答案是肯定的，要如何實現？主要的爭議有兩方面。一方面，設計電話系統的工程師堅持若要提供長途品質的語音重現，電話底層網路需要提供關於遺失率與延遲的品質保證。另一方面，設計IP的工程師堅持Internet不需QoS保證就可以運作的很好，而增加每個流量(per-flow)的QoS保證不可行，因為路由器會讓系統貴且慢。

QoS的爭議導致許多提案、實現與試驗的產生。雖然Internet沒有QoS保證，但Internet已經開始用來傳送語音。而像*ATM*(*Asynchronous Transfer Mode*)這種由電話系統模型衍生的技術可以對每個連線或資料流提供QoS保證。IETF努力的開發與設計可以為每個流量定義QoS的「整合服務」(Integrated Services，IntServ)技術，並採用「差別服務」(*Differentiated Services*，*DiffServ*)的方式將通訊分為不同等級。差別服務也稱為「類別服務」(*Class of Service*，*COS*)，它犧牲了細部控制但降低轉送的複雜度。

26.12 QoS、使用率與容量

關於QoS的爭論，讓人想起早些時候關於資源分配的爭論。比如根據作業系統策略所執行的作業，如記憶體分配和處理器排程。在早些時候的爭論中，支持者認為改善資源分配將優化計算機系統的總吞吐量，從而給予用戶更好的服務。這個論點具有直觀的吸引力，因此進行了大量的研究。不幸的是，在實際執行的環境中，沒有一個處理器和記憶體管理方案能工作得很好。用戶仍然不滿意。然而，幾十年後，計算能力的效能增進，用戶對結果感到滿意。當中有什麼改變呢？ 處理器變得更快而記憶體變得更大。不是依靠排程演算法在慢處理器的環境為眾多計算任務分配資源，而是硬體的快速進步跟上了所需的計算。

這和現今網路遇到的問題類似。QoS的支持者也在為網路資源爭論不休。他們斷言，如果網路資源能有效地調度(即，給予一些封包較高的優先權)，用戶將很高興。尤其是對網路運營商特別有吸引力，因為，如果真的實現了，會允許他們使用現有的基礎架構銷售升級的服務。不幸，網路經驗顯示：

> 當網路具有足夠的資源用於所有通訊業務時，QoS約束是不必要的；當流量超過網路容量時，沒有任何QoS系統可以滿足所有用户的需求。

中心問題在於利用率。一方面，利用率為1%的網路不需要QoS，因為沒有任何封包會被阻塞。另一方面，一個利用率超過100%容量的網路，任何QoS方案都會失敗。然而，QoS機制的支持者斷言，複雜的QoS機制應該能夠實現兩個目標。首先，將現有資源為用戶做劃分，QoS將使系統更加公平。其次，將來自每個用戶的流量做整形動作，QoS允許網路以更高的利用率運行，不會有有崩潰的危險。

反對複雜QoS機制的人想要增進底層網路的效能。網路容量已經快速增加。隨著網路容量的持續增加，已經不大需要QoS機制(QoS只佔去不必要的額外承載)。然而，若網路頻寬需求的成長遠大於網路容量的成長，QoS會變成經濟面的考量－高階的服務對應到較高的價錢，ISP可以依據價錢來分配容量(並且獲得更高的利潤，因為不需要增加基礎設施)。

26.13 緊急服務和強佔

是否有合理的理由來確定流量的優先等級？當然。例如，如果網路流量管理具有低的優先等級，網管人員可能無法診斷擁塞的來源，無法採取措施來改善問題。同樣，考慮一個處理VoIP電話服務的網路。在這樣的網路上，緊急呼叫(在美國為911)不應阻塞，呆等著正常流量。因此，攜帶緊急訊息的語音封包，應該擁有高等級優先權。

能了解每個流量的目的，似乎為QoS機制提供了強有力的論證。如後面部分所述，不需要為每個流量型態制定一種機制。處理緊急呼叫和網路流量管理可由只有兩個或三個優先等級的系統來掌控。更重要的是，一個QoS機制在網路容量縮減的情況下，只保證一定百分比的基礎容量。例如，考慮一個QoS系統，保留1%的網路容量來做流量管理。在正常情況下，1%可能就非常足夠。但是，若網路硬體故障，封包中的資料總有隨機幾個位元開始損壞。QoS的保證意味著在網路管理封包送出後，在下一個管理封包送出前，有其他百分之九十九的封包個會先被送出(例如，重傳)。因此，兩個連續網路管理封包間的時隔是很長的。如果連續管理封包損壞，診斷問題所需的時間可能很長。

處理像上面這樣的情況所需要的不是典型的QoS系統所能提供，需要的是絕對優先等級方案。特別是，我們需要一種允許緊急情況搶占網路流量的機制。根據搶占策略，授予緊急流量最高優先級，這意味著如果攜帶緊急訊息的封包到達，封包立即送出，不等待其他交通量。

26.14 InteServ與資源保留(RSVP)

二十年前，IETF開始考慮資源分配的問題。具體來說，IETF開始的問題是：如果需要QoS，IP網路能提供嗎？當時，許多團體爭論精細的QoS，導致了IETF提出整合服務(*IntServ*：*Integrated Services*)的研究計劃。IntServ方法分成兩個部分。在傳輸資料之前，端點必須指定資源，並且沿著端點之間路徑的所有路由器必須同意供應資源；該過程可以被視為信令(*signaling*)的形式。第二，當datagram在路徑上流動，路由器需要監控和控制流量轉送。監控，稱為流量監管是需要的，以確保流量發送不超過指定的界限。

在分封交換網路中的QoS品保特別困難，因為通訊量經常是突發的。例如，指定1Mbps的平均吞吐量的流量卻持續十毫秒具有2Mbps的通訊量，接著又持續十毫秒沒又通訊量。雖然路由器必須與大量的封包競爭十毫秒，但是流量仍然滿足所需的平均值。為了控制排隊和轉送，提供QoS的路由器通常實現處理封包突發的機制。這種被稱為流量整形的想法是將每個突發平滑化。為了平滑突發，路由器將傳入的datagram臨時排進佇列(queue)，然後以1 Mbps穩定的速率發送。

26.14.1 資源保留協定(RSVP)

作為IntServ工作的一部分，IETF開發了兩種協定來提供QoS：資源保留協定(*RSVP*：*Resource ReSerVation Protocol*)用於預留資源和公共開放策略服務協定(*COPS*：*Common Open Policy Services*)[8]用於實施約束。兩種協定都需要更改基本的Internet基礎設施——所有路由器必須同意預留資源(例如，鏈路容量)用於一對端點之間的每個流量。

RSVP處理資源保留的請求與回應。RSVP不是一個路由協定，也不是在流量建立後所訂定的傳送策略。實際上，RSVP運作在開始傳送資料前。一端點要起始一個端對端的流量前，先傳送一個RSVP「路徑」(*path*)訊息來決定到目的地間的路徑；載送此訊息的datagram用「路由器警告」(*router alert*)選項確保路由器會檢查此訊息。該端點收到路徑訊息的回應後，傳送保留該流量資源的請求。請求指定所需的QoS；端點與目的地間所有轉送該請求的路由器都必須同意保留請求指定的資源。若路徑中有任一路由器拒絕請求，路由器用RSVP把否定回應傳給來源。若所有路徑中的系統同意請求，RSVP回傳正面回應。

每個RSVP流量是單向的。若一應用程式需要雙向的QoS，兩端需要個別用RSVP請求一個流量。由於RSVP使用現行的路由方法，所以不能保證兩個流量會經過相同的路由器，而同意其中一個方向的流量不代表會同意另一方向的流量。總結如下：

> 一個端點用RSVP請求在IP網路中有QoS的單向流量。若路徑中所有路由器同意請求則資源保留獲准；否則保留被拒絕。若應用需雙向的QoS，各端點要用RSVP建立個別的流量。

8　名稱*COPS*是對交通警察一種幽默用詞。

26.14.2 InteServ的加強(COPS)

路由器收到RSVP請求後必須評估兩個部分：可能性(路由器是否有足夠的資源滿足請求)與政策(請求是否爲政策所允許)。可能性是路由器本地的決定－路由器可以決定如何管理自己的頻寬、記憶體與處理能力。然而政策的實施需要全體的同意－所有路由器必須同意使用相同的政策。

爲實現廣域政策，IETF架構使用兩階層模型，兩階層中使用主從式交互作用。路由器收到RSVP請求後成爲一個用戶，向「策略決定點」(*Policy Decision Point*，*PDP*)的伺服器詢問，並決定該請求是否符合政策規範。PDP 本身不處理通訊，它只評估請求是否滿足整體政策。若PDP准許該請求，路由器成爲一個「政策執行點」(*Policy Enforcement Point*，*PEP*)並確保通訊不超過政策規定。

COPS定義路由器與PDP或路由器與本地PDP(若一組織有多層級的政策伺服器)間的主從式互動。雖然COPS定義了自己的訊息標頭，但底層格式有許多和RSVP相同。尤其在個別請求訊息項，COPS使用和RSVP相同的格式。因此路由器收到RSVP請求時可以取得有關政策的項目，將其放入COPS訊息中，並將結果傳給PDP。

26.15 DiffServ與Per-Hop行為

經過對RSVP和IntServ的一番努力，IETF決定尋求完全不同的方法：不再爲個體流量提供QoS，新工作側重於群體流量。也就是說，建立一小組類別，並且每個流量分配給其中一個類別。DiffServ[9]和IntServ有兩個顯著的差異。第一，DiffServ根據服務(一群流量)區分等級而不是以流量來區分。第二，RSVP保留端對端的資源，DiffServ允許路徑上的每個端點去定義要收到的服務等級。例如，某路由器可以分配頻寬讓50%的頻寬接收「*Expedited Forwarding*」(*EF*)的DiffServ等級的通訊，而另外50%頻寬爲「*Assured Forwarding*」(*AF*)的等級，而路徑上的另一路由器可分配90%給EF，10%頻寬給AF。我們用per-hop behavior的詞語來說明DiffServ並不提供端對端的保證。

26.16 交通排程

路由器要實現QoS時必須替其流出的通訊指派優先權，並選擇必須送出哪些封包。選擇傳送封包的程序稱爲「通訊排程」(*traffic scheduling*)，其機制稱爲「通訊排程器」(*traffic scheduler*)。建立排程器時有四個考慮的要點：

- **公平性**：排程器要確保分配給流量的資源(頻寬)確實可被該流量使用[10]。
- **延遲**：流量上的封包不能過度延遲。

9 第7章描述了DiffServ機制及其使用的datagram 標頭。
10 本節都在討論流量間的排程，不過使用DiffServ 時是服務等級間的排程。

- **適應性**：若某流量沒有資料要傳送，排程器必須按比例將多餘的頻寬分配給其他流量使用。

- **額外承載**：由於排程器運作在高速路徑上，所以它不可產生太多額外承載。所以一些理論上的演算法，例如*Generalized Processor Scheduling*(*GPS*)不能被採用。

最直覺的通訊排程方法是「加權輪循排程」(*Weighted Round Robin*，*WRR*)，因爲它會替每個流量分配加權值並根據加權值傳送資料。例如，我們假設有三個流量A、B與C，其加權值分別爲2、2與4。若三個流量都有資料要送，排程器會讓C 送出的資料量是A和B的兩倍。

WRR 排程器可以用以下的順序來達成所需的加權分配：

C C A B

而排程器會依此順序重複選擇：

C C A B C C A B C C A B ..

這種模式似已達到我們所要的加權，因爲有一半是流量C，而流量A與B佔1/4。此外這種模式會依順序定期去服務每個佇列，所以流量不會產生不必要的延遲(每個流量的封包速率是常數)。

雖然這種依序的方法可讓封包速率符合加權值，但WRR不能讓資料速率符合加權值，因爲datagram不是固定大小。例如，若流量C的平均datagram大小只有A的一半，則A與C的資料速率是一樣的。

爲解決此問題，發展出修改過的演算法來調合封包不同大小的困擾，稱爲「*Deficit Round Robin*」(*DRR*)。此演算法會根據總位元組數目而不是封包數來計算加權值。開始時，演算法會根據頻寬比例分配各流量應收到的位元組數。輪到某流量時，DRR在不超過分配位元組的情況下盡量傳送封包。然後演算法計算餘數(分配到的總位元組數和實際傳送的封包數大小)，並在下一輪加上餘數。因此DRR會記載每個流量的不足額部分與總和。即使每次的餘數很少，但經過數輪後就很大並可以調節多餘的封包。因此長期來看經過DRR的流量其資料率會接近實際的加權值。

輪循排程演算法(例如WRR與DRR)有優點也有缺點。主要的優點在效率，分配好加權值後，進行封包的選擇僅需很少的計算。若所有封包大小都相同且加權值剛好是倍數，其加權的選擇僅需透過陣列而不需要計算。

輪循排程演算法也有缺點。第一，流量的延遲會和其他流量的通訊有關。最壞的情況下，某流量可能要等其他所有流量傳送完封包後才輪到它。第二，輪循排程對某一佇列傳送突發性大量封包，延緩其他佇列的處理，因此會造成抖動。

26.17 流量監管與整形

實現交通排程的系統也需要「交通管制器」來驗證流量沒有超過宣稱的統計值。假設某系統的排程器分配25%的對外頻寬給DiffServ等級Q。若有三個進來的流量都對應等級Q，它們會爭搶分配給Q的頻寬。因此系統必須管制每個進來的流量，以確保流量可公平地分享頻寬。

已經有幾種用於流量監管的機制提出。一般想法是將流量降低到商定的速率，也就是上述流量整形的概念。早期交通管制的機制是根據「*leaky bucket*」的方式，透過計數器來控制封包的速率。演算法會定期增加計數器；當有封包抵達時會減少計數器。若計數器變成負值表示流量超過分配的封包率。

使用封包速率對流量整形在互聯網上是沒有意義的，因爲datagram大小不固定，因此提出較複雜的方法來調合封包不固定大小的問題。例如「*token bucket*」機制延伸上述leaky bucket機制，讓計數器對應到位元數而不是封包數。計數器會根據資料率增加，並依封包大小減少。

實際上，上述的管制機制不需計時器來定期更新計數器。實際上每次封包抵達時，管制器會檢視其時鐘，以得知從上次處理到現在所經過的時間，並用此時間來計算計數器的增加量。

26.18 總結

即時資訊由語音或影像組成，播放速度和獲取資料的速度必須一樣。稱爲編解碼器的硬體，將類比訊號如語音數位化。數位電話語音頻編碼標準，脈衝編碼調變(PCM)，產生64 Kbps的資料；其他編碼犧牲一些逼眞度以保有較低的位元率。

IP網路可用RTP來傳送即時資料。每個RTP訊息包含兩個重要的資訊：接收端用來排序訊息與偵測遺失封包的序號，以及讓接收端決定何時該播放資料的媒體時間戳記。其同伴協定RTP則提供來源資訊，並允許混音器結合多個資料流。

因爲已經有商業化的IP電話服務；大多數電話公司正在向IP轉移。已經建立了兩個用於IP電話的標準：國際電信聯盟創(ITU)建了H.323標準，IETF建立了SIP。

即時傳輸時是否需要QoS仍爭論不休。在發表差別服務的方法前，IETF已設計整合服務模型與一對提供每個流量QoS的協定。端點用RSVP來請求有QoS的流量；中介路由器可以同意或拒絕請求。RSVP請求抵達後，路由器用COPS協定與政策決定點連繫，來確定請求符合政策條件。

要實現QoS需要用通訊排程機制爲流向外部的佇列選擇封包的傳送，以及使用通訊管制器來監控進入的流量。其中Deficit Round Robin用於通訊排程而leaky bucket演算法用於通訊管制，因爲它們運算有效率且可處理不同大小的封包。

習題

26.1 即時串流協定RTSP、RTSP和RTP之間的主要區別是什麼？

26.2 Skype語音電話服務的工作原理。如何設置連接？

26.3 網路運營商有個格言：你總是可以買更多的頻寬，但是你不能買低延遲。這是什麼意思？

26.4 如果RTP訊息到達的序列號遠大於預期，協定會做些什麼？爲什麼？

26.5 考慮從你的手機拍攝影像，並及時透過互聯網傳輸。需要多大容量？（提示：你手機中相機的解析度是多少？）

26.6 考慮使用RTP連接N個用戶的會議電話呼叫。找出兩個實現方案。

26.7 電影通常有兩個串流：影像串流和語音串流。可以使用RTP傳輸電影嗎？

26.8 RTP中是否需要序列號，或者可以使用時間戳記？說明。

26.9 工程師堅持"兒童使用SIP；成年人都使用H.323。"工程師是什麼意思？猜測工程師工作公司的類型。

26.10 當VoIP首次引入時，一些國家決定將此技術定爲非法。爲什麼?

26.11 你是否希望Internet所有流量都需要QoS ？爲什麼或者爲什麼不？

26.12 測量Internet的連線的利用率。如果所有流量都需要預訂QoS，服務會更好還是更差？試說明之。

26.13 假設要求你爲電纜ISP設置DiffServ類別。ISP的網路僅使用IPv6，必須處理：廣播電視頻道、語音(即VoIP)、電影下載、住宅互聯網服務和串流影視點播。要如何分配DiffServ類別？爲什麼？

26.14 如果對流量整形器的輸入是極度突發的(亦即，具有的零星爆發的封包，相當長的時段無流量)，整形器的輸出可能不穩定。什麼技術可以保證平滑輸出？(提示：考慮在前一章描述的一個方法。)

章節目錄

27

網路管理(SNMP)

27.1 引言

互連網路除了提供網路層服務的協定與使用這些服務的應用程式外，還需要一種軟體以便管理者對故障進行除錯、控制路由與發現違反協定標準的電腦。我們把這些動作稱為「網路管理」(*network management*)。本章考慮TCP/IP網路管理背後的思維，並討論一種用於網路管理的協定。

27.2 管理協定的層次

當資訊網路首次出現時，設計人員遵循電話系統中的管理方法，在網路中設計特殊的管理機制。例如，廣域網路通常將管理訊息定義為鏈路級協定的一部分。如果分封交換機失效，網路管理者可以啓動相鄰的分封交換機，送出特殊的「控制封包」(*control packet*)。控制訊息可讓網路接收端暫停正常操作，並且回應管理者發出的命令。管理者可以詢問分封交換機以查明故障、檢查或修改線路、測試某個通訊介面或重新啓動交換機。故障排除後，管理者可以告訴交換機恢復正常運作。因為管理工具屬於最底層協定，即使高層協定失效時管理者仍能控制交換機。

Internet與其他廣域網路不同，沒有連結層協定，Internet由多種廠商製造的實體網路與設施所組成。所以Internet必須提供有三個重要功能的網路管理方式。第一、一個管理者就可以控制異質裝置，包括IP路由器、橋接器、數據機、工作站與印表機。第二、被控制的實體不需共享同一連結層協定。第三、管理者控制的機器可以位於Internet的任何地點。尤其，管理者可能需要控制一台或多台機器，而這些機器不和管理者的電腦連接在同一實體網路。因此，除非管理軟體使用經由Internet的點對點傳輸連接協定，管理者不一定可以和他們控制的機器通訊。所以TCP/IP的互連網路管理協定工作在傳輸層之上：

> 在TCP/IP互連網路中，管理者需要檢查與控制路由器和其他裝置。因爲這些裝置連接不同網路，所以管理協定工作於應用層並使用TCP/IP傳輸層協定進行通訊。

網路管理軟體工作在應用層有幾個優點。因爲協定設計可以不考慮底層網路硬體。所以一組協定可適用於所有網路，又因爲協定設計不必考慮被管理機器的硬體。從管理者的觀點來看，擁有單一管理協定意謂著一致性－所有路由器都回應一組相同的命令。此外，因爲管理協定軟體用IP來通訊，管理者可以經由TCP/IP控制整個互連網路上的路由器，而不需直接與每個實體網路或路由器連接。

把管理者軟體建立在應用層也有缺點。除非作業系統、IP軟體與傳輸協定軟體工作正常，否則管理者不能與路由器聯繫。例如：若路由器的路由表損壞，該路由器就不能更正路由表或由遠端機器啓動。如果路由器的作業系統毀壞，即使路由器仍可以產生硬體中斷並轉送封包，也不能到達互連網路管理協定的應用程式。

27.3 架構模型

工作於應用層的TCP/IP管理軟體儘管有潛在缺點，不過仍運作的很好。考慮一個大型的互連網路，當中管理者的電腦不需直接連接所有被管理個體的實體網路，將管理協定設計運作在網路高層的最大優點便很明顯。圖27.1表示其架構。

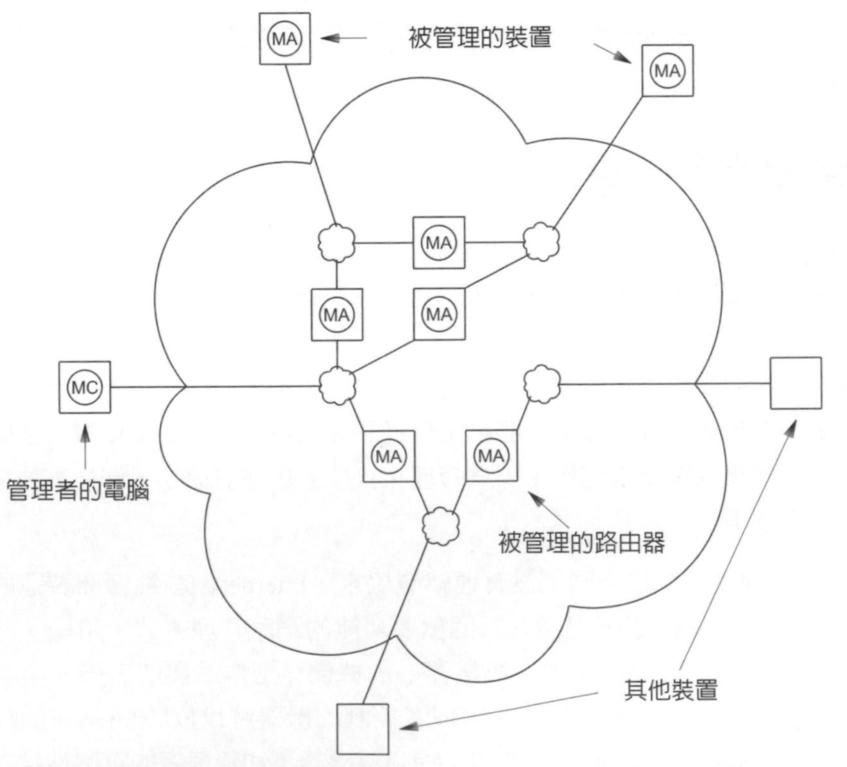

圖27.1 網路管理的範例。管理者引用管理用戶軟體(MC)與路由器(整個互連網路上)管理代理(MA)軟體聯繫。

如圖所示，用戶軟體通常執行在管理者工作站上，每個參與管理系統者可以是路由器或網路裝置[1]。在IETF的術語中，管理伺服器稱爲「管理代理人」(*management agent*)或「代理人」。管理者引用本地主機電腦的用戶軟體並指定和它通訊的代理人，用戶與代理人聯繫後，可發送詢問來獲得資訊或發送命令改變路由器的狀態。

當然，並不是所有的大型互聯網設備都只由單一管理者來管理。大多數的管理者只能控制其本地站台(site)的設備；一個大型站台可能有多個網管人員。互連網路管理軟體使用認證機制，確保只有經過授權的管理者才能存取或控制特定裝置。有些管理協定支援多級授權，允許管理員指定每個裝置的權限。例如：某特定路由器可以設定允許幾個管理者取得資料，但只允許它們中的一部分可以改變資料或控制路由器。

27.4 協定架構

TCP/IP網路管理協定將管理問題分爲兩部分，並分別制定獨立的標準。第一部分是關於資訊的通訊。協定規定執行於管理者主機的用戶軟體如何與代理人通訊，並定義兩者所交換訊息的格式、各欄位意義、名稱格式與位址格式。第二部分是關於控制資料，協定規定裝置必須保存的資料項目與每個資料項目的名稱以及表示名稱的語法

27.4.1 網路管理的TCP/IP協定

TCP/IP網路管理協定是「簡單網路管理協定」(*Simple Network Management Protocol*，*SNMP*)。協定有三個版本，目前版本是*SNMPv3*。版本之間的改變很小，所有的版本使用相同的架構，且許多特點都向下相容。

SNMP標準除了描述訊息格式與使用的傳輸層協定的細節外，還定義多組操作與操作的意義。我們可以看到方法是簡單抽象的；少數的操作即可提供所有的功能。我們將首先檢查IPv4上的SNMP；後面的部分檢視用於IPv6所做的改變。

27.4.2 被管理資訊的標準

被管理的裝置必須保存管理者可以存取的控制資訊與狀態資訊。例如：路由器會保存有關網路介面狀態、進出封包交通量、丟棄datagram和產生錯誤訊息的統計值。數據機需保存傳送與接收的位元(或字元)數目的統計值。雖然管理者可存取這些統計數字，SNMP並未明確指出哪些裝置與資料可被存取，相反地，個別的標準規定這些裝置的細節，這就是「管理資料庫」(*Management Information Base*，*MIB*)，它規定被管理的裝置必須保存的資料項目以及每個資料項目允許的操作。例如：MIB規定IP軟體必須保存到達每個網路介面的資料位元組數量，並規定網路管理軟體只能讀取這些計數值。

TCP/IP的MIB將管理資訊分爲許多類。類別的選取很重要，因爲資料識別碼包含一個類別碼。圖27.2爲其中一些類別。

1　我們用網路系統的術語來包括傳統裝置，例如路由器、電腦、印表機等。

MIB 類別	有關的資料
system	主機或路由器作業系統
interface	個別網路介面
at	位址翻譯(例如：ARP對應)
ip	IPv4軟體
ipv6	IPv6軟體
icmp	ICMP軟體第4版
ipv6Icmp	ICMP軟體第6版
tcp	TCP軟體
udp	UDP軟體
ospf	OSPF軟體
bgp	BGP軟體
rmon	遠端網路監控
rip-2	RIP軟體
dns	DNS軟體

圖27.2　MIB的資料分類的例子。型態碼編入物件識別碼中。

讓MIB的定義與網路管理協定無關對廠商與使用者都有好處。廠商可以將SNMP代理人軟體包含在像路由器這種產品內，並保證此軟體在定義新的MIB項目後仍繼續符合標準。顧客也可以用相同的網路管理用戶軟體來管理不同MIB版本的多個設備。當然，沒有新的MIB項目的裝置不能提供那些項目的資訊，然而，由於所有被管理的裝置都使用相同的語言來通訊，它們可以解析查詢(query)並提供所需的資訊，若無所需的項目資訊則送出錯誤訊息。

27.5 MIB變數範例

SNMP的先前版本都將變數收集在一個大MIB中，所有的集合都由單一RFC定義。為避免MIB的規格不夠廣泛，IETF允許不同裝置將自己的變數寫成不同MIB文件。結果造成超過100種MIB(超過10,000個變數)被定義為標準程序的一部分。例如：許多RFC定義其相關裝置的MIB變數：如硬體橋接器、UPS、Ethernet交換器與DSL數據機等。此外，許多廠商也定義了其軟體或硬體產品的MIB變數。

檢查標準MIB中所包含的一些有關TCP/IP協定的資料項目，有助於更清楚它們的內容。圖27.3列出部分MIB變數和它們的類別。

圖27.3大部份資料項目值可以存放在單個整數中。然而，MIB也定義了更複雜的資料結構。例如：MIB變數*ipRoutingTable*表示路由器的路由表[2]。另外一些MIB變數除了定義路由表資料項目內容外，還允許網路管理協定查閱個別資料項目資料，包括網路首碼

2 當定義MIB時，使用術語是routing table而不是forwarding table。

(prefix)、位址遮罩與下一跳躍點等欄位。當然，MIB變數只代表每個資料項目邏輯的定義－路由器內部的資料結構可能與MIB定義不同。當詢問到達時，路由器上代理人的軟體負責做MIB變數與路由器用來存取資料的資料結構之間的對應。

27.6 管理資訊的結構

除了指定MIB變數與其意義的標準外，還有一個獨立的標準定義與識別MIB變數的規則集，此規則集稱為「管理資料結構」(*Structure of Management Information*，*SMI*)規格。為簡化網路管理協定，SMI對MIB允許的變數型態作限制，規定這些變數的命名規則，並建立定義變數型態的規則。例如：SMI標準定義IpAddress(定義為4個位元組字串)。*Counter* (定義為0到之間的整數)。術語*InetAddress* (將其定義為一個字節字串)，並規定它們是定義MIB變數的術語。更重要的，SMI的規則敘述MIB如何查閱這些數值表格(例如：IPv4路由表)。

MIB變數	意義
系統類別	
sysUpTime	自上次重新啓動以來的時間
系統類別	
ifNumber	網路介面數
ifMtu	介面的MTU(IPv4)
ipv6IfEffectiveMtu	介面的MTU(IPv6)
ip類別	
ipDefaultTTL	IPv4用作TTL
ipv6DefaultHopLimit	IPv6用作跳數限制
ipInReceives	接收的IPv4 datagram數
ipv6IfStatsInReceives	接收的IPv6 datagram數
ipForwDatagrams	轉送的IPv4 datagram數
ipv6IfStatsOutForwDatagrams	轉送的IPv6 datagram數
ipOutNoRoutes	路由失敗的數量
ipReasmOKs	重組的datagram數
ipFragOKs	IPv4 datagram的分段數
ipv6IfStatsOutFragOKs	IPv6 datagram的分段數
ipRoutingTable	IPv4轉送表
ipv6RouteTable	IPv6轉送表
ipv6AddrTable	IPv6介面位址表
ipv6IfStatsTable	每個介面的IPv6統計訊息
icmp類別	
icmpInEchos	接收到ICMP Echo Request數量
tcp類別	
tcpRtoMin	TCP的最小重傳時間
tcpMaxConn	允許的最大TCP連接
tcpInSegs	已接收的TCP segment數量
udp類別	
udpInDatagrams	已接收的UDP datagram數量

圖27.3　MIB變數範例與類別。

27.7 採用ASN.1的格式化定義

SMI標準規定所有MIB 參數必須以ISO的「*Abstract Syntax Notation(ASN.1)*[3]」進行定義與參考。ASN.1是一種格式化語言，它包含主要兩個特徵：(1)供人閱讀的資訊表示法(2)該資訊在通訊協定中所使用的精簡編碼表示法。這兩種特徵都可以讓精密、格式化的符號去除了表示法與意義中的含糊性。例如：使用ASN.1的協定設計者必須說明數值確切的形態與範圍，而不是只說一個變數包含一個整數值。這種精確性對異質電腦特別重要，因爲這些電腦對資料項目的表示法並不相同。

ASN.1除了指定每個資料項目的名稱與內容，還定義一組「基本編碼規則」(*Basic Encoding Rules*，*BER*)，它精確地定義了如何對訊息中的名稱與資料項目編碼。因此，一旦MIB文件使用ASN.1來表示，文件中的變數就能直接地、機械式地轉換成訊息的編碼形式。重點：

> TCP/IP網路管理協定使用ASN.1格式化來定義和管理資訊庫的變數名稱與型態。這種精密符號使變數形式與內容不會混淆。

27.8 MIB物件名稱的結構與表示法

ASN.1規定如何表示資料項目與名稱，不過要瞭解MIB變數名稱需先知道底層名稱空間的有關資訊。MIB變數名稱由ISO與ITU所管理的「物件識別碼」(*object identifier*)名稱空間而來。物件識別碼名稱空間的主要想法是：提供名稱空間給所有可能的物件。名稱空間不僅限於網路管理使用的變數，也可以包括任意物件的名稱(例如：每個國際協定標準文件都擁有一個名稱)。

物件識別碼名稱空間是「絕對」(整體)的，意謂著對名稱進行結構化將具有整體唯一性。就像大部分大型且絕對的名稱空間，物件識別碼名稱空間是以階層形式存在。每個階層對名稱空間進行權限劃分，允許個別群組有權分配相對應名稱的子集合，不必每次分配時都請示中央管理機構[4]。

圖27.4標示物件識別碼的層次結構，並顯示由TCP/IP網路管理協定所使用的*mgmt*和*mib*節點的位置。物件識別碼樹狀階層的根是未命名(unname)的，但有三個直系子節點，分別是ISO、ITU與joint ISO-ITU，這部份在圖27.4的上層。各非根節點被指定成短字串與整數做爲識別碼(字串便於人們理解物件名稱，電腦軟體使用整數來建構名稱的精簡編碼)。ISO爲其他國家或國際標準組織(包含美國標準組織)分配一個子樹，美國國家標準技術研究所(NIST)[5]爲美國國防部分配一個子樹。最後，IAB請國防部在命名空間中分配一個互聯網子樹，然後分配四個子樹，包括*mgmt*。*mib*子樹是在*mgmt*下分配的。

3 ASN.1 通常念做“A-S-N dot 1”。
4 對於階層的名字空間權限劃分請參考第23章網域名稱系統。
5 NIST的前身是National Bureau of Standards。

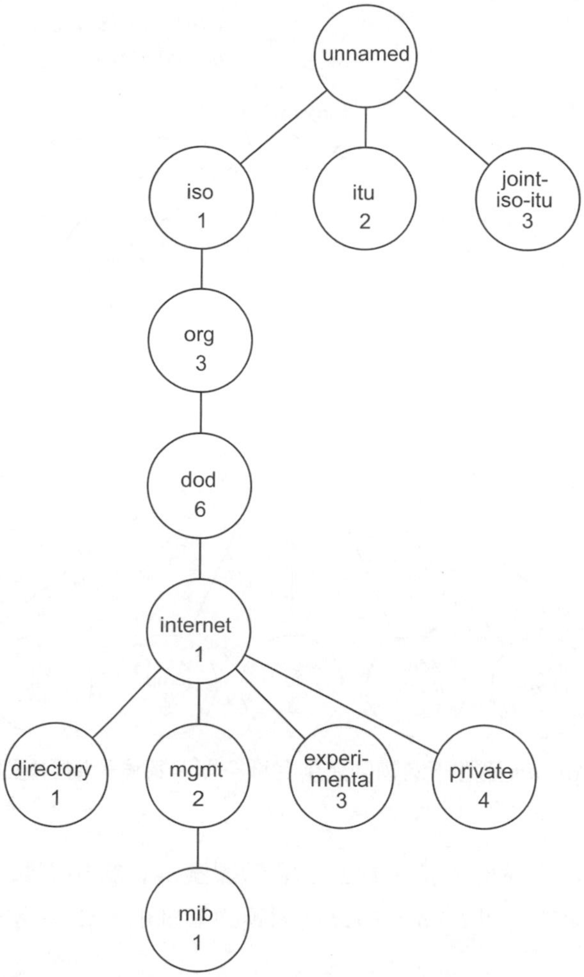

圖 27.4　部分階層物件識別碼的名稱空間，用於對 MIB 變數命名。物件名稱由根起始，沿路徑到此物件。

階層結構中的物件名稱是沿著根至物件節點的數字標籤序列。序列書寫時以小圓點分開個別的部分。例如：名稱 *1.3.6.1.2* 表示標籤爲 mgmt 的節點，Internet management 的子樹。MIB 在 mgmt 子樹上指定一個標籤爲 *mib* 數值爲 1 的節點。由於所有的 MIB 變數都在此節點之下，因此它們的名稱都以 *1.3.6.1.2.1* 開頭。

先前我們說過 MIB 變數分爲許多類別。現在可以解釋類別的確切涵義：類別是物件識別碼中 *mib* 節點下的子樹。圖 27.5 表示 *mib* 節點下的部分命名子樹。

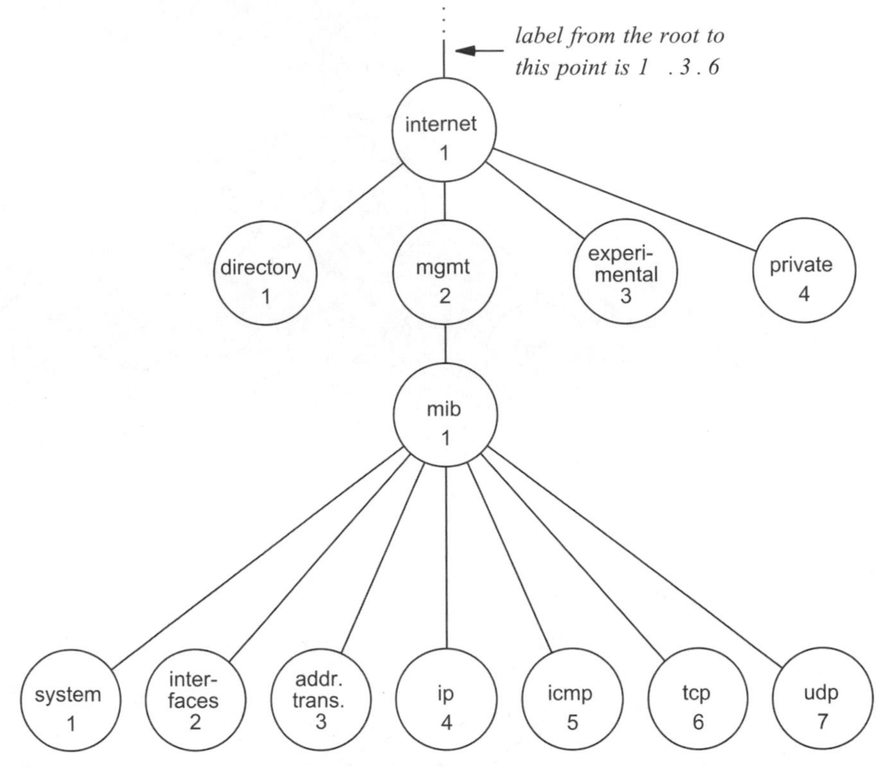

圖27.5 部分在IAB *mib*節點下的物件識別名稱空間。每個子樹對應於MIB變數的一個類別。

舉兩個例子讓命名格式更清楚。圖27.5顯示標籤爲ip的類別數值爲4。因此，所有對應於IP的MIB變數名稱都有以*1.3.6.1.2.1.4*爲開頭的識別碼。如果寫成文字標籤表示法，則爲：

iso.org.dod.internet.mgmt.mib.ip

名稱空間中，稱爲*ipInReceives*的MIB變數指定爲數值識別碼3，因此名稱爲：

iso.org.dod.internet.mgmt.mib.ip.ipInReceives

其對應的數值表示法爲：

1.3.6.1.2.1.4.3

網路管理協定在訊息中使用MIB變數名稱時，每個名稱附加一個字尾。對於簡單的變數，字尾0代表該類型變數。所以，當它出現在送往路由器的訊息中，*ipInReceives*的數值表示法爲：

1.3.6.1.2.1.4.3.0

代表在路由器上*ipInReceives*的變數。我們無法猜測指定給變數的數值或字尾，而是要查閱已公告的標準，找出每個物件型態的數值。因此若有程式想做文字形式與下層數值間的對應，需藉著查閱對等關係表來完成其功能，而沒有封閉形式的運算公式來做轉換。

第二個是較複雜的例子，考慮MIB變數*ipAddrTable*，此變數包含每個網路介面的IP位址列表，它在名稱空間中是在*ip*下面的一個子樹，數值為20。因此對它的引用包含字首為：

iso.org.dod.internet.mgmt.mib.ip.ipAddrTable

其等效數值為：

1.3.6.1.2.1.4.20

用程式語言的觀點，可把IP位址看成是一維陣列，陣列的每個元素由包含5個資料項目的結構(紀錄)所組成：IP位址、與位址表中資料項目相對應介面的整數索引、IP子網路遮罩、IP廣播位址、路由器可重組最大datagram長度的整數。當然，不是所有路由器的記憶體中都有此種陣列，路由器可能需要用很多變數來存資料或透過指標來找到資料。然而MIB為此陣列提供一個名稱，彷彿此陣列存在，並允許每個路由器上的網路管理軟體將表格引用對應到內部變數。重點在於：

> MIB標準並未指定資料結構的細節。MIB定義提供一個制式而虛擬的介面讓管理者存取資料；代理人必須做MIB虛擬項目與其內部實現之間不同格式的轉換。

使用ASN.1方式，我們可以定義*ipAddrTable*：

```
ipAddrTable::=SEQUENCE OF IpAddrEntry
```

*SEQUENCE*與*OF*是定義ipAddrTable為*IpAddrEntry*的一維陣列的關鍵字。陣列的每個資料項目由5個欄位組成(假設*IpAddress*已被定義)。

```
IpAddrEntry ::= SEQUENCE {
    ipAdEntAddr
        IpAddress,
    ipAdEntIfIndex
        INTEGER,
    ipAdEntNetMask
        IpAddress,
    ipAdEntBcastAddr
        IpAddress,
    ipAdEntReasmMaxSize
        INTEGER (0..65535)
}
```

必須進一步定義來指定*ipAddrEntry*的數值與在*IpAddrEnttry*序列中每個資料項目的數值。例如：定義

```
ipAddrEntry {ipAddrTable 1}
```

即定義*ipAddrEntry*在*ipAddrTable*之下，且其值爲1。同理，定義

ipAddrNetMask {ipAddrEntry 3}

即指定*ipAdEntNetMask*在*ipAddrEntry*之下，且其值爲*3*。

我們說*ipAddrTable*像一維陣列，然而，程式工程師使用陣列的方式與網路管理軟體使用MIB表格的方式有很大的不同。程式工程師認爲陣列是由一群元素構成的集合，用索引來選擇指定元素。例如：程式工程師可以用*xyz[3]*來選擇陣列*xyz*中的第三個元素。ASN.1語法不使用整數索引，MIB表將名稱加上字尾以選擇表格內的特定項目。IP位址表的例子中，標準規定使用字尾選擇包含IP位址的資料項目。語法上，IP位址(採用十進位表示)連在物件名稱之後可形成引用，因此，要指定IP位址表上對應於位址128.10.2.3的網路遮罩，可以使用名稱：

iso.org.dod.internet.mgmt.mib.ip.ipAddrTable.ipAddrEntry.ipAdEnNetMask.128.10.2.3

其數值形式爲：

1.3.6.1.2.1.4.20.1.3.128.10.2.3

雖然在名稱後面加上索引似乎很笨拙，但是它提供非常有用的工具，讓用戶端搜尋表格時可以不知道資料項目的號碼或索引的資料型態。下一節說明網路管理協定如何用此特點來逐次搜尋表中的各個元素。

27.9 MIB為IPv6所做的更改和添加

IPv6對MIB做了小幅度的更改。不使用目前對應於IP(例如，已經到達的所有IP datagram計數)的MIB變數，IETF決定爲IPv6設計新的變數，定義新的名稱，以前爲IP定義的MIB變數現在僅適用於IPv4。同樣，一個新的類別已經爲ICMPv6建立。

爲IPv6設計新的MIB結構的部分動機不僅僅只是位址大小的改變。IPv6還會更改位址分配的方式。尤其是，IPv6允許將多個IP前綴同時分配給某介面。因此，IPv6 MIB必須以表格的方式建立結構(亦即陣列)以保存位址資訊。類似地，因爲IPv6使用Neighbor Discovery而不是ARP，IPv6表列出IP到MAC位址的綁定。圖27.6列出供IPv6使用的表格，並解釋每個表格的用途。

表格	目的
ipv6IfTable	關於IPv6介面的訊息
ipv6IfStatsTable	每個介面的流量統計訊息
ipv6AddrPrefixTable	每個介面的IPv6前綴
ipv6AddrTable	每個介面的IPv6位址
ipv6RouteTable	IPv6(單播)轉送表
ipv6NetToMediaTable	IPv6位址到實體位址

圖27.6　為IPv6引入的六個主要MIB表格和使用目的。

27.10 簡單網路管理協定(SNMP)

網路管理協定用來規範網路管理應用程式和網路管理代理(伺服器)。網路管理應用程式在管理者的電腦上執行，網路管理代理在網路管理裝置上執行。網路管理協定除了定義交換訊息的形式與意義和這些訊息中表示的數值與名稱之外，也定義了被管理路由器之間的管理關係，即提供管理者的身分認證。

讀者可能預期網路管理協定包含大量的指令，例如：一些早期協定允許管理者：「重新啟動系統」、「增減路由」、「禁用」或「啟用」某個特別網路介面、或「移除」緩衝位址結合。使用指令來建立管理協定的主要缺點是複雜性。協定要求每個資料項目運作都有單獨的指令。例如：刪除路由表內項目的指令與關閉介面的指令不同。因此協定必須不斷更新來容納新的資料項目。

SNMP為網路管理提供另一個有趣的方法，SNMP對所有操作採取「提取-儲存方式」(*fetch-store paradigm*)[6]，而不是定義大量指令。概念上，SNMP只包含兩種指令，允許管理者從資料項目中取出數值或將數值存入資料項目中。其他操作都定義為這兩個操作的邊際效應。例如：雖然SNMP沒有明確的重新啟動這個操作，但可以定義一個等效操作：宣告某個資料項目，表示到下一次重新啟動的時間，且允許管理者賦值給此資料項目(包含零)。

使用存取方法的主要優點是穩定、簡單、具有彈性。SNMP的定義始終不變所以穩定(即使在MIB中加入新的資料項目)，且將新的操作定義成存入這些項目的邊際效應。SNMP易於建構、瞭解、除錯的原因是避免了對每個指令考慮特別情況而減少複雜度。最後，SNMP是具有彈性的，因為它能容納大型骨幹網路的命令。

從管理者的觀點而言，SNMP是隱藏的。網路管理軟體的使用者介面可以將操作轉換為強制指令(例如reboot)。因此，管理者使用SNMP與使用其他網路管理協定沒有明顯區別。事實上，廠商已經提供具有圖形使用者介面的網路管理軟體，此種軟體顯示網路連接的圖形，且使用滑鼠游標形式的互動型態。

實際上，SNMP提供的不僅僅是提取和儲存命令。圖27.7表列八個命令。在實踐中，只有部分是必要的。*get-request*、*get-response*、*set-request*提供了三種基本的存取命令。例如，*get-request*和*set-request*兩個命令提供基本的提取和儲存操作。設備接收訊息並執行命令，之後設備發送回應。一個*get-request*或*set-request*訊息可以指定對多個MIB變數操作。SNMP指定操作必須原生的(atomic)，這意味著代理必須具有執行訊息中的所有操作或不執行任何操作。特別是，如果*set-request*請求指定多個分配，當中若有任何項目出錯，則不進行分配。

6　熟悉硬體架構的讀者將會觀察到，在典型計算機上的I/O匯流排將所有操作轉換為讀取－儲存操作。

命令	意義
get-request	由特定變數取得值
get-next-request	不需知道正確名稱即取得值
get-bulk-request	取得大量資料(如表格)
response	對上述請求的回應
set-request	將值存入特定變數
inform-request	指向第三部份資料(如proxy)
snmpv2-trap	由一個事件觸發回應

圖27.7 SNMP操作集合。get-next-request允許管理者迭代查詢整個項目表。

SNMP遵循請求－響應(request-response)原則，其中管理者發出命令，被管理的設備發出響應。事實上，SNMP允許一個例外：管理者可以將設備配置為異步發送*snmpv2-trapvmp4v*訊息。例如，當連接的網路有任何一個不可達時(亦即介面當機)，可以將SNMP伺服器配置為向管理者發出*snmpv2-trap*訊息。類似地，每當有計數器超過預定的臨界值時，設備可以被配置為發送*snmpv2-trap*訊息。

27.10.1 使用名稱搜尋表格

回想一下，ASN.1並沒有提供陣列宣告或索引的機制。然而，可在各個元素識別碼的尾端附加尾碼。不幸的是，一個用戶端程序可能希望檢查表格中的項目，但無法識別所有的附加的尾碼。*get-next-request*操作允許管理者以迭代方式遍歷表格，不用知道表格中包含多少項目。規則很簡單。當發送*get-next-request*時，用戶端提供有效物件識別碼的首碼(prifix)，P。代理則檢查所有控制變數的物件識別碼，並為變數發出回應，這些變數在首碼P後按字母順序排列。也就是說，代理必須知道所有的ASN.1變數的名稱，並選取物件識別碼排序大於P的第一個變數。該機制允許管理者以迭代方式遍歷表格中的每筆資料，不必知道各個項目的識別碼。每個表格都有一個名稱。在表格中儲存項目時，SNMP會建立以表格名稱開頭的名稱作為首碼，並以物件的識別碼作為名稱的尾碼。為每個表設定名稱是重要的：名稱和變數沒有對應關係，但允許用戶端通過指定表格的名稱來形成get-next request擷取第二筆資料，等等。迭代繼續進行，直到設備返回的名稱和表格的首碼不相匹配(即，超出表格結尾的一筆資料)。

考慮一個搜尋的例子。回想*ipAddrTable* 使用IP位址識別表格資料。若用戶端不知道IP位址在哪個路由器的表格內，便不能構成完整的物件識別碼。但用戶端仍舊可以傳送下列字首使用*get-next-request* 操作搜尋表格：

iso.org.dod.internet.mgmt.mib.ip.ipAddrTable.ipAddrEntry.ipAdEntNetMask

其數值格式為：

1.3.6.1.2.1.4.20.1.3

伺服器傳回*ipAddrTable*中第一個資料項目的網路遮罩欄。用戶端使用由伺服器傳回的完整物件識別碼來要求表中的下一項目。

27.11 SNMP訊息格式

SNMP與大多數TCP/IP協定不同，SNMP訊息使用標準的ASN.1編碼而沒有固定欄位。因此SNMP訊息很難被人所解碼與理解。檢查ASN.1表示的SNMP訊息定義後，我們簡要地回顧ASN.1編碼方法，並且看一個編碼過的SNMP訊息的例子。

圖27.8表示ASN.1文法如何描述SNMP訊息。通常文法中每一項目是由一個後面接著該型態宣告的描述性名稱所組成，例如：

```
msgVersion INTEGER(0..2147483647)
```

宣告名稱為*msgVersion*是一個小於等於2147483647的非負整數。

```
SNMPv3Message ::=
    SEQUENCE {
        msgVersion INTEGER (0..2147483647),
        -- note: version number 3 is used for SNMPv3
        msgGlobalData HeaderData,
        msgSecurityParameters OCTET STRING,
        msgData ScopedPduData
    }
```

圖27.8　以ASN.1表示的SNMP訊息格式，文字前面有兩個短線的是註解。

如圖所示，每個SNMP訊息有四個主要部分：協定版本(*version*)、額外標頭資料(*header data*)、一組安全參數，與存放負載的資料區，每一項目的明確定義不同。例如：圖27.8說明HeaderData節的內容可以這樣被指定。

```
HeaderData ::= SEQUENCE {
    msgID INTEGER (0..2147483647),
        -- used to match responses with requests
    msgMaxSize INTEGER (484..2147483647),
        -- maximum size reply the sender can accept
    msgFlags OCTET STRING (SIZE(1)),
        -- Individual flag bits specify message characteristics
        -- bit 7 authorization used
        -- bit 6 privacy used
        -- bit 5 reportability (i.e., a response needed)
    msgSecurityModel INTEGER (1..2147483647)
        -- determines exact format of security parameters that follow
}
```

圖27.9　SNMP訊息中HeaderData區的定義。

SNMP訊息的資料區可分爲許多「協定資料單元」(*protocol data unit*，*PDU*)。每個PDU包含一個要求(由用戶端發出)或一個回應(由伺服器發出)。SNMPv3允許用普通文字或加密的方式來傳送PDU，因此文法定義了*CHOICE*。在程式語言術語中，此觀念稱爲「分辨的結合」(*discriminated union*)。

```
ScopedPduData ::= CHOICE {
    plaintext ScopedPDU,
    encryptedPDU OCTET STRING -- encrypted ScopedPDU value
}
```

加密過的PDU開頭是產生此PDU的引擎(*engine*)[7]的識別碼。引擎ID後面是文字名稱與被加密訊息的資料。

```
ScopedPDU ::= SEQUENCE {
    contextEngineID OCTET STRING,
    contextName OCTET STRING,
    data ANY                    -- e.g., a PDU as defined below
}
```

ScopedPDU的*contexName*定義資料項目的詳細內容，所以*data*欄位型態定義爲ANY。SNMPv3訊息處理模型(*SNMPv3 Message Processing Model*，*v3MP*)描述資料必須包含圖27.10中的SNMP PDU。

```
PDU ::=
    CHOICE {
        get-request
            GetRequest-PDU,
        get-next-request
            GetNextRequest-PDU,
        get-bulk-request
            GetBulkRequest-PDU,
        response
            Response-PDU,
        set-request
            SetRequest-PDU,
        inform-request
            InformRequest-PDU,
        snmpV2-trap
            SNMPv2-Trap-PDU,
        report
            Report-PDU,
    }
```

圖27.10 SNMP PDU的ASN.1定義。每個請求型態的語法必須進一步描述。

7 SNMPv3與應用程式（使用SNMP提供的服務）與引擎不同（傳送請求與接收回應的底層軟體）。

定義規範每個PDU的類型屬於8種型態的其中一種。要定義一個SNMP的完整訊息，需進一步描述8種型態的個別語法。例如：圖27.11說明*get-request*的定義。

```
GetRequest-PDU ::= [0]
   IMPLICIT SEQUENCE {
      request-id
         Integer32,
      error-status
         INTEGER (0..18),
      error-index
         INTEGER (0..max-bindings),
      variable-bindings
         VarBindList
}
```

圖27.11　*get-requeset*的ASN.1語法。正式使用上，此訊息被定義為*GetRequest-PDU*。

標準詳細的定義描述其他未定義項目。*error-status*與*error-index*都是一位元組的整數(在請求中值爲零)。錯誤發生時，會由回應傳回這些值並描述導致錯誤的原因。最後，*VarBindList*包含用戶要尋找值的物件識別碼。ASN.1描述*VarBindList*是一個序列對(兩項目)，包括物件名稱與值。因此，最簡單的請求中，*VarBindList*的序列對是名稱與*null*。

27.12 SNMP訊息編碼實例

ASN.1編碼格式使用可變長度欄位來表示資料項目。通常每個欄位由規定的物件與位元組長度的標頭開始。例如：每個*SEQUENCE*都由一個包含30(16進位)的位元組開始；下一個位元組指定後續的位元組的數目(後續的位元組組成序列)。

圖27.12是一個SNMP訊息的例子，說明數值如何編碼成位元組。此訊息是指定資料項目sysDescr(物件識別碼是*1.3.6.1.2.1.1.1.0*)的*get-request*。由於此例子是完整的訊息，因此包括許多細節。此外，此訊息使用先前未討論的*msgSecurityParameters*格式的安全參數，它可以更正其他部分的內容。

如圖27.12所示，訊息由序列(*SEQUENCE*)開始，長度爲103個位元組[8]。第一項目是一位元組整數，指定協定版本(*version*)，3表示這是SNMPv3訊息。接下來的欄位定義訊息ID與傳送者接收的最大回應訊息大小。安全資訊在訊息標頭後面，包括訊息標頭與使用者名稱(*ComerBook*)。

*GetRequest-PDU*佔了訊息剩餘部份。序列標籤名*ScopedPDU*描述要如何解釋剩下訊息的上下文，位元*A0*表示*get-request*操作。*A0*的第五位元表示非主要資料格式，高位元表示位元的組譯有上下文特性(*context specific*)。也就是十六進位值*A0*用在SNMP訊息時是指定

8　SNMP常出現序列項目，因為SNMP使用SEQUENCE，而不是程式語言使用的陣列或結構。

GetRequest-PDU，而不是一般的保留值。在request位元組之後，length位元組規定請求元組長度爲26位元組。請求ID有2位元組，但每個*error-status*與*errorindex*都是一位元組。最後，序列對包含一個結合，一個物件識別碼與一個*null*值。除了前兩個數值標籤結合成一個位元組外，識別碼如預期的被編碼。

```
  30       67       02       01      03
SEQUENCE len=103 INTEGER len=1 vers=3

  30       0D       02       01      2A
SEQUENCE len=13 INTEGER len=1 msgID=42

  02       02       08       00
INTEGER  len=2 maxmsgsize=2048

  04       01       04
string   len=1 msgFlags=0x04 (bits mean noAuth, noPriv, reportable)

  02       01       03
INTEGER  len=1 used-based security

  04       25       30       23
string   len=37 SEQUENCE len=35 UsmSecurityParameters

  04       0C       00       00      00      63      00      00      00
string   len=12 msgAuthoritativeEngineID ...

  A1       C0       93       8E      23
engine is at IP address 192.147.142.35, port 161

  02       01       00
INTEGER  len=1 msgAuthoritativeEngineBoots=0

  02       01       00
INTEGER  len=1 msgAuthoritativeEngineTime=0

  04       09       43       6F      6D      65      72      42      6F
string   len=9     -----msgUserName value is "ComerBook"-------------
  6F       6B
-------------

  04       00
string   len=0 msgAuthenticationParameters (none)

  04       00
string   len=0 msgPrivacyParameters (none)
```

```
   30       2C
SEQUENCE len=44 ScopedPDU

   04       0C        00        00       00       63       00       00
string   len=12    -------------------contextEngineID-------
   00       A1 c0 93 8E 23
   -----------------------------------------

   04       00
string   len=0 contextName = "" (default)

CONTEXT [0] IMPLICIT SEQUENCE

   A0       1A
getreq.  len=26

   02       02       4D       C6
INTEGER  len=2 request-id = 19910

   02       01       00
INTEGER  len=1 error-status = noError(0)

   02       01       00
INTEGER  len=1 error-index=0

   30       0E
SEQUENCE len=14 VarBindList

   30       0C
SEQUENCE len=12 VarBind

   06       08
OBJECT IDENTIFIER name len=8

   2B       06       01       02       01       01       01       00
   1.3  .   6    .   1    .   2    .   1    .   1    .   1    .   0(sysDescr.0)

   05       00
  null    len=0 (no value specified)
```

圖27.12　資料項目sysDesr的get-request編碼形式。每個位元組以16進位表示，其意義顯示於下面。相關的位元組在同一行，他們在訊息中是相鄰的。

27.13 SNMPv3的安全性

SNMP第三版遵循並擴充先前版本的基本架構，主要改變在安全與認證部分。其目標有兩個。第一，SNMPv3擁有一般與具彈性的安全策略，讓管理者與被管裝置在互動時遵守組織規定的安全策略。第二，系統設計讓安全認證更容易。

要達成一般性與彈性，SNMPv3包含許多安全功能，並允許每個功能獨立設定。例如：v3支援「訊息認證」(*message authentication*) 以確保指令由正確的管理者發出，「隱私性」(*privacy*)確保管理者與被管裝置間傳送的訊息沒有其他人可讀取，「授權」(*authorization*)與「視覺存取控制」(*view-based access control*) 確保只有授權過的管理者才能存取某資料項目。爲了讓安全系統容易設定或改變，v3允許「遠端設定」(*remote configuration*)，讓管理者可以遠端改變安全項目的設定。

27.14 總結

網路管理協定允許管理者監視與控制路由器與主機。執行在管理者工作站的網路管理用戶端程式可以連接一台或多台伺服器，伺服器也稱爲代理人，而代理人執行在被控制的電腦上。因爲互連網路包含了多種異質的機器與網路，所以TCP/IP管理軟體當成應用程式執行，並使用互連網路傳輸協定(例如：UDP)作爲用戶端與伺服器間的通訊協定。

標準的TCP/IP網路管理協定是簡單網路管理協定。SNMP定義了低階管理協定並提供兩個基本操作：從一個變數中取值或將值存入變數中。在SNMP裡，所有操作都是存取變數的邊際效應。SNMP定義在管理者電腦與被管理者實體間游走的訊息格式。

一個伴隨SNMP的標準定義了被管理者的實體保存的變數集合，即管理資料庫(MIB)。MIB變數以ASN.1描述，ASN.1是一種格式語言，它提供了簡潔的編碼形式以及爲名稱與物件編碼的一種精密的、人類可讀的表示法。ASN.1使用階層性的名稱空間，保證MIB名稱是整體唯一的，同時也允許子群組指定部分名稱空間。

習題

27.1 從網路分析儀截取SNMP封包並對各欄位進行解碼。

27.2 閱讀標準，找出ASN.1如何將物件識別碼前兩個數值編碼進單一位元組中。爲何要這樣做？

27.3 閱讀並比較SNMPv2與SNMPv3標準。何種情況下適用v2的安全特徵？何種情況不適合？

27.4 假設MIB設計者需定義與二爲陣列對應的變數，ASN.1符號應如何存取這樣的變數？

27.5 對於MIB變數而言，定義唯一的ASN.1名稱有何優點與缺點？

27.6 參考標準並將圖27.11所有項目對應其定義。

27.7 若你有SNMP用戶端程式碼，試著用它在本地路由器上讀取MIB變數。允許任意管理者讀取所有路由器的變數有何優點？

27.8 閱讀MIB規格，找出與IP路由表對應的*ipRoutingTable*變數。設計一個程式可以使用SNMP與多個路由器相連接，並看在路由表中是否有資料項目引起的轉送迴圈。此程式應該產生什麼ASN.1名稱？

27.9 考慮SNMP代理人的實現方式。MIB變數在記憶體中的管理與SNMP描述方法一致是否合理？

27.10 將SNMP中的S視爲simple算是誤稱，因爲SNMP其實並不“simple”。

27.11 讓SNMP管理所有裝置是否合理？爲何或爲何不合理？(提示：考慮一個簡單硬體裝置，如撥接數據機)。

章節目錄

28

軟體定義網路(SDN, OpenFlow)

28.1 引言

前面的章節描述了IP所提供用於全球互聯網的基本通訊規範：盡力而爲的封包傳遞服務。通訊系統由路由器所組成，路由器使用datagram中的目的地位址來決定如何將datagram轉送到目的地。

本章考慮另類替代方案：可以由網路管理者根據各種準則預先設定路徑來引導交通的通訊系統。本章介紹新方法的動機和一些潛在的應用。然後探討現有硬體的使用方式，並檢視一種網管人員可以用來指定特定路徑的技術。我們將看到這裡提出的方法不完是全新的，結合了前幾章的許多想法，包括MPLS(第16章)、封包分類(第17章)、Ethernet交換(第2章)和網路虛擬化(第19章)。

28.2 路由、路徑和連接

基本的IP轉送準則可以看成是一種平等主義(*egalitarian*)，在這個意義上從特定來源到特定目的地的所有流量均遵循相同的路徑。此外，一旦任何datagram到達路由器，轉送路徑就只憑藉datagram中的目的地而定，和datagram的來源位址無關。也就是說，在路由器轉送表中的資料項目就只有目的地這個單一資訊。

如之前討論過的，已經建立了幾種變型。例如，第15章介紹的隧道概念。第16章討論的MPLS，讓邊緣路由器來爲每個封包選取轉送路徑。我們會瞭解如何將datagram封裝在MPLS標頭中，以及中間路由器如何使用封裝標頭中的訊息做轉送決定，而不只是根據datagram的目的位址來決定路由。

28.3 流量工程與路徑選擇控制

回想第16章，MPLS的一個主要動機來自於網路操作者對交通工程(*traffic engineering*)的期望。也就是說，不再只是根據目的地沿著單一路徑發送所有通訊流量，網管人員要的是基於多種因素來選擇路徑，包括交通流量類型、datagram的優先等級、發送端支付的款項或其他經濟因素。本質上，交通工程已從路由協定做出路徑決定的系統轉移到由網管人員控制路徑的系統。網管人員可以指定如何將每個單獨的datagram映射到適當的預先定義的MPLS路徑。要注意的是，中間路由器爲datagram選擇的MPLS路徑不一定是最短路徑。更重要的是，MPLS網路通常保證來自某類型流量的所有datagram能被映射到相同的MPLS路徑。重點：

> 流量工程技術已不再是由路由協定爲所有datagram尋找最短路徑來主導，現行技術的重點是由網管人員控制每個個體流量的路徑。

28.4 連接導向的網路和路由覆蓋

已經在通訊系統中使用兩種廣泛的方法提供各別資料流的控制：

- 使用物件導向的網路基礎架構
- 在封包交換基礎設施上強加路由覆蓋

連接導向的網路(*Connection-Oriented Networks*)。連接導向的網路爲每個資料流建立一個獨立的的轉送路徑。目前已有數種連接導向的網路技術(例如，X.25和ATM)。雖然細節不同，每種技術遵循相同的通用方法：在應用程式可以發送資料之前，應用程式必須先建立連接。網路可以爲每個連接選擇一個特定的路徑。在使用連接完成通訊之後，應用程式請求終止連接。

因爲每次使用都需要一個新的端點到端點的連接，連接導向的網路讓網管人員能控制路徑選擇和轉送。通常，網管人員在網路中對每個交換機配置一組策略。連接設置要求每個沿路交換機都同意連接。當連接請求到達交換機時，交換機參考策略以確定是否該滿足請求以及滿足請求的方式。

路由覆蓋技術(*Routing Overlay Technologies*)。路由覆蓋由一個轉送系統所組成。一個虛擬網路拓樸必須強加在轉送系統上，然後在虛擬拓樸中的節點間使用現有的互聯網技術來轉送封包。實質上，路由覆蓋技術經由建立一組隧道來完成。從路由協定的角度來看，每個隧道就如路由器之間點對點網路連接一般。因此，路由協定僅需要跨隧道來尋找路徑，這意味著轉送將被限制在虛擬拓樸內。

第19章討論覆蓋網路，其他章節提供相關的具體實例。第18章討論了移動IP如何使用隧道技術傳送datagram給暫時離開原駐點(home)的移動裝置，第16章描述在標籤交換技術中使用覆蓋，如MPLS。

連接導向的網路和覆蓋技術都有其優點和缺點。連接導向的網路可以在硬體中實現，這意味著它可以使用基於高速硬體的分類和標籤交換機制。因此，連接導向的網路可以擴展到具有更高資料傳輸率的網路。覆蓋網路則是由軟體建立的，因此，覆蓋是靈活的，並且容易改變。此外，如果站點通過全球互聯網連接，任意覆蓋拓樸可以快速施加或改變。更重要的是，可以同時施加一組拓樸，允許將流量分離到多個虛擬網路。

除了需要處理額外的負擔，覆蓋可能導致低效的路由。要理解爲什麼，觀察覆蓋抽象機制，隱藏了架構和底層網路的成本。例如，假設公司在六個站台之間配置覆蓋層隧道，每個隧道在站台之間穿過全球互聯網。公司可以使用互聯網成本的估計來配置人工路由，引導流量沿著規劃的路徑流動。但是，「互聯網路由系統」(Internet routing system)和「覆蓋路由系統」(overlay routing system)兩者獨立運作。如果底層網路的路由成本增加，覆蓋系統將不會知道改變。所以，覆蓋轉送將繼續遵循原始路徑。重點：

> 雖然連接導向的網路和覆蓋路由技術都可以讓網管人員控制流量，每種方法都具有一些缺點。

28.5 SDN：新的混合方法

問題：是否可以將連接導向的網路技術和路由覆蓋技術做結合，以克服個別的弱點，並享有受兩種方法的優勢？對於某些特殊情況，答案是肯定的。技術組合，被稱爲軟體定義網路(*SDN*：*Software Defined Networking*)，使用以下觀點：

- 避免在軟體中執行分類產生的負擔，使用高速硬體來分類。
- 避免用軟體執行封包轉送所導致的瓶頸，使用高速硬體轉送。
- 爲了給管理者可靠性和行使交通工程，避免使用路由協定爲所有交通設置路由，而是允許管理者指定如何處理每個類型的交通。
- 要擴展到Internet的大小，應由管理應用程式來配置和控製網路設備，不用人工介入。

接下來的部分將逐一探討每個基本思維，然後描述一種將上述觀念結合的特定技術。

28.6 資訊和控制分離

在概念上，諸如路由器或交換機的網路設備可以被劃爲兩個部分：(1)允許管理者配置和控制設備的機制；(2)處理封包的機制。爲了強調二分法，我們使用控制面(*control plane*)和資料面(*data plane*)來描述系統。資料面掌控所有封包的處理和轉送。控制面提供管理介面。圖28.1說明此劃分概念。

如圖所示，封包到達和離開的連接比用於控制管理的連接有更高的容量。我們使用術語「資料路徑」(data path)代表具有高容量的封包路徑，「控制路徑」(control path)代表用於控制設備具有較低容量的封包路徑。

但是，當供應商製造網路設備時，通常關注在功能整合，其中設備的控制面和資料面緊密結合。設備導出管理介面，允許管理者控制具體功能。例如，供應商在VLAN交換機上的介面允許管理者指定一組VLAN，並將VLAN與交換機的埠口相關聯。類似地，路由器供應商所設計的介面允許管理者填寫轉送表項目。但是，管理者無法配置特定分類規則或控制如何處理各別封包。

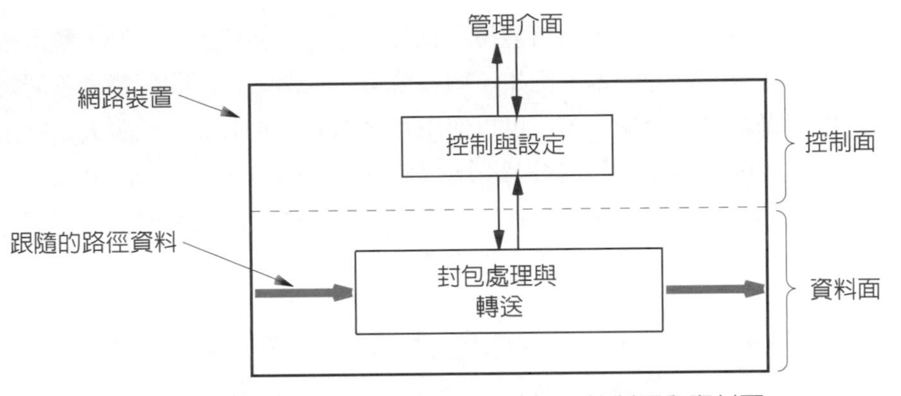

圖 28.1　網路設備分為兩個部分的示意圖：控制面和資料面。

要實現混合解決方案，我們必須找到一種方法來分離資料面和控制面。也就是說，我們需要一種方法來用客製化版本替換供應商的控制面系統。新的控制系統必須能夠直接存取資料面硬體，並且必須能夠配置封包的處理和轉送。圖28.2說明了這一概念：將新的控制系統添加到網路設備。

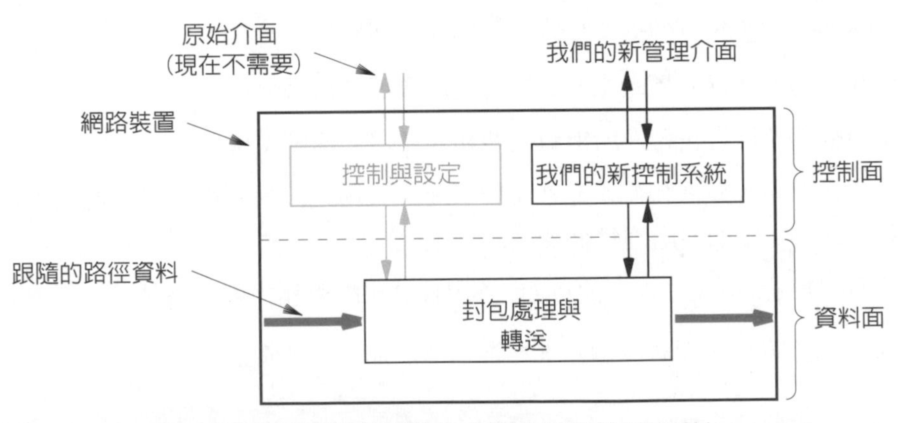

圖 28.2　具有新控制系統的設備替換供應商的系統。

理論上，可以在網路設備中安裝新的控制系統且不用添加更多硬體。要理解爲什麼觀察大多數控制系統都是以軟體實現：嵌入式處理器執行在ROM中的控制器程式。因此，可以透過將新的軟體上傳到ROM中來改變控制系統。實際上，替換供應商的控制軟體是不穩固的，有兩個原因。首先，SDN技術依賴於傳統的配置和轉送。第二，因爲許多任務控制軟體的執行，這部份和特定的底層硬體相關，控制面必須專用於每個硬體設備。重點：

> 雖然SDN技術需要網路設備具有新的控制面功能，但要完全取代供應商的控制軟體是不切實際的。

28.7 SDN架構和外部控制器

SDN採用的方法將控制軟體與底層網路設備分離。不必完全重寫供應商的控制軟體，SDN使用增強的方法：SDN軟體在外部系統中執行，只需在設備中添加一個小模組，就可讓外部SDN系統配置底層硬體。外部系統，通常是一般的PC，稱爲控制器(*controller*)。圖28.3說明此架構。

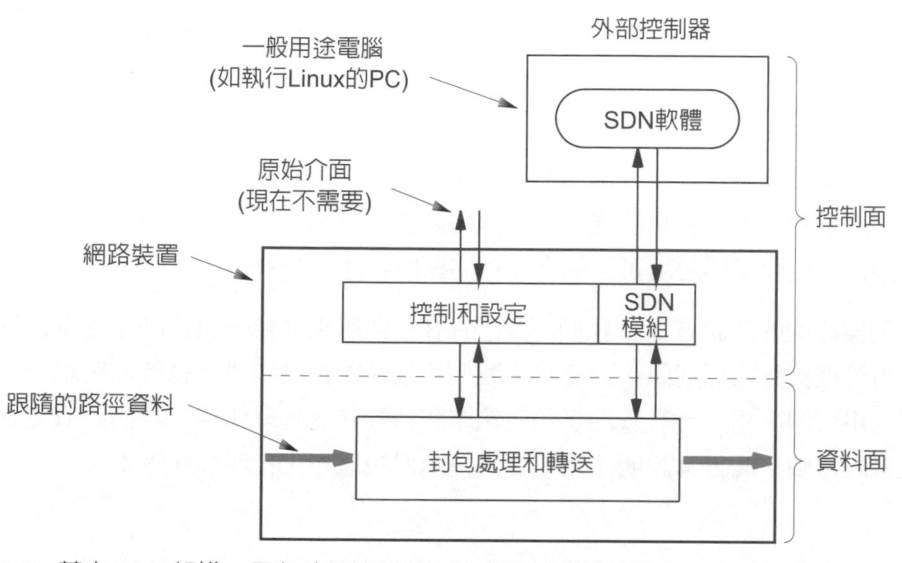

圖28.3　基本SDN架構：具有外部控制器組態分類，網路設備中具有轉送專用的硬體。

如圖所示，添加外部控制器可擴展外部設備的控制面功能。必須將新的SDN模組(*SDN module*)添加到設備的控制面，以允許外部控制器設定資料面。圖中以小方塊顯示SDN模組，因爲模組程式碼並無智慧性功能，也不提供傳統的管理介面。SDN模組只從外部控制器接受低階命令，然號傳遞每個命令到資料面處理單元。重點是SDN模塊是精簡的。它比典型的控制面機制具有更簡化的複雜性和功能性。

通過將複雜的控制面功能移動到外部控制器，SDN方法給管理者更多的控制。網管人員可以配置任何的分類和SDN軟體允許的轉送規則，即使它們與供應商軟體允許的VLAN或IP子網規則不同。我們會看到一個管理者可以選擇如何分類和轉送每個各別的封包。SDN使用在網路設備中的資料分類和轉送硬體，但忽略了控制面。重點：

> SDN方法透過將控制功能移動到外部控制器中執行，將控制面處理與資料面分離。因爲SDN發出配置資料面的低層級命令面，外部控制器比供應商的控制面軟體可以爲管理者提供更多的控制功能。

28.8 SDN跨多個設備

上面的描述聚焦在解釋SDN技術如何用來設定和控制單個網路設備。為提供有實用意義的互聯網功能，該技術必須擴展到多個網路設備(例如，校園內聯網或ISP的網路中的所有設備)。重要的想法是我們想要將所有的控制器連接到一個網路，這將使得在控制器上運行的管理應用軟體能夠進行通訊並跨越整體設備進行協調。

一個總體架構涉及兩個基本問題：需要多少個控制器？這些控制器是如何相互聯繫？正如人們可能想像的，所需的外部控制器數量取決於被控制的網路設備類型和所使用的SDN軟體。如果網路設備規模不大(例如，調變解調器)而用作控制器的計算機功能強大，那麼單一個控制器就可以處理許多設備。然而，如果給定的設備要求控制系統處理許多例外或頻繁更改配置，控制器可能就只能處理一個網路裝置。現在，我們假設每個網路設備都有一個專用的控制器；後面章節討論可以處理多個的擴展設備的控制器。

在控制器之間的通訊方面，我們將設想存在一個用來連接一組控制器的單獨管理網路。控制器使用管理網路相互通訊，這意味著我們可以建立在控制器上執行並跨越整套設備做協調的管理應用軟體。為了允許管理者設定策略和執行其他管理任務，我們將假定管理網路還包括管理者的電腦。圖28.4說明了用來互連控制器的理想化管理網路版本。

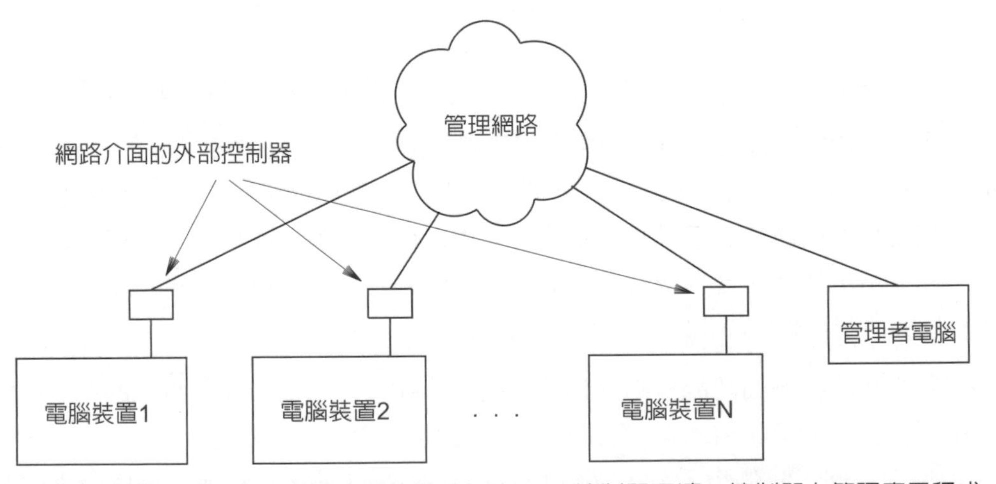

圖28.4 在各別獨立管理網路環境下理想化的SDN控制器互連。控制器上管理應用程式使用管理網路來相互協調。

因為只顯示一個管理網路，圖中省略了一個重要的部分架構：被控制的資料網路。沒有看到任何資料網路，可能很難理解為什麼控制器需要連接。答案是被控制的網路設備共享資料網路。例如，假如設備1和設備2都是具有直接資料連接的VLAN交換機。進一步假設這兩個交換機位於一所大學裡的實驗室並連接一組電腦。如果管理者為實驗室配置VLAN，則VLAN必須跨越兩個交換機，且配置必須協調。當使用SDN方法時，在兩個控制器中執行的管理應用程式必須協調；要這麼做，管理應用程式必須透過管理網路通訊。

28.9 使用一般交換器實現SDN

也許SDN技術最有趣的部分來自於將管理網路和資料網路做整合。SDN採用與SNMP相同的方法：管理流量與資料流量使用相同的網路傳播[1]。也就是說，所使用的不是一個實體上分離的網路，管理系統使用正在進行管理的網路。

要理解SDN準則，考慮一個Ethernet交換機和SDN控制器之間的實體連接。不使用專門的硬體介面，控制器可以連接到交換機上標準的Ethernet埠口。當然，交換機必須配置爲只接受經過授權控制器發出的指令，防止交換機從任意電腦接受SDN命令。圖28.5表示出了最簡單的可能佈置：控制器和交換機間的直接連接。

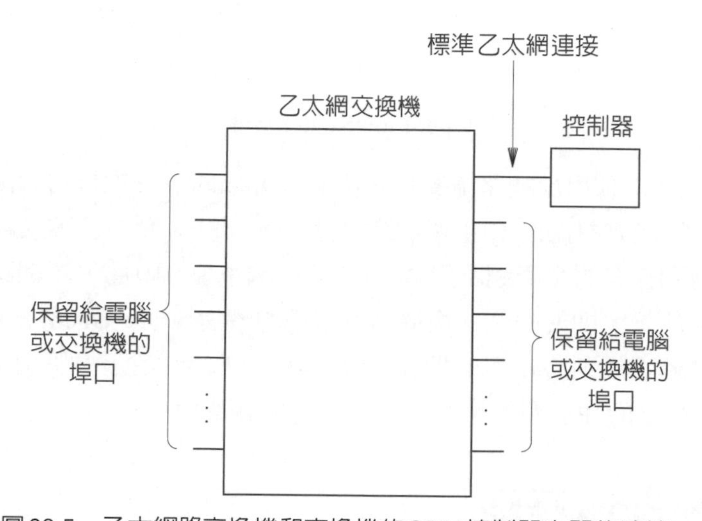

圖28.5　乙太網路交換機和交換機的SDN控制器之間的連接。

這個想法可以推廣。大多數內部網路包含多個交換機。如果我們想像一個傳統的內部網路，第2層和第3層交換機的轉送配置允許控制器連接到交換機，以便與其他交換機通訊。例如，每個交換機將分配一個IP位址並配置轉送，讓電腦可以向任何交換機發送IP datagram。SDN假定這樣的配置已經在SDN軟體執行控制之前就已完成。因此，控制器可以使用IP來到達任何網路設備。本質上，圖28.4中的管理網路是覆蓋在傳統內聯網上的虛擬網路，而不是單獨的實體網路。與SNMP一同使用時，管理者和管理應用程式使用SDN時必須小心，防止覆蓋連接——不正確的轉送規則變更，可能會使控制器無法與一個或多個交換機通訊。

28.10 OpenFlow技術

出現幾個問題。交換機該提供給外部SDN控制器什麼樣的配置和控制能力？向交換機發送SDN請求時，控制器應該使用什麼格式？交換機如何區分意圖用於交換機本身的SDN請求和控制器正在發送的其他封包(例如，發送到其他控制器的封包)？簡而言之，控制器和交換機之間究竟應該使用什麼協定？

1　第27章涵蓋了SNMP，並解釋了管理流量如何在資料網路上執行管理。

問題的答案在於稱爲*OpenFlow*[2]的協定。原創於斯坦福大學作爲研究人員實驗新的網路協定，OpenFlow已經獲得了更廣泛的接受。許多交換機供應商都同意在交換機內添加OpenFlow功能。目前，更大規模的OpenFlow應用正在部署中。

因爲大多數交換機中的控制面都有個作業系統在執行，OpenFlow模組可以方便地添加到交換機中。OpenFlow模組操作和SDN模組完全相同，如圖28.3[3]所示——大多數的智慧功能位於外部控制器，並且交換機中的模組僅作爲中介，將來自外部控制器的訊息轉換爲傳遞到資料面硬體的命令。

我們使用術語OpenFlow交換機(*OpenFlow switch*)來表示那些接受OpenFlow協定的交換機。OpenFlow不是IETF標準。*OpenFlow*交換機的規範，也就是OpenFlow的中央標準文件是由*OpenFlow*聯盟所維護：

OpenFlowSwitch.org

OpenFlow提供了一種用於網路虛擬化的技術。OpenFlow交換機可以配置爲處理專門的網路流量(包括非標準實驗協定)和生產網路流量。OpenFlow允許多種交通流量類型共存而無干擾。我們將看到存在的生產網路對OpenFlow至關重要，因爲生產網路允許控制器與交換機通訊。更重要的是，即使一個交換機具有常規的轉送規則，OpenFlow可以建立異常。例如，如果正常的轉送規則將IP目的地X的流量發送到給定交換機的埠口，OpenFlow允許網管人員指定來自於Y的IP流量X應轉送到另一個交換機埠口。

28.11 OpenFlow基礎

有兩個版本的OpenFlow協定。2008年寫的白皮書描述了基本的思維，並指定基本的OpenFlow交換機如何運作。在1.1版本中發布的OpenFlow規範，擴展了模型、完成協定細節並包括附加功能。我們對OpenFlow的討論起始於檢視整體概念；後面章節持續討論擴展模型和進階功能。在基本和進階版本中，OpenFlow指定了三個方面的技術：

- 控制器和交換機之間使用的通訊
- 可在交換機中配置和控制的項目
- 控制器和交換機用於通訊的訊息格式

通訊(Communication)。OpenFlow指定控制器和交換機使用TCP進行通訊。此外，OpenFlow指定通訊應該使用安全通訊管道。雖然允許TCP連接，但建議使用SSL(第29章中描述)以保證所有通訊的機密性。重要的是要記住OpenFlow不需要控制器和網路設備之間的直接實體連接。OpenFlow假設有一個穩定的生產網路可用，並且控制器將始終能夠使用生產網路與被控制網路設備進行通訊。在TCP上使用SSL，意味著單個控制器可以與多個網路設備通訊，即使控制器和每個設備沒有實體連接。

2 網站http://www.openflow.org/wk/index.php/OpenFlow_Tutorial包含一個教程，www.opennetworking.org有OpenFlow的標準文件。
3 圖28.3可在第5頁找到。

可配置的項目(Items That Can Be Configured)。OpenFlow指定TYPE 0的OpenFlow交換機(最小配置)具有實現分類[4]和轉送的*Flow Table*。Flow Table的分類部分保存一組型樣(patterns)用來和封包做匹配。在大多數交換機中，使用TCAM硬體作「型樣匹配」(pattern matching)，但OpenFlow允許供應商選擇實現方法。除了有用來比對的型樣之外，Flow Table中的每個項目都被假定包含一個動作(*action*)，指定如何處理與型樣匹配或在統計上與此項目相關的封包。統計訊息包括與項目資料匹配的封包計數、與項目資料匹配的封包內octet數目以及指定項目最後一次匹配的時間戳記。統計資訊可以由OpenFlow控制器存取，並用於決定交通工程。

訊息格式(Format Of Messages)。後面的部分描述OpenFlow1.1版本的訊息的格式；現在，只要知道規範對資料項目有定義完整格式和表示法就可以。例如，OpenFlow指定以大端順序(big endian order)發送整數。

28.12 OpenFlow模式中的特定欄位

回想一下第17章，分類機制指定了封包標頭中位元的組合。因此，可以指定任意標頭欄位的值。爲節省成本，一些交換機僅提供用於特定情況的分類硬體(例如，VLAN標記欄位和IP位址，但不是傳輸層標頭)。爲適應不提供任意型樣匹配的交換機，OpenFlow爲TYPE 0交換機定義了一組最小的要求。圖28.6列出了OpenFlow交換機必須能夠匹配的欄位。

欄 位	意 義
In Port	封包到達的交換機埠口
Ether src	48位元，乙太網路來源位址
Ether dst	48位元，乙太網路目的位址
Ether Type	16位元，乙太網路類型
VLAN ID	12位元，封包內的VLAN標籤
IPv4 src	32位元，IPv4來源位址
IPv4 dst	32位元，IPv4目標位址
IPv4 Proto	8位元，IPv4協定
TCP/UDP/SCTP src	16位元，TCP/UDP/SCTP來源埠口
TCP/UDP/SCTP dst	16位元TCP/UDP/SCTP目標埠口

圖28.6 TYPE 0 OpenFlow交換機可用於分類的封包標頭欄位。

讀者可能會驚訝地發現圖28.6中的許多欄位是和傳統協定欄位相關。也就是說，這些欄位允許OpenFlow匹配運行於IPv4和乙太網路的TCP流量。這組欄位是否也限制了某些實驗？是的：這些欄位意味著TYPE 0 OpenFlow交換機不能指定用於*ping*流量的特殊轉送，也不能區分ARP請求和回應。但是，TYPE 0 OpenFlow交換機甚至允許實驗者使用未分配的乙太網路類型或爲到達埠口的所有流量建立特殊的轉送。因此，很多實驗是可能的。

4 有關分類的討論，請參見第17章。

28.13 OpenFlow可以執行的操作

如圖28.7所示，一個Type 0 OpenFlow交換機定義了三個與分類型樣相關聯的基本動作。

操作	效用
1	將封包轉送到給定交換機埠口或指定的交換機埠口。
2	封裝封包，發送到外部控制器進行處理。
3	丟棄封包，不再進行任何處理。

圖28.7 TYPE 0 OpenFlow交換機在封包與某類別匹配時可採取的行動。

操作1是最常見的情況。當交換機啓動時，供應商的控制軟體使用轉送規則配置交換機，使得到達的每個封包能在交換機內執行轉送。因此，在大多數情況下，OenFlow只需要配置異常。轉送到一組交換機埠口的作法是爲了實現廣播和群播。

操作2旨在允許外部控制器處理未建立轉送機制的封包。例如，考慮如何使用OpenFlow建立個別資料流(per-flow)轉送。OpenFlow對所有TCP流量指定操作2作爲預設動作。當新的TCP連接的第一個封包到達時，交換機遵循操作2的動作，將封包封裝後，轉送到外部控制器。控制器可以爲TCP資料流選擇路徑，配置分類規則，然後將封包轉送到交換機做進一步處理(即，根據新的分類規則轉送)。所有後續封包都在TCP連接遵循新的分類規則。

操作3的目的在讓OpenFlow處理問題，如拒絕服務攻擊或來自某主機的過度廣播。當檢測到問題時，外部控制器可以識別來源並配置操作3，交換機對有問題來源的所有封包將予以丟棄。

除了實驗轉送，一個OpenFlow交換機也支持實際網路。問題出現：交換機如何處理實際網路產生的交通量？有兩種可能性：爲OpenFlow配置特殊VLAN而實際流量發生在其他VLAN，或OpenFlow引入第四個操作，爲實際流量套用特定轉送規則。OpenFlow允許任一種方法。

28.14 OpenFlow擴展和增加的功能

OpenFlow1.1版規範了基本模型的擴展，並增加了相當多的功能。增加的功能可以分爲五大類：

- 多資料流表(Multiple Flow Tables)，以pipeline(管線)方式安排。
- 可用於匹配的額外封包標頭欄位。
- 用於沿pipeline傳遞訊息的欄位。
- 提供重要功能的新操作。
- 一個命令組操作表，用來執行一組操作。

Pipeline of Flow Tables(資流表管線)。在版本1.1中，交換機的基本模型是改變。不使用單個Flow Table，OpenFlow交換機假定在管線中具有一個或多個Flow Table。匹配始終從pipeline中的第一個Flow Table開始。和前面一樣，對Flow Table中的每個entry指定一個動作。一個可能的動作是跳轉到第i個Flow Table，其中i是pipeline另一端。跳轉不能回頭，每個跳轉必須向前移動，這意味著永遠不會有迴圈發生。當封包到達時若沒有指定跳轉到其他Flow Table，交換機就會執行一個或多個操作，例如轉送封包。

附加的封包標頭欄位(Additional Packet Header Fields)。版本1.1包括新協定和對應的每個標頭欄位。MPLS是一個重要的新協定，意味著OpenFlow可以用來配置MPLS路徑。圖28.8列出了可用於分類的欄位(在規範中稱爲欄位匹配)。

欄位	意義
Ingress Port	封包到達的交換機埠口。
Metadata	64位元的metadata，用在pipeline。
Ether src	48位元，乙太網路來源位址。
Ether dst	48位元，乙太網路目的位址。
EtherType	16位元，乙太網路類型。
VLAN id	12位元，封包中的VLAN標籤。
VLAN priority	3位元，VLAN優先級數。
MPLS label	20位元，MPLS標籤。
MPLclass	3位元，MPLS流量類別。
IPv4 src	32位元，IPv4源位址。
IPv4 dst	32位元，IPv4目標位址。
IPv4 Proto	8位元，IPv4協定。
ARP opcode	8位元，ARP操作碼。
IPv4 tos	8位元，IPv4服務類型。
TCP/UDP/SCTP src	16位元，TCP/UDP/SCTP來源埠口。
TCP/UDP/SCTP dst	16位元，TCP/UDP/SCTP目標埠口。
ICMP type	8位元，ICMP類型。
ICMP CODE	8位元，ICMP代碼。

圖28.8　可用於OpenFlow V1.1版的欄位。

如圖所示，OpenFlow不是完全通用的，因爲它不允許對所有可能的標頭欄位進行匹配。更重要的是，OpenFlow並不總是允許控制器利用交換機底層的硬體。要了解爲什麼，在第17曾經章提到，許多交換機中的分類機制允許對任意位欄位做匹配。新版本OpenFlow應該也有此項優點才對；取代指定公認標頭欄位的作法，控制器可以將每個分類型樣指定爲三元組：

(bit_offset，length，pattern)

- **bit_offset**：指定封包中的任意位位置。
- **length**：指定從bit_offse開始的一段長度。
- **pattern**：用來對上述資料段進行匹配的型樣。

管線內通訊(Intra-pipeline Communication)。圖28.8中標記為*Metadata*的欄位不是封包的部分資料。Metadata欄位只用於pipeline內。例如，一階的pipeline可能計算下一站IPv4位址，以便和封包一起傳遞到pipeline的下一階段。OpenFlow未指定*Metadata*欄位的內容，pipeline必須適當排列，以便pipeline內連續的各階段都知道所傳遞訊息的內容和格式。

新操作(New Actions)。在版本1.1中，當匹配發生時不會立即執行操作。而是在*pipeline*中累積一組動作，當封包沿pipeline行進時執行。pipeline的每個階段都可以從集合中添加或刪除操作。當封包到達未指定跳轉到另一個階段的pipeline階段時(即，pipeline的最後階段)，OpenFlow執行所有累積的動作。OpenFlow要求操作中要包含輸出操作，指定封包的最終處理動作(例如，要轉送的輸出埠口)。

除了更改操作的執行方式，版本1.1定義了一組OpenFlow交換機必須支持的操作。另外，推薦一組長的列表，內容是可選擇性的的操作，但不是必要的。例如，規範中包括datagram標頭中的TTL操作。另一個動作允許Openflow轉送封包到交換機的協定堆疊。許多新的操作為的是支持MPLS。特別地，交換機可能需要接收輸入的IP datagram，將datagram封裝在MPLS夾層標頭(shim header)，將結果放入乙太網路訊框，並轉送封裝後的訊框。類似地，當MPLS封包到達時，交換機需要對datagram解封裝，使得datagram在沒有MPLS夾層標頭下可以被轉送。最後，因為版本1.1包括QoS佇列，已經定義了允許交換機將封包放置在特定佇列上的操作。

群組表(Group Table)。群組表增加了轉送範例的靈活性，和處理幾種情況。例如，群組表中的項目可以指定如何轉送封包，和多個分類規則可以將資料流定向到表中的項目。或者，群組表中的項目可以指定轉送到指定的任何交換機埠口。選擇方式取決於設備(例如，交換機計算標頭欄位的雜湊，並使用該值來選擇指定的埠口)。這個想法是一組交換機埠口可以連接到相同的下一站，就像單個高容量連接一樣。

每個群組表項包含四個項目：

- **Group Identifier**：32位元的唯一識別碼，用來識別群組。
- **Group Type**：群組類型。
- **Counter**：一組計數器，用來蒐集統計資料。
- **Action Buckets(操作桶)**：一組操作，每個Bucket都指定一個動作。

圖28.9列出了可能的群組類型。

快速故障切換類型提供了有限形式的有條件執行，其中控制器可以配置一組Action Bucket，每個Action Bucket指定轉送動作。Action Bucket與*liveness test*（活躍度測試）相關聯。例如，交換機可監視輸出埠口，並聲明如果載波丟失(例如，設備已拔下)，則埠口不再處於活動狀態。一旦特的Action Bucket不存在，快速故障切換選擇跳過此Action Bucket，並嘗試一個替代操作。這個想法是爲了避免延遲，這類延遲可能由每個失去活動狀態所引發，這將使交換機通知外部控制器，而外部控制器則必須重新配置轉送。

型態	意義
all	執行所有的Action Buckets(例如，掌控廣播)
select	執行一個Action Bucket(例如，使用雜湊或用於選擇的循環演算法)
indirect	執行定義於群組的唯一Action Bucket(設計允許多個Flow Table項目指向單個群組)
fast fail-over	執行first live Action Bucket(如果沒有Bucket處於活動狀態則刪除)

圖28.9　四種OpenFlow群組類型及其各自的含義。

28.15 OpenFlow訊息

OpenFlow訊息以十六個字節固定大小的標頭開始。圖28.10說明訊息格式

0	8	16	31
VERS	TYPE	TOTAL LENGTH	
TRANSACTION ID			

圖28.10　用於每個OpenFlow訊息的固定大小的標頭。

- **VERS欄位**：版本編號(例如，值0x02指定版本2)。
- **TYPE欄位**：指定後面的訊息的類型。OpenFlow定義了二十四種訊息類型。
- **TOTAL LENGTH欄位**：指定訊息的總長度，包括標頭，以字節爲單位
- **TRANSACTION ID欄位**：唯一值，允許控制器將回覆與請求相匹配。

在標頭外其餘訊息的格式由訊息的類型決定。雖然對所有訊息格式的檢視超出了我們概述的範圍，有幾種類別的訊息應該特別注意：controller-to-switch、asynchronous(交換機通知控制器何時發生事件)，和symmetric(例如，回應請求和響應)。讀者可參考OpenFlow規格，取得進一步資訊。

28.16 OpenFlow的使用

如何使用OpenFlow？ OpenFlow允許管理者根據封包標頭中的來源位址、目的地位址和類型來配置轉送。因此，很多配置是可能的。舉些例子說明各種可能性：

- 兩個主機之間使用實驗協定
- 跨越廣域網路的第2層VLAN
- 基於來源的IP轉送
- 兩個站點之間的隨選VPN連接

因爲OpenFlow可以在做出轉送決定時使用乙太網路類型欄位，轉送可以允許兩台主機交換使用非標準的乙太網路封包第3層協定。OpenFlow還可以識別分配給封包的VLAN ID，並且可以使用VLAN ID來建立跨越廣域網路一對交換機的VLAN。與傳統的乙太網路或IP轉送不同，OpenFlow可以檢查來源位址欄位，在選擇路徑時使用來源位址和目的位址組合的資訊。因此，從來源主機*A*和來源主機*B*到同一目的地的交通可沿不同的路徑發送。最後一個範例，考慮VPN隧道。因爲版本1.1允許封裝，當TCP連接的第一個封包出現時，OpenFlow可以建立一個VPN隧道。

該列表並不詳盡，因爲許多安排是可能的。但是，理解OpenFlow的關鍵不在於思考配置或轉送規則。重要的是OpenFlow允許實驗者建構各自的網路管理軟體來協調多個控制器。因此，OpenFlow可以用來使多個交換機以一致的方式操作。

28.17 OpenFlow：興奮、喧染和侷限性

研究界已經熱衷於OpenFlow的研究。許多大學研究人員一直渴望採用和嘗試OpenFlow。那些無法掌控交換機硬體的人員正在對軟體模擬器進行實驗。研究機構和學術研討會發表大量OpenFlow相關論文。新興公司正在成型。在一股激情中，也有許多人誇大其辭。一位研究人員自豪地宣布，OpenFlow將讓我們從供應商提供網路管理的鎖鏈中掙脫出來。

儘管有熱情的炒作，我們已經看到有許多OpenFlow設備不完全滿足SDN的要求，無法做到完全的功能配置。很多OpenFlow選擇儘可能小的設備，僅具有所需的功能和能力。接下來內容突顯幾個限制。

有限設備(Limited Devices)。OpenFlow無法讓管理者控制任意設備。雖然已經用於少數設備，如存取點，但OpenFlow的主要工作是針對交換機設計的。

僅限乙太網路(Ethernet Only)。正如我們已經看到的，OpenFlow版本1.1的規範專注於乙太網路訊框。特別地，OpenFlow針對乙太網路訊框標頭的欄位定義模式匹配，其他訊框則無相關定義。雖然乙太網路是普遍的，但若沒有Wi-Fi或數位電路，就稱不上是完整的全面性系統。

聚焦IPv4(IPv4 Focus)。最初，OpenFlow 1.1版本專注於IPv4並支持相關協定，如ARP和ICMP。規格後來擴展到包括IPv6及其相關協定(例如，Neighbor Discovery)。聚焦在IPv4，OpenFlow產生了令人驚訝的效應:鼓勵了大量研究。新興版本包括支持更多的協定，包括IPv6。

鑑於這些限制，許多網路供應商對OpenFlow提出審慎的評論。指出缺乏一般性限制了OpenFlow的適用性。然而，許多交換機供應商已經同意在其產品中添加OpenFlow模組。因此，圍繞OpenFlow的興奮度仍是很高的。

28.18　軟體定義無線電(SDR)

軟體定義網路中的基本思維：將資料面和控制面分離——也已經應用於無線網路。結果稱爲軟體定義無線電(*SDR*：*Software Defined Radio*)。SDR中的關鍵組件之一是靈活的無線電設備(亦即晶片)。不同於常規設計所關注的細節，譬如，所使用的頻率和連接設備的訊號調變，SDR無線電允許在無線電操作時指定相關細節。更重要的是，配置可以容易地改變，並且無線電可以同時處理多個頻率。因此，可以將無線電設備配置爲從一個頻率移動到另一個(跳頻)或同時使用兩個頻率。一對SDR無線電可以掃描一組頻率，找到一個未使用的頻率，並互相同意使用此頻率。

可配置無線電晶片的一個明顯的用途是：供應商可以在多個產品中使用相同的晶片，並根據需要很容易地配置其產品。SDR的主要優點是因爲無線電系統可以建立允許應用軟體動態配置的晶片。也就是說，在無線電設備上執行的應用軟體可以感測正在使用的頻率，然後相應地調整晶片。因此，兩個SDR設備可以找到最大化吞吐量和最小無線電干擾的通訊方式。

SDR技術的限制之一來自於天線的限制。在SDN中，配置只用來選擇封包的路徑，但SDR要處理第1層參數。當頻率改變時，發射或接收電磁波的天線也需要改變。實驗性的SDR設計已經使用各種技術，包括使用多個天線將頻率限制在特定範圍，每個天線覆蓋一組頻率，並以可用的新方式來使用天線，組合多個小天線實現一個大天線才有的功能。

28.19　總結

軟體定義網路將控制面的處理與資料面分離，並將控制處理移動到外部控制器(例如PC)。智慧位於外部控制器;網路中的精簡模組接受來自控制器的請求並配置設備的資料面。

主要的SDN技術被稱爲OpenFlow。OpenFlow，原始目的在允許研究人員實驗新的協定和網路管理應用程式，在乙太網路交換機的資料面中使用分類和轉送機制。原始白皮書描述了OpenFlow基本版本的功能：處理乙太網路、IPv4和TCP等。OpenFlow規範的1.1版擴展該模型，具有由Flow Table構成的pipeline，增加了許多新的動作與訊息，Group Table也允許多個輸出埠口並行運作，並且快速對故障做切換動作。雖然有研究領域的熱情參與，供應商指出：OpenFlow仍是有侷限性的。

習題

28.1 如果你的組織使用SDN技術，請找出原因。

28.2 由Flow Table構成的pipeline可以使用metadata和迭代搜索單一個表格來實現。顯示可以通過pipeline實現的任何封包處理也可以通過迭代搜索來處理。

28.3 仔細閱讀OpenFlow規範。你將如何使用OpenFlow建立一傳統IP轉送表？

28.4 假設有兩個研究人員，將電腦連接到OpenFlow交換機上以嘗試使用非標準的第3層協定。交換機支持實驗的可能配置方式爲何？有什麼優點和缺點？

28.5 參考OpenFlow網站上的教程，了解OpenFlow如何處理ARP。

28.6 仔細閱讀OpenFlow規範。可以在層次結構中安排一組控制器嗎？如果是，原因是什麼？如果不是，原因又是什麼？

28.7 群組組表項目中*indirect*類型的目的是什麼？

28.8 當封包沿著OpenFlow pipeline傳輸時，pipeline中的每個階段都可以記錄要對封包採取的一個或多個動作，或者可以移除一個或多個在前面階段指定的動作。找出一個有用的刪除操作範例。

28.9 OpenFlow包括一個LOCAL操作，將封包傳遞到交換機本地的協定堆疊。也有一個NORMAL操作，讓封包根據傳統的規則做轉送。如果傳統轉送包括傳遞到交換機的堆疊，爲什麼需要這兩個操作？

28.10 OpenFlow 1.1版本是否允許Flow Table項目檢查服務類型(TOS)位元？版本1.1是否允許設置TOS位元的操作？試說明之。

28.11 請參閱開放網路基金會網站：www.opennetworking.org找到最新版本的OpenFlow協定規範。列出最重要的已添加的新功能。

Memo

章節目錄

29

Internet安全與防火牆設計 (IPsec, SSL)

29.1 引言

安全在互連網路的環境下是既重要又困難的，它之所以重要是因爲資料有很大的價值－資料可以直接買進或賣出，或間接用來創造高利潤產品。安全在網路上困難的原因是因爲安全包含對使用者、電腦、服務和網路何時及如何信任彼此的深度瞭解，也包含對硬體和協定技術細節的瞭解。稍有缺陷即會危及整個網路的安全。更重要的是TCP/IP支援各種不同的使用者、服務以及網路，而且因爲網路可能會跨越很多政治及機構的邊界，因而參與的個人和機構在資料的處理上可能有不同程度的信任或策略。

本章討論兩種組成網路安全基礎的基本技術：邊界(perimeter)安全與加密(encryption)。邊界安全允許每個機構自行決定從外界所能獲得的服務與存取的網路，以及外界可以使用資源的範圍。而加密則處理安全性的其他層面。我們由複習一些基本觀念及術語開始。

29.2 保護資源

「網路安全」(*network security*)和「資訊安全」(*information security*)這兩個名詞廣泛而言是保證網路的資訊和服務不會被未經認可的使用者所取得。安全(security)這個詞意謂著安全性(safety)，包括確保資料的完整性，電腦資源不會被未經授權的使用者存取，沒有被窺探或竊聽的恐懼，以及沒有服務中斷的疑慮。當然，就像沒有絕對安全措施能夠防範犯罪一樣，沒有一種網路是絕對安全的。如同各種機構致力於保護其建築物與辦公室的安全性一般，電腦界也努力確保網路安全。基本的安全檢查可以使犯罪的困難度增加而降低犯罪。

要提供資訊的安全防護就必須保護有形和無形的資源。有形的資源包括被動的儲存裝置例如磁片與CD-ROM，以及主動的裝置例如使用者之電腦。在網路的環境中，實體安全可以包含組成網路基本構造的電纜、橋接器和路由器。雖然很少提到實體安全，但實體安全在所有安全的規劃中卻佔有很重要的地位。很明顯地，實體安全可以避免被竊聽，而較安全的實體結構也可以減少破壞行動(例如，使路由器失去作用，造成封包經由另一條較不安全的路徑)的侵入。

保護無形的資源(例如：資訊)比提供實體安全還困難，因爲資訊是難以捉摸的。資訊安全包含許多層面：

- **「資料完整性」(Data Integrity)**：安全系統必須保護資料免於未經許可的修改。
- **「資料可用性」(Data Availability)**：系統必須保證外界不能阻止合法資料的取得(任何外界人士都不能阻止使用者存取Web網站)。
- **「隱密性」或「機密性」(Privacy Or Confidentiality)**：資料在經過網路傳輸的過程可能會被複製，因此系統必須提供保護措施來防止非法的竊取，或者即使被複製，外界也無法解譯其內容。
- **「授權」(Authorization)**：雖然實體安全只是概略地將人們與資源分門別類(例如，非員工禁止使用某個特別的通道)，而資訊安全通常需要更多的限制(例如，員工紀錄中的某些部份只允許人事單位取得，有些部份只允許雇主取得，而某些部份允許會計單位取得)。
- **「認證」(Authentication)**：系統必須允許兩個溝通的實體互相驗證身份。
- **「避免重傳」(Replay Avoidance)**：爲了防止外界捕捉封包並使用，系統必須防止重傳的封包拷貝被接收。

29.3 資訊策略

在機構能夠執行網路安全之前必須要評估風險以及發展一個有關資料存取和保護的明確政策。這個政策必須說明誰可以取得全部的資料，個人在傳送資料給其他人時必須遵守的規則，以及機構如何處理違反規則的事件。資訊策略以人爲出發點。重點：

> 在任何安全計劃中，「人」通常是最具影響力的。惡意的、粗心莽撞的安全策略工作人員可能會危害到最好的安全措施。

29.4 Internet安全性

Internet安全很難實行，因爲datagram由發送端抵達目的地之前，中途通常會經過許多並非發送端或接收端所擁有或能夠控制的網路與路由器。在此種情形下，因爲datagram可能會被攔截或遭受破壞，內容就變得不太可靠了。例如，在伺服器想要使用「來源認證」(*source authentication*)來確認請求是由有效的用戶所發出時，來源認證需要伺服器檢查每個進入之datagram的發送端IP位址，並且只接受出現在授權表中電腦所發出的請求。來源認證不夠完善，因爲它很容易就會被破解。尤其是中途的路由器可以監看送入與流出伺服器的資料流，因此可以記錄有效用戶的IP位址，然後就能夠捏造一個具有相同發送端位址的請求(並攔截回應)。重點：

> 一種使用遠端機器IP位址來做身份確認的認證機制在不安全的網路中並不可靠。只要冒充者取得中介路由器的控制權，他便能扮演通過授權的用戶來存取資料。

較安全的認證機制需要「加密」(*encryption*)。只要仔細選擇加密演算法，就幾乎可以把訊息被中介機器解碼或捏造的機率降到微乎其微。

29.5 IP安全性(IPsec)

IETF 發展了一組提供Internet通訊安全的協定，稱爲*IPsec* (*IP security*之縮寫)，主要提供IP層的認證與隱私，而且可以用於IPv4以及IPv6。更重要的是，IETF 並未完全指定IPsec之功能或演算法，而是讓系統兼具彈性與擴充性。例如，使用IPsec的應用可以選擇是否使用認證措施來驗證發送者或者使用加密措施來確保資料的機密性；這種選擇性可以是非對稱的(例如，認證可以只在單方向施行)。此外，IPsec 並未限制使用者使用特定的加密或認證演算法，相反的，IPsec 提供一般架構來允許每對通訊端點自行選擇演算法與參數(如key的大小)。爲了確保相互操作性，IPsec 包含一組所有應用都得認得的加密演算法。重點：

> IPsec 並不是單一的安全協定，它提供一組安全演算法與一個一般性架構來允許通訊實體雙方可以使用任何一種適用於通訊安全的演算法。

29.6 IPsec認證標頭

IPsec遵循爲IPv6採用的基本方法：單獨的認證標頭(*AH*：*Authentication Header*)攜帶認證訊息。有趣的是，IPsec對IPv4採用相同的方法。也就是說，不是修改IPv4標頭，IPsec在datagram中插入一個額外的標頭。我們想到插入一個標頭，因爲在datagram建立後，認證可以在最後步驟添加進去。圖29.1說明了認證標頭插入到攜帶TCP的datagram中。

如圖所示，IPsec會在原始IP標頭之後立即插入認證標頭，但在傳輸層的標頭之前。對於IPv4，IPsec修改IP標頭中的*PROTOCOL*欄位以指定有效載荷是認證；對於IPv6，IPsec使用*NEXT HEADER*欄位。在任一情況下，值51指示IP標頭之後的項目是認證標頭。

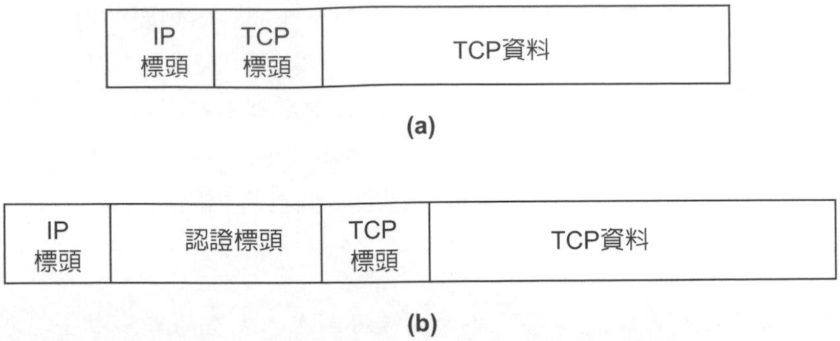

IP 標頭	TCP 標頭	TCP資料

(a)

IP 標頭	認證標頭	TCP 標頭	TCP資料

(b)

圖29.1 (a)IPv4的datagram，與(b)加入IPsec認證標頭後的datagram，新的標頭直接加在IP標頭之後。

認證標頭大小不是固定的。標頭以一個固定大小欄位的集合開頭，描述所攜帶的安全訊息，接續的是可變長度區域，實際長度取決於所使用的認證類型。圖29.2說明認證標頭格式。

0	8	16	31
下一個標頭	資料長度	保留	
安全參數索引			
序列號			
認證資料(長度可變) . . .			

圖29.2 IPsec認證標頭格式。相同的格式與IPv4和IPv6一起使用。

接收者如何確定datagram中攜帶訊息的類型？認證標頭有自己的*NEXT HEADER*欄位用來指定類型，IPsec在認證標頭的*NEXT HEADER*欄位中記錄原始*PROTOCOL*值。當datagram到達時，接收端使用來自認證標頭的安全訊息來驗證發送者，並使用認證標頭中的*NEXT HEADER*欄位以進一步對該datagram解多工(demultiplex)。

插入額外的標頭和*NEXT HEADER*欄位的概念，最初是爲與IPv6配合使用而設計的。當IPsec從IPv6改裝到IPv4時，設計師選擇保留一般的方法，即使它不遵循一般的IPv4規範。

有趣的是，*PAYLOAD LEN*欄位並未指明datagram中資料區域的大小，而是指明認證標頭的長度。因此，接收端將能夠知道認證標頭在哪裡結束，甚至如果接收端不理解正在使用的特定認證方案。

認證標頭中的剩餘欄位用於指定正在使用的認證類型 欄位*SEQUENCE NUMBER*包含每個發送封包唯一的序列號；當特定的安全演算法選定時，序列號數值從零開始並單調增加*SECURITY PARAMETERS INDEX* 欄位指定使用的安全方案。*AUTHENTICATION DATA*欄位包含所選安全方案的資料。

29.7 安全關聯

若要瞭解使用安全參數索引的原因，首先觀察擁有許多安全細節定義的安全方案。例如，安全方案包含認證演算法、演算法使用的一把(或數把)金鑰(key)、金鑰的有效期限、目的地同意使用某種演算法的時效，以及有權可以使用某種演算法的發送端位址列表。仔細觀察後，不難瞭解要把這些資訊放入標頭中是不可能的。

爲了節省標頭中的空間，IPsec安排每個接收端把所有安全方案的細節收集成爲一種抽象物件，名爲「安全關聯」(*SA*：*security association*)。每個SA會被指派一個數值，即爲「安全參數索引」(*security parameters index*)，用以識別每個SA。在發送端可以使用IPsec與接收端通訊之前，它必須知道某個特定SA的索引數值，接著把數值填入每個即將送出之datagram的「安全參數索引」欄位中。

索引數值並未全域統一，而是由每個目的地建立各自所需的SA，並且自行分配數值。此外，目的地可以指定每個SA的存活時間，並可以在某個SA變爲無效後重複利用其索引數值。所以如果沒有諮詢目的地，那麼就無法解釋索引所代表的意義(例如，若索引值爲1，對於兩個不同的目的地而言有可能代表不同的意義)。結論：

> 目的地利用安全參數索引來識別每個封包的安全關聯，這些數值並非全域統一的，而是需要把目的地位址與安全參數索引結合起來方能識別每個SA。

29.8 IPsec 封裝安全載荷

爲了處理機密性和認證，IPsec使用封裝安全有效載荷(*ESP*：*Encapsulating Security Payload*)，這比認證標頭更複雜。代替插入額外的標頭，ESP要求發送方用加密的IP有效載荷替換原先的有效載荷。接收端則解密有效載荷，並重建原始的datagram。

與認證一樣，IPsec設置*NEXT HEADER*(IPv6)或*PROTOCOL*(IPv4)欄位，以指示ESP已被使用。選擇的值是50。ESP標頭具有*NEXT HEADER*欄位，用來指定原始有效載荷的類型。圖29.3說明ESP如何修改datagram。

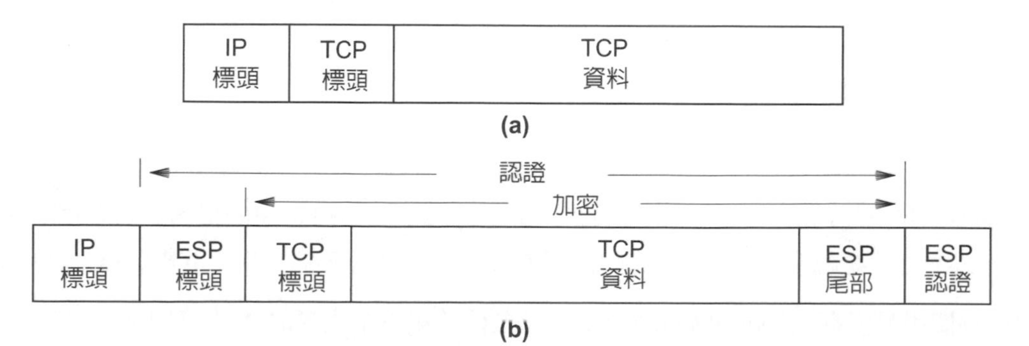

圖29.3　(a)一個datagram　(b)相同的datagram但使用IPsec封裝的安全有效載荷。中間路由器只能解釋未加密的欄位。

如圖所示，ESP在datagram中加入三個額外的欄位。「ESP標頭」欄位緊隨在IP標頭之後，而在加密後的payload之前。*ESP TRAILER*欄位與payload一同加密；還有一個可變長度的「ESP認證」欄位接在加密區段之後。為什麼會存在身份驗證？這個想法是ESP不是驗證的替代方案，但應該是一個附加。因此，認證是ESP的必要部分。

雖然準確地表示了IPv4的IPsec的使用，圖29.3忽略了IPv6中的一個重要概念：多個標頭。在最簡單的情況下，IPv6 datagram可以如圖所示完全結構化，具有IPv6基本標頭，後面跟著一個TCP標頭和TCP有效載荷。然而，可選的IPv6標頭集合包括由中間路由器處理的hop-by-hop標頭。例如，datagram可能包含來源路由標頭，沿著到目的地的路徑指定一組中間點。如果ESP在IPv6基礎標頭之後對整個datagram加密，逐跳訊息(hop-by-hop information)將不可用於路由器。因此，ESP僅應用於跟隨逐跳標頭的項目。

ESP標頭使用許多在認證標頭中有的相同欄位，但重新排列順序。例如，*ESP HEADER*長度為8個字節，用來識別安全參數索引和序列號

0	16	31
安全參數索引		
序列號		

*ESP TRAILER*由可選填充(optional padding)、填充長度欄位*PAD LENGTH*，和*NEXT HEADER*欄位所組成，後面是可變數量的認證資料。

0	16	24	31
填充 0-255字節	填充長度	下一個標頭	
ESP認證資料 . . .			

填充並非必要的，但有三個需要使用填充理由。第一，某些解密演算法要求在加密的訊息後方必須補0。第二，注意「下一標頭」欄位出現在以8個位元為一組的最右邊區域，這種排列方式很重要因為IPsec要求接在結尾之後的認證資料必須由8個位元為一組的邊界開始，因此需要使用填充來完成。某些機器可以選擇加入任意長度的填充，以避免被中途的竊聽者使用datagram大小來猜出它的用途。

29.9 認證與易變標頭欄位

IPsec之認證機制是為了確保送達之datagram與由發送者送出時相同而設計的，然而要達到這種保證是不可能的。要了解為什麼？IP在分層法則中只是用於機器對機器間(一次跳躍)的傳送，尤其是每個中介路由器都會將「存活時間」欄位遞減，並且重新計算checksum。

IPsec使用易變欄位(*mutable fields*)來表示在傳輸過程中改變的IP標頭欄位。為了防止這些改變造成認證錯誤，IPsec在執行認證運算時會特別略過這些欄位。因此，當datagram抵達時，IPsec只會認證不變的欄位(如發送端位址與協定型態)。

29.10　IPsec隧道建立

回想我們在19章提過VPN技術，VPN使用IP-in-IP隧道與加密來保持網站之間傳輸的隱密性。IPsec是特別設計用來包容加密隧道的技術。尤其是標準定義了認證標頭與ESP使用隧道時的版本。圖29.4舉出使用隧道模式的datagram格式。

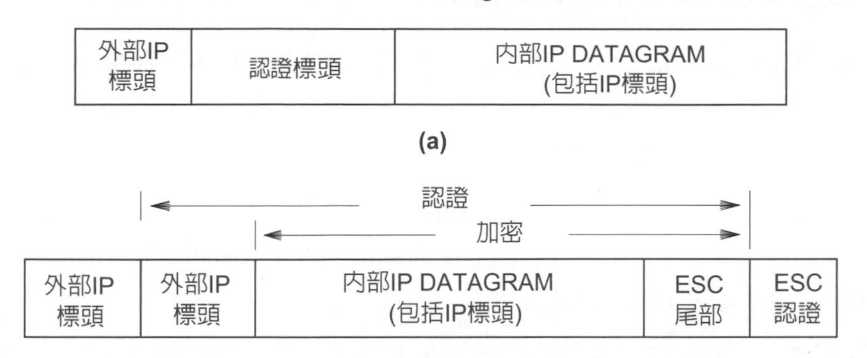

圖29.4　IPsec隧道模式。(a)認證與(b) ESP。整個內層datagram都會受到保護。

29.11　必要的安全演算法

IPsec定義了一組必要的演算法(也就是所有使用IPsec之應用都必須遵循)。對於每一種演算法，標準都定義了特殊用途。圖29.5列出了必要的演算法。

認證

HMAC with MD5	RFC 2403
HMAC with SHA-1	RFC 2404

封裝安全Payload

DES in CBC mode	RFC 2405
HMAC with MD5	RFC 2403
HMAC with SHA-1	RFC 2404
無認證	
無加密	

圖29.5　IPsec中必備的安全演算法。

29.12　安全Sockets(SSL與TLS)

在1990年代中期，當安全性對於Internet商務漸形重要時，有許多團體提出用於Web的安全機制。雖然沒有被IETF正式採用，不過其中有一項提案明顯成爲標準。

這種名爲「安全Sockets層」(*SSL*：*Secure Sockets Layer*)的技術最初是由Netscape所發展。顧名思義，SSL與socket API位於同一層級。當用戶使用SSL來聯繫伺服器時，SSL協定允許雙方互相認證，接著雙方作協調，選擇共同支援的加密演算法。最後SSL允許兩端建立使用加密的連線(也就是使用選定的加密演算法來確保隱密性的連線)。IETF使用SSL作爲「傳輸層安全性」(*TLS*：*Transport Layer Security*)協定之基礎。SSL與TLS息息相關，兩者使用相同的公認埠號，且大部份的SSL都支援TLS。

29.13 防火牆與Internet 存取

控制互聯網存取(*internet access*)的機制可處理篩選特定網路或過濾從預想名單外的機構發出的通訊等問題。這樣的機制可以避免外界獲得資訊、改變資訊或中斷一個機構的內部網路連線。成功的存取控制需要小心地結合網路拓樸的限制、中介資訊傳遞與封包過濾器。

有一項技術可以做爲網路存取控制的基礎，名爲「互聯網防火牆」(*internet firewall*)[1]。某機構可以在它與外部網路(如全球Internet)的連線上放置一個防火牆，而防火牆會將網路分爲兩個區域，通常稱爲內部與外部。

29.14 多重連線與最脆弱的鏈結

雖然概念似乎很簡單，但是防火牆的詳細結構卻很複雜。第一，某機構的內部網路可能會有多重外部連線。此時，機構就必須在每個外部連結點安裝防火牆來組成一個「安全邊界」(*security perimeter*)。爲了確保邊界能夠發揮效用，機構必須設定所有防火牆使用相同的存取限制，否則外界訊息可能會繞過加在某個防火牆上的限制而從其他防火牆進入機構的網路[2]。重點：

> 一個擁有數個外部連線的機構必須在每個外部連線處架設防火牆，而且必須協調所有的防火牆。無法統一所有防火牆的存取限制就有可能使這個機構處於易受攻擊的狀態。

29.15 防火牆之建立與封包過濾器

防火牆如何建立？理論上，防火牆只是阻擋所有在機構內與機構外的電腦有未經許可的通訊。而實際上，細節由網路技術、連線的容量、流量承載量以及機構的政策等決定。因此，沒有單一的解決方式適用於所有機構－防火牆系統皆可由管理者設定。簡略地稱做「封包過濾器」(*packet filter*)，這種機制需要管理者來指定路由器如何處理每個datagram。舉例來說，管理者可能選擇濾掉(也就是阻擋)所有來自特定發送端的datagram，而選擇讓其他的datagram通過。或者管理者可以選擇阻擋所有通往特定TCP埠之datagram，而讓傳往其他埠之datagram通過。

爲了使運作的速度配合網路的速度，封包過濾器必須將硬體與軟體最佳化。許多商用路由器都具備獨立的硬體來高速過濾封包。一旦經由管理者設定完成，過濾器便可以正常線路傳輸速度運作而不會造成封包延遲。

1 防火牆這個名詞由建築學而來，它代表一個厚的、耐火的隔牆，可以使建築物不會被火穿透。

2 一個安全系統的強度由它最弱的部分所決定，這個被公認的想法稱為最脆弱連接公理（weakest link axiom）；這個名稱由諺語而來：一條鍊子的強度是由它最弱的連接點決定。

因為TCP/IP並沒有指定封包過濾器的標準，所以每個路由器製造商可以自由地選擇封包過濾器的功能與用來設定過濾器的管理介面。一些防火牆系統提供圖形界面。例如，防火牆可能會運行在web伺服器上，顯示具有配置選項的網頁。管理者可以使用傳統的網路瀏覽器存取伺服器並指定配置。其他防火牆系統使用命令行界面(command-line interface)。

如果路由器提供防火牆功能，介面通常允許管理者為每個介面配置單獨的過濾規則。每個介面有一個獨立的規範是重要的，因為路由器的一個介面可以連接到外部網路(例如ISP)，而其他介面連接到內部網路。這樣的話，要拒絕封包的規則可在介面之間變化。

29.16 防火牆規則和5元組

許多防火牆規則集中在協定標頭的五個欄位，這足以用來識別TCP連接。在安全領域，這五個欄位的集合被稱為5元組(*5-tuple*)。圖29.6列出了各欄位。

IPsrc	IP來源位址
IPdst	IP目的地位址
Proto	I傳輸協定型態(TCP或UDP)
srcPort	傳輸層協定來源埠號
dstPort	傳輸層協定目的埠號

圖29.6　組成5元組的標頭欄位。五個欄位就足以用來識別TCP連接。

因為它用到IP datagram，所以5元組不包括第2層類型欄位。也就是說，我們預設第2層訊框將封包指定為IP datagram。

防火牆封包過濾器通常允許管理者指定任意5元組欄位的組合，並且可以提供附加的可能性。圖29.7範例，說明過濾器規範引用5元組欄位。

外部 —— 2 R 1 —— 內部

到達介面	來源 IP	目的地 IP	協定	來源 I埠口	目的 埠口
2	*	*	TCP	*	21
2	*	*	TCP	*	23
1	128.5.0.0 / 16	*	TCP	*	25
2	*	*	UDP	*	43
2	*	*	UDP	*	69
2	*	*	TCP	*	79

圖29.7　具有兩個介面的路由器和datagram過濾器範例。

在該圖中，管理者已經選擇阻擋傳入FTP的datagram(TCP埠口*21*)、TELNET(TCP埠口*23*)、WHOIS(UDP埠口*43*)、TFTP(UDP埠口*69*)、和FINGER(TCP埠口*79*)。此外，過濾器阻擋發出來自與IPv4前綴*128.5.0.0/16*相匹配以及目標是遠端電子郵件伺服器(TCP埠口*25*)的datagram。

29.17 安全與封包過濾器之規格

雖然在圖29.7過濾器設定的例子裡指定了一些要被過濾的服務列表，這種方法對於防火牆而言並不能有效運作，原因有三。

- 公認埠的數目很多且持續增加中，因此管理者需要持續地更新這樣的列表，因為一個小疏忽造成的錯誤可能會使防火牆處於不利的狀態。
- 第二，很多網路上的流量並不會抵達公認埠或由公認埠發出，除了那些可以為他們私有的主從式應用程式選擇通訊埠號的程式設計者之外，類似「遠端程序呼叫」(*Remote Procedure Call*，*RPC*)的服務便是動態地指定通訊埠。
- 第三，列出公認服務的通訊埠會使防火牆容易受到「隧道穿越」(*tunneling*)的入侵。如果內部的主機或路由器同意接收外來且經過封裝的datagram時，建立隧道就能避過安全防護，然後去掉封裝的部份，並且將datagram傳送到原本受到防火牆限制的服務。

防火牆如何有效地使用封包過濾器？把過濾器的想法反轉過來就不難瞭解：不去指定應該被濾掉的封包，防火牆反而設定成阻絕所有的datagram，除了那些欲前往特定網路、主機與協定埠的datagram，且這些外部通訊是被核准的。因此，管理者首先假設所有通訊都是不被允許的，然後必須在啟動任何通訊埠之前小心地檢查機構的資訊策略。事實上，很多封包過濾器允許管理者指定一組可以進入的datagram，而不是指定需要濾掉的datagram。總結如下：

> 為了要有效率，使用封包過濾器的防火牆應該限制所有IP發送端、IP目的地、通訊協定，以及協定埠的存取，除了那些由機構指定可讓外部存取的電腦、網路與服務之外。一個允許管理者指定哪些datagram可以進入而非指定哪些datagram應該濾掉的封包過濾器可以使這些限制較容易設定。

29.18 限制用戶端存取的結果

全面禁止從未知的協定埠抵達的datagram，藉以防止外人存取機構內的任何伺服器，似乎解決了很多潛在的安全問題。這樣的防火牆有個有趣的結果：它也阻止了任何在防火牆內部的電腦成為用戶端來存取防火牆之外的伺服器。若要瞭解原因，試著回想雖然每個伺服器運作於公認的通訊埠，但是用戶端並非如此。當一個用戶程式開始執行時，它會要求作業系統選擇一個既不是公認的通訊埠也不是目前在用戶端電腦使用的埠號。當它嘗試與在機構外的伺服器通訊時，用戶端將會產生一個或數個datagram並將它們傳送到伺服器。每個送出之datagram將用戶端的協定埠號當成發送端協定埠，而伺服器公認的協定埠當成目的地協定埠。當這些datagram送出時，防火牆並不會阻絕他們。在產生回應時，伺服器將這些協定埠顛倒，用戶端通訊埠變成目的地通訊埠，而伺服器通訊埠變成發送端通訊埠。然而當攜帶回應訊息的datagram抵達防火牆時，將會被濾掉，因為目的地通訊埠不被核准。重點：

> 如果某個機構的防火牆限制datagram除非經過那些對應機構外部可取得服務之通訊埠外，否則不得進入，那麼在機構內的任一應用程式不能成為在機構外部伺服器的用戶端。

29.19 狀態式防火牆

在不需允許欲傳往任意協定埠之datagram進入的前提下，機構內部的任意用戶如何存取Internet上的服務？有一種名為「狀態式防火牆」(*stateful firewall*)的技術可以解決。實質上，這種防火牆會監視外送之連線，並為了包容回應封包而採用對應之過濾規則。

舉例來說，假設某組織內部的用戶建立TCP 連線至web伺服器。如果用戶的發送端位址為I_1，發送端TCP埠為P_1，而連上埠80之web伺服器的IP位址為I_2，則為了啟動連線所發出的SYN區段將會攜帶以下記錄通過防火牆：

$$(I_1 , P_1 , I_2 , 80)$$

當伺服器回應SYN+ACK時，防火牆將會使用以上的數值組合來匹配兩個端點，於是進入的區段就會被允許。

有趣的是，狀態式防火牆並不允許組織內部的用戶建立連線至外部之任意目的地。狀態式防火牆所採取的行動反而由封包過濾器的規則所策動。因此，防火牆管理員依然可以選擇是否允許特定封包之傳輸。倘若允許某個封包通過防火牆，過濾規則可以進一步指定是否記錄用於允許回應傳回之狀態資訊。

狀態式防火牆之狀態應該如何管理？有兩種主要的方式：防火牆可以使用「軟狀態」(*soft state*)，亦即藉由設定計時器來去除閒置的狀態資訊，以及「連線監控」(*connection monitoring*)，也就是防火牆監視連線上的封包，並在連線結束時移除狀態資訊(即在TCP連線上收到FIN)。即使狀態式防火牆試圖監控連線，通常還是會使用軟狀態當成備援機制來處理像UDP這種沒有明確終止程序的連線。

29.20 內容保護與代理存取

以上所描述的機制都著重於存取，而安全性還有另一個重要考量－內容。例如我們所知道的，收到的檔案或e-mail訊息可能含有病毒。一般而言，這種問題只有在系統會檢視進入訊息的內容時，才有辦法獲得解決。

一種稱為深度封包檢測(*DPI*：*Deep Packet Inspection*)的方法可用來檢查傳入封包的有效載荷。雖然它可以抓到一些問題，但DPI不能完全處理經過分割的封包不按順序到達。替代方案是：從連接提取內容，然後在允許它進入組織之前檢查結果。

檢驗內容的機制必須如同「應用代理機器」(*application proxy*)一般。例如，某組織可以利用執行檔案傳輸代理機器來攔截每個送出的FTP請求，接著取得一份請求檔案的拷貝，掃描是否包含病毒，如果此拷貝沒有受到感染，則把拷貝傳遞給用戶完成檔案傳輸。同樣的道理，組織也可以執行web代理機器。値得注意的地方爲，應用代理機器可以是「透通的」(也就是除了延遲之外，用戶並不知道有代理機器在攔截請求)或「非透通的」(用戶必須設定使用某個特定的代理機器)。

雖然許多組織使用狀態式防火牆來保護組織免於受到外界的刺探，但只有少數會執行內容檢驗。因此，要找出有能力抵抗外部任意攻擊的組織是有可能的，不過當內部員工引入一個可以違反防火牆規範進而建立外部連線的程式時，組織內部就可能會遭受email病毒與木馬程式(trojan horse)的襲擊。

29.21 監視與記錄

監視是防火牆設計中最重要的部分之一，負責防火牆的網路管理者需要注意是否有嘗試繞過安全防護的事件。除非防火牆報告事件，否則管理者可能不會警覺到問題。

防火牆監視可以是「主動」(*active*)或是「被動」(*passive*)的。在主動的監視中，每當事件發生時防火牆會通知管理者。主動監視主要的優點在於速度－管理者可以馬上發現潛在問題；而主要的缺點則是經常製造很多資訊以致於管理者無法瞭解或注意到問題。因此，大多數的管理者選擇被動監視，或是把會回報高危險事件的主動監視與被動監視結合。

在被動監視中，防火牆會把每個事件記錄於檔案或磁碟中。被動監視通常記錄有關正常的流量(如簡單的統計表)與被濾掉的datagram。管理者通常可以隨時取得記錄，而大部分的管理者使用電腦程式來取得。被動監視的主要優點是事件的記錄——管理者可以查閱記錄來觀察趨勢，而且當安全問題眞的發生時，可以回顧引起這個事件的記錄。更重要的是，管理者可以週期性地分析記錄(如每天)用以判斷嘗試存取機構的次數是否隨時間增加或減少。

29.22 總結

安全性問題的出現是因爲網路可以連接互不信任的機構，有一些技術可以用來幫助確保資訊在網路上傳送後仍是安全的。安全Sockets層(SSL)協定在socket API中增加了加密與認證。IPsec允許使用者有兩種基本選擇：一種只提供datagram的認證，而另一種提供認證加上隱密性。IPsec在datagram中加入了認證標頭，或者在資料傳出前使用封裝安全載荷(ESP)在datagram中插入標頭與結尾後並加密，藉以修正datagram。IPsec提供一種一般性架構，使得每對通訊實體都可以選擇一種加密演算法。因爲安全性通常與隧道一同使用(如在VPN中)，IPsec定義了一種安全隧道模式。

防火牆機制用來控制網路存取。一個機構在每個外部連線放置防火牆來保證這個機構的內部網路不會有未經授權的流量。防火牆包含一個必須由管理者設定允許何種封包進出的封包過濾器。只要外送連線建立完成，便可以設定狀態式防火牆使得防火牆會自動允許回應封包進入。

習題

29.1　閱讀商用路由器上封包過濾器的說明。它提供哪些特性？

29.2　收集進入你的網路區域之交通記錄，分析這個記錄來決定由公認協定埠發出的或要送往這些協定埠的流量百分率，結果會令你驚訝嗎？

29.3　如果你的電腦上有加密軟體，量測將一個10Gbyte檔案加密，將它傳送到另一台電腦後並將它解密所需的時間。比較沒有使用加密時所需的傳輸時間。

29.4　調查你所在網路區域上的使用者是否在e-mail中傳送敏感的資料。使用者知道SMTP以ASCII傳送訊息，與任何監看網路流量的人可以看到e-mail訊息的內容嗎？

29.5　防火牆可以與NAT結合嗎？結果會如何？

29.6　軍方只會把資訊透漏給那些需要知道的人，這種方法適用於你機構裡的所有資訊嗎？爲什麼可以或爲什麼不可以？

29.7　爲什麼管理機構安全政策的人員應該與管理機構電腦與網路系統的人員分開？試舉出兩個理由。

29.8　一些組織使用防火牆在內部隔離一組用戶。舉個例子，說明內部防火牆爲何可以提高網路性能。另外也舉個例子，說明內部防火牆爲會降低網路性能？

29.9　如果您的組織使用IPsec，請確定正在使用哪些演算法。密鑰的大小爲何？

29.10　IPsec是否可以與NAT一起使用？試說明之。

Memo

索引

符號

數字

羅馬字

A

B

C

D

中文

國家圖書館出版品預行編目資料

TCP/IP 互連網路 / Douglas E. Comer 原著 ；
余步雲編譯. — 六版. — 新北市 ： 臺灣培生
教育，2017.06
面 ； 公分
譯自 ： Internetworking with TCP/IP. Vol I ：
principles, protocols, and architecture, 6th ed.
ISBN 978-986-280-380-6(平裝)

1.通訊協定 2.網際網路

312.162　　　　106009259

TCP/IP 互連網路(第六版)

Internetworking With TCP/IP Vol I: Principles, Protocols, and Architecture, Sixth Edition

原著 / Douglas E. Comer
編譯 / 余步雲
執行編輯 / 王詩蕙
封面設計 / 楊昭琅
出版者 / 台灣培生教育出版股份有限公司
地址：231 新北市新店區北新路三段 219 號 11 樓 D 室
電話：02-2918-8368
傳真：02-2913-3258
網址：http://www.pearson.com.tw/index.aspx
E-mail：Hed.srv.TW@Pearson.com
發行人 / 陳本源
發行所暨總代理 / 全華圖書股份有限公司
郵政帳號 / 0100836-1 號
印刷者 / 宏懋打字印刷股份有限公司
圖書編號 / 0586801
六版一刷 / 2017 年 09 月
定價 / 新台幣 600 元
ISBN / 978-986-280-380-6(平裝)
全華圖書 / www.chwa.com.tw
全華網路書店 Open Tech / www.opentech.com.tw
若您對書籍內容、排版印刷有任何問題，歡迎來信指導 book@chwa.com.tw

臺北總公司(北區營業處)
地址：23671 新北市土城區忠義路 21 號
電話：(02) 2262-5666
傳真：(02) 6637-3695、6637-3696

中區營業處
地址：40256 臺中市南區樹義一巷 26 號
電話：(04) 2261-8485
傳真：(04) 3600-9806

南區營業處
地址：80769 高雄市三民區應安街 12 號
電話：(07) 381-1377
傳真：(07) 862-5562

廣　告　回　信
板橋郵局登記證
板橋廣字第540號

23671 新北市土城區忠義路 21 號

全華圖書股份有限公司

行銷企劃部　收

（請由此線剪下）

讀者回函卡

填寫日期：　／　／

姓名：＿＿＿＿　生日：西元＿＿年＿＿月＿＿日　性別：□男 □女

電話：（　）＿＿＿＿　傳真：（　）＿＿＿＿　手機：＿＿＿＿

e-mail：（必填）＿＿＿＿

註：數字零，請用 Φ 表示，數字 1 與英文 L 請另註明並書寫端正，謝謝。

通訊處：□□□□□＿＿＿＿

學歷：□博士　□碩士　□大學　□專科　□高中・職

職業：□工程師　□教師　□學生　□軍・公　□其他

學校／公司：＿＿＿＿　科系／部門：＿＿＿＿

・需求書類：

□ A. 電子 □ B. 電機 □ C. 計算機工程 □ D. 資訊 □ E. 機械 □ F. 汽車 □ I. 工管 □ J. 土木

□ K. 化工 □ L. 設計 □ M. 商管 □ N. 日文 □ O. 美容 □ P. 休閒 □ Q. 餐飲 □ B. 其他

・本次購買圖書為：＿＿＿＿　書號：＿＿＿＿

・您對本書的評價：

封面設計：□非常滿意　□滿意　□尚可　□需改善，請說明＿＿＿＿

內容表達：□非常滿意　□滿意　□尚可　□需改善，請說明＿＿＿＿

版面編排：□非常滿意　□滿意　□尚可　□需改善，請說明＿＿＿＿

印刷品質：□非常滿意　□滿意　□尚可　□需改善，請說明＿＿＿＿

書籍定價：□非常滿意　□滿意　□尚可　□需改善，請說明＿＿＿＿

整體評價：請說明＿＿＿＿

・您在何處購買本書？

□書局　□網路書店　□書展　□團購　□其他＿＿＿＿

・您購買本書的原因？（可複選）

□個人需要　□幫公司採購　□親友推薦　□老師指定之課本　□其他＿＿＿＿

・您希望全華以何種方式提供出版訊息及特惠活動？

□電子報　□ DM　□廣告（媒體名稱＿＿＿＿）

・您是否上過全華網路書店？（www.opentech.com.tw）

□是　□否　您的建議＿＿＿＿

・您希望全華出版那方面書籍？＿＿＿＿

・您希望全華加強那些服務？＿＿＿＿

～感謝您提供寶貴意見，全華將秉持服務的熱忱，出版更多好書，以饗讀者。

全華網路書店 http://www.opentech.com.tw　　客服信箱 service@chwa.com.tw

2011.03 修訂

親愛的讀者：

感謝您對全華圖書的支持與愛護，雖然我們很慎重的處理每一本書，但恐仍有疏漏之處，若您發現本書有任何錯誤，請填寫於勘誤表內寄回，我們將於再版時修正，您的批評與指教是我們進步的原動力，謝謝！

全華圖書　敬上

勘誤表

書號		書名		作者	
頁數	行數	錯誤或不當之詞句		建議修改之詞句	

我有話要說：（其它之批評與建議，如封面、編排、內容、印刷品質等・・・）